삼정판

식품특허 길라잡이

삼정판 식품특허 길라잡이

지은이 / 권오희 (patkwon@naver.com)

펴낸이 / 강대일 (kdi@foodnews.co.kr)
펴낸곳 / (주)식품저널

초판 발행 2001년 6월 25일
개정판 발행 2002년 10월 1일
삼정판 발행 2023년 8월 25일

서울시 금천구 가산디지털 1로 88 IT프리미어타워 1102호
전화번호 (02)3477-7114 팩스번호 (02)3477-5222
등록번호 제2010-22호(등록일: 1999.3.11)

ISBN 978-89-91978-28-7 (93500) 값 38,000원

삼정판

식품특허 길라잡이

권오희

식품저널

삼정판에 부쳐

특허출원은 시대적 요구를 반영하는 거울이다. 식품분야 특허출원이 지속적으로 증가하는 것도 소비자들의 수요를 충족시키기 위해 식품분야의 기술개발이 활발히 이루어지고 있음을 반증하는 셈이다. 최근 식품분야의 연구개발 결과물을 특허로 출원하는 것이 보편화하였고, 특허를 배제한 사업화란 상정하기조차 어렵게 되었다.

앞으로의 특허전략은 단순히 특허권의 획득에서 벗어나 심층적인 권리범위 분석을 통해 보다 강력한 특허를 획득하는 데서 실마리를 찾아야 한다. 또한, 시장에서 실제로 가치를 창출해내는 것에 초점을 맞추어 고부가가치를 창출해낼 수 있는 소재를 찾고 이를 강력한 특허로 연결시킬 수 있는 효과적인 특허전략 수립이 필요하다.

개정판이 나온 지 20년이 더 지난 만큼, 현재 식품분야의 심사실무를 보충할 필요를 느끼던 차에 특허청 식품생물자원심사과에서 근무한 김민정 심사관의 도움을 받아, 최근 심사실무를 반영하고 의미 있는 판례들을 추가하였다. 또한 그동안의 특허법 개정내용과 개정된 식품특허 심사가이드의 내용도 반영하였다.

이 책자가 식품분야 경영자 및 연구개발자들의 특허마인드 제고에 일조할 수 있기를 바라며, 식품분야 관계자들이 식품특허를 활용한 수익창출, 특허마케팅, 특허경영 등에 대한 이해를 새롭게 할 수 있기를 기대한다. 아울러 집필과정에서 많은 분들이 사랑과 관심을 보여주신 데 대해 진심으로 감사드린다.

2023. 8.

권 오 희

개정판 머리말

애초에 미흡하기 그지없는 졸저를 집필하면서 수없이 중단할 생각을 하면서도 끝내 부끄러움을 무릅쓰고 세상에 얼굴을 내보이게 된 것이 작년이었다. 그러나 독자들의 호응에 힘입어 초판이 매진되기에 이르렀고, 특히 일부 대학에서 '식품특허 길라잡이'를 특허실무교재로 채택하고 있다는 소식을 접하면서 부실한 책 내용에 대한 죄책감 때문에 민망함을 감출 길이 없었다. 하지만 식품특허에 대한 일반인의 뜨거운 관심으로 식품산업의 미래가 밝다는 것을 새삼 확인하면서 식품산업 발전에 대한 소명감에 설레는 가슴을 달래느라 애를 먹기도 했다. 더불어 이 책이 진정한 식품분야의 특허길라잡이로 거듭나길 바라는 마음에 개정판을 집필하면서 내내 밀려드는 중압감을 떨쳐버릴 수 없었다.

Patent의 어원이 라틴어의 '열다'라는 뜻에서 유래한 것을 감안하면 특허출원에 있어 제3자가 쉽게 실시할 수 있을 정도로 명세서를 구체적이고 명확하게 기재하는 것이 얼마나 중요한 것인지를 단적으로 말해 준다고 하겠다. 특히 식품분야의 경우, 새로운 식품기술을 특허로 연결시키기 위해서는 특허명세서를 얼마나 잘 기재하느냐가 최대의 관건이라고 할 수 있다. 따라서 식품특허를 출원하기에 앞서 식품분야 특허명세서의 작성방법과 기술의 구체화 과정에 대한 체계적인 지식을 쌓는 것이 무엇보다도 중요하다.

개정 특허법에는 보정을 엄격히 제한하는 신규사항 추가금지제도를 시행하고 최후거절이유통지제도를 도입하는 등 종전에 비해 상당히 많은 부분에 변화가 있어 이를 반영하는 것은 물론, 심사실무를 보충하고 미흡한 부분을 보완하는 데 중점을 두었다. 한편 식품특허를 출원하기 전에 고려해야 할 사항을 수록하는 등 일반인들의 피부에 닿는 내용을 가필하려는 의도로 출발했지만 여전히 아쉬움이 남는다.

개정판이 나오기까지 조언과 격려를 아끼지 않은 많은 분들께 사의를 표하며, 특히 세밀하게 배려해 주신 식품저널 강대일 사장께 거듭 감사드린다. 앞으로도 독자들의 질책과 지적에 힘입어 보다 알찬 내용으로 거듭날 수 있기를 기대해 본다. 아무쪼록 지금보다 한 단계 격상된 양질의 식품특허가 보다 많이 출원되는 계기가 될 수 있기를 바라마지 않는다. 나아가 식품특허를 이해하고 활용하려는 분들께 실질적인 도움을 줄 수 있는 입문서로 자리매김 할 수 있다면 더 이상 바랄 것이 없겠다.

2002.10

권 오 희

초판 머리말

'지금은 특허전쟁시대'

이 시대의 최대 화두로, 연일 매스컴을 장식하고 있어 낯설지 않은 말임에 틀림없다. 그만큼 21세기는 기술 자체보다는 이를 어떻게 특허로 연결시키느냐가 중요한 관심사로 부각되고 있다. 특히, 산업전선에서의 성패 여부가 우수한 기술에 대한 특허 확보에 달려 있다고 할 수 있으므로 이제 특허는 기업의 생존전략 차원에서 접근하여야 한다.

그동안 식품분야는 기술이나 특허와는 거리가 멀다는 인식이 지배적이었다. 그러나 지금은 식품산업이 고부가가치 산업으로 각광받고 있다. 특히 생명공학과 접목한 식품 생명공학은 이제 황금알을 낳는 거위로 인식되고 있다. 식품산업의 중요성이 부각되면서 식품특허에 대한 관심도 나날이 새롭게 변화되고 있다. 이는 기능성식품의 개발 열기와 더불어 식품업계를 뜨겁게 달구고 있다고 해도 과언이 아니다.

필자는 이러한 사회적 분위기를 감안하여 식품분야 심사실무가이드의 소개는 물론 실제로 착상단계의 아이디어(Idea)를 발명으로 구체화하는 과정에 도움을 주고자 조그마한 결과물을 내놓게 되었다. 애초의 의도와는 달리 각종 제약조건으로 인해 내용이 빈약함을 절실히 느낀다. 앞으로 많은 분들의 지적과 지도편달이 있기를 바라며, 다시 기회가 주어진다면 더 나은 내용으로 보완할 수 있기를 바랄 따름이다. 다만, 식품분야 기술을 특허로 연결시켜 주는 징검다리 역할의 지침서를 제시하려는 첫 시도라는 점에서 나름의 위안을 삼고자 한다.

'부뚜막에 있는 소금도 넣어야 짜다'는 속담처럼 식품발명에 대해 충분히 이해하고 활용함으로써 우수한 식품분야 발명이 하나라도 사장되는 일이 없이 빛을 볼 수 있도록 하는 데 이 책이 다소나마 도움이 될 수 있기를 바라는 마음 간절하다. 아울러 『식품특허 길라잡이』가 일반 독자들에게 읽혀질 수 있도록 애써 주신 식품저널 나명옥 편집국장과 김성국 기자께 깊은 감사의 말씀을 전하고자 한다.

2001. 6.
권 오 희

일러두기

[판례] : 대표적인 판례 또는 최근 판례

◇ : 대표적인 판례와 흐름을 같이하는 판례

[사례] : 대표적인 판례 또는 관련 판례와 연관된 판결 사례

[연구] : 논문, 저서 또는 교재의 인용

[분석] : 관련 지식의 정리 또는 필자의 견해

[설명] : 사안에 대한 설명

[적용] : 실무나 사업에 활용할 수 있는 팁

[참고] : 관련된 참고사항 정리

[주의] : 주의해야 할 사항

[실무] : 심사 또는 심판의 실무

[특허법] : 특허법 조문

[관련법] : 특허법 이외의 법률조문

☞ : 간단한 설명

☜ : 구분

목 차

제3장 출원시 고려사항

제4장 출원 후의 유의사항

제5장 식품특허명세서 작성요령

제6장 미생물발명과 기탁

제1장

식품특허 심사실무가이드와 해설

Ⅰ. 해설에 앞서

Ⅱ. 식품특허 심사실무가이드 해설

Ⅲ. 마무리

Ⅰ. 해설에 앞서

21세기가 '식품 생명공학의 시대'라는 인식이 보편화하면서 식품에 대한 관심과 식품산업에 대한 열기가 뜨겁다. 전문가들은 식품시장의 규모가 자동차시장의 규모를 훨씬 초과할 정도로 급팽창하고 있다는 현황분석을 내놓고 있다. 이를 반영하듯 식품을 소재로 한 사업화가 눈에 띄게 증가하고 있고, 식품분야 특허출원도 지속적으로 증가하고 있다.

하지만 식품분야 특허출원의 현저한 양적 증가에도 불구하고 아직까지는 그에 상응할 정도로 만족할 만한 수준의 질적 증가가 뒤따르지 못하는 것이 현실이다.

일반인들이 식품특허를 올바르게 이해하고 활용하는 데 보탬이 될 수 있도록 식품특허 심사실무가이드를 소개한다.

[참고] 식품분야 심사실무가이드의 개정 경과는 다음과 같다.
1970년 심사기준이 제정된 후, 우리나라의 특허제도는 1980년 파리조약 가입 및 국제특허분류제도 채택, 1981년 다항제 채택, 1984년 특허협력조약 가입 등 중요한 발전이 이루어졌으며, 이에 따라 1985년 6월 심사기준이 개정되었고, 1990. 9. 1.부터 음식물 및 기호물 자체의 발명에 대해서도 특허를 허여하도록 하는 특허법 개정에 따라 이와 관련한 심사기준을 작성하여 학계, 관련 연구기관 및 산업체의 전문가와 협의하고, 특허청 산업재산권 실무협의회의 심의를 거쳐 개정된 바 있다. 그러나 그 후 심사환경의 변화에 대응하여 심사기준 개정의 필요성이 대두되어 오던 중 그동안의 심사실무를 반영하여 2000년에 다시 심사기준을 일부 개정하였다. 특히 기능성식품의 효능입증과 관련하여 구체적인 기준을 제시함으로써 심사에 일관성을 견지할 수 있도록 하였다. 나아가 2012년에도 개정된 특허법의 내용을 반영하기 위하여 심사기준을 전면 개정하고 같은 해 2월부터 시행하고 있다.

[분석] 식품분야의 특허출원은 해마다 꾸준히 증가되어 왔다. 주변기술을 제외하고 순수 식품에 관한 특허출원만도 국내 특허출원의 2.0%를 넘어서고 있다. 이는 식품의 권리화에 대한 국민적 관심이 점차 높아지고 있음을 의미한다. 특히 최근에는 기능성식품의 열기를 반영하듯 식품에 관한 특허출원의 증가속도가 더욱 가파르게 진행되고 있다. 한편 내·외국인별 특허출원비율은 전체 특허출원에서 내국인이 차지하는 비율이 58%정도인 데 비해, 식품에 관한 특허출원에서 내국인이 차지하는 비율은 80%를 넘어서고 있어 내국인의 식품특허출원비율이 상당히 높은 편이다. 이는 내국인의 특허에 대한 관심이 높다는 것과 외

국기술의 국내 유입이 적어 우리나라 고유의 기술로 발전할 가능성이 높다는 의미를 동시에 내포하는 것으로 해석될 수 있다.

Ⅱ. 식품특허 심사실무가이드 해설

1. 산업부문의 명칭

식품

[분석] 1990. 1. 13.자 공포되고, 1990. 9. 1.자 시행된 특허법으로 개정되기 이전의 특허법 제4조에는 '음식물 또는 기호물의 발명'은 특허를 받을 수 없는 발명으로 명시되어 있었다. 그러나 식품의 제조방법에 관한 발명은 그 이전에도 특허 받을 수 있었다. 따라서 그 이전에는 식품의 제조방법에 관한 특허출원이 주류를 이루고 있었다.

[특허법] 식품발명 관련 특허법의 개정경과

(1) **1961년 특허법(1961. 12. 31.) 제4조 (불특허사유)** ① 다음에 揭記하는 발명에 대하여는 특허하지 아니한다.

1. 음식물 또는 기호물
2. 의약 또는 그 조합법
3. 화학방법에 의하여 제조할 수 있는 물질
4. 질서 또는 풍속을 문란하게 하거나 위생에 해가 있을 염려가 있는 것

② 제1항 제1호 내지 제3호의 물질을 제조할 수 있는 방법에 관한 발명은 예외로 한다.

(2) **1973년 특허법(1973. 2. 8.) 제4조 (특허를 받을 수 없는 발명)** 다음 각 호의 1에 해당하는 발명에 대하여는 제6조의 규정에도 불구하고 특허를 받을 수 없다.

1. 음식물 또는 기호물의 발명
2. 의약 또는 2 이상의 의약을 혼합하여 1의 의약을 제조하는 방법의 발명
3. 화학방법에 의하여 제조될 수 있는 물질의 발명
4. 원자핵 변환방법에 의하여 제조될 수 있는 물질의 발명
5. 물질 자체가 지니는 성질에 따르는 용도의 발명
6. 공공의 질서 또는 선량한 풍속을 문란하게 하거나 공중의 위생을 해할 염려가 있는 발명

[판례] 특허법원 2000. 12. 22. 선고 99허840 판결, 2000. 12. 22. 선고 99허1539 판결
구 특허법 제4조 제1호에서 '음식물 또는 기호물의 발명'이라 함은 원칙적으로 '음식물 또는 기호물' 자체 즉, 그 범주가 물(物)의 발명에 속하는 것을 말하고, 그 제조방법이나 그

처리법 등 방법의 발명은 여기에 해당하지 않는다.

◇ **특허법원 2000. 12. 22. 선고 99허840 판결, 2000. 12. 22. 선고 99허1539 판결**

음식물 또는 기호물의 발명에 특허를 부여하지 않은 이유는 음식물 또는 기호물은 국민의 일상생활에 없어서는 안 되는 필수적인 것이기 때문에 그러한 발명에 독점적 권리를 부여하면 그 생산량이 제한되거나 가격이 폭등하는 등으로 국민생활이 위협을 받을 우려가 있다는 공익적 이유 때문이다.

[설명] 식품 자체의 발명에 특허를 부여하지 않았던 이유는 국내 식품산업이 취약한 상태에 있다는 정책적 판단이 주된 취지였다.

◇ **특허법원 2000. 12. 22. 선고 99허840 판결, 2000. 12. 22. 선고 99허1539 판결**

음식물 또는 기호물의 제조방법에 대한 발명을 불특허대상으로 하지 않은 이유는 일반적으로 제조방법의 발명에 대한 특허는 그러한 제조방법으로 제조한 물에만 그 효력이 미치므로 모든 제조방법으로 제조한 물에 효력이 미치는 물의 발명보다 그 효력이 현저하게 좁아서 국민생활에 미치는 영향이 비교적 적기 때문이다.

(3) 1990년 특허법(1990. 1. 13.) 제32조 (특허를 받을 수 없는 발명) 다음 각 호의 1에 해당하는 발명에 대하여는 제29조 제1항 및 제2항의 규정에 불구하고 특허를 받을 수 없다.

1. 원자핵 변환방법에 의하여 제조될 수 있는 물질의 발명
2. 공공의 질서 또는 선량한 풍속을 문란하게 하거나 공중의 위생을 해할 염려가 있는 발명

[참고] 1990년 특허법 개정에 의해 특허를 받을 수 없는 발명에서 음식물 또는 기호물의 발명이 제외되었다. 따라서 현재 식품 관련 발명은 다양한 관능적, 기능적 효과를 발휘하는 식품 및 이를 제조·가공하는 방법에 관한 발명을 취급하고 있다.

2. 산업부문의 적용범위

이 산업별 심사기준은 식품에 관한 발명에 대하여 적용한다.

이 산업부문의 발명은 선진특허분류(CPC) 및 국제특허분류(IPC)에 있어 주로 클래스 A21, A22, A23, A24 및 서브클래스 A01J, A47J, C12C~L에 해당되며, 기타 식품과 관련된 다른 분류에도 해당될 수 있다.

A01J : 낙농제품의 제조

A21 : 제빵 ; 식용 가루반죽

A22 : 도살 ; 육(肉)처리 ; 가금 또는 어류의 가공

A23 : 식품 또는 식료품 ; 다른 클래스에 속하지 않는 그것들의 처리

A24 : 담배 ; 엽권담배 ; 지권담배 ; 끽연용구

A47J : 식품조리기구 ; 커피 빼는 기구 ; 향신료 빻는 기구 ; 음료를 만드는 장치

C12C~L : 주류 ; 맥주 ; 주정 ; 포도주 ; 식초

식품분야의 체계적인 심사를 위해서는 이 식품분야 심사실무가이드 외에 관련 사항에 관해 '생명공학분야 심사실무가이드' 및 '의약·화장품 분야 심사실무가이드'를 참고하는 것이 바람직하다. 이 심사실무가이드에서 특별히 규정하지 않은 사항은 '심사기준'에 따른다.

[용어] 선진특허분류(CPC)는 미국특허청과 유럽특허청이 2012년 공동개발·관리·유지하는 특허분류체계로서 심사관이나 특허정보의 이용자가 그 정보를 용이하게 검색하거나 이용할 수 있도록 출원별로 부여된다. 우리나라는 2015년 1월 이후 신규출원에 대해 선진특허분류(CPC)와 국제특허분류(IPC)를 함께 부여하고 있다. 국제특허분류(IPC)란 전 세계적으로 심사의 일관성과 통일성을 기하기 위해 기술분류별로 세부사항까지 규정하여 만들어진 것으로, 현재 2019.01판이 운용되고 있다. IPC 2019.01판의 세부기술분류는 67,634그룹으로 나뉘어져 있다. 참고로 식품에 관련된 IPC만도 1,000그룹을 상회한다.

[참고] 생명공학분야 심사실무가이드는 ① 유전공학 관련 발명 ② 미생물 관련 발명 ③ 식물 관련 발명 ④ 동물 관련 발명으로 구분되는데, 그중에서 식품분야 특허심사실무가이드와 밀접한 관련이 있는 것은 미생물 관련 발명이다. 즉, 식품발명에 있어서 미생물 균주를 사용할 경우 미생물에 관한 기재요령 및 미생물의 기탁과 관련된 사항 등은 미생물 관련 발명의 심사실무가이드를 참고하여야 한다.

[참고] 의약·화장품 분야 심사실무가이드와 식품분야 심사실무가이드는 의약과 식품이 사람의 입으로 섭취하는 조성물이라는 데에서 일치하므로 조성물의 심사실무 등에 있어서 유사한 부분이 많다. 특히 기능성식품에서 중요하게 취급되고 있는 효능의 입증과 관련하여 실무적으로 유사하게 운영되고 있다. 그러나 실제에 있어서는 의약과 식품의 효능입증에 상당한 차이가 있을 수밖에 없다. 따라서 의약·화장품 분야 심사실무가이드를 참고하되

이를 기계적으로 적용하려고 해서는 안 된다.

[판례] 대법원 2006. 2. 23. 선고 2004후2444 판결

출원발명이 출원될 때 특허청에서 만들어 놓았던 산업부문별 심사실무가이드는 특허청 내부의 사무처리지침에 불과하여 법적인 구속력이 없으므로 특허청 심사관이 산업부문별 심사실무가이드와 달리 결정한 것이 신뢰보호의 원칙에 반한다고 할 수 없다.

3. 용어의 정의

이 심사실무가이드에서 사용하는 용어의 정의는 다음과 같다.

(1) 식품

식품이라 함은 인간의 생명유지를 위한 영양성분의 섭취목적으로 인간이 먹고 마시는 모든 음식물을 의미하며, 농·축·임·수산물을 그대로 유통하는 신선식품과 이들의 원료를 제조·가공처리하여 저장성, 영양성, 기호성 등을 높인 가공식품을 포함한다. 다만, 기호물을 포함하며 의약으로서 섭취하는 것은 제외한다.

[판례] 헌재 2004. 11. 25. 선고 2003헌바104 결정

일반적인 식품의 발명인 경우에는 식품에 함유된 성분, 예를 들어 칼슘, 마그네슘과 같은 미네랄이나 비타민 등이 약리적 효능을 가진다고 할지라도 이는 그동안의 과학적 연구성과에 의하여 식품영양학적이나 생리학적으로 공인된 사실인 경우가 거의 대부분이라 할 것이므로 식품의 발명의 효과로서 그러한 약리적 효능을 표시하는 것은 허용되지 않는다. 그러므로 식품의 발명에 있어서 그 구성성분의 약리적 효능을 표시하는 것이 특허권에 의하여 보호된다고 보기 어려우며, 따라서 이를 금지하는 약사법 제55조 제2항은 발명가의 권리를 보호하는 헌법 제22조 제2항에 위반되지 않는다.

(2) 기호물

기호물이라 함은 영양성분은 아니지만 향미 등이 있어 쾌감을 주고 필요한 흥분을 일으키는 물(物)을 말한다. 따라서 미각 또는 후각을 만족시킬 목적으로 먹거나 흡입하는 물(物)이 포함된다.

(3) 식품첨가물

식품첨가물이라 함은 식품을 제조·가공 또는 보존함에 있어 보존성의 향상, 품질향상, 영양강화, 풍미 및 외관을 좋게 하는 등의 목적으로 식품에 첨가·혼합·침윤 기타의 방법으로 사용되는 물질(기구 및 용기·포장의 살균·소독의 목적에 사용되어 간접적으로 식품에 이행될 수 있는 물질을 포함한다)을 말한다.

(4) 식품기구

식품기구라 함은 식품 또는 식품첨가물의 채취·제조·가공·조리·저장·운반·진열 등에 사용되는 기계·기구 기타의 물건을 말한다.

(5) 용기·포장

용기·포장이라 함은 식품 또는 식품첨가물을 넣거나 싸는 물품으로서 식품 또는 식품첨가물과 함께 유통되는 물품을 말한다.

(6) 건강기능식품

건강기능식품이라 함은 인체에 유용한 기능성을 가진 원료나 성분을 사용하여 제조·가공한 식품을 지칭한다.

다만, 표현상으로는 '건강기능식품'이 아닐지라도, 용어의 실체가 상기 건강기능식품의 정의에 부합되는 경우에는 건강기능식품으로 인정한다.

예) 건강보조식품, 기능성 식품, 영양제, 보조제

(7) 관능검사

인간의 감각기관을 이용하여 식품의 관능적 품질특성인 맛, 냄새, 외관, 조직감 등을 과학적으로 평가하는 것을 말한다. 또한, 관능검사를 행하기 위한 검사원이나 심사원의 집단을 패널(Panel)이라 하며, 패널에 의하여 식품의 품질이나 기호 등을 측정하는 관능검사를 패널테스트라 한다.

4. 이 산업부분의 특수성

이 산업부분에서는 다양한 관능적, 기능적 효과를 발휘하는 식품 및 이를 제조·가공하는 방법에 관한 발명을 취급하고 있다.

특히, 식품의 특성상 공중의 접근이 용이하고 섭취가 지속적으로 이루어지는 점을 고려해 볼 때 공중의 위생을 해할 염려가 있는 식품인지 여부를 판단해야 하고, 식품의 관능적 효과 및 건강기능식품의 기능적 효과에 관한 기재방법, 그리고 건강기능식품의 용도 한정에 관한 사항 등 식품분야 심사실무에서만 적용되는 특별한 사항을 판단해야 하는 특수성이 있다.

5. 명세서의 기재요령

5.1. 명세서 기재에 있어서의 일반적인 유의사항

명세서에 기재되는 용어는 그것이 가지고 있는 보통의 의미로 사용하고 동시에 명세서 전체를 통하여 통일되게 사용하여야 하나, 다만 어떠한 용어를 특정한 의미로 사용하려고 하는 경우에는 그 의미를 명세서에 명확히 정의하여 사용할 수 있으며[1], 명세서에서 사용하는 용어의 의미를 정의하고 있는 경우에는 그에 따라 해석하는 것을 원칙으로 한다.

다만, 그와 같은 용어의 정의와 사용이 통상의 기술자에게 이해되고 용인될 수 있는 범위를 너무 벗어나는 경우는 허용되지 않는다.

[용어] 통상의 기술자란 그 발명이 속하는 기술분야에서 통상의 지식을 가진 사람을 지칭하는 실무관용어라고 할 수 있다. 여기서 통상의 기술자란 출원시에 있어서 당해 기술분야의 기술상식을 보유하고 있고, 연구개발(실험, 분석, 제조 등을 포함한다)을 위하여 통상의 수단 및 능력을 자유롭게 구사할 수 있으며, 출원시의 기술수준에 있는 모든 것을 입수하여 자신의 지식으로 할 수 있고, 발명의 과제와 관련되는 기술분야의 지식을 자신의 지식으로 할 수 있는 사람으로 가정한 개념이다. '평균적 기술자', '통상의 전문가'로 대체하여 사용하기도 하며, 과거에는 주로 '당업자'라는 용어를 사용하였다.

[분석] 기술수준이란 특허출원 전에 국내에서 공지되었거나 공연히 실시된 발명 또는 국내·외에서 반포된 간행물에 기재된 발명, 기술상식 및 기술적 지식 등에 의하여 구성되는 당해 발명이 속하는 기술분야의 기술상태를 말한다.

[판례] 대법원 2008. 2. 28. 선고 2005다77350,77367 판결

---

1) 대법원 1998. 12. 22. 선고 97후990 판결

특허의 명세서에 기재된 용어는 명세서에 그 용어를 특정한 의미로 정의하여 사용하고 있지 않는 이상, 통상의 기술에게 일반적으로 인식되는 용어의 의미에 따라 명세서 전체를 통하여 통일되게 해석되어야 한다.

◇ **대법원 2006. 10. 26. 선고 2004후2260 판결, 1998. 12. 22. 선고 97후990 판결**
어떠한 용어를 특정한 의미로 사용하려고 하는 경우에는 그 의미를 정의하여 사용하는 것이 허용되는 것이므로, 용어의 의미가 명세서에서 정의된 경우에는 그에 따라 해석하면 족하다.

◇ **특허법원 2008. 5. 28. 선고 2007허9019 판결**
특허발명의 청구항에 '발명이 명확하고 간결하게 기재될 것'을 요구하는 특허법 제42조 제4항 제2호의 취지는 특허법 제97조의 규정에 비추어 청구항에는 명확한 기재만이 허용되는 것으로서, 발명의 구성을 불명료하게 표현하는 용어는 원칙적으로 허용되지 않는다.

[분석] 용어 사용의 허용범위와 관련하여 특허명세서에서 어떠한 용어를 특정한 의미로 사용하려고 하는 경우에 그 의미를 명세서에서 정의하여 사용하는 것이 허용되지만, 그러한 정의와 사용이 통상의 기술자에게 이해되고 용인될 수 있는 범위 내에서만 허용된다.

[분석] 화학기호, 수학적 기호, 원자량, 분자식 등은 일반적으로 널리 사용되고 있는 것을 사용하여야 하며, 기술용어는 당해 기술분야에서 일반적으로 인정되고 있는 표준용어를 사용하여야 한다. 특히 당해 기술분야에서 인정된 국제기준이 있는 경우에는 가능한 한 그것을 사용하여야 한다.

[실무] 발명의 설명 내의 용어가 통일되지 않은 경우에는 특허법 제42조 제3항 위반으로 거절이유를 통지하고, 발명의 설명과 청구범위에 기재된 기술용어가 다르거나 청구범위에 기재된 기술용어가 서로 다른 경우에는 특허법 제42조 제4항 위반으로 거절이유를 통지한다.

[실무] 관용적으로 사용되고 있지 않는 기술용어 또는 학술용어에 대하여 발명의 설명에서 정의하지 않고 사용하고 있어서 그 의미가 불명확한 경우에는 특허법 제42조 제3항 위반으로 거절이유를 통지한다.

[사례] 'Punch'라는 용어는 빵을 제조하는 과정에서 반죽의 온도를 균일하게 하고, 신선한 산소를 공급하고 산화숙성을 촉진하기 위하여 반죽의 발효시간이 3분의 2 정도 지났을 때 반죽을 뒤집어 가스빼기하는 공정을 의미하는 사실이 인정되고, 이러한 'Punch'라는 용어가 제빵

업계에서 흔히 사용되는 관용적인 용어인 사실은 당사자 사이에 다툼이 없는바, 그렇다면 출원발명에서 'Punch'라는 용어를 구체적으로 정의하지 않고 사용하고 있더라도 위 용어가 그 업계에서 관용적으로 사용되는 용어인 이상, 이를 두고 특허법 제42조 제3항, 제4항 소정의 명세서 기재불비라고 볼 수는 없다(특허법원 2005. 3. 18. 선고 2004허5962 판결).

[판례] 특허법원 2005. 3. 18. 선고 2004허5962 판결

청구범위에 새로운 기술용어를 사용할 경우에는 그 용어가 기술적으로 어떤 의미를 가지는 것인지 발명의 설명에 기재하여야만 청구범위가 발명의 설명에 의하여 뒷받침되고 있다고 볼 수 있고, 발명의 설명에 통상의 기술자가 쉽게 실시할 수 있을 정도로 발명의 구성이 기재되어 있다고 볼 수 있다.

◇ 특허법원 2005. 3. 18. 선고 2004허5962 판결

청구범위에 사용하는 기술용어가 그 업계에서 통상 관용적으로 사용되는 기술용어인 경우에는 그 용어에 대한 설명을 발명의 설명에 굳이 기재하지 않더라도 통상의 기술자라면 위 관용적 기술용어가 어떠한 기술적 수단을 의미하는지 충분히 이해하고 또한 그 발명을 실시하는 데 아무런 어려움이 없을 것이므로 단지 명세서에 기재가 없다는 이유만으로는 특허법 제42조 제3항이나 제4항에서 말하는 명세서 기재불비에 해당한다고 볼 수 없다.

5.2. 발명의 설명

5.2.1. 발명의 설명의 기재에 관한 일반원칙

특허출원서에 첨부하여 제출하여야 하는 명세서의 발명의 설명은 통상의 기술자가 그 발명을 쉽게 실시할 수 있도록 명확하고 상세하게 기재되어야 한다.[2)]

또한, 발명의 설명에는 그 발명의 배경이 되는 기술을 기재하여야 한다(특허법 제42조 제3항 제2호).

[설명] 2011. 6. 30. 이전 출원의 경우 배경기술을 적지 않아도 거절이유가 되지 않으나, 2011. 7. 1. 이후의 출원에 대하여는 배경기술을 구체적으로 기재하지 않는 경우 특허법 제42조 제3항 제2호 위반의 거절이유가 통지된다.

[판례] 대법원 2006. 6. 27. 선고 2004후387 판결, 1997. 7. 25. 선고 96후2531 판결

특허법 제42조 제3항에서 발명의 설명에는 통상의 기술자가 쉽게 실시할 수 있을 정도로

---

2) 특허법 제42조 제3항 제1호

그 발명의 목적·구성 및 효과를 기재하여야 한다고 규정하고 있는 취지는, 특허출원된 발명의 내용을 제3자가 명세서만으로 쉽게 알 수 있도록 공개하여 특허권으로 보호받고자 하는 기술적 내용과 범위를 명확하게 하기 위한 것이므로 통상의 기술자가 당해 발명을 명세서 기재에 의하여 출원시의 기술수준으로 보아 특수한 지식을 부가하지 않고서도 정확하게 이해할 수 있고 동시에 재현할 수 있는 정도를 뜻한다.

◇ 대법원 2007. 9. 6. 선고 2005후3338 판결, 1993. 4. 13. 선고 92후1233 판결

통상의 기술자가 쉽게 실시할 수 있을 정도라 함은 통상의 기술자가 당해 발명을 명세서 기재에 의하여 출원시의 기술수준으로 보아 특수한 지식을 부가하지 않고서도 정확하게 이해할 수 있고 동시에 재현할 수 있는 정도를 뜻한다.

[사례] 발명의 설명은 청구범위의 내용을 설명하는 것이고 명세서에 첨부된 도면은 특허발명의 이해를 돕기 위하여 실시예의 하나만을 보여줄 수 있는 것이므로 도면 4의 도시 내용이 발명의 설명에 기재된 실시예 중 일부만을 보여주고 있다고 하더라도 그것만으로 통상의 기술자가 발명을 실시할 수 없다고 단정할 수 없으므로 위 사정들을 가리켜 특허법 제42조 제3항에 위반한 기재불비라고는 할 수 없다(대법원 2006. 11. 24. 선고 2003후2072 판결).

[사례] 일반적으로 전기압력밥솥에 의한 취사와 뜸 조정에 있어서 전체 과정에 영향을 미치는 변수로는 취사시간, 압력 및 온도 등이라고 할 수 있으나, 출원발명은 1차 단전 후 재가열 및 재단전을 통한 뜸 조정이라고 하는 기술적 사상의 실시를 설명하기 위하여 시간의 경과를 주된 변수로 설정하고 있으므로, '발명의 구성 및 작용'의 위와 같은 기재 및 도면 도 2에 나타난 각 단계의 상대적 시간 비율을 통하여 통상의 기술자가 위 기술적 사상을 쉽게 실시할 수 있는지를 살펴보아야 한다. 그런데 뜸 조정을 위한 구체적인 단전, 재가열 및 재단전의 적정 시간은 취사량, 압력밥솥의 구조와 특성, 제조회사나 소비자의 기호 등에 따라 달라질 수밖에 없는 점, 취사 및 뜸 조정에 관한 기술이 고도의 정밀성을 요하는 분야에 속한다고 할 수 없는 점을 감안하면, 통상의 기술자라면 총 취사시간과 뜸들이는 과정에서 차지하는 단전, 재가열 및 재단전 시간의 상대적인 비율과 '발명의 구성 및 작용'의 위 기재만으로도 과도한 시행착오나 반복실험 또는 특수한 지식을 부가함이 없이 출원발명의 기술적 사상을 이해하고 재현할 수 있다고 인정된다. 따라서 출원발명의 설명이나 도면에 단전, 재가열 및 재단전의 시간 등 구체적인 조건을 기재한 실시예를 기재하지 않았다고 하여 출원발명이 특허법 제42조 제3항에 규정된 명세서 기재요건을 갖추지 못하였다고 할 수 없다(특허법원 2006. 5. 19. 선고 2005허6214 판결).

[사례] 출원발명은 일반식(I) 화합물을 함유하는 약제학적 조성물의 인식장애 치료제로서의 용

도에 관한 발명으로서 "인식능력 부족을 상당히 반전시켰다"는 기재만 있을 뿐이고 약리데이터의 기재는 전혀 없는바, "인식능력 부족을 상당히 반전시켰다"는 기재는 일반식(I) 화합물의 구체적 약리기전이 밝혀지지 않은 상태라는 점에 비추어 단순히 출원발명 화합물이 인위적으로 유발된 인식장애를 회복시킬 수 있다는 가능성을 확인한 것에 불과하므로, 출원발명의 명세서에는 인식장애 치료제로서의 약리효과가 구체적으로 기재되었다고 볼 수 없다(특허법원 2004. 7. 1. 선고 2003허6562 판결).

[사례] 출원발명은 기관지확장제와 소염제로 각각 알려진 포르모테롤과 부데소나이드를 병용투여하여 천식 등의 호흡기질환 치료제로 활용하는 효과를 발견한 점에 특징이 있는 의약의 용도발명에 해당하며, 이와 같이 두 가지 약물을 병용 투여하는 경우에는 각 약물의 산술적인 효과의 합에 해당하는 이른바 상가(相加)효과가 나타나기도 하고, 때로는 이를 상회하는 상승(相乘)효과 또는 이에 미치지 못하는 상제(相除)효과가 나타나기도 하는데, 출원발명의 출원명세서에는 약리효과와 관련하여, "본 발명은 포르모테롤 (및 그의 생리학상 허용되는 염 및 용매화물) 및 부데소나이드를 흡입에 의해 동시에, 순차로 또는 개별적으로 투여하는 신규 병용 치료의 개념을 기초로 한다. 이러한 병용은 효능을 증가시키고 기관지 확장을 지속시킬 뿐만 아니라, 작용을 신속히 개시시킨다."라고만 기재되어 있는바, 이러한 기재만으로는 출원발명의 혼합조성물이 호흡기질환 치료와 관련하여 상가(相加)효과를 가지는 것인지, 상승(相乘)효과를 가지는 것인지도 알 수 없을 뿐만 아니라, 가사 그것이 상승효과를 가진다는 의미로 해석될 수 있다고 하더라도 개별 조성물을 어떠한 양으로 사용하여 어느 정도의 상승적인 약리효과가 있는 것인지 확인할 수 있는 정량적(定量的) 기재라고는 볼 수 없으므로, 출원발명의 설명은 통상의 기술자가 출원 당시의 기술수준으로 보아 특별한 지식을 부가하지 않고서도 그와 같은 약리효과가 있다는 것을 명확하게 이해하고 이를 반복재현할 수 있도록 기재되었다고 볼 수 없어서 특허법 제42조 제3항에 위배되는 것이다(특허법원 2002. 11. 8. 선고 2002허123 판결).

[사례] 명세서에 유효량, 투여방법, 제제화를 위한 사항이 어느 정도 기재되어 있는 경우에도 그것만으로는 통상의 기술자가 그 의약이 실제로 그와 같은 용도에 어느 정도의 약리효과를 나타내는지 알 수 있다고 볼 수 없는 것이므로 명세서에 약리데이터 또는 그것과 동일시 할 수 있는 정도의 기재를 하여 그 용도의 유용성을 뒷받침할 필요가 있고, 효과는 명세서의 기재를 통하여 확인할 수 있어야 하는 것이므로 명세서에 기재되지 않아 제3자가 직접 실험을 통해서 알아내야 하도록 하였다면 비록 그 내용이 비교적 이해가 쉬운 것이라고 하더라도 이를 적법한 기재가 있는 것과 동일시할 수는 없다(특허법원 2000. 11. 3. 선고 99허5319 판결).

[판례] 대법원 2011. 10. 13. 선고 2010후2582 판결

구성요소의 범위를 수치로써 한정하여 표현한 발명에 있어서, 그러한 수치한정이 단순히 발명의 적당한 실시 범위나 형태 등을 제시하기 위한 것으로서 그 자체에 별다른 기술적 특징이 없어 통상의 기술자가 적절히 선택하여 실시할 수 있는 정도의 단순한 수치한정에 불과하다면, 그러한 수치한정에 대한 이유나 효과의 기재가 없어도 통상의 기술자로서는 과도한 실험이나 특수한 지식의 부가 없이 그 의미를 정확하게 이해하고 이를 재현할 수 있을 것이므로, 이런 경우에는 명세서에 수치한정의 이유나 효과가 기재되어 있지 않더라도 구 특허법 제42조 제3항에 위배된다고 할 수 없다.

[판례] 대법원 2010. 11. 29. 선고 2012후2586 판결

실시의 대상이 되는 발명은 청구항에 기재된 발명을 가리키는 것이라고 할 것이므로, 발명의 설명의 기재에 오류가 있다고 하더라도 그러한 오류가 청구항에 기재되어 있지 아니한 발명에 관한 것이거나 청구항에 기재된 발명의 실시를 위하여 필요한 사항 이외의 부분에 관한 것이어서 그 오류에도 불구하고 통상의 기술자가 청구항에 기재된 발명을 정확하게 이해하고 재현하는 것이 용이한 경우라면 이를 들어 특허법 제42조 제3항에 위배된다고 할 수 없다.

[분석] '실시할 수 있을 정도'는 물건의 발명에서는 그 물건을 제조할 수 있고 사용할 수 있어야 하며, 방법의 발명에 있어서는 그 방법을 사용할 수 있고, 물건을 생산하는 방법의 발명에 있어서는 그 방법에 의하여 그 물건을 제조할 수 있을 정도를 말한다. 실시의 대상이 되는 발명은 '청구항에 기재된 발명'으로 해석된다. 따라서 발명의 설명에만 기재되고 청구범위에 청구항으로 기재하여 청구하고 있지 않은 발명에 대하여 실시 가능하게 기재되어 있지 않을 경우에는 특허법 제42조 제3항 제1호 위반이 되지 않는다. 다만, 청구범위에 기재된 발명과 직접적 관련은 없으나 발명을 이루는 구성요소의 일부를 실시하는 데 필요한 사항에 기재불비가 있는 경우 특허법 제42조 제3항 제1호에 위반된 것으로 본다.

[분석] '쉽게 실시할 수 있을 정도'는 통상의 기술자가 과도한 시행착오나 복잡하고 고도한 시험 등을 거치지 않고 그 발명을 정확히 이해할 수 있고 재현할 수 있을 정도를 말한다.

[판례] 특허법원 2002. 11. 8. 선고 2002허123 판결, 2000. 11. 3. 선고 99허5319 판결

선출원주의를 채택하고 있는 현행 특허법 제도 하에서는 명세서의 기재불비를 출원 이후에 시험성적데이터나 참고자료의 제출로 보완할 수는 없는 것이다.

[판례] 대법원 2001. 6. 26. 선고 97후969 판결, 1996. 6. 14. 선고 95후1159 판결

명세서 기재의 오류는 통상의 기술자가 극히 쉽게 알 수 있는 것이어서 그 오기에도 불구하고 통상의 기술자라면 누구나 그 특허된 발명을 정정된 내용에 따라 명확하게 이해하고 재현할 수 있는 정도에 불과한 것이라고 하더라도 이를 가리켜 명세서의 기재불비가 아니라고 할 수는 없다.

[판례] 대법원 2012. 8. 23. 선고 2010후3424 판결

선택발명의 발명의 설명에는 선행발명에 비하여 이질적이거나 현저한 효과가 있음을 명확히 기재하여야 하며, 위와 같은 효과가 명확히 기재되어 있다고 하기 위해서는 선택발명의 발명의 설명에 질적인 차이를 확인할 수 있는 구체적인 내용이나, 양적으로 현저한 차이가 있음을 확인할 수 있는 정량적 기재가 있어야 한다.

5.2.2. 발명의 목적의 기재

발명의 목적에는 '발명이 속하는 기술분야 및 그 분야의 배경기술'과 '발명이 해결하고자 하는 기술적 과제'에 대하여 기재하여야 한다. 배경기술에 관하여 문헌을 인용하는 경우에는 문헌명과 함께 그 문헌의 내용 중 출원발명과 관련하여 필요한 사항을 구체적으로 기재하여야 한다. 다만, 배경기술이 없는 전혀 새로운 발명에 대해서는 인접한 기술분야의 배경기술을 기재하거나 적절한 배경기술을 알 수 없다는 취지를 기재함으로써 배경기술의 기재를 대신할 수 있다.

[유의] 발명이 속하는 기술분야에는 출원발명이 어느 기술분야에 속하는 것인가를 기재하여야 하며, 가능한 한 관련되는 기술분야도 기재하여야 한다. 이는 해당 기술의 진보성을 파악함에 있어 해당 기술분야의 특이성을 고려할 수 있도록 하기 위한 것이므로 상세하고 구체적으로 기재하여야 한다. 이처럼 배경기술을 명확하게 기재하고 이를 제대로 분석할 수 있어야 나중에 청구범위에 기재할 상위개념의 기술적 용어를 도출할 수 있게 된다.

[유의] 발명의 배경이 되는 배경기술에 대해서는 그 내용을 구체적으로 기재하여야 하며, 문헌이 있는 경우에는 원칙적으로 문헌명(文獻名)도 함께 기재하여야 한다. 발명이나 종래기술의 설명을 위하여 문헌을 인용하는 경우에는 단순히 문헌명만을 인용하여서는 안 되며, 그 문헌의 내용 중 출원발명과 관련하여 필요한 사항을 구체적으로 인용하여야 한다.

[유의] 발명이 해결하고자 하는 기술적 과제에는 배경기술의 문제점을 분석하여 그 문제점으로부터 발명이 해결하고자 하는 과제를 배경기술과 관련하여 기재하여야 한다. 만약 배경기술이 완벽하여 아무런 문제점이 없다면 굳이 새로운 발명을 할 필요도 없기 때문이다. 배경기술을 기재함에 있어 반드시 배경기술의 문제점을 지적하여야 하는 것은 아니지만 적어도 출원발명과의 차이점은 명확하게 부각될 수 있어야 한다.

5.2.3. 발명의 구성의 기재

발명의 구성은 그 발명의 목적 달성을 위하여 필요한 기술적 수단이 그 작용과 함께 기재되어야 한다. 제조방법의 발명인 경우에는 원료물, 처리수단, 목적물의 생성 등 일련의 과정이 일체적으로 연계되어 구체적으로 기재되어 있어야 한다.

[실무] 과제를 해결하기 위한 수단에는 발명의 과제를 해결하기 위하여 어떠한 기술적 수단을 채용하였는가를 기재하여야 하며, 이 기술적 수단이 복수의 수단으로 이루어져 있는 경우에는 이들이 서로 어떠한 관계를 가지는가를 기재하여야 한다. 또한 과제를 해결하기 위한 수단은 원칙적으로 구체적인 수단 그 자체로 표현하여야 하며, 예외적으로 그 수단이 가지는 기능 또는 작용으로 표현하는 기재는 그 외에 발명의 구성을 달리 표현할 적절한 방법이 없고 그 기재로부터 통상의 기술자가 쉽게 그 발명을 실시할 수 있는 경우에 한해서 인정된다.

[분석] 발명의 구성에는 구성 그 자체에 관한 것뿐 아니라 그 기능에 관해서도 기재하여야 한다. 따라서 발명의 구성에는 개개의 기술적 수단이 어떤 기능을 하고 있는지, 또한 이들이 어떻게 서로 관련을 가지고 작용하여 그 과제를 해결하고 있는지 등을 기재하여야 한다.

[분석] 실험데이터를 이용하여 설명하는 경우에는 통상의 기술자가 쉽게 재현할 수 있을 정도로 시험방법, 시험·측정기구, 실험조건 등을 구체적으로 기재하여야 한다. 입수가 곤란한 재료를 사용하는 경우에는 그 제조방법 또는 입수처를 명확히 기재하여야 한다.

발명의 구성에는 통상의 기술자가 그 발명을 쉽게 실시할 수 있도록 하기 위하여 필요한 경우에는 그 발명이 실제로 어떻게 구체화되는가를 나타내는 실시예를 기재하여야 한다. 이때에는 최적 실시예를 중심으로 다양한 실시예를 기재하는 것이 바람직하며 비교예와의 비교분석을 통하여 출원발명의 특징적 구성 및 그에 따른 효과를 기재할 수 있다.

[용어] 실시예(working examples)란 통상의 기술자가 그 발명을 재현할 수 있도록 하기 위하여 발명의 수단을 구체화한 것으로, 발명의 실시형태의 한 구체적인 사례를 의미한다. 즉, 발명자 자신이 실제로 실시해 본 사례 중에서 비교적 바람직한 경우를 말하며, 이 가운데서 가장 바람직한 경우의 예를 최적실시예라고 한다. 실시예의 기재는 가능한 한 다양한

경우를 모두 기재하는 것이 바람직하다.

[용어] 비교예란 발명자 자신이 실제로 실시해 보았으나 비교적 바람직하지 못한 경우의 예를 의미한다. 비교예는 당해 발명과 기술적·시간적으로 가장 가까운 것에 대하여 기재하여야 한다. 또한 이들의 기재시에는 실시예와의 차이를 명확히 하여야 한다. 비교예의 기재도 다양한 경우를 모두 기재하는 것이 바람직하다.

[분석] 청구범위가 포괄적으로 기재되어 있을 때에는 그 기재에 의하여 발명의 구체적인 내용을 이론적, 경험적으로 알 수 있는 경우를 제외하고 그 포괄적 기재에 대응되는 개개의 대표적인 실시예를 기재하여야 한다. 실시예의 기재는 가장 바람직한 최적실시예를 포함하여 다양하게 기재할수록 발명이 구체적인 것으로 인정되고 권리범위를 넓게 기재할 수 있다. 실시예에는 기초적인 데이터 등도 기재하여야 하며, 필요한 경우에는 실험예, 참고예, 응용예 등도 기재하되 이 경우에는 실시예, 비교예, 응용예 등의 차이를 명확하게 기재하여야 한다. 도면을 이용하여 실시예를 설명하는 경우에는 대응개소의 도면의 부호를 기술용어 다음에 ( )로 기재하여야 한다.

[판례] 특허법원 1999. 9. 30. 선고 99허3177 판결

화학분야의 발명은 다른 분야의 발명과 달리 직접적인 실험과 확인, 분석을 통하지 아니하고는 그 발명의 실체를 파악하기 어렵고 또한 그에 따른 효과를 예측하기 곤란한 경우가 많으므로, 이러한 경우에는 명세서에 특정의 출발물질, 온도, 압력, 유입, 유출량 등 당해 발명을 실시하는 데 필요한 구체적인 반응조건과 공정 하에서 직접 실시한 결과인 실시예를 기재하는 것이 요구된다.

[분석] 화학분야의 발명은 청구범위를 총괄적 개념으로 표현하는 경우가 적지 않으므로 이러한 경우에는 명세서에 당해 발명을 실시하는 데 필요한 구체적인 반응조건과 공정 하에서 직접 실시한 결과인 실시예를 기재하는 것이 요구되며, 그러한 실시예의 기재가 없을 경우, 나머지 발명의 설명의 기재만으로 통상의 기술자가 그 발명을 쉽게 실시할 수 없게 되는 수가 많기 때문에 명세서 기재요건을 갖추지 못하게 될 가능성이 많다.

◇ 특허법원 2004. 7. 22. 선고 2003허6432 판결

화학분야의 발명은 다른 분야의 발명과 달리 직접적인 실험과 확인, 분석을 통하지 아니하고는 그 발명의 실체를 파악하기 어렵고, 그에 따른 효과 또한 쉽사리 예측하기 곤란하므로 구체적인 비교실험자료 등에 의하여 그 효과를 주장·입증하여야 한다.

그러나 반드시 '실시예'의 항목으로 구분하여 기재하여야 하는 것은 아니고, 발명의 구성을 통하여 사실상의 실시예가 기재되어 있을 경우에는 실시예로 인정할 수 있으며, 발명의 구성이 극히 구체적이어서 실시예의 기재 유무와 상관없이 그 발명을 쉽게 이해할 수 있으며 과도한 시행착오 없이 반복재현할 수 있다면, 실시예를 별도로 기재하지 아니하였더라도 구성이 불명확한 것으로 인정되지는 않는다.

[판례] 대법원 1986. 9. 9. 선고 85후68 판결

일반적으로 설명서 또는 도면에 신규의 기술방법에 관한 기재를 누락한 것이 아니라 단지 종래의 공지된 기술방법의 기재를 누락한 것에 지나지 아니하여 그 기재 누락 여부에 불구하고 통상의 기술자는 누구나 쉽게 실시할 수 있을 정도라면 등록고안의 목적, 구성, 작용 및 효과를 기재한 것이라고 할 것이어서 그 등록을 무효로 할 수는 없다.

[분석] 발명의 내용을 명확하게 이해하고 인식하여 재현할 수 있는 것일 때는 명세서에 그 기술수단을 구체적으로 기재하지 아니하더라도 명세서의 기재불비로 보지 않는다.

[판례] 특허법원 2004. 5. 21. 선고 2003허3822 판결

특허출원서는 출원 당시의 기술수준을 기준으로 하여 통상의 기술자라면 누구든지 출원된 발명의 내용을 명확히 이해하고 이를 재현할 수 있는 정도의 기재가 있으면 충분하다.

◇ 특허법원 2006. 8. 31. 선고 2005허7767 판결

발명의 설명의 기재와 관련하여 통상의 기술자가 그 발명을 재현할 수 있도록 하기 위하여 필요한 경우 그 발명의 실시형태를 구체적으로 보여주는 실시예나 실험예를 기재할 수 있으나, 청구범위를 뒷받침하는 모든 실시예와 실험예를 기재하여야 하는 것은 아니고, 실시예와 실험예를 기재하지 않더라도 통상의 기술자가 직접적인 실험과 확인, 분석을 통하지 아니하고서도 발명의 실체를 파악하고 그에 따른 효과를 예측할 수 있어서, 그 발명을 재현할 수 있다면 반드시 실시예와 실험예를 기재하여야 하는 것도 아니다.

[사례] 도 4에 나타난 고무로 된 스프링요소(5)와 금속으로 된 중간가로대(3)의 결합구성은 고무와 다른 물체를 결합하는 구성이 공지의 기술이어서, 발명의 설명에 그 구체적인 실시예가 기재되어 있지 않다고 하더라도 통상의 기술자가 이를 쉽게 실시할 수 있다(특허법원 2004. 12. 17. 선고 2004허3386 판결).

[판례] 대법원 2002. 10. 22. 선고 2001후3255 판결

의약은 특별한 사정이 없는 한 통상의 방법에 따라 여러 형태 즉, 경구투여용 알약, 분말 및 용액, 국소투여용 연고, 용액 및 분무제 등의 형태로 약제화하여 필요에 따라 적절히 선택할 수 있다는 것은 그 기술분야에서 주지의 사실이다.

[사례] 선행발명 1의 경우에도 오플록사신의 중간체로 사용되는 항균제에 대하여 이병 치료용 수성 국소 제제의 형태가 개시되어 있고, 특허발명의 명세서 본문에는 "본 발명의 국소 제제의 투여형태에는 분무제, 이성용제(고실내 주입 및 점이제), 연고 등이 포함된다"고 하여 점이제 즉, 수성제제나 연고제 등을 대등한 것으로 기재하고 있는데, 선행발명 3에도 오플록사신의 외용 연고제가 개시되어 있으며, 청각기의 형상과 구조상 연고제보다 점이제가 더 쉽게 적용될 것이라는 점 등을 종합하면, 이병 치료제의 경우 경구투여용 제제에서 국소투여용 수성제제의 구성을 생각해내는 것은 통상의 기술자에게 용이하다(대법원 2002. 10. 22. 선고 2001후3255 판결).

5.2.4. 발명의 효과의 기재

(1) 일반원칙

발명의 효과에는 발명의 구성에 의해 발생되는 특유의 효과를 기재하여야 하며, 구체적으로는 발명의 목적 달성을 확인할 수 있는 효과, 배경기술에 비하여 보다 유리한 효과가 발생된다는 것을 보여주기 위한 효과 등을 기재하여야 한다.

이때, 명세서에 기재된 작용효과는 단순히 그에 관한 기재가 있는 것만으로는 부족하며 통상의 기술자가 그 기재로부터 그 효과를 객관적으로 인정할 수 있는 것이어야 한다. 따라서 기능성과 관련하여 효과를 주장하고자 할 경우에는 통상의 기술자의 수준에서 충분히 납득할 만한 자료를 제시하는 것을 원칙으로 한다. 이 경우 통상의 기술자의 수준에서 상식적으로 인정할 수 있는 것이거나 신뢰할 수 있는 실험결과를 기재하여야 한다. 다만, 통상의 기술자의 수준에서 자명한 사항은 의견서 등에 의해서도 이를 인정할 수 있다.

[분석] 식품발명에 있어서는 발명의 효과를 어떻게 기재할 것인가가 매우 중요하다. 여타의 발명과 같이 발명의 구성에서 도출되는 특유의 기술적 효과를 기재하는 것 외에도 식품의 기능성에 관한 효과를 기재할 경우에는 통상의 기술자들이 충분히 납득할 수 있는 객관적인 자료를 제시하여야 한다. 여기서 객관적인 자료란 원칙적으로 신뢰도 있는 공인기관의 실험결과를 첨부하는 것을 의미한다. 이때에는 실험에 사용한 기기, 실험방법 및

조건 등에 대해 구체적으로 기재하여야 한다.

[설명] 예컨대, 어떤 식품이 숙취해소에 효과가 있다고 주장하기 위해서는 적어도 다음 중 어느 하나는 충족하여야 한다.

① 식품의 기능성을 주장하기 위한 가장 일반적인 방법으로 공인기관의 실험성적증명서가 첨부되어야 한다. 이를 위해서는 한국식품연구원 등과 같은 신뢰할 만한 기관을 선정하는 것이 중요하다. 통상 국립연구기관의 경우에는 그 실험성적증명서가 신빙성이 있는 것으로 인정된다. 이 경우에도 실험결과가 구체적으로 기재되어 있어 상식적으로 인정될 수 있는 범위 내이어야 한다.

② 그 식품에 사용된 원료 또는 재료가 각각 숙취해소에 효과가 있다는 사실이 신뢰할 수 있는 공인된 자료에 기재되어 있어 통상의 기술자가 객관적으로 인정할 수 있어야 한다.

결국 생약재를 원료로 사용하여 제조한 기능성식품의 경우에는 동의보감 등의 공인된 자료에 기재되어 있는 효능을 중심으로 당해 기능성식품의 효능을 주장하면 별 무리가 없고, 특정물질의 추출로 인한 특이한 효능을 주장할 경우에는 신뢰할 수 있는 실험성적증명서를 첨부하는 것이 원칙이다. 이 경우에도 효능에 관한 기재가 구체적이고 명확하게 기재되어 있어 일반인의 입장에서 상식적으로 이해하고 인정할 수 있는 것이어야 한다.

[실무] 최근 검증되지 않은 효과를 기재한 발명에 대한 심사 강화 필요성이 제기되어 발명의 설명으로부터 발명의 효과를 명확하게 예측할 수 없거나 그 효과 유무에 합리적인 의심이 드는 경우 효과 확인을 위한 심사참고자료 제출을 요청할 수 있고, 심사에 필요한 서류의 제출 요구에도 출원인이 응하지 않을 경우 심사를 보류할 수 있도록 2020. 1. 1. 자로 심사기준을 개정하였다.

[판례] 대법원 2007. 7. 26. 선고 2006후2523 판결, 2007. 7. 26. 선고 2006후2530 판결

의약의 용도발명에서는 그 출원 전에 명세서 기재의 약리효과를 나타내는 약리기전이 명확히 밝혀진 경우와 같은 특별한 사정이 있지 않은 이상, 특정 물질에 그와 같은 약리효과가 있다는 것을 약리데이터 등이 나타난 시험예로 기재하거나 이에 대신할 수 있을 정도로 구체적으로 기재하여야만 명세서의 기재요건을 충족하였다고 볼 수 있다.

[연구] 의약에 관한 용도발명에 있어서는 발명의 설명에 출원시에 약리효과, 유효량 및 투여방법의 기재가 있어야 하며, 약리효과는 원칙적으로 임상시험에 의해서 뒷받침되어야 하나, 발명의 내용에 따라서는 임상시험 대신에 동물시험 또는 시험관내 시험으로 해도 무방하다. 또한 유효량, 투여방법, 제제화를 위한 사항 등은 당해 의약발명을 통상의 기술자가 쉽게 실

시할 수 있을 정도로 기재되어 있어야 한다(의약부문 심사실무가이드).

◇ 대법원 2001. 11. 30. 선고 2000후2958 판결, 2001. 11. 27. 선고 2000후3142 판결
화학발명의 경우에는 당해 발명의 내용과 기술수준에 따라 차이가 있을 수는 있지만 예측가능성 내지 실현가능성이 현저히 부족하여 실험데이터가 제시된 실험예가 기재되지 않으면 통상의 기술자가 그 발명의 효과를 명확하게 이해하고 쉽게 재현할 수 있다고 보기 어려워 완성된 발명으로 보기 어려운 경우가 많다.

[설명] 화학발명의 경우에는 화합물 발명의 합성 여부를 확인할 수 있는 물리화학적 데이터, 의약의 용도발명에는 약리효과를 확인할 수 있는 객관적 자료를 제출해야만 객관적 효과의 확인이 가능하다.

[사례] 출원발명은 '탁솔 또는 탁소테르'와 '독소루비신 및 시클로포스파미드'를 조합하여 투여하는 경우 이를 단독으로 투여하는 경우보다 항암효능이 상승된다는 점에 그 특징이 있다. 약물은 인체 내에서 화학적 변화를 동반하기도 하는 복잡한 생리반응을 거치게 되는데, 서로 다른 두 가지 약물을 동시에 투여할 경우에는 두 약물 간의 상호작용이 수반되어 두 약물을 단독으로 투여하였을 때 나타나는 작용보다 강하게 나타나기도 하고 경우에 따라서는 오히려 약하게 나타나기도 한다. 이와 같은 특성을 고려한다면, 출원발명을 구성하는 성분인 '탁솔 또는 탁소테르'와 '독소루비신 및 시클로포스파미드'가 각각 항암제로서 효과가 있다는 사실이 우선권주장일 이전에 공지되어 있다는 사정만으로는 '탁솔 또는 탁소테르'와 '독소루비신 및 시클로포스파미드'를 조합하여 투여하는 경우 이를 단독으로 투여하였을 때보다 상승된 약리효과를 나타낼 것인지는 통상의 기술자가 쉽게 예측할 수 없으므로, 출원발명은 우선권주장일 이전에 그 약리기전이 밝혀졌다고 할 수 없다. 따라서 출원발명은 그 약리효과에 대한 약리기전이 우선권주장일 이전에 명확히 밝혀졌다고 할 수 없고 발명의 설명에는 출원발명의 약리효과가 약리데이터 등이 나타난 시험예로 기재되어 있거나 이를 대신할 수 있을 정도로 구체적으로 기재되어 있지 아니하여 명세서의 기재요건을 갖추지 못하였다(대법원 2007. 7. 26. 선고 2006후2530 판결).

[판례] 대법원 1996. 10. 11. 선고 96후559 판결, 1996. 7. 30. 선고 95후1326 판결
의약품의 발명에 있어서는 그 약리효과에 대한 기재가 있으면 충분하고 그에 대한 실험데이터나 시험성적표의 기재는 명세서의 필수적 기재요건은 아니다. 다만 특허청 심사관은 통상의 기술자가 출원 당시의 기술수준으로 보아 명세서에 기재된 용도(효과)가 나타나는지 극히 의심스러운 경우에만 비로소 별도의 시험성적표나 실험데이터 등의 제출을 요구할 수 있다.

◇ **대법원 1996. 7. 30. 선고 95후1326 판결**

통상의 기술자가 그 내용을 명확하게 이해하고 인식하여 재현할 수만 있다면 그 효과를 확증하기에 충분한 실험데이터가 기재되어 있지 않다고 하여도 그 명세서의 기재는 적법하다.

[사례] 출원인은 항고심 계속 중에 진술서란 명칭으로 시험성적표를 제출하고 있음을 알 수 있으므로, 출원발명의 출원명세서에는 그 기재불비가 없다. 따라서 의약품발명의 출원명세서에 그 약리효과를 확인 내지 인정할 수 있는 시험 결과 내지 구체적인 데이타 등의 기재가 없다는 이유로 출원명세서의 기재불비가 된다고 할 수는 없는 것이다(대법원 1996. 7. 30. 선고 95후1326 판결).

[연구] 약리효과, 유효량 및 투여방법이 명확하지 않은 명세서에 이를 추가하는 보정은 명세서의 요지를 변경한 것으로 하며, 약리효과가 동물시험, 시험관내 시험에 의하여 기재되어 있는 명세서에 기재되어 있는 범위를 벗어난 임상시험결과를 가하는 보정은 명세서의 요지를 변경한 것으로 한다(의약부문 심사실무가이드 참조).

[판례] 특허법원 2000. 3. 30. 선고 99허1263 판결

의약품에 있어서 이를 이용한 치료방법의 발명은 물질 자체에 대한 발명이 아니라 특정물질이 가지고 있는 의약품으로서의 효과 즉, 특정 질병에 대한 치료, 예방 등의 효과가 있는 것을 발견한 자가 그 내용을 특허출원의 명세서에 의하여 공개되는 대가로 특허권을 부여받는 것이므로, 의약품의 치료방법에 관한 특허의 명세서에는 통상의 기술자가 당시의 기술수준으로 보아 특별한 지식을 부가하지 않고서도 특정물질의 약리효과와 유효량, 투여방법, 제제화, 독성에 관한 사항을 명확하게 이해하고 인식하여 재현할 수 있도록 명세서에 상세하게 기재를 하여야 하는 것이고, 약리효과 등의 기재는 특정물질이 그러한 약리효과 등을 나타내는 약리기전이 명확히 밝혀진 경우에는 이를 기재하면 족하다고 할 것이나, 그와 같은 약리기전이 밝혀지지 아니하는 경우에는 특정물질에 그와 같은 약리적 효과가 있다는 것을 확인하게 된 경위 즉, 구체적인 실험에 의한 경우에는 그 실험의 방법이나 실험결과 등을 기재하여 다른 사람들이 이를 재현함으로써 그와 같은 약리적 효과가 있음을 납득할 수 있도록 하여야 하고, 이와 같이 약리효과 등을 확인할 수 있는 과정을 기재하지 아니한 채 단순히 약리효과 등이 있음을 단정하거나 추정하는 것은 허용될 수 없다.

[판례] 특허법원 2004. 12. 17. 선고 2004허3386 판결

의약발명이 아닌 경우에는 그 효과에 대한 객관적인 기재가 필요한 것이 아니다.

[판례] 대법원 2016. 5. 26. 선고 2014후2061 판결

물건의 발명의 경우 그 발명의 '실시'라고 함은 그 물건을 생산, 사용하는 등의 행위를 말하므로, ① 물건의 발명에서 통상의 기술자가 특허출원 당시의 기술수준으로 보아 과도한 실험이나 특수한 지식을 부가하지 않고서도 발명의 설명에 기재된 사항에 의하여 물건 자체를 생산하고 이를 사용할 수 있고, ② 구체적인 실험 등으로 증명이 되어 있지 않더라도 특허출원 당시의 기술수준으로 보아 통상의 기술자가 발명의 효과의 발생을 충분히 예측할 수 있다면 특허법 제42조 제3항 제1호에서 정한 기재요건을 충족한다고 볼 수 있다.

(2) 식품의 관능적 효과의 경우

① 이화학적·기계적 분석

식품의 관능적 효과인 색, 향미, 맛, 점도, 조직감 등은 이화학적·기계적 측정 및 분석을 통해 확인이 가능하다. 이를 위해 통상의 기술자가 그 발명을 쉽게 재현할 수 있을 정도로 방법, 기구, 조건 등을 구체적으로 기재하여야 하고, 그 분석결과에 따른 효과의 유효성을 충분히 뒷받침할 수 있도록 명확하고 상세하게 기재하여야 한다.

관능적 효과 분석에 사용될 수 있는 분석기기의 예는 아래와 같다.

- 색 : 색도계(colorimeter), 분광측색계(sprctrophotometer) 등
- 향미 : 가스크로마토그래피(gas chromatography), 전자코(electronic nose) 등
- 맛 : 굴절계(refractometer; 당도, 염조), 염도계(salinity meter; 염도), pH미터(pH meter; 산도) 등
- 점도/조직감 : 점도계(viscometer), 아밀로그래프(amylograph), 유동계(rheometer), TPA(texture profile analysis) 등

[사례] 화학두유의 제조과정 중 전분 가수분해효소를 첨가하여 감미가 증가된 가공 두유를 제조하는 방법의 경우, 콩의 전분은 전분 가수분해효소에 의해 상대적으로 감미도가 높은 저분자 당류로 분해되고 이는 굴절률의 변화로 이어지므로, 두유의 감미가 증가한다는 관능적 효과의 근거는 굴절계를 통해 특정된 두유의 Brix(°Bx) 값의 변화에 의해 해명된 것으로 본다.

② 관능검사

식품의 관능적 효과는 시각, 미각, 후각 등 인간의 감각기관을 이용한 관능검사를 통해서도 확인할 수 있다. 이를 위해 적절한 수의 훈련된 패널에 의한 구체적인 관능검사법을 발명의 설명에 기재하여야 하고, 검사결과를 수량으로서 기재하되 그 검사결과에 따른 효과의 유효성을 충분히 뒷받침할 수 있도록 명확하고 상세하게 기재하여야 한다.

아래와 같은 경우에는 일반적으로 관능검사가 필요하다.

- 발명의 효과로서 식품의 관능적 특성을 주장하고 있으나, 이에 관한 기기분석 결과가 제시되지 않았고 그 효과가 통상의 기술자에게 자명하지도 않은 경우
- 기기분석 결과와 관능적 특성 간 상관관계가 부족한 경우
- 기계적으로 분석이 곤란하거나 복합적인 관능적 특성(예: 쓴맛, 떫은맛, 김치의 군내 등)
- 기호도 평가가 필요한 경우

[용어] 식품의 색깔, 맛, 향기 등에 대해서 그 품질을 인간의 감각에 의하여 측정하거나 식품에 대한 인간의 기호를 조사하는 방법을 관능검사법이라 하고, 관능검사를 행하기 위한 검사원이나 심사원의 집단을 패널(Panel)이라 하며, 패널에서 식품의 품질이나 기호 등을 측정하는 관능검사를 패널테스트(Panel Test)라 한다.

[분석] 식품발명에 있어서 후각이나 미각 등에 있어서 우수한 효과를 입증하기 위하여 패널테스트 결과를 수치화한 관능적 효과를 기재하는 경우가 있는데, 이때에도 그 조건을 엄격히 설정하고 신뢰할 수 있는 공인검사기관의 검증을 거치는 것이 원칙이다.

[사례] 글루타민산나트륨에 X라고 하는 물질을 일정량 균일하게 혼합하여 정미력을 증강시키는 방법에 있어서, 글루타민산나트륨 단독, X 단독, 또는 글루타민산나트륨에 일정량의 X를 첨가한 것의 경우, 상기 3종의 시료에 의하여 실시한 패널테스트의 구체적 방법 및 결과가 명시되어 있고, 글루타민산나트륨에 일정량의 X를 첨가한 것의 효과가 글루타민산 단독 또는 X 단독의 효과와 객관적으로 식별이 가능하면 패널테스트에 의하여 발명의 작용효과가 확인되는 것으로 본다.

[용어] 출원발명의 청구범위에 기재된 바와 같이 '……에 있어서' 형식의 청구항 기재방법을 젭슨 청구항(Jepson type claim)이라고 한다. 청구항의 전문에 발명의 전제로서 선행기술

의 구성을 인용하고 개량된 점을 부각시키도록 하는 개량발명에 주로 사용된다. 개량발명에서 선행기술을 설명하지 않으면 그 발명의 신규한 내용을 명확히 기재할 수 없는 경우, 청구항의 첫 부분에 공지기술을 기재하고 본문에는 새롭거나 개량된 기술을 기재하는 형식이다. 우리나라에서 가장 일반적으로 사용되고 있는 청구항의 기재형식으로, 당해 발명과 종래기술의 관계를 알기 쉽게 하고, 출원발명의 기술적 특징부분을 명확하게 표현하는 장점이 있다.

일반적인 기재형식은 '(종래기술 또는 상위개념)……에 있어서, ……하는 것을 특징으로 하는 ……(발명의 명칭과 일치시키는 표현)'과 같다.

(3) 식품의 기능적 효과

영양소 조절 또는 생리학적 작용 등과 같은 식품의 기능성 또는 새로운 용도를 인정받기 위해서는 시험관내(*in vitro*) 실험, 동물 실험, 또는 생체지표(biomarker)를 이용한 다양한 시험예 등을 통해 효과의 유효성을 충분히 뒷받침할 수 있도록 명확하고 상세하게 기재하여야 한다.

[사례] X 성분을 유효성분으로 함유하는 혈당 강하용 식품조성물의 경우, 발명의 설명에 X 성분에 의한 혈당강하기능이 있음을 뒷받침하는 객관적인 실험결과를 제시한 경우, 이러한 X 성분을 유효성분으로 함유하는 식품조성물의 혈당강하 효과가 확인된 것으로 본다. 다만, 식품조성물에 포함되는 X 성분의 함량이 현저하게 미비하여 식품조성물에 대한 효과가 의문시되는 경우 기재불비를 이유로 거절이유를 통지할 수 있다.

[사례] 출원발명은 양자 에너지 발생 물질을 포함하는 음용수의 제조방법에 관한 것으로, 출원발명을 통상의 기술자가 과도한 실험이나 특수한 지식을 부가하지 않고서도 명세서의 기재에 의하여 당해 발명을 정확하게 이해할 수 있고 동시에 재현할 수 있는 정도가 되기 위해서는 단순히 양자 에너지 발생 물질을 포함하는 음용수를 제조할 수 있는 것에 그치는 것이 아니라, 이렇게 제조된 음용수의 고유한 효과(폐렴구균, 포도상 구균을 죽이고, 포진, 아토피 등의 피부병을 완치시키고 등)를 직접적으로 확인할 수 있는 객관적인 자료가 제시되어 있어야 한다(특허심판원 2014. 5. 16.자 2013원6627 심결).

(4) 주의사항

다음의 경우는 효과가 적절하게 기재된 것으로 보지 않는다.

① 발명의 효과가 형식적으로도 기재되어 있지 않고 발명의 설명의 기재내용으

로부터도 그 효과를 파악할 수 없는 경우

② 특정방법에 의해 얻어진 측정치가 발명의 효과로 기재되어 있으나 그 측정방법이 불명료하여 발명의 효과를 인정할 수 없는 경우

③ 발명의 효과로서 기술적으로 뒷받침되지 않는 경제적인 효과만이 기재되어 있는 경우

④ 기능성과 관련하여 사용하는 재료들의 공지의 효과만을 기재하고 있거나 발명의 효과를 추상적으로 기재하고 있을 뿐, 실제 발명에 의해 제조된 물에서 목적하는 효과가 얻어졌음을 충분히 뒷받침하고 있지 않은 경우

[실무] 명세서 기재만으로 청구항에 기재된 발명의 구성이나 구성 간의 결합관계를 명확히 파악할 수 있는 경우에도 발명의 목적이나 효과가 기재되어 있지 않거나 불분명한 경우에는 그 발명을 쉽게 실시할 수 없는 것으로 보아 명세서 기재불비로 판단한다. 다만, 발명의 목적이나 효과에 대하여 직접적 기재가 없더라도 통상의 기술자가 명세서 전체로 보아 발명의 목적이나 효과를 쉽게 파악할 수 있고, 그 발명을 쉽게 실시할 수 있는 경우에는 기재불비로 취급하지 않는다.

5.2.5. 기타 발명의 설명 기재시 유의사항

(1) 수치한정의 기재

조성물로 된 식품의 발명과 관련하여 발명의 구성 및 실시예를 기재함에 있어서는 한정한 수치에 따른 특징적인 효과가 있을 경우 이러한 수치한정에 따른 기술적 의의를 기재하는 것이 원칙이다. 다만, 한정된 수치로부터 통상의 기술자가 기술적 의의를 충분히 유추할 수 있을 때에는 그러하지 아니하다. 기술적인 의의를 기재할 때는 구성상의 곤란성, 미각, 효능 또는 경제적 효과 등의 관점에서 구별될 수 있는 특징을 기재하도록 한다.

[설명] 조성물로 된 식품의 발명에 있어서는 수치한정이 필연적이라고 할 수 있는데, 이 경우에는 원칙적으로 수치한정을 하는 기술적 의의가 기재되어 있어야 한다. 예컨대, A라는 구성요소를 20~30중량%로 한정하는 경우에는 그 이외의 수치와는 구별되는 효과 등이 기재되어야 한다. 그렇지 않을 경우에는 수치한정을 하였다고 하더라도 기술의 특이성을 인정하지 않는다. 다만, 재료 자체가 신규한 것이고 기술적 의의가 별도로 기재되어 있지 아니하여도 그에 따른 효과가 충분히 유추될 수 있을 때에는 반드시 기술적 의의를 기

재하여야 하는 것은 아니다.

[주의] 어떤 기술적 수단에 대하여 수치를 한정할 경우에는 반드시 그 수치를 한정한 이유를 기술적인 관점에서 명확하게 기재하여야 한다.

[실무] 기술적 의의가 인정되기 위해서는, 그 수치범위에 현저한 작용효과가 있다고 하는 것만으로는 충분하지 않고 그 범위 내에서는 모든 점에서 현저한 작용효과가 있다고 하는 것이 확인되든지 적어도 추인되는 것이 필요하다. 따라서 조성물의 발명에 있어서는 기술적 의의가 명확히 나타날 수 있도록 명세서의 작성에 특히 유의하여야 한다.
실제로 식품분야에서 출원되는 발명의 대부분이 수치한정을 수반하는 조성물에 관한 발명임을 감안하면 기술적 의의에 대한 기재의 중요성은 아무리 강조해도 지나치지 않다.

(2) 제조방법의 기재

식품발명에 있어서는 원칙적으로 하나 이상의 제조방법이 기재되어 있어야 한다. 그 제조방법은 원료물질, 제조조건 및 경우에 따라서는 제조장치 등 필요한 사항을 포함하여 통상의 기술자가 쉽게 실시할 수 있을 정도로 구체적으로 기재되어야 한다.

5.3. 청구범위

5.3.1. 일반원칙

(1) 청구범위에는 보호를 받고자 하는 사항을 기재한 항이 1 또는 2 이상 있어야 하며, 청구항은 발명의 설명에 의하여 뒷받침되고, 발명이 명확하고 간결하게 기재되어야 한다(특허법 제42조 제4항).

[실무] 청구범위에는 ① 청구항의 기재내용이 명확하게 기재되어야 하고, ② 발명의 구성요소 상호간의 결합관계가 명확히 파악되어야 하며, ③ 각 청구항마다 기재된 발명의 카테고리가 명확해야 한다. 또한 ④ 상업상의 이점이나 판매지역, 판매처 등 발명의 기술적 구성과 관계가 없는 사항이 기재되어서는 안 되고, ⑤ 발명의 구성을 기재하지 않고 발명의 설명 또는 도면의 기재를 대용하지 않으면 적절하게 기재할 수 없는 경우를 제외하고는 대용이 인정되지 않는다.

[판례] 특허법원 2006. 7. 13. 선고 2005허8302 판결
청구범위는 발명의 실체를 이루는 기술내용을 설명하는 사항이 아니라 발명의 설명에 의

하여 개시된 기술구성을 토대로 어떠한 범위를 권리로 청구하는지를 나타낸 사항이다.

◇ 특허법원 2000. 10. 12. 선고 98허8830 판결, 2000. 10. 12. 선고 98허8854 판결

발명의 구성에서 수치를 한정하여 기재하지 아니하는 경우에는 청구범위가 광범위하게 되는 결과 그 발명의 구성이 신규성이나 진보성이 없게 될 가능성이 많아지기는 하겠지만 발명의 구성에 있어서 수치한정을 하지 않았다고 하여 그 기재자체가 불명확하게 된 것이라고 할 수는 없다.

[판례] 대법원 2006. 11. 24. 선고 2003후2072 판결, 2006. 11. 24. 선고 2003후2089 판결

어떤 구성요소를 청구범위의 구성요소의 하나로 포함시켜 특허요건의 판단에 있어서는 유리하지만 권리범위는 좁아지게 할 것인지 아니면 어떤 구성요소를 청구범위의 구성요소로 기재하지 아니함으로써 권리범위를 넓히되 특허요건의 판단에 있어서 불리한 처지에 설 것인지는 출원인의 의사와 판단에 달린 문제이다.

[판례] 대법원 2003. 8. 22. 선고 2002후2051 판결, 2001. 6. 29. 선고 2000후631 판결

특허법 제42조 제4항은 특허출원된 발명의 내용을 제3자가 명세서 만에 의하여 쉽게 알 수 있도록 공개하여 특허권으로 보호받고자 하는 기술적 내용과 범위를 명확하게 하기 위한 것이다.

◇ 특허법원 2006. 11. 1. 선고 2005허10435 판결

발명의 설명에 기재되어 있지 않거나 그 명세서만으로는 청구항에 속한 기술구성이나 그 결합 및 작용효과를 일목요연하게 이해할 수 없는 경우에는 발명의 설명에 의하여 뒷받침된다고 할 수 없고, 또한 청구항은 발명의 설명에 기재한 내용 중 보호받고자 하는 사항을 하나의 발명마다 하나의 청구항에 기재하여야 하며, 나아가 장치나 물건의 청구항과 방법의 청구항을 구분하여 서로 다른 청구항에 기재하지 아니하고 하나의 청구항에 기재하는 경우, 청구항에 기재된 발명의 구성요소 그 자체의 의미가 불명확하거나 구성요소 상호간의 결합관계가 불명확하다면 발명이 명확하고 간결하게 기재된 것이라 할 수 없다.

[사례] 제1항 발명의 청구범위는 '도파민 D3 수용체 길항제'에 포함되는 여러 화학물질들 중 단지 2종의 화합물에 한하여 발명의 설명에서 그 약리효과가 구체적으로 뒷받침되고 있을 뿐 나머지 화학물질에 관하여는 그 약리데이터가 구체적으로 뒷받침되고 있지 않아서, 제1항 발명은 발명의 설명에 기재되지 않은 사항 내지 기재된 사항의 범위보다 넓은 사항을 권리로 청구하고 있는 것이므로 발명의 설명에 의하여 뒷받침되지 않는다. 또한 제1항 발명은 '도파민

D3 수용체 길항제'에 포함되는 화합물을 화학구조로 특정하여 표시할 수 있음에도 불구하고 이를 성질 또는 작용으로 표현함으로써 출원 당시에 공지된 화합물뿐만 아니라 출원 당시에는 그 존재 및 효과를 전혀 예측할 수 없었던 장래에 개발될 수많은 화합물까지 모두 위 '도파민 D3 수용체 길항제'에 포함되는 결과가 되고, 그와 같은 장래 개발될 화합물이 위 2종의 화합물과 동일한 정도의 임상적 상관관계를 나타낼 것이라고 예측할 수 없으므로, 그러한 점에서도 발명의 설명에 의하여 뒷받침되지 않는다(특허법원 2008. 9. 25. 선고 2008허514 판결).

[판례] 대법원 2006. 11. 24. 선고 2003후2072 판결, 2006. 11. 24. 선고 2003후2089 판결

특허발명의 청구항이 '어떤 구성요소들을 포함하는 것을 특징으로 하는 방법(물건)'이라는 형식으로 기재된 경우, 그 특허발명의 청구항에 명시적으로 기재된 구성요소 전부에 더하여 기재되어 있지 아니한 요소를 추가하여 실시하는 경우에도 그 기재된 구성요소들을 모두 포함하고 있다는 사정은 변함이 없으므로 그와 같은 실시가 그 특허발명의 권리범위에 속함은 물론이며, 나아가 위와 같은 형식으로 기재된 청구항은 명시적으로 기재된 구성요소뿐 아니라 다른 요소를 추가하여 실시하는 경우까지도 예상하고 있는 것이라고 볼 것이다.

[사례] 제1항 발명은 '……을 포함하여 이루어지는 것을 특징으로 하는 방법'과 같이 기재되어 있어, 명시적으로 기재된 구성요소 외에 다른 요소들을 추가하여 실시하는 것까지도 예정하고 있는 것이다(대법원 2006. 11. 24. 선고 2003후2072 판결, 2006. 11. 24. 선고 2003후2089 판결).

◇ 특허심판원 2006. 6. 12.자 2006보22 심결

'……을 포함하는'의 표현은 영문 클레임에서 'comprising'에 해당하는 표현으로서, 청구범위에 기재된 구성성분들로만 이루어진 대상물만 그 권리의 대상으로 하는 폐쇄형 표현인 '……로 이루어지는'(consist of)과 달리, 발명의 기본적인 사상이 동일한 범위 내에서 청구범위에 기재되지 아니한 성분들도 구성성분으로 포함되어 그 권리의 대상으로 해석되어질 수 있는 개방형 표현의 기재형식이다.

[분석] 특허를 받고자 하는 발명의 파악은 출원인이 자신의 의사에 의하여 선택한 청구범위의 기재를 존중하여 각 청구항에 기재된 사항에 근거하여 이루어져야 하며, 청구항의 기재가 불명료하거나 기술용어의 의미·내용이 불명확한 경우에 발명의 설명 또는 도면의 기재를 참작할 수는 있으나 청구범위의 기재를 벗어나 발명의 설명에 개시된 발명의 목적, 구성, 효과로부터 청구항에 기재된 발명을 파악해서는 안 된다.

[분석] 심사단계에서 발명의 설명의 기재가 청구범위와 일치하지 아니하거나 청구범위의 기재 전부에 대응하지 아니하는 경우에도 발명의 설명의 기재와 분리하여 청구범위의 기재를 출원인의 의사로 파악하고 신규성 및 진보성 등의 특허요건을 심사한다. 물론 이 경우에도 청구범위의 기재불비에 해당하여 거절될 수 있음은 물론이다.
따라서 청구범위는 발명의 설명에 의해 뒷받침되는 범위 내에서 출원발명에 없어서는 아니 되는 발명의 특징적인 구성이 전부 기재되도록 하여야 한다.

[적용] 발명의 설명의 기재에 의하면 신규성 및 진보성이 충족될 수 있는 기술구성이 충분히 도출될 수 있더라도 청구범위의 기재가 광범위하게 기재되어 있으면 신규성 및 진보성이 결여되어 특허를 받지 못하게 되는 경우가 비일비재하다. 더불어 이 경우에는 발명의 설명에 의해 뒷받침되지 아니하거나 미완성 발명에 해당되어 거절되는 것이 일반적이다.

[판례] 대법원 2008. 10. 23. 선고 2006후1506 판결
실용신안등록의 요건을 판단하기 위한 고안의 기술구성은 청구범위의 기재와 발명의 설명을 기초로 하여 확정하여야 한다.

◇ 대법원 2008. 6. 26. 선고 2006후1896 판결, 2007. 6. 14. 선고 2007후807 판결
특허의 요건을 판단하기 위한 발명의 기술구성은 특별한 사정이 없는 한, 청구범위의 기재를 기초로 확정하여야 하며, 발명의 설명이나 도면 등 다른 기재에 의하여 청구범위를 제한 해석하는 것은 허용되지 않는다.

[분석] 미국 특허청의 심사기준에도 등록결정된 다음에는 명세서, 출원경과, 선행기술 및 다른 청구범위를 참조하여 청구범위를 해석하지만, 심사과정에서는 청구범위의 용어가 합리적으로 허용하는 만큼 넓게 해석하도록 하고 있는데, 이는 출원인은 보다 정확한 청구범위를 기재하기 위하여 청구범위를 보정할 수 있는 기회가 있기 때문에 심사과정에서 청구범위를 넓게 해석하는 것은 출원인에게 불공정하다고 할 수 없기 때문으로 풀이된다.

[분석] 청구범위의 해석은 특허의 유·무효 판단시 행해지는 해석(Analysis)과, 발명의 보호범위를 확정하기 위해서 행해지는 해석(Interpretation)으로 구분되는데, 특허의 유・무효 판단시 행해지는 해석(Analysis)의 경우에는 출원인이 출원시 청구범위를 넓게 작성해서 권리를 크게 보호받기를 원하기 때문에 청구범위에 기재된 문언 자체를 중심으로 각각의 구성요소를 선행발명과 대비하여 판단하여야 하나, 발명의 보호범위를 확정하기 위해서 행해지는 해석(Interpretation)의 경우에는 청구범위를 중심으로 판단하되 발명의 설명을 참작할 수 있다.

[분석] 청구범위의 기재만으로는 특허의 기술적 구성을 알 수 없거나 알 수는 있더라도 기술적 범위를 확정할 수 없는 경우에는 청구범위에 발명의 설명이나 도면 등 명세서의 다른 기재부분을 보충하여 명세서 전체로서 특허의 기술적 범위 내지 권리범위를 확정하여야 하지만, 청구범위의 기재가 명확히 이해할 수 있고 누가 보더라도 그 기재가 오기임이 발명의 설명의 기재에 비추어 보아 명확하다고 할 수 없는 경우에는, 특허 등록의 유·무효 판단을 위한 특허발명의 요지를 인정함에 있어서 청구범위의 기재를 기초로 하여야 할 뿐, 발명의 설명의 기재에 의하여 이를 보완 해석할 수는 없다.

[분석] 특허요건 판단시에는 청구범위의 기재 자체를 중심으로 특허발명의 기술요지를 파악하여야 하나, 청구범위의 기재가 명확히 이해될 수 없고, 누가 보더라도 그 기재가 오기임이 발명의 설명의 기재에 비추어 보아 명확하다고 할 수 있는 경우에만 발명의 설명을 참작하여 청구범위를 해석하여야 한다. 실무에서는 특허명세서를 일견하여 대체적인 기술내용을 이해한 다음에는 청구범위에 기재된 내용을 중심으로 발명의 기술요지를 파악하고 있다.

[사례] 특허발명의 청구범위에는 떡소로서 '크림'을 이용하거나 '크림'을 주입한다고만 기재되어 있을 뿐이며 이를 특별히 한정하는 기재는 없고, 특허발명의 기술분야와 같은 떡류를 포함한 과자류에서 '크림'이라고 함은 우유에서 분리한 지방분 또는 이것을 원료로 하여 다른 재료를 배합한 식품을 의미함을 알 수 있으며, 팥소보다 수분함량이 많은 크림은 떡소로 사용하지 않는다는 것이 그 분야의 기술상식이라고 볼 만한 사정도 없다. 그러므로 특허발명의 청구범위에 기재된 '크림'은 수분함량과 관계없이 우유에서 분리한 지방분 또는 여기에 다른 재료를 배합한 식품이라는 의미로 통상의 기술자에게 명확히 이해되는 용어에 해당할 뿐, 발명의 설명의 항목에 있는 기재 등을 참작하지 아니하면 이해할 수 없는 용어라거나 그 기재가 오기임이 발명의 설명의 기재에 비추어 보아 명확하다고 할 수 없다. 그렇다면, 특허발명의 설명의 항목에만 기재되어 있는 '팥소 대신 보존성이 우수한 크림류를 이용한다.'는 취지의 사항을 들어 특허발명의 청구범위에서 말하는 '크림'을 위와 같이 한정하여 해석한 원심판단은 청구범위의 해석 및 명세서의 기재요건에 관한 법리를 오해한 위법이 있다(대법원 2004. 12. 9. 선고 2003후496 판결).

[분석] 청구범위에 기재된 '크림'은 기능적 표현이 아닐 뿐만 아니라 그 의미가 명백하므로, 비록 발명의 설명에 포괄적 개념인 '크림' 중 일부에 관하여 우수성이 기재되어 있는 것만으로는 청구범위의 '크림'을 발명의 설명에 기재된 '크림'으로 제한 해석할 수는 없다.

[판례] 대법원 2006. 10. 26. 선고 2004후2260 판결, 2001. 11. 27. 선고 99후468 판결

특허출원절차에서 심사의 대상이 되는 특허발명의 기술내용의 확정은 특허출원서에 첨부한 명세서의 청구범위에 기재된 사항에 의하여 정하여지는 것이 원칙이지만, 그 기재만으로 특허를 받고자 하는 발명의 기술적 구성을 알 수 없거나 알 수 있더라도 기술적 범위를 확정할 수 없는 경우에는 발명의 설명이나 도면 등 명세서의 다른 기재부분을 보충하여 명세서 전체로서 특허발명의 기술내용을 실질적으로 확정하여야 한다.

◇ 대법원 2006. 11. 24. 선고 2003후2072 판결, 2006. 11. 24. 선고 2003후2089 판결

특허발명의 청구범위가 청구항의 기재만으로는 기술구성을 알 수 없거나 설사 알 수는 있더라도 그 기술적 범위를 확정할 수 없는 경우에는 청구범위에 발명의 설명이나 도면 등 명세서의 다른 기재부분을 보충하여 명세서 전체로서 특허의 기술적 범위 내지 그 권리범위를 실질적으로 확정하여야 한다.

[판례] 특허법원 2008. 4. 17. 선고 2007허7624 판결

청구범위가 불명료한지 여부는 고안의 구성을 나타내는 청구범위에 사용된 용어 등이 불명료하게 표현되었는지 여부에 따라 결정될 것이고, 고안의 성격에 따라 고안의 보호범위와 기술구성을 적절히 나타내기 위해서는 불가피하게 청구범위에 도면을 인용하거나 직접 도면이나 그림으로 도시할 수밖에 없는 경우가 있을 수 있는 점, 추상적 기술사상을 설명하면서 구체적 형상을 한정할 필요가 있는 경우에 그 형상을 글이 아닌 기호 등으로 표현하는 방식(X자형, L자형 등)이 일반적으로 이용되고 있는 점 등을 고려할 경우 청구범위에 그림이나 도면으로 고안의 구성을 표현하였다는 사유만으로 고안이 불명료하게 되었다고 할 수 없다.

[분석] 특허법원 2008. 4. 17. 선고 2007허7624 판결은 청구항에 도면을 도시하여 구성으로 나타내더라도 발명의 구성을 명확하고 간결하게 기재한 것으로 인정하여 명세서 기재요건을 충족하였다고 판단한 최초의 사례로 그 기준을 제시하였다는 점에 의의가 있다.

◇ 특허법원 2005. 7. 8. 선고 2005허2380 판결

청구범위는 발명의 설명 또는 도면의 기재를 인용하지 않으면 적절하게 기재할 수 없는 경우가 아닌 한, 발명의 설명 또는 도면의 기재를 인용할 수 없다.

[분석] 청구범위는 원칙적으로 발명의 설명 또는 도면의 기재를 인용할 수 없다.

[사례] 출원발명의 청구범위는 청구항 1.이라는 항목 아래에 '독립항 1. 액체를 형태 변형하여 이용하고 에너지화한 지적 범위, 1.에 종속항 도면 1, 2에서 [그림 1, 2, 3, 4, 5, 6]의 물뽑개'

라고 기재되어 있어서, 그 구체적인 구성은 차치하고 그 청구범위가 하나의 항으로 되어 있는지 두 개의 항으로 되어 있는지 조차 불분명하다. 그 구체적인 구성에 있어서도 청구범위는 발명의 설명 또는 도면의 기재를 인용하지 않으면 적절하게 기재할 수 없는 경우가 아닌 한 발명의 설명 또는 도면의 기재를 인용할 수 없는데, 출원발명은 그 청구범위에는 구성이라고 볼 수 있는 요소를 전혀 기재하지 않은 채 도면을 인용하고 있을 뿐만 아니라, 별지 기재 도면에도 출원발명의 구성이라고 볼 수 있는 요소가 도시되어 있지 않아 도면의 기재를 인용하지 않으면 적절하게 기재할 수 없는 경우에 해당하지 않아서 그 청구범위가 발명의 구성에 없어서는 아니 되는 사항만으로 기재되어 있지 않고, 위와 같이 그 청구범위의 구성을 전혀 알 수 없어 그 청구범위가 발명의 설명에 의하여 뒷받침된다고 볼 수도 없어서 출원발명은 특허법 제42조 제4항 제1, 3호에서 요구하고 있는 청구범위 기재요건을 갖추지 못하고 있다. 한편 위에서 본 바와 같이 출원발명은 그 청구범위에 기재된 발명이 무엇인지를 전혀 알 수 없어서 발명의 설명에 그 발명을 쉽게 실시할 수 있을 정도로 그 목적·구성 및 효과가 기재되어 있다고 볼 수도 없다. 따라서 출원발명의 청구범위에는 특허법 제42조 제4항 제1, 3호에 해당하는, 발명의 설명에는 특허법 제42조 제3항에 해당하는 각 기재불비사유가 있다(특허법원 2005. 7. 8. 선고 2005허2380 판결).

[판례] 대법원 2007. 9. 6. 선고 2005후1486 판결

청구범위가 기능, 효과, 성질 등에 의한 물건의 특정을 포함하는 경우 통상의 기술자가 발명의 설명이나 도면 등의 기재와 출원 당시의 기술상식을 고려하여 청구범위에 기재된 사항으로부터 특허를 받고자 하는 발명을 명확하게 파악할 수 있다면 그 청구범위의 기재는 적법하다.

[판례] 특허법원 2005. 6. 23. 선고 2004허4730 판결

하나의 청구항에 2 이상의 구성요소를 택일적으로 기재하기 위해서는 그 구성요소들이 발명의 구성에 없어서는 아니 되는 사항으로 상호 유사한 성질 또는 기능을 가지는 것이어야 한다.

[사례] 제2항 고안은 성질 및 기능이 다르고 상이한 형상을 가지는 별개의 독립된 2개의 고안을 하나의 청구항에 기재한 셈이므로, 제2항 고안은 명확하게 기재되지 아니한 기재불비로 인하여 실용신안법 제9조 제4항에 위반하여 등록된 것으로 그 등록이 무효로 되어야 한다(특허법원 2005. 6. 23. 선고 2004허4730 판결).

[판례] 대법원 2002. 4. 12. 선고 99후2150 판결

특허발명과 같이 탄성처리된 다리부 외에 안쪽에 별도로 설치되어 이중 방지벽의 역할을 하는 유체투과성의 플랩의 구성을 처음으로 발명한 경우에는 비록 명세서 본문에는 탄성 처리된 플랩에 대하여만 기재하고 있다 하더라도 방지벽의 역할을 하는 플랩 구성 자체에 대하여 보호범위로서 청구할 수 있을 뿐만 아니라 그 플랩을 보다 한정하여 탄성부재를 사용한 플랩에 대하여도 따로 청구범위에 기재할 수도 있다.

[판례] 특허법원 2005. 3. 18. 선고 2004허5962 판결

특허발명의 보호범위는 청구범위에 기재된 사항에 의하여 정하여지고, 청구범위에 기재된 발명이 물건에 관한 발명인지 아니면 방법에 관한 발명인지에 따라 그 보호범위가 달라지므로 특허출원을 하고자 하는 자는 발명의 카테고리를 명확하게 기재해야만 특허법 제42조 제4항 소정의 청구범위의 기재요건을 충족한다.

◇ 특허법원 2005. 3. 18. 선고 2004허5962 판결

출원발명의 청구범위 말미에 '고안된 식품임'이라고 서술형으로 기재되어 있으나, 청구범위 전체를 보면 출원발명은 구성성분 및 제조방법으로 한정한 식품 즉, '물건의 발명'임을 알 수 있고 통상의 기술자라면 위와 같이 이해하는 데 별다른 어려움이 없다고 보이므로, 단지 출원발명의 청구범위의 말미가 '~임'이라는 서술형으로 기재되어 있다는 이유만으로 발명의 대상이 특정되지 않아 불명확하다고 볼 수 없다.

[판례] 대법원 2001. 9. 18. 선고 99후857 판결

청구범위에 기재된 도면의 인용부호는 특별한 사정이 없는 한, 청구범위에 기재된 사항을 이해하기 위한 보조적인 기능을 가질 뿐, 그러한 범위를 넘어 청구범위에 기재된 사항을 한정하는 것으로 볼 수 없다.

[판례] 대법원 1995. 9. 26. 선고 94후1558 판결

동일한 발명사상의 내용이 청구항을 달리하여 중복하여 기재되어 있다고 하더라도 청구범위가 명확하고 간결하게 기재되어 있어 통상의 기술자가 그 내용을 명확하게 이해하고 인식하여 재현할 수 있다면 그 명세서의 기재는 적법하다.

[분석] 동일한 기술사상의 내용이 청구항을 달리하여 중복하여 기재되어 있다는 이유만으로는 거절하지 않는 것이 원칙이므로, 실질적으로 동일한 기술사상의 내용이지만 표현을 달리하여 중복하여 기재되어 있는 경우에는 거절이유를 통지하지 않는다.

[사례] 청구범위 제3항은 청구범위 제1항의 고안 중 전열차단부(4) 구성을 한정하여 구체화한 종속항 형식을 취하고 있으나, 실제로는 청구범위 제1항을 다시 중복하여 기재한 청구항인데,

동일한 기술사상의 내용이 청구항을 달리하여 중복하여 기재되어 있다고 하더라도 청구범위가 명확하고 간결하게 기재되어 있어 통상의 기술자가 그 내용을 명확하게 이해하고 인식하여 재현할 수 있다면 그 명세서의 기재는 적법하다(특허법원 1999. 5. 20. 선고 98허8571 판결).

[판례] 대법원 2006. 10. 12. 선고 2004후3270 판결, 2006. 10. 12. 선고 2004후3287 판결

특허발명이 적용되는 기술분야를 나타내는 전제부가 다소 상세하게 기재되어 있다고 하여 청구항의 기재불비가 있다고 할 수 없다.

[사례] 특허발명은 컴퓨터 부품 장착부 내의 부품의 배치에 그 발명의 특징이 있고 전제부는 그 발명이 적용되는 기술분야를 특정한 것에 불과하여 선행발명들과 대비되어야 하는 필수적 구성요소로서의 독자적인 의미가 있다고도 할 수 없다(특허법원 2008. 2. 28. 선고 2007허5321 판결).

[판례] 서울고법 2005. 11. 23. 선고 2003나22112 판결

청구항의 의미가 불분명한 경우에도 발명의 목적과 효과를 감안하여 명세서의 발명의 설명과 도면에 의하여 그 의미를 확정할 수 있으면 기재불비의 위법은 없게 된다.

(2) 발명의 설명에 의해 뒷받침되어 있어야 한다.

[설명] 청구범위에 기재된 사항이 발명의 설명에 의해 뒷받침되도록 하는 이유는, 발명의 설명에 기재하여 공개하지 않은 사항을 청구범위에 청구항으로 기재하여 특허권이 부여되면 공개하지 않은 발명에 대하여 특허권이 부여되는 결과가 되므로 이와 같은 문제를 방지하기 위함이다. 물론 특허를 받고자 하여 청구항에 기재된 발명이 발명의 설명에 기재된 것인가는 통상의 기술자의 입장에서 청구항에 기재된 발명과 대응되는 사항이 발명의 설명에 기재되어 있는가에 의하여 판단한다.

[분석] 발명의 설명에 의하여 충분히 뒷받침되지 아니하는 사항을 청구범위로 한다면 제대로 공개하지 아니한 발명까지도 특허로서 보호를 받고자 하는 것이므로 특허권자의 적절한 보호와 일반 제3자를 위한 법적 안정성 사이의 균형을 도모하는 특허제도의 취지에 어긋나는 것이 되어 허용될 수 없다.

[판례] 대법원 2007. 3. 15. 선고 2006후3588 판결, 2006. 10. 13. 선고 2004후776 판결

특허법 제42조 제4항 제1호의 취지는 특허출원서에 첨부된 명세서의 발명의 설명에 기재되지 않은 사항이 청구항에 기재됨으로써 출원자가 공개하지 않은 발명에 대하여 특허권이 부여되는 부당한 결과를 막기 위한 것으로서, 청구항이 발명의 설명에 의하여 뒷받침되고 있는지 여부는 특허출원 당시의 기술수준을 기준으로 하여 통상의 기술자의 입장에서 청구범위에 기재된 사항과 대응되는 사항이 발명의 설명에 기재되어 있는지 여부에 의하여 판단하여야 한다.

◇ 대법원 2006. 5. 11. 선고 2004후1120 판결

특허법 제42조 제4항 제1호에서 규정하는 청구범위가 발명의 설명에 의하여 뒷받침되고 있는지 여부는 통상의 기술자의 입장에서 청구범위에 기재된 발명과 대응되는 사항이 발명의 설명에 기재되어 있는지 여부에 의하여 판단하여야 하는바, 출원시의 기술상식에 비추어 보더라도 발명의 설명에 개시된 내용을 청구범위에 기재된 발명의 범위까지 확장 내지 일반화할 수 없는 경우에는 그 청구범위는 발명의 설명에 의하여 뒷받침된다고 볼 수 없다.

◇ 대법원 2004. 12. 9. 선고 2003후496 판결, 1998. 5. 22 선고 96후1071 판결

청구범위의 기재는 발명의 설명에 의하여 뒷받침되어야 하므로 청구범위의 기재가 발명의 설명에서 기재된 발명의 공헌도에 비추어 지나치게 넓은 경우에는 그러한 기재는 특허법 제42조 제4항에 위반되어 부적법하다.

[연구] 청구범위의 기재가 발명의 설명에 의하여 뒷받침되지 아니하는 유형으로서, ① 청구항에 기재된 사항과 대응되는 사항이 발명의 설명에 직접적으로 기재되어 있지 않고 암시도 되어 있지 않은 경우, ② 발명의 설명과 청구항에 기재된 발명 상호간에 용어가 통일되어 있지 않아서 양자의 대응관계가 불명료한 경우, ③ 청구항에 기재된 사항이 특정 기능을 수행하기 위한 '수단(means)' 또는 '공정(step)'으로 기재되어 있으나, 이들 수단 또는 공정에 대응하는 구체적인 구성이 발명의 설명에 기재되어 있지 않은 경우, ④ 출원시 해당 기술분야의 기술상식에 비추어 보아 발명의 설명에 기재된 내용을 청구된 발명의 범위까지 확장하거나 일반화 할 수 없는 경우, ⑤ 발명의 설명에는 발명의 과제를 해결하기 위하여 반드시 필요한 구성으로 설명되어 있는 사항이 청구항에는 기재되어 있지 않아서 통상의 기술자가 발명의 설명으로부터 인식할 수 있는 범위를 벗어나 발명을 청구하는 것으로 인정되는 경우를 들 수 있다(특허청 심사기준).

[사례] 출원발명 명세서의 '발명의 설명'란에는 아밀로스 함량 50%w/w(고아밀로스 50, 이하 같다)인 옥수수 전분의 저항성 전분 함량이 각각 8.2±0.4%와 7.5%에 불과한 것으로 기재되어 있으며, 고아밀로스 80 옥수수 전분의 저항성 전분 함량 또한 각각 20.0±1.8%와 18.1%에 불

과한 것으로 기재되어 있을 뿐이고 저항성 전분의 함량이 20.0±1.8%를 초과하는 고아밀로스 옥수수 전분에 관한 사항은 전혀 기재되어 있지 않아 청구범위 제1항 내지 제3항에서 저항성 전분의 함량을 위 비율 이상으로 한정한 근거를 찾아볼 수 없을 뿐만 아니라, 아밀로스 함량이 매우 높은 고아밀로스 80의 옥수수 전분의 저항성 전분 함량이 20.0±1.8%에 불과한 점에 비추어 보면 60~100%w/w 범위의 높은 함량의 저항성 전분을 함유한 옥수수 전분은 그 존재에 관하여 통상의 기술자가 예측하기도 힘든 것이라 할 것이므로, 결국 출원발명의 청구범위 제1항, 제2항 및 제3항은 그 수치한정의 근거가 발명의 설명에 의하여 뒷받침되지 않는다(특허법원 2001. 8. 30. 선고 2000허7014 판결).

(3) 발명이 명확하고 간결하게 기재되어 있어야 한다.

[설명] 청구항의 기재가 불명확하거나 그 기재내용이 간결하지 않은 발명에 대하여 특허권이 부여되면 발명의 보호범위가 불명확하여 특허발명의 보호범위를 결정하는 권리서로서의 사명을 다할 수 없으며, 또한 특허요건의 판단 등도 불가능하게 된다. 한편 청구항에 기재된 발명이 명확하고 간결하게 기재되어 있는가의 여부는 원칙적으로 청구항의 기재를 기준으로 판단하며, 발명의 설명 및 도면의 기재, 출원시의 기술상식 등을 고려하여 통상의 기술자의 입장에서 판단하여야 한다. 그러나 청구항의 기재를 무시하고 다른 부분 만에 의하여 판단해서는 안 된다. 발명이 간결하게 기재되어야 한다는 취지는 청구항의 기재 그 자체가 간결하여야 한다는 것이며, 그 발명의 개념이 간결하여야 한다는 것은 아니다.

[판례] 특허법원 2004. 12. 17. 선고 2004허2314 판결

청구항은 발명이 명확하고 간결하게 기재될 것을 요구하고 있는 특허법 제42조 제4항 제2호의 의미는 특허발명의 보호범위가 청구범위에 기재된 사항에 의하여 정하여지는 점에 비추어 원칙적으로 청구항에는 명확한 기재만이 허용되는 것이고 발명의 구성을 불명료하게 표현하는 용어는 원칙적으로 허용되지 않는다는 취지이지, 특허출원명세서 전체의 기재로부터 발명의 필수구성요소를 추출한 후 청구항에 기재된 발명에 그러한 구성요소가 누락되지 않도록 기재하여야 한다는 취지로는 보이지 않는다.

[연구] 청구범위의 기재가 명확하고 간결하게 기재되지 않은 유형으로서, ① 청구항의 기재내용이 불명확한 경우, ② 청구항에 각 구성요소가 단순히 나열되어 있을 뿐이고 그 결합관계가 기재되어 있지 않아서 발명이 불명확한 경우, ③ 청구항에 기재된 발명의 카테고리가 불명확한 경우, ④ 동일한 내용이 중복으로 기재되어 있는 등 청구항의 기재가 너무 장황하여 보호를 받고자 하는 사항이 불명확한 경우, ⑤ 청구항에 발명의 구성을 불명확하게 하는

표현이 기재되어 있는 경우, ⑥ 지시의 대상이 불명확하여 발명의 구성이 불명확한 경우, ⑦ 청구항에 서로 다른 기능을 수행하는 복수의 동일한 표현의 기술용어가 있을 경우에 각각의 기능을 한정하여 기재하거나, 또는 도면에 사용된 부호에 의하여 명확하게 구별되도록 기재되어 있지 않아서 보호를 받고자 하는 발명의 구성이 불명확한 경우, ⑧ 청구항에 상업상의 이점이나, 판매지역, 판매처 등 발명의 기술적 구성과 관계가 없는 사항을 기재하여 발명이 명확하고 간결하지 않은 경우, ⑨ 발명의 구성을 기재하지 않고 발명의 설명 또는 도면의 기재를 대용하고 있는 경우를 들 수 있다(특허청 심사기준).

[예] '…… 등', '및/또는', '예컨대', '……와 같은', '특히', '좋기로는', '소망에 따라', '필요에 따라' 등의 용어와 함께 임의 부가적 사항 또는 선택적 사항이 기재된 경우

[예] 발명을 총괄적 표현으로 기재하면서 '……을 제외하고'와 같은 '제외규정'이나 '……이 아닌'과 같은 부정적 표현이나 '예외사항'을 부가하는 경우

[예] '주로', '주성분으로', '주공정으로', '적합한', '적량의', '많은', '높은', '대부분의', '거의', '대략', '약' 등과 같이 비교의 기준이나 정도가 불명확한 표현이 사용된 경우

[분석] 상기 예와 관련하여 다만, 이러한 표현을 사용하지 않고서는 당해 발명을 간단명료하게 나타낼 수 있는 적절한 표현이 없고 그 의미가 발명의 설명에 의하여 명확히 뒷받침되며 발명의 특정에 문제가 없다고 인정되는 경우에는 허용할 수 있다.

[예] 수치한정발명에서 '……이상', '……이하', '0~10'과 같이 상한이나 하한이 불명확한 수치한정이나 0을 포함하는 수치한정을 한 경우

[분석] 다만, 0을 포함하는 성분이 필수성분이 아니라 임의성분인 경우에는 허용되는 경우가 있다.

[예] '120~180℃, 바람직하게는 150~160℃'와 같이 하나의 청구항 내에서 이중으로 수치한정을 한 경우

[판례] 대법원 2017. 4. 7. 선고 2014후1563 판결

이 사건의 쟁점은 이 사건 기재 중 '1~20개의 탄소 원자를 갖는 기, 바람직하게는 분지 또는 비분지 알킬 또는 알콕시기' 부분이 특허법상 청구범위로서 명확하고 간결한 기재인지 여부이다. 이 부분은 '1~20개의 탄소 원자를 갖는 기'와 '분지 또는 비분지 알킬 또는 알콕시기'가 이중한정을 나타내는 용어인 '바람직하게는'으로 서로 연결되어 있다. 이러한 기재는 제12항 발명에 기재된 'X'가 '1~20개의 탄소 원자를 갖는 기' 전체를 의미하는지, 아니면 그중에서 '분지 또는 비분지 알킬 또는 알콕시기'를 의미하는지가 반드시 명확하지는 않아 청구범위를 둘러싸고 분쟁이 발생할 소지가 있다. 이처럼 청구범위의 기재 내용이 관점에 따라 다양한 방식으로 해석될 수 있는 경우에는 청구범위로서 요구되는 명확성과 간결성 요건을 충족하지 못하였다고 보아야 한다.

[판례] 특허법원 2002. 4. 19. 선고 98허5718 판결, 2000. 7. 21. 선고 98허10680,10697 판결

'적어도', '이상' 등과 같은 용어를 사용하였다는 이유만으로 특허발명의 청구범위가 불명확한 것이라고 할 수는 없다.

◇ 특허법원 2008. 11. 5. 선고 2007허10750 판결

특허법 제42조 제4항 제2호는 청구범위의 기재 자체가 명확하고 간결할 것을 요구하는 규정이므로 발명의 설명과 도면에 기재된 기술적 사항이 막연하다는 이유로 청구범위의 기재가 바로 특허법 제42조 제4항 제2호 규정에 위배된다고 볼 수 없다.

[판례] 대법원 2007. 10. 11. 선고 2007후1442 판결

특허발명의 청구항에 '발명이 명확하고 간결하게 기재될 것'을 요구하는 특허법 제42조 제4항 제2호는, 청구항에는 명확한 기재만이 허용되고 발명의 구성을 불명료하게 표현하는 용어는 원칙적으로 허용되지 않는다는 의미라 할 것이고, 국제특허출원을 외국어로 한 출원인이 같은 법 제201조에 의한 국내진입 단계 절차를 위하여 국내에 특허발명의 명세서, 청구범위 등에 관한 번역문을 제출함에 있어서도 이와 마찬가지이다.

[사례] 미국에서는 특허발명의 청구범위 해석에 있어서 특허청구항 중 전제부(preamble)와 본체부(body) 등을 연결하는 전환부 용어를 3종류로 나누고 있는데, 그 3종류의 연결부는 개방형(청구항에 기재된 구성요소와 그 외 추가 구성요소를 갖는 것을 권리범위로 포함하는 청구항)으로 해석되는 'comprising'과 폐쇄형(청구항에 기재된 구성요소 이외의 다른 구성요소를 포함하지 아니하는 청구항)으로 해석되는 'consisting of', 그 중간단계인 'consisting essentially of'로 구분하고 있다. 원래 필수적 구성요소로만 기재하게 되어 있는 청구항에 위와 같이 '이루어지는'이라는 표현에다가 '필수적으로'라는 단어를 부가·유지함으로써, '그 구성요소가 필수적으로 그 청구항에 기재된 염기서열로만 이루어진다'는 의미인지, 아니면 '그 청구항에 기재된 구성요소는 필수적으로 포함되고 그 외 별도의 구성요소 추가를 허용한다'는 의미인지부터가 불분명하므로, 그 자체로 특허법 제42조 제4항 제2호의 명세서 기재요건을 구비하지 못한 기재불비에 해당된다(대법원 2007. 10. 11. 선고 2007후1442 판결).

[판례] 대법원 1998. 10. 13. 선고 97후1344 판결, 1998. 10. 2. 선고 97후1337 판결
청구범위에는 발명의 구성을 불명료하게 표현하는 용어는 원칙적으로 허용되지 아니하고, 발명의 기능이나 효과를 기재한 기능적 표현도 그러한 기재에 의하더라도 발명의 구성이 전체로서 명료하다고 보이는 경우가 아니면 허용될 수 없다.

[분석] 화학물질을 구체적으로 특정하지 아니한 청구범위의 기재는 발명의 설명에 의하여 뒷받침되지 아니하고 또한 명확하게 기재된 것으로 인정되지 아니하므로 특허법 제42조 제4항에 위배된다.

◇ 특허법원 2008. 5. 8. 선고 2007허10484 판결
청구항에 기재된 구성요소가 기능식 표현을 포함하고 있더라도 그 기능을 달성하는데 필요한 기술적 구성이 함께 기재되어 있어, 통상의 기술자가 청구범위의 기재만으로 당해 구성요소의 기술적 구성을 명확하게 이해할 수 있다면, 청구항에 포함된 기능식 표현은 기술적 구성을 기능적인 면에서 설명하기 위한 부가적 부분에 지나지 않으므로, 당해 구성요소는 청구항에 기재된 기술적 구성 자체에 의하여 해석되어야 하고, 고안의 설명에 기재된 내용만으로 한정하여 해석될 수 없다.

◇ 특허법원 2007. 10. 11. 선고 2007허6980 판결
청구항에 발명을 이루는 필수적 구성요소 중 전부 또는 일부가 기술적 구성을 나타내는 표현으로 기재되어 있지 아니하고 당해 기술적 구성의 기능이나 효과 등을 나타내는 기능식 표현으로 기재되어 있어 청구범위의 기재 자체만으로는 기술적 구성의 구체적인 내용을 알 수 없는 경우에는 발명의 설명과 도면의 기재를 참작하여 그 용어가 표현하고 있는 기술적 구성의 실질적인 내용을 확정하여야 한다. 다만 특허법 제42조 제4항 제2호는 출원발명의 청구범위에 발명이 명확하고 간결하게 기재되어야 한다고 규정하고 있으므로, 청구항의 기능식 표현은 그러한 기재에 의하더라도 발명의 구성이 전체로서 명확하다고 인정되는 경우에만 허용된다.

◇ 특허심판원 2006. 8. 18.자 2005원6335 심결
물질의 출처로 물질을 한정하는 기능적 표현이 있는 경우 그러한 한정에 의하더라도 그 물질의 성분이나 결과가 달리 특정되는 것이 아니므로 발명의 구성이 전체로서 불명확해진다고 할 수 없다.

[사례] 청구항 제1항에 대한 그 기술사상이 고안의 설명에 기재되어 있어, 비록 청구항 제1항

에 대한 독립된 실시예가 없다고 하여도 제1항 고안은 고안의 설명에 의하여 뒷받침된다(대법원 2005. 9. 9. 선고 2004후1182 판결).

[사례] 출원발명의 청구범위 제1항 내지 제29항에서는 화합물의 치환기를 기능적 표현으로 정의하고 있을 뿐만 아니라 발명의 설명과 대비하여 보더라도 부당하게 광범위한 권리를 청구하고 있는 셈이고, 또한 청구범위 제33항의 기재 역시 화학물질을 구체적으로 특정하지 아니한 것으로서, 위 청구범위의 기재는 발명의 설명에 의하여 뒷받침되지 아니하고 명확하지 아니하여 특허법 제42조 제4항에 위배된다(대법원 1998. 10. 13. 선고97후1344 판결).

[사례] 출원발명의 청구범위 제1 내지 3항, 제5 내지 18항에 기재된 올리고뉴클레오티드는 변형된 뉴클레오티드를 이용하는데 특징이 있는 발명이라 할 것인데, 을제1호증의 1,2,3의 기재에 의하면 특정한 염기서열을 가지고 있는 변형된 올리고뉴클레오티드는 자동화된 DNA합성기를 이용하면 쉽게 합성할 수 있는 사실이 인정되고, 표적 유전자(DNA 또는 RNA)가 정해지면 그 표적 유전자에 상보적인 염기서열은 쉽게 정해지는 것이므로 출원발명의 대상이 되는 올리고뉴클레오티드의 염기서열을 청구범위의 항에 구체적으로 기재해 놓지 않았다는 사정만으로 그 청구범위가 특정되지 않은 것이라고 할 수는 없다(특허법원 2000. 3. 30. 선고 99허1263 판결).

[분석] 기능식 청구항에 대해서 미국은 청구항의 문언대로 효력이 인정되는 것이 아니라 명세서에 기재된 구체적인 구조, 재료, 행위 또는 그것과 구조상의 균등(structural equivalency)한 물건에 한정된다. 일본은 그 기술적인 의미 내용을 명세서의 기재와 기술상식으로부터 명료하다고 볼 수 없는 경우에는 기능적, 추상적으로 표현된 구성요건의 물이 권리범위로 되지 않고 명세서의 기재로부터 통상의 기술자가 쉽게 실시할 수 있는 범위에 한정된다.

[분석] 일반적으로 기능식 청구항은 명세서에 개시된 기술의 범위를 벗어나서 향후 개발될 수 있는 기술까지를 포함할 수 있으므로, 발명의 설명에 의해 충분히 뒷받침된다고 볼 수 없을 뿐만 아니라 청구하고자 하는 기술구성이 명확히 기재된 것으로 인정되지 아니하는 경우가 많다. 하지만 기능식 청구항의 유·무효를 판단함에 있어서는 명세서를 참작하는 것이 바람직하며, 발명의 설명에서 보여준 실시예에 근거하여 통상의 기술자가 전체로서의 기능적인 범위를 쉽게 유추할 수 있으면 유효한 것으로 간주한다.

[분석] 청구범위가 기능적 표현에 의해 기재된 기능식 청구항의 경우에는 먼저 그 기능적 표현에 의한 기재가 발명의 설명에 의해 충분히 뒷받침되는지 여부와 청구하고자 하는 기술구성이 간결하고 명확하게 기재되었는지 여부를 검토하여 특허법 제42조 제4항의 규정

을 적용하고, 다음으로 기능적 표현부분을 제외한 필수구성요소 부분만을 중심으로 특허법 제29조 제2항의 규정에 의거 진보성을 판단한다.

[분석] 통상 기능식 청구항은 청구범위 기재방식에 위배되어 특허를 받을 수 없는 것이 보통이지만 만약 그대로 특허를 받았다고 하더라도 청구범위가 실제의 발명보다도 훨씬 더 넓게 기재되어 있으므로, 일반적인 청구범위 해석방법과는 달리 청구범위에 기재된 기능적 표현이 보호범위가 아니라 기능적 표현에 대응하는 발명의 설명에 기재된 기술적 구성이 그 발명의 보호범위로 해석된다. 따라서 실질적으로는 기능식 청구범위가 아닌 구조적 청구범위에 해당하는 결과를 가져오게 되므로, 출원인의 입장에서는 굳이 청구범위의 기재방식에 위배되어 거절되는 위험부담을 감수하면서까지 기능식 청구항으로 기재하는 것은 바람직하지 않다.

[판례] 특허법원 2007. 3. 28. 선고 2006허4765 판결

조성물 발명의 구성을 명확하게 하기 위해서는 그 구성성분의 조성비 등이 명확하게 기재되어 있어야 하는바, 발명을 특정하기 위한 사항인 조성비의 기재가 모든 경우에 각 성분의 임계치를 취하여 정확히 100%를 만족시킬 필요는 없는 것이지만, ① 모든 성분의 최대성분량의 합이 100%에 미달하는 경우, ② 모든 성분의 최저성분량의 합이 100%를 초과하는 경우, ③ 하나의 최대성분량과 나머지 최저성분량의 합이 100%를 초과하는 경우, ④ 하나의 최저성분량과 나머지 최대성분량의 합이 100%에 미달하는 경우 등과 같이 조성비의 기술적인 결함이나 모순이 있는 경우에는 발명의 구성이 명확하게 기재되어 있다고 할 수 없다. 또한 청구범위에서의 조성비는 각 성분마다 그 임계치의 범위 안에서 기술적인 결함이나 모순이 없도록 명확하게 기재하여야 한다.

[연구] 조성비가 %로 기재된 조성물 발명의 경우, 다음 ① 내지 ④의 경우와 같이 조성비의 기술적인 결함이나 모순이 있는 경우 발명의 구성이 명확하게 기재되어 있다고 할 수 없다. ① 모든 성분의 최대성분량의 합이 100%에 미달하는 경우, ② 모든 성분의 최소성분량의 합이 100%를 초과하는 경우, ③ 하나의 최대성분량과 나머지 최소성분량의 합이 100%를 초과하는 경우, ④ 하나의 최소성분량과 나머지 최대성분량의 합이 100%에 미달하는 경우를 들 수 있다. 다만 청구범위가 '~를 포함하는'과 같이 특정 성분들로만 구성되어 있지 않고 다른 성분도 포함될 수 있는 개방형 청구항에서는 상기 ①의 경우 명시된 최대성분량의 합이 100%에 미달하더라도 다른 성분을 포함하면 100%가 될 수 있으므로 명확한 기재이고, ④의 경우 명시된 하나의 최소성분량과 나머지 최대성분량의 합이 100%에 미달하더라도 다른 성분을 포함하면 100%가 될 수 있으므로 명확한 기재에 해당한다(특허청 심사기준).

◇ **특허심판원 2007. 12. 17.자 2007원2330 심결**

조성물 발명은 2개 이상의 성분이 전체로서 균질하게 존재하고 하나의 물질로서 파악되는 것으로, 이러한 조성물 발명이 완성되기 위하여서는 발명의 해결하고자 하는 과제와 조성물 자체 및 사용개념이 명확히 표시되어 있어야 하고, 조성물 자체가 명확히 표시되어 있다는 것은 특별한 경우(신규화합물을 포함하는 조성물)를 제외하고, 일반적으로 조성물의 성분과 배합비율 및 필요에 따라 성질 등으로 조성물의 존재를 객관적으로 파악할 수 있도록 기재되어 있는 것을 말하는 것으로, 이러한 기재가 결여된 경우에는 미완성 발명에 해당되거나 그 기재가 불명확한 것이다.

[사례] 특허발명은 원적외선 훈열제의 구성성분과 조성비로 원적외선 방출물질 분말 20~50중량%, 연소재 분말 40~80중량% 및 물 30~50중량%를 사용하고 있는바, 위 성분 중 가장 많은 양으로 사용될 수 있는 연소재 분말 80중량%와 나머지 성분들의 최저성분량인 원적외선 방출물질 분말 20중량% 및 물 30중량%의 합이 100중량%를 초과하게 되므로(80+20+30=130), 그 조성비가 적법하게 특정되어 있다고 볼 수 없다(특허법원 2007. 3. 28. 선고 2006허4765 판결).

[사례] 중량%는 각 조성의 중량을 총 중량과의 비율로 나타내는 용어로서 그 비율의 합계는 100이 되어야 하는데도, 특허발명의 실시례 1, 2의 원료성분은 형광안료, 무형광안료 및 수성접착제의 3가지로 구성되어 있고, 그 배합비의 합계는 40중량%에 불과한 것으로 기재되어 있기는 하나, 실시예 3 등에서 '실시예 1의 안료와 수성접착제를 무게비 약 1대 3으로 혼합한…' 이라고, 실시예 1, 2에서 '안료와 수성 접착제의 배합비는 10 : 30(실시예 1의 케이스 5 및 실시예 2의 케이스 1 내지 3은 배합비가 10 : 30이 아니므로 제외)'이라고 각 기재되어 있는 점에 비추어 보면 특허발명에서 잉크조성물은 형광안료와 무형광안료 및 수성 접착제의 3가지 성분만으로 구성되어 있어서 나머지 60중량%에 해당하는 원료성분이 존재하지 않음이 명백하므로, 통상의 기술자로서는 실시예 1, 2에 기재된 중량%는 중량비의 오기라고 쉽게 이해할 수 있으므로, 그것이 명세서 기재불비에 해당한다고 볼 수 없다(특허법원 2002 3. 22. 선고 2001허1167 판결).

[분석] 수치한정발명에서 그 구성성분 비율의 합계는 반드시 100%가 되어야 한다. 예를 들면, '인삼 60~70중량%, 구기자 10~20중량%, 오미자 10~20중량%, 녹차 10~20중량%, 감초 5~10중량%로 구성된 장기능 개선용 음료 조성물'에서는 인삼의 구성비가 상한(70%)이고, 구기자, 오미자, 녹차 및 감초의 구성비가 하한일 경우(10%, 10%, 10%, 5%) 조성물의 구성비 합계는 100%를 초과하므로 발명이 성립하지 않은 것으로 간주한다. 따라서 수치한

정발명에서는 각 구성요소의 하한의 합계가 100%를 초과해서는 안 되고 상한의 합계가 100%에 미달해서도 안 된다. 일반적으로 각 구성요소 중 가장 큰 구성요소의 상한(여기서는 인삼 70%)과 나머지 구성요소의 하한(여기서는 구기자 10%, 오미자 10%, 녹차 10%, 감초 5%)의 합계가 100%를 초과하지 아니하면 일단 상기 조건을 충족시키는 것으로 본다.

[연구] 조성물의 조성비를 중량부로 표시할 수 있으며, 이 경우에는 조성비를 백분율(%)로 표시하는 경우에 요구하는 요건을 만족시킬 필요가 없다. 또한 중량부는 일반적으로 하나의 기준 물질을 정하고 이에 따른 다른 성분의 함량을 표현하는 기재방식이나, 기준 물질이 특정되어 있지 않아도 한 성분을 기준으로 하여 다른 성분의 함량을 상대적인 비로 환산할 수 있는 경우에는 조성물의 조성비가 명확하게 기재되어 있다고 볼 수 있다(특허청 심사기준).

[참고] 특허를 받고자 하는 발명의 구성에 없어서는 아니 되는 사항으로 상호 유사한 성질 또는 기능을 가지는 2 이상의 구성요소가 있는 경우에는 이들 구성요소를 마쿠쉬(Markush) 형식 등 택일형식으로 하여 하나의 청구항에 기재할 수 있다. 택일형식에 의한 기재가 화학물질에 관한 것일 경우에 다음 ①②의 요건을 모두 만족하면 그 구성요소는 유사한 성질 또는 기능을 가지는 것으로 볼 수 있다. ① 모든 구성요소가 공통되는 성질 또는 활성을 가지며, ② 모든 구성요소가 중요한 화학구조요소를 공유하고 있거나, 또는 모든 구성요소가 그 발명이 속하는 기술분야에서 하나의 그룹으로 인식되는 화학물질군에 속할 경우

[설명] '모든 구성요소가 중요한 화학구조요소를 공유한다'는 것은 복수의 화학물질이 그 화학구조의 대부분을 점유하는 공통되는 화학구조를 가지고 있는 경우, 또는 복수의 화학물질이 그 화학구조의 적은 부분만을 공유할 경우에도 그 공유하고 있는 화학구조가 구조적으로 현저한 부분을 구성하고 있는 경우를 의미한다. 여기서 '일군의 것으로 인식되는 화학물질군'이란 구성요소로 기재된 화학물질군의 각각이 청구항에 기재된 발명에서는 동일하게 작용하리라는 것이 그 기술분야에서 통상의 지식에 의하여 예상되는 화학물질군을 말한다. 즉, 이 화학물질군에 속하는 화학물질 중 어느 것을 선택하여도 동등한 결과를 얻을 수 있는 경우를 의미한다.

[판례] 특허법원 2008. 11. 20. 선고 2007허8764 판결

파라미터발명은 당해 발명이 속하는 기술분야에서 사용빈도가 낮은 물성을 발명자가 새롭게 창출한 파라미터에 의하여 한정한 구성요소를 포함하는 발명이다.

[용어] 수치한정발명의 한 종류로서 발명의 특정 사항에 동일 기술분야에서 사용빈도가 낮은 물성·특성 등의 수치한정을 포함하는 발명을 파라미터(Parameter, 매개변수) 발명이라고

한다. 즉, 일반적인 수치한정발명에 비해서 새롭게 창출한 물리적, 화학적 또는 생물학적 특성 값 또는 새롭게 도출한 복수의 변수 사이의 상관관계를 이용하여 발명의 구성요소를 특정한 발명을 말한다. 새로 창출된 파라미터(물리화학적 또는 생물학적 특성 값) 또는 새로 창출된 여러 변수간의 상관관계를 이용해 발명의 구성요소를 규정한 발명으로서, 고분자 재료, 시멘트 재료, 세라믹 재료, 합금, 유리 등과 같이 출발물질이 특정되어 있어도 그 반응생성물이 쉽게 특정될 수 없는 경우에 주로 이용되는 청구항 기재형식이다. 파라미터에는 재료발명의 구조 또는 구성을 직접적이고 일의적으로 규정(예: 입경, 밀도, 공극률 등)하는 기본 파라미터, 재료의 구성으로부터 파생되는 효과로 간접적 표현(예: 점도, 융점, 탄성률, 열전도율, 경도 등)의 유도 파라미터가 있다.

[연구] 실시예를 기재할 때는 가능한 한 많은 실시예를 기재하는 것이 바람직하며, 파라미터 범위 전체에 걸쳐 실시 가능하도록 실시예를 제시하는 것이 중요하다. 예를 들면, 하한치 부근의 범위를 제외하고는 별다른 실시예가 없는 경우에는 향 후 심사시에 혹은 특허무효심판에서 상한치 부근의 물에 대하여 실시불가능을 이유로 실시가능요건 위반이 지적될 염려가 있다는 것을 고려해야 한다(유기화합물분야 심사실무가이드).

[분석] 파라미터 발명은 그 파라미터가 기재되어 있는 선행문헌을 발견하기가 곤란하기 때문에 공지사실을 포함하고 있음에도 불구하고 거절되기 힘든 경향이 있다. 따라서 파라미터를 제외하고 발명의 내용과 동일의 공지사실이 있는 경우에는 그 작용효과도 동일하리라는 추정을 받기 때문에 수치한정발명의 경우와 마찬가지로 출원인에게 신규성과 작용효과에 대한 입증책임이 있다.

[판례] 대법원 2004. 4. 28. 선고 2001후2207 판결

성질 또는 특성 등에 의하여 물건을 특정하려고 하는 기재를 포함하는 출원발명의 신규성 및 진보성을 판단함에 있어서 그 출원발명의 청구범위에 기재된 성질 또는 특성이 발명의 내용을 한정하는 사항인 이상, 이를 발명의 구성에서 제외하고 간행물에 실린 발명과 대비할 수 없으며, 다만, 간행물에 실린 발명에 그것과 기술적인 표현만 달리할 뿐 실질적으로는 동일·유사한 사항이 있는 경우 등과 같은 사정이 있을 때에 그러한 출원발명의 신규성 및 진보성을 부정할 수 있을 뿐이다.

[분석] 청구범위에 성질 또는 기능을 나타내는 표현이 사용된 경우, 이러한 기재도 출원인이 보호를 받고자 청구범위에 기재한 사항이므로 출원발명의 요지를 판단함에 있어서 이 부분을 제외하여서는 안 된다. 이는 청구범위에 기재된 사항은 모두 필수적 구성요소에 해당하는 것으로 보아야 하고, 성질 또는 기능을 나타내는 표현 외의 다른 기재로는 청구범

위를 효과적으로 기재하기 어려운 사정도 있을 수 있기 때문이다.

[분석] 청구범위의 기재에 있어 그 발명이 불명료하게 되는 것이 아닌 한, 출원인이 선택하는 기재형식을 존중하여 발명의 요지를 인정하여야 특허법의 테두리 내에서 첨단기술을 효과적으로 보호할 수 있다. 이러한 관점에서 본다면 상기 대법원 판결은 성질 또는 특성 등에 의해 특정된 발명에 있어서 청구범위의 기술적 요지를 인정하는 명확한 판단기준을 제시하고 있다는 점에서 그 의의가 있다.

◇ 대법원 2002. 6. 28. 선고 2001후2658 판결

성질 또는 특성 등에 의해 물(物)을 특정하려고 하는 기재를 포함하는 특허발명과 이와 다른 성질 또는 특성 등에 의해 물을 특정하고 있는 선행발명을 대비할 때, 특허발명의 청구범위에 기재된 성질 또는 특성이 다른 정의(定義) 또는 시험·측정방법에 의한 것으로 환산이 가능하여 환산해본 결과 선행발명의 대응되는 것과 동일·유사하거나 또는 특허발명의 명세서의 발명의 설명에 기재된 실시형태와 선행발명의 구체적 실시형태가 동일·유사한 경우에는 달리 특별한 사정이 없는 한, 양 발명은 발명에 대한 기술적인 표현만 달리할 뿐 실질적으로는 동일·유사한 것으로 보아야 한다.

[분석] 파라미터 발명의 특허성은 원칙적으로 파라미터에 의해 규정된 수치범위와 효과의 상관성에 의존하는 것이므로, 일반적으로 파라미터에 관한 구성요건과 유리한 효과와의 인과관계가 부족한 경우, 또는 전 범위 내에서의 유효성의 확인 내지는 추인이 부족한 경우에는 기술적 의의가 부정된다.

◇ 특허법원 2008. 11. 20. 선고 2007허8764 판결

파라미터발명의 진보성을 판단하기 위해서는 먼저 그와 같은 파라미터의 도입에 기술적 의의가 있는지 여부를 살펴야 하는바, 이 경우 그 파라미터가 출원 전 이미 공지된 물성을 표현방식만 달리하여 나타낸 것이거나 그 물성의 측정방법을 단순히 설정한 것에 불과하다면 그에 대한 기술적 의의를 인정할 수 없다. 다만, 파라미터발명이 수치한정발명의 형태를 취하고 있는 경우에는 수치한정발명의 진보성 판단기준이 그대로 적용되어야 하므로, 비록 파라미터의 도입 자체에는 별다른 기술적 의의가 없다고 하더라도 파라미터에 의하여 한정된 수치범위 내외에서 이질적이거나 현저한 작용효과의 차이가 인정된다면 당해 발명은 진보성을 가질 수 있다.

[사례] 제1항 발명의 구성 ①에서 0.099 이상 0.5 미만으로 한정한 기포사이즈(A) 기포벽면의 두께(B)의 비인 B/A의 수치는 공간율의 수치가 커지고 이에 따라 기포 벽면을 형성하는 폴리

올레핀의 부피가 감소될수록 그에 연동하여 작아지게 되리라는 것이 기술적으로 자명하므로(특히 제1항 발명의 목적에 제시하고 있는 균일하고 미세한 미다공막을 얻기 위한 중간생성물로 볼 수 있는 균일하고 미세한 기포가 내재하는 발포체에 있어서 더욱 그러하다), 이는 결국 발포체의 공간율이라는 파라미터에 내재되어 있는 발포체의 물성을 표현방식만 달리하여 나타낸 파라미터에 불과하고, 발포체의 공간율과 별개로 기술적 의의가 있는 파라미터로 보기 어렵다. 나아가 특허발명의 명세서에는 'B/A가 0.5 이상이거나 공간율이 50% 미만이면 기포가 변형 확대하는 것만으로는 목적하는 미세한 구조의 미다공막을 얻을 수 없다'는 취지로 기재되어 있을 뿐이고, 제1항 발명에서 한정한 B/A의 수치범위인 '0.099 이상 0.5 미만' 및 공간율의 수치범위인 '50% 이상' 내외에서 이질적이거나 현저한 작용효과의 차이가 있다는 점을 인정할 만한 아무런 근거도 제시하지 못하고 있으므로, 제1항 발명에서 한정한 B/A 및 공간율의 수치범위에 기술적 의의와 임계적 의의가 있다고 할 수 없고, 위와 같은 수치범위는 통상의 기술자가 별다른 어려움 없이 적의 선택할 수 있는 정도에 지나지 않는다(특허법원 2008. 5. 28. 선고 2007허7297 판결).

[판례] 특허법원 2005. 6. 10. 선고 2003허5682 판결

목적 및 해결하고자 하는 과제에서 제1항 발명은 선행발명과 실질적으로 동일하고, 구성에 있어서 제1항 발명의 대부분의 구성이 선행발명과 동일하며, 다만 선행발명에는 제1항 발명에서 한정한 일부 파라미터(여과체류시간, 겉보기 스핀라인 변형율, 겉보기 스핀라인 응력)에 대해서는 직접적으로 개시되어 있지 않지만, 여과체류시간의 한정된 수치범위에 임계적 의의가 인정되지 아니하고, 겉보기 스핀라인 변형율은 섬도(dpf)에 대한 모세관 단면적(Ac)의 관계를 표현만 바꾼 것에 불과한 것으로 그 수치범위가 선행발명에 공지되어 있다 할 것이며, 겉보기 스핀라인 응력 또한 자연적 현상(공리)을 수학적으로 표현한 것에 불과한 것으로 그 수치범위 또한 선행발명에 공지된 것이라 할 것이어서 선행발명에 공지의 구성을 더한 것이거나 선행발명으로부터 당연히 얻어지는 구성을 새로운 파라미터로 정의한 것에 불과하다 할 것이고, 작용효과에 있어서도 제1항 발명으로부터 얻어지는 폴리에스테르 미세필라멘트의 섬도 및 우수한 기계적 성질과 균제도에 대한 특징 역시 선행발명에서도 동일하게 찾아볼 수 있는 정도에 불과하여 선행발명에 비해 그 작용효과의 현저성을 찾아보기 어렵다 할 것이므로, 결국 제1항 발명은 선행발명에 의해 신규성이 인정되지 않거나 선행발명 및 공지된 기술의 조합에 의해 그 진보성이 부정된다.

[판례] 특허법원 2004. 1. 8. 선고 2003허588 판결

실시예에서 조차 중합체의 고유 점도, 지연지역(가열 슬리이브)의 정확한 온도, 냉각지역의 구체적인 구성(냉각공기의 온도, 속도, 흐름 패턴 및 냉각지역의 길이 등) 및 운전조건 등이 전혀 기재되어 있지 아니하고 Rr과 이들 요소들 사이의 구체적인 상관 관계식도 개시되어 있지 않아, 통상의 기술자로서는 특허발명의 명세서만으로는 Rr이 지연지역에서의 가열의 정도 및 냉각지역에서의 냉각의 정도에 의하여 결정되는 변수로서 압출된 중합체 온도 및 가열 슬리이브 길이와 온도 등의 공정조건 요소에 의하여 결정된다는 것만을 파악할 수 있을 뿐, 이들 요소들의 값을 선택하여 정한다 하더라도 Rr값이 구체적으로 어떻게 결정될지를 전혀 알 수 없고, 따라서 Rf값의 조건을 충족하는 Rr 관련 공정조건들을 찾아내는 데에는 통상의 기술자가 일반적으로 용인할 수 있는 정도 이상의 과도한 시행착오가 요구될 수밖에 없다고 할 것이므로, 특허발명의 명세서는 통상의 기술자가 실시할 수 있을 정도로 기재된 것이라 할 수 없다.

(4) 청구범위를 기재할 때에는 보호받고자 하는 사항을 명확히 할 수 있도록 발명을 특정하는 데 필요하다고 인정되는 구조·방법·기능·물질 또는 이들의 결합관계 등을 기재하여야 한다(특허법 제42조 제6항).

[분석] 2007. 1. 3. 개정되어 2007. 7. 1.부터 시행되는 특허법은 종래의 특허법 제42조 제4항 제3호의 발명의 구성에 없어서는 아니 되는 사항만으로 기재되어야 한다는 규정을 삭제하고, 제42조 제6항에서 청구범위를 기재할 때에는 보호받고자 하는 사항을 명확히 할 수 있도록 발명을 특정하는 데 필요하다고 인정되는 구조·방법·기능·물질 또는 이들의 결합관계 등을 기재하여야 한다는 규정을 신설하였다. 이는 종래의 엄격한 기준에서 탈피하여 다양하고 복잡한 기술의 형태에 따라 보다 자유롭게 구성만이 아닌 기능이나 동작방법 등으로도 청구항을 작성할 수 있도록 허용하고 이의 위반을 거절사유 및 무효사유에서 제외하였다.

[분석] 종전 특허법의 발명의 구성에 없어서는 아니 되는 사항만으로 기재하여야 한다는 것은 당해 청구항에 기재된 사항에 의하여 보호를 받고자 하는 발명이 명확하게 파악될 수 있어야 한다는 것을 의미한다.
'……만'의 의미는 특허권이 부여된 후에 청구범위에 기재된 사항의 일부는 보호를 받고자 하는 발명의 구성에 없어서는 아니 되는 사항이 아니라고 하는 주장을 방지하기 위한 것이며, 하나의 발명에 대해서는 하나의 청구항만 기재할 수 있다는 의미는 아니다.

[적용] 청구항에는 발명의 기술적 과제를 해결하기 위하여 필요 불가결한 기술적 수단 및 그 구성요소 간의 상관관계를 명확히 알 수 있도록 기재하여야 한다.

5.3.2. 청구범위 기재시 유의사항

(1) 식품 자체의 발명은 그 조성, 형상, 구조, 조합 또는 그들의 결합으로 기재함을 원칙으로 한다. 다만, 제조방법에 의해서만 식품을 특정할 수밖에 없는 등의 특별한 사정이 있는 경우에 한하여 제조방법 형식의 기재를 인정한다.

(2) 제조방법 혹은 처리방법에만 특징이 있는 공지의 식품 발명은 제조방법 혹은 처리방법으로 기재하는 것을 원칙으로 한다.

(3) 식품 자체의 발명과 식품의 제조방법의 발명은 각각 물건의 발명과 방법의 발명으로 발명의 표현형식뿐만 아니라 그 특허의 효력범위가 상이하다.

(4) 식품으로서의 용도발명에 있어서는 다음의 ① 내지 ④에 규정된 바에 따라 처리한다.

① 청구범위에 기재된 발명의 대상이 건강기능식품인 경우 그 건강기능식품을 한정하는 용도는 구성요건으로 인정된다.

[연구] 용도에 차이가 있더라도 특정 발명이 선행발명의 목적이나 용도와 다른 내용을 기재하여 용도발명으로 특허청구를 하지 않은 이상, 그 구성이 같은 선행발명과 그 목적이나 용도가 일치하지 않는다는 이유만으로 신규성이 인정되는 것은 아니다(대법원 2007. 1. 25. 선고 2005후2045 판결).

② 건강기능식품의 용도발명에 있어, 그 용도는 건강기능식품에 의해 실현 가능한, 구체적 내용으로 표현되어야 한다.

[예] 고지혈증 개선용, 혈당 강화를 위한, 비만 개선용

③ 건강기능식품을 새로운 용도로 한정하여 용도발명을 청구하는 때에는, 그 용도는 속성 자체가 아닌 그 속성을 통해 실현하고자 하는 목적으로 표현되어야 한다.

[예] ~용 건강기능식품, ~을 하기 위한 건강기능식품

[설명] 속성이란 용도의 기초가 되는 성질, 효과, 작용, 메카니즘(기작) 등을 말하여 그러한

속성 자체는 적합한 용도 표현이 아니다.

[연구] '혈소판 활성인자의 수용체에 대한 결합에 대해 길항활성을 갖는'으로 표현된 사항은 용도 한정이 아니라 기능을 기재한 것이므로 용도발명이 아니다(특허법원 2002. 4. 4. 선고 2001허1501 판결).

④ 하나의 청구항에는 둘 이상의 용도발명을 기재할 수 없다. 다만, 둘 이상의 용도가 하나의 구성으로부터 필연적으로 발생하고, 그 둘 이상의 용도가 하나의 속(屬) 개념으로 포괄될 수 있는 경우는 예외로 한다.

[용어] 용도발명(用途發明)이란 물건이 갖는 어떤 특정한 용도의 새로운 발견에 기인한 발명으로, 어떤 물(物)의 특정한 성질에 착안하여 그 물의 이용방법을 발견한 데에 따른 발명이라고 할 수 있다. 즉, 본래 특허성이 없는 물건을, 그 물건에 있어서 새로운 용도에, 어떠한 특허성이 없는 방법으로 이용하는 것에 대한 발명이다.

[연구] 신규한 조성물 자체에 기술적 특징이 잇는 경우에는 조성물의 유용성 요건만 만족되면 청구범위에 용도를 한정하지 않아도 된다(일본 심사운용지침 참조).

[분석] 용도발명의 경우에는 용도라는 발명의 카테고리가 독립적으로 존재하지 않기 때문에 물건, 방법, 제조방법의 형태로 표현되고 있는데, 우리나라는 일반적으로 청구범위에 '……제' 또는 '……조성물'과 같이 물의 형식으로 기재하는 것을 원칙으로 하고, 경우에 따라서는 '……방법'과 같이 방법의 형식으로 기재하는 것도 허용하고 있다. 따라서 '……용도'와 같이 기재되어 있을 경우에는 보호받고자 하는 기술구성이 불명확하고 청구하고자 하는 발명의 카테고리가 불명확하다는 이유로 특허법 제42조 제4항의 규정에 따라 거절한다.

[분석] 용도발명에 있어 양 발명의 차이가 단순한 용도의 차이에 불과하거나 또는 양 발명의 차이가 단순한 용도 한정의 유무인 경우에는 양 발명은 실질적으로 동일한 것으로 본다.

[판례] 대법원 2002. 8. 23. 선고 2001후720 판결

기술적 구성이 동일함에도 불구하고 기술적 목적의 차이로 인하여 특허성을 취득하기 위하여는 새로운 용도발명에 해당하여야 한다.

◇ 특허법원 2008. 6. 13. 선고 2008허712 판결

특허발명이 물건의 새로운 용도를 발명의 대상으로 하는 이른바 '용도발명'이 아닌 이상, 주지기술에 대한 새로운 효과의 발견만으로는 진보성을 긍정할 수 있는 기술적 특이성을 인정할 수 없다.

◇ **특허법원 2007. 11. 9. 선고 2007허2285 판결**

선택발명에 기재된 화합물 등의 물질이 선행발명에 구체적으로 개시되어 있는 경우에는, 설사 선택발명에 기재된 화합물 등이 선행발명이 기재된 선행문헌에서 인식한 효과에 비하여 현저한 효과가 있다 하더라도, 출원인이 이를 용도발명으로서 청구범위를 구성하여 특허를 출원하지 않는 이상, 물질특허에 관한 발명으로서는 신규성을 인정받을 수 없다.

[판례] 대법원 1987. 6. 9. 선고 86후174 판결, 1987. 6. 9. 선고 86후175 판결

용도의 차이는 같은 기술분야 내에서의 구체적인 응용방법의 차이에 불과하다.

◇ **특허법원 2008. 4. 25. 선고 2007허11999 판결**

대개 물건의 발명에 있어서 '물건의 용도'는, 그것이 비록 청구범위에 기재되어 있다 하더라도 발명의 대상인 물건의 구성에 영향을 미치는 것이 아닌 한, 발명의 최적의 사용상태를 설명하는 것에 불과하여, 발명의 기술내용으로 볼 수 없다.

[사례] 제4항 발명의 방법으로 제조하는 '원판 롤(R)'은 구성부분 1 내지 4의 방법에 의하여 완성되고, 구성부분 5에서는 단지 '약물 경피투여제 제조용'이라는 기재가 있을 뿐, '원판 롤(R)'을 제조함에 있어서 필요한 생산방법에 대한 아무런 한정이 없다. 이러한 '약물 경피투여제 제조용'이라는 기재만으로는, 제4항 발명의 '원판 롤(R)'을 제조하기 위하여, '약물 경피투여제 완제품용 원판 롤(R)' 또는 다른 용도를 위한 '원판 롤(R)'을 제조하는 방법과 달리, 구성부분 1 내지 4까지의 방법을 변형하거나, 이에 새로운 공정을 추가하는 등으로 차이를 둘 수 없다. 따라서 구성부분 5에 의한 용도의 한정은 구성부분 1 내지 4까지의 '생산방법'에 영향을 줄 있는 것이 아니어서 제4항 발명의 기술내용으로 볼 수 없다(특허법원 2007. 12. 28. 선고 2007허4571 판결).

[분석] 물건의 생산방법발명에 있어서 '물의 용도 한정'은 그로 인하여 다른 구성요소에서의 '생산방법'에 영향을 줄 수 있는 것이 아닌 한 발명의 기술내용으로 파악해서는 안 된다.

[판례] 특허법원 2002. 4. 4. 선고 2001허1501 판결

제1항 발명은 '오미자로부터 단리되고, 혈소판 활성인자의 수용체에 대한 결합에 대하여 길항활성을 갖는 하기 화학식 1의 캐미그레날'이고, 제2항 발명은 '제1항에 있어서, 혈소

판 활성인자로 인한 급성 염증성 질환을 치료 또는 예방하기 위해 사용되는 것을 특징으로 하는 캐미그레날'인바, 그 표현형식을 보면, 제1항 발명은 '오미자로부터 단리되고'라는 특정의 제조방법을 부가하여 캐미그레날 화합물을 한정하는 한편, '혈소판 활성인자의 수용체에 대한 결합에 대하여 길항활성을 갖는'이라는 특정의 기능적인 사항을 부가하여 캐미그레날 화합물을 한정하고 있는 것이며, 제2항 발명 역시 제1항의 특정요소를 모두 원용하는 외에 '혈소판 활성인자로 인한 급성 염증성 질환을 치료 또는 예방하기 위해 사용되는 것을 특징으로 하는'이라는 기재를 통해 용도를 추가하고 있기는 하나 그 기재 역시 형식상 제1항 발명과 동일하게 '캐미그레날'라는 화합물을 한정하는 것으로 되어 있어 결국 제1항 발명 및 제2항 발명은 캐미그레날의 용도에 관한 발명이 아니라 제조방법 및 기능적 사항에 의하여 한정된 화학식 1의 '캐미그레날' 화합물 자체에 관한 발명이라 할 것이다. 위 각 발명이 청구하고 있는 물질인 캐미그레날이 출원 전에 공지된 선행발명에 기재되어 있으므로, 위 각 발명은 출원 전에 공지되어 신규성이 결여된 것이다.

[사례] 출원발명은 위암 항암 활성 고추씨 추출물로서, 상기 추출물은 고추 발아 종자를 증류수로 열수추출한 것으로, 상기 열수추출은, 80~100℃의 증류열수로 고추씨를 2~4시간 환류추출, 감압농축하여 동결건조시키는 방식으로 진행된 것을 특징으로 하는 위암 항암 활성 고추씨 추출물인데, 출원발명의 고추 발아 종자의 열수추출물이 고추 종자의 열수추출물에 비해 위암에 특이적 효과가 있다고 보기 어려울 뿐만 아니라, 설령 출원발명의 고추 발아 종자의 열수추출물이 위암에 특이적 효능이 있다고 하더라도, 이를 용도발명으로 청구하지 아니한 이상, 용도발명으로 인정할 수는 없는 것이다. 나아가 보더라도 제1항 발명은 선행발명 1로부터 용이하게 도출할 수 있는 것이고 효과 또한 현저한 것이 아니므로, 용도발명으로 성립할 수도 없는 것이다(특허심판원 2015. 12. 2.자 2015원2476 심결).

[분석] 용도로 한정된 물질청구항의 경우는 비록 어떤 물질을 용도로 한정하였다고 하더라도 그 물질이 달라지는 것은 아니며 물질 자체를 권리범위로 청구하고 있는 것과 다를 바 없으므로 제법한정 청구항과 마찬가지로 신규성이 인정되지 않는다.

(5) 식품 자체의 발명에서 그 조성, 형상, 구조, 조합 또는 그들의 결합 등을 기술적으로 한정하거나 부가하여 구체화한 것은 그 발명의 종속항으로 기재할 수 있다.

[예] '단백질과 탄수화물로 된 정제 탄수화물식품'이라는 발명에서 단백질의 양을 '0.8~1.2 중량%'로 한정한 탄수화물식품과 탄수화물을 전분으로 한정한 탄수화물식품은 그 발명의

종속항으로 기재할 수 있다.

[분석] 용도발명에 있어서 유효성분 또는 용도의 어느 것이나 발명의 구성에 없어서는 아니 되는 사항에 포함되는 것으로써 그것을 구체적으로 한정해서 구체화한 것은 그 발명의 종속항으로 기재할 수 있다.

(6) 청구범위 기재방법

㈎ 독립항과 종속항의 구별기준

청구범위에 기재된 청구항은 독립청구항과 독립항을 한정하거나 부가하여 구체화하는 종속청구항으로 구분할 수 있다.

[특허법시행령] 제5조 제1항 (청구범위의 기재방법) 법 제42조 제8항에 따른 청구항을 기재할 때에는 독립항을 기재하여야 하며, 그 독립항을 한정하거나 부가하여 구체화하는 종속항을 기재할 수 있다. 이 경우 필요한 때에는 그 종속항을 한정하거나 부가하여 구체화하는 다른 종속항을 기재할 수 있다.

[판례] 대법원 1995. 9. 5. 선고 94후1657 판결, 1989. 7. 11. 선고 87후135 판결

청구범위의 기재에 관하여 독립항과 종속항으로 구별하고 각 적정수로 나누어 기재하도록 한 취지는 발명자의 권리범위와 일반인의 자유기술영역과의 한계를 명확하게 구별하고 나아가 특허분쟁의 경우 특허침해 여부를 명확하고 신속하게 판단할 수 있도록 함에 있다.

◇ 대법원 1995. 9. 5. 선고 94후1657 판결, 1989. 7. 11. 선고 87후135 판결

독립항은 특허발명으로 보호되어야 할 범위를 넓게 포섭하기 위하여 발명의 구성을 광범위하게 기재하고, 종속항은 그 범위 속에서 구체화된 태양을 제시하여 주어 그 독립항을 기술적으로 한정하고 구체화한 사항을 기재하여야 한다.

[판례] 대법원 2006. 11. 24. 선고 2003후2072 판결, 2005. 11. 10. 선고 2004후3546 판결

인용하고 있는 청구항의 구성 일부를 생략하거나 다른 구성으로 바꾼 청구항은 그 기재형식에 불구하고 이를 종속항으로 볼 수 없고, 독립항으로 보아야 한다.

◇ 대법원 2005. 11. 10. 선고 2004후3546 판결

청구범위에 있어서 다른 청구항을 인용하지 않는 청구항이 독립항이 되고 다른 독립항이나 종속항을 인용하여 이를 한정하거나 부가하여 구체화하는 청구항이 종속항이 되는 것이 원칙이지만, 독립항과 종속항의 구분은 단지 청구항의 문언이 나타내고 있는 기재형식에 의해서만 판단할 것은 아니다.

[사례] 청구범위의 독립항이 통상의 기술자가 그 출원 전에 공지된 발명에 의하여 쉽게 발명할 수 없는 것으로서 진보성이 부정되지 않는 경우에, 그 독립항이나 그 독립항의 종속항을 인용하여 이를 한정하거나 부가하여 구체화하는 종속항은 같은 공지발명에 의해서는 당연히 진보성이 부정되지 않는다고 할 것이지만, 어떤 독립항이 그 출원 전 공지된 발명에 의하여 진보성이 부정되지 않는다는 사정이 있다고 하더라도, 그 독립항의 구성 일부를 생략하거나 다른 구성으로 바꾼 청구항은 설령 그 독립항의 구성요소의 대부분을 가지고 있더라도 당연히 그 출원 전 공지된 발명에 의해서 진보성이 부정되지 않는다고는 할 수 없다(대법원 2006. 11. 24. 선고 2003후2072 판결).

[사례] 제2항 내지 제5항 고안은 기재형식에 있어서는 '제1항에 있어서'라는 표현을 사용하여 마치 제1항 고안의 종속항인 양 기재되어 있으나, 고안의 내용에 있어서는 제1항 고안의 체결볼트로 체결하는 구성을 생략하고 있으므로 이를 독립항으로 보아야 한다(대법원 2005. 11. 10. 선고 2004후3546 판결).

[판례] 대법원 1992. 2. 25. 선고 91후578 판결

종속항은 인용되는 타 청구항에 기재되어 있는 요소 자체를 보다 기술적으로 한정하고 구체화하는 청구항(내적 부가)만이 이에 해당하고 그렇지 아니한 경우에는 특허법 제42조 제5항의 규정을 충족하지 못하는 것으로 보아야 한다.

[사례] 제2항 고안은 그 청구범위 기재와 같이 제1항 고안의 종속항이어서 제1항 고안을 한정하거나 부가하여 구체화하는 청구항이어야 하는바, 고안의 설명 및 청구범위의 기재에 의하면, 비록 제1항 고안 및 제2항의 청구범위 끝부분에 모두 일기장 및 견출판이라고 기재되어 있다고 하더라도 제1항 고안은 일기장에 관한 고안임이 명백하고, 제2항 고안은 견출판에 관한 고안이라고 보아야 할 것인데, 일기장과 견출판은 그 물품의 성질상 별개 독립의 고안이라고 할 것이어서 제2항 고안은 제1항의 일기장에 관한 고안을 부가, 한정하여 구체화하는 종속항에 해당하지 아니하므로, 제2항 고안은 명확하게 기재되지 아니한 기재불비로 인하여 실용신안법 제8조 제4항에 위반된다(대법원 2005. 5. 13. 선고 2003후2560 판결).

◇ 특허법원 2006. 12. 15. 선고 2006허3861 판결

청구범위의 기재에 있어서 종속항은 독립항 또는 다른 종속항을 한정하거나 부가하여 구체화하는 방식으로 기재한 청구항인데, 반드시 인용되는 항의 모든 구성요소를 한정 또는 부가할 필요는 없다.

◇ 특허법원 2004. 4. 29. 선고 2003허5347 판결

인용형식으로 기재된 청구항은 특별한 사정이 없는 한 원칙적으로 인용된 청구항 전체를 그대로 인용하면서 그것에 일정사항을 부가하는 의미라고 해석하여야 한다.

[판례] 특허법원 2006. 11. 9. 선고 2006허2103 판결

특허발명의 명세서의 청구범위에 제4항 발명이 제1항 발명의 종속항으로 기재되어 있는 이상, 이제 와서 정정의 절차를 거치지 않고 단순히 그것이 잘못 기재된 것이라고 주장한다고 하여 제4항 발명이 독립항으로 인정받을 수는 없다.

◇ 특허법원 2002. 5. 24. 선고 2001허2153 판결

청구범위를 기재함에 있어서 각 청구항은 그것이 독립항의 형식을 취하고 있거나 아니면 종속항의 형식을 취하고 있거나 여부를 묻지 아니하고 모두 별개의 청구항임에는 틀림없고, 따라서 독립항으로 기재하여야 할 것을 종속항으로 기재하였다고 하여 그러한 허물이 곧 실용신안등록의 무효사유에 해당하는 것은 아니다.

[판례] 대법원 1989. 6. 27. 선고 88후967 판결

청구범위의 기재방법에 관한 특허법의 각 규정은 청구범위는 특허출원자로 하여금 특허권으로써 보호를 요구하는 범위를 명확히 하게하고, 일반공중의 입장에서는 당해 특허권의 효력이 미치는 한계 영역을 설정하여 주는 등 발명의 기술적 범위를 결정하는 것으로서 장래 권리의 행사에 있어 극히 중대한 영향을 주는 사항이므로 그 기재를 특정, 명확히 할 필요가 있다는 데에 그 취지가 있으므로, 발명이 복수이어서 보호받고자 하는 발명의 구성에 없어서는 안 되는 사항이 다수인 경우에는 그 사항마다 분리하여 별개의 항으로 기재하여야 하고 이를 위배하면 특허를 허여할 수 없다.

[판례] 대법원 2001. 5. 29. 선고 98후515 판결

특허법에서 다항제를 채택한 취지는 발명을 여러 각도에서 다면적으로 기재하여 발명을 충실히 보호할 수 있도록 하고, 발명자의 권리범위와 일반인의 자유기술영역과의 한계를 명확하게 구별하여 특허분쟁의 경우 특허침해 여부를 명확하고 신속하게 판단할 수 있도록 하기 위한 것으로서, 청구항은 독립항이든 종속항이든 상호 독립되어 있어 각 청구항마다 특허요건을 구비하여야 하고, 심사도 청구항별로 행해지는 것이므로 거절이유를 통지함에 있어서는 거절의 대상으로 되는 청구항을 구체적으로 특정하여야 한다.

◇ 특허법원 2008. 11. 13. 선고 2008허2473 판결

제7, 8항 발명은 제2항 발명을 포함하는 종속항이고, 제9항 발명은 제8항 발명을 포함하는 종속항으로 위 발명들은 제2항 발명의 구성을 모두 포함하고 여기에 각각의 특징부 구성이 부가되어, 결합된 구성요소 전체가 특허발명의 요지를 이루는 것이므로, 제7, 8항 발명과 제9항 발명은 그 인용되는 제2항 발명 및 제8항 발명과 함께 전체로서 하나의 발명을 구성하고 있는 것이지, 그 특징부 구성만으로 별개의 독립된 발명을 구성하는 것은 아니다.

[분석] 종속항은 독립항 또는 다른 종속항을 인용하여 기재하는 형식의 청구항으로, 인용되는 항의 특징을 모두 포함하며, 인용되는 항의 기술적 사항을 한정하거나 부가하여 구체화하는 청구항이다.

[설명] 종속항은 독립항을 한정하거나 부가하여 구체화하는 종속청구항을 말한다. 여기서 '독립항을 한정하거나 부가하여 구체화'한다는 의미는 구성요소의 부가나 상위개념을 하위개념으로 한정함으로써 발명을 구체화하는 것을 말하며, 종속청구항이란 의미는 당해 청구항의 발명의 내용이 다른 항에 종속된다는 의미로 다른 항의 내용 변경에 따라 당해 청구항의 발명의 내용이 변경되는 항을 말한다. 따라서 여기서 종속이란 의미는 인용이란 의미와 같으므로 종속항은 독립항 또는 타종속항을 '인용'하여 '한정하거나 부가하여 구체화'하는 청구항을 의미한다. 독립항을 기술적 내용의 측면에서는 부가하거나 한정하고 있다 하더라도 형식적으로 인용하고 있지 않다면 종속항이라 할 수 없으며, 독립항을 형식적으로는 인용하고 있다 하더라도 독립항을 한정하거나 부가하지 않는 경우(예: 청구항○에 있어서 A의 구성요소를 B로 치환하는 물건)에는 종속항이라고 할 수 없다.

[분석] 독립항을 한정하거나 부가하여 구체화하는 청구항은 종속항으로 기재할 수 있도록 하고 있는데, 이는 독립항을 한정하거나 부가하여 구체화하는 청구항은 모두 종속항 형식으로 기재하여야 한다는 규정이 아니므로 독립항을 한정하거나 부가하여 구체화하는 청구항도 독립항 형식으로 기재할 수 있다.

[적용] 종속항은 독립항을 한정하거나 부가하는 것이어야 하며, 인용하는 항과 인용하는 대상이 명확하여야 한다. 따라서 ① 발명의 효과나 용어만을 기재해서는 안 되고, ② 인용되는 항의 구성요소를 감소 또는 삭제시키는 형식으로 기재할 수 없고, ③ 인용되는 항에 기재된 구성을 다른 구성으로 치환 또는 대체하는 형식으로 기재할 수 없으며, ④ 복수의 항이 인용된 항을 복수로 재인용할 수 없다.

㈏ 청구항의 기재요령

① 독립항은 다른 청구항을 인용하지 않은 형식 즉, 독립형식으로 기재한다. 다만, 독립항의 경우에도 동일한 사항의 중복기재를 피하기 위하여 발명이 명확하게 파악될 수 있는 범위 내에서 다른 청구항을 인용하는 형식으로 기재할 수 있다(특허법시행령 제5조 제1항).

[설명] 독립항은 그 발명의 구성에 없어서는 아니 되는 사항을 명확하고 간결하게 기재하여야 한다. 여기서 간결하게 기재하여야 한다는 의미는 문장의 길이가 짧아야 한다는 것이 아니라 문장의 의미를 쉽고 분명하게 파악할 수 있도록 간결한 문장으로 기재하여야 한다는 것이다.

[예] 제○항의 방법으로 제조된 물건
[예] ……하여 제○항의 물건을 제조하는 방법
[예] 제○항의 방법으로 제조된 물건을 이용하여 ……하는 방법

② 청구항은 발명의 성질에 따라 적정한 수로 기재하여야 한다(특허법시행령 제5조 제2항).
발명의 단일성을 만족하는 경우라도 청구항이 적정한 수로 기재되지 않은 경우는 ㉮ 하나의 청구항에 카테고리가 다른 2 이상의 발명이 기재된 경우, ㉯ 청구하는 대상이 2 이상인 경우, ㉰ 동일한 청구항을 중복하여 기재하는 경우, ㉱ 하나의 청구항 내에서 다수의 청구항을 다중으로 인용하는 경우 등이다.

[예] 하나의 청구항에 2 이상의 대상이 기재되어 있는 경우
[예] 동일한 청구항을 중복하여 기재하는 경우(실질적으로 동일하나 표현을 달리한 경우는 인정된다)
[예] 청구항 내에서 2 이상의 항을 인용하고 그 인용한 청구항 내에서 다시 다수의 항을 인용하는 경우

[설명] 예를 들어 '청구항○ 또는 청구항○의 방법으로 제조되는 청구항○ 또는 청구항○의 물건'과 같은 것을 말하며, 이는 2 이상의 항을 인용하는 종속항이 2 이상의 항을 인용한 다른 청구항을 인용한 경우와 같은 혼란을 야기하므로 배제한다.

③ 다른 청구항을 인용하는 청구항은 인용되는 항의 번호를 적어야 한다(특허법시행령 제5조 제4항).

[예] 청구항 ○에 있어서, ……하는 방법
[예] 청구항 ○ 내지 청구항 ○ 중 어느 하나의 항에 있어서, …… 장치

[참고] 종속항뿐만 아니라 다른 항을 인용하는 청구항이면 모두 적용대상이 되는 것으로 개정된 특허법 시행령 제5조 제4항은 2013. 7. 1. 이후 심사하는 모든 출원에 대해서 적용한다.

④ 2 이상의 항을 인용하는 청구항은 인용되는 항의 번호를 택일적으로 기재하여야 한다(특허법시행령 제5조 제5항).

[분석] 2 이상의 항을 인용하는 항은 하나의 항이 선택되도록 항의 번호를 기재하여야 한다.

[사례] 인용되는 항의 번호를 택일적으로 기재하지 않은 예
① 제1항, 제2항에 있어서, …… 방법 (×)
② 제1항 및 제2항 또는 제3항에 있어서, …… 방법 (×)
③ 제1항 및 제2항 또는 제3항 중 어느 한 항에 있어서, …… 방법 (×)
④ 제1항 내지 제3항에 있어서, …… 방법 (×)

[사례] 인용되는 청구항을 택일적으로 기재한 예
① 제1항 또는 제2항에 있어서, …… 방법
② 제1항 내지 제3항 중 어느 한 항에 있어서, …… 방법
③ 제1항, 제2항 또는 제3항 중 어느 한 항에 있어서, …… 방법

⑤ 2 이상의 항을 인용한 청구항에서 그 청구항의 인용된 항은 다시 2 이상의 항을 인용하는 방식을 사용하여서는 아니 된다. 2 이상의 항을 인용한 청구항에서 그 청구항의 인용된 항이 다시 하나의 항을 인용한 후에 그 하나의 항이 결과적으로 2 이상의 항을 인용하는 방식에 대하여도 또한 같다(특허법시행령 제5조 제6항).

[예] 2 이상의 항을 인용하는 독립항이 2 이상의 항을 인용한 다른 청구항을 인용하고 있는 예(청구항 4)
【청구항 1】 …… 방법
【청구항 2】 제1항에 있어서, …… 방법
【청구항 3】 제1항 또는 제2항에 있어서, …… 방법

【청구항 4】 제2항 또는 제3항의 방법으로 제조된 물건 (×)

[설명] 청구항 4는 2 이상의 항을 인용하는 청구항으로서 2 이상의 항을 인용한 다른 청구항(청구항 3)을 인용하고 있어 청구범위 기재방법에 위배된다.

[분석] 특허법시행령 제5조 제6항은 2 이상의 항을 인용하는 종속항은 2 이상의 항을 인용한 다른 청구항을 인용할 수 없도록 규정하고 있다. 그 이유에 대해서는 별개의 발명을 복수로 인용하고 있는 청구항을 복수로 재인용할 경우 발명의 실체가 달라질 수 있기 때문에 이를 허용하지 않는다는 견해와, 경우에 따라서는 청구하고자 하는 기술의 구성이 불명확할 뿐만 아니라 하나의 청구항을 해석하기 위하여 너무 많은 수의 다른 청구항을 참조하여야 하는 어려움을 방지하기 위한 것이라는 견해가 양립하고 있다. 같은 취지로 2 이상의 항을 인용하는 청구항은 2 이상의 항을 인용한 항을 인용하고 있는 다른 청구항을 인용할 수 없도록 하고 있다.

⑥ 인용되는 청구항은 인용하는 청구항보다 먼저 기재하여야 한다(특허법시행령 제5조 제7항).

[설명] 인용되는 청구항을 인용하는 청구항보다 먼저 기재하여야 하며, 이는 보다 용이하게 청구항에 기재된 발명을 파악하기 위한 것이다. 청구범위에 기재된 청구항이 자신의 청구항과 같은 번호의 청구항을 인용하는 경우에는, 인용되는 청구항을 먼저 기재하지 않은 것으로 특허법 제42조 제8항 및 특허법 시행령 제5조 제7항 위반의 거절이유를 통지하거나, 청구항의 기재가 명확하지 않은 것으로 특허법 제42조 제4항 제2호 위반의 거절이유를 통지한다.

⑦ 각 청구항은 항마다 행을 바꾸어 기재하고, 그 기재하는 순서에 따라 아라비아숫자로 일련번호를 붙여야 한다(특허법시행령 제5조 제8항).

[참고] 동일한 청구항 내에서도 발명의 구성을 명확히 하기 위해서는 행을 바꾸어 기재할 수 있다.

[예] **【청구항 1】** 다음의 각 공정으로 이루어지는 쿠키 속에 떡을 내장하는 과자의 제조방법 (가) 수직형 배합기에 가공버터, 마가린, 설탕 및 식염을 넣고 브렌더를 가동하여 1차로 균질혼합하는 공정

(나) 과당, 계란을 추가로 추입하여 2차로 균질 혼합하는 공정

(7) 청구범위 제출유예 제도

출원인은 출원 당시 청구범위가 기재되지 않은 명세서를 출원서에 첨부할 수 있다. 이는 청구범위의 작성없이 신속한 출원을 가능하게 하고 특허 이용전략을 충분히 검토하여 효과적으로 청구범위를 작성할 시간적 여유를 제공하여 출원인의 권리보호를 도모하고자 마련된 제도이다. 다만, 심사 및 제3자의 기술이용 측면에서 청구범위를 기재할 필요가 있는바, 심사청구의 취지를 통지받은 날부터 3개월이 되는 날까지 또는 우선일 등으로부터 1년 2개월(출원일이 2014. 12. 31. 이전인 경우에는 1년 6개월)까지는 보정을 통해 청구범위를 기재하도록 하고 있다.

[특허법] 제42조의 2 **(특허출원일 등)** ① 특허출원일은 명세서 및 필요한 도면을 첨부한 특허출원서가 특허청장에게 도달한 날로 한다. 이 경우 명세서에 청구범위는 적지 아니할 수 있으나, 발명의 설명은 적어야 한다. ② 특허출원인은 제1항 후단에 따라 특허출원서에 최초로 첨부한 명세서에 청구범위를 적지 아니한 경우에는 제64조 제1항 각 호의 구분에 따른 날부터 1년 2개월이 되는 날까지 명세서에 청구범위를 적는 보정을 하여야 한다. 다만, 본문에 따른 기한 이전에 제60조 제3항에 따른 출원심사 청구의 취지를 통지받은 경우에는 그 통지를 받은 날부터 3개월이 되는 날 또는 제64조 제1항 각 호의 구분에 따른 날부터 1년 2개월이 되는 날 중 빠른 날까지 보정을 하여야 한다. ③ 특허출원인이 제2항에 따른 보정을 하지 아니한 경우에는 제2항에 따른 기한이 되는 날의 다음 날에 해당 특허출원을 취하한 것으로 본다.

[분석] 청구범위를 기재하지 않은 명세서를 출원서에 첨부한 출원인이 ① 청구범위 제출기한이 되는 날까지, ② 상기 ①의 기한 이내에 제3자 심사청구의 취지를 통지받은 날부터 3개월이 되는 날까지 청구범위를 기재하는 보정을 하지 않으면 해당 출원은 그 기한이 되는 다음날에 취하된 것으로 본다.

[실무] 출원인은 청구범위가 기재된 명세서가 제출된 때에 한하여 출원심사의 청구를 할 수 있다. 청구범위가 기재되지 않은 명세서가 첨부된 출원에 대하여 출원인이 심사청구를 하는 경우 그 심사청구서는 소명기회를 부여한 후 반려한다. 또한 청구범위가 기재되지 않은 명세서가 첨부된 출원은 청구범위 제출기한이 되는 날의 다음 날에 취하 간주되므로 출원공개 대상에서 제외된다. 만약 취하 간주되기 전에 조기공개신청이 있는 경우에는 소명 기회를 부여하고 반려한다.

[실무] 청구범위 제출유예 제도에서 청구범위가 기재되었는지 여부는 특허법시행규칙 별지 제15호 서식의 명세서 중 '청구범위' 식별항목이 삭제되었는지 여부로 판단한다. 즉, '청구범위' 식별항목이 기재된 경우에는 그 이하에 어떤 기재(예를 들어, 공란, 점, 쉼표 등)를 포함하더라도 청구범위 제출유예 제도를 이용하지 않는 것으로 취급한다. 다만 '청구범위' 식별항목 이하에 '유예제도', '추후제출', '다음에 제출하겠습니다.', '없음' 또는 'none'이 기재되어 있거나 공란인 경우에는, 출원인이 청구범위 제출유예 제도를 이용하려는 의사를 개진한 것으로 인정하여, 청구범위가 기재되어 있지 않은 것으로 취급한다.

6. 특허요건

[판례] 대법원 1985. 3. 12. 선고 84후50 판결

발명이 특허를 받으려면 특허요건으로서 ① 산업상 이용할 수 있는 것이어야 하고, ② 그 발명에 신규성이 있어야 하므로 특허출원 전에 국내에서 공지되었거나 또는 공연히 실시된 것이 아니어야 하고 또 특허출원 전에 국내, 국외에서 반포된 간행물에 기재된 것이 아니어야 하며, ③ 그 발명에 진보성이 있어야 하므로 그 발명이 속하는 기술분야에서 기술적 목적, 작용, 효과면 등에서 객관적으로 보아 통상의 기술자가 쉽게 발명할 수 있는 것이 아니어야 하고, ④ 타인과의 관계에 있어 선출원이어야 한다.

6.1. 발명의 성립성

다음의 경우 발명으로서 성립하지 아니한 것으로 본다.

[분석] 발명의 성립성 판단은 특허법 제29조 제1항 본문의 규정에 위배되는지 여부를 판단하는 것을 말한다. 따라서 발명의 과제를 해결하기 위한 구체적 수단이 결여되어 있거나, 제시된 과제 해결수단만으로는 해결이 명백하게 불가능한 것은 발명에 해당하지 않는다.

[판례] 대법원 2005. 8. 19. 선고 2005후1325 판결

실용신안법상의 등록을 받을 수 있는 실용적 고안이라 함은 물품의 형상, 구조 또는 조합에 관한 자연법칙을 이용한 기술적 사상의 창작이고, 자연법칙을 이용한 것인지 여부는 현재의 기술수준에서 판단할 것인바, 자연법칙을 이용하고 있다고 하는 것은 자연과학상의 인과율에 따르고 있다는 것을 의미하고, 또한 기술은 일정한 과제를 해결하기 위한 구체적인 수단이므로 자연법칙을 이용한 기술적 사상은 그것을 반복하여 실시할 수 있고 실시할 때마다 항상 객관적으로 일정한 효과 즉, 기술적 효과가 발생하는 것이 아니면 안 된다.

◇ **특허법원 2002. 3. 22. 선고 2001허4937 판결**

특허법 제2조 제1호 소정의 발명의 성립요건으로서 '자연법칙을 이용한 기술적 사상의 창작'이라는 것은, 일정한 기술적 목적을 달성하기 위한 구체적인 수단으로서, 통상의 기술자가 반복적으로 실시할 수 있으며 발명자에게 특유한 기량에 기한 것이 아니어서 제3자가 실시하더라도 언제나 동일한 결과에 도달할 수 있고, 또한 기존의 것을 단순히 발견한 것이 아니라 인간의 정신활동에 기초하여 새롭게 만들거나 생각해낸 것을 뜻하고, 다만 기억술, 상품의 진열방법이나 판매방법 등과 같은 단순한 인간의 정신활동, 학문상의 법칙 그 자체, 복권 당첨규칙 등과 같은 인위적인 규정 및 자연법칙에 위배된 발명 등은 이를 제외한다는 것을 의미하는 것이라고 해석된다.

[분석] 특허법 제2조 제1호에는 '발명'이라 함은 '자연법칙을 이용한 기술적 사상의 창작으로서 고도한 것'으로 정의하고 있으므로, 특허출원된 발명이 특허법상의 발명이기 위해서는 이 규정을 만족하는 것이어야 한다.

◇ **특허법원 2002. 1. 17. 선고 2001허3453 판결**

특허를 받기 위해서는 먼저 '산업상 이용할 수 있는 발명'이어야 하고, 특허법상 발명이라 함은 '자연법칙을 이용한 기술적 사상의 창작으로서 고도한 것'을 말하는 것이며, '자연법칙'이란 자연의 영역에서 경험에 의하여 발견되는 법칙으로서 일정한 원인에 의하여 항상 일정한 확실성을 가지고 같은 결과가 반복하여 발생할 수 있는 법칙(인과율)에 따르는 것임과 동시에 제3자에 의하여도 반복하여 재현될 수 있는 것 즉, 재현가능성 또는 반복가능성을 구비한 것이라야 한다. 따라서 출원발명이 인간의 추리력 기타 순지능직·정신직 활동에 의하여 발견되고 안출된 법칙(수학 또는 논리학적 법칙 등), 인위적인 결정(금융보험제도, 과세제도, 유희방법 등) 또는 경제학상의 법칙에 해당하거나 이와 같은 것만을 이용하고 있는 경우에는 자연법칙을 이용하지 아니한 것이어서 특허법상의 발명에 해당하지 않는다. 결국 외국어 발음표기문자의 형성방법에 관한 출원발명은 자연법칙과는 관계없는 인위적 결정에 의한 것이어서 특허법상의 발명에 해당되지 아니하여 특허법 제29조 제1항 본문의 규정에 위배되어 특허를 받을 수 없다.

[판례] 특허법원 2007. 12. 6. 선고 2006허11855 판결

특허의 대상인 발명은 기술적 사상을 창작하는 것으로서 본래부터 존재하는 현상의 발견이나 인식, 또는 현상에 대한 새로운 원인의 규명 등은 특허법에서 정한 발명의 대상이라고 할 수 없는바, 특허발명이 종래의 공지된 기술구성이 명확히 파악하지 못한 열처리된 웨이퍼의 성질을 인식·발견하고, 이를 기재하였다고 하더라도, 그것만으로는 특허의 대상인 발명에 이르렀다고 할 수 없다.

[분석] 단순히 공지된 기술구성이 명확히 파악하지 못한 성질을 인식 발견하고 이를 기재하였다는 것만으로는 특허의 대상인 발명에 이르렀다고 할 수 없다.

[판례] 대법원 2007. 8. 24. 선고 2006후237 판결

특허발명이 완성된 발명인지 여부는 특허출원 명세서에 기재된 발명의 목적, 구성 및 작용효과 등을 전체적으로 고려하여 출원당시의 기술수준에 입각하여 판단하여야 한다.

[사례] 명세서의 기재로부터 통상의 기술자라면 제1항 발명의 화학식 1의 퀴누클리딘 유도체를 포함하는 약학 조성물이 물질 P라는 체내물질에 대해서 길항제로서 작용하여 과량의 물질 P로 인하여 야기되는 이 사건 질환의 치료 또는 예방에 효과적이고, 이러한 용도에 적합한 구체적인 활성 화합물이 화학식 1로 표시되는 화합물임을 알 수 있으며, 나아가 그러한 화합물의 제조방법, 환자에게 투여하기 위한 제제화, 투여방법 및 투여량에 관한 기재 내용을 근거로 이 사건 조성물을 반복하여 제조하고 투여함으로써 목적 대상으로 하는 질병에 대하여 치료효과를 얻을 수 있을 것이므로, 출원발명은 발명의 과제를 해결하기 위한 구체적인 수단이 결여되어 있거나 제시된 수단만으로는 과제의 해결이 명백하게 불가능한 것 등에 해당한다고 볼 수 없으니 그 출원 당시에 완성된 발명이라고 봄이 상당하다(특허법원 2001. 7. 20. 선고 2000허7038 판결).

◇ 특허법원 2002. 8. 23. 선고 2001허5282 판결, 2002. 6. 14. 선고 2001허4654 판결

특허법 제29조 제3항은 특허출원한 발명이 당해 특허출원을 한 날 전에 특허출원하여 당해 특허출원을 한 날 후에 출원공개 또는 등록공고된 타특허출원의 출원서에 최초로 첨부된 명세서 또는 도면에 기재된 발명과 동일한 경우에 그 발명에 대하여는 같은 조 제1항의 규정에도 불구하고 특허를 받을 수 없다고 규정하고 있는바, 여기에서 타특허출원의 출원서에 첨부한 명세서 또는 도면에 기재된 발명이란 통상의 기술자가 반복 실시하여 목적하는 기술적 효과를 얻을 수 있을 정도까지 구체적, 객관적으로 개시되어 있는 완성된 발명을 말하는 것이고, 완성된 발명인지의 여부는 특허출원의 명세서에 기재된 발명의 목적, 구성 및 작용효과 등을 전체적으로 고려하여 출원 당시의 기술수준에 입각하여 판단하여야 한다. 화학 관련 발명은 통상 발명의 구성에 관한 기재만으로는 의도하는 작용효과가 얻어지리라고 인정되지 아니하므로, 실제로 그 발명을 구현하여 본 실시례를 기재하거나 또는 그에 대신할 만한 구체적인 기재가 있어야만 그 발명이 실현가능한 완성된 발명이라 할 수 있다.

[분석] 발명의 완성 여부와 관련하여 특허법원 2002. 8. 23. 선고 2001허5282 판결은 첫째, 발명을 구성하는 성분요소가 구체적으로 특정되어야 하고, 둘째, 화학관련 발명은 통상 발명의 구성에 관한 기재만으로는 의도하는 작용효과가 얻어지리라고 인정되지 아니하므로, 실제로 그 발명을 구현하여 본 실시예를 기재하거나 또는 그에 대신할 만한 구체적인 기재가 있어야만 그 발명이 실현 가능한 완성된 발명이라 할 수 있으며, 셋째, 작용효과를 얻었다는 것을 증명하는 실험내용이 나타나 있지 아니하면, 해당 발명을 실제로 구현하여 본 실시예라 할 수 없고, 해당 발명의 명세서에 해당 발명의 구성성분의 어떠한 상호작용에 의하여 주장하는 작용효과가 나타나는지에 관하여 구체적으로 기재되어 있지 아니하면, 통상의 기술자가 반복실시하여 목적하는 기술적 효과를 얻을 수 있을 정도까지 구체적, 객관적으로 개시되어 있다고 할 수 없으므로, 완성된 발명이라고 할 수 없다고 판시한다.

[판례] 특허법원 2001. 7. 20. 선고 2000허7038 판결

미완성 발명과 명세서 기재불비는 법적 근거가 상이한 거절사유일 뿐 아니라, 미완성 발명에 해당되는 경우에는 보정에 의해서도 그 하자를 치유할 수 없고, 그와 같은 이유로 거절된 경우에는 선출원으로서의 지위도 인정되지 않는 것임에 반하여, 명세서 기재불비에 해당되는 경우에는 보정에 의하여 그 하자를 치유할 수 있는 경우도 있고 그 출원에 선출원으로서의 지위도 인정되는 것이어서 법률적 효과가 상이하므로, 양자의 거절사유를 혼용할 수 없다.

[분석] 미완성 발명인 경우에는 특허법 제29조 제1항에 의하여 특허 등록이 거절되나 명세서 기재불비에 해당하는 경우에는 특허법 제42조 제3항에 의하여 거절되어 그 적용 법조가 상이하고, 미완성 발명인 경우는 보정에 의해서도 그 하자를 치유할 수 없는 데 비하여 명세서 기재불비에 해당되는 경우에는 보정에 의하여 그 하자가 치유될 가능성이 있으므로 거절이유통지에 대한 출원인의 대응방식에서 차이가 나며, 미완성 발명으로 거절된 경우에는 확대된 선출원으로서의 지위도 인정되지 않고, 우선권주장과 관련하여 제1국 출원의 발명이 미완성 발명인 때에는 제2국 출원이 완성되었다고 해도 우선권주장이 인정되지 않으며, 분할출원에 있어서는 원출원이 된 발명이 미완성 발명이라면 출원일의 소급이 인정되지 않는 등 미완성 발명으로 거절되느냐 명세서 기재불비로 거절되느냐에 따른 법률적 효과도 상이하므로 미완성 발명과 명세서 기재불비는 별개의 거절이유로 취급되고 있다.

[판례] 특허법원 2006. 5. 4. 선고 2005허308 판결

물질발명이 성립하기 위해서는 명세서에, ① 그 물질이 확인 가능하도록 기재되어 있고, ② 그 물질의 제조방법이 명확하게 기재되어 있으며, ③ 그 물질의 유용성이 제시되어 있을 것이 요구된다. 또한 물질발명에서 물질의 존재가 확인되기 위해서는 화학구조식, 물질의 화학적 명칭 및 당해 물질의 거시적 구조를 알 수 있는 사항이 필수적으로 기재되어야 하고, 출원 당시의 기술수준으로 보아 명세서의 기재만으로는 과연 당해 물질이 제조된 것인지 여부가 의심스러운 사정이 있는 경우에는 당해 물질을 실험적으로 확인할 수 있는 자료가 1개 이상 기재되어 있어야 한다. 그리고, 물질발명의 반복재현성을 담보하기 위해서는 적어도 1개 이상의 제조방법이 제시되어야 하는데, 화학관련 발명에 있어 명세서에 화학구조식이나 반응과정 등이 제시되어 있다고 하여도, 그것만으로는 해당 물질을 반복재현 하기가 어려울 뿐 아니라 목적물질이 실제로 얻어질 수 있을 것이라는 예측 가능성 또한 낮은 경우가 많으므로, 특정의 출발물질과 반응물질, 온도, 압력, 용매, 유입, 유출량 등 당해 발명을 반복재현 하는 데에 필요한 구체적인 반응조건과 그 조건하에서 직접 발명을 실시한 결과를 실시예로 기재하는 것이 요구된다.

(1) 실시불가능한 발명

출원 당시의 기술수준으로 판단할 때 실시가 불가능하다고 인정되는 발명

[참고] 발명의 실시가 불가능한 경우에는 미완성 발명과 구분하여 산업상 이용가능성이 없는 발명으로 보기도 한다.

[판례] 특허법원 2004. 5. 28. 선고 2003허809 판결

출원발명은 실시가능성이 없어서 특허법 제29조 제1항 본문의 산업상 이용가능성이 없어 무효다.

◇ 대법원 1992. 8. 18. 선고 92후25 판결

무한동력은 열역학 제2법칙에 위배되어 실현 불가능한 것이므로 특허 받을 수 없다.

[사례] 특허발명의 가열온도가 연화점 보다 더 낮은 온도범위인 70~80℃에서는 폴리에틸렌 발포시트와 폴리에틸렌 필름이 융착 또는 압착된다고 보기는 어렵다. 따라서 특허발명은 실시가 불가능한 발명에 해당한다(특허법원 1998. 11. 20. 선고 98허2146 판결).

[판례] 대법원 2003. 3. 14. 선고 2001후2801 판결

특허출원된 발명이 출원일 당시가 아니라 장래에 산업적으로 이용될 가능성이 있다 하더라도 특허법이 요구하는 산업상 이용가능성의 요건을 충족한다고 하는 법리는 해당 발명

의 산업적 실시화가 장래에 있어도 좋다는 의미일 뿐 장래 관련 기술의 발전에 따라 기술적으로 보완되어 장래에 비로소 산업상 이용가능성이 생겨나는 경우까지 포함하는 것은 아니다.

◇ **대법원 1991. 3. 12. 선고 90후250 판결**

사람의 질병을 진단, 치료, 경감하고 예방하거나 건강을 증진시키는 의약이나 의약의 조제방법 및 의약을 사용한 의료행위에 관한 발명은 산업에 이용할 수 있는 발명이라 할 수 없으므로 특허를 받을 수 없는 것이나 다만 동물용 의약이나 치료방법 등의 발명은 산업상 이용할 수 있는 발명으로서 특허의 대상이 될 수 있는바, 출원발명이 동물의 질병만이 아니라 사람의 질병에도 사용할 수 있는 의약이나 의료행위에 관한 발명에 해당하는 경우에도 그 청구범위의 기재에서 동물에만 한정하여 특허청구함을 명시하고 있다면 이는 산업상 이용할 수 있는 발명으로서 특허의 대상이 된다.

[분석] 산업상 이용가능성은 일반적으로 산업으로 실시될 수 있을 것을 의미하는 것으로 보고 있다. 따라서 발명 가운데서 학술적, 실험적으로만 이용할 수 있고 산업으로서 실시가 이루어질 수 없는 발명이 해당될 수 있다. 실무적으로는 ① 인간을 수술, 치료 또는 진단하는 방법, ② 그 발명이 업(業)으로서 이용될 수 없는 발명, ③ 실제상 명백히 실시될 수 없는 발명을 산업상 이용가능성이 없는 발명으로 취급하고 있다.

[사례] 출원발명은 인간의 질병을 치료하는 방법이거나, 적어도 치료를 위한 예비적 처치방법이나 건강상태를 유지하기 위하여 처치를 하는 방법에 해당한다고 봄이 상당하므로 산업상 이용가능성이 없다(특허법원 2005. 6. 23. 선고 2004허7142 판결).

[분석] 인간의 질병을 치료하는 방법이거나 적어도 치료를 위한 예비적 처치방법 또는 건강상태를 유지하기 위한 처치방법에 관한 발명은 산업에 이용할 수 있는 발명이라 할 수 없다.

[사례] 출원발명의 출원일 당시 수지상 세포는 혈액 단핵세포의 0.5% 미만으로 존재하고 분리된 후에는 수일 내로 사멸하기 때문에 연구하기가 쉽지 않아 혈액으로부터 충분한 양의 수지상 세포를 분리해 내는 것은 기술적으로 쉽지 않고, 출원일 이후 기술의 발전에 따라 사람의 혈액으로부터 수지상 세포를 추출하고 이를 이용하여 면역반응을 유발시키는 기술이 임상적으로 실시되고 있다는 것이므로, 결국 출원발명의 출원일 당시를 기준으로 수지상 세포를 사람의 혈액으로부터 분리하여 출원발명에 사용하는 기술이 장래에 산업상 이용가능성이 있다고 보기는 어렵다(대법원 2003. 3. 14. 선고 2001후2801 판결).

[사례] 출원발명의 명세서에는, "본 발명의 또 다른 목적은 본 발명 류코노스톡 시트리움 KM20을 이용하여 동물에서 장내 유해 병원성미생물의 생육을 억제하거나 상기 미생물에 의한 설사를 예방 또는 치료하는 방법을 제공하는 것이다. 본 발명의 또 다른 목적은 본 발명 류코노스톡 시트리움 KM20을 이용하여 동물에서 면역활성증강을 통해 암세포 증식을 억제하는 방법을 제공하는 것이다. 통상적인 항생제 대신에, 본 발명 신규 미생물 및 조성물은 생균활성제로 사람 또는 동물에 투여되거나 식품, 의약품, 동물약품, 사료첨가제, 유제품 종균제, 김치를 포함하는 발효식품 종균제 또는 건강보조식품과 함께 사람이나 동물에 투여될 수 있다. 본 발명의 류코노스톡 속의 새로운 미생물인 류코노스톡 시트리움 KM20은 암 세포 증식 및 병원성 세균을 억제하는 유산균 프로바이오틱스로 인체내 및 장내에서 유해한 성질을 나타내는 암세포 및 여러 종류의 병원성 미생물을 효과적으로 억제하는 기능을 가지고 있어 기존 항생제의 대체용으로 인체에 투여시 장내미생물 균총의 안정화를 이루어 장내 유해한 미생물의 이상 발효에 의하여 발생할 수 있는 증상들을 치료하거나 사전에 예방할 수 있으며 건강상태를 양호하게 하고 장내 암 세포 증식 억제 등의 효과를 얻을 수 있다."라고 기재되어 있다. 출원발명의 명세서의 기재에 의하면, 제4항 및 제6항 발명은 의약품 등의 형태로 사람에게 투여되어 암 세포 증식을 억제하거나 유해 미생물의 생장을 억제하는 방법에 관한 발명임을 알 수 있다. 따라서 제4항 및 제6항 발명은 사람을 대상으로 하는 질병의 치료방법 또는 예방방법에 해당하므로 산업상 이용가능성이 없는 발명이라고 할 것이다(특허법원 2008. 6. 26. 선고 2007허13827 판결).

[판례] 특허법원 2004. 10. 15. 선고 2003허6524 판결, 2004. 10. 15. 선고 2003허6548 판결

특허법 제29조 제1항 본문의 산업상 이용가능성이 있기 위해서는 그 발명의 성질에 따라 기술적 의미에서 생산 또는 사용할 수 있는 것이어야 하고 만일 그 실시가 기술적으로 전혀 불가능한 것은 산업상 이용가능성이 없다고 할 것이나, 여기서 말하는 실시가능성은 그 발명의 성질에 따라 통상의 기술자가 특허출원의 명세서에 기재된 발명의 목적, 구성 및 작용효과 등을 전체적으로 고려하여 기술적 의미에서 생산 또는 사용할 수 있다는 것을 의미하는 것일 뿐 그 발명을 통해서 경제적으로 이익을 얻을 수 있어야 한다든지 어떠한 기술적 문제점도 수반하여서는 안 된다는 것까지 요구하는 것은 아니다.

◇ 특허법원 2005. 9. 16. 선고 2005허209 판결

특허법 제29조 제1항 본문의 산업상 이용가능성이 있기 위하여는 그 발명의 성질에 따라 기술적 의미에서 생산 또는 사용할 수 있는 것이어야 하고 만일 그 실시가 기술적으로 전혀 불가능한 것은 산업상 이용가능성이 없다고 할 것이며, 여기서 말하는 실시가능성은 그 발명의 성질에 따라 통상의 기술자가 특허출원의 명세서에 기재된 발명의 목적, 구성 및 작용효과 등을 전체적으로 고려하여 기술적 의미에서 생산 또는 사용할 수 있다는 것을 의미한다 할 것인바, 광고제작에 비용과 인력이 필요하여 경제성이 떨어진다는 사정만으로 산업상 이용가능성이 없다고 할 수는 없다.

(2) 반복가능성이 없는 발명

반복하여 실시할 수 없거나 동일한 효과를 얻을 수 없는 발명을 말한다.

[판례] 대법원 1992. 5. 8. 선고 91후1656 판결

유전자의 본체는 DNA이고 그 염기서열의 특성에 따라 개개의 유전자가 규정되므로 재조합 DNA기술과 같은 유전공학관련 발명에 있어서 외래유전자는 원칙적으로 유전암호인 염기서열로 특정되어야 하고, 염기서열로 특정할 수 없을 때에 한하여 외래유전자의 기능, 이화학적 성질, 기원, 유래, 제조법 등을 조합시켜 특정할 수 있으나, 어느 경우라도 발명으로서 완성되었다고 하려면 기술기재정도가 통상의 기술자가 명세서에 기재된 바에 따라 반복실시하여 목적하는 기술적 효과를 얻을 수 있을 정도로 구체적, 객관적으로 개시되어 있어야 하고, 그 외래유전자의 취득이 가능하여 산업상 이용할 수 있어야 할 것이다.

[판례] 특허법원 2017. 11. 17. 선고 2017허4501 판결

오케스트라의 연주기법에 의한 피부미용법은 사람의 행위가 주요 구성요소로 되어 있는 것으로서 이를 시행하는 각 개인의 숙련도에 의해서 달라질 수 있는 일종의 기능에 해당하는 성질을 가지므로, 특허출원의 명세서 기재만으로는 통상의 기술자가 이를 반복하여 재현할 수 있다고 볼 수 없다.

(3) 발명의 목적 달성을 위한 기술수단이 구체적으로 기재되어 있지 아니한 발명

[사례] 햄, 소시지에 특수광선을 비추어서 내부까지 살균하는 방법에 있어서 사용하는 특수광선의 내용에 대하여 전혀 기재되어 있지 아니할 경우, 발명의 목적을 달성하기 위한 기술수단이 기재되어 있지 아니하므로 이 발명은 미완성 발명으로 본다.

[사례] 어육을 발효시킴으로써 우유를 사용하지 않고서도 치즈와 유사한 제품을 제조하는 방법에 있어서 어육을 발효시키는 수단에 대하여 전혀 기재되어 있지 아니할 경우, 발명의 목적을 달성하기 위한 기술수단이 기재되어 있지 아니하므로 이 발명은 미완성 발명으로 본다.

(4) 천연물 자체

천연물 자체는 특허 받을 수 없다. 그러나 천연물을 인위적으로 분리하여 어떤 특정의 식품의 용도와 관련된 구성으로 한 발명은 용도발명으로 특허의 대상이 될 수 있다.

[설명] 천연물이란 인위적 수단의 개입 없이 천연 그대로 존재하고 있는 것을 말하는데, 예를 들면 머리와 내장을 제거한 '새우'와 같은 것은 인위적 수단의 개재가 있다 해도 천연물로 취급한다.

[참고] 발명이란 자연법칙을 이용한 기술적 사상의 창작으로서 고도한 것을 의미하므로, 단순한 발견으로서 창작이 아닌 것, 자연법칙에 위배되거나 자연법칙이 아닌 것은 미완성 발명과 구분하여 비발명으로 보기도 한다.

(5) 명세서에 기재되어 있는 바와 같은 기술수단으로서는 명세서에 기재된 작용효과의 달성이 불가능한 발명

명세서에 발명의 목적, 구성 및 작용효과가 전반적으로 기재되어 있기는 하지만 종래의 기술상식으로 보아 명세서에 기재된 기술수단으로는 효과 달성이 불가능한 경우에는 미완성 발명으로 본다. 다만, 이 경우에도 보정서 등을 통한 이론적인 해명이나 실험성적증명서의 제출에 의하여 명세서에 기재된 효과의 달성이 가능한 경우에는 발명이 완성된 것으로 본다.

[사례] 자기장 내에 음식물을 놓아서 음식물을 저장하는 방법의 경우 자기장 내에서 미생물의 번식이 억제된다는 사실이 실험성적증명서의 제출에 의하여 입증되지 않는 한, 이 효과는 인정되지 아니하므로 미완성 발명으로 본다.

[사례] 일라이트와 오존을 일정량 첨가함으로써 식품의 맛과 보존성을 향상시키는 방법의 경우 일라이트와 오존이 식품의 맛과 보존성을 향상시킨다는 사실이 실험성적증명서의 제출에 의하여 객관적으로 입증되지 않는 한, 이러한 효과는 인정되지 아니하므로 미완성 발명으로 본다.

[연구] 특허를 받을 수 있는 발명은 완성된 것이어야 하고 완성된 발명이란 통상의 기술자가 반복 실시하여 목적하는 기술적 효과를 얻을 수 있을 정도까지 구체적, 객관적으로 구성되어 있는 발명으로 그 판단은 특허출원의 명세서에 기재된 발명의 목적, 구성 및 효과 등을 전체

적으로 고려하여 출원 당시의 기술수준에 입각하여 판단하여야 하므로,[3] 발명의 완성 여부는 명세서 전체의 기재에 기초하여 판단하여야 하고, 단순히 실시예의 유무에 따라 형식적으로 할 것은 아니며, 출원 이후의 자료 등을 참작하는 것도 가능하다고 할 것이다.

[연구] 발명의 완성 여부는 명세서 기재요건의 충족 여부와는 구별되어야 할 것인바, 완성된 발명에 이르지 못한 이른바 미완성 발명은 발명의 과제를 해결하기 위한 구체적인 수단이 결여되어 있거나, 또는 제시된 과제해결 수단 만에 의하여는 과제의 해결이 명백하게 불가능한 것으로서, ① 발명의 복수의 구성요건을 필요로 할 경우에는 어느 구성요건을 결여한 경우, ② 해결하고자 하는 문제에 대한 인식은 있으나 그 해결수단을 제시하지 못한 경우, ③ 해결과제·해결수단이 제시되어 있어도 그 수단으로 실행하였을 때 효과가 없는 경우, ④ 용도를 밝히지 못한 경우, ⑤ 발명의 기술적 사상이 실현 가능하도록 완성된 것이지만 그 실시의 결과가 사회적으로 용납되지 않는 위험한 상태로 방치되는 경우 등에 해당하면 일반적으로 그 발명은 미완성 발명으로 볼 것이다(특허법원 2001. 7. 20. 선고 2000허7038, 8420 판결).

6.2. 신규성의 판단

발명의 동일성 판단에는 '청구범위'에 기재된 기술적 사항을 기초로 하고 명세서의 기재 및 도면 등을 참조하여 객관적으로 발명을 파악한 후 판단한다.

[설명] 청구항에 기재된 발명의 기술구성이 명확히 이해될 수 있는 경우, 발명의 기술내용을 특정함에 있어서 청구항의 기재를 기초로 하여야 할 뿐, 발명의 설명이나 도면의 기재에 의하여 제한 해석해서는 안 된다.

[연구] 청구항에 '크림'이 기재되어 있고 발명의 설명에는 실시예로서 '팥소보다 수분함량이 적어 보전성이 우수한 크림'이 기재되어 있는 경우, 크림이라는 용어는 통상적으로 수분 함량과 관계없이 우유에서 분리된 지방분을 의미하는 것으로서 통상의 기술자에게 명확하게 이해될 수 있는 것이므로 발명의 설명의 실시예로 제한 해석해서는 안 된다(대법원 2004. 12. 9. 선고 2003후496 판결).

[주의] 2006. 10. 1. 이후의 출원에 대해서는 특허출원 전에 국내 또는 국외에서 공지되었거나 공연히 한 발명에 대하여 모두 신규성이 부정된다.

[실무] 신규성은 청구항에 기재된 발명이 특허법 제29조 제1항 각 호에 해당하는가에 대한

---

3) 대법원 1994. 12. 27. 선고 93후1810 판결

판단이다. 청구항에 기재된 발명이 특허법 제29조 제1항 각 호의 발명과 동일하면 신규성이 없는 발명이며, 동일하지 않으면 신규성이 있는 발명이다. 신규성의 판단은 청구항에 기재된 발명과 선행발명의 기술적 구성을 대비하여 양자의 기술적 구성의 일치점과 차이점을 추출하여서 판단한다. 청구항에는 발명의 구성에 없어서는 아니 되는 사항을 기재하여야 하므로 발명의 동일성 판단은 원칙적으로 구성의 동일성 여부에 의하여 판단한다. 이 경우에는 발명의 효과를 참작할 수 있다.

[실무] 청구항에 기재된 발명에 대하여 선행발명을 달리하여 신규성이 없다는 거절이유와 진보성이 없다는 거절이유를 중복하여 동시에 통지할 수 있다. 마쿠쉬 타입의 청구항 등 하나의 청구항에 2 이상의 발명이 기재된 경우(복수의 청구항이나 구성요소를 택일적으로 인용하거나 기재하는 경우 등)에 대해서는 하나의 선행기술로 각각의 발명에 대하여 신규성이나 진보성이 없다는 거절이유를 통지할 수 있다.

[실무] 발명의 신규성 여부는 특허출원의 시(時)를 기준으로 하므로, 출원일과 간행물의 발행일이 같은 날인 경우에는 출원시점이 간행물의 발행시점 이후라는 사실이 명백한 경우를 제외하고 그 출원발명은 신규성이 상실되지 않으며, 특허법 제29조 제1항 제2호를 적용하지 않는다.

[분석] 청구항에 기재된 발명과 선행발명의 구성에 차이점이 있는 경우에는 청구항에 기재된 발명은 신규성이 있는 발명이며, 차이점이 없으면 청구항에 기재된 발명은 신규성이 없는 발명이다. 이때, 청구항에 기재된 발명과 선행발명이 전면적으로 일치하는 경우는 물론 실질적으로 동일한 경우에도 신규성이 없는 발명이다.

[분석] 구성요소의 조합 또는 전체를 개시한 선행기술은 그 구성요소의 일부만으로 또는 일부의 조합으로 된 발명의 신규성을 상실케 하고, 수치 또는 %의 한정을 포함하는 발명에 있어서는 선행기술에 그 수치나 %의 범위를 포함하는 내용이 나타나 있을 때에는 특별한 사정이 없는 한, 신규성이 상실된다.

[분석] 청구범위에 청구항이 2 이상 있는 경우에는 청구항마다 판단한다.

[분석] 신규성의 대비대상이 되는 공지기술은 당해발명과 대비하여 기술분야를 달리하더라도 아무런 문제가 없다. 그러나 진보성 판단에 있어서는 기술분야의 관련성이 고려되는 것이 일반적이다.

[판례] 대법원 2002. 11. 26. 선고 2000후1177 판결

특단의 사정이 없는 한 발명에 신규성이 없다는 것과 진보성이 없다는 것은 원칙적으로 특허를 받을 수 없는 사유로서 독립되어 있다.

[판례] 대법원 1995. 2. 24. 선고 93후1841 판결

발명의 신규성이 인정되어야 발명의 진보성 여부를 판단할 수 있다 할 것이므로, 특허발명의 신규성이 인정되지 않는 이상, 특허발명에 진보성이 없다는 원심판단의 당부는 심결 결과에 영향을 미치는 것이 될 수 없다.

◇ 대법원 1992. 6. 2.자 91마540 결정

특허발명의 진보성은 신규성이 있음을 전제로 하는 것으로서, 어느 발명이 공지기술에 비추어 새로운 것인가의 신규성의 문제와 그것이 공지기술로부터 쉽게 생각해 낼 수 있는 것인가의 진보성의 문제는 구별되어야 하고, 따라서 발명의 진보성을 판단하기 위해서는 먼저 그 발명의 신규성의 판단이 선행되는 것이 순서라고 할 것이다.

[판례] 특허법원 2008. 1. 17. 선고 2007허2674 판결

특허법 제29조 제1항 제1호에 의하여 발명이 신규성이 상실하였다고 하기 위해서는 주지관용기술의 부가 또는 하위개념으로 표현된 선행발명에 상위개념으로 표현한 경우에 지나지 않는 등의 사유가 있는 경우를 제외하고, 하나의 선행문헌 또는 선행기술에 특허발명의 모든 구성요소가 포함되어야 할 것이다.

◇ 특허법원 2000. 6. 15. 선고 99허7070 판결

신규성 여부는 인용증거와 1 대 1로 판단하여 하나의 인용증거가 특허발명의 구성요소 모두를 가지고 있을 때 신규성이 없다고 판단하여야 하는 것이므로, 다수의 인용증거를 가지고 비교하여야 하는 경우에는 진보성이 문제될 뿐이어서 신규성이 없다는 주장은 그 자체로서 이유 없다.

[분석] 신규성 판단의 전제로서의 동일성의 판단은 출원된 발명과 공지된 선행발명의 구성을 1 대 1로 비교하여 판단하여야 한다. 신규성 판단시에는 하나의 선행발명과 대비하여야 하며 복수의 선행발명을 조합하여 청구항에 기재된 발명과 대비하여서는 안 된다. 다만, 선행발명이 별개의 간행물 등을 인용하고 있는 경우에는 별개의 간행물은 선행발명에 포함되는 것으로 취급하여 신규성 판단에 인용할 수 있다. 물론, 선행발명에 사용된 특별한 용어를 해석할 목적으로 사전 또는 참고문헌을 인용하는 경우에도 사전 또는 참고문헌은 선행발명에 포함되는 것으로 취급하여 신규성 판단에 인용할 수 있다.

[판례] 특허법원 2003. 12. 11. 선고 2003허1017 판결

출원고안이나 등록고안이 실용신안법 제4조 제1항 제2호 해당 여부를 판단함에 있어, 비록 비교의 대상이 되는 선행기술의 고안자나 권리자와 출원고안 또는 등록고안의 고안자 또는 권리자 등이 동일인이라고 하더라도 그 판단의 기준에 차이를 둘 수는 없는 법리이므로, 등록고안의 무효 여부를 판단함에 있어서는 원고가 선행고안의 등록권리자라는 사정은 참작될 수 없는 것이다.

[판례] 대법원 1983. 3. 22. 선고 82후70 판결

우선권주장이 있는 경우 그 주장의 당부에 관하여 먼저 심리판단을 한 다음 출원발명의 신규성 여부를 판단하여야 한다.

◇ 대법원 1992. 1. 17. 선고 91후806 판결

특허법이 규정하는 '우선권의 주장'이란 조약, 법률에 의하여 대한민국 국민에게 특허출원에 대한 우선권을 인정하는 당사국 국민이 그 당사국 또는 다른 당사국에 특허출원을 한 후 동일 특허를 대한민국에 특허출원한 경우에 있어서 대한민국에 특허출원한 날을 최초의 특허출원을 한 날로 소급한다는 취지일 뿐, 내국인인 출원인이 선행특허출원 이후 그와 동일·유사한 특허에 대하여 재차 특허출원을 한 경우에 후원출원을 한 날을 선행특허출원일로 소급한다는 취지는 아니다.

[판례] 특허법원 2003. 12. 11. 선고 2003허1475 판결

우선권주장의 기초가 된 출원이 동일하다 하더라도 청구범위에 기재된 발명이 상이한 경우에는 동일한 발명이라고 할 수 없다.

◇ 서울고법 2004. 11. 24. 선고 2003누17094 판결

특허출원에 있어 복수의 출원이 동일하다는 것은 상대적인 개념으로서 복수의 출원이 그 체제, 문구가 일치하는 등 형식적으로 완전히 동일한 경우뿐만 아니라 그 기술적 구성이 일치하는 등 실질적으로 동일한 경우도 포함하며, 후자의 경우 기술적 구성이 전면적으로 일치하는 경우는 물론, 부분적으로 일치하더라도 그 일치하는 부분을 제외한 나머지 부분만으로 별개의 발명을 이룰 수 없을 때에는 역시 동일하다는 평가를 받게 되는 것이므로 심사관이 거절이유의 통지에서 복수의 출원이 동일하다는 취지를 언급하였다고 하더라도 그것이 반드시 형식적으로 동일한 경우를 말한다고 단정할 수 없다.

[판례] 대법원 2003. 5. 27. 선고 2002후604 판결

균등관계는 양 발명의 구성이 동일하지 아니함을 전제로 하는 것이다.

[판례] 대법원 2007. 4. 27. 선고 2006후2660 판결

특허법 제29조 제1항 제1호 소정의 '특허출원 전에 국내에서 공지되었거나 공연히 실시된 발명'에서 '특허출원 전'의 의미는 발명의 공지 또는 공연 실시된 시점이 특허출원 전이라는 의미이지 그 공지 또는 공연 실시된 사실을 인정하기 위한 증거가 특허출원 전에 작성된 것을 의미하는 것은 아니므로, 법원은 특허출원 후에 작성된 문건들에 기초하여 어떤 발명 또는 기술이 특허출원 전에 공지 또는 공연 실시된 것인지를 인정할 수 있고, 그와 같은 사실인정이 논리칙이나 경험칙에 반하지 않는 한 채증법칙에 위배된다거나 진보성 판단에 관한 법리에 위배된다고 할 수 없다.

[판례] 대법원 1995. 6. 9. 선고 93후1940 판결

발명의 신규성 판단시의 동일성 판단을 위하여 출원된 발명의 청구범위에 기재된 사항과 특허출원 전에 배포된 간행물에 기재된 사항을 대비함에 있어서는 그 기재상의 표현 또는 기재형식의 이동(異同)만을 기준으로 하여서는 아니 되고 청구범위에 내재하는 기술적 사상의 실체에 착안하여 판단하여야 하고, 양 발명이 동일하다 함은 그 기술적 사상이 전면적으로 일치하는 경우는 물론이고 그 범위에 차이가 있을 뿐 부분적으로 일치하는 경우라도 그 일치하는 부분을 제외한 나머지 부분만으로 별개의 발명을 이루지 않는 한, 양 발명은 동일한 발명이다.

◇ 특허법원 2008. 3. 28. 선고 2007허9897 판결

확대된 선출원의 지위에 해당하는지 여부를 가리기 위한 발명의 동일성 판단에 있어서 주지관용기술의 단순한 부가에 불과하여 동일성의 범위에 속한다고 하기 위하여는, 주지관용기술의 부가로 인하여 새로운 효과의 발생이 없는 정도의 미세한 차이에 불과한 정도이어야 한다.

[판례] 대법원 2004. 10. 28. 선고 2003후2447 판결, 2004. 10. 28. 선고 2003후2454 판결

비교되는 발명이 그 구성에서 동일하면 효과도 동일한 것이 일반적이다.

◇ 특허법원 2002. 4. 4. 선고 2001허2832 판결

특허발명의 보호범위는 청구범위에 기재된 사항에 의하여 정해지는 것이므로, 그 청구범위에 기재된 발명의 구성이 선행발명들의 구성과 동일하거나 유사하다면 비록 발명의 설명에 기재되어 있지는 않을 지라도 동일한 작용효과를 기대할 수 있다.

[판례] 대법원 2004. 10. 27. 선고 2002후444 판결, 2001. 6. 1. 선고 98후1013 판결

특허발명에 있어서 선행기술과의 동일성을 판단하는 데에는 특허발명과 선행기술의 기술적 구성이 동일한가 여부에 의하여 판단하되 발명의 효과도 참작하여야 할 것인바, 기술적 구성에 차이가 있더라도 그 차이가 과제 해결을 위한 구체적 수단에서 주지관용기술의 부가, 삭제, 변경 등으로 새로운 효과의 발생이 없는 정도의 미세한 차이에 불과하다면 양 발명은 서로 동일하다.

◇ 특허법원 2008. 3. 28. 선고 2007허9897 판결

특허법 제29조 제3항에서 발명의 기술구성 중 일부가 개별적으로는 주지관용기술의 부가, 삭제, 변경에 해당하더라도 이로 인하여 나머지 구성요소와 유기적인 작용으로 인하여 새로운 효과를 발생시키는 등의 사정이 있는 경우에는 발명이 동일하다고 할 수 없다. 또한 확대된 선출원의 지위에 해당하는지 여부를 가리기 위한 발명의 동일성 판단에 있어서 주지관용기술의 단순한 부가에 불과하여 동일성의 범위에 속한다고 하기 위하여는, 주지관용기술의 부가로 인하여 새로운 효과의 발생이 없는 정도의 미세한 차이에 불과한 정도이어야 한다.

[심결례] 특허심판원 2007. 4. 7.자 2007원10145 심결

통상 화합물 발명에서는 실시예에서 실제로 제조된 화합물을 중심으로 하여 마쿠시 형식으로 화합물을 청구하게 되므로, 화합물 발명의 신규성 판단에 있어서 화합물의 신규성 유무는 선행발명의 실시예에 기재된 화합물을 기준으로 하여 판단하여야 하고 화합물이 선행발명의 실시예에 기재된 화합물과 동일한 경우에만 비로소 신규성이 없다고 할 수 있다.

[판례] 대법원 1985 11. 12. 선고 84후9 판결, 1971. 11. 30. 선고 71후31 판결

간행물로 볼 수 없는 사양서라 할지라도 수 개의 동종업체들에게 배부 또는 반포된 경우에는 그 사양서 기재내용과 같은 고안이 공지된 것이라고 못 볼 바 아니다.

[판례] 대법원 2003. 10. 10. 선고 2003다19510 판결, 2003. 7. 25. 선고 2002후2396 판결

특허법 제216조 제1항은 "특허에 관한 증명, 서류의 등본 또는 초본의 교부, 특허원부 및 서류의 열람 또는 복사를 필요로 하는 자는 특허청장에게 이를 신청할 수 있다"고 규정하고 있으므로, 적어도 위 공보 발행일 무렵부터는 불특정 다수인이 위 공개특허공보에 게재된 발명의 출원서에 기재된 기술 내용을 인식할 수 있는 상태에 있었다고 봄이 상당하다.

◇ 특허법원 2003. 1. 19. 선고 2002허2372 판결

선 등록실용신안은 등록일 이후에는 비록 그 공고일 전이라고 하더라도 그 실용신안의 내용이 공지되었다고 봄이 상당하다. 따라서, 특단의 사정이 없는 한, 실용신안이 등록이 된 이후에는 비밀준수의무가 없는 제3자가 언제든지 명세서를 포함한 출원서류 일체를 적법하게 열람하거나 복사할 수 있게 됨으로써 불특정 다수인이 실용신안의 내용을 객관적으로 인식할 수 있는 상태에 있다고 보아야 한다.

[분석] 미공개된 출원이라도 등록된 이후에는 비록 등록공고 전이라도 신규성 및 진보성 판단의 자료로 사용할 수 있다.

[분석] 거래상대방의 공장에 납품되었다 하더라도 그것은 제3자에의 공표와 같은 행위와 다른 거래 당사자간의 행위에 불과한 것이므로 바로 공지가 되는 것은 아니다.

[분석] 출원 후에 반포된 간행물이라도 보강자료로서 출원 당시의 기술수준을 인정하기 위해서는 인용할 수 있다

[판례] 대법원 2004. 3. 11. 선고 2002후2341 판결

등록고안의 출원 전부터 제품의 생산의뢰를 받아 등록고안과 동일한 제품을 생산하여 해외로 수출한 사실을 알 수 있고, 이 제품을 생산하였던 회사가 기술관계 등으로 특별히 유지하여야 할 비밀이 있다고 인정되는 특수공장이라거나 그 공장 운영상 종업원 등에 대하여 위 제품과 관련된 비밀을 유지할 의무를 부과하였다는 점 등에 대한 아무런 주장·입증이 없으므로, 위 회사가 수출을 위하여 국내에서 등록고안의 물품을 생산함에 의하여 등록고안은 그 출원 전에 국내에서 공연히 실시되었다.

◇ 대법원 1968. 3. 19. 선고 67후32 판결

특허발명과 동일한 제품이 그 출원 전에 일본에 수출된 사실인 인정되는 이상, 수출 당시에 특허발명은 국내에서 공연히 실시되었다고 보아야 한다.

[사례] 특허발명의 제품과 동일한 제품이 그 출원 전에 외국에 수출된 사실이 있다면 국내에서 그 제품이 생산되지 않았다는 특별한 사정이 없는 한 수출 당시에 당해 특허발명은 국내에서 공연히 실시되었다고 봄이 상당하므로, 피고가 특허발명의 출원 전에 SMT-903 모델의 제품을 생산하여 수출하였고, SMT-903 모델의 제품을 생산하였던 피고의 공장이 기술관계 등으로 특

별히 유지하여야 할 비밀이 있다고 인정되는 특수공장이라거나 그 공장 운영상 종업원 등에 대하여 위 제품과 관련된 비밀을 유지할 의무를 부과하였다는 점 등에 대한 피고의 주장·입증이 없는 이 사건에서는 피고의 위 SMT-903 모델 제품의 생산과 수출에 의하여 특허발명은 그 출원 전에 국내에서 공지되었거나(특허발명은 피고의 종업원, 위 제품의 수출을 위한 포장업체 및 운송업체의 직원 등에게 알려져 있었다고 봄이 상당하다) 공연히 실시되었다(특허법원 2000. 8. 25. 선고 2000허747 판결).

[판례] 특허법원 2006. 4. 28. 선고 2005허3703 판결, 2004. 6. 25. 선고 2003허4948 판결

특허출원된 의약 용도발명에 신규성 내지 진보성이 있는지의 여부를 판단함에 있어서 대비기술로 제시된 선행기술이 그 출원된 발명과 동일한 목적과 구성 및 약리효과를 갖는 것으로 되어 있을 경우에는 다른 특별한 사정이 없는 한 그러한 물질에 그와 같은 약리효과가 있다는 점은 이미 공지되어 있다 할 것이어서 특허출원된 발명은 신규성 또는 진보성이 없다고 보아야 할 것이지만, 선행기술에 기재된 약리효과가 전혀 실험예에 의하여 뒷받침되지 않아서 그 발명의 효과를 이해하기 어렵다거나 또는 실험예에 의하여 뒷받침되어 있다 하더라도 그 실험내용이 통상의 기술자가 신뢰할 수 없는 내용이라는 등의 특별한 사정이 인정된다면 그 선행기술에 그러한 약리효과가 있다는 것은 통상의 기술자에게 받아들여지지 않을 것이므로 그 선행기술이 비록 특허출원된 발명과 목적과 구성 및 약리효과를 같이하고 있다 하더라도 특허출원된 발명의 신규성이나 진보성을 부정할 수 있는 자료로 사용될 수 없다.

[사례] 출원발명은 일반식 X로 표시되는 아민화합물 또는 그 염의 1종 이상을 해수의 냉각수 계통에 0.03ppm 이상 첨가하여 해식부착생물에 의한 장애를 방지하는 방법을 청구범위로 하고 있는데, 그 적용농도에 관하여 0.03ppm 이상이 출원발명 물질의 최적유효농도를 특정하고 있는 것이라고 볼 수 없고, 그 적용방법에 있어서도 당해 공업용수분야에서는 부식방지 등을 위하여 약제를 그 용수에 첨가한다는 것은 관용기술에 해당하는 것이며 출원발명 물질의 제재방법에 있어서도 1종일 때나 또는 그 2종일 때나 해식부착생물의 서식을 방지할 수 있는 효과를 얻는다는 내용이라서 그 조성에 특징이 없는 것이라 할 것이므로, 결국 출원발명의 요부가 되는 것은 종래 당해 공업용수분야에서 금속 등의 부식억제로 공지된 바 있는 출원발명 물질인 화합물이 그 자체 지니는 독성 때문에 해식류인 조개, 히드라충 등의 번식을 억제하는 작용을 한다는 것뿐이라면 출원발명은 화합물의 용도발명에 해당한다(대법원 1984. 5. 29. 선고 83후96 판결).

[분석] 선행발명과 후행발명의 활성성분의 구조가 유사하면 의약용도는 상이하거나 동일

하더라도 현저히 우수해야 하며, 활성성분의 구조가 상이하면 의약용도는 동일 또는 유사하더라도 진보성이 인정될 수 있다.

[판례] 대법원 2008. 5. 29. 선고 2006후3052 판결

어느 주지관용의 기술이 소송상 공지 또는 현저한 사실이라고 볼 수 있을 만큼 일반적으로 알려져 있지 아니한 경우에 그 주지관용의 기술은 심결취소소송에 있어서는 증명을 필요로 하나, 법원은 자유로운 심증에 의하여 증거 등 기록에 나타난 자료를 통하여 주지관용의 기술을 인정할 수 있다.

◇ 특허법원 2007. 5. 3. 선고 2006허9968 판결

특허법 제29조 제1항 제1호에 신규성 부정의 사유로 규정되어 있는 발명의 공지 공용사실은 증거에 의하지 아니하고는 이를 확정하기 어려운 경우가 많으므로, 특별한 사정이 없는 한, 특허청은 출원인에게 거절이유를 통지함에 있어서 그 발명이 출원 전에 공지 공용된 발명임을 뒷받침할 수 있는 선행기술을 제시하여야 한다. 다만 발명의 공지 공용사실이 소송상 공지 또는 현저한 사실이라고 볼 수 있을 만큼 일반적으로 알려져 있는 경우에는 공지 공용사실 인정에 별도의 증거를 요하지 아니하는 것이므로, 이러한 경우 특허청이 출원인에게 거절이유를 통지함에 있어서 그 발명이 출원 전에 공지 공용된 발명임을 뒷받침할 수 있는 선행기술을 제시하지 아니하였다고 하더라도 이를 위법하다고는 볼 수 없다.

[분석] 특허청이 공지 공용을 이유로 거절이유를 통지할 때에는 특별한 사정이 없는 한, 그 발명이 출원 전에 공지 공용된 것임을 뒷받침할 수 있는 선행기술을 제시하여야 한다.

[참고] 신규성의 판단에 있어서 일단의 합리적인 의심과 관련하여, 작용, 기능, 성질 또는 특성에 의하여 사물을 특정하려고 하는 기재를 포함하는 청구항으로서 하기 ㉮ 또는 ㉯에 해당하는 것은 선행발명의 대응하는 사물과의 엄밀한 일치점 및 차이점의 대비를 행하지 않고서 심사관이 양자가 동일한 것이라는 일단의 합리적인 의심을 품은 경우에는 그 밖의 부분에 상이점이 없는 한, 신규성이 결여된 취지의 거절이유를 통지하고 양 발명이 상이하다는 취지의 출원인의 주장·반증을 기다릴 수 있다. 다만, 선행발명을 특정하기 위한 사항이 하기 ㉮ 또는 ㉯에 해당하는 것일 수 있는 발명을 선행발명으로 하여서 하기 취급을 적용해서는 안 된다.

㉮ 작용, 기능, 성질 또는 특성이 표준적인 것, 통상의 기술자에게 관용되어 있는 것, 또는 관용되어 있지 않다고 하여도 통상의 기술자가 이해할 수 있는 것의 어느 것에도 해당하지 않는 경우, ㉯ 작용, 기능, 성질 또는 특성이 표준적인 것, 통상의 기술자에게 관용되어

있는 것, 또는 관용되어 있지 않다고 하여도 통상의 기술자가 이해할 수 있는 것의 어느 것인가에 해당하지만 이러한 작용, 기능, 성질 또는 특성이 복수 조합된 것이 전체로서 ㉮에 해당하는 것이 되는 경우

[분석] 상기의 경우로서 '작용, 기능, 성질 또는 특성'에 의하여 사물을 특정하는 기재로서 수치범위 또는 수식 등을 이용하는 청구항에 있어서 일단의 합리적인 의심을 품는 것이 당연한 경우를 보면, ① 청구항에 관계된 발명의 '작용, 기능, 성질 또는 특성'이 다른 정의 또는 시험·측정방법에 의한 것으로 환산 가능하고 그 환산 결과로부터 동일한 것으로 인정되는 선행발명물이 발견된 경우, ② 청구항에 관계된 발명과 선행발명이 동일하고 '작용, 기능, 성질 또는 특성'에 의하여 특정된 것이지만 청구항에 관계된 발명과 선행발명의 '작용, 기능, 성질 또는 특성'의 측정조건이 다른 경우로서 측정조건과 측정값에 일정한 관계가 있는바, 선행발명의 '작용, 기능, 성질 또는 특성'을 청구항에 관계된 발명의 측정조건으로 측정하면 청구항에 관계된 발명에 기재된 수치범위 또는 수식 등에 포함되는 값이 될 개연성이 높은 경우, ③ 청구항에 관계된 발명과 선행발명이 유사한 '작용, 기능, 성질 또는 특성'에 의하여 특정된 것이지만 청구항에 관계된 발명과 선행발명의 '작용, 기능, 성질 또는 특성'의 평가방법이 다른 경우로서, 양 평가방법에 일정한 관계가 있는바, 선행발명의 것을 특허발명의 평가방법을 이용하여서 특정하면 청구항에 관계된 발명에 기재된 수치범위 또는 수식 등에 포함되는 값이 될 개연성이 높은 경우, ④ 본원의 명세서 혹은 도면에 실시의 형태로서 기재된 것과 동일 또는 유사한 선행발명이 발견된 경우(예를 들면, 실시의 형태로서 기재된 제조공정과 동일한 제조공정 및 유사한 출발물질을 갖는 선행발명을 발견했을 때, 또는 실시의 형태로서 기재된 제조공정과 유사한 제조공정 및 동일한 출발물질을 갖는 선행발명을 발견했을 때 등), ⑤ 선행발명과 청구항에 관계된 발명과의 사이에서 '작용, 기능, 성질 또는 특성'에 의하여 표현된 발명 특정사항 이외의 발명 특정사항이 공통으로 있으며, 게다가 해당 '작용, 기능, 성질 또는 특성'에 의하여 표현된 발명 특정사항이 갖는 과제 또는 유리한 효과와 동일한 과제 또는 효과를 선행발명이 갖고 있는 경우

[판례] 특허법원 2018. 1. 11. 선고 2017나1247 판결

화학물질이나 의약품 등의 경우에는 통상의 기술자가 특허발명의 출원일 또는 우선권주장일 전에 사용할 수 있었던 분석방법을 통해 과도한 노력을 기울이지 않고 그 조성이나 성분을 알 수 없었다면 비록 공연히 판매되었더라도 불특정다수인이 인식할 수 있는 상태였다고 볼 수 없다.

6.2.1. 관용기술의 단순 부가, 삭제, 치환

출원발명과 선행발명이 그 주요 구성요건이 일치하고 그 차이점이 식품 및 이에 관련한 기술분야에 있어서 관용기술의 단순한 부가, 삭제, 치환에 해당하는 것일 경우에는 양자는 동일발명으로 본다. 여기서 말하는 관용기술이란 현재 관련업계에서 광범위하게 통상적으로 쓰이고 있거나 그 이전에 쓰여 졌던 기술을 말한다.

[실무] 출원된 발명이 동의보감, 향약구급방, 향약집성방, 의방유취, 황제내경 등과 같은 기존 한의서 및 한약 관련 서적에 기재된 처방이나 민간요법으로부터 유래된 처방을 모방하여 기재한 것에 불과하다면 그 발명은 신규성이 없는 것으로 본다. 그러나 혼합약재 또는 단일약재를 가공하여 만든 기능성식품으로서 그 구성 및 용도가 기존 한의서, 한약 관련 사전 또는 민간요법으로부터 공지되어 있다 하더라도 새로운 기능성에 관한 용도를 발명하였다면 신규성이 있는 것으로 본다. 따라서 특허명세서는 해당 발명의 특이성이 명확히 나타날 수 있도록 기재하여야 한다.

[사례] 출원발명은, 콩비린내 및 쓰고 떫은맛이 나지 않는 두유를 제조하는 방법에 관한 것으로, 생대두, 박피대두 또는 이들의 수성침지물을 약 80℃ 이상으로 대두단백의 열변성이 실질적으로 일어나지 아니하게 단시간 처리하여 리폭시 디아제 활성을 감소시키는 공지의 공정에, 여기에서 얻어진 두유추출 원료를 75~100의 0.07~5.0% 탄산수소나트륨 수성액의 존재 하에서 연속마쇄하여 스라리를 얻고 그 스라리를 통상의 방법으로 0~1,400psi 압력 하에서 균질화하고 이를 약 80℃ 이상으로 가열하여 200~300메쉬로 사별하여 대두박분을 분리하는 것을 특징으로 하는 두유의 제조방법이고, 선행발명은, 대두의 이용율을 극대화하기 위해 대두 고형분의 회수율을 높이고 불쾌한 콩비린내가 거의 없는 담백한 맛을 갖는 두유로서 가공식품에 이용율이 높은 두유의 제조방법으로 생대두를 열량수(끓는 0.5%중탄산 소다용액 또는 0.5% 제2인산 나트륨용액)에서 약 4~5분간 가열하여 대두중의 효소의 활성을 실활시킨 후 상온수(0.5%중탄산소다용액)에서 약 5시간 침지수화시킨 다음, 이를 다시 100℃ 정도로 가열하여 연화시키고 연화된 콩을 꺼내어 분쇄한 후 4.49ℓ의 끓는 물을 가열하여 분산시키고 이를 다시 3,500psi의 압력으로 균질화시켜서 됨을 특징으로 하는 두유의 제조방법인 경우, 양 발명은 콩비린내 및 떫은맛이 나지 않는 두유를 제조하는 목적이 동일하고, 구체적인 기술적 수단에 있어서 양 발명은 다같이 중탄산나트륨용액을 사용하고 또한 그 사용농도와 실시하는 온도 등이 동일범주 내의 수치로서 다만 출원발명은 중탄산나트륨용액을 주가하면서 콩을 마쇄하는 것임에 반하여 선행발명은 나트륨용액에서 연화된 콩을 꺼내어 분쇄한다는 미차가 있기는 하나 이로 인한 별이의 효과가 있는 것이라 인정되지 아니하므로 결국 출원발명과 선행발명은 그 기술적 수단이 동일범주에 속하고 그 작용효과도 동일한 것이다(대법원 1982. 12. 14. 선고 81

후8 판결).

(1) 관용기술을 부가한 경우

[설명] 부가된 공정이 공지 혹은 관용기술의 공정이고 그 공정이 단순히 부가된 것이어서 새로운 기술적 사상의 창작이 없다면 신규성이 없는 것으로 본다. 다만, 새로운 공정이 부가된 경우에는 신규성이 있는 것으로 본다.

[사례] 출원발명은, 어육을 자숙하여 단백질분해효소를 작용시킨 다음 양이온 교환수지를 통과시킨 것을 진공상태에서 농축시키고, 이것을 분무 건조에 의하여 분말화하는 분말조미료의 제조방법이고, 선행발명은, 어육을 자숙하여 단백질분해효소를 작용시킨 다음 양이온 교환수지를 통과시킨 것을 농축하여 조미료를 제조하는 방법인 경우, 액체 음식물을 진공상태에서 농축하고 다시 이것을 분말화할 때 분무 건조하는 것이 식품제조상 관용수단이고, 출원발명은 선행발명에 관용수단을 부가한 것이므로 출원발명은 신규성이 없는 발명으로 본다.

(2) 관용수단을 삭제한 경우

[사례] 출원발명은, 포도 착즙에 나린지나아제를 첨가 방치하여 쓴맛을 제거한 포도과즙의 제조방법이고, 선행발명은, 포도 착즙에 나린지나아제를 첨가 방치 후 살균하는 포도과즙의 제조방법인 경우, 과즙을 제조하는 경우 살균하는 것이 과즙공업에 있어서 관용수단이고, 출원발명은 선행발명에서 관용수단을 삭제한 것이므로 출원발명은 신규성이 없는 발명으로 본다.

(3) 관용수단을 치환한 경우

[사례] 출원발명은, 과즙을 규조토를 사용하여 청징시킨 다음 이것을 진공 동결 건조시키는 분말과즙의 제조방법이고, 선행발명은 과즙을 벤토나이트를 사용하여 청징시킨 다음 이것을 진공 냉동 건조시키는 분말 천연과즙의 제조방법인 경우, 과즙공업에 있어서 청징제로써 벤토나이트라든가 규조토를 사용하는 것이 관용기술이고, 벤토나이트 대신에 규조토를 사용하는 것은 관용기술의 치환이므로 출원발명은 신규성이 없는 발명으로 본다.

6.2.2. 단순한 카테고리(Category)의 상이

[용어] 카테고리(Category, 범주)란 발명의 표현형식을 말하는 것으로, 그 실시형태에 따라

① 물의 발명, ② 방법의 발명, ③ 물을 생산하는 방법의 발명으로 대별한다. 여기에서 물의 발명은 다시 ㉮ 제품적인 물(기계, 기구, 장치, 시설 등)의 발명, ㉯ 재료적인 물(화학물질, 조성물 등)의 발명, ㉰ 그 물의 특정한 성질을 이용하는 물의 발명(용도발명), ㉱ 그 물을 취급하는 물의 발명으로 구분할 수 있다.

[분석] 실질적인 발명의 내용상 제조방법에 관한 발명이면서도 형식적으로는 물(物)의 형식으로 기재되어 있는 발명은 권리범위의 해석에 있어서는 원칙적으로 제조방법에 관한 발명으로 취급한다. 판례의 경향도 청구범위의 카테고리를 형식적인 면보다 실질적인 면을 중심으로 파악하고 있다. 따라서 발명의 내용이 물에 관한 것이면 물의 형식으로 기재하고, 물의 제조방법에 관한 것이면 방법 형식으로 기재하여야 한다.

[실무] 청구범위에 기재된 발명이 형식적으로는 상이한 경우일지라도 목적 및 효과가 실질적으로 동일한 두 발명은 동일발명으로 본다. 예를 들면, '식품 A'와 '식품 A의 제조방법'은 단순히 표현형태만 다를 뿐이므로 동일발명으로 본다. 결국 물의 발명 및 제조방법의 발명의 경우와 같이 단순히 카테고리(Category)의 차이만 있을 경우에는 발명의 차이점을 인정하지 않는다. 나아가 청구범위 말미의 표현이 다른 기능성식품의 제조방법의 발명이라도 제조방법 자체가 동일하고 같은 기능성에 관한 효과에 바탕을 둔 경우에는 동일발명으로 본다.

[사례] 출원발명은, 감미료에 X를 첨가함으로써 감미가 증가된 감미료를 제조하는 방법이고, 선행발명은, X로 된 감미료의 증강제인 경우, 그 표현형식만 다를 뿐 발명의 실체에는 차이가 없으므로 출원발명은 신규성이 없는 발명으로 본다.

6.2.3. 사용상태가 자명한 이용관계

선행발명과 그 선행발명을 사용하는 관계에 있는 출원발명에 있어서는 그 사용의 상태가 자명한 경우, 출원발명은 신규성이 없는 발명으로 본다.

[사례] 출원발명은, X처리한 아밀라아제를 전분에 작용시켜 포도당을 제조하는 방법이고, 선행발명은, 아밀라아제를 X처리하여 그 효소력을 높이는 방법인 경우, 전분에 아밀라아제를 작용시켜 전분을 당화하여 포도당을 제조하는 것은 자명한 것으로, 선행발명을 사용하여 출원발명을 완성하는 데 하등의 기술적 특징이 없으므로 출원발명은 신규성이 없는 발명으로 본다.

[사례] 출원발명은, 방부제를 가한 수용성 접착제 내면에 도포 건조시킨 합성수지피막으로

햄 또는 소시지의 원료육 가공품을 포장하고 자비(煮沸) 훈연처리하는 것을 특징으로 하는 햄 또는 소시지 가공법이고, 선행발명은, 합성수지제 박막의 일면에 방부제를 가한 수용성 접착제를 도포 건조시켜서 그 면이 내면이 되도록 형성한 햄 또는 소시지용 케이싱인 경우, 케이싱으로 햄 또는 소시지의 원료육 가공품을 포장하고 자비 훈연처리하여 햄 또는 소시지를 제조하는 것은 자명한 것으로, 선행발명을 사용한 점에 하등의 특징이 없으므로 출원발명은 신규성이 없는 발명으로 본다.

6.2.4. 선·후 발명이 상위개념과 하위개념인 경우의 취급

(1) 출원발명의 '청구범위'에 기재된 기술적 사항이 선행발명에 기재된 기술적 사항의 상위개념으로 인정되는 경우에는 신규성이 없는 발명으로 본다.

[설명] 청구항에 기재된 발명이 상위개념으로 표현되어 있고 선행발명이 하위개념으로 표현되어 있는 경우에는 청구항에 기재된 발명은 신규성이 없다.

[실무] 출원발명의 청구범위가 상위개념인 '식품'으로 기재되어 있고 선행발명의 청구범위가 하위개념인 '음료'로 기재되어 있을 경우에는 출원발명은 신규성이 부정된다.

[사례] 출원발명은, 어육을 아스코르빈산염과 아질산염의 혼합용액에 침지하여 냉동시키는 어육의 처리법이고, 선행발명은, 대구고기를 아스코르빈산염과 아질산염의 혼합용액에 침지하여 냉동시키는 대구고기의 처리법인 경우, 선행발명의 작용효과가 대구고기가 끈적끈적하게 되는 것을 방지하는 것이고, 출원발명의 작용효과가 어육의 변색방지 및 끈적끈적하게 되는 것을 방지하는 것이라 하더라도 출원발명의 기술적 사항이 선행발명의 기술적 사항의 상위개념이므로 출원발명은 신규성이 없는 발명으로 본다.

(2) 선행발명에 기재된 기술적 사항이 출원발명의 '청구범위'에 기재된 기술적 사항의 상위개념으로 인정되는 것에 대하여는 출원발명의 기술적 사항이 선행발명의 명세서에 기재되어 있든지 또는 기재되어 있지 아니하더라도 양자의 작용효과가 동일할 때에 출원발명은 신규성이 없는 발명으로 본다.

[실무] 출원 당시의 기술상식을 참작하여 판단한 결과 상위개념으로 표현된 선행발명으로부터 하위개념으로 표현된 발명이 도출될 수 있는 경우에는 청구항에 기재된 발명은 신규성이 없다.

[사례] 출원발명은, 선출원발명의 명세서에 기재되어 있지 아니한 '냉동으로 변색되지 아니

하는 어육을 아스코르빈산염과 아질산염의 혼합용액에 침지하여 냉동시키는 방법'이고, 선행발명은, 어육을 아스코르빈산염과 아질산염의 혼합용액에 침지하여 냉동시키는 어육의 변색방지법인 경우, 그 작용효과가 어육의 변색방지로 선행발명과 동일한 것일 때에는 출원발명은 신규성이 없는 발명으로 보고, 그 작용효과가 냉동에 의해 어육이 끈적끈적하게 되는 것을 방지하는 것일 경우에 한하여 출원발명은 신규성이 있는 발명으로 본다.

(3) 선행발명에 기재된 기술적 사항과 출원발명의 '청구범위'에 기재된 기술적 사항이 같은 상위개념에 포함되는 하위개념으로서 그 하위개념을 한정한 점에 기술상 특별한 의미가 없을 경우에는 양자는 동일발명으로 본다. 다만, 양자의 작용효과에 현저한 차이가 있을 경우에는 출원발명은 신규성이 있는 발명으로 본다.

[주의] 단순히 개념상으로 하위개념이 상위개념에 포함되거나, 상위개념의 용어로부터 하위개념의 요소를 열거할 수 있다는 사실만으로는 하위개념으로 표현된 발명이 도출될 수 있다고 할 수는 없다. 따라서 단순히 상위개념과 하위개념에 따른 도식적인 구분에서 벗어나 발명의 내용으로부터 파악되는 실체에 접근하여야 한다.

[사례] 출원발명은, 귤 과즙에 폴리인산염을 첨가하여 청징시키는 방법이고, 선행발명은, 사과과즙에 폴리인산염을 첨가하여 사과과즙을 방부시키는 방법인 경우, 과즙에 폴리인산염으로 처리한다는 점에서는 같은 개념에 포함되지만 대상과즙이 사과과즙과 귤 과즙으로서 다르고, 그 작용효과도 방부와 청징으로 서로 다르므로 출원발명은 신규성이 있는 발명으로 본다.

[판례] 대법원 2013. 5. 24. 선고 2011후2015 판결

구성요소의 범위를 수치로써 한정하여 표현한 발명이 그 출원 전에 공지된 발명과 사이에 수치한정의 유무 또는 범위에만 차이가 있는 경우에는, 그 한정된 수치범위가 공지된 발명에 구체적으로 개시되어 있거나, 그렇지 않더라도 그러한 수치한정이 통상의 기술자가 적절히 선택할 수 있는 주지·관용의 수단에 불과하고 이에 따른 새로운 효과도 발생하지 않는다면 그 신규성이 부정된다. 그리고 한정된 수치범위가 공지된 발명을 기재한 선행발명의 실시예 등에 나타나 있는 경우 등과 같이 문언적인 기재가 존재하는 경우 외에도 통상의 기술자가 선행발명의 기재 내용과 출원시의 기술상식에 기초하여 선행발명으로부터 직접적으로 그 수치범위를 인식할 수 있는 경우도 포함된다. 한편 수치한정이 공지된 발명과는 상이한 과제를 달성하기 위한 기술수단으로서의 의의를 가지고 그 효과도 이질적인 경우나 공지된 발명과 비교하여 한정된 수치범위 내외에서 현저한 효과의 차이가 생기는 경우 등에는, 그 수치범위가 공지된 발명에 구체적으로 개시되어 있다고 할 수 없음은 물론, 그 수치한정이 통상의 기술자가 적절히 선택할 수 있는 주지·관용의 수단에 불과하다고 볼 수도 없다.

6.2.5. 공지 예외

[분석] 개정 특허법은 특허출원 전 12월 이내에 출원인이 행한 모든 공지행위를 특허거절 이유에서 제외하여 그 공개된 기술에 대하여도 특허를 부여할 수 있도록 하였다. 종전에는 특허를 받을 수 있는 권리를 가진 자가 시험, 간행물에의 발표, 대통령령이 정하는 전기통신회선을 통한 발표, 산업자원부령이 정하는 학술단체에서의 서면발표, 박람회의 출품 등으로 제29조 제1항에 해당하게 된 경우에 한하여 공지되지 아니한 발명으로 보았다. 오늘날은 공개의 형태가 다양화되어 위와 같이 특정한 공개형태로 인정되지 않는 경우가 빈번하게 발생한다. 개정법은 공개 형태에 대한 제한을 없앰으로써 모든 형태의 자발적 공개행위에 대하여 특허를 받을 수 있도록 하여 입증 및 심사의 부담을 덜고 법규의 실효성을 확보하고자 한 것이다.

[분석] 개정 특허법은 자신의 행위로 인하여 공개된 발명과 동일한 발명을 출원하는 경우뿐만 아니라 통상의 기술자가 공개된 발명으로부터 쉽게 발명할 수 있는 발명을 출원하는 경우에도 특허법 제29조 제2항의 적용을 배제함으로써, 공개된 발명은 물론 공개된 발명에 비하여 진보성이 없는 발명에 대하여도 특허를 받을 수 있도록 하고 있다. 이와 같이 출원발명이 발표발명보다 개량된 경우도 공지 예외사유로 규정한 것은 발표발명과 출원발명이 동일하지 않더라도 출원발명이 발표발명으로부터 쉽게 발명할 수 있는 정도의 것이라면 거절될 수 있고, 학술적인 논문발표와 다양한 형태로 권리를 보호받고자 하는 출원발명은 그 내용이 동일하지 않은 경우가 많은 현실을 반영한 것이다.

[분석] 증명서류에 표시된 공개된 발명(A)과 출원된 발명(A)이 동일한 경우에는 특허법 제30조의 규정이 당연히 적용된다. 또한 공개된 발명(A)과 출원된 발명(A+α)이 다른 경우에도 통상의 기술자가 출원된 발명을 공개된 발명으로부터 쉽게 발명할 수 있는 경우에는 특허법 제30조 제1항 본문의 규정에 의하여 특허법 제29조 제1항 및 제2항을 적용하지 않는다. 한편 통상의 기술자가 출원된 발명을 공개된 발명으로부터 쉽게 발명할 수 없는 경우에는 그 출원된 발명(A+α)의 특허성은 공개된 발명(A)에 의하여 영향을 받지 않는다. 결국 출원된 발명(A+α)과 공개된 발명(A)이 실질적으로 동일한 경우는 물론 다른 경우에도 공개된 발명은 해당 출원된 발명의 특허성에 영향을 미치지 않으므로 심사관이 출원된 발명(A+α)과 공개된 발명(A)의 차이를 따질 실익이 없다.

[분석] 국가가 특허제도를 채택하여 발명자에게 독점권을 부여하는 이유 중의 하나는 발명이 비밀상태로 유지되는 것을 염려하여 이를 공개시키는 데 있으므로, 출원 전에 발명자가 스스로 공개한 것을 포함하여 이미 출원 전에 공개되어 있는 발명에 대해서는 독점권을 부여할 필요가 없다. 이렇게 출원 전에 공개되어 있는 발명에 대해서는 굳이 독점권을 부여하지 않더라도 일반인들이 충분히 공개된 기술을 보고 그대로 실시할 수 있기 때문이다. 따라서 특허출원 전에 발명을 공표하지 않도록 주의하여야 한다. 특히 국·공립 연구기관의 경우에는 연구결과를 연구보고서로 제출하는 것을 의무화하는 경우가 많으므로 연구보고서를 제출하기 전에 특허출원이 먼저 이루어질 수 있도록 주의해야 한다.

[판례] 대법원 2004. 5. 27. 선고 2002후1911 판결

특허법 제29조 제1항 제1호는 산업상 이용할 수 있는 발명이라고 하더라도 그 발명이 특허출원 전에 공지되었거나 또는 공연히 실시된 발명에 해당하는 경우에는 특허를 받을 수 없도록 규정하고 있는바, 여기에서 '공지되었다'고 함은 반드시 불특정 다수인에게 인식되었을 필요는 없다 하더라도 적어도 불특정 다수인이 인식할 수 있는 상태에 놓여져 있었던 상태를 의미한다.

[분석] 개정 특허법은 외국에서 간행물 이외의 방법으로 알려진 기술과 동일하거나 유사한 기술에 대해서도 특허를 받을 수 없도록 하여 선행기술의 완전한 국제주의를 채택하였다.

◇ 대법원 2005. 2. 18. 선고 2003후2218 판결

발명의 내용이 계약상 또는 상관습상 비밀유지의무를 부담하는 특정인에게 배포된 기술이전 교육용 자료에 게재된 사실만으로는 공지된 것이라 할 수 없다.

[분석] 발명의 내용이 계약상 또는 상관습상 비밀유지의무를 부담하는 특정인에게 배포된 기술이전 교육용 자료에 게재된 사실만으로는 공지된 것이라 할 수 없다는 것으로, 이처럼 별도의 비밀유지약정을 하지 않은 경우에도 계약상 또는 상관습상 비밀유지의무를 부담하고 있는 제3자에게 기술내용이 공개되더라도 그 자체로는 공지된 것으로 보지 않는다.

[판례] 대법원 2002. 9. 6. 선고 2000후1689 판결

반포된 간행물이란 불특정 다수의 일반 공중이 그 기재내용을 인식할 수 있는 상태에 이른 간행물을 의미한다고 할 것인데, 박사학위나 석사학위논문은 일반적으로는 일단 논문심사에 통과된 이후에 인쇄 등의 방법으로 복제된 다음 공공도서관 또는 대학도서관 등에 입고(서가에 진열)되거나 주위의 불특정 다수인에게 배포됨으로써 비로소 일반 공중이 그 기재내용을 인식할 수 있는 반포된 상태에 놓이게 되거나 그 내용이 공지되는 것이라고 봄이 경험칙에 비추어 상당하고, 위와 같은 반포시점 이전인 도서관에서의 등록시에 곧바로 반포된 상태에 놓이거나 그 기재내용이 공지로 되는 것은 아니다.

[판례] 대법원 2007. 1. 25. 선고 2005후2090 판결, 1985. 12. 24. 선고 85후47 판결

카탈로그는 제작되었으면 배부·반포되는 것이 사회통념이라 하겠으며 제작한 카탈로그를 배부·반포하지 아니한 채 사장하고 있다는 것은 경험칙상 수긍할 수 없는 것이어서 카탈로그의 배부범위, 비치장소 등에 관하여 구체적인 증거가 없다고 하더라도 그 카탈로그가 배부·반포되었음을 부인할 수는 없다.

[판례] 대법원 2001. 12. 27. 선고 99후3047 판결, 1970. 12. 29. 선고 70후64 판결

외국에서 발행된 간행물이라고 하더라도 국내에 수입되어 특허청에 비치됨으로써 누구든지 열람할 수 있는 상태에 놓이게 된 이후부터는 이를 특허법 제29조 제1항 제2호에서 말하는 '국내에서 반포된 간행물'에 해당한다.

[사례] 원고 회사 이외의 다른 업체 소속의 작업자들에게까지 비밀유지의무가 부과되어 있다고 할 만한 다른 사정이 없는 이상, 특허발명은 그 출원 전인 2000. 7. 30.경 공연히 실시되었다고 할 것이므로 신규성이 부정된다(특허법원 2006. 12. 29. 선고 2006허3700 판결).

[판례] 대법원 2004. 2. 27. 선고 2003도6283 판결

특허법 제228조에 정한 '사위 기타 부정한 행위로써 특허를 받은 자'라고 함은 정상적인 절차에 의하여서는 특허를 받을 수 없는 경우임에도 불구하고 위계 기타 사회통념상 부정이라고 인정되는 행위로써 그 특허를 받은 자를 가리킨다. 그런데 우선, '특허출원 전에 국내에서 공지되었거나 공연히 실시된 발명'이거나 '특허출원 전에 국내 또는 국외에서 반포된 간행물에 게재된 발명' 등으로써 특허를 받을 수 없는 발명임에도 불구하고 특허출원을 하였다는 사실만으로는 그 '사위 기타 부정한 행위'가 있었다고 볼 수 없을 뿐만 아니라, 출원인에게 출원시 관계 법령상 그러한 사정을 특허관청에 미리 알리도록 강제하는 규정 등도 없는 이상, 출원시 이를 특허관청에 알리거나 나아가 그에 관한 자료를 제출하지 않은 채 특허출원을 하였다고 하여 이를 가리켜 위계 기타 사회통념상 부정이라고 인정되는 행위라고 볼 수도 없다.

(1) 공지 예외규정의 적용을 받기 위한 절차

㈎ 특허법 제30조 제1항 제1호의 공지 예외사유에 해당하게 된 날부터 12개월(출원일이 2012. 3. 14. 이전인 경우는 6개월) 이내에 출원하여야 한다.

[분석] 개정 특허법은 전기통신회선을 통하여 공중이 이용 가능하게 된 발명을 공지사유로 본다. 이는 인터넷 등에 기재된 기술정보는 잡지나 도서 등의 형태로 간행된 기술정보와 같은 정도의 정보성을 가지고 있고 또한 과학·기술계에서 현재 일반적으로 이용되고 있는 점을 반영한 것이다.

[분석] 공지 예외규정의 적용을 받기 위해서는 반드시 공지 예외규정의 적용을 받고자 하는 출원이라는 취지를 출원시에 출원서에 기재하여야 한다. 출원시에 이를 기재하지 아니하면 추후에 특허법 제47조 제1항에 따라 보정할 수 있는 기간, 제66조에 따른 특허결정 또는 제176조 제1항에 따른 특허거절결정 취소 심결의 등본을 송달받은 날부터 3개월 이내의 기간에 치유할 수 있다.

[분석] 출원인의 공지 예외적용 신청에 흠결이 있어 무효처분된 경우 출원인이 제출한 자료는 선행기술자료로 사용할 수 있다. 그러나 출원인이 동일발명이라고 주장하였다고 하더라도 심사관은 다시 선행기술자료로 사용할 수 있는지 여부를 판단한다.

① 그 특허출원일로부터 30일 이내에 특허출원에 관한 발명이 특허법 제30조 제1항 제1호에 해당되는 발명임을 증명할 수 있는 서류를 제출하여야 한다. 다만, 특허출원과 동시에 그 증명서를 제출할 수도 있다. 한편, 2015. 7. 29. 이후 출원인 경우, 그 증명서를 명세서 보정 가능 기간 및 특허결정등본 송달받은 날부터 3개월(단, 설정등록 이전) 이내에 제출할 수도 있다. 실용신안 등록출원에 대해서도 동일하게 적용한다.
② 국제특허출원에 관한 발명에 대해서는 그 취지를 기재한 서면 및 이를 증명할 수 있는 서면과 이를 증명할 수 있는 서류를 특허법 제30조 제2항의 규정에도 불구하고 특허법 제201조 제4항의 규정에 의한 기준일 경과 후 30일 이내에 제출하여야 한다.

㈏ 공개자가 '특허를 받을 수 있는 권리를 가진 자'라는 사실의 증명

공지 예외규정의 적용을 받기 위해서는 원칙적으로 공개자가 출원인이나 발명자와 동일하여야 한다. 다만, 공개자가 출원인이나 발명자와 상이한 경우에는 발명의 공개시에 공개자가 특허를 받을 수 있는 권리의 정당한 승계인이라는 사실 또는 특허를 받을 수 있는 권리의 정당한 승계인으로부터 승계 받은 사실을 '증

명할 수 있는 서류'에 의하여 증명하여야 한다.

[분석] 공지 예외규정의 적용을 받기 위해서는 특허를 받을 수 있는 권리를 가진 자가 공개행위를 하고, 또 그 자가 특허출원을 하여야 한다. 따라서 원칙적으로는 공개자가 발명자, 또는 출원인과 일치하여야 한다. 그러나 일반적인 특허출원에서는 출원인이 특허를 받을 수 있는 정당한 권리자임을 반드시 증명하도록 하고 있지는 않다. 결국 공개자가 발명자, 또는 출원인과 상이한 경우에만 공개자 또는 출원인이 정당한 권리의 승계인이라는 사실을 입증하도록 할 필요가 있다.

[실무] 특허법 제30조 제1항 제1호 규정에 의한 공지 예외주장규정을 적용받기 위한 공개행위는 그 발명의 공개가 특허를 받을 수 있는 권리를 가진 자의 적극적 공개 행위뿐만 아니라 특허를 받을 수 있는 권리를 가진 자가 공개를 의뢰하여 제3자가 공개하는 행위나 제3자가 특허를 받을 수 있는 권리를 가진 자의 허락(묵시적 허락을 포함한다)을 받아 인용하는 공개행위 등을 포함한다.

[실무] 발표자, 발명자 또는 출원인이 다수인 경우 발표자 중 1인이라도 발명자 또는 출원인과 동일하면 이들 관계를 증명하지 않아도 공지 예외주장규정을 적용받을 수 있으나 동일인이 없는 경우에는 ① 발표자가 발명의 발표시에 특허를 받을 수 있는 권리를 가진 자임을 증명할 수 있는 서류, ② 특허를 받을 수 있는 권리를 가진 자가 공개를 의뢰하여 공개한 사실을 입증할 수 있는 서류, ③ 특허를 받을 수 있는 권리를 가진 자의 발명을 인용하는 공개사실을 입증할 수 있는 서류를 제출하여야 한다.

[판례] 대법원 1995. 2. 24. 선고 93후1841 판결

'자기의 발명을 시험함으로써 제29조 제1항 각 호에 해당하게 된다'는 뜻은 특허출원 전에 공지 공용된 원인이 자기의 발명의 실험행위가 원인이 되어 공지 공용화된 것을 말한다 할 것이고 실험 후 출원 전에 발명자의 다른 행위로 공지 공용이 된 경우에는 그 적용이 없다 할 것인바, 특허발명이 공지 공용으로 된 것은 발명자의 공개실험 후 출원 전에 이를 상품화하여 이를 타인에게 제조·납품한 사실 등에 있다.

[분석] 공지 예외규정은 어디까지나 당해 예외사유의 발생으로 신규성을 상실하지 않는다는 것에 불과하고 그 출원일 자체가 소급하는 것은 아니므로 실제 출원일 이전에 다른 공지 사유가 있는 경우에는 특허를 받을 수 없게 되므로, 주의를 요한다.

◇ 대법원 1971. 3. 9. 선고 70후69 판결

특허법 제30조 제1항 중 자기의 발명을 시험하기 위하여 같은 법 제29조 제2항 각 호에 해당하게 된다는 뜻은 특허출원 전에 공지 공용된 원인이 타인의 발명이나 또는 국내에 반포된 간행물에 쉽게 실시할 수 있을 정도로 기재된 것이 아니고 자기의 발명의 실험행위가 원인이 되어 공지 공용화된 것을 말하는 것이며, 이와 같은 경우에는 그 날로부터 6월 이내에 출원하면 사실상 신규한 것이 아니라도 같은 법의 보호를 받아 신규한 발명으로 본다는 것이고, 실용신안이 그 출원 전에 공지된 원인이 타인의 고안이나 국내 반포된 간행물의 기재내용에 의한 것일 때에는 실용신안법 제4조 제1항 각 호에 바로 해당되는 것이고 그 예외의 규정인 특허법 제30조 제1항에 해당될 수 없는 것이므로 그 실용신안은 실용신안의 등록권리를 허여할 수 없어 등록의 무효원인이 된다.

㈐ 특허법 제30조 제1항 제2호의 '특허를 받을 수 있는 권리를 가진 자의 의사에 반하여 공지'된 경우의 증명

특허를 받을 수 있는 권리를 가진 자의 의사에 반하여 공지된 경우에는 당해 발명의 공지사실의 주장·입증요건은 개별사안에 따라 판단한다.

[판례] 대법원 1985. 12. 24. 선고 85후14 판결, 1985. 10. 8. 선고 85후15,16,17,18 판결

특허법 제30조 제1항 제2호에서 자기의 의사에 반하여 제29조 제1항 각 호의 1에 해당하게 된 때라 함은 출원인의 발명내용이 사용인 또는 대리인의 고의 또는 과실로 누설되거나 타인이 이를 도용함으로써 일반에게 공포된 경우를 가리키는 것이므로 위 제30조 제1항 제2호의 규정에 의하여 신규성을 주장하는 자는 위와 같이 자기의 의사에 반하여 누설 또는 도용된 사실을 입증할 책임이 있다.

[분석] 특허법원 2001. 5. 11. 선고 2001허263 판결은 공공연구기관이 그 연구결과물을 인쇄하여 배포하는 것이 관례로 되어 있는 현실에서 신규성 상실과 관련하여 특별히 주의하여야 한다는 점을 상기시켜 주고 있다. 특히 식품분야의 연구는 농림축산식품부 및 지방자치단체 산하 연구기관에서 상당부분이 수행되고 있어 연구결과물의 인쇄 배포로 인한 신규성 상실의 우려가 상존하므로 연구결과물의 인쇄에 앞서 반드시 특허출원이 선행되어야 한다. 물론 연구결과물 인쇄 후 12개월 이내라면 관련 서류를 첨부하여 신규성 의제를 주장할 수도 있지만 이는 예외적인 경우로서 결코 바람직한 형태가 아니다.

[설명] 특허법 제30조 제1항 제2호의 특허를 받을 수 있는 권리를 가진 자의 의사에 반하여 발명이 공지된 경우에는 특허를 받을 수 있는 권리를 가진 자가 적극적으로 자신의 발명을 공개한 것이 아니므로 특허법 제30조 제1항 제1호 또는 제3호의 경우와 같이 공지된

내용의 증명이 곤란한 경우가 많다. 따라서 발명이 공지되게 된 과정이 자신의 의사에 반한 것이었다는 사실의 증명이 일반적으로 이루어질 것이며, 그 주장·입증은 다양한 방법으로 이루어질 수밖에 없다.

(3) 공지 예외규정 적용시 유의사항

㈎ 특허법 제30조 제1항 제1호의 '해당하게 된 날'과 '특허출원일' 사이에 이루어진 공개행위

① 특허를 받을 수 있는 권리를 가진 자가 특허출원 전에 당해 발명을 복수 회에 걸쳐 공개한 경우 모든 공개행위에 대해서 공지 예외의 적용을 받기 위해서는 원칙적으로 각각의 공개행위에 대하여 특허법 제30조 규정의 적용을 받기 위한 절차를 밟아야 한다. 다만, 그 공개행위가 특허법 제30조 제1항 제1호를 적용받기 위한 절차가 적법하고 특정한 하나의 공개행위와 밀접 불가분의 관계에 있는 복수 회에 걸친 공개일 경우에는 모든 공개행위에 대하여 공지 예외규정의 적용을 인정한다. 이 경우에 제2회 이후의 공개에 대해서는 '증명할 수 있는 서류'의 제출을 생략할 수 있다. 다만, 특허법 제30조 제1항의 '해당하는 경우에는 그 날부터 12월 이내에 그 자가 특허출원을 하면'에서 12월 이내의 기산일인 '그 날'은 최선공개일이다.

[분석] 공지 예외규정은 특정한 경우 최초의 공지에 대해서 신규성을 의제하는 것이므로, 그 이후에 일어난 일반적인 공개행위에 대해서는 신규성을 인정하지 않는 것이 원칙이다. 일반적으로 최초의 공표에 의해 신규성을 상실한 것은 예외규정의 적용을 받을 수 있으나, 제2회 이후의 공표에 의해 신규성을 상실한 것은 제2회 이후의 공개가 최초의 공개와 밀접 불가분의 관계가 있는 경우를 제외하고는 예외규정의 적용을 받을 수 없다. 따라서 비록 공지에 대한 예외를 인정하는 경우가 있더라도 기술의 공개에 있어서는 상당한 주의를 기울여야 한다.

[분석] 특정한 하나의 공개행위와 밀접 불가분의 관계에 있는 복수 회에 걸친 공개란 특허법 제30조 제1항 제1호에 해당하는 특정한 하나의 공개행위와 밀접한 관련이 있는 공개로 서로 불가분의 관계에 있는 것으로써 공개자의 의지에 의해서 좌우될 수 없는 공개를 의미하며, 그 예로 ① 2일 이상 소요되는 시험, ② 시험과 시험당일 배포된 설명서, ③ 간행물의 초판과 중판, ④ 원고집과 그 원고의 학회발표, ⑤ 학회발표와 그 강연집, ⑥ 학회의 순회강연, ⑦ 박람회 출품과 그 출품물에 대한 카탈로그 등과 같은 것들이 있을 수 있다.

[설명] 특허법에서 공개의 횟수에 대해서는 특별히 규정하고 있지 아니하므로 특허를 받을 수 있는 권리를 가진 자가 최초 공표 후 출원 전에 여러 번 공표를 한 경우에도 각각의 공표가 특허법 규정을 충족한다는 입증이 있으면 신규성 의제 적용을 받을 수 있다. 예를 들면, 상품 카탈로그의 발행 후에 상품을 발표한 경우, 상품 카탈로그의 발행은 간행물의 발표에 해당한다고 할 수 있으나, 그 후의 상품발표는 신규성 의제 대상의 공표에 해당하지 아니하므로 신규성 의제 적용을 받을 수 없다. 특허를 받을 수 있는 권리를 가진 자가 특허출원 전에 출원발명을 여러 번에 걸쳐서 공개한 경우로써 제2회 이후의 공개가 최초의 공개와 서로 밀접 불가분의 관계가 있을 경우에는 특허법 제30조 제2항에 규정된 절차에 있어서 제2회 이후의 공개에 관한 증명할 수 있는 서류의 제출은 생략할 수 있다. 즉, 박람회의 출품물에 관한 카탈로그를 반포한 후 그 박람회에 출품한 경우, 박람회와 그 박람회를 위한 카탈로그와는 불가분의 관계에 있다고 인정되기 때문에 두 번째의 공개에 대한 증명할 수 있는 서류의 생략이 가능하다.

② 특허법 제30조 제1항 제1호에 해당하게 된 날과 특허출원일 사이에 제3자에 의하여 '해당하게 된 발명'과 동일한 발명의 공개가 있는 경우에는 제3자의 공개가 '해당하게 된 발명'의 공개에 의하여 지득(知得)한 발명의 공개라는 사실이 명백한 경우를 제외하고 그 특허출원은 제3자의 공개에 의하여 특허법 제29조 제1항 각 호에 해당되어 신규성이 없는 것으로 취급한다.

[분석] 제3자의 공개가 '해당하게 된 발명'의 공개에 의하여 지득한 발명의 공개란, 예를 들어 특허를 받을 수 있는 권리자가 한 시험 또는 간행물 발표, 학술단체가 개최하는 연구집회에서 발표, 박람회에 출품 등에 의하여 공지된 발명을 제3자가 간행물에 전재하는 경우 등이 있다.

[분석] 발명이 공개된 후 12월 이내에 동일발명을 출원(A)하여 특허법 제30조의 규정에 의하여 신규성 의제규정을 적용받았고, 상기 출원일과 같은 날에 동일발명에 대하여 제3자가 출원(B)을 한 경우에는 A는 B와의 관계에서는 특허법 제36조 제2항의 같은 날 출원된 동일발명에 해당되어 협의대상발명에 해당되고 B는 동시에 공개에 의하여 신규성이 상실된 발명에 해당된다. 따라서 B출원은 특허법 제36조의 규정을 적용하지 않더라도 공개된 발명에 의하여 신규성이 없어 특허를 받을 수 없다. 이 경우, 심사관은 A와 B를 심사함에 있어 B가 신규성이 없다는 이유로 거절이유를 통지한 후 거절결정하는 것이 아니라 B에 대하여 신규성이 없다는 거절이유통지와 동시에 A와 B에 대하여 A와 B는 같은 날 출원된 동일발명에 해당되므로 협의에 의하여 정하여진 하나의 발명만이 특허를 받을 수 있다는

취지를 기재하여 특허법 제36조 제6항의 규정에 따라 협의를 명한다. 협의명령에 따라 B를 취하 등의 적절한 조치를 취하는 경우 A는 특허 받을 수 있다. 위와 같은 경우라면 B는 어떠한 경우에도 특허 받지 못하게 되는 것은 당연하지만 A도 B가 취하에 관한 협조를 해 주지 않으면 특허를 받을 수 없게 된다. 설령 B가 취하에 관한 협조를 해 주어 특허를 받게 되는 경우라도 B에게는 적어도 통상실시권에 해당하는 정도의 대가를 지불하여야 할 것이므로, A가 출원발명의 신규성이 상실되기 전에 출원한 것에 비해서는 큰 손해가 아닐 수 없다. 이런 점을 감안하면 공지 예외 주장제도를 이용하기에 앞서 먼저 특허를 출원하는 것이 현명한 대처라고 할 수 있다.

(나) 특허법 제30조 제2항의 '증명할 수 있는 서류'는 당해 사실을 증명하는 증명서뿐만 아니라 그 이외의 서류에 의한 증거도 증명할 수 있는 서류로 취급한다.

[분석] 특허법 제30조 제2항의 증명할 수 있는 서류에 대해서는 그 내용, 형식 등에 대한 법적 규정이 없다. 그러므로 제출되는 증명할 수 있는 서류의 내용, 형식은 여러 종류로 제출되게 된다. 그런데 특허법 제30조 제2항의 증명은 출원인이 특허법 제30조 제1항 제1호의 요건에 대한 사실의 존재 여부에 대하여 심사관에게 확신을 심어줄 목적으로 증거를 제출하는 노력을 말한다고 할 수 있으며, 증명할 수 있는 서류는 서면으로 제출된 상기 증거를 말하는 것으로 해석할 수 있다. 그러므로 이 경우에 증거란 증명서는 물론, 기타 간행물 등 서면에 의한 증거도 포함된다.

(다) 특허를 받을 수 있는 권리를 가진 자가 특허출원 등을 함으로써 그 발명이 특허공보 등에 게재되어 공지된 경우에 특허공보 등에 의한 발표는 특허법 제30조 제1항 제1호의 간행물에 의한 발표로 인정되지 않으며, 공지 예외규정이 적용되지 않는다.

[설명] 특허를 받을 수 있는 권리자가 특허출원을 한 결과 그 발명이 특허공보 등에 게재되어 공지된 경우에, 특허공보 등에 의한 공개는 특허출원에 대한 절차의 일환으로 특허법 제64조 제1항의 규정에 의하여 특허청장이 공개하는 것이며, 특허를 받을 수 있는 권리를 가진 자의 적극적인 의사에 의하여 당해 발명을 간행물에 발표하는 것은 아니므로 이와 같은 경우에는 공지 예외규정은 적용되지 않는다.

(라) 파리조약에 의한 우선권주장을 수반하는 출원에 대한 특허법 제30조 제1항의 '그 날부터 12월 이내'의 기산일은 특허법 제30조 제1항 각 호의 공지 예외사

유에 해당하게 된 날이다.

[분석] 출원시에 특허법 제30조의 규정의 적용을 신청하지 않았던 출원에 관한 분할출원 또는 변경출원과 동시에 특허법 제30조를 신청하였고 분할출원 또는 변경출원이 발표로부터 12월 이내인 경우, 분할출원 또는 변경출원은 특허출원한 때 출원한 것으로 보나, 원출원에서 공지 예외주장을 하지 않은 경우에는 분할출원시 이와 같은 주장을 하는 것은 인정되지 않는다(2015. 7. 29. 이후 출원된 원출원을 기초로 하는 분할출원에서 공지 예외주장은 가능하다). 다만, 원출원에서 공지 예외주장의 취지만 기재하고 그 증명서류를 법정기간 내 제출하지 않은 경우라면 분할출원서에 공지 예외주장의 취지를 기재하고 분할출원일부터 규정된 날까지 해당 증명서류를 제출한 경우에는 그 공지 예외주장은 적법한 것으로 본다.

6.3. 진보성의 판단

6.3.1. 일반원칙

발명의 진보성 판단은 특허출원 전에 통상의 기술자가 특허법 제29조 제1항 각 호에 규정된 발명에 의하여 쉽게 청구항에 기재된 발명에 이를 수 있었는가에 대한 판단이다. 발명의 진보성은 각 구성요건을 채택하고 결합하는 것에 대한 곤란성을 중심으로 고찰하는 것이 원칙이나, 그에 따른 효과를 참작하여 판단한다.

명세서에 기재되어 있지 않은 효과까지도 추급하여 판단하는 때에는 그 발명의 본질을 바꾸어 파악할 우려가 있으므로 효과의 판단은 원칙적으로 명세서에 기재된 효과의 범위 안에서 행하는 것으로 한다. 또한 발명의 효과는 발명을 구성하는 개개의 기술적 수단에서 발휘되는 효과가 결합되어 생기는 것이므로 발명의 구성요소 상호의 결합에 의하여 생기는 효과에 대해서는 충분히 주의하여 판단할 필요가 있다.

[설명] 발명의 기존 기술의 구성과 비교하여 그 일부에 무엇인가를 한정하거나 작은 변경을 가한 것일지라도 그로 인하여 특유한 효과가 명세서에 기재한대로 인정되는 경우에는 그 한정 또는 작은 변경에 기술적 의의를 인정할 수 있다.

한편 명세서의 기재만으로 작용효과의 확인이 곤란한 경우에는 이를 뒷받침할 수 있는 실험성적증명서나 실험데이터 등을 제출토록 하여 작용효과를 확인할 수 있다.

[연구] 발명의 제품이 상업적으로 성공하였거나 업계로부터 호평을 받았다는 사정 또는 출원 전에 오랫동안 실시했던 사람이 없었던 점 등의 사정은 진보성을 인정하는 하나의 보조적 자료로서 참고할 수 있다. 다만, 이러한 사정만으로 진보성이 인정된다고 할 수는 없고 진보성은 우선적으로 명세서에 기재된 내용 즉, 발명의 목적, 구성 및 효과를 토대로 판단되어야 하므로, 상업적 성공이 발명의 기술적 특징으로부터 비롯된 것이 아니라 다른 요인, 예를 들어 판매기술의 개선이나 광고 선전 등에 의해 얻어진 것이라면 진보성 판단의 참고자료로 삼을 수 없다(대법원 2008. 5. 29. 선고 2006후3052 판결).

[설명] 특허제도는 발명의 공개에 대한 대가로 일정기간 독점적인 권리를 부여함으로써 기술발전을 촉진시켜 국가 산업발전에 이바지함을 목적으로 하는 것으로, 공지기술로부터 쉽게 발명할 수 있는 기술에까지 특허권을 부여하면 오히려 제3자의 공지기술에 대한 실시의 자유를 부당하게 제한하는 결과가 된다. 따라서 이와 같은 기술은 권리부여의 대상에서 제외하여 현저하게 진보된 기술에만 독점적인 권리를 부여하고자 하는 것이 진보성에 관한 규정이다.

[용어] 진보성은 구성의 곤란성 또는 발명의 비용이성 내지 비자명성으로 표현된다. 우리나라, 일본, 영국에서는 진보성(Inventive step)이라고 하는데 비해, 미국에서는 비자명성(Unobviousness), 독일에서는 발명의 고도성(Erfindungshohe), 프랑스에서는 발명의 활동성(Activite inventive)으로 표현되고 있다.

[실무] 진보성 판단의 대상이 되는 발명은 청구항에 기재된 발명 중 신규성이 있는 발명이다. 따라서 어떤 청구항이 신규성이 인정되지 않는다면 진보성을 판단할 필요가 없다. 또한 진보성을 판단하는 경우에 청구범위의 청구항이 2 이상인 때에는 청구항마다 진보성 유무를 판단하여야 한다.

[실무] 발명의 진보성 판단은 당해 출원의 청구범위에 기재된 발명을 공지발명 또는 공지기술과 대비하는 방법으로 행하여지는데, 그 구체적인 판단의 방법으로써는 출원발명의 목적, 구성 내지는 효과를 공지의 것과 대비하여 종합적으로 판단한다.

[분석] 진보성을 판단함에 있어서는 우선적으로 발명의 각 구성요건을 채택하여 결합하는데 대한 곤란성을 위주로 고찰하고, 다음으로 발명의 효과를 참작하여 그 결과를 종합 판단한다. 따라서 진보성에 대한 판단은 구성의 곤란성 여부가 관건이다.

[분석] 진보성은 구성을 중심으로 대비판단을 진행하는 것이 통상적이고 기술적 과제와 작용효과의 차이는 구성의 차이에 의한 진보성의 판단을 도출하는 뒷받침으로 사용되는 것

이 일반적이지만, 화학분야에서는 진보성 판단에 있어 작용효과가 결정적인 수단이 되는 경우도 많다.

[분석] 구성의 예측성 내지는 곤란성은 당해 발명이 설정한 목적을 달성하기 위한 구체적인 기술수단으로서 당해 발명의 각 구성요소를 채택, 결합하는 것이 출원시의 기술수준에 기하여 예측할 수 있는지 여부 또는 용이한지 여부를 판단하는 것이다. 출원시의 기술수준에 비추어 볼 때 당해 구성의 채택결합에 곤란성을 극복한 요소를 갖고 있는 것은 구성에 곤란성이 있는 것으로 판단되지만 당해 구성이 출원시의 기술수준으로부터 통상의 기술자가 당연히 도출할 수 있는 범위의 기술수단인 경우에는 구성의 곤란성이 인정되지 않는다. 또한 당해 발명의 구성요소 각각이 공지의 기술이고, 그 각 공지기술이 당해 발명의 목적달성을 위하여 당연히 요구되는 기능을 갖고 있는 것이 명백한 경우에는 당해 발명의 목적이 설정되기만 하면 그 공지기술을 구성요건으로써 채택하는 데 특별한 창작력을 필요로 하는 것이 아니기 때문에 당해 발명에는 구성의 예측성이 있는 것이고, 당해 발명의 각 구성요건 중 적어도 하나가 당해 발명의 목적달성을 위하여 요구되는 기능을 갖고 있음이 자명하지 아니한 경우에는 당해 발명에는 구성의 예측성이 있다고 할 수 없다.

[실무] 통상의 기술자에게 자명한가의 여부가 진보성 판단의 기준으로 사용되고 있는데, '자명'이란 통상의 기술자에게서 당연히 기대할 수 있는 범위 이내의 통상의 창작능력의 발휘를 의미한다. 공지기술의 일반적인 응용, 알려진 물리적 성질로부터의 추론, 알려진 과제를 해결하기 위한 다른 분야 기술 참조 등으로 일상적인 개산을 이루는 것은 통상의 기술자가 가지는 통상의 창작능력에 해당한다. 여기서 '통상의 창작능력의 발휘'에 해당하는 유형으로, 일정한 목적달성을 위하여 공지의 재료 중에서 가장 적합한 재료의 선택, 수치범위의 최적화 또는 호적화(好適化), 균등물에 의한 치환, 기술의 구체적 적용에 따른 설계변경 등이 있으며, 청구항에 기재된 발명과 선행발명의 차이점이 이와 같은 점에만 있는 경우에는 달리 진보성을 인정할 근거가 없는 한, 통상 그 발명은 진보성이 부정된다. 결국 단순한 재료의 선택에 불과하거나 제조공정의 구체적 적용에 따른 단순한 설계변경에 불과한 식품발명의 경우에는 진보성이 인정되지 아니하는 것이 일반적이다.

[분석] 선행발명으로부터 청구항에 기재된 발명에 이르게 된 것이 자명한가의 판단은 통상의 기술자가 가지고 있는 통상의 창작능력을 고려하여야 한다. 또한 통상의 기술자라면 선행발명으로부터 어떻게 청구항에 기재된 발명에 이르게 되었을까를 고려하여 판단하여야 한다. 선행발명으로부터 청구항에 기재된 발명에 이르게 된 것이 자명한가에 대한 판단은 선행발명의 내용에 청구항에 기재된 발명에 이를 수 있는 동기가 될 수 있는 사항이 있는가를 주요 관점으로 하여 선행발명과 비교한 유리한 효과를 참작하여 판단한다. 선행발명

의 내용 중에 청구항에 기재된 발명에 대한 시사가 있는 경우, 선행발명과 청구항에 기재된 과제가 공통되는 경우, 기능·작용이 공통되는 경우, 기술분야의 관련성이 있는 경우 등에는 선행발명으로부터 청구항에 기재된 발명에 이를 수 있는 동기가 될 수 있다. 또한 청구항에 기재된 발명의 기술적 구성에 의하여 발생되는 효과가 선행발명의 효과에 비하여 유리한 효과를 갖는 경우에는 진보성 인정에 참작할 수 있다. 발명의 유리한 효과의 참작은 특히 발명의 구성으로부터 효과의 예측성이 낮은 분야의 발명에 대한 진보성 판단에 적합하다.

[분석] 유리한 효과에는 선행발명의 효과와는 그 성질을 달리하는 이질적인 효과와 그 성질은 동질이나 선행발명이 갖는 효과에 비하여 현저하게 우수한 효과로서 이들 효과가 당해 발명의 출원시의 기술수준에서 통상의 기술자가 예측할 수 없었던 효과가 있다. 효과의 비예측성 또는 현저성이란 종래와 다른 새로운 효과 즉, 질적으로 다른 효과를 얻는 경우와, 종래의 효과와 동질적이라고 하더라도 어느 정도 통상의 기술자의 예상을 초과할 정도로 매우 높은 효과를 얻는 경우에 인정된다.

[분석] 출원인이 발명의 효과로서 주장하는 것이 발명의 일부의 실시태양에 근거한 것이고, 특허청구된 발명이 그러한 효과를 얻지 못하는 경우를 포함하고 있을 때에는 그 효과를 진보성 판단에서 참작해서는 안 된다. 또한 출원인이 주장·입증하는 발명의 효과가 명세서에 기재되어 있지 않고, 명세서로부터 추론하는 것도 가능하지 않은 경우 그 효과는 진보성의 검토에서 제외한다.

[주의] 발명이 종래기술의 구성과 비교하여 그 일부에 무엇인가를 한정하거나 작은 변경을 가한 것일지라도 그로 인하여 특유한 효과가 명세서에 기재한대로 인정되는 경우에는 그 한정 또는 작은 변경에 기술적 의의를 인정할 수 있다. 따라서 출원발명이 기술적 의의가 인정되기 위해서는 명세서를 구체적으로 기재해야 한다.

[용어] 치환(substitution)은 공지의 기술적 구성 중 특정의 요소를 다른 요소로 대체하는 것을 의미한다. 따라서 재료의 치환(substitution of materials)에 있어서는 그 치환에 곤란성이 인정되지 않거나 그 치환에 의해 예측되는 효과밖에 생기지 않으면 진보성이 인정되지 않는다. 치환으로 인한 작용효과의 차이가 현저하게 큰 경우에 진보성이 인정된다.

[판례] 대법원 2004. 11. 12. 선고 2003후1512 판결

특허법 제29조 제2항, 제1항 제2호의 규정의 취지는 어떤 발명이 그 특허출원 전에 국내뿐만 아니라 국외에서 반포된 간행물에 기재된 발명에 의하여 쉽게 도출될 수 있는 창작일 때에도 진보성을 결여한 것으로 보고 특허를 받을 수 없도록 하려는 데에 있다.

[판례] 특허법원 2008. 1. 18. 선고 2006허6303,8330 판결

진보성 판단에 있어서 기준이 되는 통상의 기술자는, 출원시에 있어 당해 기술분야의 기술상식을 보유하고 있고, 선행발명을 포함하여 출원시의 기술수준에 있는 모든 자료를 입수하여 자신의 지식으로 할 수 있으며, 발명의 과제와 관련되는 기술분야의 지식을 자신의 지식으로 할 수 있다는 것을 전제로 한다.

[판례] 특허법원 2007. 1. 25. 선고 2006허4727 판결

특허발명이 공지된 발명에 비하여 신규성 내지 진보성이 있는지 여부를 판단하기 위해서는 먼저 특허발명의 기술적 구성이 파악되어야 한다.

◇ 특허법원 2008. 11. 7. 선고 2007허10637 판결

특허발명의 신규성, 진보성 여부를 판단함에 있어서는 대비되는 선행기술과의 구성·효과의 동일성 여부 및 그 차이의 정도가 중요한 판단기준이 될 뿐, 선행기술이 개별 구성성분의 활성기전까지 모두 인식하고 있었는지 여부를 기준으로 판단할 것은 아니다.

[판례] 대법원 2003. 4. 25. 선고 2002후987 판결, 1992. 5. 12. 선고 91후1298 판결

특허법 제29조 제2항 소정의 '그 발명이 속하는 기술분야'란 출원발명이 이용되는 산업분야로서 그 범위를 정함에 있어서는 발명의 명칭에 따라 직접 표시된 기술분야에 구애됨이 없이 발명의 목적, 기술적 구성, 작용효과의 면을 종합하여 객관적으로 판단하여야 한다.

◇ 특허법원 1999. 4. 9. 선고 98허7448 판결

'그 고안이 속하는 기술분야'에 속하는지 여부는 그 고안의 명칭으로부터 나타나는 기술분야나 IPC분류에 따른 기술분야 만에 의하여 결정되는 것이 아니라 그 고안의 목적, 구성 및 작용효과를 종합적으로 고려하여 기술사상을 공통으로 하는 하는가에 의하여 결정되어져야 할 것이다.

[판례] 대법원 2002. 11. 8. 선고 2001후1747 판결, 1983. 4. 26. 선고 82후72 판결

특허법 제29조 제2항 소정의 진보성 유무를 가늠하는 창작의 난이의 정도는 그 기술구성의 차이와 작용효과를 고려하여 판단하여야 하며 출원된 기술의 구성이 공지된 선행기술과 차이가 있을 뿐만 아니라 그 작용효과에 있어서도 선행기술에 비하여 현저하게 향상·진보된 것인 때에는 기술의 진보발전을 도모하는 특허제도의 목적에 비추어 통상의 기술자가 쉽게 발명할 수 없는 것으로서 진보성이 있는 것으로 보아야 한다.

[사례] 특허발명과 선행발명 3은 그 구성이 유사하고 그로 인한 작용효과 또한 유사하다고 보이는바, 공지된 구성요소 1 내지 7을 결합하여 폐기식품으로 연료용 숯을 제조하는 기술사상은 선행발명 3에서 개시되었고, 그로부터 특허발명의 구성과 효과를 쉽게 도출할 수 있다고 보인다. 따라서 특허발명은 통상의 기술자가 선행발명 3 등 공지된 발명으로부터 쉽게 발명할 수 있다고 보이고, 그 구성의 선택이나 결합에 별다른 기술적 곤란성이 없을 뿐만 아니라, 그 결합으로 인하여 보다 증진된 작용효과가 나타나 보이지도 않는 것으로 진보성이 인정되지 않는다(특허법원 2006. 9. 6. 선고 2005허10237 판결).

[판례] 특허법원 2004. 1. 29. 선고 2003허2409 판결

출원고안이 속하는 기술분야의 고안에 대하여 진보성을 판단함에 있어 특별히 다른 기준을 적용하여야 할 근거가 없을 뿐만 아니라, 출원고안 물품이 전체적으로 비교적 단순한 구성이고, 대부분의 구성요소들이 기술표준에 관한 규정의 적용을 받는 것이기 때문에 그 개량의 여지가 상대적으로 적은 것이라는 점을 고려하더라도, 출원고안이 선행고안들의 결합한 구성으로부터 특별히 진보성이 있는 구성이라고 보기는 어렵다.

[판례] 특허법원 2005. 1. 20. 선고 2004허3454 판결

방법발명이라 함은 일정한 목적을 달성하기 위한 시간상의 일련의 연속적인 단계들로 이루어진 발명이며, 선행발명과 대비한 방법발명의 진보성을 판단함에 있어서는, 양 방법발명을 이루고 있는 시계열적인 단계들에서 차이가 있고, 그 차이가 단순히 단계들의 순서를 변경, 새로운 단계의 부가나 기존 단계의 생략 또는 다른 단계로의 대체 등에 불과하지 않고 그로 인한 작용효과에서 현저한 차이가 있어 통상의 기술자가 충분히 예측할 수 없는 정도라면 그 방법발명은 선행발명에 비하여 진보성이 인정될 수 있다.

[판례] 특허법원 2008. 9. 26. 선고 2008허4899 판결

등록고안이 선행기술에 새로운 구성을 추가하여 선행기술에 없는 효과를 얻을 수 있는 반면, 이로 인한 단점도 수반하는 경우, 이러한 단점이 전체 고안의 효과를 오히려 감소시키는 것이라면 선행기술에 비하여 진보한 기술이라고 볼 수 없을 것이나, 그 단점이 오로지 새로운 구성을 추가할 필요가 있다는 것에 불과한 경우에는 등록고안의 진보성을 부정할 수 없다.

[판례] 대법원 2007. 4. 13. 선고 2006후3847 판결

선행발명의 설명에서는 제1항 발명과 같이 내측 창틀부재와 외측 창틀부재를 일체로 성형하는 기술을 종래기술로 기재하고 있을 뿐만 아니라, 내측 창틀부재와 외측 창틀부재를 일체로 성형할지, 아니면 분리하여 성형한 후 결합할지는 통상의 기술자가 창문용 프레임의 사용조건 등을 고려하여 쉽게 정할 수 있는 사항에 불과하다.

[판례] 대법원 1995. 7. 25. 선고 94후753 판결
출원고안의 진보성이 인정되기 위해서는 선행고안의 단순한 설계변경이나 재료변환의 정도를 넘어 선행고안보다 증진된 작용효과가 인정되어 통상의 기술자가 극히 쉽게 고안할 수 없는 정도에 이르렀다고 보여져야 한다.

[분석] 종래의 공지 공용된 고안에 재료와 형태를 변경한 것일 때에는 그 변경으로 인하여 별다른 효과상의 차이가 없거나 차이가 있다고 하더라도 통상의 기술자가 단순히 선택할 수 있는 사항에 불과한 경우에는 단순 설계변경에 해당하는 것으로 보고 진보성을 인정하지 않는다.

◇ 대법원 2004. 10. 15. 선고 2003후472 판결
특허발명과 선행발명에서 차이가 나는 부분은 그 기술적 사상에 영향을 미치지 않는 단순한 설계변경에 해당하거나 그 과제해결을 위한 미세한 차이에 지나지 아니하므로 양 발명은 실질적으로 동일하다.

◇ 대법원 1996. 10. 25. 선고 95후1869 판결, 1996. 10. 25. 선고 95후1876 판결
양 고안은 세부적인 형상 및 구조상에 일부 차이가 있으나 이로 인하여 별도의 고안이라고 할 정도의 특유한 효과를 달리 갖는 것으로는 볼 수 없어 이는 단순한 설계상의 차이에 불과하다.

[사례] 조기의 구체적인 내장제거방법으로서 아가미는 그대로 둔 채 그 속의 내장만을 제거할 것인지 아니면 배를 갈라 내장을 꺼내어 제거할 것인지 등의 여부는 통상의 기술자에게 단순한 선택사항에 불과하다(대법원 2008. 2. 1. 선고 2007후3172 판결).

[사례] 구성성분의 동일성을 유지한 채 각 성분의 배합비율을 조절하는 것은 필요에 따라 구성을 단순히 변경한 것 내지는 그 수치를 한정한 것에 불과하다(대법원 2003. 12. 26. 선고 2003후1567 판결).

[사례] 각 곡물을 분쇄하여 가루로 만든 다음 혼합할 것인지 또는 각 곡물을 혼합한 다음 가루로 만들 것인지는 통상의 기술자가 선택하여 실시할 수 있는 단순한 선택사항에 불과하다(특허법원 2008. 5. 1. 선고 2007허10798 판결).

[판례] 대법원 2008. 4. 24. 선고 2006후2486 판결, 1987. 2. 10. 선고 86후27 판결

출원된 고안이 공지 공용의 기존 기술을 수집 종합하여 이루어진 데에 그 특징이 있는 것인 경우에 있어서는, 이를 종합하는 데 각별한 곤란성이 있다거나 이로 인한 작용효과가 공지된 선행기술로부터 예측되는 효과 이상의 새로운 상승효과가 있다고 볼 수 있는 경우가 아니면 그 고안의 진보성은 인정될 수 없다.

[사례] 원고는, 출원발명은 선행발명의 숙성단계(ⓒ 단계)가 필요하지 아니하므로 공정시간이 대폭 단축되는 현저한 효과가 있다는 취지로 주장하나, 선행발명의 ⓒ 단계 역시 구성 ④와 실질적으로 동일한 구성이고, 구성 ④의 단계에서도 '액체 멜라민이 냉각 용기 내에서 2분~10시간 사이, 바람직하게는 10분~5시간 사이 잔류'하므로, 원고의 위 주장은 이유 없다. 또한 원고는, 출원발명의 명세서의 [표 1]에 의하면, 1차 냉각 단계를 거친 실시예 1 내지 9의 멜라민 생성비율이 그렇지 아니한 실시예 A, B, C의 멜라민 생성비율 보다 높음을 알 수 있는바, 이는 출원발명의 현저한 효과를 나타내는 것이라는 취지의 주장을 하나, 선행발명의 ⓒ 단계 역시 구성 ④의 냉각단계와 실질적으로 동일한 구성이므로, 위 대비결과를 들어 출원발명의 효과가 선행발명 보다 현저하다고 할 수 없다(특허법원 2008. 6. 12. 선고 2007허5659 판결).

[판례] 특허법원 2008. 6. 26. 선고 2007허6928,7587 판결

약물 제조시 약학적으로 허용 가능한 다양한 염의 형태 즉, 염 화합물로 만드는 것은 그 기술분야에서 주지관용적으로 사용되는 기술에 속하는 것이므로, 공지의 화학물질을 단순한 염의 형태로 한 염 화합물의 발명은 화학물질 발명과 약리학적 용도가 동일하고 염 화합물의 기본이 되는 물질이 공지의 물질과 동일한 경우에는 공지의 화학물질 발명으로부터 진보성이 없는 것으로 보아야 할 것이고, 예외적으로 화학물질을 염으로 만드는 것에 기술적인 곤란성이 있거나, 공지의 화학물질에 비하여 질적으로 다르거나 양적으로 현저한 작용효과가 있는 경우에만 진보성이 인정된다.

[판례] 특허법원 2003. 7. 3. 선고 2002허6442 판결

등록고안이 다수의 선행고안에 나타난 기술을 결합시킴으로써 극히 쉽게 고안할 수 있는 것이라고 하기 위해서는 구성요소 각각이 선행고안들에 나타나 있는 것만으로는 부족하고 선행고안 간에 해결하고자 하는 과제의 공통성 및 기술의 관련성이 있어야 한다.

◇ 특허법원 2006. 8. 18. 선고 2005허8111,8227 판결, 2006. 8. 18. 선고 2005허8319 판결

선행기술인 복수의 선행발명들에 어떠한 시사점, 동기 또는 가르침이 있어서 새로운 장치를 만들기 위해서 발명자가 선택하여 사용한 구성요소들을 통상의 기술자가 쉽게 선택하여 결합할 수 있는 경우에도 그 발명의 진보성을 부정할 수 있다고 할 것이고, 통상의 기술자가 3개 이상의 선행기술을 쉽게 결합할 수 있고 그 결합에 의하여 각 효과의 총계 이상의 증진된 효과를 낳지 못하는 경우에는 3개 이상의 선행기술을 결합하여 발명의 진보성을 부정할 수 있다.

◇ 특허법원 2003. 12. 5. 선고 2003허1666 판결

특허발명의 진보성을 부정하기 위해 5개나 되는 증거를 채택한 것은 진보성 판단에 대한 법리를 오해한 것이라고 주장하나, 어떤 발명이 진보성이 있는지 여부는 통상의 기술자가 이미 공지된 발명으로부터 이를 쉽게 발명할 수 있는지 여부에 달려있는 것이지 참조하는 공지된 발명의 수에 달려 있는 것은 아니다.

[사례] 특허발명은 열원인 불판에 의하여 대나무를 가열하여 대나무로부터 나오는 수액을 결합홈에서 모아 다시 증발시켜 고기에 배도록 한다는 점에서, 훈제라는 간접적인 방식에 의하여 대나무의 향기가 고기에 배도록 하는 선행발명 1에 비하여, 대나무의 유익한 성분이 고기에 더 잘 스며들도록 하는 긍정적인 효과가 있는 것처럼 보이기도 하나, 특허발명을 실시한 구이판을 사용하여 고기를 구울 경우에 고기에서 다량의 기름이 흘러 내려서 불판에 형성된 결합홈 안으로 들어가고 불판에 계속 가해지는 열에 의하여 그 기름 중 상당부분이 타면서 많은 연기가 발생하게 되고 타는 냄새가 나리라 예상되는 사실, 이에 따라 특허발명의 특허권자인 피고가 운영하는 11개의 프랜차이즈 가맹점에서도 특허발명을 실시한 제품이 아니라 결합홈이 설치되지 아니하고 고기의 기름이 구이판 아래로 배출되도록 한 형태의 아치형 또는 역아치형 대나무석쇠를 구이판으로 사용하고 있는 사실을 각 인정할 수 있는바, 위 인정 사실에 의하면, 특허발명은 고기를 구울 때 결합홈 안에 대나무의 수액 뿐만 아니라 고기에서 나오는 기름이 모이는 구성을 갖는데, 이러한 구성은 고기에서 나온 기름이 타면서 연기가 많이 발생하고 타는 냄새가 남으로써 구이판으로 실용화되기 어려울 정도로 부정적인 효과를 발생시키고, 그 부정적인 효과가 위에서 본 긍정적인 효과를 상쇄시킬 정도로 심각하므로, 특허발명은 선행발명 2 또는 3에 선행발명 1, 5에서 개시된 대나무의 효능을 주합한 구성에 비하여 현저한 상승효과가 있다고 할 수 없다. 따라서 제1항 발명은, 선행발명 2 또는 3에 선행발명 1, 5에 개시된 대나무의 효능을 주합함으로써 통상의 기술자가 쉽게 발명할 수 있으므로, 진보성이 인정되지 않는다(특허법원 2005. 8. 25. 선고 2004허8435 판결).

[판례] 특허법원 2008. 4. 24. 선고 2007허5765 판결

조성물 발명에 있어 그 구성으로 포함되어야 할 적극적 구성요건과 함께 어떤 요소가 배제되어야 할 것을 내용으로 하는 소극적 구성요건이 기재된 경우, 소극적 구성요건 그 자체로는 독립된 기능을 발휘할 수 없을 것이므로, 그러한 경우 소극적 구성요건에서 배제하고 있는 어떠한 요소가 없는 상황 하에서만 나머지 구성이 작동한다거나 현저히 효과가 증대된다는 특별한 사정이 있는 경우에만 소극적 구성요건이 기술적으로 의미 있는 발명의 구성요건으로 된다.

[판례] 대법원 2007. 8. 24. 선고 2006후138 판결, 2007. 8. 24. 선고 2006후237 판결

어떤 발명의 진보성이 부정되는지 여부를 판단하기 위해서는 통상의 기술자를 기준으로 하여 그 발명의 출원 당시의 선행발명으로부터 그 발명을 쉽게 발명할 수 있는지를 보아야 할 것이고, 진보성이 부정되는지 여부의 판단대상이 된 발명의 명세서에 개시되어 있는 기술을 알고 있음을 전제로 하여 사후적으로 통상의 기술자가 그 발명을 쉽게 발명할 수 있는지를 판단하여서는 안 된다.

◇ 특허법원 2002. 4. 11. 선고 2001허2870 판결

비록 발명이 구성요소가 모두 공지기술로만 되어 있다거나 선행발명 등과 대비하여 구성상 차이가 크지 않다 하더라도 그에 따르는 효과가 특이·현저하다면 진보성 있는 발명이라 할 것이며, 또한 공지기술의 조합에 의한 발명에 있어서 진보성 판단의 기준시점은 사후적이어서는 아니 되고 발명 당시를 기준으로 해야 한다.

[판례] 대법원 1997. 2. 28. 선고 95후1739 판결

출원된 발명의 진보성 인정 여부는 그 발명의 목적, 기술적 구성, 작용효과를 종합적으로 판단하여 통상의 기술자가 종래의 발명이나 기술로부터 그 발명을 예측할 수 있느냐의 여부에 따라야 할 것이다.

◇ 특허법원 2004. 4. 8. 선고 2003허2393 판결

발명의 목적은 각 발명의 청구항에 기재된 용어에만 의존하여 판단할 것이 아니라 발명의 설명 등을 참조하여 합리적으로 판단하여야 한다.

[판례] 특허법원 2005. 6. 30. 선고 2004허6767 판결

출원발명에 대한 진보성 판단에 있어, 출원발명의 구성요소 중 일부씩을 구비하고 있는 복수의 선행발명(또는 하나의 선행발명과 주지관용기술)을 전제로 하여, 통상의 기술자가 각 선행발명의 일부 구성요소들을 결합하여(또는 선행발명의 일부 구성요소와 주지관용기술을 결합하여) 출원발명에 이르는 것이 용이한지 여부를 판단하는 것은 적법하고도 일반적인 진보성 판단의 방법이다.

[판례] 특허법원 2003. 2. 27. 선고 2001허6735 판결

비록 발명의 설명에 종래의 기술에 비추어 진보성 있는 구성이 구체적으로 개시되어 있다고 하더라도 발명자가 그것을 청구범위로 하지 아니하고 이를 넘는 공지의 기술내용을 포함하여 포괄적으로 청구항을 구성하였다면 이는 실제로 이룬 발명보다 넓은 기술에 대하여 독점적 권리의 부여를 구하는 것이어서 부적법하고, 그와 같은 청구항은 특허 등록될 수 없다.

[판례] 대법원 1979. 3. 13. 선고 78후39 판결

무릇 어떤 제품이 개발되어 출현되는 것은 경제적 필요성이나 사회적 여건에 따른 복합적인 요인에 의하여 제작·판매되는 것으로서 반드시 제품 개발의 난이성 때문에 늦게 출현된 것이라 인정할 수 없다.

[판례] 대법원 2018. 10. 25. 선고 2017후2758 판결, 2015. 1. 22. 선고 2011후927 판결

제조방법이 기재된 물건발명의 특허요건을 판단함에 있어서 그 기술적 구성을 제조방법 자체로 한정하여 파악할 것이 아니라 제조방법의 기재를 포함하여 청구범위의 모든 기재에 의하여 특정되는 구조나 성질 등을 가지는 물건으로 파악하여 출원 전에 공지된 선행기술과 비교하여 신규성, 진보성 등이 있는지 여부를 살펴야 한다.

[분석] 물건발명의 청구범위는 특별한 사정이 없는 한 발명의 대상인 물건의 구성을 직접 특정하는 방식으로 기재하여야 하는 것이 원칙이나, 그 청구범위에 물건을 제조하는 방법이 물건의 특성에 영향을 주는 구성요소로 명확히 기재되어 등록된 경우 그 효력범위를 정하는 데 있어서는 그 물건을 제조하는 방법을 그 발명의 필수적 구성요소로 보아 그 한정된 제조방법에 의해 만들어져 그 특정된 성질이나 특성을 가지는 물건에만 효력이 미치는 것으로 해석하여야 하고, 특정된 성질이나 특성을 가지는 물건이란 일정한 형태를 가지고 있어 외관상 그 형태를 달리하는 경우뿐만 아니라, 물리적으로 그 성질을 달리하거나 화학적 분석에 의해 구별될 수 있는 경우도 포함된다.

[용어] 제법한정 물의 발명(product by process claim)이란 물건의 발명의 청구항이면서도 청구항에 기재되어 있는 하나 이상의 구성이 그것을 제조하는 방법이나 수단을 사용하여 표현된 발명을 말한다. 즉, 청구항의 말미는 물건으로 되어 있으나 그 물건의 구성을 나열하는 대신 그 물건을 얻기 위한 과정이나 방법을 서술함으로써 그 물건을 특정하는 형태의 청구항을 의미한다.

◇ 대법원 2015. 2. 12. 선고 2013후1726 판결

제조방법이 기재된 물건발명에 대한 청구범위의 해석방법은 특허침해소송이나 권리범위확인심판 등 특허침해 단계에서 그 특허발명의 권리범위에 속하는지 여부를 판단하면서도 마찬가지로 적용되어야 한다. 다만 이러한 해석방법에 의하여 도출되는 특허발명의 권리범위가 명세서의 전체적인 기재에 의하여 파악되는 발명의 실체에 비추어 지나치게 넓다는 등의 명백히 불합리한 사정이 있는 경우에는 그 권리범위를 청구범위에 기재된 제조방법의 범위 내로 한정할 수 있다.

[분석] 제법한정 물건(PBP) 청구항은 특허침해 단계에서 제조방법의 기재도 물건의 구조나 성질 등에 영향을 미치는 범위 내에서 고려하되, 특정이 안 되거나 범위가 지나치게 넓은 경우에는 제조방법도 고려한다.

[연구] 제조방법에 의하여 물건을 특정하려는 기재가 있는 경우, 그 기재는 최종적으로 얻어진 물건 자체를 의미하는 것으로 해석하여야 함이 원칙이다. 따라서 청구항에 기재된 제조방법과는 다른 방법에 의해서도 동일한 물건을 제조할 수 있고 그 물건이 공지되어 있는 경우에는 당해 청구항은 신규성이 부정된다(일본 심사실무가이드).

[분석] 방법적 형식으로 기재된 물건의 청구항에 관한 발명의 진보성 등의 판단은 다음과 같다. 방법적 형식으로 기재된 물건에 관한 청구항에 있어서 보호받고자 하는 권리는 방법이나 장치가 아니라 물건으로 해석되므로 진보성 등에 대한 판단대상은 물건이다. 따라서 진보성 판단 등에 있어 그 방법이나 장치가 특허성이 있는지 여부를 판단하는 것이 아니라 그러한 방법으로 제조된 '물건 자체'의 구성이 공지된 물건의 구성과 비교하여 진보성 등이 있는지 여부를 판단하여 특허 여부를 결정한다. 즉, 제조방법에 의해서만 물건을 특정할 수밖에 없는 등의 특별한 사정이 없는 경우에는 이러한 기재가 인정되지 않는 것이므로, 제조방법을 고려하지 않고 물건으로 특정되는 발명만을 선행기술과 비교한다.

[분석] 발명의 설명에 방법이나 장치에 관한 기재가 있고 청구항에는 상기와 같이 방법적 형식으로 기재된 물건에 관한 청구항이 있는 경우 특허출원에 있어서는 최초거절이유통지에 대응한 보정서 제출시, 실용신안등록출원의 보정시에는 물건에 관한 발명을 장치 또는 방법(실용신안의 경우 제외)의 발명으로 보정할 수 있는 데 비하여, 특허출원의 최후거절이유통지 이후의 보정에서는 물건에 관한 발명을 장치나 방법의 발명으로 보정하는 것은 카테고리가 달라지므로 인정되지 않는다. 또한 ……용(용도) 물건 등도 상기와 같이 취급한다.

[분석] 생산방법에 관한 기재는 물건에 관한 발명에 있어서 진보성을 인정할 수 있는 근거가 될 수 없다. 따라서 방법적 형식으로 기재한 물건에 관한 청구항에 있어서 보호받고자

하는 권리는 방법이나 장치가 아니라 물건 자체로 해석되므로 진보성 등에 대한 판단대상은 물건이고, 심사관은 신규성이나 진보성 판단 등에 있어 그 방법이나 장치가 특허성이 있는지 여부를 판단하는 것이 아니라 그러한 방법으로 제조된 '물건 자체'의 구성이 공지된 물건의 구성과 비교하여 진보성 등이 있는지 여부를 판단하여 특허 여부를 결정한다.

[분석] 미국의 CAFC 판결도 물건이 동일한 이상, 특허침해를 구성한다고 판시한 경우(유전자 관련 발명과 같이 제조된 물건을 구성의 형태로 표현하기 곤란한 경우)와 물건이 같다고 하더라도 제조방법이 다르므로 특허침해가 아니라고 판시한 경우(선행기술로 인하여 등록이 거절되는 것을 피하기 위하여 청구항에 방법적 기재를 한 경우)로 나뉜다.

[적용] 물의 제조방법에 따라 생산물을 특정하고자 하는 기재가 있는 경우에는 그 발명은 전체적으로 보아 물의 발명이므로 구체적인 방법에 따라 다른 의미로 해석해야 할 경우를 제외하면, 제조방법 여하에 관계없이 최종적으로 얻어진 생산물을 의미하는 것으로 해석한다. 따라서 청구항에 언급된 제조방법과는 다른 방법으로 동일한 생산물이 제조되고 그 생산물이 공지일 경우에는 해당 청구항에 관한 발명은 신규성이 부정된다.

[적용] 청구항의 기재방법과 관련하여, '……방법으로 제조된 물건', '……장치로 제조된 물건' 등 방법적인 형식으로 물건의 청구항을 기재하는 방식은 특허를 받고자 하는 물건의 구성을 적절히 기재하기 어려운 경우(신규한 물건 등)에 한하여 예외적으로 인정하며, 이와 같은 청구항은 방법, 장치, 물건으로 기재된 청구항과 1군의 발명으로 하여 1출원으로 하는 것도 허용된다. 하지만 이와 같은 형식으로 청구한 물건의 구성이 쉽게 기재할 수 있음에도 물건의 구성을 기재하지 않고 방법적으로 기재한 경우에는 물건의 구성이 기재되지 않은 것으로 하여 특허법 제42조 제4항 위반으로 간주한다.

[판례] 대법원 2006. 9. 14. 선고 2005후1264 판결, 2004. 2. 13. 선고 2003후113 판결
명세서의 발명의 설명란에 직접 기재되어 있지 아니한 고안의 효과라도 통상의 기술자가 그 발명의 설명이나 도면에 기재된 고안의 객관적 구성으로부터 쉽게 인식할 수 있는 정도의 것이라면 그 고안의 작용효과로 인정하여 진보성 판단에 참작할 수 있다.

[사례] 등록고안에 관한 등록공보의 발명의 설명란의 기재를 종합하여, 등록고안의 보호필름은 학습판의 법랑처리한 표면이 마커펜 잉크에 의하여 변색이 되는 것을 방지하도록 법랑처리한 표면에 부착하는 얇고 투명한 보호막으로서, 마커펜을 자주 사용하여 보호필름이 변색이 되더라도 법랑처리부는 변색이 되지 않을 뿐만 아니라, 보호필름이 변색이 되는 경우에는 학습판을 분해하여 새로운 보호필름으로 교체함으로써 학습판의 수명을 연장하는 효과를 달성할 수 있다(대법원 2004. 2. 13. 선고 2003후113 판결).

[사례] 만약 폐수은을 아말감화하여 투기함에 있어서 별도의 용기가 필요 없이 할 수 있을 정도로 아말감의 압축강도, 내침출성 등 제반 특성이 현저히 우수하다면 쉽사리 그 효과의 현저성을 부정할 수는 없다고 할 것이나, 출원발명의 명세서 어디에도 출원발명에 의한 폐수은 아말감이 그러한 특성을 갖는다는 기재가 없을 뿐 아니라 발명의 설명의 실험예는 모두 폐수은 대 금속분말의 혼합비가 1:1이거나 1:1.5인 경우뿐이어서 그러한 효과를 추론할 수도 없다. 따라서 출원발명이 선행발명에 비하여 효과의 현저성이 있다고 할 수 없다(특허법원 2006. 10. 13. 선고 2005허9503 판결).

[판례] 특허법원 2005. 5. 27. 선고 2004허4310 판결
고안의 진보성을 판단하기 위하여 유리한 효과를 참작함에 있어서는 명세서에 기재되어 있는 효과 및 명세서에 명시적으로 기재되어 있지는 않지만 통상의 기술자가 명세서 기재로부터 추론할 수 있는 효과만을 참작하여야 한다.

[용어] 현저한 효과에는 통상의 기술자가 예측할 수 없는 이질적 효과와 통상의 기술자가 예측할 수 없는 상승된 효과가 있다.

[연구] 선택발명의 효과 판단과 관련하여, 동질적 효과의 경우 '특별하고도 현저한 효과'의 판단방법은 다음과 같다.

① 선택발명이 화합물인 경우 선택발명의 화합물과 가장 구조적으로 유사한 선행발명의 구체적인 화합물이 비교대상이 된다.

② 선택발명의 실시태양 중 가장 낮은 효과를 갖는 것과 선행발명의 실시태양 중 가장 높은 효과를 갖는 것을 비교한다.

③ 선택발명에 포함된 모든 발명이 선행발명에 비해 현저한 효과가 있는지의 기재 여부를 판단한다. 선택발명이 마쿠쉬 타입의 발명이라도 청구항에 기재된 모든 발명이 선행발명에 비해 현저한 효과가 있다고 인정되거나 추인될 수 있어야 한다.

④ 선택발명이 의약용도 발명일 경우 약리데이터 기재가 요구되나, 공지된 의약용도발명일 경우에는 그 기재가 필수 사항은 아니다.

⑤ 공지된 의약용도의 경우 추후 실험결과의 제출로 효과의 현저성을 입증할 수 있다.

⑥ 정량적인 수치와 실험조건이 기재되어 있는가, 아니면 정성적이고 추상적인 효과만이 기재되어 있는가, 아니면 정성적 기재와 함께 실험대상물의 구체적인 특정 여부 및 실험방법과 조건이 구체적으로 제시되어 있는가를 판단한다. 정성적이고 추상적인 효과만이 기재되어 있는 경우에는 현저한 효과가 있다고 인정할 수 없다.

⑦ 추후 실험을 통해 입증된 효과를 통한 발명의 효과를 판단함에 있어서 최초출원서에 기

재된 효과인가를 판단한다. 최초출원서에 기재된 효과에 대한 정량적 자료 또는 비교실험데이터 등의 입증 자료만이 인정된다.

⑧ 추후 실험자료가 비교실험데이터이고 선택발명이 화합물인 경우 선택발명의 화합물과 가장 구조적으로 유사한 선행발명의 구체적인 화합물이 비교대상이 되어 선행발명의 가장 우수한 효과를 갖는 실시태양과 선택발명에 속하는 가장 효과가 낮은 것을 비교하고 선택발명에 포함된 모든 발명이 선행발명에 비해 현저한 효과가 있는지의 기재 여부를 판단하여 한 가지 요건이라도 만족하지 않을 경우에는 추후 실험자료를 불인정한다.

⑨ 선택발명의 효과가 수개인 경우 선행발명의 효과와 대비하여 모든 종류의 효과 면에서 현저한 차이가 있어야 하는 것이 아니라, 선택발명의 효과 중 일부라도 이에 대응하는 선행발명의 효과에 비하여 현저하다고 인정되면 충분하다.

⑩ 대비실험 자료의 경우 통상의 기술자가 선행발명과 선택발명의 명세서 대비를 통해 동질 효과의 현저성을 명확하게 알 수 있으면 충분하고, 굳이 대비 결과를 기재하여야 할 필요는 없다(유기화합물분야 심사실무가이드).

[연구] 선택발명의 효과에 대한 명세서 기재요건은 진보성뿐만 아니라 기재불비 판단시에도 다음과 같이 적용된다.

① 정량적 기재의 경우 정량적인 수치와 실험조건이 기재되어 있으면 명세서 기재요건을 갖춘 것으로 본다.

② 정성적 기재의 경우 단순히 '효과가 우수하다'와 같은 정성적이고 추상적인 기재만 있는 경우에는 효과의 기재가 불명확한 것으로 판단한다.

③ 정성적 기재와 함께 실험대상물이 다수인 경우 실험대상물을 구체적으로 특정하고 실험방법과 조건을 구체적으로 제시하며 이러한 효과로 인하여 선행발명으로는 해결하지 못한 과제를 해결할 수 있음이 기재되어 있는 경우, 정량적 기재가 없더라도 통상의 기술자가 이러한 기재를 통하여 선행발명의 효과보다 양적으로 현저하게 우수하다는 점을 예측할 수 있다면 효과의 기재가 명확하다고 볼 수 있다.

④ 대비실험 자료의 경우 정량적인 대비실험 자료가 기재되어 있지 않아도 기재불비는 아니다.

⑤ 선택발명의 효과가 수개인 경우 선택발명의 효과 중 어느 하나의 효과라도 명세서 기재요건 및 효과의 현저성이 충족되는 경우 실시가능성도 충족되므로 기재요건을 만족한다.

⑥ 모든 발명에 대한 효과 기재는 선택발명에 포함된 모든 발명에 대한 현저한 효과가 있다고 인정되거나 추인될 수 있어야 하며 그렇지 아니한 경우에는 기재불비에 해당한다.

⑦ 선택발명이 의약용도 발명일 경우 약리데이터 기재가 요구되며, 공지된 의약용도 발명일 경우에는 그 기재가 필수 사항은 아니다.

⑧ 추후 입증자료는 진보성 판단의 자료일 뿐 명세서 기재불비 여부 판단은 최초명세서에 기재된 사항에 의하여 판단한다(유기화합물분야 심사실무가이드).

[판례] 특허법원 2008. 1. 18. 선고 2006허6303,8330 판결

특허발명이 선행발명에 비하여 현저한 효과가 있는지 여부를 판단함에 있어서, 명세서에 기재되어 있지 아니하거나 통상의 기술자가 명세서 기재로부터 예측할 수 있는 효과가 아닌 것은 고려할 수 없다.

◇ 특허법원 2007. 8. 23. 선고 2006허8958 판결

특허발명의 명세서 중 발명의 설명에 기재되어 있지 아니한 작용효과는 원칙적으로 발명의 진보성 판단에 있어서 이를 고려할 수 없고, 다만 특허발명의 작용효과가 발명의 설명에 기재되어 있지 아니하더라도 통상의 기술자가 발명의 설명의 기재로부터 그 효과를 추론할 수 있는 경우에는 진보성 판단에 있어서 이를 고려할 수 있다.

◇ 특허법원 2004. 2. 13. 선고 2003허2072 판결

출원발명은 선행발명의 상위개념에 포함되는 하위개념을 구성요건으로 하는 발명에 해당되므로, 선택발명에 해당한다.

[사례] 출원발명의 출원 전에 공지된 화합물에 대하여 일부를 선택하여 특허출원하는 선택발명에 있어서는 그 선택된 공지 화합물이 선행발명에 비하여 예측할 수 없는 현저한 효과를 갖는 경우에 그 진보성이 인정되는 것이므로, 단지 어느 군의 화합물이 선행발명에 비하여 현저한 효과가 있다는 정도의 추상적인 기재와 그 화합물 중 일부에 대한 구체적, 객관적으로 특정된 수치에 의한 기재만으로는, 청구범위의 기재형식과는 관계없이 당해 출원발명에서 청구하고 있는 모든 화합물에 대한 현저한 효과가 기재되었다고 할 수 없다(특허법원 2002. 9. 13. 선고 2001허997 판결).

[분석] 모든 발명에 대한 효과 기재는 선택발명에 포함된 모든 발명에 대한 현저한 효과가 있다고 인정되거나 추인될 수 있어야 하며 그렇지 아니한 경우에는 기재불비에 해당한다.

◇ 특허법원 2019. 3. 29. 선고 2018허2717 판결

선행발명에서 특허발명을 배제하는 부정적 교시 또는 시사가 있는 경우이거나, 특허출원 당시의 기술수준에 비추어 상위개념의 선행발명을 파악할 수 있는 선행문헌에 선행발명의 상위개념으로 일반화하여 당해 특허발명의 하위개념까지 확장할 수 있는 내용이 개시되어 있지 않는 경우는 통상의 기술자가 선행발명에 개시된 상위개념에 포함되는 위 특허발명이 동일한 목적을 달성하기 위한 수단으로 동등하게 적합한 것이라고 예상할 수 없다. 따라서 선행발명에서 기술적 의의를 밝힌 하위개념과 공통되는 특성을 가질 것이라고 예상할 수 없는 하위개념인 위 특허발명에까지 선행발명의 내용을 확장할 수 없으므로, 이러한 경우는 선택발명의 진보성 판단에 있어 엄격한 특허요건이 완화되어야 한다. 즉, 새로운 발명으로 취급하여 원칙으로 돌아가 일반적인 발명과 같이 진보성을 판단할 필요가 있고, 효과에 대한 명세서 기재 요건이 완화될 필요가 있다.

[판례] 대법원 1992. 4. 14. 선고 91후929 판결, 1989. 5. 23. 선고 86후90 판결

특허출원된 발명이 산업상 이용할 수 있는 신규성이 있는 기술이라 할지라도 그것이 기존의 기술로부터 쉽게 발명할 수 있는 창작일 때에는 진보성을 결여한 것으로 보아야 하고, 이와 같은 진보성의 유무는 출원된 기술의 작용효과가 선행기술의 작용효과에 비하여 현저하게 향상 진보된 것인가의 여부에 의하여 판단하여야 한다.

[판례] 대법원 2017. 1. 19. 선고 2013후37 판결

특허발명의 신규성 또는 진보성 판단과 관련하여 해당 특허발명의 구성요소가 출원 전에 공지된 것인지는 사실인정의 문제이고, 그 공지사실에 관한 증명책임은 신규성 또는 진보성이 부정된다고 주장하는 당사자에게 있다.

◇ 대법원 2017. 1. 19. 선고 2013후37 판결

명세서의 전체적인 기재와 출원경과를 종합적으로 고려하여 출원인이 일정한 구성요소는 단순히 배경기술 또는 종래기술인 정도를 넘어서 공지기술이라는 취지로 청구범위의 전제부에 기재하였음을 인정할 수 있는 경우에만 별도의 증거 없이도 전제부 기재 구성요소를 출원 전 공지된 것이라고 사실상 추정함이 타당하다.

◇ 대법원 2017. 1. 19. 선고 2013후37 판결

전제부 기재 구성요소가 출원 전 공지된 것이라는 사실상 추정이 절대적인 것은 아니므로 출원인이 실제로는 출원 당시 아직 공개되지 아니한 선출원발명이나 출원인의 회사 내부에만 알려져 있었던 기술을 착오로 공지된 것으로 잘못 기재하였음이 밝혀지는 경우와 같이 특별한 사정이 있는 때에는 추정이 번복될 수 있다.

◇ 대법원 2017. 1. 19. 선고 2013후37 판결

명세서에 배경기술 또는 종래기술로 기재되어 있다고 하여 그 자체로 공지기술로 볼 수도 없다.

◇ **대법원 1996. 7. 30. 선고 95후743 판결**

출원발명에서 전제되는 내용이 선행발명과 공통된다고 하여 곧바로 출원발명이 선행발명과 동일하다거나 선행발명에 비하여 진보성이 없다고 할 수는 없는 것이다.

[판례] 대법원 2017. 1. 19. 선고 2013후37 판결

명세서의 전체적인 기재와 출원경과를 종합적으로 고려하여 출원인이 일정한 구성요소는 단순히 배경기술 또는 종래기술인 정도를 넘어서 공지기술이라는 취지로 청구범위의 전제부에 기재하였음을 인정할 수 있는 경우에만 별도의 증거 없이도 전제부 기재 구성요소를 출원 전 공지된 것이라고 사실상 추정함이 타당하다. 그러나 이러한 추정이 절대적인 것은 아니므로 출원인이 실제로는 출원 당시 아직 공개되지 아니한 선출원발명이나 출원인의 회사 내부에만 알려져 있었던 기술을 착오로 공지된 것으로 잘못 기재하였음이 밝혀지는 경우와 같이 특별한 사정이 있는 때에는 추정이 번복될 수 있다.

◇ **특허법원 2007. 10. 5. 선고 2007허869 판결, 2007. 10. 5. 선고 2007허2469 판결**

출원인이 공지의 기술 부분을 전제부로, 새로이 창안한 기술 부분을 특징부로 나누어 청구범위를 기재한 경우에, 출원인이 출원과정에서 선행기술과의 관계에서 신규성 및 진보성 결여의 거절이유를 극복하기 위하여, 구성요소 중 일부를 전제부로 돌리는 방법에 의하여 전제부에 대하여는 권리의 보호범위로 주장하지 않겠다는 의사를 분명히 한 때에는, 특징부를 포함하지 않고 단지 전제부만으로 구성된 기술, 특히 상위개념 또는 다양한 실시예를 포함할 수 있는 구성요소를 전제부로 돌리고, 특징부에서 당해 구성요소를 더욱 한정하여 다양한 실시예 중 일부만을 선택하여 기재한 경우에 있어서 특징부에는 해당하지 않고 전제부에만 해당하는 균등한 구성요소를 포함하는 기술의 실시에 대하여는 자신의 권리를 주장하지 않겠다는 의사로 볼 수 있다.

◇ **특허법원 2007. 10. 5. 선고 2007허869 판결, 2007. 10. 5. 선고 2007허2469 판결**

출원된 고안이 선행기술에 비하여 신규성 또는 진보성이 있는지를 판단함에 있어서 어떠한 구성요소가 출원 전에 공지된 것인지 여부는 사실관계의 문제로서 고안의 청구범위의 기재 형식에 따라 역사적 사실관계가 확정되는 것은 아니며, 권리의 보호범위로부터 제외한다는 의사가 있다고 하여 반드시 이를 공지의 기술로 인정한다는 취지로 볼 수도 없다. 더욱이 공지된 구성요소가 포함되어 있다 하더라도, 고안의 신규성 또는 진보성을 판단함에 있어서는, 공지된 구성요소를 포함한 유기적 일체로서의 고안 전체의 기술사상이 비교대상이 되는 선행기술과의 관계에서 신규성 내지 진보성이 인정될 수 있는지를 파악하여야 하는 것이어서, 그 중 공지된 구성요소를 제외한 나머지 구성요소만으로 선행기술과 대비할 수는 없는 것이다.

[분석] 청구범위에 '공지의'라고 기재되어 있다고 하여 이를 공지된 구성요소로 볼 수는 없고, 비록 등록고안의 권리자가 출원과정에서 그 부분을 보호범위로부터 제외하고 있더라도, 신규성 또는 진보성을 판단함에 있어서는 선행기술과의 대비대상에서 이를 제외할 수 없다.

[연구] 대부분의 판결은 청구범위의 전제부 또는 특징부의 어느 곳에 기재되어 있는지 여부에 관계없이 특허발명의 필수구성요소로 보고 있다(특허법원 2005. 3. 31. 선고 2004허4518 판결).

[판례] 대법원 1998. 4. 24. 선고 96후2364 판결

출원발명의 요지가 그 전제부 아닌 특징부에 있는 이상, 출원발명의 전제부의 구성요소가 선행발명의 그것과 동일하다 하여 출원발명의 진보성을 부정할 것은 아니라 할 것이고, 출원발명의 특징부인 '유체에 원심가속력을 부과하는 수단을 포함하는 중공디스크'는 현저하게 상승된 냉각효과를 얻을 목적으로 유체에 넓은 열전달 면적과 빠른 속도를 주기 위하여 적층판과 접촉하도록 배치되고 그 내부의 유체 자체에 원심가속력을 부과하는 수단을 포함하도록 구성되어 있음에 비하여, 선행발명에 있어서 임펠러는 단순히 중공축을 통과한 후 구멍으로 배출되는 유체에 보다 큰 원심력을 주기 위하여 구멍의 길이를 연장하여 주고 브래킷은 프레임과 함께 중공축을 지지하는 케이스로서의 역할만 할 뿐임을 알 수 있으므로, 출원발명의 중공 디스크가 선행발명의 임펠러, 브래킷과 그 기술적 구성이 유사하다거나 작용효과에 있어서 차이가 없다고 할 수는 없다.

[판례] 특허법원 2006. 6. 16. 선고 2005허7002 판결

선행발명 1은 제2항 발명에서 정한 광원배열방법에 따른 경우의 수 모두는 아니더라도 그 중 일부를 명확히 나타내고 있으므로, 선행발명 1에 의해 위와 같이 공지된 방식을 포함한 더 넓은 범위를 청구범위로 하는 제2항 발명의 광원배열방법에 관한 구성은 선행발명 1에 비해 구성의 특이성 내지 곤란성이 인정되지 않는다.

[분석] 특허발명의 청구범위가 선행발명의 청구범위보다 더 넓은 경우에는 특허발명은 선행발명에 비해 구성의 특이성이 없어 그 등록이 무효로 되어야 한다.

[판례] 특허법원 2006. 6. 15. 선고 2005허8821 판결

선행발명이 출원인 자신의 출원발명이라고 하더라도 타인이 출원한 발명과 마찬가지로 진보성 판단의 기초로 삼을 수 있다.

5.3.2. 진보성 판단의 유형

(1) 공지기술을 단순한 결합의 경우

종래의 공지기술을 2개 이상 단순히 모았을 뿐 그 상호간에 특별한 관련성이 없으며 모음으로 인한 특별한 효과가 인정되지 아니하는 발명은 공지기술의 단순한 결합으로서 진보성이 없는 것으로 본다.

[용어] 단순한 결합을 주합(奏合, aggregation) 또는 수집이라고도 하는데, 이는 A, B 2개의 요소를 조합하여 발명을 완성함에 있어 그 발명이 A 및 B의 원래의 효과를 단순히 플러스 한 것과 같은 경우로써 단순한 조합에 불과한 것으로, 진보성이 인정되지 않는다. 반면에 A, B 2개의 요소를 결부한 것에 특수한 효과가 있는 경우에는 결합(combination)이라고 하여 진보성이 인정되는 것이 일반적이다.

[분석] 주합은 복수개의 구성요건 각각이 자기의 독자적인 기능을 하고 있을 뿐, 이들 구성요건의 결합 후에도 상호간에 어떠한 영향을 끼치거나 상호작용이 없는 상태의 결합이다. 따라서 단지 보통의 접합수단으로 각 구성요소들을 나열하거나 결합함으로써 단순한 편리함만을 제공할 뿐인 결합이다. 이에 비해 결합은 각 구성요소의 결합으로 상호조정, 상호작용을 특징 또는 목적으로 하여 발명의 목적을 제대로 수행하도록 결합된 것이다. 조합발명은 공지기술을 이용한 상호간에 상호작용을 하는 것으로서 진보성이 인정된다.

[분석] 특허발명이 선행발명들의 '주합발명'에 해당되는 경우에는 그 자체로 진보성이 없는 것이고, 그 외 특허발명이 수집·종합 발명, 결합발명 및 조합발명으로서 발명에 포함된 각 구성요소간의 결합관계를 따져 선행하는 공지 공용의 기존기술과 비교한 결과 구성의 곤란성 및 새로운 상승효과가 없어 진보성이 부정되는 경우에는 특허발명은 '단순한 수집·종합 발명', '단순한 결합발명' 및 '단순한 조합발명'에 해당되어 '주합발명'과 마찬가지로 진보성이 없다.

[사례] 출원발명이, 당액을 카르본산 양이온 교환수지를 통과시킨 다음 제4급 암모늄의 염소 음이온 교환수지를 통과시킨 당액의 탈염과 탈색을 순차로 시킨 당액의 정제법인 경우, 카르본산 양이온 교환수지를 당액의 탈염에 이용하는 것과 제4급 암모늄의 염소이온 교환수지가 당액의 탈색에 효과가 있다는 것은 각각 공지이므로 출원발명은 이들 공지기술의 단

순한 결합으로써 진보성이 없는 것으로 본다.

[사례] 출원발명이, 소시지의 제조에 있어서 100mesh 이하인 대두분말을 30분 이내에 증기 가열시킨 것을 원료육에 혼합시키고 통상의 방법에 의하여 소시지를 제조하여 대두분말 혼합에 의한 정미감과 대두취가 없고 더욱이 제조 중에 암모니아가 발생하지 아니하는 제품을 제조하는 방법인 경우, 대두분말의 입도가 100mesh 이상이면 혀의 촉감이 나쁘다는 것과 대두취는 증기 가열에 의하여 제거되며 대두 중의 유리아제를 5~30분간 증기 가열로 파괴시키는 것이 각각 공지인 경우에는 출원발명은 이들의 공지기술의 단순한 결합으로써 진보성이 없는 것으로 본다.

[사례] 출원발명이, 쌀을 비타민 B의 수용액에 침지시키고 건조시킨 다음 젤라틴 액에 침지시켜 쌀의 표면에 젤라틴피막을 형성시켜서 쌀을 씻을 때 비타민 B가 용출되는 것을 방지하는 방법인 경우, 비타민 B 수용액에 쌀을 침지 건조시키는 강화미의 제조수단과 쌀의 표면에 젤라틴과 같은 식용에 적합한 형질의 피막을 형성시켜서 쌀을 씻을 때에 쌀의 수용성 유효성분이 유실되는 것을 방지하는 수단이 각각 공지인 경우에는 출원발명은 이들 공지기술의 용이한 결합으로써 진보성이 없는 것으로 본다.

[사례] 출원발명은, 물 2ℓ당 -70℃에서 24시간 동결하고, 동결 건조기 플레이트 온도를 40℃, 진공도 5~10micronsHg로 하여 24시간 진공건조하여 제조된 동결 건조밥 160g과 엿기름 20g을 60~100메쉬로 분쇄한 것과 160g의 설탕을 각각 별도로 포장하여 구성된 가정용 간편식 식혜재료세트이고, 선행발명 1은, 증자한 쌀에 아밀라제를 작용시켜 당화시키고 동결 건조하여 건조밥알을 만드는 동결 건조밥의 제조공정, 미리 당화시킨 맥아침출액에 적당한 당류를 혼합, 분무 건조에 의해 미립화를 행한 후 용해성이 큰 설탕 등과 혼합함으로써 맥아침출액 분말과 설탕의 혼합분말을 만드는 공정 및 동결 건조밥과 혼합분말을 섞어 포장하는 공정의 3공정으로 이루어지는 즉석 식혜의 제조방법이며, 선행발명 2는, 식혜밥을 건조시켜 만든 식혜밥과 엿기름을 넣은 종이봉지를 동시에 물에 넣어 추출과 당화를 동시에 하는 것을 특징으로 하는 즉석 식혜의 제조방법인 경우, 출원발명은 가정용 간편식 식혜재료세트에 관한 것으로 동결 건조밥 160g과 엿기름 20g을 60~100메쉬로 분쇄한 것과 160g의 설탕을 각각 별도로 포장하여 구성된 것이고, 선행발명 2에 식혜밥과 엿기름을 넣은 종이봉지를 동시에 물에 넣어 추출과 당화를 동시에 함으로써 즉석 식혜를 제조하는 방법이 공지되어 있어 출원발명과 선행발명 2는 즉석 식혜의 원료로 식혜밥과 엿기름을 사용하는 점이 동일하고, 다만 출원발명은 동결 건조밥을 사용하는 데 비하여 선행발명 2는 건조에 의한 식혜밥을 사용하는 점에서 차이가 있고, 또 설탕을 추가로 포함하는 점에서 차이가 있다. 그러나 선행발명 1에는 즉석 식혜의 원료로 동결 건조밥을 사용하는 기술이 공지되어 있고 선행발명 2의 건조 식혜밥을 선행발명 1의 동

결 건조밥으로 치환하는 것은 특별한 어려움 없이 쉽게 생각해낼 수 있는 것으로 인정되고, 또한 설탕은 당도를 조절하기 위한 것으로 당도가 약한 경우 설탕을 가함으로써 당도를 적당하게 조절하는 것은 통상의 기술자라면 누구라도 쉽게 생각해낼 수 있는 정도의 것이므로 설탕을 추가로 포함하는 것 역시 구성의 곤란성이 인정되지 않는다. 나아가 출원발명은 동결 건조밥을 제조하기 위한 온도 및 시간 등의 조건이 특정되어 있으나 이러한 조건은 동결 건조에서 일반적으로 채택되는 주지관용의 것이고 그로 인한 특별한 효과상의 차이도 없다. 또한 출원발명은 일반 시중에 유통되고 있는 대부분의 식혜와 달리 맥아당, 올리고당 등의 기능성 성분이 풍부한 효과가 있다고 기재되어 있으나 선행발명 2 역시 식혜의 원료인 식혜밥과 엿기름을 물에 넣어 동시에 추출과 당화를 하는 것이고, 선행발명 1에 식혜의 원료로써 동결 건조밥을 사용하는 기술이 알려져 있으므로 출원발명의 효과는 선행발명의 결합에 의해 쉽게 예상할 수 있다(특허심판원 2001. 12. 28.자 2000원2488 심결).

[사례] 출원발명은, 브로콜리 채소를 마쇄하여 pH 6.5~7.5로 조절한 후 18~30℃에서 30분~1시간 방치하는 단계를 포함하는 기능성 음료의 제조방법이고, 선행발명 1에는, 브로콜리에 설포라페인이 많이 함유되어 있다는 기재가 있으며, 선행발명 2에는, 엽록소를 안정화시키기 위하여 비타민 E를 녹색 야채즙에 첨가한다는 기재가 있는 경우, 출원발명은 항발암 해독작용이 있는 설포라페인 성분을 다량 함유하고 있는 것으로 알려진 브로콜리로부터 설포라페인의 생성량을 증대시키고 안정화시킬 수 있는 브로콜리 채소를 원료로 하는 기능성 음료의 제조방법을 제공하는 것이나 선행발명 1은 브로콜리에 설포라페인이 많이 함유되어 있다는 사실이 기재되어 있고, 선행발명 2는 야채쥬스의 색조열화를 방지하는 기술을 제공하고자 하는 것이어서 목적이 상이하다. 출원발명은 특정의 pH로 조절하고 특정의 온도 및 시간에서 방치하는 것을 특징으로 하는 데 비해 선행발명 1에는 그와 같은 구성에 대하여는 전혀 기재된 바 없고, 선행발명 2는 녹색야채를 마쇄하기 전 또는 마쇄하는 동안 적량의 비타민 E를 첨가함을 특징으로 하는 것이어서 출원발명과 같은 기술적 구성은 찾아볼 수 없다. 출원발명은 설포라페인 함량의 증가를 얻을 수 있는 데 비해 선행발명에는 그와 같은 효과에 대하여는 전혀 기재되어 있지 않다(특허심판원 2002. 5. 31.자 2001원335 심결).

[사례] 출원발명은, 이소플라본, 리그난, 사포닌, 카테킨 및 페놀산으로 이루어진 그룹으로부터 선택된 둘 이상의 식물화학물질이 풍부한, 식물물질로부터 추출된 조성물을 포함하는 경구용 제품이고, 선행발명 1은, 이소플라본과 리그난을 많이 포함하고 있는 콩, 아마와 같은 식물의 혼합물을 유효성분으로 하는 조성물이며, 선행발명 2는, 콩으로부터 추출되고 이소플라본, 사포닌 등이 풍부한 당밀을 유효성분으로 하는 조성물 및 수성 알콜을 이용하여 콩으로부터 당밀을 추출하는 방법인 경우, 출원발명과 선행발명 1은 모두 식물성분을 건강증진의 용도로 식품에 이용하고자 하는 것이므로 목적이 동일하다. 출원발명과 선행발명 1은 모두 유효성분으

로서 식물로부터 유래된 이소플라본과 리그난을 포함하고, 영양보충제 또는 식품첨가제로서 경구용 제품으로 사용되는 점에서 구성이 동일하다. 다만, 출원발명의 이소플라본과 리그난은 식물로부터 추출된 것이나, 선행발명 1은 이소플라본과 리그난이 다량 포함되어 있는 식물성분의 혼합물이라는 점에서 차이가 있으나, 출원발명의 설명에는 그 출원 전부터 생리활성물질로서 이소플라본과 리그난이 가진 고유의 효과 및 식물로부터 이소플라본과 리그난을 추출하는 방법은 모두 공지되어 있는 것이어서, 식물로부터 이소플라본과 리그난을 추출하여 동일 용도(영양보충제 또는 식품첨가제)에 그대로 이용하는 것에 구성의 곤란성이 있다고는 볼 수 없다. 나아가 출원발명의 설명에는 식물에 포함되어 있는 이소플라본과 리그난을 추출함으로써 생리활성물질로서 이미 공지되어 있는 이소플라본과 리그난이 가진 효과 이외의 새로운 효과 및 식물로부터 추출된 이소플라본과 리그난을 병용 섭취함으로 인해 나타나는 상승효과에 대한 기재는 전혀 없고 다만, 생리활성물질로서 공지되어 있는 이소플라본과 리그난 각각이 가진 고유의 효과만이 기재되어 있을 뿐이어서 출원발명의 효과는 각각의 구성성분이 가진 효과의 단순한 총합 이상의 새로운 효과가 있다고는 보여지지 아니하며, 양 발명의 유효성분이 동일한 이상, 출원발명의 이소플라본과 리그난이 추출된 것이라고 해서 선행발명으로부터 예측할 수 없는 현저한 상승효과가 있다고도 볼 수 없다(특허심판원 2003. 2. 28.자 2002원139 심결).

[사례] 출원발명은, 호박, 보리, 콩의 원료를 세척하여 이물질을 제거한 후 자숙솥에 넣어 100℃로 3~4시간 가열시키고 호박액 15중량%, 보리가루 20중량%, 메주가루 60중량%를 골고루 잘 혼합한 후 고추씨가루 5중량%와 식염을 첨가하여 염도를 25~35% 정도로 조절한 다음 혼합된 원료를 항아리에 넣어 0~45℃에서 3~6개월 정도 숙성시켜 제조하는 것을 특징으로 하는 호박 보리된장의 제조방법이고, 선행발명 1은, 호박을 씨와 껍질을 제거하여 삶아서 액상화한 것이거나 호박고지로 하여 분쇄하여 분말화한 원료호박을 25~50%, 콩 익힌 것 25~30%, 코오지 25%, 소금 15~20% 비율로 배합하여 상온에서 1~3개월 또는 1년 동안 숙성하여 호박 특유의 향취와 맛을 가지며 한방치료용 효과도 겸할 수 있도록 하는 효과를 갖는 호박된장의 제조방법이며, 선행발명 2는, 천마 분말 또는 천마 과즙에 대두, 쌀, 보리, 밀 또는 탈지 대두 등을 주원료로 하여 식염, 종국을 섞어 제국하고 발효, 숙성시킨 것 또는 천마 과즙이나 천마 분말에 콩을 주원료로 첨가하여 메주를 만들고, 이를 식염수 중에 담가 발효시키고 여액을 분리하여 가공한, 천마를 특정 성분으로 함유한 천마된장의 제조방법인 경우, 출원발명은 호박, 보리를 주원료로 하여 농약의 오염도가 없는 무공해 호박 보리된장을 제조하기 위하여 호박, 보리 및 콩을 된장의 원료로 하여 자숙, 혼합, 숙성 등의 공정에 의하여 된장을 제조하는 것으로, 자숙, 혼합, 숙성 등의 공정은 된장 제조에서 통상적으로 사용하는 주지관용기술로서 특이성이 없으므로 결국 된장의 원료로 호박, 보리 및 콩을 사용한 점에 특징이 있다. 선행발명 1은 호박된장의 제조방법에 관한 것으로 된장을 제조하기 위한 원료로 액상화 또는 분말화 호박을 콩과 함께 사용하는 기술을 개시하고 있어 출원발명에서 콩 이외에 호박액을 된장의

원료로 사용하는 기술은 공지된 것이고, 선행발명 2는 천마 함유 가공식품의 제조방법에 관한 것으로 천마 함유 된장으로부터 엑기스를 추출하여 이를 가공하여 건강보조식품으로 제조하는 기술에 관한 것이어서 발명의 전체적인 기술사상은 출원발명과 상이하나 명세서의 실시예에 된장 제조공정에서 된장의 원료로서 대두, 쌀, 탈지 대두 외에 보리를 주원료로 사용하는 기술이 기재되어 있어 된장의 원료로 보리를 사용하는 기술도 공지된 것이다. 그렇다면 출원발명의 특징인 된장의 원료로 호박, 보리 및 콩을 사용하는 기술은 선행발명들에 의하여 각각 공지된 것이고, 통상의 기술자라면 위 선행발명들을 결합함으로써 쉽게 출원발명을 생각해낼 수 있다(특허심판원 2002. 9. 30.자 2001원1439 심결).

[사례] 출원발명은, 팥을 물에 담궈 불린 후 푹 삶아 미세하게 분쇄하여 완전히 건조를 시킨 후 이것을 다시 미세하게 분쇄하여 만든 팥 분말이고, 선행발명 1은, 자숙하여 미쇄분쇄한 팥소와 80~100메쉬의 크기로 분쇄한 찹쌀가루를 팥 삶은 물에 분산, 혼합시키고 설탕과 소금으로 조미한 후 가열하면서 혼합물의 온도가 90~100℃에 이르렀을 때 당침한 밤과 반숙한 통팥을 혼합하고 레토르트 파우치에 충전, 밀봉하여 115~120℃의 가압가열살균기에서 20~40분간 열처리함을 특징으로 하는 즉석 단팥죽이며, 선행발명 2는, 건 호박죽, 건 미숫가루, 건 분말팥죽 등을 렙 포장하여 필요에 따라 먹을 수 있도록 한 건 분말식품의 포장인 경우, 출원발명에서 미분쇄된 팥을 건조시킨 후에 다시 미분쇄하는 공정을 추가한 것은 식음을 좋게 하기 위하여 동일기술을 단순히 재차 반복한 것에 불과한 것으로써 명세서의 어디에도 이러한 미분쇄를 반복함에 따른 특별한 효과나 기술적 의의에 대한 사항이 기재되어 있지 아니하므로 이를 채용함에 있어 기술구성의 곤란성은 인정되지 아니하며, 즉석에서 먹을 수 있는 간편식품을 제공한다는 점에서 목적 및 효과도 동일하다(특허심판원 2004. 5. 3.자 2002원4280 심결).

[사례] 출원발명은, 찌개나 국의 재료인 김치, 마늘, 생강, 고춧가루, 파 등의 양념과, 돼지고기 또는 멸치 등을 소비자의 기호에 맞게 투입하여 통상의 국이나 찌개를 제조하는 공정과, 상기 국이나 찌개를 비닐포장지의 일부에 넣어 고주파 진공포장하는 1차 진공포장공정과, 상기와 같이 고주파 진공포장하여 비닐봉지 중간을 밀폐시킨 다음, 중간에 밀폐된 부분을 이용하여 준비된 밥이나 볶음밥 또는 비빔밥에서 선택된 밥 종류를 투입시켜 나머지 부분을 진공처리하는 동시에 고주파를 가하여 포장하는 2차 진공포장공정으로 구성된 즉석 한국음식의 제조방법이고, 선행발명 1은, 면류, 밥, 속재료, 수프 등의 음식재료를 90~95℃ 정도에 용해되는 가식성 가용 필름에 개별 포장하여 통상의 포장봉지 또는 포장용기에 넣어 0~5℃ 정도의 저온에서 유통 가능한 상태로 포장하고 온수 또는 전자렌지에 의한 가열조리방법으로 간편하고 신선한 음식재료를 공급하는 것을 특징으로 하는 가식성 필름에 재료를 구분하여 포장한 가공식품이며, 선행발명 2는, 육수에 주재료인 김치와 돼지고기를 넣고 마늘과 생강, 고춧가루, 파 등의 양념을 투입하여 통상의 김치찌개 재료를 만드는 공정과, 이 김치찌개 재료를 비닐포장대에 담

는 공정과 김치찌개 재료가 담겨진 비닐포장대를 경사면에 놓고 진공처리하는 동시에 고주파를 가하여 포장하는 진공포장공정과, 진공포장된 김치찌개 재료를 70~80℃의 열로 3시간 동안 가열처리하여 완숙시키는 공정으로 된 포장 가능한 김치찌개의 가공방법인 경우, 양 발명은 필요한 음식재료나 국 또는 밥을 진공포장하여 즉석에서 먹을 수 있도록 한다는 점에서 목적이 동일하고, 진공포장공정과 가열공정을 모두 포함하고 있다는 점에서는 기본적 기술구성이 동일하고 다만, 출원발명이 가열 조리 후 포장한다는 점에서 선행발명과 차이가 있기는 하나 이는 단순 설계변경에 해당하여 구성의 곤란성이 인정되지 아니하며, 모두 하나의 포장용지에 음식재료가 진공포장되어 있어 즉석에서 데워먹을 수 있다는 점에서 효과도 동일하다(특허심판원 2004. 7. 1.자 2003원2632 심결).

[사례] 출원발명은, 갈치와 강치살을 혼합한 생선살, 물, 소맥분, 조미료 등을 혼합하여 30분간 분쇄한 후 압출기에 넣어 성형틀의 모양에 따른 다양한 형상의 생선국수면을 만들어 175~185℃의 식용유에서 30초간 튀긴 다음, 국수의 수분함량이 66.7%가 되도록 하여 이를 환풍실에서 송풍기에 의하여 3℃로 3시간 정도 냉각 처리한 후 폴리에틸렌 포장지에 포장하는 것을 특징으로 하는 생선살과 소맥분을 혼합하여 성형틀에 따른 여러 형태의 국수면 제조방법이고, 선행발명 1은, 생선살을 소맥분과 혼합 분쇄하여 국수를 제조하는 방법이며, 선행발명 2는, 삼각형 모양의 국수 제조방법인 경우, 출원발명이 요지인 생선살을 소맥분에 혼합하여 국수를 제조하는 방법은 선행발명 1에 공지되어 있고, 출원발명의 명세서에 의하더라도 생선의 종류를 갈치와 강치로 하는 것이 다른 생선을 재료로 하는 것과는 다른 특별한 작용효과가 있다는 기재가 없어 이 점도 선행발명 1로부터 통상의 기술자가 쉽게 도출해 낼 수 있는 정도에 불과하며, 제조한 국수를 식용유에 튀긴 후 냉각 포장하는 것은 라면을 비롯한 각종 국수류를 제조할 때 널리 사용되는 방법이고, 선행발명 2에 의하여 삼각형 모양의 국수 제조방법이 공지되어 있을 뿐만 아니라, 국수를 삼각형이나 사각형 또는 다이아몬드 형상 등의 다양한 형태로 만든다고 하더라도 그러한 형태의 변화로 말미암아 발생하는 현저한 작용효과가 있는 것도 아니고, 이러한 형태 자체가 생선살로 국수를 제조하는 기술과 서로 유기적으로 결합된 기술도 아니어서 이러한 점은 기술적 사상의 창작으로서 고도한 것이 아니므로, 특허의 대상이 되는 발명이 될 수 없다 할 것이어서, 결국 출원발명은 위와 같은 공지의 기술을 주합함으로써 통상의 기술자가 쉽게 도출해 낼 수 있는 것이고, 새로운 기술적 방법을 추가하여 공지의 선행기술로부터 예측되는 효과 이상의 새로운 각별한 상승효과가 있는 것도 아니어서 출원발명에는 진보성이 인정되지 않는다(대법원 1997. 6. 24. 선고 96후2012 판결).

[사례] 출원발명은, 대두분과 식용유를 물과 혼합 교반하여 유화 에멀젼을 형성하고 어육 또는 축육을 분쇄하여 식염과 조미료로 조미한 것을 혼합하여 식용유로 튀기는 것을 특징으로 하는 식물성 단백질과 동물성 단백질을 혼합한 식품의 제조방법이고, 선행발명은, 대두분, 곡분 및

야채가루와 어류 등 동물성 단백질을 혼합한 식품의 제조방법인 경우, 출원발명의 식품 제조방법은 그 명세서에 기재된 것과 같이 어묵 등을 제조하는 공정과 동일하고 다만, 콩가루를 더 첨가하여 제조하는 점에서 차이가 있으나, 콩가루와 동물성 단백질을 혼합하여 식품을 제조하는 것은 이미 선행발명에 의하여 공지되어 있음을 알 수 있어 출원발명은 콩 단백질과 동물성 단백질을 이용하는 선행발명에 공연히 실시하고 있는 어묵 제조기술을 단순히 주합한 것에 불과하고, 그로 인한 현저한 작용효과가 있는 것도 아니며, 한편 콩가루와 식용유, 물을 혼합하기 위하여 교반을 하면 당연히 에멀젼이 형성되므로 이 또한 출원발명의 독특한 기술로는 인정되지 아니하므로 결국 출원발명은 선행발명으로부터 통상의 기술자가 쉽게 발명할 수 있는 것에 불과하다(대법원 1997. 11. 28. 선고 97후341 판결).

[사례] 출원발명은 선행발명에 비해 잼의 재료로서 꾸지뽕 열매 외에 잎을 더 혼합하는 점에서 차이가 있고, 출원발명은 설탕 성분으로 Gelierzucker(잼설탕)를 사용하는데 반해, 선행발명은 보통의 설탕을 사용하는 점에 차이가 있다. 그런데 출원발명의 명세서에는 잼의 재료로서 꾸지뽕 열매 외에 잎을 더 혼합하는 것과 관련하여 어떠한 기술적 이유나 작용효과에 대한 기재도 존재하지 아니할 뿐만 아니라, 선행발명에 '꾸지뽕은 열매도 잎도 좋다'라고 기재된 바와 같이, 꾸지뽕 잎이 식용이 가능하고 기능성 효과가 있음은 이미 널리 알려진 사실이므로, 통상의 기술자가 잼의 재료로서 꾸지뽕 열매에 추가하여 그 잎을 분말 등의 형태로 혼합하는 것은 선호도에 따라 적절히 선택될 수 있는 구성에 불과할 뿐 통상의 창작능력을 넘는 정도의 기술적 변형이 이루어진 부분이라고 볼 수 없다. 또한, 출원발명의 명세서에 의하면 'Gelierzucker(잼설탕)'이란 펙틴(Pectin) 등의 첨가제가 미량 첨가된 설탕으로서, 당 성분으로 Gelierzucker(잼설탕)를 사용한 이유를 종래 잼의 제조에 사용되던 설탕을 Gelierzucker(잼설탕)로 대체함으로써 잼에서 당분의 함량을 저감시키기 위한 것이라고 설명하고 있는 한편, 위와 같은 잼설탕(Gelierzucker)이 출원발명의 출원일 이전부터 유럽 식품 시장에서 유통·판매되고 있고, 누구나 손쉽게 구할 수 있는 것도 설명하고 있다. 따라서 출원발명은 그 진보성이 부정된다(특허법원 2019. 12. 19.자 2019허114 판결).

[사례] 통상의 기술자라면 선행발명 1의 버섯에 한방 코팅제를 입히는 단계로부터 구성 1의 한방재료로 표고버섯을 커버(코팅)하는 구성을 쉽게 착상할 수 있고, 나아가 구성 1의 한방재료인 꾸지뽕, 여지초, 연잎, 당귀 및 황칠나무 구성도 선행발명 1, 2에 나타나 있는 한방재료를 단순히 조합하여 쉽게 채택할 수 있는 것으로 보인다. 구성요소 2에 대응하여 선행발명 1에 '한방 재료는 꾸찌뽕 100중량부에 대하여, 사철쑥 180~200중량부, 황기 130~150중량부, 엄나무 80~100중량부, 울금 60~80중량부, 마가목 40~60중량부, 황칠나무 40~60중량부, 연잎 40~60중량부, 헛개나무 40~60중량부, 가시오가피 20~40중량부, 느릅나무 20~40중량부, 당귀 10~30중량부, 두충 10~30중량부, 감초 10~30중량부, 오미자 10~30중량부, 황금

5~15중량부 및 도라지 5~15중량부가 첨가된 것'이라는 기술내용이 나타나 있고, 또한 선행발명 2에 '산야초는 곰보배추(여지초), 구지뽕, 연근, 당귀 등을 합하여 적용한 산야초 추출물이 함유된 목이버섯 제조방법'이 나타나 있다. 대비하면, 우선 구성요소 2의 꾸지뽕, 여지초, 연잎, 당귀 및 황칠나무라는 한방재료 자체는 통상의 기술자가 선행발명 1, 2로부터 쉽게 채택할 수 있다. 그리고 각 한방재료의 함량에 있어서 구성요소 2의 여지초 50~80 중량부 구성이 선행발명 1, 2에 나타나 있지 않지만, 선행발명 1의 각 한방 재료의 함량 정도를 고려할 때 통상의 기술자라면 경험상 필요에 따라 위 여지초의 함량을 쉽게 설정할 수 있는 것으로 보이고, 한편으로 출원명세서의 기재로부터 구성요소 2가 한방재료의 함량을 수치한정한 점에 대한 별다른 기술적 의의 내지 효과를 찾아볼 수 없다. 구성요소 3에 대응하여 선행발명 1에 '당귀는 미나리과의 다년생 초본으로 뿌리를 캐서 햇볕에 말려 사용한다.', '꾸찌뽕은 나무의 잎과 줄기를 사용한다.', '황칠나무 수피에서 추출한 수액인 황칠은 놀라운 약리작용과 은은한 안식향을 풍긴다.' 등의 기술내용이 나타나 있다. 따라서 진보성이 부정된다(특허심판원 2019. 12. 31.자 2019원2512 심결).

[연구] 출원발명은 표고버섯; 및 상기 표고버섯을 커버하는 한방재료를 포함하고, 상기 한방재료는 꾸지뽕, 여지초, 연잎, 당귀 및 황칠나무를 포함하고(이하 '구성요소 1'이라 한다), 상기 한방재료는 꾸지뽕 100중량부를 기준으로 여지초 50~80중량부, 연잎 30~40중량부, 당귀 10~30중량부, 황칠나무 50~90중량부를 포함하고(이하 '구성요소 2'라 한다), 상기 당귀는 미나리과의 다년생 초본으로 뿌리를 캐서 햇빛에 말린 것을 채택하고, 상기 꾸지뽕은 꾸지뽕나무의 잎과 줄기를 채택하고, 상기 황칠나무는 황칠나무 수피에서 추출한 수액인 황칠을 채택하는(이하 '구성요소 3'이라 한다) 표고버섯을 포함하는 식품에 관한 것인데, 구성요소 1에 대응하여 선행발명 1에 '식용 버섯을 세척하는 제1단계, 상기 세척된 버섯에 준비된 한방 코팅제를 입히는 제2단계, 상기 한방 코팅제를 입힌 버섯에 튀김옷을 입히는 제3단계 및 상기 튀김옷을 입힌 버섯을 기름에 튀기는 제4단계를 포함하여 구성된 버섯튀김의 제조방법' 및 '한방 코팅제는 소정의 물에 꾸찌뽕, 사철쑥 및 연잎이 포함된 한방 재료를 넣고 다린 것'이라는 기술내용이 나타나 있고, 또한 선행발명 2에 '산야초는 곰보배추(여지초), 구지뽕, 연근, 당귀 등을 합하여 적용한 산야초 추출물이 함유된 목이버섯 제조방법'이 나타나 있다.

[사례] 제1항 발명의 명세서에 기재되어 있는 실시예 2의 글루코오스의 첨가 범위인 15~60%(w/v)를 참작하면 구성요소 2 중 D-글루코오스의 함량을 '15~60 중량부'로 해석할 수 있고, 이와 같이 해석하는 경우 선행발명 2의 '글루코오스 등을 적당량 혼합'하는 구성과 사이에 차이점 1이 발생한다. 그러나 선행발명 2와 선행발명 1은 기술적 연장선상에 있음에 비추어, 통상의 기술자라면 선행발명 1의 도 2에 나타나 있는 글루코오스, 프럭토오스 및 프시코오스

의 반응 평형상태의 혼합당액을 농축하여 그대로 감미료로 사용하고자 시도해 볼 것이고, 이 경우 그 감미료의 성분비도 일단 선행발명 1의 도 2에 나타난 평형상태의 물질조성에 기초를 둘 것이다. 그런데 선행발명 1의 도 2에서 나타나 있는 평형상태의 성분비는 글루코오스 약 46%, 프럭토오스 약 42% 및 프시코오스 약 12% 정도로 파악되고, 이는 구성요소 2의 'D-프럭토오스, D-글루코오스 및 D-프시코오스의 합계 100 중량부에 대해, D-프시코오스가 6 중량부 이상이고, D-프럭토오스가 34~55 중량부이며, D-글루코오스와 D-프시코오스의 합계가 66~45 중량부'의 수치범위에 포함된다. 즉, 위 선행발명 1의 성분비는 구성요소 2의 수치범위 중 '글루코오스 46 중량부, 프럭토오스 42 중량부 및 프시코오스 12 중량부'와 동일하다. 나아가 선행발명 2에는 프럭토오스를 에피화처리하여 얻은 프럭토오스와 프시코오스 혼합당액을 증발기로 농축한 농축당액을 결정화하여 그대로 감미료로 사용하는 구성이 개시되어 있고, 결정화되기 직전의 농축당액의 프시코오스에 대한 프럭토오스의 비율이 1 : 2~1 : 4로 제시되어 있다. 이는 선행발명 1의 도면 2에 나타나 있는 프시코오스와 프럭토오스의 비율인 약 12% : 약 42%를 포괄하는 것으로서, 이로부터 선행발명 2가 선행발명 1에 기초하고 있음을 확인할 수 있다. 따라서 차이점 1은 통상의 기술자가 선행발명 2에 선행발명 1을 단순히 결합함으로써 용이하게 극복할 수 있다(특허법원 2017. 4. 20.자 2016허7206 판결).

[연구] 출원발명은 D-프럭토오스, D-글루코오스 및 D-프시코오스로 구성되는 감미료로서(이하 '구성요소 1'이라 한다), (1) 슈크로오스와 동일한 감미도 및 감미질을 가지며, D-프럭토오스, D-글루코오스 및 D-프시코오스의 합계 100 중량부에 대해, D-프시코오스가 6 중량부 이상이고, D-프럭토오스가 34~55 중량부이며, D-글루코오스와 D-프시코오스의 합계가 66~45 중량부이거나(이하 '구성요소 2'라 한다), (2) 이성화당의 비만 효과 억제를 목적으로 하며, D-프럭토오스, D-글루코오스 및 D-프시코오스의 합계 100 중량부에 대해, D-프시코오스가 5 중량부 이상이고, D-프럭토오스가 30~80 중량부이며, D-글루코오스와 D-프시코오스의 합계가 70~20 중량부인(이하 '구성요소 3'이라 한다), 감미료에 관한 것이다.

(2) 공지기술의 단순한 전용(轉用)의 경우

공지기술을 같은 목적으로 다른 대상물에 사용할 때 그 사용이 쉽게 유추되는 경우는 공지기술의 단순한 전용으로써 진보성이 없는 것으로 본다.

다만, 그 사용의 유추가 용이한지 여부의 판단이 곤란할 때에는 그 작용효과가 현저한 때 그 사용의 유추가 용이하지 않은 것으로 판단한다.

[용어] 전용(application)이란 어떤 분야에서 알려져 있는 방법, 장치, 화합물 등을 본질적인 변경을 가하지 않고 다른 분야에 적용한 경우를 말한다. 즉, 종래 어떤 분야에서 알려져

있었던 기술적 구성을 다른 분야에 적용하는 경우에 해당된다.

[분석] 전용의 경우에는 어떤 분야에서부터 다른 분야에의 적용에 임하여 어떤 곤란성이 있었는가, 전용에 임하여 그 기술적 구성에 어떤 변경이 행해졌는가 여부가 진보성 판단의 관건이 된다.

[사례] 출원발명은, 산(酸) 당화액을 제4급 암모늄의 염소형 음이온 교환수지를 처리하여 탈색시키는 방법이고, 선행발명은, 과즙을 제4급 암모늄의 염소형 음이온 교환수지를 통과하여 탈색시키는 수단인 경우, 상기 공지의 탈색기술의 단순한 전용으로써 진보성이 없는 것으로 본다.

[사례] 출원발명은, 액체조미료에 트라가칸스검 및 포도당을 가하여 유화시킨 것을 분무 건조시키는 분말조미료의 제조방법이고, 선행발명은, 과즙에 트라가칸스검 및 포도당을 가한 것을 분무 건조하여 과즙을 분말화시키는 수단인 경우, 상기 공지의 과즙 분말화 기술의 단순한 전용이므로 진보성이 없는 것으로 본다.

[사례] 출원발명은, 수삼(水蔘)의 세미만을 제거하고 세척한 후 수삼의 표피를 벗기거나 또는 그대로 둔 채 이를 습포화증기로 처리하거나 과열수증기로 증숙하거나 또는 약 75~98℃의 열탕에서 익힌 다음 건조하고, 이를 다시 습포화증기로 약 5분간 접촉시켜서 지근이 누글누글해지면 지근을 모아서 구부려 둥글게 하여 실, 통상의 끈 또는 왕골속으로 얽어매어 건조한 다음 풀어서 곡홍삼을 제조하는 방법이고, 선행발명은, 삼체(蔘體) 중의 수분함량이 50% 전후가 되도록 1차 예비적으로 건조하면 삼체 표면에 주름이 생기게 되며, 이것을 소량의 열수 중에 침지하거나 증열기구에서 분사되는 증기로 약 10분간 처리하면 부드러워지는데, 이때에 원하는 모형으로 지근(支根)을 구부려서 곡삼 또는 반곡삼을 제조하는 방법인 경우, 출원발명은 곡삼의 종류 및 연질화시키는 데 소요되는 시간에서 선행발명과 차이가 있기는 하나, 지근이 부착된 삼체를 원하는 모양으로 구부릴 수 있도록 연질화시키는 데 소요되는 시간을 한정하는 것은 통상의 기술자가 반복 실험에 의하여 연질화의 최적조건을 찾는 데 어려움이 없는 것으로 인정되고, 또한 백삼을 열수 중에 침지하거나 증기로 처리하여 연질화시키고 지근을 구부려서 곡삼화시키는 선행발명의 기술을 홍삼을 원료로 하여 곡삼을 제조하는 출원발명에 적용하는 데 특별한 기술적 어려움이 있는 것도 아니므로, 출원발명은 통상의 기술자가 선행발명으로부터 쉽게 발명할 수 있다(특허심판원 1998. 9. 30.자 97항원1857 심결).

[사례] 출원발명은, 통상의 두부제조공정의 응고머무름 과정을 거친 응고물을 파쇄하여 성형틀에 두부천과 함께 다단적층 후 가압하여 치즈형 두부를 제조하는 것을 특징으로 하는 치즈형 두부의 제조방법이고, 선행발명은, 대두콩을 정선하여 세척한 후 불린 다음 분쇄, 여과, 가열시

켜 만든 콩물에 황산칼슘을 첨가하여 두부 응고액을 만들고, 이를 압착시켜 순두부를 제조하는 방법에 있어서, 상기 두부 응고액을 55~60℃의 온도에서 분쇄시킨 다음 분쇄된 응고액을 적층포위에 연속적으로 수십겹 적층시켜 압착한 후 일정 길이로 절단함을 특징으로 하는 건두부의 제조방법인 경우, 출원발명은 치즈형 두부의 제조방법에 관한 것이고, 선행발명은 건두부의 제조방법에 관한 것이어서 문언상으로는 차이가 있지만 실질적으로 선행발명도 출원발명과 같이 얇은 형태의 두부를 제조하는 방법에 관한 것이어서 목적이 동일하다. 출원발명은 통상의 두부제조공정의 응고머무름 과정을 거친 응고물을 파쇄하고, 그 파쇄된 응고물을 두부천을 이용하여 성형틀에 다단적층 후 가압하여 치즈형 두부를 제조하는 것이고 선행발명도 두부응고액을 분쇄하고, 그 분쇄된 응고물을 적층포위에 연속적으로 수십겹 적층시켜 압착하여 건두부를 제조하는 것이어서 출원발명의 특징적 구성들은 모두 선행발명에 의하여 공지된 것이다. 나아가 양 발명의 목적과 구성이 동일한 정도인 이상, 그로부터 얻어지는 효과 역시 특별한 차이점이 없을 것으로 예상된다(특허심판원 2002. 5. 31.자 2001원596 심결).

[사례] 출원발명은, 곡류, 육류, 돼지피 또는 소피, 야채류 및 양념류로 된 순대소를 돼지창자에 주입하여 제조되는 순대에 있어서, 상기 순대소 재료에 산채류와 무청을 더 혼합하고, 이 순대소를 돼지창자에 주입한 다음 초피나무의 줄기, 잎, 열매 또는 과피 또는 이들의 혼합물을 넣어 끓인 물에서 익히 후, 익힌 순대가 60~70℃의 온도가 되었을 때 비닐로 밀봉하여 공기를 차단한 상태에서 자연 냉각시켜 제조되는 것을 특징으로 하는 산채순대이고, 선행발명은, 돼지 고유의 냄새를 제거하고, 순대소가 순대외피로부터 이탈되는 현상을 방지할 수 있는 동시에 영양분이 높은 순대의 제공을 목적으로 하고 있으며, 기술적 구성으로 순대외피를 준비하는 단계, 양파, 돼지고기, 두부, 숙주나물, 좁쌀과 같은 재료에 산초, 후추와 같은 영념류를 혼합하고, 전기 혼합물에 우뭇가사리 및 백회양 열매 고은 물을 혼합하여 순대소를 준비하는 단계, 상기 순대소를 순대외피에 충전하는 단계 및 순대소가 충전된 순대외피를 70~80℃의 물에 약 2시간 동안 증숙한 다음 상온에서 송풍기로 약 2시간 동안 건조시키는 단계로 이루어진 순대 제조방법인 경우, 양 발명은 영양분이 높고, 돼지 특유의 냄새가 제거된 순대를 제공하고자 하는 점에서 그 목적에 특이점이 없다. 출원발명의 각 구성요소별로 선행발명과 대비해 보면, 먼저 순대소의 재료는 통상의 순대소 재료에 산채류와 무청을 혼합한 것에 선행발명과 차이가 있으나, 출원발명의 출원 전부터 순대소의 일부 재료를 달리한 야채순대, 찹쌀순대, 선지순대, 오징어순대 등과 같이 다양한 종류의 순대가 널리 알려져 있는 바와 같이, 순대소는 통상의 기술자가 제조하고자 하는 순대의 종류, 재료의 취득용이성, 소비자의 기호 등 필요에 따라 가감하거나 선택할 수 있는 것에 불과하므로, 그 차이에 구성의 곤란성이 있다고는 볼 수 없다. 다음으로 돼지 특유의 냄새를 제거하기 위한 기술적 구성은 초피나무의 줄기, 잎, 열매, 과피 또는 이들의 혼합물을 넣어 끓인 물에서 순대를 삶는 데 비하여, 선행발명은 순대소의 일부 재료로서 백회양의 열매 고은 물을 이용하는 점에서 양 발명은 그 과제의 해결수단을 달리하고 있

다. 마지막으로 순대의 변색방지를 위한 기술적 구성은 익힌 순대가 60~70℃의 온도가 되었을 때 비닐로 밀봉하여 공기를 차단한 상태에서 자연 냉각시키고 있는 데 비하여, 선행발명은 공기를 차단하지 않은 상태에서 상온에서 송풍기로 약 2시간 동안 건조시키는 것으로 차이가 있으나, 순대를 비닐로 밀봉하는 보관방법은 이미 출원발명의 출원 전부터 순대의 보온, 위생을 위해 당업계에서 관용적으로 사용되고 있는 기술구성에 해당하고, 순대의 변색방지라는 기술적 과제는 산소가 차단된 기술적 구성으로부터 자연적으로 달성되는 것에 해당하므로, 이는 통상의 기술자가 제조된 순대의 판매방법 등에 따라 선택할 수 있는 단순한 구성변경에 불과하므로 이로 인한 구성의 곤란성이 있다고는 볼 수 없다. 따라서 출원발명과 선행발명은 순대소의 재료와 순대의 변색방지를 위한 기술적 구성에 있어서는 동일 또는 유사하나, 돼지 고유의 냄새를 제거라는 기술적 과제를 해결하기 위한 구체적인 수단에 있어서는 서로 상이한 것이다. 효과에 있어서도 출원발명과 선행발명은 돼지 특유의 냄새를 제거하였다는 점에서는 동일 또는 유사하나, 출원발명은 선행발명과 전혀 다른 새로운 해결수단을 제시한 점에서 그 현저성이 있다(특허심판원 2002. 8. 30.자 2001원1408 심결).

[사례] 출원발명은, 정선된 수세미 원료를 곧이어 90~120℃ 탈기함에서 1~30분간 조직을 증자한 후 50~80℃로 열풍 건조된 재료를 파세분쇄하여 조성되는 분말을 밀봉 포장함으로 희고 깨끗한 색택으로 부드러운 향미로 이루어지는 수세미 분말차 제조방법이고, 선행발명은, 수세미의 잎 및/또는 줄기를 세절하고, 필요에 따라 증자한 후 볶고, 건조시킨 세절한 수세미의 잎 또는 줄기를 필수성분으로 하는 수세미차인 경우, 출원발명은 수세미를 증자한 후 건조된 수세미를 파쇄 분쇄하여 얻은 분말을 밀봉 포장하는 수세미 추출차에 관한 것이나 수세미를 이용하여 수세미차를 제조하는 것은 선행발명에 의하여 공지된 것이고, 수세미로부터 수세미 분말차를 제조하기 위하여 세절, 증자(선행발명은 수증기 또는 가열수증기로 10~120초의 시간 동안 처리한다) 및 건조하는 공정 역시 선행발명에 의하여 공지된 것이어서 출원발명은 선행발명으로부터 쉽게 발명할 수 있다(특허심판원 2002. 9. 30.자 2001원1441 심결).

[사례] 출원발명은, 토마토를 파쇄, 착즙하여 얻은 토마토 가공물 및 토마토 혼합 가공물을 살균 후 pH를 5.4~6.0으로 조정하여 락토바실러스 카제이(*L. casei*)를 접종하고 배양온도 35~40℃의 온도에서 6~16시간 동안에 걸쳐 젖산발효를 행하는 것을 특징으로 하는 토마토를 이용한 젖산발효음료의 제조방법이고, 선행발명은, 토마토쥬스를 원료로 하여 락토바실러스 브레비스(*L. brevis*), 락토바실러스 카제이(*L. casei*), 락토바실러스 불가리쿠스(*L. bulgaricus*), 루코 노스톡 메센테로이즈(*Leu. mesenteroides*) 중의 어느 하나를 알지네이트에 고정화시켜 고정화 균체를 제조한 다음, 온도 25~30℃, 50~200rpm의 연속교반식 반응기(CSTR)를 사용하여 연속적으로 제조하는 발효야채 음료의 제조방법인 경우, 양 발명은 토마토를 이용한 발효음료의 제조방법에 관한 것이어서 목적이 동일하고, 구성에 있어서도 양 발명은 토마토를 원료로

하여 발효음료를 제조하는 점이 동일하고, 젖산균에 있어서도 출원발명의 락토바실러스 카제이 *(L. casei)*는 선행발명에서 젖산균의 예로 들고 있는 것이므로 양 발명 간에는 그 특징적인 기술에서 아무런 차이가 없으며, 다만 배양온도 및 시간에서 선행발명의 명세서에는 30℃, 24시간 배양하는 것으로 기재되어 있어 출원발명의 35~40℃ 및 6~16시간과 차이가 있으나 그와 같은 차이는 통상의 기술자라면 쉽게 변경할 수 있는 정도의 것에 불과하다. 나아가 향미개선 등의 효과도 동일한 정도로 예상되므로 선행발명으로부터 쉽게 발명할 수 있다(특허심판원 2003. 2. 28.자 2001원3940 심결).

[사례] 출원발명은, 맥주부산물을 이용한 효모엑기스의 제조방법에 있어서, 맥주발효 부산물인 건조효모박에 세포벽 분해효소인 β-1,3-글루카네이스를 멸균한 효모현탁액 10%(w/w)에 대해 0.5%(w/v)를 가하여 pH 7.0으로 50℃에서 12시간 동안 효소분해하는 단계와, 전기의 효소분해액에 단백분해효소인 프로타맥스 1.0%(w/v)를 가하여 pH 6.0으로 40℃에서 3시간 동안 효소분해하는 단계와, 전기의 효소분해액에 포스포디에스테라제 0.1%(w/v)를 가하여 pH 5.0으로 70℃에서 4.5시간 동안 효소분해하는 단계와, 전기의 효소분해액에 AMP-디아미나제 1%(w/v)를 가하여 pH 6.0으로 45℃에서 1.5시간 동안 효소분해하는 단계, 및 전기 단계에서 얻은 효소분해액으로부터 정미성분을 분리하는 단계를 포함함을 특징으로 하는 맥주부산물을 이용한 효모 엑기스 조미료의 제조방법이고, 선행발명은, 맥주 제조공정에서 원심분리 또는 여과하여 수집한 효모균체를 여과된 효모균체의 중량에 대하여 8~10배량의 80~90℃의 0.02~0.05N 수산화나트륨 용액 중에 분산하여 10분 이상 교반하여 방치한 후에, 여액을 50~65℃로 저하시켜 β-1,3-글루카나아제를 주성분으로 하는 세포벽 분해 효소제 및 세균 알칼리 단백질 분해 효소제를 동시에 가하여 상기 온도에서 2~3시간 반응시킨 다음, 아세트산을 가해 pH 5~6으로 조절하고 5'-포스포디에스테라아제를 넣은 후 3~4시간 작용시켜 5'-뉴클레오티드를 생성시킨 다음, 40~55℃에서 데아미나아제를 첨가하여 5'-뉴클레오티드 중의 5'-아데닐산을 5'-이노신산으로 생성시키며, 카르복시펩티다아제가 함유된 사상균 효소제를 넣어 작용시켜서 쓴맛의 펩티다아제를 분해시키는 것을 특징으로 하는 효모 엑기스의 제조방법인 경우, 양 발명은 모두 맥주부산물을 이용하여 효모엑기스를 제조하는 방법에 관한 것으로써 목적이 동일하다. 양 발명은 맥주부산물인 효모박에 β-1,3-글루카나아제를 주성분으로 하는 세포벽 분해 효소제와 단백질 분해 효소제를 가한 후, 5'-포스포디에스테라아제를 넣어 5'-뉴클레오티드를 생성시킨 다음, 디아미나아제를 첨가하여 효소분해하는 구성이 동일하고, 각 처리공정에서 구성성분의 첨가비율, 처리온도 및 시간 등은 통상의 기술자가 통상적으로 채택할 수 있는 구성변경으로 인정되며, 다만 ① 원료에 있어서 선행발명은 생 효모박을 사용하나 출원발명은 건조효모박을 사용하고 ② 단백질 분해 효소제로 선행발명은 비오프라아제를 사용하나 출원발명은 프로타맥스를 사용하며 ③ 선행발명은 세포벽 분해 효소제와 단백질 분해 효소제를 함께 첨가하나 출원발명은 세포벽 분해 효소제를 먼저 넣은 후 별도로 단백질 분해 효소제를 첨가하는

점에 차이가 있다. 그러나 건조 효모박 또는 생 효모박을 사용하는지, 단백질 분해 효소제로 프로타맥스 또는 비오프라아제를 사용하는지에 따라 생성되는 효모엑기스의 품질이나 생성량에서 차이가 있을 수 있으나, 이는 통상의 기술자가 통상적으로 예측할 수 있는 정도의 효과 차이로 인정되고, 선행발명이 출원발명과 달리 세포벽 분해 효소제와 단백질 분해 효소제를 함께 사용하는 것도 세포벽 분해 효소제에 의해 세포벽이 분해되어 세포벽 내의 단백질이 배출되면 당연히 단백질 분해 효소제에 의해 분해될 것이어서, 선행발명에서도 세포벽 분해 이후에 용출되는 단백질을 분해하여 정미성분을 생산하는 것이 가능하고, 다만 그 효율에 있어서 출원발명이 세포벽 분해 효소제를 사용하여 먼저 세포벽을 분해시킨 후 단백질 분해 효소제를 첨가함으로써 선행발명에 비하여 단백질 분해율을 다소 향상시키는 효과가 예상되나, 이는 통상의 기술자라면 선행발명으로부터 통상적으로 예측할 수 있는 정도의 것으로 인정된다(특허심판원 2004. 2. 26.자 2002원4081 심결).

[사례] 출원발명은, 쇠비름 열수추출물을 주재료로 하고 부재료로 감초, 생강, 대추, 박하 열수추출물이 함유되는 것을 특징으로 한 항암 및 항균효과가 있는 쇠비름 음료이고, 선행발명은, 쇠비름을 증류수와 약 1:1의 혼합비로 하여 100℃에서 약 30분 정도 가열하고 가열완료된 쇠비름을 깔때기 등을 사용하여 액상의 쇠비름추출물을 순도 99.9% 정도가 될 수 있도록 필터링하여 액상 또는 건조시켜 분말상으로 가공한 니코틴 제거효율이 매우 우수한 쇠비름추출물인 경우, 출원발명은 항암, 항균효과가 뛰어난 쇠비름추출물을 함유시킨 음료를 제공하는 것인 데 반해, 선행발명은 담배에 포함된 니코틴 등의 유해물질을 쉽게 제거하기 위한 쇠비름추출물을 제공하는 것이어서 목적이 상이하다. 출원발명은 쇠비름추출물 외에도 쇠비름추출물이 가지는 비린내 등을 제거하기 위해 생강, 감초, 대추, 박하 등의 부재료를 선택적으로 혼합하여 제조된 음료이나, 선행발명은 쇠비름을 증류수와 약 1:1의 혼합비로 하여 100℃에서 약 30분 정도 가열하고 가열완료된 쇠비름을 깔때기 등을 사용하여 필터링 한 액상의 쇠비름추출물이어서 기술구성이 상이하다. 나아가 출원발명은 쇠비름추출물이 가지는 항암, 항균효과를 얻기 위한 음료이나, 선행발명은 담배에 포함된 니코틴 등의 유해물질을 제거하는 효과를 가진 쇠비름추출물이어서 효과도 상이하다(특허심판원 2004. 3. 29.자 2003원1 심결).

[사례] 출원발명은, 두부제조방법에 있어서, 콩을 2~3조각 낸 후 물에 콩을 불릴시 금(金)을 전기분해한 3ppm 금용액과 은(銀)을 정제수에 전기분해한 10ppm 은용액을 물에 혼합한 후에 콩을 넣어 불린 후에 파쇄한 다음 상기 파쇄한 콩을 거른 후에 가열과 간수 응고제를 넣어 제조함을 특징으로 하는 금 또는 은을 함유한 두부제조방법이고, 선행발명은, 은 분말을 희초산에 투입한 다음 가열 농축하여 초산은을 얻고, 상기 초산은을 재 가열하여 초산은에 함유된 초산기 및 불순물을 완전히 제거함으로써 농축액을 얻고, 농축액을 증류수와 혼합한 혼합액을 가열 여과하여 재결정 농축액을 얻고, 상기 재결정 농축액을 다시 희석 여과하여 무색투명한 액

상의 은 원액을 추출하고, 상기 은 원액을 술이나 음용수의 제조시 적량 희석시켜 제조할 수 있도록 한 액상의 은 원액이 희석 혼합된 건강 음용수의 제조방법(한편 금 원액을 추출한 다음 술이나 음용수에 혼합 희석시켜도 동일한 효과를 얻는다)인 경우, 출원발명은 금, 은 성분이 함유된 두부에 관한 것이나, 선행발명은 금, 은 성분을 함입시킨 술 또는 음료수에 관한 것이어서 목적이 상이하다. 금용액이나 은용액의 제조과정이 출원발명은 전기분해에 의하나, 선행발명은 가열처리에 의하는 것이므로 차이가 있고, 금용액이나 은용액을 첨가하는 대상 식품도 출원발명은 두부인 데 비해 선행발명은 술이나 음료수이어서 차이가 있으므로 양 발명은 기술구성이 상이하다. 나아가 출원발명은 금 또는 은용액의 뛰어난 항균작용으로 두부의 보관성이 향상되는 효과가 있는 데 비해, 선행발명은 금 또는 은의 유용한 성분이 체내에 쉽게 흡수되어 각종 질병예방과 건강 증진에 효과가 있는 것이어서 효과도 상이하다(특허심판원 2004. 7. 1. 자 2003원2377 심결).

[사례] 출원발명은, 두유 및 두류조제물이 액상인 경우에는 전체 혼합물의 100~300mg/L, 두유 및 두류조제물이 조제물인 경우에는 전체 혼합물 100g당 10~50mg의 양의 타우린을 함유하는 타우린 공급용 두유 및 두류조제물이고, 선행발명은, 두유 60~65%, 고맥아당 34.5~39.2%, 이성질화 유당 0.4~0.6%, 대두 인지질 0.1~0.2%, 타우린 77.80ug/100g, 활성SOD 100~200단위/100g, 미량원소(셀레늄, 아연, 칼슘) 및 비타민류(A, D, E, B_1, B_2)를 혼합하여 살균, 감압증발 농축, 분무 건조 등의 과정을 거쳐 제조된 두유분말인 경우, 양 발명은 부족하거나 필요로 하는 타우린 성분을 두유나 두유분말의 형태로 제공하고자 하는 점에서 목적이 동일하다. 양 발명은 타우린 성분이 유효성분으로 첨가된 두유에 관한 것이어서 기본적인 구성이 동일하며, 다만 출원발명은 타우린 성분만이 다량으로 첨가된 두유인 데 비해 선행발명은 타우린 외에도 고맥아당 등이 혼합된 두유분말이라는 차이가 있으나, 출원발명의 명세서에는 생체 외부에서 타우린을 첨가해 주는 그 자체가 중요하며 첨가량이 필요 이상일 경우는 소변으로 배출되는 것으로 기재되어 있어 타우린 함량은 그 첨가량을 높여 주는 것만으로 충분한 것이고, 출원발명의 실험예에서는 타우린이 첨가되지 않은 두유와 타우린이 첨가된 두유만을 비교하고 있을 뿐, 구체적인 비교 실험예들이 기재되어 있지 아니하여 100~300mg/L 및 10~50mg/100g의 범위 내에서만 저타우린혈증 등을 치료할 수 있다고 보기도 어려우므로, 비록 선행발명에서 개시된 타우린의 첨가량이 소량에 불과하지만 통상의 기술자가 이를 근거로 타우린 결핍증 환자에게 타우린을 공급하기 위해 그 첨가량을 높이는 것은 단순 설계변경에 불과한 것이어서 이에 따른 기술구성의 곤란성이 인정되지 않는다. 나아가 출원발명은 두유에 타우린을 다량 첨가함으로써 저타우린혈증 등의 개선효과와 정상적인 뇌세포 발달 등의 효과가 있다고 주장하나, 선행발명도 심장 또는 뇌혈관 질환의 예방 및 치료, 뇌 발달 및 기억력 증강에 효과가 있으므로 예기치 못한 현저한 효과나 상승적인 효과가 인정되지 않는다(특허심판원 2004. 8. 25.자 2003원938 심결).

[사례] 출원발명은, 보리, 맥아 및 쌀의 증숙 혼합물에 구기자와 곡자(누룩)를 넣고 27~28℃에서 발효시킨 다음, 이를 증류하여 실온에서 보관 숙성시키는 구기자를 주재료로 한 구기자주(酒)의 제조방법이고, 선행발명은, 구기자를 비롯한 각종 한약재를 분쇄하여 술에 넣어 고속믹서기로 한약재의 성분을 추출한 다음 진공필터로 여과하는 한약재를 사용한 영양술 제조방법인 경우, 출원발명에 있어서 곡자(누룩)를 이용한 발효, 증류 및 숙성의 공정은 주류제조 분야에서 공지된 관용기술에 불과하고, 또한 한약재인 구기자 등을 술의 재료로 사용하는 것 역시 공지된 선행기술인바, 출원발명을 인용례나 공지된 선행기술 등과 대비할 때 출원발명에서 여러 가지 한약재 중 특히 구기자만을 사용하는 것은 구기자를 포함한 여러 가지 한약재를 모두 사용하는 인용례나 여러 가지 한약재를 술에 담가 음용하는 공지된 선행기술에 있어서 그 사용하는 재료를 변경하거나 한정한 것에 불과하다고 할 것인데, 그 변경 한정에 곤란이 없고 그 효과도 통상 예측되는 범위를 넘지 아니한 것으로 보이고, 다음으로 종래의 선행기술은 다른 술을 이용하여 한약재를 오래 담가 그 성분을 추출하거나 인용례처럼 짧은 시간에 그 성분을 추출하여 사용하는 것인 데 비하여, 출원발명은 구기자를 미리 발효시키는 점에 차이가 있으나, 발효기술 자체는 공지된 관용기술이고 발효의 재료에 한약재인 구기자를 미리 첨가하는 것은 주류제조 분야에서 통상의 기술자가 필요에 따라 쉽게 시도할 수 있는 정도로서 각별한 기술적 의미가 있는 것으로는 인정되지 아니하며, 또한 출원발명의 알코올 농도도 주류제조 분야에서 통상의 기술자가 적의 선택하여 실시할 수 있는 정도의 단순한 수치한정에 불과하고 특별히 기술적 의의를 지닌 것은 아니고, 나아가 출원발명에서는 알코올을 가열증류시킬 때 자기(瓷器) 또는 유리로 만든 솥을 이용하는 구성을 취하고 있으나 출원발명의 명세서에 의하면 그것에 의한 작용효과로 자기(瓷器) 또는 유리제품을 사용하여야 구기자주 고유의 맛과 향을 얻을 수 있다고만 기재되어 있을 뿐, 구체적으로 종래의 방법에 비하여 어떠한 정도로 술의 맛과 향이 뛰어나다는 것인지에 관하여 아무런 기재가 없어 그 구성에 의한 특별한 작용효과를 인정할 수 없으므로 위와 같은 구성 역시 각별한 기술적 의미가 있는 것으로는 인정되지 아니하는 것이어서, 결국 출원발명은 전체적으로 보아 공지된 선행기술을 종합한 정도의 것이라고 할 수 있는데, 이를 종합하는 데 각별한 곤란성이 있다거나 이로 인한 작용효과가 선행기술로부터 예측되는 효과 이상의 새로운 상승효과가 있다고 보기 어려우므로 그 진보성을 인정할 수는 없다(대법원 1996. 7. 26. 선고 95후1197 판결).

[사례] 출원발명은, 밀가루나 메밀가루를 주재료로 하는 통상의 국수제조 원료에 있어서, 밀가루를 50중량% 전·후로 하고, 나머지는 율무, 현미, 팥, 검정콩, 행인, 전분을 혼합재료로 하여 이를 섞어 반죽한 다음 식염과 식용소다 적량을 넣어 공지의 방법으로 국수를 제조하는 건강국수의 제조방법이고, 선행발명은, 밀가루 60중량%, 콩가루 6중량%, 감자가루 4중량%, 모밀가루 18중량%, 호밀가루 6중량%, 보리가루 5중량%, 소금물 1중량%를 혼합하여 150℃ 찜솥

에 증숙시킨 다음 그 익혀진 상기의 재료를 종래의 방법에 의하여 면발을 제조하여 건냉하게 건조시켜 포장하는 면 제조방법인 경우, 출원발명은 선행발명의 감자가루, 호밀가루, 보리가루 등을 율무, 현미, 팥, 행인 등으로 대체한 것인바, 국수를 제조함에 있어서 첨가물로서 감자, 호밀, 보리 등을 율무, 현미, 팥, 행인 등으로 대체하는 것은 통상의 기술자가 극히 쉽게 생각해낼 수 있는 것이고, 출원발명에서 주장하는 항암작용이나, 각종 성인병의 퇴치 등의 효과는 위와 같은 재료의 사용에 따라 당연히 나타나는 공지의 사실일 뿐이고, 국수로 제조함에 따라 나타나는 예상하지 못한 효과를 찾아볼 수 없으므로, 결국 출원발명은 선행발명으로부터 통상의 기술자가 쉽게 국수재료를 전용함으로써 도출해낼 수 있다(대법원 1997. 6. 13. 선고 96후1446 판결).

[사례] 출원발명은, 소맥분에 양파분말, 마늘분말 및 리보플라빈 등을 혼합하여 자연염을 녹인 물로 반죽하여 콜레스테롤 제거 건강국수를 제조하는 방법이고, 선행발명은, 쑥을 분쇄하여 소맥분과 섞어 반죽하여 건강국수를 제조하는 방법인 경우, 양 발명은 모두 소맥분에 우리 몸에 유익한 성분을 혼합하여 국수를 제조하는 것으로써 출원발명은 양파, 마늘, 리보플라빈을 혼합하였고, 선행발명은 쑥을 혼합한 차이가 있으나 쑥을 혼합하는 것과 비교하여 양파, 마늘 등을 혼합하는 것이 기술적으로 어려움이 있는 것도 아니고, 또한 국수에 양파, 마늘 및 리보플라빈을 첨가함으로써 예상하지 못한 각별한 효과도 발견되지 아니하므로 출원발명은 선행발명에서의 쑥을 양파와 마늘 및 리보플라빈으로 단순 치환한 것에 불과하여, 출원발명은 통상의 기술자가 선행발명으로부터 구성재료를 단순 치환함으로써 쉽게 발명할 수 있다(대법원 1998. 2. 24. 선고 97후2354 판결).

[사례] 출원발명은, 소맥분에 발효대두분을 혼합하고 그 외에 구기자, 사삼분, 향신료 등을 첨가하여 자연염을 녹인 물로 반죽하여 통상적인 방법으로 국수를 제조하는 방법이고, 선행발명은, 발효대두분을 소맥분과 섞어 소금물로 반죽하여 국수를 제조하는 방법인 경우, 양 발명은 모두 소맥분에 발효대두분을 혼합하여 소금물로 반죽하여 국수를 만드는 기본적인 방법이 동일하고, 다만 출원발명은 구기자, 사삼분, 감초분, 향신료 등을 더 첨가하는 차이가 있으나, 통상의 기술자가 이들 물질을 첨가하는 것이 기술적으로 곤란하다거나 이들 물질의 첨가에 따른 예상하지 못한 각별한 효과가 있다고 보이지도 아니하여, 결국 출원발명은 통상의 기술자가 선행발명으로부터 쉽게 발명할 수 있다(대법원 1998. 2. 24. 선고 97후2361 판결).

[사례] 출원발명이, 통상의 소맥분에 콩가루, 계란노른자 및 소금 등을 섞어 국수를 만드는 것에 참치분말, DHA, 패분, 향신료 등을 더 첨가하여 국수를 제조하는 방법인 경우, 이는 국수를 만드는 통상적인 관용기술에 머리를 좋게 한다는 DHA와 이를 다량 함유한 참치분말 등을 섞은 것으로써 이들을 섞는 데 특별한 곤란성이 있다거나, DHA를 국수에 넣어 먹어야 꼭 그

효과가 있는 것도 아니고 그 효과가 상승되는 것도 아니므로 출원발명은 통상 국수를 제조하는 관용기술로부터 통상의 기술자가 쉽게 발명할 수 있다(대법원 1998. 2. 24. 선고 97후2378 판결).

[사례] 출원발명은, 쌀겨류, 콩류, 탄소원 및 물을 함유하고, 알칼리성으로 pH를 8~10으로 조정한 액체배지에 납두균 혹은 고초균을 접종하고 통기교반(通氣攪拌)을 하여 배양함으로써 얻는 '알코올 내성 부여(음주로 인한 혈중 알코올 농도 및 알코올 구취를 감소시키는 것을 의미한다) 발효물'의 제조방법이고, 선행발명은, 정맥, 현미, 또는 잡곡의 껍질부분 즉, 맥피 또는 쌀겨나 콩 외피에 대두증자폐액을 첨가하고 납두균 용액을 접종하여 발효시켜 만드는 건강식품 또는 가축사료의 제조방법인 경우, 선행발명의 목적은 대두증자폐액을 이용하여 건강식품 또는 가축사료를 제조함으로써 대두증자폐액이 환경오염을 유발하고 그 정화설비의 설치에 고액이 들어가는 문제점을 해결하고자 함에 있을 뿐이지, 출원발명과 같이 혈중 알코올 농도 및 알코올 구취를 감소시키는 발효물을 제조한다는 인식이 전혀 없어서 그 목적이 상이하고, 또 납두균을 접종한다는 구성이 있기는 하나 이는 오로지 환경오염 등의 문제를 해결하고자 하는 목적을 달성하기 위한 수단으로서의 의미밖에 없고, '알코올 내성 부여 발효물'을 제조하기 위해 특정범위 내의 pH상태에서 납두균 또는 고초균을 접종하고 통기교반에 의하여 배양한다는 등의 기술적 구성이 결여되어 있어 구성에서도 차이가 있다. 또 이와 같은 차이에 의하여 출원발명이 알코올 내성 부여라는 현저한 작용효과를 달성하는 것이므로, 출원발명은 선행발명과 상이하고, 선행발명으로부터 통상의 기술자가 쉽게 도출해 낼 수 없다(대법원 2000. 9. 5. 선고 97후2170 판결).

[사례] 출원발명과 선행발명은 모두 소맥분에 검정콩, 팥 등을 혼합하여 국수를 제조하는 기본적인 방법이 동일하고, 차이점은 출원발명에서는 녹두, 강낭콩, 은행분, 다시마, 감초 등을 더 혼합하였고, 선행발명에서는 율무, 현미, 행인 등을 혼합한 차이가 있으나, 이들 재료를 치환하는 것이 기술적으로 어려움이 있는 것도 아니고 그 재료를 치환함에 따라 예상하지 못한 각별한 효과도 발견되지 아니하므로, 결국 출원발명은 통상의 기술자가 선행발명으로부터 쉽게 발명할 수 있는 것이다(대법원 1998. 2. 27. 선고 97후2606 판결).

[사례] 출원발명 중 청구항 1의 구성요소 1은 김부각을 제조하기 위해 원료김과 중간 시트와 찹쌀풀을 마련하고 중간 시트의 양면에 찹쌀풀을 도포하는 준비단계에 관한 것이고, 이에 대응하는 선행발명 1의 구성요소는 김부각을 만들기 위해 마른김과 라이스 페이퍼와 조미액을 마련하고 라이스 페이퍼의 양면에 조미액을 바르는 공정에 관한 것이다. 먼저 양 발명의 대응 구성요소는 김부각의 재료로서 원료김 또는 마른김을 이용한다는 점에서 공통된다. 또한 구성요소 1의 중간 시트는 타피오카 전분의 100 중량부에 대하여 쌀가루의 함량 5~ 95 중량부가

혼합되어 제조되는 것인데, 이에 대응하는 선행발명 1의 라이스 페이퍼 역시 타피오카 83%와 쌀 17%로 구성된 것이 상용되고 있으므로, 양 대응 구성은 실질적으로 동일하다(특허법원 2019. 11. 22. 자 2019허2059 판결).

[사례] 출원발명은 꾸지뽕 열매를 선별하여 세척과 건조하는 단계(이하 '구성요소 1'이라 한다); 꾸지뽕 열매를 분쇄하거나, 씨앗을 씨 분리기로 분리 제거하는 단계(이하 '구성요소 2'라 한다)를 포함하는 것을 특징으로 하는 꾸지뽕 열매 잼 제조방법에 관한 것인데, 구성요소 1은 꾸지뽕 열매를 선별하여 세척 및 건조하는 단계이나, 선행발명에는 이에 대응되는 명시적인 기재가 없다. 그러나, 열매를 이용하여 잼을 제조하기 위하여 그 재료가 되는 열매를 선별한 후, 이를 세척하고 필요에 따라 건조하는 작업은 당해 분야에서 일반적으로 행해지는 당연한 작업 과정에 불과하여 그 명시적 기재 여부에 불구하고 선행발명에도 이미 내재되어 있는 내용이라 할 것이므로, 구성요소 1은 선행발명의 잼 제조방법과 별다른 차이가 없다. 구성요소 2와 선행발명의 대응구성은 꾸지뽕 열매를 분쇄하거나(열매를 잘게 잘음), 씨앗을 씨 분리기로 분리 제거(원액 추출기나 체를 사용하여 종자를 제거)하는 단계라는 점에서, 그 기술구성이 실질적으로 동일하다. 이에 대하여 원고는 꾸지뽕 열매는 식품의약품안전처에서 식용으로 인정한 점에 비추어 선행발명에서 꾸지뽕 열매의 하얀색 심을 제거하는 작업은 불필요하므로 양자가 다르다고 주장하나, 꾸지뽕 잼의 제조에 있어 꾸지뽕 열매의 하얀색 심을 제거하는 작업은 그 기호도, 열매의 성숙도 등을 고려하여 통상의 기술자가 적절히 추가하거나 삭제할 수 있는 것에 불과하므로, 원고의 위 주장은 받아들이지 아니한다(특허법원 2019. 12. 19.자 2019허107 판결).

[사례] 정강이뼈로부터 살코기를 분리함에 있어 발목부의 정중앙 부위를 절개하는 방법은 특허발명의 출원 전부터 널리 사용되던 주지·관용의 기술이며, 무릎 부위에 붙어 있는 뼈와 연골을 제거하는 것도 특허발명의 출원 전부터 무뼈 닭발 제조 시 일반적으로 사용되던 주지·관용의 기술이다. 따라서 통상의 기술자로서는 필요에 따라 737 발명에 위 주지·관용의 기술을 적용하여 제1항 발명의 구성 2를 쉽게 도출할 수 있다. 또한 선행발명 3에는 닭발을 손질함에 있어서 엄지발가락을 먼저 제거하는 구성이 개시되어 있고, 닭발의 발가락뼈와 발톱을 2~3회로 나누어 제거하되 먼저 발등을 제거하고자 하는 발가락뼈에 수직방향으로 절개한 뒤 칼을 발가락의 발톱방향으로 밀어내듯이 이동시켜 발가락뼈와 발톱을 한 번에 제거하는 방법은 특허발명의 출원 전부터 널리 사용되던 주지·관용의 기술이다. 또한 닭발의 발가락뼈와 발톱을 제거함에 있어서 엄지발가락을 제거할지 여부 및 각각의 발가락의 뼈를 개별적으로 제거할지 2개와 1개 등으로 모아서 제거할지 여부는 작업속도, 작업수율 등을 고려하여 통상의 기술자가 선택할 수 있는 사항이다. 따라서 통상의 기술자로서는 필요에 따라 737 발명에 543 발명 및 위 주지·관용의 기술을 적용하여 제1항 발명의 구성 3을 쉽게 도출할 수 있다. 이에 대하여 특허권자는 제1항 발명은 튜립형 닭발의 손질방법을 제공하는데 기술적 의의가 있다는 취지로도

주장하나, 특허발명에 의한 튜립형 닭발의 발가락뼈 및 발톱 제거 방식이 위 주지·관용의 방식과 다르지 않고, 통상의 기술자로서는 별다른 어려움 없이 위 방식을 튜립형 닭발에 적용할 수 있으므로, 특허권자의 위 주장은 이유 없다(특허법원 2015. 11. 6.자 2014허9161 판결).

(3) 상위개념이 같은 공지기술을 응용한 경우

동일대상물에 상위개념이 같은 공지기술을 응용한 경우에도 그 작용 및 효과에 현저한 차이 혹은 우수한 점이 있으면 그 기술의 응용은 용이한 것으로 볼 수 없으므로 진보성이 있는 것으로 본다.

[사례] 출원발명은, 주류에 자외선을 조사하여 그 숙성기간을 단축시키는 방법이고, 선행발명은, 주류에 적외선을 조사하여 그 숙성을 촉진하는 방법인 경우, 양자는 광선을 조사하여 주류를 숙성시킨다는 기술수단에 있어서 유사하지만 자외선이 적외선에 비해 주류의 숙성기간이 훨씬 짧으면 효과의 정도가 우수하므로 양자의 효과에는 현저한 차이가 있으며, 따라서 출원발명은 진보성이 있는 것으로 본다.

[사례] 출원발명은, 수육을 아스코르빈산나트륨과 니코틴산아미드를 첨가한 식염액에 침지하고 50~60℃로 가온하여 육색을 안정화시키는 방법이고, 선행발명은, 수육을 아스코르빈산나트륨과 니코틴산아미드를 첨가한 식염액에 침지하고 냉온 하에서 유지하여 육색을 안정화시키는 방법인 경우, 50~60℃로 가온 상태에서 침지함으로써 침지시간이 수 시간으로 단축되면(냉온침지로는 3~7일간) 효과의 정도가 공지기술보다 우수하므로 출원발명은 진보성이 있는 것으로 본다.

[사례] 출원발명은, 돼지 등심부위 부산물에 아밀로펙트 분말, 젤라틴 및 한천분말이 7:2:1의 중량비로 혼합한 혼합물을 입힌 상태로 냉동 치즈가 삽입된 홈을 마감하는 것인데, 이에 대응되게 선행발명에 치즈가 삽입된 부분을 제외한 새우의 홈을 막는 단계가 포함되어 있고, 이에 대해 새우살이 상기 홈에서 쉽게 이탈되는 것을 방지하기 위해 새우살에 점성을 부여하도록 찹쌀반죽을 입혀 사용하는 것이 바람직하다고 기재되어 있는바, 출원발명은 선행발명의 치즈가 삽입된 새우의 홈을 마감하는 단계와 재료의 홈을 접착수단을 입힌 재료의 부산물을 이용해 막는 단계로서 동일하지만 출원발명의 아밀로펙틴 분말 등의 혼합물은 돼지고기 등심에 형성된 홈을 막기 위한 접착제로써 이용될 뿐만 아니라, 돼지고지를 튀긴 이후의 식감이 딱딱해지는 것을 방지하기 위한 것이고, 이를 위해 한천을 혼합물에 더 추가한 것인데, 선행발명의 찹쌀반죽은 새우의 홈을 막기 위한 것으로 이용한다는 것만 제시되어 있다. 즉, 선행발명에서 새우 홈을 막기 위해 사용되는 찹쌀반죽이 튀김용 치즈새우가 튀겨진 후 식었을 때 찹쌀반죽이 딱딱해지는 등의 문제가 있는지에 대해 전혀 인식하고 있지 않다. 그렇기 때문에 선행발명만으

로는 찹쌀반죽을 접착력을 갖는 다른 재료로 변경하는 것은 가능하다고 할 것이나, 이를 튀겨진 후 딱딱해 지는 것을 방지할 수 있는 재료로 변경하는 것까지는 가능하다고 보기 어렵다(특허심판원 2020. 1. 15.자 2019원2368 심결).

[사례] 출원발명은, 유효량의 헤스페리딘 또는 헤스페레틴을 포함하는 아실 코에이: 콜레스테롤-O-아실트랜스퍼레이즈 활성 저해용 식품 조성물이고, 선행발명은, 헤스페레틴을 함유하는 것을 특징으로 하는 지질대사 개선에 유효한 식품인 경우, 출원발명은 혈중 콜레스테롤을 감소시킴으로써 각종 심혈관계 질환을 예방 또는 치료할 수 있는 식품 조성물을 제공하는 것이고, 선행발명은 혈중 콜레스테롤을 강하시킴으로써 지질대사를 개선하고 심근경색 및 동맥경화 등의 심혈관계 질환에 유용한 식품을 제공하는 것으로 양 발명은 목적이 동일하고, 그 구성에 있어서도 양 발명은 모두 유효성분으로서 헤스페레틴을 함유하는 식품 조성물이라는 점에서 동일하다. 효과에 있어서도 유효성분이 동일한 이상, 양 발명은 혈중 콜레스테롤을 감소시킴으로써 지질대사를 개선하고 각종 심혈관계 질환을 예방 또는 치료하는 효과도 동일한 것이다(특허심판원 2001. 11. 30.자 2000원1922 심결).

[사례] 출원발명은, 건조된 인삼과 매실을 미세하게 분쇄하여 가루로 만든 다음, 물 36ℓ당 제조된 인삼가루 및 매실가루를 8kg 비율로 넣고 혼합하여 인삼매실가루의 혼합액을 만들고, 수분함량이 14% 미만인 현미 8,000kg에 상기 인삼매실가루의 혼합액을 분사하고 그 혼합액이 현미의 배유에까지 함침되어 현미의 수분함량이 16~17%가 되도록 적당한 시간을 소요한 후, 현미를 정미하여 과피를 제거하고, 인삼매실가루의 혼합액을 습식연미기를 이용하여 과피가 제거된 백미에 분사하여 쌀 표면에 인삼가루와 매실가루가 미세하게 도포되게 하여 제조하는 것으로 구성된 인삼 및 매실의 성분이 함유된 쌀의 제조방법이고, 선행발명은, 수세한 인삼 37.5g을 750cc의 물에 담구어 70~80℃에서 5시간 가열 농축하여 100cc의 엑기스를 추출하고, 이 추출물을 1000g의 청결미에 분무하여 건조하는 것을 특징으로 하는 인삼 쌀의 제조방법인 경우, 양 발명은 인삼성분 등이 도포되어 인삼성분을 섭취할 수 있는 쌀을 제공하는 것이어서 목적이 유사하다. 그러나 쌀에 도포하고자 하는 재료가 출원발명에서는 인삼가루와 매실가루가 1 : 1의 비율로 혼합된 혼합액인 데 비해, 선행발명에서는 인삼추출물인 차이가 있고, 재료와 물의 혼합비율이 출원발명에서는 인삼가루, 매실가루 및 물을 8kg : 8kg : 36ℓ의 비율로 혼합한 혼합액을 도포하는 것인 데 비해, 선행발명은 인삼 37.5g을 750cc의 물에서 가열 농축한 엑기스추출액을 도포하는 것인 점에서 차이가 있으며, 구체적인 도포공정에서 출원발명은 1차로 수분함량 14% 미만인 현미에 인삼 및 매실가루의 혼합액을 분사하여 현미의 배유에까지 함침시키는 공정을 거친 다음, 2차로 현미를 정미하여 과피를 제거한 후 인삼 및 매실가루의 혼합액을 과피가 제거된 백미에 분사하여 쌀 표면을 인삼 및 매실가루가 미세하게 도포하는 공정을 거치는 2단계 도포공정을 거치는 데 비해, 선행발명은 인삼 엑기스추출물을 백미

에 분사하여 건조되는 공정을 거치는 1단계 도포공정만을 거치는 것으로 차이가 있으므로, 구체적인 기술구성이 상이하다. 나아가 출원발명은 영양분이 향상되고 맛과 향이 증진되는 쌀을 제공하는 것이나, 선행발명은 쌀을 통해 인삼성분을 섭취할 수 있도록 하는 것이어서 효과도 상이하다(특허심판원 2004. 8. 2.자 2003원3874 심결).

[사례] 출원발명은, 아마씨, 들깨 및 어분이 100 : 1~10 : 5~20의 혼합비로 구성된 n-3(오메가-3) 지방산 공급원 40~60중량%, 밀, 보리 및 귀리로 구성된 탄수화물 공급원 7~20중량%, 카제인, 포름알데히드, 소금, 메탄올 및 물로 구성된 유화촉진제 30~50중량%, 분말건초 3~6중량%, 항산화제로서 산토퀸 0.05~0.1중량%를 함유함을 특징으로 하는 우육생산용 사료조성물이고, 선행발명은, 식물성, 동물성 지방 또는 지방산에 유화제 및 운반용 물질을 혼합하여 유화용액을 만들고, 이를 건조기에서 건조 분말화한 다음, 이를 다시 피복기에서 장용 피복제를 피복, 건조하여서 됨을 특징으로 하고, 이를 가축사료에 첨가하여 급여할 때 n-3(오메가-3) 불포화지방산 함량을 높이고 콜레스테롤 함량을 낮추는 효과를 가진 돼지 지방 사료첨가제의 제조방법인 경우, 출원발명은 n-3 지방산이 축적된 우육생산용 사료의 제조방법에 관한 것이고, 선행발명은 n-3 지방산의 함량을 높이고, 콜레스테롤의 함량을 낮추는 효과를 가지는 돼지 사료첨가제의 제조방법에 관한 것으로 양 발명은 가축의 사료 또는 그 첨가물의 제조방법에 관한 것이라는 점에서 유사성이 있으나, 급여 대상 가축이 출원발명은 반추동물인 소임에 대하여 선행발명은 단위동물(비반추동물)인 돼지라는 점에서 그 적용대상이 서로 다르다. 양 발명의 사료조성물 중 n-3 지방산의 공급원으로써 출원발명에서는 아마씨, 들깨, 어분 등 천연물 그대로를 사용하고, 선행발명에서는 그 지방 형태의 추출물은 단위동물인 돼지 체내에서는 n-3 지방산의 형태로 쉽게 흡수될 수 있지만, 반추동물인 소의 경우는 반추위 내에서 수많은 미생물군의 작용에 의하여 그것이 포화지방산으로 변화되어 소장에서 n-3 지방산 형태로서 흡수하기는 어렵게 된다는 점에서 양 발명은 원료구성상에서 차이가 있다. 또 출원발명에서는 유화촉진제로서 카제인, 지방분해방지제로 포름알데히드, 메탄올의 지방분해방지에 의한 유화안정화 작용 및 소금의 반추위 내 미생물 활동 억지작용 등에 의하여 사료조성물 중의 지방성분이 유화상태로 되어서 소의 반추위 내에서 미생물군의 작용에 의한 발효 등의 작용을 받지 아니하고 작은창자에까지 도달하여 n-3 지방산이 원래의 형태로 체내에 효율적으로 흡수됨에 반하여, 선행발명에서는 유화제로 이와는 다른 모노글리세리드, 디글리세리드, 트윈 60을 유화제로 사용하고 있어 이 점에서도 양 발명은 기술적 구성이 서로 다르다. 한편 출원발명에서는 항산화제로 산토퀸을 첨가하는데, 이는 사료 중의 지방산 산화를 방지하는 효과뿐만 아니라 가축이 n-3 지방산 함유 유화사료를 흡수한 후 생체 내에서도 n-3 지방산이 파괴되지 않고 흡수되어 조직에 축적된 후 안정화되어 생리적 기능을 다할 수 있게 하는 작용을 하고, 이에 반하여 선행발명에서는 항산화제를 첨가하지 아니하고 있으므로, 이 역시 선행발명에 비하여 출원발명의 특수한 구성으로 볼 수 있다. 따라서 출원발명의 원료물질인 지방산 공급원, 유화촉진

제, 항산화제 등은 선행발명의 원료물질들과는 그 구성상 커다란 차이가 있다고 볼 수 있다. 나아가 출원발명은 소의 체내에 고단위 n-3 지방산을 최단기간 내에 다량 축적시킴으로써 종전의 우육보다 맛좋고 인체의 건강에 유익한 성분을 많이 함유한 우육을 생산케 하고, 선행발명은 돼지고기의 콜레스테롤 함량을 낮추고, n-3 지방산의 함량을 높임으로써 육질 좋은 돼지고기를 생산케 하는 것으로써 반추동물과 비반추동물의 소화기작의 차이를 고려한다면, 양 발명은 그 작용효과 면에서도 명확히 구별된다. 결국 출원발명은 선행발명으로부터 예측되는 효과 이상으로 현저하게 향상 진보된 새로운 작용효과가 있는 것으로 인정되므로 진보성이 인정된다(대법원 1997. 9. 26. 선고 96후825 판결).

[사례] 출원발명은, 숙도가 75~85%의 원료 매실을 선별하고 협잡물을 제거하여 세척한 다음 수분을 제거하여 컨테이너에 넣어서, -10℃에서는 급냉을 하고 -20℃에서는 완냉을, -25℃에서는 급냉으로 저속 동결하여 저장함을 특징으로 하는 열탕식 해동방법에 의한 매실엑기스의 추출방법이고, 선행발명은, 숙도가 80~85%의 매실을 채취하여 이를 세정한 후 물기를 뺀 매실을 -30~-40℃의 온도로 2~3시간 동안 급속냉동하여 이를 -2~-3℃의 온도 상태에서 컨테이너에 넣은 후 컨테이너를 적층하여 50kg의 무게로 2~3시간 눌러 15~20% 매실즙이 매실의 통기공을 통하여 추출되도록 한 것을 특징으로 하는 매실엑기스의 제조방법인 경우, 선행발명은 매실에서 즙(汁)을 추출할 때 매실의 외형에 손상을 가하지 아니하고 원형상태에서 매실즙을 추출한 다음 매실즙이 일부 추출된 매실을 식용재료로 재활용하기 위한 것인데 반하여, 출원발명은 매실의 외형에 손상을 가하여 매실즙만을 추출하고 나머지 찌꺼기는 폐기하는 것이어서, 결국 매실의 재활용 여부와 매실즙의 수율에서 차이가 날 것은 당연하며, 출원발명은 -10℃로 급냉, -20℃로 완냉, 다시 -25℃로 급냉하여 보관하는 것이고 선행발명은 -30~-40℃의 온도로 2~3시간 급속냉동하여 보관한다. 그런데 식물성 조직을 급속냉동할 경우 수많은 미세한 얼음입자가 세포조직의 내외에 골고루 분포되게 되어 해동시에 액즙의 유출이 적게 됨에 비하여, 저속냉동을 하면 세포와 세포 사이에 적은 수의 큰 얼음입자가 형성되며, 얼음입자가 생성되거나 성장할 때 수분이 세포 내에서 외부로 이동하게 되어 세포의 모양이 크게 변하고 형성된 얼음입자에 의한 기계적 손상으로 조직이 파손되게 되어, 해동시 파손된 조직 사이로 액즙의 유출이 많아지고, 결과적으로 매실즙의 수율이 높아지게 된다. 또한 선행발명에서는 냉동 보관된 매실을 -2~-3℃의 온도상태에서 착즙하는 것인 데 반하여, 출원발명에서는 25~30℃의 가열기포수로 해동을 시키므로 많은 양의 매실을 위치와 관계없이 짧은 시간 내에 골고루 해동시킬 수 있어 착즙의 수율이 월등히 높게 된다. 나아가 착즙시 선행발명은 매실을 콘테이너에 넣은 후 적층하여 50kg/㎠의 무게로 2~3시간 정도 눌러 15~20%의 매실즙이 추출되도록 하고 착즙을 한 매실은 식용 등으로 재활용할 수 있는 것임에 비하여, 출원발명은 100~200bar의 힘으로 눌러주어 착즙률을 65%로 하고, 사용된 매실은 찌꺼기만 남게 된다. 이러한 점들에서 양 발명은 기술적 구성이나 작용효과 등의 기술사상을 달리한다(대법원

1997. 12. 9. 선고 97후44 판결).

[사례] 제1항 발명의 마음가리(Clematis terniflora)는 미나리아재비과 으아리(Clematis)속에 속하는 식물의 종이고, 선행발명 1의 블랙 코오시(Cimicifuga racemosa)는 미나리아재비과 승마(Cimicifuga)속에 속하는 식물의 종이며, 선행발명 1의 미나리아재비과 할미꽃은 미나리아재비과의 할미꽃(Pulsatilla)속에 속하는 식물(선행발명 1에서 단지 미나리아재비과 할미꽃으로 기재되어 있어 할미꽃이 속을 말하는 것인지 종을 말하는 것인지는 명확하지 않다)을 말하는 것이므로, 제1항 발명과 선행발명 1을 대비하여 보면, 양 발명은 모두 미나리아재비과에 속하는 식물의 추출물이 스트레스를 개선 또는 완화하는 효능을 가진다는 점에서는 차이가 없지만, 제1항 발명은 미나리아재비과의 으아리속에 속하는 마음가리(으아리)의 추출물을 이용하는 것임에 비해, 선행발명 1은 미나리아재비과의 승마속에 속하는 승마 또는 할미꽃속에 속하는 할미꽃의 추출물을 이용한다는 점에서 차이가 있다. 선행발명 2에는 미나리아재비과가 쌍떡잎식물 미나리아재비목의 한과로 35속 1,500여종이 있음을 기재하고 있어 미나리아재비과에는 수많은 속, 종의 식물들이 존재함을 알 수 있으며, 통상 생약재로 사용되는 식물은 식물체의 특정 부위에 따라 필요로 하는 유효성분을 얻을 수 있고, 식물체의 어느 한 부위에 있는 유효성분이 동일한 식물의 다른 부위에 있을 것으로도 보기 어려우며, 제1항 발명이나 선행발명 1과 같이 미나리아재비과에 속하는 어느 종의 전체 식물체를 사용하는 경우라 하더라도, 식물의 어느 한 종이 특별한 효능을 가지고 있다고 하여 그 종이 속하는 속에 포함되는 모든 종이 동일한 효능을 가진다고 예측하기는 어렵고, 더 나아가 그 종이 속하는 과의 다른 속에 포함되는 모든 종이 동일한 효능을 가질 것이라고 예측하기는 더욱 어렵다 할 것이다. 따라서, 단지 승마속의 1종(Cimicifuga racemosa)이나 할미꽃(Pulsatilla)속에 속하는 식물만이 스트레스 완화 효과가 있음을 개시하고 있는 선행발명 1로부터, 속이 다른 으아리속의 마음가리 추출물이 스트레스 개선 또는 완화 효과를 발휘할 것이라고는 전혀 기대할 수 없다(특허심판원 2019. 3. 25.자 2018원662 심결).

(4) 재료의 결합에 특징이 있는 경우

식품 자체의 발명에 있어서 재료의 결합에 특징이 있는 경우 이들 재료가 공지된 것일 때에는 이들의 결합에 따른 상승적 효과의 여부 및 구성의 곤란성을 중심으로 진보성을 판단한다. 따라서 단순히 재료의 결합에 불과한 것일 때에는 진보성이 없는 것으로 보고 이들 재료를 선택, 결합하는 데 곤란성이 인정되거나 그에 따른 상승적 효과가 인정될 때에는 진보성이 있는 것으로 본다.

[판례] 대법원 1994. 6. 14. 선고 90후1420 판결, 1994. 4. 15. 선고 90후1567 판결

두 개 이상의 화합물을 소정 비율로 배합하여 제조한 조성물의 진보성은 그 조성물 자체의 작용효과 유무에 따라 판단되어야 하며, 비록 조성물을 구성하는 개개의 성분이 공지의 범주에 속하는 화합물이라 할지라도 이를 소정비율로 배합한 결과 종전에 예측할 수 없는 작용효과가 창출되었다면 이는 진보성이 있다.

[사례] 출원발명은, 어육을 주재료로 하여 제조되는 어묵에 있어서, 첨가되는 생약으로 인삼, 복령, 음양곽, 육계, 소엽, 황기 및 당기 중 적어도 하나를 포함하는 것을 특징으로 하는 생약이 첨가된 어묵이고, 선행발명은, 연육 65~70중량부, 해조밀가루 10~15중량부, 생약성분 15중량부, 소금 3중량부로 혼합하여 연육, 생맛살, 생면류를 제조하는 것을 특징으로 하는 생약성분이 함유된 연육제품의 제조방법인 경우, 양 발명은 생약이 첨가된 어묵을 제조하고자 하는 것으로 목적이 동일하고, 구성에 있어서도 선행발명은 어육(선행발명의 명세서에는 연육으로 표현되어 있으나 어육과 연육은 모두 생선살을 의미하는 것으로 양자 동일한 것이다)을 주재료로 하는 것이어서 동일하며, 또 선행발명에서는 생약성분의 하나로서 당귀를 사용하고 있는데, 출원발명에서는 생약성분으로 '인삼, 복령, 음양곽, 육계, 소엽, 황기 및 당기 중 적어도 하나'를 사용하고 있어 생약성분으로 당귀를 사용하는 부분의 발명은 선행발명에 의하여 공지된 것이고, 나머지 다른 생약성분들도 통상적으로 사용하는 생약성분에 불과한 것들이어서 특별한 차이점을 인정할 수 없다. 그러므로 출원발명의 구성은 어묵의 주재료가 선행발명과 동일하고, 생약성분도 선행발명에 의하여 그 사용이 공지된 것이거나 그와 별다른 차이점이 없는 것이어서 선행발명으로부터 쉽게 생각해낼 수 있는 정도의 것이다. 나아가 출원발명의 목적 및 구성이 선행발명과 동일한 정도이거나 그로부터 쉽게 생각해낼 수 있는 정도에 불과한 이상, 그 효과도 별다른 차이가 없다(특허심판원 2002. 9. 30.자 2001원1704 심결).

[사례] 출원발명은, 마늘 1~30중량%, 양파 10~50중량%, 생강 0.2~10중량%, 대추 5~40중량% 및 감귤류 과피 또는 이의 추출물 10~50중량%를 포함하는 양념 조성물이고, 선행발명은, 감귤류의 껍질을 건조하여 미분말로 하고, 이것에 건조하여 미분말로 한 고춧가루 분말과 참깨 등을 혼합한 향신료인 경우, 출원발명은 심장순환기 질환 예방을 통하여 건강증진에 유용한 양념조성물을 제공하는 것이고, 선행발명은 향, 맛 및 영양이 우수한 향신료를 제공하는 것이어서 구체적인 목적이 상이하다. 출원발명은 마늘, 양파, 생강, 대추 및 감귤류 과피를 구성요소로 하고, 선행발명은 감귤류 껍질 미분말, 고춧가루 분말 및 참깨를 구성요소로 하는 것이어서 양 발명의 구성요소 간에는 감귤류 과피만이 동일할 뿐 나머지 다른 구성요소들은 모두 상이하다. 더구나 출원발명에서 사용하는 마늘, 양파, 생강 및 대추 등은 출원발명의 명세서에서 개시한 바와 같이 모두 심장순환기 질환에 유용한 양념의 원료로서 심장순환기 질환 예방을 통한 건강증진에 직접적인 기능을 하는 것인 데 비하여 선행발명에는 고춧가루나 참깨 등에 대하여 그와 같은 기능을 개시한 바가 없고, 또 조성비에 있어서도 출원발명은 특정의 조성

비로 한정하고 있는 데 비하여 선행발명에서는 그 조성비에 관하여 기재되어 있지 아니하다. 결국 출원발명은 선행발명과 그 구성요소 및 조성비에서 차이가 있으므로 기술구성이 상이하다. 나아가 양 발명은 목적 및 구성이 상이하므로 효과 역시 당연히 상이하다(특허심판원 2002. 10. 31.자 2001원2341 심결).

[사례] 출원발명은, 음료 100㎖당 β-카로틴 0.1~30㎎, 인슐린 분비 촉진 아미노산으로서의 아르기닌 50~1000㎎, 탄수화물로서의 프럭토즈 3~10g 및 시트르산 400~800㎎을 포함하는 음료 형태의 영양보급 조성물이고, 선행발명은, 농도 1~55중량%의 과즙에 히스티딘, 리신, 아르기닌, 로이신, 이소로이신, 바린 또는 이들 염의 하나 또는 둘 이상의 아미노산류를 0.01~2.0g/ℓ, 비타민 E를 1~150㎎/ℓ 함유하는 것을 특징으로 하는 과즙음료 조성물인 경우, 출원발명은 인슐린 분비 촉진 아미노산과 항산화작용을 갖는 식품소재를 필수성분으로 하고, 기타 식품소재로 유기산 및 탄수화물과 같은 감미제를 임의로 포함하는 발명이며, 선행발명은 과즙에 히스티딘, 리신, 아르기닌, 로이신, 이소로이신, 바린 등의 아미노산과 비타민 E를 첨가한 과즙음료 조성물로서 출원발명의 필수구성요소 중 하나인 인슐린 분비 촉진 아미노산으로서의 아르기닌은 선행발명에 열거된 아미노산과 동일하고, 출원발명의 다른 필수구성요소인 항산화작용을 갖는 식품소재인 β-카로틴은 선행발명의 비타민 E와 별다른 차이가 없는 물질임을 알 수 있어 양 발명은 그 필수구성요소가 동일한 범주의 것이고, 또 그 조성물이 음료의 형태인 점도 동일하다. 또한 선행발명은 당류 및 유기산 등을 추가로 포함할 수 있다고 기재되어 있다. 그렇다면 출원발명은 그 구성요소가 선행발명에 의하여 모두 개시되어 있으므로 구성에서 별다른 차이가 없다. 다만, 출원발명은 운동시 체력을 유지시키고, 운동 후 체력을 빨리 회복할 수 있도록 하는 것 이외에 체내에 형성되는 라디칼 발생을 방지함으로써 병적 상태가 되지 않도록 하는 것을 발명의 목적으로 하고 있으나 선행발명 역시 스포츠나 근육운동 후에 피로회복 등을 위하여 마시는 음료인 점을 고려할 때, 출원발명의 목적은 그 음료가 수행하는 기능을 단순히 발견한 것에 불과한 것이어서 그 자체만으로는 특허를 받을 수 없다(특허심판원 2002. 10. 31.자 2001원1802 심결).

[사례] 출원발명은, 어성초 20~30중량%, 삼백초 10~30중량%, 쑥 5~15중량% 및 신선초 30~50중량%를 상기 원료의 3배되는 정수에 혼합하여 70℃의 열수 중에서 24시간 추출하고 이를 다시 원심분리하여 상층액을 수득하고 이를 90~100℃에서 48시간 가열농축시킴을 특징으로 하는 건강보조식품용 생약재 추출 조성물의 제조방법이고, 선행발명은 감초, 갈근, 띠뿌리, 삼백초, 호깨나무들을 정선 세정하여 각각 20부씩 혼합한 후 여기에 전체 중량의 약 0.2~0.3중량%의 현미유, 0.2~0.3중량%의 구연산을 첨가하여 상기 총중량의 약 5배 이상의 충분한 물을 붓고 100~120℃로 유지하는 솥에서 약 3시간 동안 가열하여 추출액을 얻고 이를 여과한 것으로 구성됨을 특징으로 하는 건강음료의 제조방법인 경우, 양 발명은 모두 생약재를

원료로 한 건강보조식품의 제조방법에 관한 것이어서 발명의 산업상 이용분야는 동일하나, 발명의 목적에 있어 출원발명은 음료나 빙과류에 첨가할 수 있는 알칼리성 건강보조식품을 제조하고자 하는 것인 데 비해 선행발명은 음주로 인한 두통 및 구토를 개선하기 위한 건강음료수를 제조하기 위한 것이므로 차이가 있다. 발명의 구성에 있어 출원발명은 어성초, 삼백초, 쑥 및 신선초를 생약재 재료로 하는 데 비해 선행발명은 감초, 갈근, 띠뿌리, 삼백초 및 호깨나무를 생약재 재료로 하는 것이므로 양 발명은 삼백초를 사용하는 점에서만 동일할 뿐 다른 생약재 재료들에서는 차이가 있고, 더구나 출원발명의 삼백초를 제외한 어성초, 쑥, 신선초들이 출원발명과 같은 목적을 갖는 건강보조식품 분야에서 통상적으로 널리 사용되어온 생약재 재료임이 입증되거나 추정할 수 있는 증거도 없으며, 그밖에 선행발명은 상기 생약재 재료 이외에 현미유를 추가로 첨가하는 점 등에서도 차이가 있으므로 양 발명은 그 조성성분에서 큰 차이가 있다(특허심판원 2003. 6. 30.자 2002원2278 심결).

[사례] 출원발명은, 오미자, 호박, 맥문동, 황기 및 인삼 각각 60g에 증류수 1500㎖를 첨가하여 2시간 30분 동안 약탕기에서 추출한 후 가제로 1차 여과하고 8000×g에서 15분간 원심분리하여 한약재 혼합추출물을 제조하고, 콩가루 100g에 증류수 1000㎖를 첨가하여 10%(w/v) 두유액을 제조하여 40분간 끓인 다음 여과 분리한 두유를 92℃까지 냉각한 두유액에 상기 한약재 혼합 추출물을 10%(v/v) 첨가하여 두부를 제조함을 특징으로 하는 한약재 추출물을 응고제로 한 두부 제조방법이고, 선행발명은, 두부제조용 대두를 선별하여 세척하는 제1공정, 세척한 대두를 마쇄기로 서서히 마쇄하여 여과하는 제2공정, 여과한 두유의 각종효소의 작용을 실활시키기 위하여 끓여 열처리하는 제3공정, 열처리하여 각종 효소활성이 실활된 두유를 응고시키기 위하여 천연물질 오미자 엑기스 여과액을 두유단백질응고제로서 부피비율로 5~10%(v/v)첨가하고, 응고제의 첨가시 열처리된 두유액의 온도는 30~70℃범위로 하는 제4공정, 1시간 정도 숙성한 후 으깬 다음 압착성형하여 일반두부로 제품화하는 제5공정으로 이루어진 오미자 엑기스를 응고제로 이용한 두부의 제조방법인 경우, 양 발명은 일반응고제 대용으로 오미자추출물 등의 유기응고제를 사용하여 두부를 제조한다는 점에서 목적이 동일하다. 선행발명은 오미자 단독추출물을 사용함으로써 PH가 낮고 반드시 으깨기 공정 및 압착 탈수하는 공정을 거쳐야 하나, 출원발명은 오미자 외에도 맥문동, 호박, 황기, 인삼 한약재 혼합추출물을 두부응고제로 사용하고 으깨기 공정을 거치지 않으므로 재료 및 공정에 차이가 있고, 오미자 추출물의 농도가 선행발명은 10~20%(v/v)이나 출원발명은 2%(v/v)에 불과한 차이가 있으며, 응고 메카니즘이 선행발명은 오미자의 염화물이나 출원발명은 오미자 등 5종의 한약재의 염화물 + 호박의 섬유소인 차이가 있고, 응고온도가 선행발명은 30~70℃이나 출원발명은 92℃ 이상인 차이가 있으므로 기술구성이 상이하다. 나아가 출원발명은 기능성이 있는 백색 두부를 제공하여 간 기능장애 회복능, 혈중 콜레스테롤 저하, 고지혈증 치료능 등의 효과가 있는 데 비해, 선행발명은 색감이 양호한 적백색 두부를 제공하여 두부식품 선호도와 식욕을 향상시키는

효과가 있는 것이어서 효과도 상이하다(특허심판원 2004. 7. 1.자 2003원1147 심결).

[사례] 출원발명이, 정육 50~70g과 양파 100~130g을 혼합하여 미분쇄한 것을 고추장 1kg에 첨가하여 혼합하고 이를 설탕, 참깨와 혼합한 후 100~110℃에서 약 30분간 숙성시켜서 맛 고추장을 제조하는 방법인 경우, 전통적으로 우리나라의 가정에서 마늘, 파, 양파, 정육 등을 혼합 분쇄한 후 고추장과 혼합하여 볶아서 영양과 보존성을 좋게 한 관용기술과 비교하여 특별한 차이가 없고, 각 가정에서 필요에 따라 양념의 종류를 선택, 사용하여 온 점에 비추어 출원발명에서 양파와 정육을 사용하는 것은 전통적으로 고추장을 볶아서 먹는 관용기술의 범위를 벗어나지 않는 것으로 인정되므로, 출원발명은 전통적으로 우리 가정에서 공연히 실시하고 있는 관용기술로부터 쉽게 발명할 수 있다(대법원 1997. 11. 28. 선고 96후2128 판결).

[사례] 출원발명은, 소맥분에 녹용, 인삼, 황기 등 생약재를 혼합하여 자연염을 녹인 물로 반죽하여 통상적인 방법으로 국수를 제조하는 방법이고, 선행발명은, 명일엽을 소맥분과 섞어 소금물로 반죽하여 국수를 제조하는 방법인 경우, 양 발명은 다같이 소맥분에 한약재를 혼합하여 소금물로 반죽하여 국수를 만드는 기본적인 방법이 동일하고, 다만 출원발명은 녹용, 인삼, 황기, 백출, 감초 등을 첨가하고, 선행발명은 명일엽을 첨가한 차이가 있으나 통상의 기술자가 소맥분에 명일엽 대신 녹용, 인삼, 황기, 백출, 감초 등을 첨가하여 국수를 제조하는 것이 기술적으로 곤란하다거나 이들 물질의 첨가에 따른 예상하지 못한 각별한 효과가 있다고 보이지도 아니하여, 결국 통상의 기술자가 선행발명으로부터 구성재료를 단순 치환함으로써 쉽게 발명할 수 있다(대법원 1998. 2. 24. 선고 97후2385 판결).

[사례] 출원발명은, 선정된 20종의 식물뿌리류와, 선정된 17종의 씨와 열매류와, 3종의 해초류를 자연 건조시켜 식물뿌리류와 씨와 열매류와 해초류의 건조물이 중량비로 50 : 42.5 : 7.5의 비율이 되게 혼합하여 같이 분쇄함으로써 종합 분말체를 얻고 이를 소 쓸개즙과 증류주를 3 : 1 비율로 혼합하여서 만든 혼합액으로 반죽을 하여 환(丸)으로 제조하고 10일정도 그늘에서 건조시켜 얻어지는 소 쓸개즙을 함유한 건강식품의 제조방법이고, 선행발명은, 우담즙액과 봉담즙액을 가열 농축하여서 된 담즙점액을 황련근, 목향, 초과종자, 사인, 감초, 무씨, 위낭을 건조 분말한 것에 가입 혼합하고 이를 건조한 후 다시 분말화하여 인삼수와 봉밀을 혼입하여서 정제로 만드는 것을 특징으로 하는 담즙을 분말로 하는 위장강화제의 제조법인 경우, 목적에 있어서, 양 발명은 복용하기 좋은 알(丸)을 만든다는 점에서는 동일하나, 출원발명은 각종 영양소가 골고루 함유된 건강보조식품을 제공하는 것임에 대하여 선행발명은 위장강화제를 제공하는 것이므로 구체적인 제조 대상물에 있어서는 차이가 있고, 구성에 있어서, 양 발명은 구성성분의 일부로서 황련근(연뿌리)을 사용하고 있고, 고체 형태의 구성성분(출원발명에서는 40가지의 식물뿌리, 씨·열매, 해초이고, 선행발명에서는 황련근, 목향, 초과종자, 사인, 감초, 무씨, 위낭이다)

에 대하여 열을 가하지 않고 건조하여 분말화한 다음 알(丸) 형태로 제조하며, 환제로 만들기 위하여 소 쓸개즙(우담즙액)을 사용한다는 점에서는 동일하나, 출원발명이 40종의 식물뿌리, 씨·열매, 해초를 사용하고 있으며 모두 같은 무게로 사용함에 대하여, 선행발명은 황련근을 제외하고는 출원발명이 사용하는 성분을 사용하지 아니하며, 출원발명에서는 소 쓸개즙과 증류주를 3 : 1의 비율로 혼합하여 사용함에 대하여, 선행발명은 소 쓸개즙과 봉담즙을 가열 농축하고 나중에 인삼수와 봉밀을 추가로 사용한다는 차이가 있으나, 위와 같은 제조 대상물 및 구성의 차이에 기술적인 어려움이 있다거나 현저히 증진된 효과가 있다고 할 수 없으므로, 결국 출원발명은 통상의 기술자가 선행발명과 주지의 기술로부터 쉽게 발명할 수 있다(대법원 2001. 9. 4. 선고 99후1652 판결).

[사례] 선행발명 1의 경우 시레기의 불림 조작 시 베이킹파우더를 넣는 이유가 베이킹파우더의 식품 조직세포 연화작용을 이용하여 조직감이 연화된 무청 시래기 간장조림을 제조함에 있는데 이는 구성요소 1에서 장조림의 식감이 무르지 않도록 하는 것과 기술적 과제 및 효과에 있어 상반되기 때문에, 통상의 기술자라 하여도 구성요소 1을 선행발명 1로부터 쉽게 상도할 수 있다고 할 수 없다. 나아가 선행발명 2로부터도 구성요소 1에 상응하는 기술내용을 찾아볼 수 없다. 그리고 돼지고기의 양념에 국화꽃을 사용할 경우, 나물 장조림에 국화향이 부가되는 효과는 종래 국화꽃이 차 등으로 널리 이용된 사실의 연장선상에 있는 정도의 것이라고 할 수 있으나, 나물 장조림 제조 시 투입되는 돼지고기의 양념에 국화꽃을 포함함으로써 돼지고기 특유의 누린내와 잡냄새를 없애주는 효과는 국화향의 작용에 기초한 진일보한 구성상 착안 및 그 효과 확인에 따른 것으로 인정된다. 또한 돼지고기를 볶을 때 돼지기름을 투입하는 경우에 있어서도, 나물 장조림에 돼지기름의 고소한 맛을 부여하는 효과는 통상의 기술자에게 자명한 정도의 것이지만, 이와 돼지기름에 의하여 청양고추의 매운맛을 순화시키는 효과는 돼지기름의 별개의 속성에 기초한 것으로 보인다(특허심판원 2019. 11 25.자 2018원3401 심결).

(5) 제조방법으로 특정된 물건 발명의 경우

제조방법으로 특정된 물건 발명의 경우 그 제조방법에 의해서만 물건을 특정할 수밖에 없는 등의 특별한 사정이 없는 이상 그 제조방법 자체는 고려할 필요 없이 그러한 방법으로 제조된 '물건 자체'의 구성을 대비하여 진보성 등이 있는지 여부를 판단하는 것이 일반적이나, 식품 발명의 경우에는 제조방법에 따라 최종 생산물인 식품의 물성·특성·구조 등이 달라지는 경우가 있으므로 이를 고려하여 진보성 등이 있는지 여부를 판단하도록 한다.

[사례] 출원발명이 케나프 차를 청구하면서 청구항에는 '60℃**에서 45분간 가열처리하고** 6

0℃에서 30~45분 동안 1.6kW의 원적외선을 조사하여 무기질 함량이 증가된 케나프 잎을 유효성분으로 함유'한다고 기재한 경우, 발명의 설명의 기재로부터 상기 제조방법에 의해 케나프 차의 무기질 함량이 현격히 증가된다는 사실이 확인된다면 이를 토대로 그 방법에 의해 제조된 케나프 차의 특질변화를 인정하여 진보성을 인정할 수 있다.

[사례] 선행발명의 실시예의 추출온도(40℃)는 하나의 바람직한 일 실시예에 불과한 것일 뿐 선행발명의 청구범위 등에 추출온도가 20~120℃라고 명시적으로 기재되어 있는 이상, 선행발명의 추출온도가 30℃ 미만의 실온을 배제하는 것으로 볼 수 없다. 또한 출원발명이 속하는 천연식물 추출물 분야에서, 추출온도는 통상의 기술자가 최적의 온도범위를 찾아내는 반복실험 등으로 용이하게 한정할 수 있는 것으로 보아야 하고, 또한 추출온도에 따라 추출되는 성분에 현저한 차이가 없다는 것도 통상의 기술자의 기술상식에 해당하므로, 비록 선행발명에 30℃ 미만의 실온에서 추출한 구체적인 실시예의 기재가 없더라도 통상의 기술자라면 선행발명의 추출온도 범위로부터 제1항 발명의 추출온도를 선택하여 NO production(%)을 확인해보는 정도는 용이하게 할 수 있는 것으로 보아야 한다. 또한, 제1항 발명과 선행발명은 모두 면역 증강용(면역 증강 활성) 조성물이므로 제1항 발명이 선행발명에 비하여 효과의 현저성이 인정되기 위해서는 면역 증강 효과에서 현저한 차이를 나타내어야 하는 것인데, 출원발명의 명세서에는, 도 2에 도시된 바와 같이, '30℃'와 '30℃ 미만의 실온'에서 측정한 NO production(%)만 기재되어 있을 뿐 면역 증강 효과가 선행발명에 비해 현저한 차이가 나타나는 것으로 인정할 만한 아무런 기재가 없으므로, 도 2의 한 포인트의 온도에 대한 NO production(%)의 실험결과만으로 발명이 선행발명에 비해 면역 증강 효과에서 현저히 차이를 나타내는 것으로 볼 수도 없다(특허심판원 2019. 8. 28.자 2018원4283 심결).

[사례] 제1항 발명은 죽의 영양, 조직감을 향상시키기 위해 닭가슴살을 데쳐 동결건조 후 분태화하여 첨가하고 다양한 야채 및 잔멸치를 데친 후 열풍 건조하여 0.1~5mm 크기로 절단하여 첨가하는 것이나, 선행발명 1은 닭가슴살이나 잔멸치에 대한 기재가 없고 채소를 동결건조하여 분말화하여 첨가할 뿐이다. 비록 선행발명 2에 영유아식의 제조 시 닭가슴살을 데쳐 분쇄하여 첨가할 수 있다고 기재되어 있기는 하나, 선행발명 1은 생식 조성물로서 곡류와 채소류를 익히지 않고 분말상태로 제조하는 것이어서, 통상의 기술자가 선행발명 1의 생식 조성물에 선행발명 2의 익힌 닭가슴살이나 제조 시 일반적으로 물에 데치는 공정을 거치는 잔멸치를 선택, 첨가하여 제1항 발명의 구성을 도출하기는 어렵다(특허심판원 2018. 12 18.자 2017원5725 심결).

[사례] 출원발명은 알카라제(Alcalase) 및 뉴트라제(Neutrase)를 이용하여 가수분해한 전복 내장 가수분해물을 유효성분으로 포함하는 잔틴 옥시다아제 저해용 조성물에 관한 것으로, 제1

항 발명은 전복 내장 가수분해물을 유효성분으로 하여 잔틴 옥시다아제 저해용 용도를 청구하는 것인데, 선행발명 1은 인지기능장애 예방 또는 개선용 용도에 관한 것으로서, 양 발명은 그 용도가 잔틴 옥시다아제 저해용과 인지기능장애 예방 또는 개선용으로서 상이하다. 한편, 선행발명 2에 잔틴옥시다아제 저해용 용도가 기재되어 있기는 하나, 그 활성을 나타내는 유효성분이 해조류 추출물로서 선행발명 1의 유효성분인 전복 내장 가수분해물과 전혀 다르다. 또한, 전복의 먹이가 해조류라고 하여 해조류 추출물의 잔틴 옥시다아제 활성이 전복 내장 가수분해물에도 존재한다고 볼 아무런 근거가 없는바, 선행발명 1, 2로부터 제1항 발명의 잔틴옥시다아제 저해용 용도를 쉽게 도출할 수는 없다(특허심판원 2019. 1. 22.자 2017원3673 심결).

6.3.2. 진보성 판단시 유의사항

(1) 선택발명의 진보성 판단

① 공지기술로부터 실험적으로 최적 또는 호적한 것을 선택하는 것은 일반적으로 통상의 기술자의 통상의 창작능력의 발휘에 해당하여 진보성이 인정되지 않는다.

② 다만, 선택발명이 선행발명이 가진 효과에 비하여 유리한 효과를 가질 경우에는 그 선택발명은 진보성이 인정된다.

[용어] 선택발명이란 선행발명에는 상위개념으로 표현되어 있으나 청구항에 기재된 발명에는 하위개념으로 표현된 발명으로, 선행발명에는 직접적으로 개시되어 있지 않은 사항을 발명의 구성에 없어서는 아니 되는 사항으로 하여 선택한 발명으로서, 선행발명에 기재된 효과에 비하여 우수한 작용효과를 가져오는 발명을 의미한다. 결국 구성요건 중의 전부 또는 일부가 상위개념으로 구성되어 있는 선행발명에 대해 그 상위개념에 포함되는 하위개념으로 선행발명 기재의 명세서 또는 문헌에 구체적으로 제시되어 있지 않은 것을 구성요소로 하여 선택하는 것에 상당하는 발명을 의미한다.

[설명] 선행발명 A의 명세서 본문에는 a1, a2에 대하여만 개시되어 있었는데, 후에 A의 개념에 포함되는 a3를 선택하여 a1이나 a2에 비하여 뛰어난 작용효과를 달성하였을 때 a3의 발명을 선택발명이라고 한다.

[연구] 선택발명이라는 것은 상위개념으로 표현된 발명 또는 사실상 혹은 형식상의 선택지로 표현된 발명으로부터, 그 상위개념에 포함된 하위개념으로 표현된 발명 또는 당해 선택지의 일부를 발명을 특정하기 위한 사항 및 가정한 때의 발명을 선택한 것이고, 전자의 발명에 의해 신규성이 부정되지 않고 게다가 물(物)의 구성에 기초한 효과의 예측이 곤란한 기술분야

에 속하는 발명을 말한다(일본 심사운용지침).

[연구] 상위개념에 포함된 많은 가능성 가운데 특정의 물질, 조건, 수치범위를 선택하는 발명의 진보성은 그것에 의해 예기되지 않은 현저한 효과가 달성되는가의 여부로 판단된다(EPO 심사실무가이드 참조).

[분석] 선택발명이 진보성을 가지기 위해서는 선행발명 명세서에서 구체적으로 개시되어 있지 않은 것을 구성요소로 하고, 상위개념으로 기재되어 있는 선행발명이 의도하지 않았던 새로운 기술적 과제를 해결하거나 선행발명에 비하여 현저한 특유의 효과를 가져야 하고, 선택발명에서 상위개념의 선행발명을 인식한 경우라면 선택발명과 선행발명 사이에 단순히 작용효과상의 현저한 차이가 있다는 추상적인 주장만으로는 부족하며, 적어도 선택발명의 명세서 중에 선행발명 명세서에서 전혀 교시하는 바가 없는 현저한 작용효과가 직접적이고도 명료하게 개시되어 있어야 한다.

[분석] 선택발명의 신규성과 진보성에 대한 논의는 ① 제1의 성립요건인 '선행문헌에 구체적으로 개시되어 있지 않은 것'이 신규성의 문제이고, 제2의 성립요건인 '선행발명이 갖는 효과와 다른 현저한 이질의 효과, 또는 동질이지만 현저히 우수한 효과를 갖는 것'이 진보성의 문제라고 하여 신규성과 진보성을 구분하는 설, ② 제1, 제2의 성립요건 어느 것도 신규성 내지 진보성의 문제라고 하는 견해 즉, 선택발명에 있어서 신규성 및 진보성의 요건은 선택발명의 성립요건을 모두 만족하는 때에 동시에 만족되어지는 것이 된다는 설로 구분된다. 일반적으로 미국과 유럽에서는 상기 ②의 견해가 주류를 이루고 있는 데 비해, 일본에서는 상기 ①의 견해와 ②의 견해가 양립하고 있다.

[분석] 하위개념의 발명이 상위개념의 발명의 범위에 포함되어 있어도, 하위개념의 발명이 신규하고 또한 상위개념의 발명에는 없는 별개의 기술과제를 해결하고 있으면 선택발명으로 인정되어 특허 받을 수 있다.

[적용] 선택발명의 작용효과와 관련하여 추상적으로 단순히 작용효과상의 현저한 차이가 있다고 주장하는 경우에는 선택발명의 요건을 충족할 수 없다. 따라서 선택발명을 주장하고자 하는 출원에 있어서는 통상의 출원 이상으로 당초의 명세서에 수치를 한정하는 등으로 작용효과를 구체적으로 기재하여야 한다.

[적용] 선택발명과 관련하여, 출원발명에 상위개념 발명의 예시가 많으면 선택발명이 별도로 성립할 가능성이 낮아지므로 강한 권리라고 할 수 있고, 반대로 상위개념 발명의 예시가 적으면 선택발명이 별도로 성립할 가능성이 높아지므로 약한 권리라고 할 수 있다.

[실무] 일반적으로 선택발명은 선행발명 기재의 명세서 또는 문헌 중에 제시되어 있지 않은 현저한 효과를 거두는 경우에는 진보성이 인정되고, 그렇지 않은 경우에는 진보성이 없거나 선행발명과 동일한 것으로 인정된다. 현저한 효과에는 효과가 이질적인 경우와, 동질이며 현저한 피크적 효과를 거두는 경우를 들 수 있고, 현저한 효과는 명세서 중에 직접 명백하게 기재되어야 한다.

[판례] 특허법원 2008. 1. 18. 선고 2006허6303,8330 판결

선택발명이란 선행 또는 공지의 발명에 구성요건이 상위개념으로 기재되어 있고 위 상위개념에 포함되는 하위개념을 구성요건 중의 전부 또는 일부로 하는 발명을 말한다.

◇ 특허법원 2002. 9. 13. 선고 2001허997 판결

선택발명이라 함은 주로 화학발명의 분야에서 이루어지는 것으로서, 선행발명 또는 공지의 기술을 상위개념으로 하여 그 하위개념인 범위 내에서, 선행발명 등의 문헌에 구체적으로 개시되어 있지 않은 하위개념을 구성요건으로 하는 발명으로서, 원칙적으로 선행발명의 범위에 포함되는 것이어서 공지의 것이므로 신규성이 부정되어 특허성을 가질 수 없는 것이지만, 예외적으로 선행발명이 예측하지 아니한 현저한 효과를 갖는 경우에 한하여 특허성을 갖는 발명을 말하는 것이며, 여기서 말하는 현저한 효과란 단순히 선행발명이 예측한 정도보다 다소 나은 정도의 효과가 아니라, 선행발명에서 인식한 정도와는 현저하게 달라서 그것이 선행발명의 효과와 동종의 것인지 아니면 이종의 것인지를 묻지 아니하고, 선행발명과는 별도의 새로운 특허를 부여할 만한 새로운 발명이라고 할 수 있을 정도의 것을 의미한다.

[판례] 대법원 2002. 12. 26. 선고 2001후2375 판결

선행 또는 공지의 발명에 구성요건이 상위개념으로 기재되어 있고 위 상위개념에 포함되는 하위개념만으로 구성된 특허발명에 예측할 수 없는 현저한 효과가 있음을 인정하기 어려워 통상의 기술자가 공지의 발명으로부터 특허발명을 쉽게 발명해낼 수 있는 경우라 하더라도 선행발명에 특허발명을 구성하는 하위개념이 구체적으로 개시되어 있지 않았다면 원칙적으로 그 특허발명이 출원 전에 공지된 발명과 동일성이 있는 것이라고 할 수 없어 신규성이 있는 발명에 해당한다.

[판례] 대법원 2007. 1. 26. 선고 2005후582 판결, 2003. 4. 25. 선고 2001후2740 판결

선행 또는 공지의 발명에 구성요건이 상위개념으로 기재되어 있고 위 상위개념에 포함되는 하위개념만을 구성요건 중의 전부 또는 일부로 하는 선택발명은, 첫째, 선행발명이 선택발명을 구성하는 하위개념을 구체적으로 개시하지 않고 있으면서, 둘째, 선택발명에 포함되는 하위개념들 모두가 선행발명이 갖는 효과와 질적으로 다른 효과를 갖고 있거나, 질적인 차이가 없더라도 양적으로 현저한 차이가 있는 경우에 한하여 특허를 받을 수 있고, 이때 선택발명의 설명에는 선행발명에 비하여 위와 같은 효과가 있음을 명확히 기재하면 충분하고, 그 효과의 현저함을 구체적으로 확인할 수 있는 비교실험자료까지 기재하여야 하는 것은 아니며, 만일 그 효과가 의심스러울 때에는 출원일 이후에 출원인이 구체적인 비교실험자료를 제출하는 등의 방법에 의하여 그 효과를 구체적으로 주장·입증하면 된다.

[분석] 추후 실험을 통해 입증된 효과는 원래 출원서에 기재된 효과에 대한 정량적 자료 또는 비교실험데이터 등의 입증자료만이 인정된다.

◇ 특허법원 2008. 1. 18. 선고 2006허6303,8330 판결

선택발명은 첫째, 선행발명이 선택발명을 구성하는 하위개념을 구체적으로 개시하지 않고 있으면서, 둘째, 선택발명에 포함되는 하위개념들 모두가 선행발명이 갖는 효과와 질적으로 다른 효과가 있거나, 질적인 차이가 없더라도 양적으로 현저한 차이가 있는 경우에 한하여 특허를 받을 수 있다. 위 첫째 요건은 선택발명의 신규성 문제이고, 뒤 둘째 요건은 선택발명의 진보성 문제이므로, 선택발명이 선행발명에 구체적으로 개시되어 있는 것이라면, 비록 선행발명의 명세서에 명시적으로 기재되어 있거나 이로부터 통상의 기술자가 예측할 수 있는 효과에 비하여 현저하게 이질적이거나 양적으로 우수하여 유용성이 크다 하더라도, 이질적 효과를 기초로 한 별도의 용도발명이 성립하지 않는 한 특허가 부여될 수 없는바, 이는 이러한 발명이 이미 공지된 발명에 대한 단순한 효과의 확인에 지나지 않는 것이어서 산업발전에 기여하는 정도가 미미하기 때문이다.

[연구] 선택발명이 선행발명에 개시되어 있지 않은 질적으로 다르거나 질적으로 같지만 선행발명의 포괄적인 개념과 비교하여 현저하고 통상의 기술자가 선행발명의 기재로부터 예측가능한 정도가 아닌 유용한 효과는 진보성이 있다(일본 심사운용지침).

[연구] 선택발명 내에서도 치환기 정의에 따라 다양한 형태의 화합물이 존재하는 경우, 선택발명의 일 실시예 화합물의 효과만으로는 부족하고 선택발명 화합물에 포함되는 모든 화합물이 선행발명에 비해 현저한 효과가 있다고 인정되거나 적어도 추인되어야 할 것이다(특허심판원 2000. 6. 12.자 99원1594 심결).

[분석] 선택발명에서는 그 청구하는 물질 모두의 효과가 입증되어야 하므로 어느 하나라도

효과가 입증되지 않는 경우에는 특허 받을 수 없다. 일반적으로 선택발명의 구체적 실시태양은 모두 다 선행발명에 비해 예측할 수 없는 효과를 가져야 한다.

[사례] 제16항 발명은 상위개념의 화합물인 선행발명의 하위개념에 해당하는 선택발명인데, 특허발명의 설명에는 특허발명이 테스토스테론-5α-환원효소 억제효과를 가진 선행발명인 선행발명에 비하여 '매우 우수하다'는 점만을 대비하여 기재하고 있을 뿐임을 알 수 있는바, 이와 같은 기재만으로는 통상의 기술자가 제16항 발명이 선행발명에 비하여 질적으로 다른 또는 양적으로 현저한 효과를 가진다는 사실을 이해할 수 있을 정도로 명확하고 충분하게 기재하였다고 할 수 없다. 따라서 원심이 특허발명의 명세서에 선행발명의 실시예에 비하여 테스토스테론-5α-환원효소 억제효과가 현저하게 우수하다고 볼 수 있는 적어도 하나의 대비결과를 정량적인 수치로 기재할 것을 요구하였음은 적절하지 아니하지만, 제16항 발명이 선택발명으로서의 명세서 기재요건을 충족하지 못하였다고 한 판단은 결론에 있어서 타당하다(대법원 2007. 9. 6. 선고 2005후3338 판결).

[분석] 정성적 기재의 경우 단순히 '효과가 우수하다'와 같은 정성적이고 추상적인 기재만 있는 경우에는 효과의 기재가 불명확한 것으로 판단한다.

[분석] 정성적 기재와 함께 실험대상물이 다수인 경우 실험대상물을 구체적으로 특정하고, 실험방법과 조건을 구체적으로 제시하며, 이러한 효과로 인하여 선행발명으로는 해결하지 못한 과제를 해결할 수 있음이 기재되어 있는 등으로, 정량적 기재가 없더라도 통상의 기술자가 이러한 기재를 통하여 선행발명의 효과보다 양적으로 현저하게 우수하다는 점을 예측할 수 있다면, 효과의 기재가 명확하다고 볼 수 있다.

[판례] 특허법원 2008. 1. 18. 선고 2006허6303,8330 판결

선택발명에 있어서 효과의 기재를 엄격하게 요구하는 것은, 특허법이 규정하고 있는 발명의 카테고리 내지 범주(물건의 발명, 물건을 생산하는 방법의 발명, 방법의 발명)에는 속하지 아니하지만, 가치 있는 범위나 용도를 발견한 것을 근거로 특허를 부여하는 수치한정 발명이나 의약의 용도발명에서 있어서 발명의 설명에 엄격한 효과의 기재를 요구하는 것과의 균형을 고려하더라도 합리적인 것이다. 따라서 선택발명의 명세서에 '특별하고도 현저한 효과'가 명확하게 기재되었는지 여부는, 통상의 기술자가 선행발명과 선택발명을 대비하는 실험(선택발명에 있어서는 이러한 실험은 '발명'에 준하는 것이다)을 거치지 아니하고 선행발명(명세서 또는 문헌 등 선행발명을 인식할 수 있는 자료)과 선택발명의 명세서 기재만을 서로 비교하여, 선택발명이 선행발명에 비하여 '특별하고도 현저한 효과'가 있음을 알 수 있을 정도로 명확한지 여부로 판단하여야 한다. 왜냐하면 선택발명의 명세서 자체만으로 선행발명과의 현저한 효과 차이를 알 수 있어야, 발명자가 선택발명으로서의 가치를 인식하고 발명을 완성하였는지 여부와 통상의 기술자가 명세서를 통하여 선택발명의 가치를 인식하고 이를 실시할 수 있을 것인지를 확인할 수 있기 때문이다. 선택발명의 효과가 선행발명의 효과와는 다른 성질의 것이라면(이질적 효과) 그 효과의 내용과 유용성을 기재하는 것(정성적 기재)만으로도 선택발명의 '특별하고도 현저한 효과'를 인식할 수 있으므로 명세서 기재요건을 충족한다고 볼 수 있다. 선택발명의 효과에 대한 정성적 기재만 있고 정량적 기재가 없다면 선행발명의 효과와의 양적 차이를 알기 어렵기 때문에, 동질의 효과에 있어서는 원칙적으로 정량적 기재가 필요하다. 그러나 정성적 기재와 함께, 실험대상물이 다수인 경우 실험대상물을 구체적으로 특정하고, 실험방법과 조건을 구체적으로 제시하며, 이러한 효과로 인하여 선행발명으로는 해결하지 못한 과제를 해결할 수 있음이 기재되어 있는 등으로, 정량적 기재가 없더라도 통상의 기술자가 이러한 기재를 통하여 선행발명의 효과보다 양적으로 현저하게 우수하다는 점을 예측할 수 있다면, 효과의 기재가 명확하다고 볼 수 있다.

[판례] 특허법원 2001. 7. 13. 선고 2000허5551 판결

선택발명의 경우에 있어서 명세서에는 선행발명에 비하여 현저한 효과가 있음이 명확하게 기재되어 있으면 족하고 이를 확인할 수 있는 구체적인 비교실험데이터까지 기재할 필요는 없으며, 그 효과에 의심이 있는 경우에는 비로소 구체적인 비교실험데이터 등 그 효과를 뒷받침하는 자료를 출원 후에 제출하는 것도 허용된다.

◇ 특허법원 2005. 11. 3. 선고 2004허6521 판결

선택발명자는 선행발명에 비하여 이질적인 효과를 가지는 선택발명의 경우에는 그 이질적인 효과의 구체적 내용을 기재하고, 동질이면서 현저한 효과를 가지는 선택발명의 경우에는 선행발명에 비하여 우수한 효과를 객관적으로 인식할 수 있는 적어도 하나의 구체적 대비결과를 명세서에 제시함으로써, 자신이 선택발명의 출원 당시에 실제로 발명의 완성에 이르렀음을 통상의 기술자가 알 수 있도록 해야 한다. 다시 말하면, 적어도 발명자가 자신의 발명이 선택발명에 해당한다는 것을 인식하고 있는 이상, 선택발명인 물질발명에 있어 발명자가 선택발명의 효과를 인식했다는 것은 일반 물질발명의 경우와 같이 특정한 물질이 실제로 생성 가능하다는 점을 인식한 것만으로 충분한 것이 아니라, 그 물질이 선행발명과 대비하여 구체적으로 어떠한 이질적인 효과가 있거나, 양적으로 어느 정도의 현저한 효과 차이가 있는지 까지를 명확히 인식하고, 그 이질적인 효과를 명시적으로 밝히거나 양적으로 현저한 효과의 차이가 있음을 수량적 기재를 통해 구체적으로 밝혀야만 명세서에 선택발명으로서의 효과를 적법하게 기재한 것이 된다.

[판례] 대법원 2012. 8. 23. 선고 2010후3424 판결
선택발명의 발명의 설명에는 선행발명에 비하여 현저한 효과가 있음을 명확히 기재하여야 하며, 현저한 효과가 명확히 기재되어 있다고 하기 위해서는 선택발명의 발명의 설명에 질적인 차이를 확인할 수 있는 구체적인 내용이나, 양적으로 현저한 차이가 있음을 확인할 수 있는 정량적 기재가 있어야 한다.

(2) 수치한정발명의 진보성 판단

① 공지기술로부터 실험적으로 최적 또는 호적(好適)한 수치범위를 선택하는 것은 일반적으로는 통상의 기술자의 통상의 창작능력의 발휘에 해당되어 진보성이 인정되지 않는다.

② 청구항에 기재된 발명이 한정된 수치범위 내에서 선행발명의 효과에 비하여 유리한 효과를 가질 때에는 통상 진보성이 인정된다. 이 경우의 효과는 수치한정범위 전체에서 유리한 효과를 가져야 하며, 수치한정의 임계적 의의에 대해서는 다음과 같이 판단한다.

㉮ 청구항에 기재된 발명의 과제 및 효과가 선행발명의 연장선상에 있는 경우에는 그 수치한정범위 내에서의 효과가 수치한정범위 외의 효과에 비하여 현저히 향상된 효과가 있어야 한다.

㉯ 청구항에 기재된 발명의 과제가 선행발명과 상이하고 그 효과도 이질적인 효과를 가질 경우에는 수치한정을 제외한 양 발명의 구성이 동일하여도 수치한정의 임계적 의의를 요하지 않는다.

[용어] 임계적 의의란 어떤 수치를 경계로 하여 특성에 급격한 변화가 있는 것 즉, 그 수치가 임계치로서의 의미를 가지는 것을 말한다.

[용어] 수치한정발명이란 청구항에 기재된 발명의 구성에 없어서는 아니 되는 사항의 일부가 수량적으로 표현된 발명을 의미한다. 즉, 발명의 구성요건 중에서 온도, 압력, 배합비율 등과 같이 일정한 범위를 가지는 구성요소에 관하여 수치를 특정한 발명을 말한다.

[설명] 어떤 기술적 수단에 대하여 그 수치를 한정하고 있을 때에는 그 한정 이유를 기재하여야 한다. 따라서 수치한정발명에 있어서는 당해 수치한정의 근거 즉, 수치한정을 채용

한 것에 의하여 얻고자 하는 현저한 작용효과가 명세서에 명확하게 나타나도록 기재되어야 한다.

[분석] 수치한정발명에 있어서 임계적 의의가 기재되어 있지 아니한 경우에는 명세서의 기재불비 문제가 아니라 진보성의 문제로 귀착된다.

[연구] 수치한정발명의 진보성 판단기준으로는 ① 발명의 효과가 통상의 기술자에 있어서 비예측성을 가지며 이질의 효과 또는 동질의 현저히 우수한 효과를 가질 경우에는 진보성 인정될 수 있다.
② 효과의 현저성은 수치범위 내의 모든 범위에서 만족되어야 한다.
③ 임계적 의의는 과제가 공통이고 효과가 동질인 경우에만 요구되고, 과제가 다르고 효과가 이질인 경우에는 요구되지 않는다.
④ 공지발명에 부가된 새로운 구성요소로 인해 신규성, 진보성을 지니면서 그 새로운 구성요소에 수치한정을 한 경우 수치한정은 보충적인 사항에 불과하므로 임계적 의의 불필요하다.
⑤ 실험적으로 수치범위를 최적화 또는 호적화하는 것은 통상 진보성이 없는 것으로 판단된다(심사기준 참조).
→ 수치한정의 임계적 의의가 인정되기 위한 조건은 ① 수치범위 한정의 기술적 의미에 관한 명세서 기재내용이 있을 것, ② 상한치, 하한치가 임계치라는 것이 명세서 중의 실시예 혹은 보조자료 등으로 입증될 수 있을 것.
㉮ 수치범위 내외를 모두 포함하는 실험 결과가 있을 것 ㉯ 그 실험결과로부터 상한치 및 하한치가 임계치라는 것이 객관적으로 확인가능할 것 ㉰ 그 실험결과의 평가기준이나 실험방법이 명확할 것

[판례] 특허법원 2004. 5. 21. 선고 2003허3822 판결

청구범위에는 발명으로서 보호받고자 하는 사항을 특허법 제42조 제4항 각 호의 요건에 맞추어 기재하면 족하고, 수치한정을 발명의 구성으로 표현한 경우 등 특별한 사정이 아닌 한, 모든 요소의 조건을 구체적으로 특정하여 기재하여야 하는 것은 아니다.

[판례] 특허법원 1998. 11. 6. 선고 98허2481 판결

무릇 통상의 기술자가 공지기술을 현실로 실시할 때에는 당연히 그 최적조건을 설정하는 것이므로 이처럼 당연히 고려되는 양적 범위로서 각별하게 특수한 것이 아닐 때에는 통상의 기술자가 적의 결정할 수 있을 정도의 것이 되어 진보성을 인정할 수 없을 것이고, 특히 수치한정발명에서의 효과는 공지기술로부터 예기할 수 없는 특단의 것이지 않으면 안되므로(수치한정발명에서는 발명의 구성의 곤란성이 아니라 작용효과의 현저성이 진보성의 판단재

료가 된다), 진보성이 인정되기 위하여는 그 수치의 특정에 기술적 의의가 있고(그 수치범위에 현저한 작용효과가 있는 부분이 있다고 하는 것만으로는 충분하지 않고, 그 범위 내에서는 모든 점에서 현저한 작용효과가 있다는 것이 확인되든지 적어도 추인되는 것이 필요하다) 그 한정에 임계적 의의가 있는(그 수치를 경계로 하여 특성에 상당한 급격한 변화가 인정되는 것, 즉 그 수치범위 내와 범위 외에서 그 작용효과에 각별한 차이가 있는) 것이 필요하다.

[분석] 기술적 의의가 인정되기 위해서는 그 수치범위 내에서는 모든 점에서 현저한 작용효과가 있다는 것이 확인되든지 적어도 추인되는 것이 필요하고, 임계적 의의가 인정되기 위해서는 그 수치를 경계로 하여 그 수치범위 내와 범위 외에서 그 작용효과에 각별한 차이가 있는 것이 필요하다.

[사례] 출원발명은 흑홍삼이 형성되는 흑홍삼화 공정의 조건을 나타내는 것으로서, 140~180℃ 사이의 온도와 8~12시간 동안 증숙하는 조건은 선행발명에서 가열처리 조건인 120~180℃에서 0.5~20시간 동안 수행하는 것에 모두 그 수치범위가 포함되어 그 구성에서 차이가 없고, 건삼을 물과 함께 밀폐된 용기에 넣는 조건은 선행발명에서 건삼인 백삼을 가압멸균기와 같은 밀폐된 용기 내에 넣으면서 필요에 따라 용기내에 약간의 물을 넣어주거나, 인삼 자체를 물에 담그어 밀폐된 용기에서 가열하는 것과 구성이 차이가 없다(특허심판원 2017. 9. 22.자 2017당2081 심결).

[사례] 발효의 재료에 한약재인 구기자를 미리 첨가하는 것은 주류제조분야에서 필요에 따라 쉽게 시도할 수 있는 것이고, 알코올 농도도 주류제조분야에서 적의 선택하여 실시할 수 있는 정도의 단순한 수치한정에 불과하다(대법원 1996. 7. 26. 선고 95후1197 판결).

[사례] 같은 비율의 곡물을 분쇄기에 갈아 고운분말로 만든다는 점에서는 차이가 없고, 그 수치한정의 의의에 대하여 특허발명의 명세서 중 발명의 설명에 "이때 상기 녹두의 양이 32중량% 이하가 되면 화장독의 해독효과가 낮아지는 문제점이 있고, 34중량% 이상이 되면 해독성이 너무 강해 피부에 역효과를 나타내므로 녹두의 양은 33중량%가 적당하다. 또한, 현미의 양이 32중량% 이하가 되면 섬유질이 부족하여 피부를 진정시키지 못하는 문제점이 있고, 34중량% 이상이 되면 농도가 짙어져 사용시 불편한 문제점이 있어 현미의 양은 33중량%가 적당하다. 또한, 보리의 양이 32중량% 이하가 되면 단백질이 낮아져 혈액순환이 저하되고, 34중량% 이상이 되면 다른 곡물과 상호 혼합하기가 어려워 보리의 양은 33중량%가 적당하다."라고 기재하고 있기는 하나, 그 내용이 막연하고 추상적인 정성적 표현만 하고 있을 뿐이어서, 한정된 수치범위인 33중량% 내외에서 이질적이거나 현저한 작용효과를 알 수 있는 구체적인 데이터를 알 수 없고, 나아가 각 곡물의 분쇄회수나 곡물의 입도에 대한 수치에 대하여는 그 수치한정의 의의를 알 수 있는 아무런 기재가 없어서, 수치한정의 임계적 의의가 있다고 할 수 없는

점, 혼합되는 곡물의 양과 분쇄회수, 분말의 입도에 대한 수치한정은 통상의 기술자가 반복실험을 통하여 적절히 선택할 수 있는 단순한 선택사항에 불과한 점 등에 비추어 보면, 구성 1, 2의 수치한정 부분은 단순한 수치한정으로 그 기술적 특이성이 없다. 또한 해초분말의 양에 있어서 청구항 2 발명은 '1 중량%'라고 하면서 그 실시예에서는 '작은 티스푼으로 한스푼'이라고 함에 비하여, 선행발명은 '2찻술'로 서로 다르지만, 그 수치한정의 의의에 대하여 특허발명의 명세서 중 발명의 설명에 "2중량% 이상이 되면 농도가 묽어져 사용시 경화시간이 지연되는 문제점이 있어 해초분말의 양은 1중량%로 이루어짐이 바람직하다"라고만 기재하여 막연하고 추상적인 정성적 표현만 하고 있을 뿐이어서, 한정된 수치범위인 1중량% 내외에서 이질적이거나 현저한 작용효과를 알 수 있는 구체적인 데이터를 알 수 없어 임계적 의의가 있다고 할 수 없는 점, 혼합되는 해초분말의 양은 통상의 기술자가 반복실험을 통하여 적절히 선택할 수 있는 단순한 선택사항에 불과한 점 등에 비추어 보면, 청구항 2 발명의 해초분말의 양에 대한 수치한정은 단순한 수치한정으로 그 기술적 특이성이 없다(특허법원 2008. 5. 1. 선고 2007허10798 판결).

[판례] 대법원 2001. 7. 13. 선고 99후1522 판결

특허발명에서 원적외선 발산체 입자의 크기와 함량을 한정한 것이 원적외선 발산능력, 합성수지재 원료와의 결속력, 금형장치의 손상, 가공시간의 단축 등을 위한 것이었다 하더라도 이는 통상의 기술자가 반복시험으로 그 최적비를 적절히 선택하여 실시할 수 있는 정도의 수치한정에 불과하고, 이로 인하여 구성의 곤란성이나 효과의 각별한 현저성이 있다고는 보이지 아니하므로, 특허발명은 선행발명들에 의하여 통상의 기술자가 쉽게 발명할 수 있는 것으로 진보성이 없다.

◇ 대법원 2016. 1. 28. 선고 2013후1887 판결

선택발명에 포함되는 하위개념의 실시형태 중 가장 열등한 것의 효과가 선행발명에 개시된 실시형태 중 가장 우수한 것의 효과와 비교하여 현저하다는 관계가 인정되지 않는다면, 선택발명에 포함되는 하위개념의 실시형태 중 일부의 효과가 선행발명에 개시된 실시형태 중 일부의 효과보다 뛰어나 보인다고 하여 선택발명의 진보성이 부정되지 않는다고 볼 수는 없다.

◇ 특허법원 2008. 8. 22. 선고 2007허9347 판결

수치한정발명에서 그 명세서에 수치한정의 임계적 의의를 밝히지 못하고 있는 경우, 이러한 수치범위는 통상의 기술자가 선행발명과 반복실험을 통하여 쉽게 찾아낼 수 있는 범위 내의 것이다.

[사례] 위 구성에서 한정하고 있는 핵을 구성하는 항고혈당증 약물, 결합제, 흡수개선제의 각각 중량% 수치범위 내외에서 이질적이거나 현저한 작용효과의 차이가 있다는 점을 인정할 만한 아무런 근거도 제시되어 있지 아니하므로, 각각의 한정된 수치범위에 기술적 의의와 임계적 의의가 있다고 할 수 없고, 통상의 기술자가 반복 실험을 통해 별다른 기술적 어려움 없이 한정할 수 있는 사항에 지나지 않는다(특허법원 2008. 6. 25. 선고 2007허6676 판결).

[사례] 선행발명들에는 구성 1 내지 구성 5의 일부에 해당하는 기술만이 기재되어 있을 뿐이고, 초콜릿 외피 층과 떡생지 층 및 크림소 층의 조성비율 조차도 기재되어 있지 아니한데 비하여, 제4항 발명은 초콜릿 외피 층과, 떡생지 층 및 크림으로 된 떡소 층의 3가지 요소를 유기적으로 결합하면서 각 층이 각각의 물리적 성상을 유지할 수 있도록 조성비를 선택한 것이므로 구성의 곤란성이 인정될 뿐 아니라, 떡의 노화를 방지하여 딱딱해지지 않도록 하였고 미생물에 의한 변패를 방지함으로써 보존제를 전혀 사용하지 아니하고도 10주를 보존할 수 있는 현저한 효과를 나타내는 것이다(특허법원 2003. 1. 23. 선고 2002허1737 판결).

[판례] 특허법원 2003. 1. 23. 선고 2002허1737 판결

'수치한정발명'이라는 것은 단일 발명의 구성요소 전부가 일체로서 공지되어 있고 발명이 그 구성요소의 수치를 한정하는 내용으로 이루어져 있는 경우에 발명이 진보성을 갖기 위해서는 그 수치에 '임계적 의미'가 인정되어야 한다는 것으로서, 특허발명과 같이 발명의 일부 구성요소들만이 공지되어 있고, 그 각각의 구성요소를 결합하여 하나의 발명을 완성한데 이미 진보성이 인정된 경우라면, 나아가 구성요소의 수치를 한정한 것에 관하여 별도로 진보성을 따져볼 필요가 없다.

[판례] 특허법원 2004. 1. 9. 선고 98허638 판결, 2004. 1. 9. 선고 2001허6834 판결

특허 등록된 발명이 공지된 발명의 일부 구성요소의 수치를 한정한 것에 불과한 것으로 그 수치한정에 구성의 곤란성이 인정되지 아니하고 수치한정으로 인한 특별한 효과나 임계적 의의가 인정되지 않는 경우에는 특허발명은 선행발명과 기술적 구성이 실질적으로 동일하여 공지된 기술로 신규성이 없다.

◇ 특허법원 2007. 8. 22. 선고 2006허7146 판결

이미 그 수치범위를 포함하는 내용이 개시되어 있고 수치한정에 현저한 작용효과의 차이나 특별한 기술적 의의가 없는 수치한정고안이나, 이미 속(屬) 개념에 속하는 하위개념이 개시되어 있는 상위개념의 고안도 선행기술과 동일한 고안에 불과하다.

[분석] 속(屬) 개념의 발명은 선행기술이 그 속 개념에 속하는 종(種) 개념을 개시하고 있

다면 신규성을 상실하지만, 종 개념에 속하는 발명은 선행기술에서 그 종 개념을 그대로 개시하지 않는 한 신규성을 상실하지 않는다.

[사례] 특허발명의 설명에는 청구항의 수치한정에 의한 임계적 효과를 인정할만한 실험결과 등이 기재되어 있지도 않으므로, 위 청구항은 단순한 수치한정에 해당하는 것으로서 신규성이 인정되지 않는다(특허법원 2005. 11. 10. 선고 2005허1103 판결, 2005. 11. 10. 선고 2005허1110 판결).

[판례] 특허법원 2007. 12. 7. 선고 2007허2490 판결

청구범위가 일정한 범위의 수치로 한정한 것을 구성요소의 하나로 하고 있는 수치한정발명의 경우 수치한정의 기술적 의의 즉, 첫째 특정한 수치와 당해 발명의 작용효과 사이의 인과관계가 분명(수치한정한 이유가 분명)하여야 하고, 둘째 수치한정한 범위 전체에서 이질적이거나 양적으로 현저한 효과가 있어야 한다는 점에 대해서는 최초의 출원명세서에 통상의 기술자가 명세서의 기재 자체를 통하여 인식할 수 있을 정도로 기재되어 있어야 하고, 추후 실험자료에 의하여 인정되거나 확인되는 수치한정의 기술적 의의를 가지고서 당해 수치한정발명에 대하여 진보성을 부여할 수는 없다.

[판례] 대법원 2007. 11. 16. 선고 2007후1299 판결

어떠한 출원발명이 그 출원 전에 공지된 발명이 가지는 구성요소의 범위를 수치로서 한정하여 표현한 경우에는 그 출원발명에 진보성을 인정할 수 있는 다른 구성요소가 부가되어 있어서 그 출원발명에서의 수치한정이 보충적인 사항에 불과한 것이 아닌 이상, 그 한정된 수치범위 내외에서 이질적이거나 현저한 효과의 차이가 생기지 않는다면 그 출원발명은 통상의 기술자가 통상적이고 반복적인 실험을 통하여 적절히 선택할 수 있는 정도의 단순한 수치한정에 불과하여 진보성이 부정된다고 할 것이고, 그 출원발명이 공지된 발명과 과제가 공통되고 수치한정의 유무에서만 차이가 있는 경우에는 그 출원발명의 명세서에 한정된 수치를 채용함에 따른 현저한 효과 등이 기재되어 있지 않다면 특별한 사정이 없는 한, 그와 같이 한정한 수치범위 내외에서 현저한 효과의 차이가 생긴다고 보기 어렵다.

[분석] 수치를 한정한 점이 그 기술분야의 특성상 통상의 기술자가 공지의 기술을 현실로 실시할 때 필연적으로 선택할 수밖에 없는 수치범위 내의 것 즉, 공지기술에서 생략되었던 수치를 단순히 한정한 것이라면 그 수치한정발명은 진보성은 물론 신규성마저 부정될 수 있다.

[분석] 수치한정발명에 있어서 여러 개의 선행발명에 나타난 기술내용을 수치한정하여 구성한 것이 아니라 하나의 선행발명에 나타난 구성만을 수치한정한 경우에 현저한 작용효과의 차이나 특별한 기술적 의의가 없다면 발명의 신규성이 인정되지 않는다.

[실무] 출원발명이 공지기술에 비하여 구성요소의 일부에 수치를 한정한 차이밖에 없을 경우에는 그 수치한정에 따른 구성의 곤란성이나 효과의 현저성이 있는지를 파악하여 구성의 곤란성이나 효과의 현저성이 인정되지 아니하면 진보성을 인정하지 않는다.

[사례] 제3항 발명과 선행발명은 ATCC-VR2332 바이러스를 원숭이 신장세포인 MA-104 배양물에서 계대배양하여 이를 약독화시킨 ATCC-VR2332 바이러스로 PRRS 바이러스 백신을 만든 점에서 같고, 다만 선행발명은 계대배양 횟수가 37회인 반면에, 제3항 발명은 계대배양 횟수가 70회 이상인 점에서 차이가 있으나, 출원발명의 명세서에는 ATCC-VR2332 바이러스를 원숭이 신장세포인 MA-104 배양물에서 계대배양하는 횟수를 70회 이상으로 한정함에 따른 현저한 효과를 인정할 만한 아무런 기재가 없을 뿐만 아니라, 제10항 발명 등에서는 그 계대배양 횟수를 70회 이상이 아닌 50회 이상으로 한정하고 있어서, 제3항 발명에서 한정한 계대배양 횟수 70회 이상이 그 한정한 수치범위 내외에서 현저한 효과의 차이가 생긴다고 보기 어렵다(대법원 2007. 11. 16. 선고 2007후1299 판결).

[판례] 특허법원 2007. 10. 19. 선고 2006허9425 판결

조성물 발명에 있어서, 발명의 진보성 유무를 판단하는 대상은 그 발명이 용도발명이 아닌 한, 조성성분과 조성비로 표현된 기술사상이므로, 어느 조성물 발명이 선행발명으로부터 구체적인 조성성분과 조성비를 쉽게 발명할 수 있는 이상, 그러한 조성물 발명에 이르게 된 동기나 조성물이 가지고 있는 특성이나 효과를 과학적으로 설명하기 위한 변수가 다르다는 사정만으로 구성의 곤란성이나 효과의 현저성이 인정되는 것은 아니다.

◇ 특허법원 2000. 2. 17. 선고 98허11089 판결

조성물 자체에 대한 발명은 그 조성물이 공지의 조성물에 비하여 새로운 것이 아니면 그 신규성을 인정할 수 없는 것이고, 신규성이 인정되는 경우에도 공지의 조성물로부터 통상의 기술자가 쉽게 발명할 수 있는 것인 경우에는 그 진보성을 인정할 수 없는 것이며, 조성물에 관한 발명의 신규성과 진보성 판단에서는 그 조성물의 구성성분과 구성비율이 중요한 판단의 척도가 되는 것이라고 할 것이다.

(3) 기타 유의사항

① 심사의 대상이 되는 출원의 명세서에 기재된 사항에 의하여 얻은 지식을 전

제로 하여 진보성을 판단할 경우에는 통상의 기술자가 선행발명으로부터 쉽게 청구항에 기재된 발명에 이를 수 있었던 것으로 인정되기 쉬운 경향이 있으므로 주의를 요한다.

[실무] 어떤 원인의 해명에 의한 발명으로, 일단 그 원인이 해명되면 해결이 용이한 발명의 경우에는 그 원인의 해명과정을 중시하여 진보성을 판단하여야 하며, 단순히 그 해결수단이 자명하다는 이유만으로 진보성을 부정해서는 안 된다.

② 청구항에 기재된 발명은 전체로 고려되어야 한다. 따라서 청구항에 기재된 발명의 구성에 관한 사항의 각각이 공지 또는 자명하다고 하여 청구항에 기재된 발명의 진보성을 부정할 수 없다.

[판례] 대법원 2007. 11. 29. 선고 2006후2097 판결, 2007. 9. 6. 선고 2005후3277 판결

어느 특허발명의 청구범위에 기재된 청구항이 복수의 구성요소로 되어 있는 경우에는 각 구성요소가 유기적으로 결합한 전체로서의 기술사상이 진보성 판단의 대상이 되는 것이지 각 구성요소가 독립하여 진보성 판단의 대상이 되는 것은 아니므로, 그 특허발명의 진보성 여부를 판단함에 있어서는 청구항에 기재된 복수의 구성을 분해한 후 각각 분해된 개별 구성요소들이 공지된 것인지 여부만을 따져서는 안 되고, 특유의 과제 해결원리에 기초하여 유기적으로 결합된 전체로서의 구성의 곤란성을 따져 보아야 할 것이며, 이때 결합된 전체 구성으로서의 발명이 갖는 특유한 효과도 함께 고려하여야 한다.

◇ 대법원 2007. 9. 6. 선고 2005후3277 판결, 2007. 9. 6. 선고 2005후3284 판결

여러 선행기술문헌을 인용하여 특허의 진보성을 판단함에 있어서는 그 인용되는 기술을 조합 또는 결합하면 당해 특허발명에 이를 수 있다는 암시, 동기 등이 선행기술문헌에 제시되어 있거나 그렇지 않더라도 당해 특허출원 당시의 기술수준, 기술상식, 해당 기술분야의 기본적인 과제, 발전경향, 해당 업계의 요구 등에 비추어 통상의 기술자가 쉽게 그와 같은 조합 또는 결합에 이를 수 있다고 인정할 수 있는 경우에는 당해 특허발명의 진보성은 부정된다.

[분석] 예외적으로 발명의 구성에 관한 사항의 각각이 유기적으로 결합되어 있지 않고 단순한 조합에 불과한 경우에는 각 부분별로 검토하여 어느 부분에도 진보성이 없다고 판단되면 청구항에 기재된 발명은 진보성이 없는 것으로 간주한다.

[사례] 딕소트로프는 특허발명의 출원 전에 이미 알려진 첨가제인 사실이 인정되나, 선행발명들에는 백색 안료의 성분이 증가하는 경우에도 백색 안료의 분산성을 높이기 위해 딕소트로프 첨가제를 첨가함으로써 침전물이 발생하여도 침전물이 약하고 엉성한 3차원의 가역적 망상구조를 형성하도록 하여 사용할 때마다 약간만 흔들어 주어도 안료입자가 재분산되어 잉크유출이 원활히 된다는 점에 대한 기술적 동기나 필요성을 기재하거나 암시를 찾아볼 수 없는 점 등을 고려하면, 통상의 기술자가 선행발명들에 있는 분산제 또는 첨가제를 딕소프로프 첨가제로 바꾸거나 이를 첨가하는 것을 쉽게 생각해 내거나, 이들을 결합하여 구성 1과 2를 쉽게 도출해 낼 수 있다고 인정하기 어렵다. 특허발명은 선행발명들과 기술분야가 동일하나, 그 구체적인 목적에서 차이가 있고, 특허발명의 구성 1과 2는 선행발명들의 대응구성과 차이가 있고 이를 쉽게 도출해 낼 수 있다고 보기 어려우며, 효과에서도 선행발명들과 차이가 있어서, 특허발명은 통상의 기술자가 선행발명들을 결합한다고 하더라도 쉽게 발명할 수 있다고 할 수 없다(특허법원 2007. 8. 30. 선고 2006허11046 판결).

[분석] 특허발명의 출원 전에 이미 알려진 첨가제라도 선행발명들에 이를 첨가할 기술적 동기나 필요성을 기재하거나 암시를 찾아볼 수 없는 경우에는 이들을 결합하여 특허발명을 쉽게 발명할 수 없다.

[판례] 특허법원 2005. 6. 30. 선고 2004허6767 판결

특허는 어디까지나 기술의 실체적 진보에 대한 대가로 부여되는 것인바, 발명의 구성과 그에 따른 효과에 아무런 진보성이 없는 이상, 단지 목적이 다르다는 것만으로 진보성을 인정할 수는 없다.

③ 독립항의 진보성이 인정되는 경우에는 그 독립항에 종속되는 종속항도 진보성이 인정된다.

[실무] 반대로 독립항의 진보성이 인정되지 않는 경우에는 그 독립항에 종속되는 종속항의 진보성 유무를 단정적으로 말할 수는 없고, 독립항과 별개로 종속항의 진보성을 판단하여야 한다.

[판례] 대법원 2006. 11. 24. 선고 2003후2072 판결

청구범위의 독립항이 통상의 기술자가 그 출원 전에 공지된 발명에 의하여 쉽게 발명할 수 없는 것으로서 진보성이 부정되지 않는 경우에, 그 독립항이나 그 독립항의 종속항을 인용하여 이를 한정하거나 부가하여 구체화하는 종속항은 같은 공지발명에 의해서는 당연히 진보성이 부정되지 않는다고 할 것이지만, 어떤 독립항이 그 출원 전 공지된 발명에 의하여 진보성이 부정되지 않는다는 사정이 있다고 하더라도, 그 독립항의 구성 일부를 생략하거나 다른 구성으로 바꾼 청구항은 설령 그 독립항의 구성요소의 대부분을 가지고 있더라도 당연히 그 출원 전 공지된 발명에 의해서 진보성이 부정되지 않는다고는 할 수 없다.

◇ 대법원 2004. 9. 23. 선고 2003후2577 판결, 1995. 9. 5. 선고 94후1657 판결
선행되는 독립항의 전체 특징을 포함한 종속항은 독립항에 진보성이 인정되는 이상, 당연히 진보성이 인정된다.

[사례] 제2항 내지 제4항 발명은 비록 독립항으로 기재되어 있으나, 제1항 발명의 기술적 구성을 모두 포함하면서 알칼리성 프로테아제(제2항), 효모분말(제3항), 알칼리성 프로테아제 및 효모분말(제4항)을 추가로 포함하는 것이므로, 제1항의 발명이 진보성이 부정되지 않는 이상, 선행발명들과 대비할 필요 없이 제2항 내지 제4항 발명도 진보성이 부정되지 않는다(대법원 2000. 9. 5. 선고 97후2170 판결).

[사례] 제2항 내지 제5항 발명은 제1항 발명을 부가하거나 한정하여 구체화한 종속항으로서 제1항 발명이 신규성과 진보성이 있다고 인정되는 이상, 제2항 내지 제5항 발명은 당연히 신규성과 진보성이 인정된다(특허법원 1999. 4. 15. 선고 98허7240 판결).

④ 물건의 발명이 진보성이 인정되는 경우에는 그 물건의 제조방법에 관한 발명 및 그 물건의 용도발명은 원칙적으로 진보성이 인정된다.

[판례] 대법원 2004. 9. 23. 선고 2003후2577 판결
물건의 발명이 진보성이 인정되는 경우 특별한 사정이 없는 한 그 물건과 동일한 특징을 갖춘 물건의 제조방법에 관한 발명도 진보성이 인정된다.

◇ 특허법원 2002. 12. 13. 선고 2001허5541 판결
물의 발명과 방법의 발명이라는 발명의 범주에서 차이가 있을 뿐, 그 기술사상에 있어서는 동일하다면, 물의 발명의 진보성이 부정되지 않는 이상, 방법의 발명도 진보성이 부정되지 않는다.

◇ 서울남부지법 2007. 2. 28.자 2006카합1095 결정
제조방법에 관한 특허와 물질특허는 서로 다른 기술사상을 갖고 있어 원칙적으로 선출원주의 위반으로 되지 않는다.

[사례] 제1항 발명의 진보성이 부정되는 이상, 제2항 발명도 제1항 발명과 발명의 범주만 달리 할 뿐 동일한 내용에 관한 것이므로 마찬가지로 진보성이 부정된다(대법원 2008. 2. 1. 선고 2007후3172 판결).

⑤ 명세서에 발명의 유리한 효과가 기재되어 있거나 유리한 효과가 명시적으로 기재되어 있지 않을 경우에도 발명의 목적 또는 구성에 관한 기재로부터 통상의 기술자가 그 효과를 추론할 수 있을 때에는 의견서 등의 효과에 관한 주장 및 입증(실험결과 또는 실험성적서 등)은 이를 참작할 수 있다.

[판례] 대법원 2002. 7. 26. 선고 2000후1214 판결

상업적 성공이 등록고안의 진보성에 관한 자료가 될 수 있기 위해서는 먼저 등록고안이 선행고안들과 다른 작용효과를 이루었고 그것이 주된 원인이 되어 상업적 성공을 이루었음이 전제되어야 한다.

◇ 대법원 2001. 6. 29. 선고 99후1546 판결

특허발명에 대한 진보성을 인정함에는 상업적 성공 외에도 여러 가지 판단요인이 있을 수 있다.

◇ 대법원 1996. 10. 11. 선고 96후559 판결, 1995. 11. 28. 선고 94후1817 판결

특허발명은 종래의 우황청심환제를 액제로 조제함으로써 복용의 간편함과 효과의 신속성 등의 작용효과는 우황청심환제 자체가 가지는 작용효과와는 다른 것이고, 더욱이 액제로 된 특허발명이 환제에 대하여 상업적으로 성공을 거두고 있으므로, 특허발명은 공지된 선행기술로부터 예측되는 효과 이상의 현저하게 향상·진보된 새로운 작용효과가 있는 것으로 인정되어 통상의 기술자가 쉽게 발명할 수 없는 것으로서 진보성이 인정된다.

[분석] 상업적 성공 또는 이에 준하는 사실은 그 상업적 성공이 청구항에 기재된 발명의 기술적인 특징에 의한 성공으로써, 판매기술, 선전·광고기술 등 발명의 기술적 특징에 의한 요인에 의한 것이 아니라는 사실을 출원인이 주장·입증하는 경우에는 진보성 인정의 긍정적인 근거로 참작할 수 있다. 따라서 발명의 기술적 수단의 우수성이 상업적 성공 효과의 요인이라는 것을 인정할 만한 자료가 있어야 할 것이며, 발명의 기술적 수단이 종래의 문제점을 해결한 것에 의하여 효과가 발생한 점이 인정되어야 한다.

[분석] 상업적으로 성공한 제품이라도 그 상업적 성공이 출원발명의 기술적 우위에 따른 결과라는 것을 증명하지 못하면 이러한 상업적 성공은 단순한 참고자료에 불과한 것이어

서 진보성을 인정하는 데 배제된다. 일반적으로 상업적 성공을 거두었다는 사정만으로 해당 발명의 진보성을 인정하지는 않고 있다.

[판례] 대법원 2007. 9. 6. 선고 2005후3277 판결, 2004. 11. 12. 선고 2003후1512 판결

특허발명이 상업적으로 성공을 하였다는 점은 진보성을 인정하는 하나의 자료로 참고할 수 있지만, 특허발명의 명세서를 토대로 한 기술적 검토 결과 특허발명이 선행기술보다 향상 진보된 것으로 인정되지 아니하는 이 사건에서, 설령 특허발명의 실시에 의하여 상업적으로 성공을 거두었다고 하더라도 그 점만으로 특허발명의 진보성을 인정할 수는 없다.

⑥ 청구항에 기재된 발명이 마쿠쉬(Markush) 형식 등으로 기재된 경우에 그 선택요소 중 어느 하나를 선택하여 선행발명과 대비한 결과 진보성이 인정되지 않으면 그 청구항에 기재된 발명 전체에 대하여 진보성이 없는 것으로 인정한다.

[판례] 특허법원 2008. 1. 25. 선고 2007허3059 판결

하나의 청구항 가운데 발명의 구성에 해당하는 의약용도에 관하여 복수의 의약용도가 선택적으로 기재되어 있는 경우에 선택적으로 기재된 의약용도 중 어느 하나만이라도 선행발명에 의하여 진보성이 부정되면 그러한 의약용도를 청구항에서 삭제하지 않는 한 그 청구항 전체에 대하여 진보성이 부정된다.

(4) 선행기술 인용시 주의사항

① 청구항에 기재된 발명의 구성과 선행기술의 구성이 유사한 경우에도 당해 선행기술에 청구항에 기재된 발명에 이를 수 있는 동기가 되기에 부적합한 내용이 있을 경우에는 그 선행기술은 선행발명으로 인용할 수 없다.

[실무] 간행물에 기재된 발명으로부터 청구항에 기재된 발명을 쉽게 도출하는데 부적합한 기재가 있으면 진보성이 있는 것으로 간주한다. 그러나 청구항에 기재된 발명을 쉽게 도출하는데 부적합한 기재가 있다 하더라도 기술분야의 관련성과 기능의 공통성 등 다른 관점에서 보아 발명에 이를 수 있는 동기가 있는 경우에는 선행발명으로 사용할 수 있다.

[판례] 대법원 2008. 11. 27. 선고 2006후1957 판결

발명의 신규성 또는 진보성 판단에 제공되는 대비발명은 그 기술적 구성 전체가 명확하게 표현된 것뿐만 아니라, 미완성 발명 또는 자료의 부족으로 표현이 불충분하거나 일부 내용에 오류가 있다고 하더라도 통상의 기술자가 발명의 출원 당시 기술상식을 참작하여 기술내용을 쉽게 파악할 수 있다면 선행기술이 될 수 있다.

[분석] 미완성 발명은 특허법 제29조 제1항의 신규성 판단의 동일성 판단과 특허법 제29조 제2항의 진보성 판단에 있어서는 선행발명으로서의 지위를 가지나, 특허법 제29조 제3항(확대된 선출원)과 특허법 제36조(선출원)의 동일성 판단에 있어서는 선행발명으로서의 지위를 가지지 않는다.

◇ 특허법원 2006. 6. 8. 선고 2005허49 판결

선행발명의 내용이 당해 기술분야의 기본적 상식이나 경험칙에 명백히 위배되고, 그와 같은 오류가 선행발명의 내용 전체를 신뢰할 수 없게 할 정도로 선행발명에서 차지하는 비중 또한 크다면, 통상의 기술자는 선행발명의 기술내용을 제대로 파악하기 어렵고, 설사 기술내용을 파악하더라도 이를 선행기술로 고려할 객관적 가능성이 없으므로 이는 적법한 선행발명이 될 수 없다. 그러나 선행발명에 구성과 효과가 명확하게 기재되어 있고, 특허발명이 그와 동일한 구성을 통하여 실제로 그와 동일한 효과를 얻고 있다면 선행발명에 일정한 오류가 있거나 내용의 신빙성을 의심하게 하는 사정이 있다고 하여 섣불리 이를 선행기술의 범주에서 제외할 수 없으며, 통상의 기술자라면 누구라도 선행발명의 기술적 의미를 배척할 수밖에 없을 정도로 선행발명의 내용이 기술상식이나 경험칙에 반하는 경우에 한하여 예외적으로 이를 선행기술에서 제외할 것이다. 한편, 그와 같은 사정은 해당 기술분야의 특징, 통상의 기술자의 기술수준과 경험칙, 선행발명이 공지된 시점과 특허발명의 출원 사이의 시간적 간격 및 그동안의 기술발달 정도 등을 고려할 때 선행발명이 안고 있는 문제점을 회피하거나 바로잡는 것이 통상의 기술자에게 어느 정도 용이한지 여부, 특허발명의 출원 당시 해당 기술분야에서의 과제해결의 절박성 등 제반 사정을 종합하여 개별적으로 판단되어야 한다.

◇ 특허법원 1998. 10. 22. 선고 98허5756,5787 판결

도면 만에 의하여 그 기술적 구성을 명백히 알 수 있는 경우 그 도면 자체가 공지판단의 자료가 될 수 있는 것이지 반드시 따로 기술적 구성을 설명하는 기재가 있어야만 하는 것은 아니다.

[사례] 선행발명은 그 명세서의 일부 기재에 흠결이 있음을 부정할 수 없지만, 통상의 기술자

는 선행발명의 명세서에 기재된 내용으로부터 에스트로겐 등 성호르몬이 신경퇴행성질환의 치료에 유용하다는 것을 쉽게 인식할 수 있고, 이는 명칭을 '신경세포군을 사멸로부터 보호하고 신경퇴행성질환을 치료하기 위한 제약조성물'로 하는 출원발명의 출원 당시의 기술상식에 배치되는 것도 아니어서, 선행발명은 그 범위 내에서 제72항 발명의 진보성 판단을 위한 선행기술로 삼을 수 있다(대법원 2006. 3. 24. 선고 2004후2307 판결).

[사례] 갑제4호증에는 수장함의 외부 형상만이 나타나 있고 내부구성을 알 수 없는 것이기는 하나, 통상의 기술자가 경험칙에 의하여 극히 쉽게 그 기술내용의 파악이 가능하다고 보이므로 등록고안의 신규성과 진보성 판단의 대비대상으로 삼을 수 있다(대법원 1997. 8. 26. 선고 96후1514 판결).

[판례] 대법원 1997. 12. 23. 선고 97후433 판결

간행물에 기재된 고안이라 함은 그 내용이 간행물에 기재되어 있는 고안 즉, 기재된 내용에 따라 통상의 기술자가 쉽게 실시할 수 있을 정도로 기재되어 있는 고안을 말하므로, 고안이 간행물에 기재되어 있다고 하기 위해서는 적어도 고안이 어떤 구성을 가지고 있는가가 제시되어 있어야 할 것이고, 따라서 예컨대 내부에 특징이 있는 고안에 대해 그 외형 사진만이 게재되어 있는 경우에는 그 고안은 기재된 것이 아니다.

[사례] 갑제4호증을 보면 선행고안을 외부에서 촬영한 사진 1장만 게재되어 있을 뿐 그 명칭이나 용도, 구조 및 작용효과에 관한 설명이 전혀 기재되어 있지 않아서 등록고안과 선행고안을 그 목적, 기술적 구성, 작용효과에 있어서 대비하는 것이 불가능함을 알 수 있으므로, 간행물에 기재된 고안이라고 단정할 수 없다(대법원 1997. 12. 23. 선고 97후433 판결).

[판례] 특허법원 2006. 8. 10. 선고 2005허9237 판결

당해 발명에 대해 신규성, 진보성 부정의 근거로 제시된 선행문헌의 기술적 사항은 단지 선행문헌에 직접적으로 기재된 사항에 그치는 것이 아니라, 선행문헌에 문언적으로 기재되어 있지는 않으나 통상의 기술자가 당해 발명 출원시의 기술상식을 참작하여 그 문헌의 기재(선행문헌이 특허공보인 경우 청구범위에 기재된 발명 내지 이에 대한 실시예에 한정되지 아니하고 발명의 설명란에 개시된 모든 기술적 사항) 등으로부터 직접적으로 도출해 낼 수 있는 사항도 포함되는 것으로 보아야 한다.

[판례] 특허법원 2018. 6. 29. 선고 2017허7937 판결

선행발명 2는 '야생 녹차밭에 자생하는 고욤나무 잎을 채취하여 증차로 만든 감잎차'를 판매는 사람이 자기의 네이버 블로그에 자기가 생산·판매하는 고욤나무 잎차를 광고하기 위하여 게재한 글로 보인다. 이처럼 개인 인터넷 블로그에 게재된 광고성 글인 선행발명 2에는 고욤나무 잎차의 효능에 관하여 아무런 근거 없이 "비타민 C 다량함유로 레몬의 20배 이상입니다. 칼슘과 탄닌 성분이 함유되어 있습니다. 고혈압, 동맥경화, 치매, 뇌졸중에 좋다고 합니다. 질병의 저항력을 높이고 혈액순환을 원활하게 해줍니다. 어린이, 임산부(태아의 골격형성에 도움), 여성의 피부미용에 좋다고 합니다."라고 막연히 전언하는 취지로만 기재하였을 뿐 그러한 효과에 대한 아무런 근거나 전거를 제시하지 아니하였고, 선행발명 2의 작성자가 직접 그러한 효과를 실험 등을 통하여 확인하였다는 것도 아니며, 그러한 효과를 확인할 수 있는 실험자료 등이 함께 게재된 것도 아니다. 또한, 선행발명 2의 작성자가 출원발명이 속하는 기술분야의 전문가 내지 통상의 기술자도 아닌 것으로 보이며, 달리 선행발명 2에 통상의 기술자가 선행발명 2의 위와 같은 기재를 신뢰할만한 아무런 근거도 나타나 있지 아니하다. 따라서 통상의 기술자가 선행발명 2의 위와 같은 기재를 보고 고욤나무 잎차에 고혈압, 동맥경화, 치매, 뇌졸중 등에 좋은 효과가 있다고 인식하거나 그러한 효과가 있다고 합리적으로 기대하기는 어려울 것으로 보이므로, 선행발명 2는 출원발명의 진보성을 부정할 수 있는 근거자료가 되기에는 부족하다.

② 진보성 판단시에는 2 이상의 문헌(주지관용기술 포함)을 상호 조합시켜서 판단할 수 있으나, 그 조합이 당해 발명의 출원시에 통상의 기술자에게 자명한 경우에 한한다.

[용어] 주지기술이란 그 기술분야에서 일반적으로 알려져 있는 기술로서, 예를 들면 그 기술에 관해 상당히 다수의 공지문헌이 존재하거나, 업계에 널리 알려져 있어 예시할 필요가 없을 정도로 잘 알려진 기술을 말한다. 관용기술이란 주지기술 중에서 자주 사용되고 있는 기술을 말한다. 한편 주지기술과 관용기술을 포함하여 통상의 기술자에게 일반적으로 알려져 있는 기술 또는 경험칙으로 명백한 사항은 기술상식이라고 한다.

[주의] 청구항에 기재된 발명과 상이한 분야의 선행기술을 선행발명으로 인용할 경우에는 양 기술분야의 관련성, 과제해결의 동일성, 기능의 동일성 등 인용의 타당성을 충분히 검토하여야 한다.

[판례] 대법원 1991. 12. 27. 선고 90후724 판결

발명 당시의 기술적 수준에 비추어 어떤 주지관용기술의 전용이 통상의 기술자에게 자명한 것이 아니고 그로 인한 작용효과가 종래의 것에 비해 현저하게 향상된 것이라면 창작의 고도성을 인정할 수 있다.

[분석] 주지관용기술인 경우에도 해당 자료와의 구체적인 대비를 통해 해당 발명의 구성의 곤란성 및 효과의 현저성을 살피는 것이 원칙이다. 그러나 상대방이 굳이 반론을 제기하지 아니할 정도로 자명한 경우에까지 증거자료를 제시하여야 하는 것은 아니다.

[판례] 특허법원 2008. 4. 3. 선고 2007허6027 판결
주지관용기술은 예시할 필요가 없을 정도로 그 기술분야에서 일반적으로 알려져 자주 사용되고 있는 기술을 의미하는 것이다.

[사례] 약제학적 조성물을 정제로 하면서 결합제, 윤활제, 붕해제 및 착색제를 추가하거나, 각 청구항 발명에서 한정하고 있는 결합제, 윤활제, 붕해제의 구체적 성분을 약제학적으로 허용되는 정제의 형태로 제조하는 것은 주지관용기술이다(특허법원 2008. 5. 22. 선고 2007허7426 판결, 2008. 5. 22. 선고 2007허7433 판결).

③ 심사의 대상이 되는 출원의 명세서 중에 종래기술로 기재되어 있는 기술은 출원인이 그 명세서 중에서 그 종래기술의 출원 전 공지성을 인정하고 있는 경우에는 선행발명으로 인용하여 청구항에 기재된 발명의 진보성을 심사할 수 있다.

[주의] 출원인이 비록 명세서 중에서 '종래 ……에 있어서'와 같이 종래기술의 출원 전 공지성을 인정하고 있는 경우에도 기계적으로 명세서 부분을 선행발명으로 사용해서는 안 된다. 비록 출원 전 공지기술이라고 하더라도 출원인 개인의 입장에서만 공지기술이지 일반인의 입장에서는 공지기술이 아닐 수도 있기 때문이다. 따라서 기계적으로 명세서 부분을 선행발명으로 사용하려고 하기 보다는 무리하지 않는 범위 내에서 전후 사정을 감안하여야 한다.

7. 명세서 등의 보정

7.1. 자진보정 및 최초거절이유통지에 대응한 보정

7.1.1. 신규사항 추가 금지

명세서 또는 도면을 보정한 결과 출원서에 최초로 첨부한 명세서 등에 기재된 사항의 범위를 벗어나는 기술적 사항을 추가할 경우 이는 '신규사항'을 추가한 것으로 본다. 여기서 '기재된 사항의 범위 안'이란 출원서에 최초로 첨부된 명세서 또는 도면에 기재된 사항의 범위 안에서 외형상의 완전동일을 말하는 것은 아니며, 통상의 기술자가 최초명세서 등의 기재로 보아 자명한 사항도 '기재된 사항의 범위 안'으로 간주한다.

또한 청구범위 뿐만 아니라 청구범위에 영향을 미치지 않는 발명의 설명 또는 도면의 보정도 제한되므로, 명세서 또는 도면을 보정하는 경우 어떤 곳에도 신규사항을 추가하는 보정은 허용되지 않는다는 점에 유의하여야 한다.

[용어] 신규사항이란 특허출원서에 최초로 첨부된 명세서 또는 도면에 기재된 사항의 범위를 벗어나는 사항을 말한다. 따라서 그 명세서 등의 기재 및 당해 기재로부터 통상의 기술자가 직접적이고 일의적으로 도출할 수 없는 사항은 신규사항으로 본다.

[분석] 명세서 또는 도면을 보정한 결과가 신규사항의 추가가 되는가의 여부는 보정된 명세서 또는 도면에 기재된 사항이 최초명세서 등에 기재된 사항의 범위 안에 있는가 아닌가를 판단하여 결정한다. 여기서 '기재된 사항의 범위 안'이란 출원서에 최초로 첨부된 명세서 또는 도면에 기재된 사항의 범위 안에서 외형상의 완전동일을 말하는 것은 아니며, 통상의 기술자가 최초명세서 등의 기재로 보아 자명한 사항도 기재된 사항의 범위 안으로 간주한다.

[분석] 통상의 기술자가 특허출원서에 최초로 첨부된 명세서 또는 도면에 기재된 사항에 의하여 판단한 결과 자명한 사항은 신규사항이 아니다. 여기서 자명한 사항이란 통상의 기술자가 최초명세서 등의 기재내용으로 보아 기재되어 있었던 것과 마찬가지라고 인정할 수 있는 사항을 말한다. 따라서 보정 전의 명세서에 기재되어 있지 아니하고, 또한 명세서의 기재로 보아 자명하지도 아니한 기술적 사항을 명세서에 보정하여 그 결과 발명의 기술적 사항이 실질적으로 변경되었다면 그 보정은 신규사항을 추가한 것으로 된다. 다만, 보정 전의 명세서에 기재되어 있지 아니하여도 명세서의 기재로 보아 지극히 자명한 기술적 사항을 명세서에 보정한 결과 발명의 기술적 사항이 실질적으로 변경되지 아니하였다면 그 보정은 신규사항의 추가가 아니다.

[분석] 현행 특허법은 신규사항의 추가에 대한 판단을 매우 엄격하게 적용하고 있다. 종전의 자진보정기간을 폐지하고 심사관이 특허결정등본 또는 거절이유통지서를 송달하기 전까지 보정을 할 수 있도록 하였으며, 종전의 요지변경 조항을 폐지하고 보정의 허용범위를 출원서에 최초로 첨부한 명세서 또는 도면에 기재된 사항의 범위 이내로 제한하고 있다.

[분석] 신규사항의 판단대상은 보정된 명세서 또는 도면이며 이중 어떤 곳에도 신규사항을

추가하는 보정은 허용되지 않는다. 명세서 등의 보정은 출원서에 최초로 첨부된 명세서 또는 도면을 기준으로 하여 신규사항의 추가 여부를 판단한다. 국제출원의 경우에는 '특허출원서에 최초로 첨부된 명세서 또는 도면에 기재된 사항'은 '국제출원일에 제출한 국제출원의 명세서, 청구범위 또는 도면(도면 중 설명부분에 한한다)의 번역문 또는 국제출원일에 제출한 국제특허출원의 도면(도면 중 설명부분은 제외한다)에 기재된 사항'으로 한다. 특허법 제201조 제6항의 규정에 의하여 실체심사는 번역문에 의거하여 이루어지므로 심사관은 번역문의 기재사항을 기초로 신규사항의 추가 여부를 판단한다.

[분석] 신규사항을 추가하는 보정의 취급은 다음과 같다.
① 자진보정기간 또는 최초거절이유통지에 대한 의견서 제출기간 이내의 보정 : 신규사항이 추가된 보정에 대하여 심사절차의 계속 중에는 특허법 제62조 제5호에 따라 거절이유를 통지한다.
② 최후거절이유통지에 대한 의견서 제출기간 이내 또는 재심사청구시의 보정 : 신규사항이 추가된 보정에 대하여 심사절차의 계속 중에는 특허법 제51조 제1항에 따라 보정각하를 한다.
③ 특허권 설정등록 후 발견한 경우 : 신규사항의 추가금지를 위반하는 보정이 특허권 설정등록 후에 발견된 경우에는 특허법 제133조 제1항 제6호의 규정에 따라 무효심판을 청구할 수 있다.

[분석] 신규사항의 판단기준과 요지변경의 판단기준은 비교대상이 최초명세서 등에 '기재된 사항의 범위 이내'이고, 기재된 사항의 범위 이내에 자명한 사항이 포함된다는 점에서 판단기준이 비슷하다고 볼 수 있으나, 요지변경의 판단대상은 청구범위로 한정하고 있는데 비하여 신규사항의 판단대상은 명세서 또는 도면으로 하고 있다는 점이 다르다. 그러나 심사실무에 있어서는 종전의 요지변경에 비해 현행 신규사항의 추가요건을 훨씬 엄격하게 적용하고 있다. 따라서 기재된 사항의 범위에 대해서도 종전에 비해 좁게 판단하고 있으므로, 이를 감안해서 출원서 및 보정서를 작성해야 한다.

[분석] 심사관이 최초거절이유를 통지한 후 출원인이 그 거절이유를 받기 전에 한 보정이나 보정서 제출기간 이내에 제출된 보정서를 간과하고 심사를 한 경우 그 심사의 처분이 최종 거절결정이거나 등록결정인 경우에는 그 처분을 취소하고 다시 새로운 보정명세서에 근거하여 심사하고, 그 처분이 최종처분이 아닌 거절이유통지인 경우에는 거절이유통지에 대한 타당성을 재검토하여 취소하거나 다시 거절이유를 통지한다.

[분석] 최후거절이유통지 이후의 보정의 실체적 요건에 관한 적합 여부는 다음과 같은 절차에 따라 판단한다. 즉, 최후거절이유통지에 대응한 보정은 특허법 제47조 제2항의 요건

이외에 동조 제3항 요건을 추가로 충족하여야 한다. 최후거절이유통지 이후의 보정은 제47조 제2항 및 제3항의 요건을 모두 만족시켜야하고 보정요건의 만족 여부 판단은 각 항의 선후를 가리지 않고 검토할 수 있으며, 각 항의 보정요건 중 복수의 요건을 만족시키지 못한 경우 만족시키지 못한 요건을 모두를 지적하여 보정각하한다.

[분석] 보정의 범위를 제한하는 이유는 행정절차의 간소화를 기하기 위한 면도 있으나, 보정의 범위를 지나치게 확대하면 선출원주의 하에서 선출원의 지위를 확보하기 위하여 완전하지 못한 발명을 출원한 후에 신규사항을 추가함으로써 후출원자나 선의의 제3자의 이익을 침해할 수 있기 때문이다. 특허출원의 보정의 범위는 특허법 제47조 제2항 및 제3항 규정에 의거 보정기간에 따라 달리 규정하고 있다. 즉, 자진보정기간 및 최초거절이유통지에 대한 의견서 제출기간 이내의 보정은 신규사항의 추가가 금지되며, 최후거절이유통지에 대한 의견서 제출기간 이내의 보정 및 재심사를 청구하면서 하는 보정의 경우에는 신규사항 추가금지뿐만 아니라 청구범위를 감축, 잘못된 기재의 정정 또는 기재를 명확하게 하는 보정만이 허용된다.

[실무] 신규사항의 구체적인 판단방법은 다음과 같다.
① 우선권주장의 기초가 된 제1국출원 또는 선출원은 특허출원서에 최초로 첨부된 명세서 또는 도면에 해당되지 않으므로 신규사항의 추가 여부 판단의 기초로 사용할 수 없다.
② 요약서는 명세서 또는 도면에 해당하지 않으므로 신규사항 추가 여부를 판단하는 기준이 되는 최초명세서 등에 포함되지 않는다.
③ 미완성 발명을 완성시키는 보정을 한 경우 그 보정은 신규사항을 추가한 것으로 된다.
④ 잘못된 기재를 정정하는 경우 또는 분명하지 아니한 기재를 명확하게 하는 경우, 최초명세서 등에 기재된 사항의 범위 이내의 것으로 인정되는 정도의 보정은 신규사항의 추가가 아니다.
⑤ 명세서 및 도면 중에 상충하는 2개 이상의 기재 중 어느 것이 올바른지가 최초명세서 등의 기재로부터 통상의 기술자에게 자명한 경우에는 올바른 기재로 일치시키는 보정은 신규사항의 추가가 아니다.
⑥ 도면이나 청구범위에 기재된 사항에 근거하여 발명의 설명을 보정한 사항이 통상의 기술자에게 자명한 사항인 경우에는 그 보정은 신규사항의 추가가 아니다.
⑦ 제외클레임으로 하는 보정은 그러한 제외하는 한정으로 최초명세서 등에 기재된 것으로 볼 수 없는 새로운 기술적 사항이 도입되는 것이 아니라면 신규사항의 추가가 아니다.
⑧ 실시예 또는 시험예를 추가하는 보정, 발명의 목적이나 효과를 추가하거나 변경하는 보정 등으로써 그 보정된 사항이 최초명세서 등의 기재로부터 자명하지 않은 경우에는 신규사항을 추가한 것으로 된다.

⑨ 선행기술 문헌명을 명세서에 추가하는 정도의 보정은 신규사항 추가가 아니다. 다만, 그 선행기술문헌에 포함된 사항에 근거한 보정이나, 당초 인용되어 있지만 그 문헌 중에만 기재되어 있고 최초명세서에는 기재되어 있지 않았던 사항을 추가하는 보정은 그 보정된 사항이 최초명세서 등의 기재로부터 자명하게 도출할 수 없는 사항인 경우에는 신규사항을 추가한 것으로 된다.
⑩ 상위개념을 하위개념으로 보정하여 범위를 축소하였더라도, 출원시의 기술상식을 참작하여 통상의 기술자에게 그러한 상위개념이라고 하면 보정된 하위개념으로 바로 인식될 정도가 아니면 신규사항에 해당한다.
⑪ 하위개념을 상위개념으로 보정하는 경우, 그 상위개념 중에서 최초명세서 등의 하위개념과 비교하여 발명의 과제해결 여부 또는 효과가 달라지는 부분이 포함되면 신규사항의 추가에 해당된다. 일부 구성을 삭제하는 경우에도 그 삭제되는 구성이 최초명세서 등에서 과제해결을 위하여 필수적인 것으로 기재된 것이라면 신규사항 추가에 해당한다.
⑫ 수치범위를 추가하거나 변경 또는 감축하는 보정의 경우에, 새로운 수치범위가 최초명세서 등에 기재되어 있지 않고, 최초명세서 등의 기재로부터 자명하지 않은 경우에는 신규사항 추가에 해당한다.
⑬ 최초명세서 등에 독립적으로 기재된 개별 구성이나 실시예들을 하나의 발명을 결합하는 보정을 하는 경우, 그러한 결합이 최초명세서 등에 언급되어 있거나 통상의 기술자가 출원시의 기술상식에 비추어 당연히 상정할 수 있는 정도가 아니면 신규사항 추가에 해당한다.
⑭ 보정에 의해 추가된 사항이 주지관용기술이더라도 그것이 통상의 기술자가 최초명세서 등에 기재되어 있는 것과 마찬가지라고 이해할 수 있는 사항이 아니라면 신규사항 추가에 해당한다.
⑮ 통상의 기술자가 최초명세서 또는 도면에 오기가 있음을 인식할 있고, 그러한 오기가 무엇으로 정정되어야 하는지도 명확히 알 수 있다면, 그러한 오기의 정정은 신규사항 추가에 해당되지 않는다.

[실무] 특허출원서에 최초로 첨부된 명세서에 기재되어 있지 아니하던 새로운 사항의 추가는 청구범위에 영향을 미치는 보정은 물론, 그것이 비록 청구범위에 전혀 영향을 미치는 것이 아니더라도 신규사항의 추가로 간주한다. 또한 종전에는 심사관의 보정각하결정에 대하여 불복심판을 청구할 수 있도록 하였으나 신규사항 추가금지를 위반하는 경우에는 특허심사의 거절이유가 될 뿐만 아니라 특허무효사유가 되므로 특별히 주의하여야 한다. 즉, 보정각하결정에 대한 심판을 폐지하고 신규사항 추가결정에 대한 불복은 거절결정불복심판에서 다툴 수 있도록 하였다. 따라서 최초명세서를 작성함에 있어 이제까지보다 더

욱 심혈을 기울여 내용이 완벽하게 기재되도록 하여야 한다.

《표》 요지변경과 신규사항 추가금지의 차이점

<table>
<tr><th colspan="2"></th><th>요지변경 금지(종전)</th><th>신규사항 추가금지(현행)</th></tr>
<tr><td colspan="2">조문</td><td>제48조</td><td>제47조 제2항</td></tr>
<tr><td colspan="2">요건</td><td>o 신규사항이 추가되어 청구범위에 영향을 미치는 것을 금지
- 발명의 설명 또는 도면에 신규사항이 추가되어도 청구범위에 영향이 없을 경우에는 가능</td><td>o 청구범위와 무관하게 명세서 또는 도면에 신규사항의 추가를 금지</td></tr>
<tr><td rowspan="2">규정위반시</td><td>등록전</td><td>o 보정각하
(제51조 제1항)</td><td>o 거절이유
(제62조 5호)</td></tr>
<tr><td>등록후</td><td>o 보정서 제출일로 출원일이 미루어짐
(제49조 제1항)</td><td>o 무효사유
(제133조 제1항 6호)</td></tr>
</table>

[실무] 최후거절이유를 통지한 경우 거절이유통지에서 지적한 청구항을 삭제하지 않은 보정은 보정요건을 만족하지 못할 가능성이 높으므로 심사시 세심하게 검토하여야 한다. 특히 최후거절이유통지시 신규성이나 진보성으로 거절이유를 통지한 청구항을 삭제하지 않고 보정하는 경우 특허법 제47조 제2항 및 제3항의 보정요건을 충족하지 못할 가능성이 많다.

[판례] 대법원 2007. 2. 8. 선고 2005후3130 판결, 2002. 9. 27. 선고 2000후2781 판결

특허법 제47조 제2항은 '명세서 또는 도면의 보정은 특허출원서에 최초로 첨부된 명세서 또는 도면에 기재된 사항의 범위 안에서 이를 할 수 있다'는 취지로 규정하고 있는바, 여기에서 최초명세서 등에 기재된 사항이란 최초명세서 등에 명시적으로 기재되어 있는 사항이거나 또는 명시적인 기재가 없더라도 통상의 기술자라면 출원시의 기술상식에 비추어 보아 보정된 사항이 최초명세서 등에 기재되어 있는 것과 마찬가지라고 이해할 수 있는 사항이어야 한다.

◇ 특허법원 2008. 11. 13. 선고 2008허5052 판결

보정된 사항이 주지관용기술이더라도 그것이 통상의 기술자가 최초명세서에 기재되어 있는 것과 마찬가지라고 이해할 수 있는 사항이 아니라면, 이를 추가하는 보정은 최초명세서에 기재된 사항의 범위를 벗어난 것이어서 허용될 수 없다.

◇ 특허법원 2008. 8. 22. 선고 2007허4649 판결

특허출원의 보정절차에서 추가가 금지되는 신규사항은 최초명세서 등에 명시적으로 기재되어 있는 사항이거나 또는 명시적인 기재가 없더라도 통상의 기술자라면 출원시의 기술 상식에 비추어 보아 보정된 사항이 최초명세서 등에 기재되어 있는 것과 마찬가지라고 이해할 수 있는 사항 외의 사항을 말한다.

[판례] 특허법원 2008. 10. 30. 선고 2008허2916 판결

특허법 제47조 제4항 제1호에 의하면, 거절결정에 대한 심판청구를 하면서 하는 특허발명의 명세서 또는 도면의 보정은 청구범위를 실질적으로 확장하거나 변경할 수 없다고 규정하고 있는바, 청구범위를 실질적으로 확장하거나 변경하는 경우에 해당하는지 여부를 판단함에 있어서는 청구범위 자체의 형식적인 기재만을 가지고 대비할 것이 아니라 발명의 설명을 포함하여 명세서 전체내용과 관련하여 실질적으로 대비하여 그 확장이나 변경에 해당하는지 여부를 판단하는 것이 합리적이라 할 것이고, 비록 형식적으로는 그 감축되는 대상인 청구범위가 보정 전후에 달라졌다 하더라도 특허발명의 설명에 그 기술구성이 자세히 기재되어 있고 보정 전의 다른 청구항에 그 청구항만 달리하여 존재하고 있던 기술구성일 경우에는 청구범위의 효력범위가 확장되거나 변경된 것이 아니어서 실질적 변경에 해당하지 않는다.

[사례] 이 사건 보정은 보정 전 청구항 1 발명에 보정사항 3을 추가하여 변경함으로써 보정 전 청구항 1 발명과 대비하여 형식적으로는 변경된 것으로 보이지만, 위 보정으로 삭제되는 보정 전 청구항 4 발명에 있던 구성을 그대로 부가하여 그 청구항만을 달리한 것에 불과할 뿐만 아니라, 특허발명의 설명에 그 기술구성과 목적 및 효과가 자세히 기재된 구성으로서 보정 전의 명세서에 없던 신규의 기술적 사항을 추가한 것이 아니므로 청구범위가 실질적으로 확장되거나 변경되었다고 할 수 없다(특허법원 2008. 10. 30. 선고 2008허2916 판결).

[분석] 청구범위에 대한 보정이 발명의 설명과 다른 청구항에 기재되어 있던 기술적 구성이 부가되어 청구범위의 감축에 해당하는 경우에는 청구범위의 실질적 변경에 해당하지 않는다.

7.1.2. 사례

(1) 청구범위의 기술적 사항을 상위개념으로 보정하여 최초명세서 등에 기재된 사항 이외의 사항이 추가되거나, 구체적으로 기재되어 있지 아니한 하위개념으로 보정하여 당초 명세서 등에 기재된 사항 이외의 것이 개별화되는 경우에는 신규사항 추가에 해당된다.

[예] 보정 전에 '삶은 팥, 감미료 및 글리세린을 함유하는 팥소'로 기재되어 있던 것을, 보정 후에 '삶은 팥, 감미료 및 글리세린을 함유하는 아이스크림용 팥소'로 보정한 경우, '팥소'를 '아이스크림용 팥소'로 보정하는 것은 신규사항을 추가한 것으로 된다.

[설명] 보정 전의 명세서에 기재된 발명은 종래의 팥소에 글리세린을 첨가하여 보존성이 우수할 뿐만 아니라 냉동시에 동결하지 않도록 하는 것을 목적으로 하는 것으로, 하위개념으로 특히 아이스크림용 팥소가 바람직하다고 보정하는 경우, 보정 전 명세서에 "냉동시에 동결하지 않는다"고 하는 기재는 있으나 '아이스크림용'으로 용도를 특정한 발명에 대한 기재는 없고, 또한 냉동시에 동결하지 않는 팥소는 각종 용도가 상정되어, '아이스크림용 팥소'로 특정하여 보정하는 것이 자명한 기술적 사항이라고 인정되지 않는 것으로 이 보정은 신규사항을 추가한 것이다.

(2) 수치한정의 범위를 추가·변경·확대하는 보정이 최초명세서 등의 기재로부터 자명하지 않는 경우에는 신규사항을 추가한 것으로 본다. 단, 수치범위를 축소하여 청구범위를 감축하는 보정은 일반적으로 발명의 구체적 목적 범위 안에 있는 것이므로 변경에 해당하지 않는 것을 인정하나, 선택발명과 같이 수치범위를 축소하였다 하더라도 그 보정된 사항이 최초명세서 등의 기재로부터 자명하지 않은 경우에는 신규사항 추가에 해당될 수 있다.

[예] 보정 전 발명의 설명에 '60~80℃의 팜유 및 식물성유지의 혼합액에 속효성 응고제를 넣어 교반하는 단계와; 상기 교반단계를 거친 후 열교환기를 통과시켜 20~27℃까지 온도를 낮추는 상변환단계와 …을 특징으로 하는 두부 응고제 생산방법'으로 기재되어 있던 것을, 보정 후 발명의 설명에 '40~80℃의 팜유 및 식물성유지의 혼합액에 속효성 응고제를 넣어 교반하는 단계와; 상기 교반단계를 거친 후 열교환기를 통과시켜 10~25℃까지 온도를 낮추는 상변환단계와 …을 특징으로 하는 두부응고제 생산방법'으로 보정한 경우, '60~80℃'를 '40~80℃'로 보정하는 것과 20~27℃를 10~25℃로 보정하는 것은 신규사항 추가에 해당된다.

[설명] 보정 후 팜유 및 식물성유지의 혼합액 수치범위가 확대되고, 열교환기 통과 후 냉각온도의 수치범위가 변경된 것으로 신규사항을 추가한 보정이다.

(3) 보정 후 발명의 설명 또는 도면에 기재된 사항이 최초명세서 등에 '기재된 사항의 범위 안'이 아닌 내용을 포함하는 경우에는 신규사항 추가에 해당된다.

따라서 실시예를 추가하는 보정, 발명의 목적이나 효과를 추가하는 보정 등 그 보정된 사항이 최초명세서 등의 기재로부터 자명하지 않은 경우에는 신규사항을 추가한 것으로 본다.

[예] 보정 전 발명의 설명에, '보관고에 넣어진 육류를 0℃ 이내의 온도로 냉각하는 제1과정; 상기 냉각 후 상기 육류에 대하여 소정시간 동안 무기질(세라믹, 옥)을 이용하여 살균처리하고 숙성시키는 제2공정; 및 상기 숙성된 육류에 대하여 -5℃ 이내의 온도로 보관하는 제3과정을 구비하는 것을 특징으로 하는 육류 숙성 보관방법에 관한 것이다.'라고 기재되어 있던 것을 보정 후 발명의 설명에, '보관고에 넣어진 육류를 0℃ 이내의 온도로 냉각하는 제1과정; 상기 냉각 후 상기 육류에 대하여 소정시간 동안 세라믹이나 옥과 같은 무기질 광물을 부착한 반원형 가이드가 설치된 자외선 램프장치를 이용하여 살균 처리하고 숙성시키는 제2공정; 및 상기 숙성된 육류에 대하여 -5℃ 이내의 온도로 보관하는 제3과정을 구비하는 것을 특징으로 하는 육류 숙성 보관방법에 관한 것이다.'로 보정한 경우, 살균처리공정에 자외선 램프의 사용과 살균시간 등의 설정방법을 추가로 기재하는 것은 신규사항 추가가 된다.

[설명] 최초명세서에는 살균장치는 무기질(세라믹, 옥)을 이용한 살균등을 이용하여 미리 정해진 시간 동안 행하는 것으로만 기재되어 있었으나, 보정에 의하여 살균처리를 위한 살균등은 일반적으로 널리 알려진 자외선 램프를 이용한 살균장치로서, 보관고의 도어 저면에 도면에 기재된 바와 같은 구조의 자외선램프와 이 자외선의 후면 외측에 세라믹이나 옥과 같은 무기질의 광물질을 부착한 반원형 가이드를 설치하여 상기 자외선램프에서 조사되는 자외선이 반원형 가이드에 의해 반사되면서 육류에 조사되어 가열 살균하는 것으로, 살균시간은 통상 5~10분 정도 실시하는 것이 바람직하나, 육류의 보관량 즉, 부하량에 따라 차등 적용될 수 있는 사항이라는 새로운 기술적 사항이 추가되었고 살균장치의 실시예를 보여주는 도면 또한 추가되었다. 그러나 이러한 사항은 최초명세서 등에 기재되어 있지 않고 또한 그 기재로부터 자명한 사항도 아니므로 최초명세서 등에 '기재된 사항의 범위 안'에 속하지 않는다. 따라서 이 보정은 신규사항 추가에 해당된다.

[예] 보정 전 발명의 설명에 '발효균주로서 바실러스 아밀로리퀴파시언스(*Bacillus amyloliquefaciens*)를 각각 중량비로 20%씩 혼합한 발효제를 0.3중량% 첨가하였다. 그 후 온도 35℃와, 습도 60%에서 72시간 발효시킨 후 발효팽화 홍삼액을 추출하였다.'로 기재되어 있던 것을 보정 후 발명의 설명에, '…그 후 온도 35℃와, 습도 60%에서 72시간 발효시킨 후 95% 에탄올을 추출용매로 하여 발효팽화 홍삼액을 추출하였다.'로 보정한 경우, 95% 에탄올을 추출용매를 추가로 기재하는 것은 신규사항 추가가 된다.

[설명] 보정 전 명세서에는 기재되어 있지 않던 홍삼을 추출하는 용매의 종류 및 추출 용매의 농도를 추가로 기재하는 것은 신규사항 추가로 본다.

[예] 보정 전 발명의 설명에 '감마-폴리글루탐산의 알러지 증상에 대한 개선 효과를 조사하기 위하여, 알러지성 기침 및 비염 환자들 5명씩으로 된 그룹 1 및 그룹 2에게 감마-폴리글루탐산 100mg을 1일 2회로 나누어 복용시키고 대조군을 각각 3명으로 하되 증상이 가라앉는 상태를 관찰하였다.'로 기재되어 있던 것을, 보정 후 발명의 설명에, '감마-폴리글루탐산의 알러지 증상에 대한 개선 효과를 조사하기 위하여, 알러지성 기침 및 비염 환자들 5명씩으로 된 그룹 1, 그룹 2, 그룹 3에게 감마-폴리글루탐산 100㎎을 1일 2회로 나누어 복용시키고 대조군을 각각 3명으로 하되 증상이 가라앉는 상태를 관찰하였다.'로 보정한 경우, 그룹 3을 추가로 기재하는 것은 신규사항 추가로 본다.

[설명] 건강기능식품의 효과를 입증하기 위해 임상실험을 실시한 실시예를 추가하는 보정은 신규사항 추가가 된다. 최초명세서에 기재되어 있지 않던 알러지성 결막염 환자를 대상으로 한 임상실험 결과를 추가하였으나, 이러한 사항은 최초명세서 등에 기재되어 있지 않고, 통상의 기술자가 자명하게 도출할 수 있는 사항도 아니므로, 신규사항 추가에 해당한다.

7.2. 최후거절이유통지에 대응하거나 재심사청구시 하는 보정

7.2.1. 신규사항 추가 금지

최후 거절이유통지 이후 명세서나 도면의 보정도 자진보정이나 최초거절이유에 대응한 보정에서와 같이 신규사항추가금지 규정이 적용된다.

7.2.2. 청구범위에 대한 보정요건

최후 거절이유통지에 대응한 보정 또는 재심사를 청구하면서 하는 보정 중 청구범위에 대한 보정은 (1) 청구범위를 감축하는 경우, (2) 잘못된 기재를 정정하는 경우, (3) 분명하지 아니한 기재를 명확하게 하는 경우, (4) 신규사항을 삭제하기 위해 하는 보정 중 어느 하나에 해당하여야 한다.

특히, 청구범위를 감축하는 경우로는 ① 수치범위의 축소, ② 상위개념으로부터 하위개념으로의 변경, ③ 택일적으로 기재된 요소의 삭제, ④ 다수항을 인용하는 청구항에서 인용항의 수를 감소, ⑤ 청구항의 삭제, ⑥ 구성요소의 직렬적 부가 등이 있으며, 청구범위 기재 자체를 변경함이 없이 발명의 설명 또는 도면의 기재를 감축 보정함으로써 청구범위를 실질적으로 감축하는 것 등이 있다.

7.2.3. 사례

(1) 청구범위를 감축하는 경우

① 수치범위의 축소

[예] 보정 전 '초미세 홍삼분말 40.0~49.4중량%에 과당 35.0~45.0중량%, 이소말토올리고당 8.0~17.0중량%…을 배합한 후 포장한 것을 특징으로 하는 떠먹는 초미세 홍삼'으로 기재되어 있던 것을, 보정 후 '초미세 홍삼분말 44.0~49.4중량%에 과당 37.0~44.0중량%, 이소말토올리고당 8.0~15.0중량%…을 배합한 후 포장한 것을 특징으로 하는 떠먹는 초미세 홍삼'으로 보정한 경우, 배합비를 축소 변경하는 것이어서 적합한 보정에 해당한다.

[설명] 홍삼분말, 과당, 이소말토올리고당의 배합비를 축소 변경하는 것처럼 당초 청구항에 기재된 범위 내에서 수치한정의 범위를 축소하는 것은 적합한 보정에 해당한다. 다만, 일측의 수치점위는 축소하면서 타측의 수치범위를 확장하는 것은 수치범위의 축소에 해당하지 않는다.

② 상위개념으로부터 하위개념의로의 변경

[예] 보정 전 '더덕에 발효미생물을 단독 또는 혼합 스타터로 사용하여 1~4주간 발효시키는 것을 특징으로 하는 발효더덕의 제조방법'으로 기재되어 있던 것을, 보징 후 '더덕에 발효미생물인 *Leuconostoc mesenteroides, Bifidobacterium longum, hodopseudomonas palustris*를 단독 또는 혼합 스타터로 사용하여 1~4주간 발효시키는 것을 특징으로 하는 발효더덕의 제조방법'으로 보정한 경우, 발효미생물의 종류를 구체적으로 한정하는 경우는 적법한 보정으로 본다.

[설명] 보정 전 명세서상에 발효미생물의 종류가 구체적으로 기재되어 있는 경우, 발효미생물의 종류를 구체적으로 한정하여 하위개념으로 변경하는 경우는 청구범위의 감축에 해당하여 적법한 보정으로 본다. 다만, 최초명세서 등에 미생물의 종류가 구체적으로 기재되지 않았거나 최초명세서로부터 자명하지 않은 하위개념의 미생물을 추가하는 보정을 하는 경우에는 신규사항 추가에 해당될 수 있다.

③ 택일적으로 기재된 요소의 삭제

[예] 보정 전 '아교, 젤라틴, 카르복시메틸 셀룰로오스 나트륨 중에서 선택된 어느 하나의 식용코팅제를 이용하여 흑삼을 코팅하는 방법'으로 기재되어 있던 것을, 보정 후 '식용코팅제인 카르복시메틸 셀룰로오스 나트륨을 이용하여 흑삼을 코팅하는 방법'으로 보정한 경우, 택일적 구성요소를 삭제한 경우는 적법한 보정으로 본다.

[설명] 'A 또는 B'에서 A나 B 중 어느 하나를 삭제하는 경우로서, 식용 코팅제 중 아교, 젤라틴을 삭제하는 것은 택일적 구성요소를 삭제하는 것이어서 청구범위 감축에 해당하므로 적법한 보정이다.

④ 다수항을 인용하는 청구항에서 인용항의 수를 감소

다수의 다른 항을 인용하는 청구항에서 인용항의 일부를 삭제하는 것은 선택적 구성요소를 삭제하는 경우와 같이 청구항을 한정하여 감축하는 것이므로 적법한 보정으로 본다.

⑤ 청구항의 삭제

청구항을 삭제하는 것은 청구범위의 감축에 해당되므로 적법한 보정으로 인정한다. 한편, 청구항을 삭제한 후 삭제된 청구항을 인용하는 다른 청구항의 인용번호를 변경하거나 인용내용을 추가하는 보정을 잘못된 기재를 정정하는 보정으로 본다.

⑥ 구성요소의 직렬적 부가

[예] 보정 전 '갈고리가시우무 추출물 및 제주조릿대 추출물을 포함하는 숙취해소용 음료'로 기재되어 있던 것을, 보정 후 '갈고리가시우무 추출물, 제주조릿대 추출물 및 레드비트 추출물을 포함하는 것을 특징으로 하는 숙취해소용 음료'로 보정한 경우, 청구범위가 감축되는 경우는 적법한 보정으로 본다.

[설명] 보정 전 명세서에 기재되어 있던 레드비트 추출물을 음료에 부가하는 기술적 사항을 청구범위에 부가함으로써 청구범위가 감축되는 경우로서 적법한 보정으로 본다.

(2) 잘못된 기재를 정정하는 경우

잘못된 기재를 정정하는 경우란 정정 전의 기재내용과 정정 후의 기재내용이 동일함을 객관적으로 인정할 수 있는 경우로서, 청구범위의 기재가 오기인 것이 명세서의 기재 내용으로 보아 자명한 것으로 인정되거나, 주지의 사항 또는 경험칙으로 보아 명확한 경우에 그 오기를 정확한 내용의 자구나 어구로 고치는 것을 말한다.

[예] 최초 보정 후 '청구항 1. 락토바실러스 속 균주를 토마토 배지에 접종 및 배양하는 단계, 배양 이후 살균단계를 포함하는 가바(GABA) 함유 토마토 발효물의 제조방법. 청구항 2. 삭제. 청구항 3. 청구항 2에 있어서, 상기 살균단계는 5~20분 동안 실시되는 것을 특징으로 하는 토마토 발효물의 제조방법'으로 기재되어 있던 것을, 최후 보정 후 '청구항 1. 락토바실러스 속 균주를 토마토 배지에 접종 및 배양하는 단계, 배양 이후 살균단계를 포함하는 가바(GABA) 함유 토마토 발효물의 제조방법. 청구항 2. 삭제. 청구항 3. 청구항 1에 있어서, 상기 살균단계는 5~20분 동안 실시되는 것을 특징으로 하는 토마토 발효물의 제조방법'으로 보정한 경우, 인용항을 명확하게 보정하는 경우는 적법한 보정으로 본다.

[설명] 최초 보정서에서 삭제된 청구항을 인용하는 청구항 3은 누가 보더라도 명백하게 잘못된 기재임이 분명하므로, 이를 최후 보정서에서 인용항을 명확하게 하는 보정은 잘못된 기재를 정정하는 것으로 보아 적법한 보정으로 본다.

(3) 분명하지 아니한 기재를 명확하게 하는 경우

명세서에 있는 기재 내용의 표현이 부정확하거나 그 뜻이 애매한 것을 바르게 함으로써 출원발명의 내용을 한층 더 명확히 하는 보정을 말한다. 불분명한 기재를 명확하게 하는 보정의 경우에도 그로 인하여 청구범위를 실질적으로 확장·변경하는 것이 아니어야 하고, 보정으로 추가하고자 하는 사항이 최초명세서 또는 도면에 기재된 사항의 범위 이내일 것을 요구한다.

(4) 신규사항을 삭제하기 위해 보정하는 경우

[예] 최초 보정 후 '청구항 1. 운지버섯추출물분말, 단삼추출물분말, 갈근추출물분말, 천궁추출물분말, 홍화씨추출물분말을 포함하는 과립제, 정제 캡셀제, 환제 또는 액제형태의 고지혈증 예방용 건강기능식품'으로 기재되어 있던 것을, 최후 보정 후 '청구항 1. 운지버섯추출물분말, 단삼추출물분말, 갈근추출물분말, 천궁추출물분말, 홍화씨추출물분말을 포함하는 것을 특징을 하는 고지혈증 예방용 건강기능식품'으로 보정한 경우, 신규사항으로 추가된 구성을 삭제하는 경우는 적법한 보정으로 본다.

[설명] 최초 보정 후 명세서에서 건강기능식품의 제형을 추가하는 보정을 하였으나, 이는

최초명세서에 기재된 사항이 아니고 통상의 기술자에게 자명한 사항도 아니어서 신규사항을 추가한 보정으로 판단된 경우, 최후 보정을 통해 명세서에서 신규사항으로 추가된 구성을 삭제하는 것은 적법한 보정으로 본다.

[판례] 대법원 2014. 7. 10. 선고 2012후3121 판결

'새로운 거절이유가 발생한 것'이란 해당 보정으로 인하여 이전에 없던 거절이유가 새롭게 발생한 경우를 의미하는 것으로서, 이러한 경우에 그 보정을 각하하도록 한 취지는 이미 거절이유가 출원인에게 통지되어 그에 대한 의견제출 및 보정의 기회가 충분히 부여되었음에도 그 보정으로 인하여 거절이유가 새롭게 발생하여 그에 대한 거절이유통지와 또 다른 보정이 반복되는 것을 배제함으로써 심사절차의 신속한 진행을 도모하는 데에 있다고 할 것이다. 이러한 취지에 비추어 보면, 심사관이 '발명이 명확하고 간결하게 기재되지 아니하여 특허법 제42조 제4항 제2호의 명세서 기재요건을 구비하지 못한 기재불비가 있다'는 거절이유를 통지함에 따라 이를 해소하기 위한 보정이 이루어졌는데, 그 보정 이후 발명에 대한 심사 결과 신규성이나 진보성 부정의 거절이유가 발견된다고 하더라도, 그러한 거절이유는 보정으로 청구항이 신설되거나 실질적으로 신설에 준하는 정도로 변경됨에 따라 비로소 발생한 경우와 같은 특별한 사정이 없는 한 보정으로 인하여 새롭게 발생한 것이라고 할 수 없으므로, 심사관으로서는 그 보정에 대한 각하결정을 하여서는 아니되고, 위와 같은 신규성이나 진보성 부정의 거절이유를 출원인에게 통지하여 의견제출 및 보정의 기회를 부여하여야 한다.

8. 특허를 받을 수 없는 발명

식품에 관한 발명이 다음과 같이 공공의 질서 또는 선량한 풍속을 문란하게 하거나 공중의 위생을 해할 염려가 있는 경우 특허법 제32조의 규정에 의하여 특허를 받을 수 없는 것으로 본다. 이를 위해 심사관은 식품공전 등에서 규정한 식품에 사용할 수 없는 원료 목록 등을 참고하여 이를 판단할 수 있다.

(1) 인체로부터 직접 얻어진 원료를 포함하는 경우

[예] 사람의 태반, 사람의 혈액

(2) 인체에 치명적인 독성이 있는 식물성·동물성 원료를 포함하는 경우

[예] 복어알, 흰알광대버섯

(3) 인체에 유해한 농약 또는 중금속을 포함하는 경우

[예] 수은, 유황

(4) 식중독 등을 일으킬 수 있는 유해미생물 첨가 또는 유해미생물이 생산하는 독소를 원료로 하는 경우

[예] 살모넬라균(*salmonella*), 베로독소(*verotoxin*)

다만, 위와 같은 경우에도 객관적인 입증자료 또는 실험성적증명서 등의 제출에 의하여 안전성이 입증되면 상기 규정에 해당하지 아니한 것으로 본다.

식품 발명을 구성하는 재료 또는 성분(식품의 저장·가공 중 이화학적 반응에 의해 생성되는 이차 산물 포함)은 식품으로 섭취시 그 인체 안전성이 확인되어야 하며, 특히 ① 식품에 사용되었던 적이 없거나, ② 인체 안전성이 통상의 기술자에게 자명하지도 않은 재료나 성분을 사용한 식품 발명의 경우에는 독성시험 또는 임상시험 등을 통해 안전성이 있음을 객관적으로 충분히 입증할 수 있는 자료 제출을 요구할 수 있다.

[설명] 인체 안전성 여부는 식품의약품안전처의 식품위해평가자료 통합·검색서비스 및 식품공전, 국내외 논문 등의 내용을 참고하여 판단하되, 인체 안전성이 우려되는 출원에 대하여는 유해하지 않음을 입증할 수 있는 객관적인 자료 제출을 요구할 수 있다.

[판례] 대법원 1991. 11. 8. 선고 91후110 판결

특정인 한 사람이 출원발명의 제품을 복용한 결과 아무런 위해가 없었다는 사실만으로 출원발명이 일반 공중의 위생을 해할 우려가 없다고 단정할 수는 없다.

[사례] 특허법 제32조는 공중의 위생을 해할 우려가 있는 발명은 특허를 받을 수 없다고 규정하고 있고, 같은 법 제62조 제1호에 의하면 특허출원이 같은 법 제32조의 사유에 해당할 때에는 거절결정하도록 규정하고 있으므로, 특허출원이 공중의 위생을 해할 우려가 있는 때에는 거절결정하여야 하는 것이고, 따라서 발명이 공중위생을 해할 우려가 있는지 여부는 특허절차에서 심리되어야 할 것이고, 이것이 단순히 발명의 실시단계에 있어 제품에 대한 식품위생법 등 관련 제품허가법규에서만 다룰 문제가 아니라고 할 것인바, 이러한 취지에 따라 출원발명이 그 안정성 및 복용량의 문제로 인하여 공중위생을 해할 우려가 있으므로, 특허법 제32조에 의하여 거절결정되어야 한다고 판단한 조처는 정당하다(대법원 1991. 11. 8. 선고 91후110 판결).

[실무] 객관적인 설명이란 제3자가 쉽게 이해하고 납득할 수 있도록 타당성 있는 근거를 제시하는 것을 의미하고 실험성적증명서는 무해성 여부에 대한 공인기관의 인정이 있는 경우를 말하나, 이러한 자료가 제시되었다고 하더라도 심사관은 통상의 기술자의 수준에서 판단하여 객관적으로 인정할 수 있는 경우에만 설명이나 실험성적증명서를 타당한 것으로 간주한다.

[주의] 당해 발명이 제조방법의 발명인 경우, 그 방법 자체가 공중위생을 해칠 염려가 있는지 아닌지를 판단하여야 할 뿐만 아니라 그 제조방법의 목적생성물이 공중위생을 해칠 염려가 있는지 아닌지에 대해서도 고려하여야 한다. 그러나 당해 발명의 제조방법에 의해 얻어진 물(物)이 학술서에서 유해하다고 기재되어 있는 경우라도 보건복지부가 약사법에 근거해 제조를 허가하고 있는 경우에는 해당 학술서의 기재로 인해 공중위생을 해칠 염려가 있는 것에 해당한다고 할 수는 없다. 또한 발명 본래의 유익한 목적은 달성되지만 그 결과 공중의 위생을 해칠 염려가 있는 경우에는 그 해(害)를 제거하는 수단이 있는지의 여부 또는 그 효과의 플러스 마이너스를 비교 형량하는 것도 필요하다.

[사례] 출원발명은 김치 원재료 세척 및 절임하는 과정, 은이온 성분이 포함된 은수를 제조하는 과정, 김치 양념 제조 과정, 상기 제조된 은수와 김치 양념을 혼합하여 김치 양념 소스를 제조하는 과정, 상기 제조된 김치 양념 소스와 김치 원재료를 혼합하는 과정을 포함한 김치 제조방법에 관한 것인데, 출원발명은 '은' 자체가 아닌 '은 이온' 성분이 포함된 은수를 사용하지만, 은(Ag)은 장기간 다량 섭취할 경우 은피증(argyria)과 같은 질병의 원인이 되는 물질이고, '은'은 조직 침착이 영구적이어서 현재까지 은피증에 대한 효과적인 치료법은 없는 것으로 알려져 있다. 특히 식약처는 식품의 원료로 제조 판매가 금지되어 있는 은 이온 성분이 포함된 은수 함유 제품이 인터넷 사이트 등을 통해 무분별하게 식용으로 판매되는 것을 막기 위하여 2013. 3. 24. 키워드 검색광고 및 통관 금지 요청 등의 조치를 취함과 아울러, 소비자들에게 은 용액 함유 제품의 섭취를 금지해 줄 것을 당부하는 보도자료를 배포하기도 하였다. 김치는 전 국민이 거의 매일 섭취하는 주요 식품으로서 안정성에 의문이 제기되는 성분이 포함되는 경우, 객관적인 입증자료 또는 실험성적증명서 등에 의하여 그 안전성이 충분히 담보되어야 마땅한데도, 이를 인정할 만한 객관적인 자료는 없다. 나아가 설령 김치에 극히 미량의 은 이온이 인체에 무해할 수 있다고 하더라도, 출원발명의 청구범위에는 은 이온의 함량이 한정되어 있지도 않다(특허법원 2016. 7. 8. 선고 2016허229 판결).

[사례] 원고는, 등록특허공보 제721508호(갑 제16호증)의 실험예 8에서는 위령선 추출물을 함유하는 약학 조성물에 대한 동물실험결과 위령선 추출물을 과다 투여 시에도 독성에 문제가 없음이 확인되었다는 취지로 주장한다. 살피건대, 등록특허공보 제721508호(갑 제16호증)는 '위령선

추출물을 함유하는 당뇨 병, 당뇨합병증, 인슐린저항성 및 그로 인한 인슐린저항성 증후군의 예방 및 치료용 약학조성물에 관한 특허발명인데, 의약품의 경우 의사의 처방 등을 통해 엄격한 통제를 받으므로 동일한 성분이 의약으로서 안전성이 확보되었다고 하더라도 그것이 식품으로 안전하다고 단정하기는 어려울 뿐만 아니라, 위 특허발명의 실험예 8에 의하더라도 마우스에 위령선 추출물을 50mg/kg, 500mg/kg, 5000mg/kg으로 3주간 투여해도 사망하지 않았다는 점을 확인한 것에 불과하여 마음가리 추출물을 포함하는 식품 조성물이 ' 인체'에 안전하다는 것을 증명한 것으로 보기는 어렵다(특허법원 2020. 8. 13. 선고 2020허1618 판결).

Ⅲ. 마무리

식품분야 특허출원과 관련하여 특별히 주의하여야 할 사항을 정리하면 다음과 같다.

첫째, 발명의 효과를 기재함에 있어 통상의 기술자가 쉽게 이해할 수 있을 정도로 명세서에 명확하게 기재되어 있어야 한다. 즉, 통상의 기술자의 수준에서 작용효과를 쉽게 판단할 수 있도록 구체적으로 기재하여야 하며, 기능성과 관련하여 효과를 주장하고자 할 경우에는 통상의 기술자의 수준에서 충분히 납득할 만한 객관적인 자료를 제시하여야 한다. 이 경우 통상의 기술자의 수준에서 상식적으로 인정할 수 있는 것이거나 신뢰할 수 있는 실험결과를 기재하여야 한다. 이와 관련하여 통상의 기술자의 수준에서 자명한 사항이라고 인정되는 때에는 의견서 등에 의해서도 이를 인정할 수 있다.

둘째, 식품발명에 있어서 한정한 수치가 가지는 기술적 의의를 기재하여야 한다. 이 경우 구성의 곤란성, 경제적 효과, 미각 또는 효능 등의 관점에서 구별되는 정도의 기술적 의의를 기재하여야 한다. 다만, 한정한 수치로부터 통상의 기술자가 충분히 기술적 의의를 유추할 수 있다고 인정되는 경우에는 이를 별도로 기재하지 않을 수 있다.

셋째, 식품발명에 있어서 그 발명이 실제로 어떻게 구체화되는가를 나타내는 실시예를 기재하여야 한다. 이때, 최적실시예를 중심으로 다양한 실시예를 기재하도록 하되, 비교예와의 비교분석을 통한 출원발명의 특징적 구성 및 그에 따른 효과를 설명하여야 한다. 물론, 사실상의 실시예에 해당하는 기재가 발명의 구성에 기재되어 있을 때에는 별도로 실시예를 기재하지 않을 수 있다.

넷째, 재료의 결합에 특징이 있는 식품발명의 경우, 이들 재료가 공지된 것일 때에는 이들의 결합에 따른 상승적 효과 및 구성의 곤란성을 중심으로 진보성을 판단하여야 한다. 따라서 단순한 재료의 결합에 불과한 것일 때에는 진보성이 없는 것으로 보고 재료의 선택, 결합에 곤란성이 인정되거나 그에 따른 상승적 효과가 인정되는 경우에는 진보성이 있는 것으로 본다.

식품분야 심사실무가이드를 효과적으로 활용하고, 양질의 식품특허를 출원할 수 있기 위해서는 식품에 대한 전문지식과 특허에 대한 지식이 균형을 이루어야 한다. 따라서 연구개발 단계에서부터 식품분야에 식견이 있는 변리사를 활용함으로써 식품특허가 한 단계 격상될 수 있도록 하는 것이 바람직하다.

제2장

출원 전의 주의사항

Ⅰ. 우선권주장 출원

Ⅱ. 조기공개제도

Ⅲ. 우선심사제도

Ⅳ. 논문발표와 특허출원과의 관계

Ⅴ. 참고자료와 정보자료

Ⅵ. 보정제도

Ⅰ. 우선권주장 출원

1. 국내우선권주장 출원

현행 특허법에서는 보정이 엄격히 제한됨으로써 최초출원서가 미흡한 경우 이를 치유할 방법을 찾기가 과거에 비해 훨씬 어렵게 되었다. 즉, 청구범위에 영향을 미치는가의 여부에 관계없이 신규사항의 추가는 원칙적으로 인정하지 아니하기 때문이다. 따라서 과거에는 보정으로 인정되던 사항까지도 신규사항으로 간주되어 거절결정에 이르는 경우가 발생할 수 있게 된다. 결국 최초출원서에 없던 사항을 신규사항으로 추가하고자 할 때는 보정제도를 활용할 것이 아니라 국내우선권주장제도를 활용하는 것이 한 방편이 될 수 있다.

[분석] 특허출원 등에 의한 국내우선권주장제도는 선출원을 기초로 하여 당해 선출원을 보다 구체화하거나 개량·추가하는 발명을 한 경우에 이들 발명에 대한 보호의 길을 마련하기 위해, 국내우선권주장을 수반하는 출원은 선출원에 기재된 발명과 동일한 발명은 선출원일에, 추가된 발명은 우선권주장 출원의 출원일에 출원한 것으로 인정하여 주는 제도이다. 따라서 이들 선출원을 구체화 또는 개량·추가하는 발명에 대하여, 통상의 출원절차로 출원할 경우에는 자신의 선출원과 동일발명으로 거절되게 되거나 선출원의 명세서 또는 도면을 보정하여 이들 발명을 추가하는 경우에는 신규사항 추가 등에 의하여 특허 거절결정될 수 있다.

최초출원시에 명세서를 완벽하게 기재하는 것이 바람직하겠지만 일단 출원이 이루어지고 난 후에 결함을 발견하였을 경우에는 과거와 같은 보정제도를 이용할 수 없다는 사실을 염두에 두어야 한다. 식품발명과 같이 실험에 의한 결과가 달라질 수 있거나 상업성 여부를 검토하여 발명의 내용을 달리하고자 할 경우에는 국내우선권주장제도를 적절히 이용하는 것이 특허전략의 하나로 자리잡게 되었다.

[분석] 국내우선권주장의 일반적인 이용형태는 착상단계의 아이디어를 일부나마 구체화하여 일단 출원한 후 추가적인 실험과 보완을 통하여 얻어진 세부적이고 구체화된 결과를

보충하는 것이다. 그 외에도 각각의 하위개념의 출원을 상위개념으로 묶어서 출원하는 경우를 들 수 있다.

1.1. 국내우선권주장의 요건

(1) 국내우선권주장을 할 수 있는 자

국내우선권주장을 할 수 있는 자는 선출원인과 선출원인의 정당한 승계인이다. 따라서 선출원과 후출원의 출원인은 후출원의 출원시점에서 동일하여야 한다. 공동출원의 경우에도 선출원과 후출원의 출원인은 완전히 일치되어야 한다.

선출원인과 후출원인이 동일인임을 인정받기 위해서는 ① 출원인의 주소 또는 영업소가 일치될 것, ② 출원인의 성명 또는 명칭이 일치될 것, ③ 출원인의 인장이 일치될 것이 필요하다.

[실무] 우선권주장을 한 자와 선출원의 출원인이 일치하지 않는 경우 특허법 제46조 규정에 의하여 보정을 명하여야 하며, 우선권을 주장한 자가 선출원인의 정당한 승계인임을 출원인이 입증하지 못하면 그 우선권주장은 부적합한 것으로서 무효처분 대상이 된다.

[분석] 우선권주장을 할 수 있는 자의 요건을 충족하여야 하는 시점은 후출원일이다. 우선권을 주장한 자에 대한 보정은 명백한 오기 등을 보정하는 것은 가능하나, 우선권주장을 한 자의 실질적 동일성을 변경하는 보정은 불가능하다.

[실무] 선출원인과 후출원인이 다른 경우, 후출원의 출원인이 후출원 시에 특허를 받을 수 있는 권리를 승계 받았다면 국내우선권주장이 가능하므로(특허법 제38조 제4항에 따른 선출원의 출원인변경신고는 불필요함) 심사관은 보정을 요구하고 후출원 당시 후출원인이 선출원의 정당한 승계인임을 입증하지 못하는 경우 그 국내우선권주장을 무효로 한다.

[판례] 특허법원 2007. 12. 28. 선고 2007허3530 판결, 2007. 12. 28. 선고 2007허3547 판결

선출원에 의한 우선권주장을 하기 위하여 당해 특허출원과 선출원의 출원자의 동일성 외에 발명자의 동일성까지 요구되는 것은 아니고, 또한 당해 특허출원의 출원인이 선출원의 출원인으로부터 특허나 실용신안을 받을 수 있는 권리를 양수한 때에도 선출원을 기초로 우선권주장을 할 수 있다. 우선권 인정에 있어서 선출원의 공개 여부는 당해 특허발명의 우선권주장의 요건이 아니므로, 선출원발명이 특허발명의 출원 전에 공개되었다고 하더라도 특허발명 출원시 선출원발명을 기초로 우선권주장을 한 것에 위법이 있다고 할 수 없다.

[판례] 특허법원 2017. 5. 19. 선고 2016허9851 판결

우선권주장을 수반하는 후출원을 한 후출원인은 그 출원시에 선출원인과 동일인이거나 그 적법한 승계인이어야 하고, 후출원인이 선출원인의 특허출원 후 특정승계의 방법으로 그 특허를 받을 수 있는 권리를 양수한 경우에는 출원인 변경신고를 하지 아니하면 우선권을 인정하기 위한 주관적 요건을 갖추지 못하여 그 권리승계의 효력이 발생하지 않는다.

[판례] 대법원 2019. 10. 17. 선고 2016두58543 판결

발명을 한 자 또는 그 승계인은 특허법에서 정하는 바에 의하여 특허를 받을 수 있는 권리를 갖고, 특허를 받을 수 있는 권리는 이전할 수 있으므로, 후출원의 출원인이 후출원 시에 '특허를 받을 수 있는 권리'를 승계하였다면 우선권주장을 할 수 있고, 후출원 시에 선출원에 대하여 특허출원인변경신고를 마쳐야만 하는 것은 아니다. 특허출원 후 특허를 받을 수 있는 권리의 승계는 상속 기타 일반승계의 경우를 제외하고는 특허출원인변경신고를 하지 아니하면 그 효력이 발생하지 아니한다고 규정한 특허법 제38조 제4항은 특허에 관한 절차에서 참여자와 특허를 등록받을 자를 쉽게 확정함으로써 출원심사의 편의성 및 신속성을 추구하고자 하는 규정으로 우선권주장에 관한 절차에 적용된다고 볼 수 없다. 따라서 후출원의 출원인이 선출원의 출원인과 다르더라도 특허를 받을 수 있는 권리를 승계받았다면 우선권주장을 할 수 있다고 보아야 한다.

(2) 우선권주장의 기초로 할 수 있는 발명

우선권주장을 하고자 하는 자는 선출원에 기재된 발명을 기초로 하여 우선권주장을 할 수 있다. 이때 선출원에 기재된 발명은 선출원의 출원서에 최초로 첨부된 명세서 또는 도면에 기재된 발명이므로 비록 청구범위에 기재되지 않고 출원서의 발명의 설명이나 도면에 기재된 발명이라도 우선권주장의 기초로 할 수 있다.

[실무] 심사시에는 선출원에 기재되지 않은 발명이 후출원에 기재되어 있다 하더라도 우선권주장이 부적합한 것으로 하여 심사하는 것이 아니라 추가된 발명에 대해서는 특허요건 판단시 출원일을 실제 출원일로 하여 심사한다.

[판례] 특허법원 2011. 5. 13. 선고 2010허25068 판결

보정 전 또는 보정발명은 특정 화학식의 조건을 충족하는 조성물들 중 하나로 이루어지는 아몰퍼스 산화물 박막을 그 발명의 내용으로 하는 것이어서 발명을 선택적으로 청구하고 있으므로, 그 중 특정 화학식으로 표현되는 조성물로 이루어지는 아몰퍼스 산화물 박막이 기초 출원발명에 기재되어 있지 않다면, 그 발명에 대하여는 기초 출원일로 출원일이 소급되지 않아 선행발명은 선행기술로서의 지위를 갖는다.

[판례] 특허법원 2012. 8. 17. 선고 2012허1491 판결

제1항 발명의 '난방부하를 고려한 최적유량값'에 관한 내용은 선출원발명의 출원서에 최초로 첨부된 명세서 또는 도면에 나타나 있지 않다고 할 것이므로, 제1항 발명은 선출원발명의 출원서에 최초로 첨부된 명세서 또는 도면에 기재된 발명에 해당되지 않으므로, 그 특허요건 판단일은 우선권주장일로 소급되지 않는다.

[판례] 대법원 2015. 1. 15. 선고 2012후2999 판결

국내우선권 제도에 의하여 실제 특허출원일보다 앞서 우선권주장일에 특허출원된 것으로 보아 그 특허요건을 심사함으로써 우선권주장일과 우선권주장을 수반하는 특허출원일 사이에 특허출원을 한 사람 등 제3자의 이익을 부당하게 침해하는 결과가 일어날 수 있음은 특허법 제47조 제1항의 규정에 의한 명세서 또는 도면의 보정이 받아들여져 그 효과가 출원 시로 소급하는 경우와 별다른 차이가 없으므로, 이러한 보정의 경우와 같은 관점에서, 우선권주장일에 특허출원된 것으로 보다 특허요건을 심사하는 발명의 범위를 제한할 필요가 있다. 따라서 특허법 제55조 제3항에 따라 특허요건 적용의 기준일이 우선권주장일로 소급하는 발명은 특허법 제47조 제2항과 마찬가지로 우선권주장을 수반하는 특허출원된 발명 가운데 우선권주장의 기초가 된 선출원의 최초명세서 등에 기재된 사항의 범위 안에 있는 것으로 한정된다고 봄이 타당하다. 그리고 여기서 '우선권주장의 기초가 된 선출원의 최초명세서 등에 기재된 사항'이란, 우선권주장의 기초가 된 선출원의 최초명세서 등에 명시적으로 기재되어 있는 사항이거나 또는 명시적인 기재가 없더라도 통상의 기술자라면 우선권주장일 당시의 기술상식에 비추어 보아 우선권주장을 수반하는 특허출원된 발명이 선출원의 최초명세서 등에 기재되어 있는 것과 마찬가지라도 이해할 수 있는 사항이어야 한다.

(3) 우선권주장의 기초로 할 수 있는 출원

① 선출원이 후출원의 출원일 이전 1년 이내에 출원된 출원일 것

② 선출원이 특허출원 또는 실용신안등록출원일 것

실용신안등록출원의 경우 특허출원으로 변경출원을 한 후에 우선권을 주장하는 것이 아니라 곧바로 특허로 국내우선권주장을 하여야 한다.

③ 선출원이 분할출원이나 변경출원이 아닌 것

[설명] 분할출원과 변경출원을 우선권주장의 기초로 할 수 없도록 한 것은 우선권주장의 적합 여부를 심사함에 있어 원출원과 분할출원 또는 변경출원 간에 출원인의 동일 여부, 기간의 산정 및 우선권주장 발명의 동일성 판단 등에 있어서 심사 사무처리가 곤란해지는 것을 방지하기 위한 것이다.

[분석] 국내우선권주장 출원을 기초로 변경출원이나 분할출원이 가능하며, 후출원을 기초로 한 분할출원이나 변경출원도 가능하다.

④ 우선권주장 출원의 출원시에 선출원의 절차가 계속 중일 것

㉮ 선출원이 우선권주장 출원의 출원시에 포기, 취하, 무효 또는 각하된 출원이 아니어야 한다.

[실무] 우선권주장 출원일에 선출원을 취하, 포기한 경우에는 우선권주장이 적합한 것으로 하고, 선출원이 무효 또는 각하된 경우에는 우선권주장이 무효나 각하한 시점보다 늦다는 것이 명백하지 않는 한, 우선권주장을 인정한다.

㉯ 선출원이 우선권주장 출원의 출원시에 특허 여부의 결정 또는 심결이 확정되어 있지 않아야 한다.

[실무] 특허결정이 확정된 시점은 특허결정서가 출원인에게 도달한 시점이며, 특허 거절결정의 경우에는 출원인이 특허 거절결정서를 송달받은 날로부터 30일이 경과한 때이다.

㉰ 선출원이 그 출원시에 실용신안법 제35조 제2항의 규정에 의하여 등록되지 않을 것

[분석] 가공의 출원을 기초로 하여 우선권주장을 한 경우 그 우선권주장이 형식적으로 상기의 우선권주장의 요건을 갖추었다고 하더라도 그 우선권주장은 원천적으로 무효이므로 그 우선권주장은 인정되지 않는다. 다만, 그 우선권주장이 단순한 오기로 다른 우선권주장을 기재한 경우에는 그 우선권주장을 보정하면 적합한 것으로 한다.

[설명] 존재하지 않는 가공의 출원, 타인의 출원 또는 특정할 수 없는 출원을 기초로 우선권주장을 한 경우, 그 우선권주장은 원천적으로 무효이므로 인정되지 않으며, 이 경우 우선권주장을 보정하거나 추가할 수 없다.

[실무] 국내우선권주장의 후출원은 선출원에 포함되어 있지 않았던 발명을 포함하여 우선권(부분우선권)을 주장할 수 있음은 물론, 2 이상의 선출원을 근거로 우선권(복합우선권)을 주장할 수도 있다. 또 파리조약에 의한 우선권과의 복합우선권을 주장할 수도 있다. 다만 2 이상의 선출원을 기초로 한 국내우선권주장 출원에 있어서 각각의 선출원 최초명세서 등에 따로 기재되어 있는 기술적 사항을 결합하여 도출한 발명 또는 선출원 최초명세서 등에 기재되어 있는 발명에 새로운 기술적 사항을 결합하여 도출한 발명은 '선출원 최초명세서 등에 기재되지 않은 발명'으로 취급한다.

[판례] 특허법원 2007. 5. 23. 선고 2006허7788 판결

특허법 제55조 제3항은 우선권주장을 수반하는 특허출원된 발명 중 그 우선권주장의 기초가 된 선출원의 출원서에 최초로 첨부된 명세서 또는 도면에 기재된 발명은 신규성에 관한 같은 법 제29조 제1항의 규정을 적용함에 있어서 그 선출원의 출원시에 특허출원된 것으로 본다고 규정하고 있다. 여기서 우선권주장의 기초가 된 선출원의 출원서에 최초로 첨부된 명세서 또는 도면에 기재된 발명이라고 함은 그 최초명세서 또는 도면에 기재된 것과 문언상으로 동일한 발명뿐만 아니라, 그와 기술적 구성이 실질적으로 동일한 발명을 포함한다.

[판례] 특허법원 2006. 2. 9. 선고 2004허8749 판결

특허법상 조약에 의한 우선권 제도는 공업소유권의 보호를 위한 파리협약에 의하여 인정되는 제도로서, 동맹국 중의 어느 하나의 당사국에 정규로 한 최초의 특허출원(제1국 출원)을 한 자가 그 출원을 기초로 하여 우선권주장기간(1년) 내에 다른 당사국에 특허출원(제2국 출원)을 하면서 우선권을 주장하는 경우에는, 최초의 특허출원에 포함된 내용과 동일한 내용의 발명에 대해서는 신규성·진보성 및 선출원주의 판단의 기준일을 적용함에 있어서 제2국의 출원일을 제1국의 출원일로 소급하여 주는 제도이며, 특허법 제54조는 '① 조약에 의하여 대한민국 국민에게 특허출원에 대한 우선권을 인정하는 당사국 국민이 그 당사국 또는 다른 당사국에 특허출원을 한 후 동일발명을 대한민국에 특허출원하여 우선권을 주장하는 때에는 제29조 및 제36조의 규정을 적용함에 있어서 그 당사국에 출원한 날을 대한민국에 특허출원한 날로 본다. ② 제1항의 규정에 의하여 우선권을 주장하고자 하는 자는 우선권주장의 기초가 되는 최초의 출원일로부터 1년 이내에 특허출원하지 않으면 이를 주장할 수 없다'고 규정하고 있다.

◇ **특허법원 2006. 2. 9. 선고 2004허8749 판결**

조약에 의한 우선권주장을 인정받기 위해서는 ① 제1국 출원이 정규의 최초의 출원이어야 할 것, ② 제1국 출원과 제2국 출원이 동일한 발명이어야 할 것, ③ 제2국 출원이 제1국 출원일로부터 1년 이내에 이루어져야 할 것 등의 요건을 모두 충족시켜야 하므로, 조약에 의한 우선권주장을 수반하는 제2국 출원일 경우에도 그 우선권주장의 기초가 되는 제1국 출원이 최초의 출원이 아니거나(즉, 제1국 출원이 이미 또 다른 당사국에 한 전출원을 기초로 하여 우선권을 주장하여 출원된 것이고) 그 제2국 출원이 전출원일로부터 우선권 기간(1년)을 경과하여 이루어진 경우에는, 제2국 출원에 기재된 발명 중에 전출원과 제1국 출원의 명세서에 공통으로 포함된 발명에 대해서는 그 우선권주장이 인정되지 않는데, 이는 제2국 출원이 제1국 출원의 우선권주장의 기초가 되었던 전출원에 기재되었던 발명에 대해서 중복하여 우선권이 허용되는 경우에는 실질적으로 우선권 기간이 연장되는 결과를 초래하는 것이므로, 이와 같은 경우에는 우선일의 소급효과를 인정하지 않고 제1국 출원에서 새로이 추가된 발명에 대해서만 우선권주장의 효과를 인정할 수 있는 것이다. 따라서, 제2국 출원의 우선권주장이 인정받지 못하고 그 우선권주장의 기초가 된 제1국 출원이 제2국 출원일 이전에 공개되었을 경우에는, 제2국 출원은 제1국 출원에 기재된 내용에 의하여 신규성을 상실하게 된다.

(4) 우선권주장이 무효처분된 경우 후출원의 심사

국내우선권주장이 무효로 되면 선출원은 취하 간주되지 않고 절차가 계속되므로 특허법 제29조 제3항의 타(他)출원 또는 특허법 제36조의 선출원으로 인정된다. 또한 후출원은 우선권주장이 없는 통상의 출원으로서 유효한 출원이므로 절차를 계속 진행하여야 하고 선·후 출원의 출원인의 동일성이 입증되지 않는 경우 특허법 제62조 규정에 의한 거절이유를 통지하도록 하고 있다.

[분석] 국내우선권주장이 특허법 제55조 제1항 각 호 또는 출원인의 동일성이 인정되지 않아 우선권주장이 무효로 된 경우 그 우선권주장은 처음부터 없었던 것으로 되고 선출원의 절차는 다시 계속된다.

[분석] 당해 선출원(子출원)이 이미 국내우선권주장을 수반하여 출원된 경우, 그 선출원(자출원)에 관하여 우선권주장의 기초가 된 출원(父출원)의 명세서에 기재된 발명에 대해서는

소급효과가 인정되지 않는다. 다만, 최선출원일로부터 1년 이내이고, 최선출원(父출원)과 선출원(子출원)을 동시에 우선권으로 주장하여 발명을 출원하는 경우에는 출원일 소급효과가 인정될 수 있다.

[실무] 출원시 우선권주장이 있는 경우 우선권주장의 적합 여부를 심사하여야 하며 심사결과 우선권주장이 부적합한 경우에는 특허법 제46조 규정에 따라 보정을 명하고 보정명령에도 불구하고 지정기간 내에 우선권주장의 흠결을 보정하지 못한 경우에는 우선권주장절차를 무효처분하여야 한다. 이 때 유의할 점은 보정에 의하여 흠결을 해소하였다 하더라도 그 보정할 수 있는 범위가 선출원일로부터 1년 4월이 경과하였는지 여부에 따라 달라지므로 우선권주장의 내용과 보정한 시점을 고려하여 흠결의 치유 여부를 판단하여야 한다.

[실무] 선행기술 조사결과 선출원과 후출원 사이에 특허법 제29조 또는 제36조에 관련된 선행기술이 존재하는 경우 발명별로 선출원과 후출원발명의 동일성 여부를 판단하여 동일한 발명에 대하여는 특허요건 판단시 출원일을 선출원일로 소급하여 심사하고 동일성이 인정되지 않는 발명에 대하여는 출원일을 소급할 수 없는 이유를 거절이유와 함께 기재하여 거절이유를 통지한다.

[실무] 우선권주장이나 우선권주장의 보정에 대한 심사결과 우선권주장이 부적합하여 우선권주장을 무효처분한 경우 우선권주장 출원은 출원일이 소급되지 않고 실제 출원일로 심사한다. 이때 우선권주장이 부적합하여 우선권주장이 무효처분된 경우에는 선출원은 취하되지 않으므로 특허법 제36조 등의 적용에 있어 유의하여야 한다.

1.2. 국내우선권주장의 절차

(1) 국내우선권을 주장하려고 하는 자는 출원시 특허출원서에 그 취지 및 선출원의 표시를 하여야 한다.

(2) 국내우선권주장의 절차에 있어서는 우선권주장 증명서류의 제출은 요하지 않는다. 다만, 선출원의 출원서 등에 의하여 우선권주장의 적합성 여부를 심사하여야 한다.

(3) 우선권주장을 수반하는 특허출원에 대해서도 선출원시에 주장한 특허법 제30조의 규정을 적용받으려고 할 경우에는 그 취지를 기재한 서면을 그 출원과 동시에 특허청장에게 제출하고, 또한 소정기간 이내에 특허법 제30조 제2항에서 규정하는 증명서류를 제출하여야 한다. 다만, 그 증명서의 내용이 이미 제출된 증명

서의 내용과 동일한 때에는 그 취지를 기재하고 이를 원용할 수 있다.

[분석] 조약우선권의 경우는 특허법 제30조 적용에 있어 출원일이 소급되지 않으나 국내우선권은 출원일이 소급된다.

(4) 우선권주장을 수반하는 특허출원에 대한 분할출원 또는 변경출원에 대하여 특허법 제55조 제1항의 규정을 적용받으려고 할 경우에는 당해 분할출원 또는 변경출원시에 그 우선권주장을 하여야 한다.

1.3. 국내우선권주장의 보정

(1) 우선권주장을 보정할 수 있는 기간

특허법 제55조 제1항의 규정에 따라 우선권주장을 한 자 중 동조 제1항의 요건을 갖춘 자는 선출원일부터 1년 4월 이내에 당해 우선권주장을 보정하거나 추가할 수 있다.

따라서 외국에 출원한 제1국 출원과 국내에 출원한 선출원을 기초로 우선권주장을 한 경우, 외국출원을 우선권주장에 추가하는 것은 제1국 출원일과 국내 선출원의 출원일 중 최선일로부터 1년 4월 이내에 할 수 있는 데 비하여, 국내출원을 우선권주장에 추가하는 것은 국내 선출원의 출원일 중 최선일로부터 1년 4월 이내에 할 수 있다.

[분석] 최선일부터 1년 4월 후의 보정은 국내우선권주장에 관한 기재의 명백한 오기 등을 정정하는 보정에 한하여 허용된다.

(2) 우선권주장을 보정할 수 있는 출원

국내우선권주장을 보정할 수 있는 출원은 특허법 제55조 제1항에 의한 요건을 갖추어야 한다. 이 요건을 충족하였는지 여부는 ① 선출원이 후출원의 출원일 이전 1년 이내에 출원된 출원일 것, ② 선출원이 분할출원이나 변경출원이 아닐 것, ③ 우선권주장 출원의 출원시에 선출원의 절차가 계속 중일 것, ④ 선출원의 출원인(승계인 포함)과 후출원인이 동일할 것, ⑤ 우선권주장을 특정할 수 있을 정도로 우선권주장 관련 기재사항이 명확할 것 등을 기준으로 판단하여야 한다.

[실무] 우선권주장의 보정요건에 대한 충족 여부의 판단시점은 ①의 요건(우선권주장 기간 1년)의 판단시점은 후출원시이고, ③의 요건(절차의 계속 요건)과 ④의 요건(출원인의 동일성)은 국내우선권주장의 추가 등의 보정이 있는 시점을 기준으로 판단한다.

(3) 우선권주장의 보정 범위

선출원일로부터 1년 4월 이내의 우선권주장을 보정할 수 있는 범위는 우선권주장의 전부 취하, 복합우선권주장에 있어서 일부 우선권주장의 취하 및 우선권주장의 명백한 오기를 정정하는 보정은 물론, 우선권주장을 추가하는 보정도 가능하다.

다만, 이 기간 중 우선권주장을 취하하고 추가하는 보정을 하는 경우 출원인의 편의를 고려하여 취하서를 별도로 제출하지 않고 1건의 보정서에 기재하여 제출하여도 유효한 것으로 인정한다.

[실무] 특허법 제56조 제2항에 의하여 선출원일부터 1년 3월이 경과한 때에는 우선권주장을 취하할 수 없으며, 복합우선권주장에 있어서 선출원일부터 1년 3월의 경과 여부는 각각의 선출원일부터 계산한다.

[실무] 특허법 제55조 제5항에 의한 우선권주장의 추가는 출원인 스스로 추가하는 것이 원칙이다. 그러나 특허청장의 보정명령은 1년 4월 이후에도 할 수 있으므로 보정명령시 지적한 우선권주장의 흠결을 해소하기 위하여 선출원 자체를 변경하는 보정도 있을 수 있으므로 우선권주장의 보정서가 제출되면 보정내용 및 보정시점을 감안하여 우선권주장의 보정이 적합한지 여부를 심사하여야 한다. 즉, 최선출원일로부터 1년 4월 이내의 보정은 선출원을 추가하거나 변경하는 보정도 가능하므로 이와 같은 보정은 적법한 보정으로 인정하여야 하며 기타 보정서에 기재된 선출원이 특허법 제55조 제1항 각 호에 충족되는지 여부와 수수료의 적정납부 등 제반 사항을 심사하여야 한다. 또한 우선권주장을 추가하거나 보정에 대한 심사결과 보정이 부적합한 경우에는 보정을 명하고 보정명령에도 불구하고 흠결을 해소하지 못한 경우에는 우선권주장의 보정절차를 무효처분하여야 한다.

[실무] 출원공개와 관련하여 출원공개의 대상이 되는 출원은 출원절차가 계속 중인 것에 한한다. 그러므로 우선권주장의 기초가 된 선출원이 후출원의 공개시에 취하로 간주되는 등 특허에 관한 절차가 종료된 경우에는 우선권주장의 기초가 된 선출원은 출원공개의 대상이 아니다. 또한 선출원이 취하로 간주되기 이전에 출원인이 선출원의 조기공개를 신청하는 경우에는 그 출원을 공개하여야 한다. 우선권주장을 수반한 출원은 당연히 공개가 되

어야 하나 그 출원공개의 시점은 기초출원의 출원일로부터 1년 6월이 경과한 때이고 복합우선권주장 출원인 경우에는 최선일로부터 1년 6월이 경과한 때에 공개한다.

1.4. 선출원의 취하 간주

(1) 선출원의 취하 간주시기

국내우선권주장의 기초가 된 선출원이 실용신안등록출원인 경우에는 그 우선권주장을 한 때에, 그 선출원이 출원인 경우에는 그 출원일부터 1년 3월을 경과한 때에 취하된 것으로 본다. 따라서 여러 개의 특허출원을 기초로 한 복합우선권주장 출원에 있어서 선출원은 최선일부터 1년 3월에 선출원이 일괄적으로 취하되는 것으로 보는 것이 아니라, 각각의 선출원의 출원일부터 1년 3월이 경과한 때에 취하되는 것으로 본다.

《표》 국내우선권주장의 유형별 처리

유형	선출원	후출원	처 리
①	특허출원	특허출원	선출원의 취하 간주(선출원의 출원일부터 1년 3월) 후 후출원 심사
②	특허출원	실용신안 등록출원	선출원의 취하 간주(선출원의 출원일부터 1년 3월) 전 또는 후에 후출원의 심사가 이루어지는 경우로 구분
③	실용신안 등록출원	특허출원	후출원의 출원시 선출원 취하 간주
④	실용신안 등록출원	실용신안 등록출원	후출원의 출원시 선출원 취하 간주

[실무] 국내우선권주장 출원이 있는 경우 우선권주장의 기초가 된 선출원은 선출원일로부터 1년 3월이 경과한 시점에서 취하된 것으로 본다. 따라서 국내우선권주장 출원의 기초가 된 출원에 대해서는 심사를 진행하지 않고 보류한다. 선출원에 대한 우선심사 청구가 있는 경우에도 동일하다.

[주의] 선출원이 특허출원으로 다음에 해당하는 경우에는 1년 3월에 취하된 것으로 보지 않는다.

① 선출원이 포기·무효·취하 또는 각하되거나 특허 여부의 결정 또는 심결이 확정된 경우 선출원이 취하로 간주되기 이전에 포기나 무효되었다면 1년 3월에 취하 간주할 대상이 없게 된다. 이는 선출원이 출원인 경우에만 적용되며 선출원이 실용신안등록출원인 경우에는 선출원이 우선권주장을 한 때에 취하 간주되므로 특허법 제56조 제1항 제1호 및 제2호

가 적용되는 경우가 없다. 또한 선출원이 포기, 특허 여부 결정 또는 심결이 확정된 경우 특허법 제36조의 적용시 선출원의 지위가 남게 된다.

② 당해 선출원을 기초로 한 우선권주장이 취하된 경우

선출원을 기초로 한 우선권주장이 선출원일부터 1년 3월 이전에 취하된 경우에는 선출원일로부터 1년 3월이 경과하여도 선출원은 취하 간주되지 않는다. 다만, 선출원이 실용신안등록출원인 경우에는 우선권주장과 동시에 취하되므로 우선권주장을 취하하여도 선출원의 취하는 그대로 유지된다.

③ 선출원이 실용신안법 제35조 제2항의 규정에 의하여 등록된 경우

국내우선권주장과 동시에 선출원이 취하 간주되므로 선출원이 실용신안법 제35조 제2항의 규정에 의하여 등록되어서는 안 된다.

[판례] 특허법원 2005. 7. 15. 선고 2004허8671 판결, 2005. 7. 15. 선고 2004허8688 판결

국내우선권주장을 수반한 국제특허출원에 관한 특례를 정하고 있는 특허법 제202조 제1항이 같은 법 제55조 제2항의 규정을 적용하지 않는다고 정한 취지는 국내우선권주장을 수반한 국제특허출원에 관하여는 특허협력조약 제8조(1), 특허협력조약규칙 제4조1(b), 제4조10 등에서 공업소유권의 보호를 위한 파리협약의 당사국에서 또는 같은 조약의 당사국에 대하여 행하여진 선출원에 의한 우선권주장을 수반하는 절차에 관하여 규정하고 있어서, 특허협력조약에서 정하고 있는 절차에 따라 우선권주장을 하면 국내에서 별도로 우선권주장의 취지 및 선출원의 표시를 할 필요 없이 특허법 제55조 제1항의 국내우선권주장을 한 것으로 보기 위함이다.

◇ 특허법원 2005. 7. 15. 선고 2004허8671 판결, 2005. 7. 15. 선고 2004허8688 판결

국내출원을 기초로 한 국내우선권주장을 수반한 국제특허출원에 관하여는 우선권주장의 기초가 된 선출원이 국제특허출원 또는 결정에 의해 특허출원으로 되는 국제출원인 경우와 달리 그 취하간주시기를 뒤로하는 별도의 규정이 없는 상태에서 특허법 제56조 제1항이 특허법 제55조 제1항의 규정에 의한 우선권주장의 기초가 된 선출원은 그 선출원이 출원인 경우에는 그 출원일로부터 1년 3개월이 경과한 때에 취하된 것으로 본다고 명문으로 정하고 있고, 출원인이 선출원의 취하간주라는 결과를 피하기 위하여 국내출원을 기초로 한 국내우선권주장을 수반한 국제특허출원을 하면서 우리나라를 지정국에서 배제하지 않은 이상, 선출원의 취하간주라는 결과가 출원인의 의사에 반한다고 보기 어려울 뿐만 아니라, 외국인도 국내출원을 기초로 한 국내우선권주장을 수반한 국제특허출원을 하는 경우에는 그 국내출원이 그 출원일로부터 1년 3개월이 경과한 때에 취하간주 될 것이어서

내국인이 외국인에 비하여 불리한 것도 아니며, 국내우선권주장을 수반한 국제특허출원서 제출시에 특허법이 적용되지 않고 특허협력조약이 적용된다.

◇ **특허법원 2005. 7. 15. 선고 2004허8671 판결, 2005. 7. 15. 선고 2004허8688 판결**
국내우선권주장을 수반한 국제특허출원서 제출시에는 특허법이 적용되지 않고 특허협력조약이 적용되어 특허협력조약에서 정하고 있는 우선권주장의 절차 이외에 국내에서 별도로 우선권주장의 취지 및 선출원의 표시를 할 필요가 없으므로, 대리인이 국내에서 우선권주장을 하기 위해서는 특별수권을 얻어야 한다는 특허법 제6조가 적용될 여지가 없고, 국제특허출원서 제출시에 적용되는 국제특허출원 절차를 규정한 특허협력조약규칙 제90조3(a)에서는 대리인에 의한 행위는 출원인에 의한 행위로서의 효과를 가진다고 규정하고 있어서 대리인에게 별도의 특별수권이 필요한 것은 아니다.

[사례] 출원인은 1998. 8. 26. 원출원을 하였다가, 1999. 8. 26. 특허협력조약(PCT)에 따라 우리나라를 지정국으로 하는 국제특허출원을 하면서 원출원에 기초한 우선권주장을 수반한 한편, 2000. 9. 29. 원출원에서 같은 명칭으로 모출원을 분할출원한 다음, 2002. 1. 4. 모출원에서 다시 같은 명칭인 출원발명을 분할출원한 것인바, 원출원은 특허법 제56조 제1항에 따라 그 출원일로부터 1년 3개월이 도과한 1999. 11. 27. 취하간주되었으므로 출원발명은 적법한 분할출원으로 볼 수 없다(대법원 2007. 3. 29. 선고 2005후2168 판결).

(2) 우선권주장의 취하

특허법 제56조 제2항에는 선출원일부터 1년 3월이 경과한 후에는 우선권주장을 취하할 수 없도록 규정하고 있다.

(3) 우선권주장 출원의 취하

특허법 제56조 제3항 규정에 따라 후출원이 1년 3월 이내에 취하된 때에는 우선권주장도 동시에 취하된 것으로 본다. 따라서 선출원일부터 1년 3월 이내에 후출원이 취하되면 그 우선권주장도 동시에 취하되므로 선출원일부터 1년 3월이 경과하여도 선출원은 취하 간주되지 않는다.

1.5. 국내우선권주장의 효과

국내우선권주장을 수반하는 특허출원에 관한 발명 중, 당해 우선권주장의 기초가 된 선출원의 당초명세서 등에 기재되어 있는 발명에 관해서 ① 특허법 제29조 제1항, 제2항(신규성, 진보성) ② 특허법 제29조 제3항, 제4항 본문(확대된 선출원의 지위) ③ 특허법 제30조 제1항(신규성이 있는 발명으로 보는 경우) ④ 특허법 제36조 제1항 내지 제3항(선출원) ⑤ 특허법 제96조 제1항 제3호(특허권의 효력이 미치지 않는 범위) ⑥ 특허법 제98조(타인의 특허발명, 등록실용신안 등의 이용 또는 특허권과 디자인권과의 저촉의 관계) ⑦ 특허법 제103조(선사용에 의한 통상실시권) ⑧ 특허법 제105조 제1항 및 제2항(디자인권의 존속기간만료 후의 통상실시권) ⑨ 특허법 제129조(생산방법의 추정) ⑩ 특허법 제136조 제5항(정정심판)의 규정을 적용할 때에는 당해 후출원은 선출원시에 출원된 것으로 간주하여 취급한다.

국내우선권주장이 적법한 경우에는 그 주장이 취하되지 않는 한, 후출원의 출원공개일은 선출원의 출원일이다. 또한 우선권의 이익을 수반하는 선출원을 기초로 하여 분할출원을 할 수 있다.

[실무] 선출원이 국내우선권주장을 수반하는 경우에 그 주장의 기초가 된 출원에 기재되어 있었던 발명에 관해서는 다시 후출원에서 우선권을 주장하는 것은 실질적으로 우선기간의 연장이 되므로 우선권의 효과를 인정하지 않고, 선출원에 대하여 새로 추가된 사항에 대해서만 우선권의 효과를 인정한다. 따라서 이와 같은 발명에 대하여 우선권주장의 효과를 가지기 위해서는 선출원의 기초출원을 복합적으로 우선권주장을 하여야 한다.

《표》 특허심사 청구료 및 우선권주장 신청료 (2016. 7. 29. 기준)

구분			금액
심사 청구료	기본료		143,000원
	가산료		청구항 1항 초과마다 44,000원 가산
우선권주장 신청료	기본료	전자출원	18,000원
		서면출원	20,000원
	가산료	전자출원	초과 1주장마다 18,000원 가산
		서면출원	초과 1주장마다 20,000원 가산

[분석] 국내우선권주장을 수반하는 특허출원에 대해서도 선출원시에 주장한 특허법 제30조 규정(공지 예외)의 적용을 받을 수 있다. 특허법은 우선권주장을 수반하는 특허출원된 발명 중 그 우선권주장의 기초가 된 선출원의 출원서에 최초로 첨부된 명세서 또는 도면에 기재된 발명에 관하여 제30조 제1항(공지 예외)의 규정을 적용함에 있어서는 그 특허출원은 그 선출원의 출원시에 특허출원한 것으로 보기 때문이다(제55조 제3항).

[실무] 국내우선권주장 출원에서 선출원의 최초명세서 등에 개시되어 있지 않은 발명에 대해서는 특허법 제29조 등의 특허요건 판단시 국내우선권주장 출원시에 출원된 것으로 취급하기 때문에, 국내우선권주장 출원일이 공지 예외주장 된 발명의 공개일로부터 12월(출원일이 2012. 3. 14. 이전인 경우는 6개월)이 경과한 경우에는 해당 공지된 발명을 신규성 및 진보성 판단시 선행기술자료로 사용할 수 있다.

2. 조약우선권주장 출원

조약우선권주장제도는 조약에 의하여 우리나라 국민에게 우선권을 인정하는 당사국 국민이 그 당사국 또는 다른 당사국에 특허출원을 한 후 동일발명에 대하여 우리나라에 출원하여 우선권을 주장하는 때에는 특허법 제29조 및 같은 법 제36조의 규정을 적용함에 있어서, 그 당사국에 출원한 날을 우리나라에 출원한 날로 인정하는 제도이다.

정작 훌륭한 발명을 하고서도 외국에서는 특허권을 획득하지 못하여 낭패를 당하는 경우가 있는데, 이는 바로 특허전략의 부재에 기인한다. 국내 시장규모가 협소하다는 사실을 인정한다면 미국, 중국, 일본 등의 해외출원 및 해외특허획득은 사업전략의 정점에 위치하여야 한다. 조약우선권주장제도를 명확히 이해하지 못하면 해외출원시 낭패를 당하는 경우가 비일비재한 것이 현실이므로 사업전선에서 일하는 분들은 특히 주의하여야 한다.

[분석] 2001. 7. 1. 이후 일본에 최초로 출원한 출원을 기초로 우선권을 주장하면서 출원하는 경우에는 우선권주장 증명서류를 제출하지 않아도 되며, 호적 등·초본, 인감증명서 등의 증명서류는 구체적인 확인이 필요한 경우에만 제출하도록 하고, 출원서식 중 대표자의 성명, 제출 연월일 등 불필요한 기재요건을 삭제하였다.

2.1. 조약우선권주장의 요건

(1) 기본적인 요건

조약우선권주장의 효과를 발생시키기 위해서는 출원인의 동일성, 출원의 정규성, 우선권주장 기간의 준수, 우선권주장 취지의 기재, 출원내용의 동일성 등의 요건을 만족하여야 한다. 여기서 출원인의 동일성, 출원의 정규성, 우선기간의 준수, 우선권주장 신청 등의 요건을 충족하지 못한 경우에는 우선권주장 절차가 무효처분의 대상이 된다.

[실무] 우선권주장 절차가 무효처분되더라도 당초 우선권주장을 수반한 출원은 우선권주장이 없는 통상의 출원으로 유효하다. 또한 출원내용의 동일성에 관한 요건을 충족하지 못한 경우에는 일단 우선권주장은 적합한 것으로 인정하고 청구항별로 판단하여 출원의 동일성이 인정되는 청구항은 우선권주장의 효력이 발생하고 출원의 동일성이 인정되지 않는 청구항은 우리나라에 출원한 출원일을 기준으로 하여 심사한다.

(2) 우선권주장을 할 수 있는 자

㈎ 당사국(제1국)에 출원을 한 경우, 그 출원을 한 자 또는 그의 승계인은 동일한 발명에 대하여 다른 당사국(제2국)에 출원을 하여 우선권을 주장할 수 있다.

① 공동출원의 경우에는 출원인 중 적어도 1인 이상이 당사국 국민 또는 당사국에 주소 또는 진정하고 실효적인 산업상 또는 상업상 영업소를 가지는 비당사국 국민이어야 한다.

② 제2국에 우선권주장 출원을 할 수 있는 권리는 각기 다른 승계인에게 이전할 수 있다.

③ 우선권주장 출원을 할 수 있는 권리의 승계인은 선출원의 출원시와 후출원

의 출원시 모두 당사국의 국민이어야 한다. 그러나 이 조건은 선출원시부터 후출원기간까지 모두 만족하여야 하는 것은 아니다. 즉, 우선권주장 출원을 할 수 있는 권리를 승계 받은 자가 선출원의 출원시에는 당사국 국민이 아니었으나 이후 후출원의 출원 전에 당사국 국민이 된 자라면 그 권리의 승계는 유효하다. 또한 당사국 국민이 비당사국 국민에게 우선권을 양도하고, 양수인은 그 권리를 다시 당사국 국민에게 양도할 수 있는데, 이러한 경우에도 우선권은 유효하게 주장될 수 있다.

④ 조약당사국은 파리협약의 동맹국 및 WTO의 회원국을 포함한다. 또한 유럽특허청(EPO), 유라시아특허청(EAPO), 아프리카지적재산권기구(OAPI), 아프리카산업재산권기구(ARIPO)의 가맹국들은 모두 파리협약의 동맹국이므로 이들 지역특허청의 출원을 기초로 우선권주장을 할 수 있다.

[분석] 발명자라 할지라도 특허출원을 할 권리를 타인에게 양도하여 자신이 제1국에 특허출원을 하지 않는 자는 제2국에 우선권주장이 없는 특허출원은 가능하나, 그 제1국의 특허출원을 기초로 우선권주장을 수반하는 특허출원을 할 수는 없다.

(나) 대한민국 국민의 경우에는 협약에 의하여 대한민국 국민에게 특허출원에 대한 우선권을 인정하는 당사국에 특허출원한 후 동일발명을 대한민국에 특허출원한 경우에도 우선권주장을 할 수 있다. 예를 들어, 우리나라 사람이 일본에 최초로 출원한 다음 그 출원을 기초로 하여 우리나라에 우선권주장 출원을 할 수 있다.

[분석] 특허법 제54조 규정에 의하면 우선권주장을 할 수 있는 자는 조약 당사국 국민에 대해서만 규정되어 있다. 그러나 파리협약 제3조에 의하면 당사국에 거소 또는 진정하고 실효적인 산업상 또는 상업상 영업소를 가지는 비동맹국 국민도 동맹국 국민과 같이 취급하도록 규정되어 있기 때문에 비동맹국 국민도 동맹국에 거소나 영업소 등이 있는 경우 우리나라에 우선권주장을 할 수 있으며, 무국적자도 비동맹국 국민으로 보아 우선권주장 출원을 할 수 있는 것으로 취급한다.

(3) 우선권주장을 할 수 있는 기간

우선권주장 출원을 할 수 있는 기간은 우선기간 이내이며, 특허·실용신안등록출원을 기초로 하여 우선권을 주장하는 경우에는 제1국 출원일로부터 1년이고, 디자인등록출원을 기초로 하여 우선권을 주장하는 경우에는 제1국 출원일부터 6개월이다.

[분석] 우선권주장 출원을 할 수 있는 기간의 계산은 제1국 출원일의 다음날부터 기산한다. 기간 계산은 우선권주장 증명서류에 표시된 날을 기준으로 계산하며, 제1국 출원일을 우리나라 歷으로 환산한 후 계산하지 않는다. 우선권주장 출원을 할 수 있는 기간의 계산도 특허법 제14조가 규정하는 기간의 계산방법과 동일하다. 예를 들어 선출원일이 2017. 10. 1.인 경우, 후출원은 2018. 10. 1.까지 가능하다. 2018. 10. 1.이 공휴일이거나 그 날에 특허청이 출원의 접수를 받지 않는 경우에는 그 다음날까지 출원할 수 있다.

[주의] 우선권주장 출원과 그 기초가 되는 제1국 출원이 서로 상이한 종류의 출원인 경우에는 우선권주장을 할 수 있는 기간의 계산은 제1국 출원에 의한다. 즉, 제1국에서 실용신안등록출원을 하고 그 실용신안등록출원을 기초로 하여 우리나라에 특허출원을 하는 경우의 우선권주장 출원을 할 수 있는 기간은 제1국 출원일로부터 1년이며, 제1국에서 디자인등록출원을 하고 그 디자인등록출원을 기초로 하여 우리나라에 실용신안등록출원을 하는 경우의 우선권주장 출원을 할 수 있는 기간은 제1국 출원일부터 6개월이다.

(4) 제1국의 정규의 국내출원에 기초한 최초출원

㈎ 제1국 출원은 특허출원, 실용신안출원 또는 디자인일 것

㈏ 제1국 출원은 정규의 출원일 것

① 정규의 출원인지 여부 결정

제1국에서의 출원이 파리협약에 의한 우선권주장의 기초가 되는 정규출원인지는 제1국의 관련법이 결정한다.

② 출원이 계속 중일 필요가 있는지 여부

우선권의 기초가 되는 최초출원의 출원의 계속 여부는 우선권 효력에 영향을 미치지 않는다. 따라서 최초출원이 취하, 포기, 무효 또는 거절되어도 우선권을 여전히 유효하다. 심지어는 최초출원이 이루어지는 국가로부터 특허를 받을 수 없는 발명과 관계된 출원이라도 우선권은 유효하다.

㈐ 제1국 출원이 최초출원이거나 최초출원으로 인정될 수 있는 출원일 것

① 제1국 출원은 최초이어야 한다.

예를 들어, 일본에 2021. 3. 1. 출원하고 동일한 발명을 우선권주장하면서 미국에 2021. 5. 1. 출원한 후, 우리나라에 2022. 4. 1. 출원하는 경우, 일본 출원으로부터 12개월이 경과하였으므로 일본 출원을 기초로 우선권주장을 할 수 없는 것은 당연하다. 또한 미국 출원으로부터 12개월이 경과되지 않았지만 미국 출원은 동일한 발명에 대한 최초출원이 아니므로 동 출원을 기초로 우선권주장을 할 수는 없다. 만약, 최초출원이 그 국가의 출원을 기초로 우선권주장을 할 수 없는 국가에 출원된 것이라면 그 국가에의 출원은 최초출원의 의미에 포함되지 않는다.

② 최초출원으로 간주되는 후출원

우선권의 기초가 되는 최초출원과 동일한 대상에 대하여 같은 당사국에 출원된 후속출원은 후속출원일 당시에 선출원이 공개되지 않았으며, 어떠한 권리도 존속시키지 않고 취하, 포기 또는 거절되었으며 또한 우선권의 기초가 되는 최초출원이 아직 우선권주장의 근거로 되지 아니한 경우에는 최초출원으로 간주되어 그 출원을 기초로 우선권주장을 할 수 있다.

후속출원이 최초출원으로 간주되기 위해서는 아래 요건을 모두 충족하여야 하며, 어느 하나라도 충족되지 않으면 우선권주장은 인정되지 않는다.

㉮ 후속출원이 같은 국가에서 같은 대상에 대하여 출원되어야 한다.

㉯ 후속출원이 출원되기 전에 우선권의 기초가 되는 최초출원이 취하, 포기 또는 거절되어야 한다.

㉰ 우선권의 기초가 되는 최초출원이 공개된 것이어서는 안 된다.

㉱ 우선권의 기초가 되는 최초출원이 어떠한 권리도 존속시켜서는 안 된다.

㉲ 우선권의 기초가 되는 최초출원이 같은 국가 혹은 타국에서 아직 우선권주장의 기초로 되지 않아야 한다.

[실무] 제1국 출원이 정규의 국내출원에 기초한 최초출원인지 여부를 판단함에 있어 특별한 이유가 있는 경우를 제외하고 우선권주장 증명서류에 파리협약에 의한 우선권주장 증명서류라는 취지의 표시가 있는 경우 그 출원이 제1국 출원의 정규의 출원으로서 최초출원인지 여부를 추가로 조사하지 않고 그대로 인정한다.

(5) 발명의 동일성

(가) 조약에 의한 우선권주장 출원에 기재된 발명 중 특허요건 판단일을 소급 받을 수 있는 발명은 제1국 출원에 기재된 발명과 동일한 발명이다. 그러나 발명의 동일성은 양자의 청구범위의 청구항에 기재된 발명이 동일하여야 할 것을 요구하는 것은 아니며, 우선권주장 출원의 청구범위의 청구항에 기재된 발명과 제1국 출원의 명세서 또는 도면 등으로부터 파악되는 발명이 동일하면 된다.

(나) 다음의 경우에도 제1국 출원과 우선권주장 출원에 기재된 발명은 동일한 것으로 인정된다.

① 제1국 출원 내용의 일부에 대하여 우선권주장 출원을 하는 경우
② 제1국 출원을 분할하여 2 이상의 우선권주장 출원을 하는 경우
③ 2 이상의 제1국 출원에 대하여 하나의 우선권주장 출원을 하는 경우
④ 우선권주장 출원에 우선권의 기초가 되는 제1국 출원에 포함되어 있지 않은 발명을 포함하는 경우에도 제1국 출원에 포함된 발명에 대해서는 우선권이 인정된다. 즉, 발명별로 우선권의 인정과 불인정을 판단하는 것이다.

[실무] 복합우선권의 경우, ① 복수의 제1국 출원을 하나의 우선권주장 출원으로 한 경우에 2 이상의 선출원을 기초로 우선권주장 출원을 하였다는 이유로 우선권을 부인하거나 당해 출원을 거부할 수 없다. 다만, 우리나라 특허법의 해석상 우선권주장 출원이 발명의 단일성이 인정되지 아니할 때에는 특허법 제45조 위반으로 거절이유를 통지할 수 있다.
② 출원을 심사한 결과 발명의 단일성의 요건을 충족하지 않는 것이 명백한 경우에 출원인은 그 출원을 분할할 수 있고, 이 경우에도 분할된 각각의 출원에 대하여 우선권의 이익을 향유할 수 있다.
③ 우리나라에 출원한 특허출원이 2 이상의 제1국 출원을 우선권주장한 출원인 경우 특허법 제29조 및 같은 법 제36조의 규정을 적용함에 있어서 각각의 발명이 속하는 최선의 제1국 출원일을 기준으로 심사한다.
④ 2 이상의 제1국 출원을 기초로 하여 우선권주장을 하고 있음에도 불구하고, 우리나라에 한 특허출원에 관한 발명이 제1국 출원 중 하나의 출원만을 기초로 하고 있는 경우에는 그 발명에 대하여 발명이 기재된 제1국 출원일로 특허요건 판단일을 소급하여 심사한다.
⑤ 2 이상의 제1국 출원을 기초로 한 우선권주장 출원에 있어서 각각의 출원에 따로 기재되어 있는 구성요소를 결합하여 도출한 발명에 대해서는 실제 우리나라에 출원한 출원일을 기준으로 심사한다.
⑥ 2 이상의 우선권주장 중 최선의 제1국 출원의 우선권주장이 취하된 경우에는 남은 우

선권주장 중 최선 출원의 출원일을 최선일로 본다. 다만, 이 경우 새롭게 최선 출원이 된 제1국 출원이 파리조약상 우선권주장의 기초가 될 수 있는 최선 출원의 여건 여부를 심사한다.

[실무] 우리나라에 출원한 특허출원이 파리조약에 따른 우선권주장의 기초가 되는 출원에 포함되어 있지 않았던 발명(또는 구성요소)을 포함하는 경우에 특허법 제29조 및 같은 법 제36조를 적용함에 있어서 제1국 출원에 포함되어 있지 않은 발명에 대해서는 우리나라 출원일을 기준으로 심사하고, 제1국 출원에 포함된 발명에 대해서는 제1국 출원일을 기준으로 심사한다. 우선권주장 출원에 제1국 출원에 포함되지 않은 발명이 있고 그 발명에 관하여 제1국 출원일과 우선권주장 출원일 사이에 선행기술이 있는 경우 해당 청구항에 대한 의견제출통지시 우선권주장을 소급할 수 없는 이유와 함께 거절이유를 기재하여 발송한다.

[판례] 특허법원 2006. 6. 15. 선고 2005허3512 판결

'공업소유권의 보호를 위한 파리협약'에 의하면, 동맹국 중 어느 하나의 당사국에 정규로 최초의 특허출원(제1국 출원)을 한 자가 그 출원을 기초로 하여 우선권주장 기간(1년) 내에 다른 당사국에 특허출원(제2국 출원)을 하면서 우선권을 주장하는 경우, 최초의 특허출원에 포함된 내용과 동일한 내용의 발명에 대해서는 신규성·진보성 및 선출원주의 판단의 기준일을 적용함에 있어 제2국의 출원일을 제1국의 출원일로 소급하여 준다. 이러한 '조약에 의한 우선권주장'을 인정받기 위해서는 ① 제1국 출원이 정규의 최초의 출원이어야 하고, ② 제1국 출원과 제2국 출원이 동일한 발명이어야 하며, ③ 제2국 출원이 제1국 출원일로부터 1년 이내에 이루어져야 한다.

◇ 특허법원 2000. 1. 27. 선고 98허10710 판결, 2000. 1. 27. 선고 98허10727 판결

특허법 제54조 제1항은 "조약에 의하여 대한민국 국민에게 특허출원에 대한 우선권을 인정하는 당사국 국민이 그 당사국 또는 다른 당사국에 특허출원을 한 후 동일발명을 대한민국에 특허출원하여 우선권을 주장하는 때에는 제29조 및 제36조의 규정을 적용함에 있어서 그 당사국에 출원한 날을 대한민국에 출원한 날로 본다"고 규정하고 있는바, 선행발명이 우선권을 주장하는 미국 특허출원 1은 특허발명이 우선권을 주장하는 출원발명보다 먼저 출원되었고 특허발명이 우선권을 주장하는 출원발명의 출원일 이후에 출원공고되었으며, 선행발명이 우선권을 주장하는 미국 특허출원 2는 특허발명이 우선권을 주장하는 출원발명보다 나중에 출원되었으므로, 우선 선행발명 중 미국 특허출원 1(이하 '선행발명의 최초우선권주장 출원'이라 한다)의 출원서에 첨부된 명세서 또는 도면에 기재된 발명에 해당하는 부분이 아닌 부분은 그 자체로 선출원 또는 확대된 선출원이 될 수 없고, 특허법 제29조 제3항은 확대된 선출원의 규정을 적용함에 있어 먼저 출원한 타특허출원이 국제출원인 경우에는 '출원서에 최초에 첨부한 명세서 또는 도면에 기재된 발명'은 '국제출원일에 제출한 국제출원의 명세서·청구범위 또는 도면과 그 출원번역문에 다 같이 기재된 발명'으로 한다고 규정하고 있으므로, 선행발명이 선출원 또는 확대된 선출원으로서의 지위를 가지는지 여부를 판단함에 있어서는 선행발명 중 '선행발명의 최초우선권주장 출원'의 최초명세서 및 도면에 기재된 내용과 국제출원일에 제출한 국제출원의 명세서·청구범위 또는 도면 및 그 출원번역문에 다같이 기재된 내용을 기준으로 하여야 한다.

[사례] 특허발명은 그 출원번역문 기재 청구범위나 발명의 설명에서 모두 '착신측통신단말기의 호출신호'로만 이용하는 구성으로 되어 있는 반면, 2차례의 보정을 거친 특허발명의 명세서상 청구범위나 발명의 설명에는 '착신측 통신단말기의 호출신호' 또는 '발신측 통신단말기로의 호출음' 구성도 이용하는 것으로 기재되어 있는바, 이와 같은 '착신측으로의 호출신호'구성과 '발신측으로의 호출음'구성은 상이한 구성으로서 특허발명은 그 명세서 기재 내용과 출원번역문 기재 내용이 다 같지 아니한 발명에 해당한다 할 것이다. 따라서 특허발명의 출원번역문 기재 발명과 그 명세서 기재 발명이 상이하여 특허법 제213조의 등록무효사유가 존재한다(대법원 2007. 7. 26. 선고 2005후2670 판결).

[사례] 피고의 특허발명의 우선권주장의 기초가 된 발명들 중 PCT/US95/14909호는 특허발명의 국제출원 전에 이미 공개된 PCT/US94/13373호를 우선권주장의 기초로 삼아 국제출원한 것으로서 중복 우선권주장에 해당한다. 따라서 위 PCT/US94/13373호에 기재된 발명은 우선권의 소급효를 인정받을 수 없어 공개된 발명의 지위를 가지게 되므로, 특허발명에 대하여 선행발명이 될 수 있다(특허법원 2006. 6. 15. 선고 2005허3512 판결).

[판례] 서울중앙지법 2007. 8. 23. 선고 2006가합89560 판결

파리조약에 따른 우선권주장 제도(특허법 제54조)는 외국에서 일단 특허출원을 하고 일정 기간 내에 대한민국에서 그 특허출원의 우선권을 주장하여 특허출원을 하면 그 외국의 최초 출원인에 출원한 것으로 취급해 줌으로써 최초 출원일과 대한민국에서의 출원일 사이에 제3자가 동일한 발명을 출원하거나 그 기간 내에 신규성을 상실하는 사유가 발생하더라도 대한민국에서의 출원을 외국에서의 최초 출원일에 한 것으로 간주하므로 특허거절사유로 되지 않는 효과가 있을 뿐이고, 동일한 발명에 대하여 여러 나라에서 특허 등록이 된 경우라도 그 특허권이 부여된 나라별도 별개의 독립된 특허권이 성립하고 이들 특허권은 상호 무관하게 병존하므로 외국에서의 특허권의 발생과 효력, 이전과 소멸은 대한민국내에서의 특허권의 발생과 효력, 이전과 소멸에 대해 아무런 영향을 미치지 않는다.

2.2. 조약우선권주장의 절차

(1) 우선권의 신청

우선권주장을 하고자 하는 자는 출원시에 출원서에 그 취지, 최초출원국명 및 출원 연월일을 기재하여야 하며 우선권주장의 기초가 되는 출원의 최초출원번호를 명시하여야 한다.

[실무] 우선권주장이 있는 출원의 경우 우선권주장의 적합 여부를 심사하는데, 심사결과 우선권주장이 부적합한 경우에는 특허법 제46조의 규정에 따라 보정명령을 하고 보정명령에도 불구하고 지정기간 이내에 우선권주장의 흠결을 해소하지 못한 경우에는 그 우선권주장 절차에 대하여 무효처분을 한다. 주의할 것은, 보정시점이 최선일부터 1년 4월의 전·후인가에 따라 보정 가능한 범위가 달라지므로 우선권주장의 내용과 보정시점을 고려하여 흠결의 치유 여부를 판단한다.

[실무] 우선권주장이 복합우선권주장이고 그 우선권주장의 일부에 흠결이 있는 경우 특허법 제46조의 규정에 따라 흠결이 있는 우선권주장에 대하여만 보정명령을 한다. 보정명령에도 불구하고 지정기간 이내에 흠결을 해소하지 못한 경우 우선권주장 전체를 무효처분하는 것이 아니고 흠결을 치유하지 못한 일부 우선권주장만을 무효처분한다. 이는 특허법 제16조 규정에 의한 무효처분의 대상은 특허에 관한 절차인바, 복합우선권주장의 절차는 여러 개의 우선권주장절차를 출원인의 편의상 1건의 서류로 진행하도록 한 것이기 때문이다.

[실무] 선행기술 조사결과 제1국 출원일과 우선권주장 출원일 사이에 특허법 제29조에 의한 선행기술 또는 제36조에 의한 선출원을 발견하지 못한 경우 제1국 출원일로 특허법 제29조 또는 제36조의 특허요건을 판단하고 제1국 출원일과 우선권주장 출원의 출원일 사이에 선행기술이 존재하는 경우에 한하여 우선권주장 출원에 기재된 심사대상발명이 제1국 출원에 기재되어 있는지를 판단한다.

[실무] 우선권주장 출원에 기재된 발명을 제1국 출원과 비교하여 동일성이 인정되는 발명에 대하여는 출원일을 제1국 출원일로 소급하여 특허요건을 판단하고 동일성이 인정되지 않는 발명에 대하여는 제2국 출원일을 기준으로 특허요건을 판단하고 출원일을 소급할 수 없는 이유를 거절이유와 함께 기재하여 통지한다.

(2) 우선권주장 증명서류의 제출

최초출원국 정부가 인정하는 특허출원일을 기재한 서면과 발명의 명세서 및 도면의 등본(이하, '우선권주장 증명서류'라 한다)을 다음에 해당하는 날 중 최선일로부터 1년 4월 이내에 특허청장에게 제출하여야 하며, 기간 내에 우선권주장 증명서류를 제출하지 아니한 경우에는 그 우선권주장은 효력을 상실한다.

① 조약당사국에 최초로 출원한 출원일

② 그 특허출원이 국내우선권주장을 수반하는 경우에는 그 우선권주장의 기초가 되는 출원의 출원일

③ 그 특허출원이 특허법 제54조 제3항의 규정에 의한 다른 우선권주장을 수반하는 경우에는 그 우선권주장의 기초가 되는 출원의 출원일

[분석] 2001. 7. 1. 이후 출원으로서 산업통상자원부령이 정하는 국가의 경우에는 최초로 출원한 국가의 특허출원의 출원번호를 기재한 서면의 제출로 우선권주장 증명서류의 제출을 갈음할 수 있다. 우선권증명서류의 제출이 간소화된 국가로는 현재 일본, 유럽특허조약(EPC)의 체약국, 미합중국, 중국, 대만 및 세계지적재산권기구(WIPO)의 전자적접근시스템(DAS, Digital Access System)을 통하여 우선권증명서류를 전자적으로 송달하기로 합의한 국가가 '우선권증명서류의 전자적 교환에 관한 고시'에 고시되어 있다.

[실무] 우선권증명서류 제출이 간소화된 국가와 그러하지 않은 국가에 출원한 출원을 기초로 하여 복합우선권을 주장하는 경우, 간소화된 국가에 출원한 우선권증명서류만 출원번호를 기재한 서면으로 갈음할 수 있고 그렇지 아니한 국가에 제출한 출원의 우선권증명서류는 특허법 제54조 제4항 제1호에 따라 제출하여야 한다.

[판례] 대법원 2002. 9. 6. 선고 2000후2248 판결

우선권 인정을 위한 실체적 요건은 최초 출원과 제2국 출원 사이의 발명의 동일성을 기준으로 판단하여야 하고, 이 경우 법정기간 내에 제출된 우선권 증명서류에 의하여 최초 출원의 내용을 파악하기 어려운 경우에는 법정기간이 지난 이후라도 제출된 우선권 증명서류의 범위 내에서 그 불명료한 내용을 보완하는 자료를 추가로 제출하여 최초 출원의 내용을 확인함으로써 발명의 동일성 여부를 판단할 수 있다.

◇ 특허법원 2000. 7. 14. 선고 98허8120 판결, 2000. 7. 14. 선고 98허8236 판결

특허권자가 최초 출원국에서 발급하여 준 우선권 증명서류를 그대로 우리나라 특허청에

제출하였는데, 그 서류의 등본 또는 사본의 복사 상태가 불량하거나 복사의 크기가 작아서 그 일부 내용을 확인하기가 어려운 경우 특허권자가 최초 출원국으로부터 당초 발급받은 증명서류에 대하여 복사배율을 달리 하거나 명료하게 복사된 서류를 다시 발급받았다면 이는 법정기간 내에 제출된 우선권 증명서류와 동일한 것으로 봄이 상당하고, 따라서 이를 기초로 발명의 동일성 여부를 판단하여야 한다.

(3) 우선권주장 증명서류의 국어번역문 제출

특허청장 또는 심판원장은 심사·심판을 위하여 필요한 경우 우선권증명서류에 대한 국어번역문을 제출하도록 명할 수 있다. 다만, 제1국 출원과 우선권주장 출원의 명세서 또는 도면의 기재내용이 동일한 경우에는 그 취지를 기재하고 번역문의 제출을 생략할 수 있다.

[분석] 우선일과 우선권주장 출원일 사이에 선행기술이 존재하는 등 특허성 판단에 필요하여 심사관이 특허청장 명의로 기간을 정하여 국어번역문의 제출을 요구하는 경우 지정기간 내에 우선권증명서류에 대한 번역물을 제출하여야 한다. 이때 지정기간은 2월로 하고 기간의 연장이 가능하다.

[분석] 우선권주장 증명서류가 제1국 출원일로부터 1년 4월 이내에 제출되지 않은 경우에는 그 우선권주장 절차는 효력을 상실한다. 우선권주장 증명서류 제출서를 제출하지 않거나, 불비한 경우에는 특허법 제46조 규정에 따라 보정을 명하고 보정명령에도 불구하고 지정된 기간 이내에 보정되지 않은 경우 그 우선권주장을 무효처분한다. 또한 우선권증명서류의 번역문은 우선권주장을 증명하기 위한 참고자료이므로 번역문에 대한 보정은 그 실체적 내용이 변경되더라도 그 보정은 유효한 보정으로 인정한다.

2.3. 조약우선권주장의 보정

(1) 우선권주장을 보정할 수 있는 기간

우선권주장을 보정할 수 있는 기간은 최선일부터 1년 4월까지이며, 우선권주장을 추가하거나 우선권주장의 일부를 취하한 경우 추가하거나 취하한 결과를 반영하여 최선일을 산정한다.

(2) 우선권주장을 보정할 수 있는 출원

우선권주장을 보정하기 위해서는 우선권주장 절차와 후출원이 계속 중이어야 한다. 즉, 우선권주장이 취하 또는 무효로 되었거나 후출원의 절차가 계속 중이 아닌 경우에는 우선권주장을 보정할 수 없다.

또한 우선권주장 전체를 취하한 후에는 우선권주장을 추가할 수 없으나 같은 날에 우선권주장을 취하한 후 추가하는 것은 가능하다.

(3) 우선권주장의 보정 또는 추가범위

우선권주장의 보정기간 중에는 우선권주장의 전부 취하, 복합우선권주장에 있어서 일부 우선권주장의 취하 및 우선권주장의 명백한 오기를 정정하는 보정은 물론 우선권주장을 추가하는 보정도 가능하다. 다만, 이 기간 중 우선권주장을 취하하고 추가하는 보정을 하는 경우 출원인의 편의를 고려하여 취하서를 별도로 제출하지 않고 1건의 보정서에 기재하여 제출하여도 유효한 것으로 인정한다.

[분석] 최선일부터 1년 4월 후의 보정은 조약우선권주장에 관한 기재의 명백한 오기 등을 정정하는 보정에 한하여 허용된다. 즉, 이 기간 중 보정은 보정에 의하여 제1국 출원이 달라지는 보정, 특정할 수 없었던 제1국 출원이 특정되는 보정 또는 제1국 출원을 추가하는 보정은 허용되지 않는다. 이 기간 중에도 우선권주장의 전부 취하 또는 복합우선권주장에 있어서 일부 우선권주장의 취하는 가능하다.

[실무] 우선권주장을 추가하는 보정절차에 대하여 심사한 결과 보정이 부적합한 경우에는 보정을 명하고 흠결을 해소하지 못한 경우에는 우선권주장을 추가하는 그 보정절차를 무효처분하여야 한다. 한편 우선권주장이 복합우선권주장이고 그 우선권주장의 일부에 흠결이 있는 경우 특허법 제46조의 규정에 따라 흠결이 있는 우선권주장에 대해서만 보정명령을 한다. 보정명령에도 불구하고 지정기간 이내에 흠결을 해소하지 못한 경우 우선권주장 전체를 무효처분하는 것이 아니고 흠결을 치유하지 못한 일부 우선권주장만을 무효처분한다.

[실무] 우선권주장 및 우선권주장의 보정에 대한 방식심사 결과 우선권주장이 부적합하여 우선권주장을 무효처분한 경우에는 우선권주장 출원일을 기준으로 심사한다.

[실무] 우리나라에 출원한 특허출원이 파리조약에 따른 우선권주장의 기초가 되는 출원에 포함되어 있지 않았던 발명을 포함하는 경우에 특허법 제29조 및 같은 법 제36조를 적용함에 있어서 제1국 출원에 포함되어 있지 않은 발명에 대해서는 우리나라 출원일을 기준으로 심사하고, 제1국 출원에 포함되어 있던 발명에 대해서는 제1국 출원일을 기준으로 심사한다. 우선권주장 출원에 제1국 출원에 포함되지 않은 발명이 있고 그 발명에 관하여 제

1국 출원일과 우선권주장 출원일 사이에 선행기술이 있는 경우에는 해당 청구항에 대한 의견제출통지시 우선권주장을 소급할 수 없는 이유와 함께 거절이유를 기재하여 발송한다.

2.4. 조약우선권주장의 효과

우선권주장이 적합한 경우 제1국 출원에 기재된 발명과 동일한 발명에 대해서는 특허법 제29조 및 제36조 적용에 있어 제1국 출원일로 소급하여 심사한다. 이 경우 우선권주장이 적합하다 하더라도 제1국 출원에 포함되지 않은 발명은 우선권주장 출원일을 기준으로 심사한다.

[실무] 우선권주장 출원에 있어서 특허법에서 특별히 정한 경우를 제외하고 그 출원일은 실제의 출원인이다. 특허법 제30조의 공지 예외주장에 관한 규정을 적용함에 있어 공지가 있은 후 12월 이내에 우리나라에 조약우선권주장 출원을 하지 않았다면 비록 제1국 출원일부터 1년 내에 우선권주장 출원을 하였다 하더라도 자신이 공지한 발명에 의하여 신규성 또는 진보성이 상실될 수 있다.

[판례] 특허법원 2005. 10. 6. 선고 2004허7845 판결

특허법 제54조 제1항은 '조약에 의하여 대한민국 국민에게 특허출원에 대한 우선권을 인정하는 당사국 국민이 그 당사국 또는 다른 당사국에 특허출원을 한 후 동일발명을 대한민국에 출원하여 우선권을 주장하는 때에는 제29조 및 제36조의 규정을 적용함에 있어서 그 당사국에 출원한 날을 대한민국에 특허출원한 날로 본다'고 규정하고 있으므로, 우선권주장에 의한 출원일의 소급효는 특허법 제29조 및 제36조의 적용에 있어서만 제한적으로 인정된다. 따라서 특허발명에 대한 출원보정의 적법 여부를 판단함에 있어서는 우선권주장일이 아니라 우리나라에서의 특허출원일을 기준으로 하여야 한다.

[판례] 특허법원 2008. 9. 24. 선고 2007허6782 판결

방법에 관한 발명인 우선권주장의 선출원이 출원발명을 포함하고 있어 출원발명의 특허요건 판단 시점이 우선권주장일로 소급되기 위하여는 출원발명의 라세미체 화합물이 선출원의 명세서에 기재되어 있다는 것만으로 부족하고, 통상의 기술자가 위 명세서의 기재만으로 쉽게 재현하여 출원발명의 화합물을 제조할 수 있을 정도로 구체적인 제조방법이 기재되어 있거나 그 화합물을 제조하였음을 알 수 있는 확인자료가 반드시 기재되어 있어야 한다.

[사례] 우선권주장의 선출원의 명세서의 번역문에 오역이 있더라도, 통상의 기술자가 그다지 어렵지 않게 그 오역을 인식하여 올바른 이해를 할 수 있다고 인정되므로, 심결취소소송에서 정정된 번역문을 통하여 위 명세서를 이해하여야 한다. 우선출원의 명세서에는 특허출원발명의 화합물을 제조하였음을 알 수 있는 확인자료나 통상의 기술자가 위 명세서의 기재만으로 쉽게 재현하여 그 화합물을 제조할 수 있을 정도로 구체적인 제조방법이 기재되어 있다고 할 수 없으므로, 위 우선출원은 비록 특허출원발명의 라세미체 화합물을 그 명세서에 기재하고 있다고 하더라도, 그 이성질체인 특허출원발명의 화합물을 포함하고 있다고는 할 수 없어, 특허요건 판단 기준일이 우선권주장일로 소급되지 않는다(특허법원 2008. 9. 24. 선고 2007허6782 판결).

[판례] 대법원 1995. 7. 28. 선고 94누16342 판결, 1995. 6. 16. 선고 95누3336 판결

특허협력조약(PCT) 제11조 제3항에는 "… 국제출원일이 부여된 국제출원은 국제출원일로부터 각 지정국에서 정규의 국내출원의 효과를 가지며 동 국제출원일은 각 지정국에서 실제의 출원일로 간주된다"고 규정하고 있고, 특허법 제199조 제1항에는 "특허협력조약에 의하여 국제출원일이 인정된 국제출원으로서 특허를 받기 위하여는 대한민국을 지정국으로 지정한 국제출원은 그 국제출원일에 출원된 특허출원으로 본다"고 규정하고 있으므로, 다른 나라에 국제특허출원을 한 후 특허법 제59조 제2항에 의하여 우리나라에서 그 특허출원에 관하여 출원심사의 청구를 할 수 있는 기간(5년)의 기산일은 다른 나라 특허청에 국제특허를 출원한 날이고, 우리나라 특허청에 번역문을 제출한 날이 아니다.

[사례] 특허법상의 출원일은 특허법의 규정에 의하여 확정되는 것이지 특허청장의 통지에 의하여 정하여지는 것은 아니며, 출원인으로서는 그 출원번호통지서상의 출원일자는 번역문제출일자의 오기임을 충분히 알 수 있었으므로 행정청의 행위를 신뢰한 국민을 보호하기 위한 특별규정인 행정심판법 제18조 제5항을 적용할 수 없다(대법원 1995. 7. 28. 선고 94누16342 판결, 1995. 6. 16. 선고 95누3336 판결).

Ⅱ. 조기공개제도

1. 조기공개제도의 취지

일반적으로 특허출원일로부터 1년 6개월이 경과하면 출원명세서가 공중에게 공개되는데, 이를 출원공개제도라고 한다. 이와 같이 특허출원일로부터 공개시점까지의 1년 6개월 동안은 별다른 권리보호수단이 없기 때문에 Life cycle이 짧은 발명의 경우 제3자가 무단실시 하더라도 뾰족한 대책이 없는 실정이다. 따라서 특허출원일로부터 1년 6월 이전이라도 필요에 따라 출원명세서를 조기에 공개할 수 있도록 함으로써 특허권 부여 이전이라도 발명자와 출원인을 보호할 수 있도록 한 것이다.

[특허법] 제64조 (출원공개) ① 특허청장은 다음 각 호의 구분 따른 날부터 1년 6월이 지난 후 또는 그 전이라도 특허출원인이 신청한 경우에는 산업통상자원부령으로 정하는 바에 따라 그 특허출원에 관하여 특허공보에 게재하여 출원공개를 하여야 한다.

1. 제54조 제1항에 따른 우선권주장을 수반하는 특허출원의 경우: 그 우선권주장의 기초가 된 출원일
2. 제55조 제1항에 따른 우선권주장을 수반하는 특허출원의 경우: 선출원의 출원일
3. 제54조 제1항 또는 제55조 제1항에 따른 둘 이상의 우선권주장을 수반하는 특허출원의 경우: 해당 우선권주장의 기초가 된 출원일 중 최우선일
4. 제1호부터 제3호까지의 어느 하나에 해당하지 아니하는 특허출원의 경우: 그 특허출원일

② 제1항에도 불구하고 다음 각 호의 어느 하나에 해당하는 경우에는 출원공개를 하지 아니한다.

1. 명세서에 청구범위를 적지 아니한 경우
2. 제42조의3 제2항에 따른 국어번역문을 제출하지 아니한 경우(외국어특허출원의 경우로 한정한다)
3. 제87조 제3항에 따라 등록공고를 한 특허의 경우

③ 제41조 제1항에 따라 비밀취급된 특허출원의 발명에 대해서는 그 발명의 비밀취급이 해제될 때까지 그 특허출원의 출원공개를 보류하여야 하며, 그 발명의 비밀취급이 해제된 경우에는 지체없이 제1항에 따라 출원공개를 하여야 한다. 다만, 그 특허출원이 설정등록된 경우

에는 출원공개를 하지 않는다.
④ 제1항의 출원공개에 관하여 출원인의 성명·주소 및 출원번호 등 특허공보에 게재할 사항은 대통령령으로 정한다.

[특허법] 제87조 (특허권의 설정등록 및 등록공고) ② 특허청장은 다음 각 호의 어느 하나에 해당하는 경우에는 특허권을 설정하기 위한 등록을 하여야 한다.
1. 제79조 제1항에 따라 특허료를 냈을 때
2. 제81조 제1항에 따라 특허료를 추가로 냈을 때
3. 제81조의2 제2항에 따라 특허료를 보전하였을 때
4. 제81조의3 제1항에 따라 특허료를 내거나 보전하였을 때
5. 제83조 제1항 제1호 및 같은 조 제2항에 따라 그 특허료가 면제되었을 때

③ 특허청장은 제2항에 따라 등록한 경우에는 다음 각 호의 사항을 특허공보에 게재하여 등록공고를 하여야 한다.
1. 특허권자의 성명 및 주소(법인인 경우에는 그 명칭 및 영업소의 소재지를 말한다)
2. 특허출원번호 및 출원연월일
3. 발명자의 성명 및 주소
4. 특허출원서에 첨부된 요약서
5. 특허번호 및 설정등록연월일
6. 등록공고연월일
7. 제63조제1항 각 호 외의 부분 본문에 따라 통지한 거절이유에 선행기술에 관한 정보(선행기술이 적혀 있는 간행물의 명칭과 그 밖에 선행기술에 관한 정보의 소재지를 말한다)가 포함된 경우 그 정보
8. 그 밖에 대통령령으로 정하는 사항

④ 비밀취급이 필요한 특허발명에 대해서는 그 발명의 비밀취급이 해제될 때까지 그 특허의 등록공고를 보류하여야 하며, 그 발명의 비밀취급이 해제된 경우에는 지체 없이 제3항에 따라 등록공고를 하여야 한다.

2. 조기공개의 신청

조기공개의 신청인은 출원인 및 그 승계인이며, 공동출원인 경우는 개별적으로 신청할 수 있다.

조기공개의 신청시기는 특허출원일로부터 1년 6월 이내에는 언제든지 가능하

며, 출원과 동시에 신청하는 것도 가능하다.

한편 조기공개의 신청에 따른 별도의 수수료는 없다.

3. 조기공개의 대상 및 방법

공개되기 전의 출원으로서 출원계속 중인 특허출원이 그 대상이다. 따라서 취하, 포기 및 무효가 되거나 당해 출원에 대한 거절결정이 확정된 경우로써 출원계속이 소멸된 출원, 공개되거나 등록공고된 출원은 제외된다.

조기공개를 신청하고자 할 경우에는 비공개 사항에 해당되지 아니하여야 한다. 출원내용이 공공의 질서 또는 선량한 풍속 문란케 하거나 공중의 위생을 해할 염려가 있다고 인정되는 사항, 국방상 필요한 발명으로서 특허청장에게 비밀취급명령을 받은 사항은 조기공개의 대상에서 제외된다.

한편, 조기공개의 경우에는 일반공개와 마찬가지로 전문을 공개하고 있다.

4. 조기공개의 효과

조기공개가 되면 출원공개의 일반적 효과가 그대로 발생한다. 따라서 당해 출원발명을 업(業)으로 실시하는 제3자에 대해 출원발명임을 경고할 수 있고, 이에 기하여 보상금 청구권도 발생한다.

또한, 확대된 선출원의 지위를 적용할 수 있는 요건이 구비되어 조기공개출원의 최초명세서에 기재된 내용에 대해서는 확대된 선출원의 지위가 인정된다.

한편, 제3자가 실시중임을 이유로 우선심사를 청구하는 경우에는 심사 후에는 자동적으로 조기공개가 된다.

이와 같이 정보의 조기공개로 인해 제3자나 일반 공중이 일반공개에 비해 최신 기술을 조기에 습득할 수 있는 이점이 있다.

5. 조기공개 신청시의 주의사항

일반적으로 ① 우선심사를 신청하고자 하는 경우 ② 타인이 유사출원으로 모방이 우려되는 경우 ③ 출원공개 전이라도 자기사업을 실시하고자 할 경우에는 조기공개를 신청할 필요성이 있다. 하지만 ① 특허출원 후에 개량특허를 준비하고 있는 경우 ② 경쟁업체에게 첨단분야의 기술흐름을 조기에 공개하여 회피설계를 유도할 우려가 있는 경우에는 조기공개를 신청하는 것은 바람직하지 않다. 특히 출원공개 후에는 자신도 선출원에 의해 후출원이 진보성이 부정될 수 있다는 점에 유의하여야 한다.

따라서 막연히 조기공개를 신청할 것이 아니라 주어진 여건을 충분히 비교 형량한 후에 필요성이 인정되면 조기공개를 신청하도록 해야 한다.

Ⅲ. 우선심사제도

1. 우선심사의 필요성

특허심사는 심사청구순서에 따라 심사하는 것을 원칙으로 하고 있다. 그러나 출원공개 후 출원인이 아닌 자가 업으로써 특허출원된 발명을 실시하고 있다고 인정되거나, 국가 산업발전이나 공익상 긴급처리가 필요하다고 인정되는 출원에 대해서까지 예외 없이 이러한 원칙을 적용하다 보면, 국익 및 발명의 적절한 보호가 저해될 수 있다. 이에 따라 특허법에서는 우선심사제도를 마련하여 일정한 사유에 해당하는 출원에 대해서는 특허법시행규칙 제38조에 의한 심사순위와 관계없이 심사할 수 있도록 심사순위에 관한 특칙을 두고 있다.

과거에는 우선심사의 대상이 사실상 제3자 실시의 경우뿐이었다고 할 정도로 대상이 한정되었고 우선심사의 결정에 있어서도 심사관이 당사자들의 분쟁에 개입하는 꼴이 되어 소극적인 결정을 하기가 쉬웠던 것이 사실이다. 또한 우선심사 신청료를 징수하지 아니하여 일종의 특혜로 간주되었다. 그러나 이제는 우선심사 신청료를 납부하여야 하고 그 대상에 있어서도 벤처기업을 확인받은 기업의 출원은 물론, 자기실시 또는 자기실시준비 중인 출원에 대해서도 우선심사를 신청할 수 있도록 함으로써 사실상 우선심사 대상의 문호를 완전히 개방한 셈이다. 이처럼 우선심사 대상을 대폭 확대하고 그 활용에 있어서도 상당히 융통성을 부여하고 있다.

또한 식품발명은 그 특성상 기술개발과 동시에 사업화로 연결되는 경우가 많고 특허 여부에 대한 결과를 알아야 투자를 결정하게 되는 경우가 많으므로 어느 분야보다도 우선심사의 필요성이 절실하다. 특허청의 우선심사 대상 확대에 관한 조치는 식품분야 출원인의 입장에서는 여간 반가운 일이 아닐 수 없다. 하지만 이러한 제도를 올바르게 활용할 수 있기 위해서는 이 제도의 취지를 충분히 납득하고 구비요건을 완비하는 것이 급선무라고 할 것이다.

[분석] 1981년 특허법의 개정으로 우선심사제도를 도입한 후, 우선심사 대상 출원을 점차

확대해 오고 있다. 1999. 6. 30.까지는 특허법 제61조의 규정에 의한 제3자 실시 출원과 특허법시행령 제9조에 의한 ① 방위산업분야의 특허출원 ② 공해방지에 유용한 특허출원 ③ 수출촉진에 직접 관련된 특허출원 ④ 국가 또는 지방자치단체의 직무에 관한 특허출원으로 우선심사 대상을 한정하여 오다가, 1999. 7. 1.부터는 ⑤ 벤처기업 육성에 관한 특별조치법 제25조의 규정에 의한 벤처기업의 확인을 받은 기업의 특허출원 ⑥ 국가의 신기술개발 지원사업 또는 품질인증 사업의 결과물에 관한 특허출원 ⑦ 조약에 의한 우선권주장의 기초가 되는 특허출원 ⑧ 출원인이 특허출원된 발명을 실시하고 있거나 실시준비 중인 특허출원으로, 2001. 7. 1.부터는 ⑨ 전자상거래와 직접 관련된 출원, 2005. 2. 11.부터는 ⑩ 중소기업기술혁신촉진법 제15조의 규정에 의하여 기술혁신형 중소기업으로 선정된 기업의 특허출원, 2005. 7. 1.부터는 ⑪ 고등교육법에 따른 국·공립학교의 직무에 관한 특허출원으로서 국·공립학교 안에 설치된 기술이전·사업화 전담 조직에 의한 특허출원을 국가 또는 지방자치단체의 직무에 관한 특허출원중 하나로 포함시켰으며, 2006. 10. 1.부터는 실용신안등록출원에도 우선심사 제도를 도입(제3자 실시출원 및 상기 ① ~⑪에 실용신안등록출원 포함)하면서 ⑫ 특허청장이 외국특허청장과 우선심사 하기로 합의한 특허출원 ⑬ 출원과 동시에 심사청구를 하고 그 출원 후 2월 이내에 우선심사의 신청이 있는 실용신안등록출원, 2007. 4. 1.부터는 지역특화발전특구에 대한 규제 특례법 제36조의8에 따라 규제특례가 적용된 특화사업과 직접 관련된 특허출원까지 우선심사 대상을 각각 확대하였다. 또한 2008. 6. 29.부터 첨단의료복합단지 지정 및 지원에 관한 특별법이 시행되면서 같은 법 제26조에 따른 의료연구개발기관이 제출한 첨단의료복합단지 안 의료연구개발과 관련된 특허출원도 우선심사할 수 있도록 하였고, 2008. 10. 1.부터는 우선심사의 신청을 하려는 자가 특허출원된 발명에 관하여 법 제58조 제1항에 따른 전문기관에 선행기술의 조사를 의뢰한 경우로서 그 조사결과를 특허청장에게 통지하도록 해당 전문기관에 요청한 특허출원에 대해서까지 우선심사 대상을 확대하였다. 또한, 2009. 10. 1.부터는 범정부차원에서 추진하고 있는 저탄소 녹색성장을 지원하기 위해 녹색기술과 직접 관련된 특허출원(기존 공해방비에 유용한 특허출원을 대체)도 우선심사 대상이 되며, 특히 녹색기술과 직접 관련된 특허출원으로서 전문기관에 선행기술을 조사를 의뢰하여 그 조사 결과를 특허청장에게 통지한 경우에는 초고속심사를 받을 수 있도록 초고속 우선심사 제도를 도입하였다. 한편 저탄소 녹색성장 기본법이 2010. 4. 14.에 시행됨에 따라, 상기 법 및 기타 국가정책과 연계되어 금융지원 및 인증을 받은 녹색기술과 직접 관련된 특허출원도 우선심사 대상에 추가되었다. 2013. 9. 23.부터는 직무발명보상을 활성화하기 위하여 발명진흥법 제11조의2에 따라 직무발명보상 우수기업으로 선정된 기업의 특허출원이 우선심사 대상에 추가되었다. 한편 2018년 이후 추가된 사유는 항을 달리하여 별도로 설명한다.

[실무] 우선심사 여부는 우선심사신청 설명서에 기재된 사항만으로 판단한다. 따라서 신청인이 주장하지 아니한 다른 우선심사신청 이유가 존재하더라도 이를 근거로 우선심사 여부를 결정해서는 안 된다.

[분석] 최초의 우선심사신청 이유와 증빙서류의 보완과정에서 신청이유가 변경되는 경우, 그 변경된 신청이유에 따라 우선심사 여부를 판단한다. 예를 들어, 우선심사신청시는 제3자 실시를 이유로 신청한 후 제3자 실시에 대한 증빙자료의 보완지시를 받고 신청인이 제3자 실시에 대한 보완은 하지 않고 자기실시를 이유로 신청이유를 변경한 경우, 자기실시가 확인되면 우선심사 대상으로 인정한다.

[실무] 우선심사 여부는 청구항에 기재된 발명 중 하나라도 우선심사 대상에 해당되는 경우 그 출원 전체에 대하여 우선심사신청을 인정한다. 우선심사 여부 결정은 우선심사결정시까지 보정된 청구항을 기준으로 판단한다. 예를 들면, 우선심사 청구시에 기재된 청구항을 기준으로 판단하면, 우선심사 대상이나 이후 청구항을 보정하여 우선심사결정시 우선심사 대상에서 제외된 경우에는 우선심사신청을 인정하지 않으나, 그 반대의 경우에는 우선심사신청을 인정한다. 또한 우선심사 대상 여부 판단시 신규사항 추가 여부, 1군의 발명요건 충족 여부 또는 진보성 유무 등을 판단하지 않고 우선심사 여부 결정시 청구항에 기재된 발명을 기준으로 판단한다. 그러나 보정에 따른 신규사항 추가로 인하여 우선심사 인정 여부가 달라질 수 있는 경우에는 보완지시를 할 때 최초의 명세서 또는 도면에 없던 내용이 신규사항으로 추가되는 경우 우선심사가 각하될 수 있음을 신청인에게 알리고 그럼에도 불구하고 신규사항이 추가되면 우선심사를 각하한다.

[실무] 우선심사신청인은 우선심사 이유를 복수로 신청할 수 있다. 이 경우 심사관은 신청인이 신청한 이유 중 하나라도 우선심사신청 이유에 해당하는 경우에는 우선심사신청을 각하하지 않고 우선심사결정 후 우선심사를 진행한다.

[실무] 우선심사를 신청한 출원이 우선심사 대상에 포함되는지 여부는 우선심사신청시나 우선심사 여부 결정시 어느 때라도 우선심사 대상에 포함되는 경우에는 우선심사 대상으로 인정한다. 예를 들면, ① 우선심사신청시에는 벤처기업이 아니었으나 우선심사결정시에 벤처기업이 된 경우, 우선심사신청시에는 벤처기업이었으나 우선심사 여부 결정시에 벤처기업의 유효기간이 만료한 경우, 모두 우선심사 대상으로 인정한다. ② 2005. 2. 11. 시행된 특허법 시행령에서 우선심사 대상으로 추가된 기술혁신형 중소기업으로 선정된 기업의 특허출원이 2005. 2. 10. 이전 출원된 경우라도 2005. 2. 11. 이후에 우선심사신청을 하였다면 우선심사 대상으로 인정한다. ③ 2006. 10. 1. 시행된 특허법 시행령에서 우선심사 대상으로 추가된 특허청장이 외국 특허청장과 우선심사 하기로 합의한 특허출원이 2006. 10. 1.

이전 출원된 경우라도 2006. 10. 1. 이후에 우선심사신청을 하였다면 우선심사 대상으로 인정한다. ④ 우선심사신청시 제3자가 실시중이었으나 우선심사 여부 결정시 실시를 중단하는 경우 또는 우선심사신청시에는 제3자가 실시하지 않았으나 우선심사 여부 결정시 우선심사 대상이 된 경우 모두 우선심사신청을 인정한다.

[실무] 외국인 출원에 대한 우선심사 여부는 내국인 출원과 동일한 기준에 따라 판단한다. 즉, 외국인 출원의 경우에도 우선심사 대상 출원에 포함되는 경우 우선심사신청을 인정하여 우선심사를 하도록 한다. 예를 들어, 외국인이 출원한 발명이 공개된 후 제3자가 그 발명을 실시하고 있는 경우에는 '제3자 실시'를 이유로 한 우선심사신청은 인정되며, 출원인이나 실시권자 또는 실시권자로부터 실시허락을 받은 자가 그 발명을 실시하거나 실시준비 중인 경우 '자기 실시'를 이유로 한 우선심사신청은 인정된다. 다만, 출원인이 외국인인 경우도 실시는 국내실시를 의미하므로, 우리나라 내에서의 실시만이 인정되며 외국에서 실시를 근거로 한 우선심사신청은 인정되지 않는다.

2. 우선심사의 신청

(1) 우선심사신청인

(가) 출원인은 물론 누구든지 우선심사를 신청할 수 있다. 다만, '국가 또는 지방자치단체의 직무에 관한 출원'에 대해서는 국가 또는 지방자치단체(국·공립학교 안에 설치된 기술이전·사업화 전담조직을 포함한다)만 우선심사신청이 가능하다.

(나) 미성년자, 금치산자 등 행위 무능력자가 우선심사를 신청하는 경우에는 법정대리인에 의하여 절차를 밟아야 하며, 법인이 아닌 사단의 경우 대표자 이름으로 우선심사신청을 할 수 있다.

(다) 외국인의 출원인 경우에도 우선심사 대상 출원에 포함되는 경우 우선심사신청을 인정하여 우선심사를 하며, 이때 외국인 출원에 대한 우선심사 여부는 내국이 출원과 동일한 기준에 따라 판단한다.

[실무] 외국인이 출원한 발명이 공개된 후 제3자가 그 발명을 실시하고 있는 경우에는 '제3자 실시'를 이유로 한 우선심사신청은 인정되며, 출원인이나 실시권자 또는 실시권자로부터 실시허락을 받은 자가 그 발명을 실시하거나 실시준비 중인 경우 '자기실시'를 이유로 한 우선심사신청도 인정된다. 다만, 출원인이 외국인인 경우의 실시는 우리나라 내에서의 실시를 의미하므로 외국에서 실시를 근거로 한 우선심사신청을 인정되지 않는다.

(2) 우선심사신청요건

(가) 우선심사는 특허출원이거나 2006. 10. 1. 이후 출원된 실용신안등록출원을 대상으로 신청할 수 있다. 특허·실용신안 우선심사의 신청에 관한 고시(이하 '고시'라 한다) 제2조 제1호에서는 특허출원 및 1999. 6. 30 이전 또는 2006. 10. 1. 이후 출원된 실용신안등록출원을 출원이라고 정의하여 우선심사신청의 대상이 될 수 있는 출원으로 보고 있다. 2006. 10. 1. 실용신안 선등록제에서 심사 후 등록제로 개정되면서 실용신안등록출원에 대한 우선심사제도가 도입되었다. 따라서, 2006. 10. 1. 이후 출원된 실용신안등록출원에 대해서만 우선심사신청을 할 수 있다. 한편, 2006. 10. 1. 전에 출원된 실용신안등록출원을 기초로 특허출원을 한 이중출원(2006. 10. 1. 이후에는 변경출원)의 경우에 해당 특허출원은 우선심사신청의 대상이 된다.

(나) 우선심사는 심사청구가 되어 있는 출원을 대상으로 하므로 우선심사신청인은 우선심사신청전 또는 우선심사신청과 동시에 심사청구를 하여야 한다.

(다) 우선심사는 청구범위의 청구항에 기재된 발명이 우선심사 대상이어야 한다. 이 경우에는 다수의 청구항 중 어느 하나의 항이라도 우선심사 대상이면 출원 전체를 우선심사 대상으로 인정한다.

(3) 우선심사의 신청절차

(가) 우선심사의 신청인은 특허법시행규칙 별지 제22호 서식의 '우선심사신청서'에 다음의 서류 및 물건(그 근거가 되는 물건이 있는 경우)을 첨부하여 특허청 정보고객정책과 또는 특허청 서울사무소 출원등록과에 제출하여야한다.

① 우선심사신청 설명서 1통(별표의 우선심사의 신청에 관한 증빙서류 첨부)

② 대리인에 의하여 절차를 밟는 경우 그 대리권을 증명하는 서류 1통

(나) 우선심사의 신청인은 특허료 등의 징수규칙에 의하여 우선심사신청료를 국고수납은행에 납부하여야 한다. 다만, 수수료 자동납부제도를 신청한 경우(전자출원만 가능)에는 우선심사신청료를 개별적으로 납부하지 않아도 신청서 작성시 사전에 등록된 금융기관의 예금계좌에서 국고로 자동 계좌이체된다.

[참고] 수수료 자동납부제도란 특허수수료를 고객이 직접 납부하지 않고 특허청에 사전등

록한 금융기관(현재는 기업은행만 가능) 예금계좌에서 국고로 자동 계좌이체를 시키는 제도이다. 수수료 자동납부제도를 이용하기 위해서는 특허로 홈페이지(http://www.patent.go.kr) → 수수료관리 → 수수료 자동납부 → 자동납부신청을 선행해야하며 수수료를 자동납부하려는 경우 해당 서식을 전자문서로 제출해야 한다.

(다) 고시 제4조 제1호의 규정에 의한 출원(특허법 제61조 규정에 의한 제3자 실시)에 대하여 우선심사의 신청을 하는 자는 우선심사신청 설명서에 출원된 발명을 제3자가 실시한 상황을 구체적으로 기재하여야 한다.

(라) 고시 제4조 제2호의 규정에 의한 출원(특허법시행령 제9조 제1호 내지 제9호, 실용신안법시행령 제5조 제1호 내지 제11호, 규제자유특구 및 지역특화발전특구에 관한 규제특례법 제55조 및 첨단의료복합단지 육성에 관한 특별법 제26조에 해당하는 출원)에 대하여 우선심사신청을 하는 자는 별지 제5호 서식의 우선심사신청 설명서를 작성하여야 한다.

[참고] 별지 제5호 서식에 따라 우선심사신청 설명서에 기재하여야 할 사항

① 자체 선행기술조가 결과 및 대비설명

② 우선심사의 신청이유

③ 출원발명의 실시(또는 실시준비)중인지 여부 및 그 실시가 업으로 이루어지고 있는지 여부〔고시 제4조 제2호 자목(출원인이 출원된 발명을 업으로서 실시 또는 실시준비 중이 출원)에 해당함으로 이유로 우선심사를 신청하는 경우 기재〕

④ 출원발명이 인증기업의 업종과 관련성이 있는지 여부〔벤처기업, 기술혁신형 중소기업(INNO-BIZ), 직물발명보상 우수기업 또는 부품·소재기술개발전문기업임을 이유로 우선심사를 신청하는 경우 기재〕

⑤ 출원발명이 녹색기술과 관련된 금융지원 또는 인증을 받았는지 여부(고시 제4조 제2호 나목에 해당함을 이유로 우선심사를 신청하는 경우 기재)

(마) 고시 제4조 제3호에 따른 특허출원(특허청장이 외국특허청장과 우선심사하기로 합의한 특허출원)에 대하여 우선심사의 신청을 하려는 자는 별지 제2호 또는 별지 제3호 서식의 우선심사신청 설명서에 해당 서식의 기재요령에 따른 사항을 구체적으로 적어야 한다.

(바) 고시 제4조 제4호에 따른 출원(외부 전문기관에 선행기술조사를 의뢰한 출원)임을 이유로 우선심사를 신청하는 경우에는 특허법시행규칙 별지 제22호 서식

의 우선심사신청서에 전문기관에 선행기술의 조사의뢰된 출원임을 표시하고 의뢰기관 및 의뢰일자를 기재함으로써 제5조 제1항 제1호에 따른 우선심사신청 설명서를 갈음할 수 있다.

[실무] 우선심사신청 후 보정에 의하여 청구항이 증가된 경우 심사청구료 이외에 증가한 청구항에 상당하는 우선심사신청료를 추가 납부하여야 한다. 우선심사신청료를 추가로 납부하지 않은 경우의 취급은 심사청구료를 납부하지 않은 경우의 취급기준과 같이 취급한다. 한편 보정이나 분할출원에 의하여 청구항이 감소되더라도 납부된 우선심사신청료는 반환하지 않는다.

[실무] 출원인이 우선심사신청 후 우선심사신청을 취하하는 것은 인정하지 않는다. 이는 신청인이 우선심사를 신청하면, 우선심사신청의 효력이 발생하여 심사관은 우선심사신청이 유효한 것으로 보고 특허분류 등을 다른 출원에 비하여 우선하기 때문이다. 우선심사신청을 취하하는 취하서가 제출되면, 우선심사신청 취하서를 인정할 수 없다는 취지를 우선심사신청인(취하인)에게 통지한다.

[분석] 우선심사결정 통지가 있기 전에는 우선심사신청의 취하가 가능한 것으로 본다. 또한 2012. 1. 1. 부터는 우선심사신청을 취하 또는 포기한 경우에 특허청에 납부한 우선심사신청 수수료 중 특허는 4만원, 실용신안은 2만원을 제외한 금액의 반환이 가능하다.

《표》 우선심사신청료

특허	200,000원
실용신안	100,000원

3. 우선심사신청에 대한 심사 및 결정

3.1. 우선심사신청에 대한 방식심사

정보고객지원국장은 우선심사신청에 대한 방식심사를 완료한 후 해당 심사국장에게 이송하여야 한다. 정보고객지원국으로부터 우선심사관련서류가 이송되면, 우선심사결정업무 담당자는 당해출원 및 우선심사신청서에 대한 방식심사를 실시한다. 우선심사신청에 대한 방식심사는 아래와 같다.

(1) 보정명령 및 반려이유 통지

우선심사결정업무 담당자는 이송받은 서류에 대한 방식심사의 결과 당해서류가 법령에 정한 방식에 위배되거나, 수수료를 납부하지 아니하거나 부족하게 납부한 때에는 특허청장 명의로 보정을 명하거나 반려이유를 통지하여야 한다. 우선심사결정업무 담당자는 방식에 위배된 사항이 특허법시행규칙 제11조에 해당하는 사항인 경우에는 반려이유를 통지하고 그렇지 않은 사항에 흠결이 있는 경우에는 보정을 명한다.

[실무] 우선심사결정업무 담당자가 방식심사 결과 흠결이 있어 보정을 명하거나 반려이유를 통지하는 경우에는 흠결내용을 명확하게 기재하여 통지하여야 하며, 의견서(보정서)나 소명서를 제출할 수 있는 지정기간은 1월로 한다.

(2) 흠결 해소 여부 판단 및 처분

우선심사결정업무 담당자는 지정기간 경과 후 출원인이 제출한 의견서(보정서)나 소명서를 참작하여 흠결 해소 여부를 다시 판단한 후 흠결이 해소된 경우에는 우선심사신청이 적합한지 여부를 심사하고 흠결이 해소되지 않은 경우에는 특허청장 명의로 당해 우선심사신청절차를 무효처분하거나 우선심사신청서류를 반려한다.

[실무] 출원인이 우선심사신청 후 지정기간을 경과하여 의견서(보정서)나 소명서를 제출한 경우라도 우선심사결정업무 담당자가 당해 우선심사신청절차를 무효처분하거나 우선심사신청서류를 반려하기 전인 경우에는 이들 서류를 반려하지 않고 유효한 의견서(보정서)나 소명서로 취급하여 흠결 해소 여부를 다시 판단한다.

(3) 수수료의 반환

우선심사결정업무 담당자는 방식심사 결과 우선심사신청절차를 무효처분하거나 우선심사신청서류를 반려할 경우 과오납통지서를 별도로 통지하거나 무효처분 또는 반려통지서에 수수료 반환절차에 관한 반환절차 안내문을 게재하여 통지한다.

[실무] 무효처분이나 반려통지서의 안내문에는 우선심사신청 무효처분(또는 반려)하겠다는 취지, 처분에 대한 행정심판 또는 행정소송 제기 안내, 반환받을 금액, 수수료 반환신청방법 등을 기재한다. 우선심사신청절차를 무효처분하거나 우선심사신청서류를 반려한 경우 반환금액은 우선심사신청료 전액으로 한다.

3.2. 우선심사 여부 결정

(1) 우선심사 출원의 특허분류 부여

특허분류의 확정이 지연되는 경우, 우선심사결정업무 담당자 지정도 늦어지므로, 용역기관에서 부여한 가분류에 따라 지정된 심사관이 우선심사결정을 하면 확정분류된 것으로 본다. 따라서 심사 단계에서 심사관이 분류가 부적합하거나 본인이 심사하는 분류범위에 속하지 않는다고 판단하는 경우 분류정정을 신청할 수 있다.

[분석] 일반출원이 분류의뢰일로부터 1개월 이내에 IPC 분류가 이루어지는 데 비해, 우선심사신청건은 분류의뢰일로부터 1주일 이내에 IPC 분류가 이루어지는 것이 일반적이다.

(2) 우선심사 여부의 결정기한

우선심사결정업무 담당자는 우선심사신청서를 이송받은 날부터 7일 이내에 우선심사 여부를 결정하여야 한다. 다만, 심사사무 취급규정 제58조의 규정에 의한 보정명령, 제60조의 규정에 의한 보완지시 또는 제61조의 규정에 의한 의견문의를 하는 경우에는 우선심사결정업무 담당자가 지정한 보정기간 등의 만료일 또는 해당서류가 우선심사결정업무 담당자에게 이송된 날 중 늦은 날부터 다시 7일을 기산한다. 이에 소요된 기간은 산입하지 않는다.

(3) 관계기관에 대한 의견문의

우선심사결정업무 담당자는 당해 출원이 고시 제4조에서 규정한 우선심사의 신청대상에 속하는지에 관하여 판단하기 어려운 경우에는 관계기관에 의견문의를 할 수 있다.

(4) 우선심사신청의 보완 지시

우선심사결정업무 담당자는 우선심사가 신청된 출원이 고시 제4조에서 규정한 우선심사의 신청대상이 되지 않는 것으로 판단되거나, 우선심사신청대상에 해당되는지가 제출된 서류만으로 불분명한 경우에는 1월 이내의 기간을 정하여 우선심사신청서를 보완할 것을 지시한다. 다만, 선행기술조사결과가 제출되지 않는 등 선행기술 조사결과에 대한 보완지시인 경우에는 선행기술조사 전문기관에게도 함께 통지한다.

[실무] 우선심사결정업무 담당자는 우선심사 여부를 결정하기 위해 필요한 기재사항이 불분명하거나 인정할 수 없는 경우에 보완지시하고, 단순히 우선심사신청 설명서가 고시의 별지 서식을 위배하였다는 취지만으로는 보완 지시하지 않는다.

[실무] 우선심사 보완지시 기간 경과 후 제출된 보완서류에 의하여도 보완사항을 해소하지 못한 경우에는 우선심사의 신청을 각하하고, 우선심사신청인 및 출원인(출원인이 우선심사신청인이 아닌 경우에 한한다)에게 이를 통보하여야 한다.

(5) 우선심사신청의 보완 가능 내용

우선심사신청의 보완은 우선심사신청 후 우선심사 여부 결정시까지 가능하며, 보완할 수 있는 사항은 특별한 제한은 없다. 다만, 우선심사신청대상 출원이나 우선심사신청인의 동일성을 변경하는 보완은 인정되지 않는다.

(6) 우선심사결정의 통보

우선심사결정업무 담당자는 당해 출원이 고시 제4조에서 규정한 우선심사의 대상에 해당하여 우선심사를 하기로 결정한 경우에는 즉시 우선심사신청인 및 출원인(출원인이 우선심사신청인이 아닌 경우에 한한다)에게 그 사실을 통보하여야 한다. 다만 특허청장이 외국특허청장과 우선심사하기로 합의한 특허출원은 우선심사결정 사실을 통보하지 않는다.

(7) 수수료의 반환

우선심사신청 각하 후 수수료 반환절차는 우선심사신청이 무효처분되거나 반려된 경우의 수수료 반환절차와 같으나 반환금액은 우선심사신청료에서 특허는 4만원, 실용신안은 2만원(우선심사 여부 결정비용)을 제외한 금액으로 한다.

(8) 우선심사신청과 관련된 기타 사례

(가) 심사착수 후 우선심사가 신청된 경우 우선심사가 신청된 출원이 우선심사대상에 해당되면 이를 적합한 우선심사신청으로 인정한다.

(나) 우선심사신청된 원출원을 기초로 분할출원을 하면서 우선심사를 신청하지 않은 경우에는 분할출원의 심사착수 시점은 원출원의 심사청구일을 기준으로 하고, 분할출원에 대해 우선심사신청이 있는 경우라면 분할출원에 따른 심사순위와 우선심사결정에 따른 심사순위 중 빠른 순위를 기준으로 하여 심사에 착수하게

된다.

4. 우선심사

4.1. 우선심사결정 후 처리기간

심사관은 우선심사를 하기로 결정한 출원에 대하여 우선심사결정서 발송일부터 2개월(특허청장이 외국특허청장과 우선심사하기로 합의한 특허출원 또는 전문기관 선행기술조사 의뢰에 의하여 우선심사하는 출원의 경우에는 4개월) 또는 특허법 시행령 제8조의3 제2항(실용신안법 제9조에서 준용하는 특허법 시행령 제8조의3 제2항을 포함한다)에 따른 선행기술의 조사결과가 심사관에게 이송된 날부터 1개월 중 늦은 날(이하 '처리기한'이라 한다) 이내에 심사에 착수하여야 한다.

[실무] 우선심사를 하기로 결정한 출원 간에 심사의 순위를 정함에 있어서는, 처리기한이 먼저 도래하는 출원부터 심사에 착수하는 것을 원칙으로 하되, 심사의 효율적 진행을 위하여 심사착수 순서를 변경할 수 있다.

[실무] 심사착수 전에 특허법 제47조 제1항 본문 또는 실용신안법 제11조에 의하여 준용되는 특허법 제47조 제1항 본문에 따른 보정서가 제출된 경우에는 위의 처리기한 또는 심사관이 해당 보정서를 이송받은 날부터 1개월 중 늦은 날 이내에 심사에 착수하여야 한다.

[실무] 특허청장이 외국특허청장과 우선심사하기로 합의한 특허출원의 경우에는 우선심사결정통지서를 별도로 발송하지 아니하므로, 우선심사를 하기로 결정 또는 재결정한 날 중 늦은 날을 우선심사결정통지서의 발송일로 본다.

4.2. 우선심사 결과의 통지 등

우선심사결정업무 담당자는 우선심사를 하기로 결정한 출원에 대한 최종처리결과(특허결정, 실용신안등록결정, 특허거절결정, 실용신안등록거절결정, 취하·포기 등)를 우선심사신청인(우선심사신청인이 출원인이 아닌 경우에 한한다)에게 통지하여야 한다.

우선심사 관련서류(우선심사신청료 납부영수증 원본 포함)가 전자문서가 아닌 경우, 심사관은 최종처리결과를 통지한 후에 우선심사 관련서류를 해당 국 주무과장에게 이송하여야 하며, 해당 국 주무과장은 이송받은 우선심사 관련서류를 전산 입력하여야 한다. 다만, 우선심사 관련 서류가 전자문서인 경우에는 전산 입력 조치를 생략한다.

[실무] 국내우선권주장 출원의 선출원이 출원인 경우 그 출원은 선출원일로부터 1년3월이 경과된 시점에 취하된 것으로 본다. 선출원이 취하된 경우 특허법 제36조를 적용함에 있어 선출원권이 없는 것으로 취급하나 그 선출원이 취하로 간주되기 이전에 특허결정이 있게 되면 선출원권을 갖게 되어 후출원이 특허를 받지 못하는 경우가 있으므로 우선심사신청된 출원이 국내우선권주장 출원의 선출원이 된 경우에는 다음과 같이 취급한다. 우선심사 결정 전에 우선심사신청된 출원이 국내우선권주장 출원의 선출원임이 확인된 경우에는, 특허법 제61조 제2호에 따른 긴급처리 필요성이 인정되지 않아서 우선심사신청대상에 해당하지 않으므로 기간을 정하여 우선심사신청에 대한 보완을 지시(보완요구서에 우선심사신청된 출원이 국내우선권주장 출원의 선출원이어서 긴급처리 필요성이 인정되지 않아 우선심사를 할 수 없다는 취지를 기재)하고 지정된 기간이 경과한 후 우선심사신청을 각하한다. 다만, 우선심사신청을 각하하기 이전에 우선권주장을 취하한 경우에는 유효한 우선심사신청으로 취급하여 우선심사를 진행한다. 또한, 우선심사결정 후 우선심사 대상출원이 국내우선권주장 출원의 선출원이 된 경우에는 취하간주시기까지 심사를 보류한다.

5. 우선심사신청대상별 심사기준

5.1. 제3자 실시 출원

(1) 대상

출원공개 후 제3자가 업으로서 출원된 발명을 실시하고 있는 것으로 인정되는 출원이다.

(2) 심사지침

(가) 출원공개의 의미

출원공개란 특허법 제64조 규정에 의한 출원공개를 의미한다. 따라서 우선심사를 신청하는 시점에서 특허법 제64조에 의한 공개가 되지 않은 경우(또는 조기공개 신청이나, 공개가 임박하지 않은 경우)에는 조기공개를 신청하여야 한다.

(나) 제3자의 의미

제3자라 함은 출원인이 아닌 자로서 그 출원발명에 관한 실시허락을 얻지 아니한 자를 말한다. 실시허락을 받았는지 여부는 특별한 이유가 없는 한, 추가조사를 하지 않고 우선심사신청인의 주장을 그대로 인정할 수 있다.

(다) 실시의 의미

제3자 실시에서 '실시'는 특허법 제2조 제3호의 실시로 다음에 해당하는 행위를 말한다.

① 물건의 발명인 경우에는 그 물건을 생산·사용·양도·대여 또는 수입하나 그 물건의 양도 또는 대여의 청약(양도 또는 대여를 위한 전시를 포함한다)을 하는 행위

② 방법의 발명인 경우에는 그 방법을 사용하는 행위

③ 물건을 생산하는 방법의 발명인 경우에는 나목의 행위 이외에 그 방법에 의하여 생산한 물건을 사용·양도·대여 또는 수입하거나 그 물건의 양도 또는 대여의 청약을 하는 행위

④ 고안에 관한 물품을 생산·사용·양도·대여 또는 수입하거나 그 물품의 양도 또는 대여의 청약(양도 또는 대여를 위한 전시를 포함한다)을 하는 행위

[실무] '실시'는 국내에서의 실시를 말한다. 따라서 우리나라에 출원한 발명을 외국에서만 실시하고 있는 경우에는 실시에 해당하지 않는다. 다만, 외국에서 생산된 출원발명을 국내에서 수입하고 있는 경우에는 실시로 인정한다.

(라) 제3자 실시발명과 청구항에 기재된 발명의 동일 여부 판단

제3자가 자신의 발명을 실시하고 있다는 사실을 이유로 한 우선심사 청구는 제3자가 실시하고 있다는 발명과 출원된 발명이 동일하여야 하며 동일 여부는 우선심사신청인이 입증하여야 한다. 우선심사신청인은 아래 예와 같은 자료를 제출하면서 우선심사신청 설명서에 제3자가 실시하는 구체적인 상황(일시, 장소, 제품명, 판매하는 수량 등)을 기재하여 제3자의 실시사실을 입증할 수 있다. 예컨대, 제3자가 판매하는 물건을 촬영한 사진을 제출하면서 우선심사신청 설명서에 물건을 구입한 일시 및 장소, 사진에 나타나는 물건과 출원발명과의 관련성 등을 구체적으로 기재하여 제3자의 실시사실을 입증할 수 있다.

① 제3자가 실시중인 물건

② 물건, 실시 장소 또는 판매 모습 등을 촬영한 사진
③ 제3자에 대해 실시금지를 요구하는 내용증명우편을 보낸 경우 그 복사본 등
④ 그 밖에 제3자가 실시중인 사실을 입증할 수 있는 서류 물건 등

[실무] 심사관은 우선심사신청인이 증거자료로 제출한 물건이나 사진 등을 참고하여 제3자가 실시하고 있는 발명과 청구항에 기재된 발명을 비교하여 동일 여부를 판단하되, 제출자료만으로 동일 여부를 판단할 수 없는 경우에는 자료의 보완을 지시할 수 있다. 다만, 발명을 실시하고 있는 자의 비협조 등으로 신청인이 제3자가 출원인이 출원한 발명을 실시하고 있다는 사실을 입증하기 어려운 것으로 판단되고, 제3자가 실시하고 있는 발명이 출원된 발명과 동일할 가능성이 충분히 있는 경우에는 심사관은 신청인에게 추가자료의 제출을 요구하지 않고 우선심사신청을 인정할 수 있다.

[실무] '제3자 실시' 경우에는 우선심사 여부 결정일 현재 출원이 특허법 제64조의 규정에 의하여 공개되어야 한다. 물론 특허법 제64조에 의한 공개에는 조기공개 신청에 따라 공개된 출원도 해당된다. 또한 출원공개 전 제3자의 실시를 이유로 한 우선심사신청은 당해 출원이 특허법 제64조 규정에 의한 공개가 되어 있지 않더라도 공개시기가 임박하거나(우선심사신청서를 이송받은 날부터 15일 이내에 공개될 것으로 예상되는 출원), 출원인이 조기공개 신청을 한 경우에는 우선심사신청을 각하하지 않고 우선심사 여부에 대한 결정을 보류한다. 우선심사 여부에 대한 결정을 보류한 후, 조기공개 신청을 취하하는 등으로 조기에 공개되지 않기로 확정된 경우를 제외하고 당해 출원이 공개되면 우선심사결정을 하고 심사를 진행한다.

[실무] 제3자가 실시하고 있는 발명과 출원된 발명의 동일 여부를 판단한 결과 동일 여부가 불분명한 경우에는 추가조사를 하지 않고 양 발명이 실질적으로도 동일하지 않다는 것이 명백한 경우를 제외하고 우선심사신청을 인정할 수 있다. 즉, 양 발명이 명백히 상이한 경우에만 우선심사신청을 불인정하여 우선심사신청을 각하한다.

[실무] 출원인으로부터 공개된 발명을 허락 없이 업으로 실시한다는 이유로 경고를 받은 자가 경고장 또는 그 사본 등을 제출하면서 우선심사신청 설명서에 구체적인 정황(경고 일시, 경고 방법, 경고 받은 발명과 자신이 실시중인 발명의 내용 등)을 기재하여 출원 발명에 대하여 우선심사신청을 할 수 있다. 심사관은 출원인이 제3자에게 경고하였음을 부인할만한 특별한 이유가 없고, 경고를 받은 자가 실시하고 있는 발명과 출원된 발명이 명백히 상이하다고 인정되지 않는 한 그 우선심사신청을 인정하여 심사를 진행한다.

5.2. 방위산업분야출원

(1) 대상

방위산업분야의 출원으로서 방위사업법 제34조, 같은 법 시행령 제39조, 같은 법 시행규칙 제27조 및 같은 법 시행규칙 제28조에서 규정하고 있는 방산물자 또는 그 제조방법에 관한 출원으로 방위사업법상 방산물자는 주요 방산물자와 일반 방산물자로 구분되며 그 예는 다음과 같다.

① 주요 방산물자

총포류 그 밖의 화력장비, 유도무기, 항공기, 함정, 탄약, 전차·장갑차 그 밖의 전투기동장비, 레이더·피아식별기 그 밖의 통신·전자장비, 야간투시경 그 밖의 광학·열상장비, 전투공병장비, 화생방장비, 지휘 및 통제장비, 그 밖의 방위산업청장이 군사전략 또는 전술운용에서 중요하다고 인정하여 지정하는 물자

② 일반 방산물자

주요 방산물자 이외의 방산물자

(2) 심사지침

방위산업분야의 출원에 대한 우선심사신청시에는 별도 증빙서류의 제출이 필요 없다. 신청인은 단지 고시 제4조 제2호 가목의 대상물 중 하나 이상의 세부 대상물명(예: 방위사업법 제35조 제2항 제1호 총포류 그 밖의 화력 장비)을 우선심사신청 설명서에 기재하고 출원발명이 대상물에 해당하는 기술이라는 설명을 하면 된다.

[실무] 신청인이 우선심사신청 설명서에 방산물자를 명확히 기재하지 않고 특허법 시행령 제9조 제1호의 규정에 의한 '방위산업분야의 특허출원' 등과 같이 개괄적으로 기재한 경우에도 심사관은 그 대상물이 상기 방위사업법의 방산물자의 하나에 해당될 수 있다고 판단되는 경우 추가로 보완지시 등을 하지 않고 우선심사신청을 인정할 수 있다.

5.3. 녹색기술과 직접 관련된 특허출원, 공해방지에 유용한 실용신안등록출원

5.3.1. 제도일반

특허법시행령 제9조 제2호가 공해방지에 유용한 특허출원에서 녹색기술과 직접 관련된 특허출원으로 개정되어 2009. 10. 1. 이후 우선심사신청부터 적용된다.

녹색기술과 직접 관련된 특허출원은 기존 우선심사 대상이었던 공해방지에 유용한 특허출원을 포함한다.

녹색기술과 직접 관련된 특허출원 및 공해방지에 유용한 실용신안등록출원으로서 우선심사 대상이 되는 출원은 특허·실용신안 우선심사의 신청에 관한 고시 제4조 제2호 나목과 하목에서 세부적으로 규정하고 있는데, 다음의 두 가지로 구분할 수 있다.

(가) 국가 등으로부터 금융지원 또는 인증을 받은 녹색기술에 관한 특허출원으로 실용신안등록출원은 해당하지 않는다.

(나) 환경오염 방지시설 및 그 시설이 목적으로 하고 있는 환경오염방지 방법에 관한 출원으로 특허출원 및 실용신안등록출원 모두 해당된다.

5.3.2. 녹색기술의 정의 및 범위

우선심사 대상이 되기 위해서는 출원발명이 녹색기술에 해당해야 한다. 일반적으로 녹색기술은 온실가스 감축기술, 에너지 이용 효율화 기술, 청정생산기술, 청정에너지 기술, 자원순환 및 친환경 기술(관련 융합기술을 포함한다) 등 사회·경제 활동의 전 과정에 걸쳐 에너지와 자원을 절약하고 효율적으로 사용하여 온실가스 및 오염물질의 배출을 최소화하는 기술을 말하며, 저탄소 녹색성장 기본법 제2조 제3호 및 특허법시행령 제9조 제2호에서 정의하고 있다.

[실무] 녹색기술과 관련됨을 이유로 우선심사신청하는 경우 우선심사신청인은 우선심사신청 설명서에서 출원발명이 어떠한 이유로 녹색기술에 해당하는지를 설명하여야 하고, 우선심사 여부를 결정하는 담당자는 우선심사 여부 결정시 출원발명이 녹색기술에 해당하는지 여부를 출원인의 주장에 근거하여 판단하여야 한다.

《표》 녹색기술 연구개발 종합대책의 27대 중점육성기술

1. 기후변화 예측 및 모델링개발 기술	15. 생태공간 조성 및 도시 재생 기술
2. 기후변화 영향평가 및 적응기술	16. 친환경 저에너지 건축 기술
3. 실리콘계 태양전지의 고효율 저가화 기술	17. 환경부하 및 에너지 소비 예측을 고려한 Green Process 기술
4. 비실리콘계 태양전지 양산 및 핵심 원천 기술	18. 조명용 LED·그린 IT 기술
5. 바이오에너지 생산요소 기술 및 시스템 기술	19. 전력 IT 및 전기기기 효율성 향상
6. 개량형 경수로 설계 및 건설 기술	20. 고효율 2차 전지기술
7. 친환경 핵비확산성 고속로 및 순환 핵주기시스템 개발 기술	21. CO_2 포집, 저장, 처리기술
8. 핵융합로 설계 및 건설 기술	22. Non－CO_2(이산화탄소제외 온실가스) 처리기술
9. 고효율 수소제조 및 수소저장 기술	23. 수계수질평가 및 관리기술
10. 차세대 고효율 연료전지 시스템 기술	24. 대체수자원 확보기술
11. 친환경 식물성장 촉진기술	25. 폐기물 저감, 재활용, 에너지화 기술
12. 석탄가스화 복합발전 기술	26. 유해성물질 모니터링 및 환경정화 기술
13. 고효율 저공해 차량 기술	27. 가상현실 기술
14. 지능형 교통, 물류 기술	

《표》 17대 신성장동력 중 녹색기술산업에 해당하는 기술

1. 신재생에너지 기술	태양전지, 수소·연료전지, 바이오에너지[바이오디젤, 바이오에탄올, 바이오가스, BtL(Biomass-to-Liquids)], 해양에너지(조력발전, 조류발전, 파력발전, 해수온도차 이용), 풍력, 지열, 수력, 폐기물 등
2. 탄소저감에너지 기술	탄소 포집·저장(CCS), 원자력, 핵융합, 화석연료 효율성 향상 기술, Non-CO_2(이산화탄소 제외) 처리 기술 등
3. 고도 물 처리 기술	스마트 상수도(저에너지 정수막, 지능형 막여과 정수 등), 하·폐수처리, 해수담수화, 수생태계 복원, 토양지하수 복원 등
4. LED 응용기술	Eco LED, LED 스마트 모듈, LED 조명 등
5. 그린 수송 시스템 관련 기술	그린카(하이브리드차, 플러그인 하이브리드차, 클린디젤차, 연료전지차 등), WISE Ship(미래형 친환경 선박, 레저보트), 첨단철도(초고속열차, 틸팅열차, 자기부상열차), 자전거 등
6. 첨단 그린 도시 관련 기술	유비쿼터스 도시(U-City), 지능형교통시스템[ITS], 지리정보시스템(GIS), 저에너지 친환경주택 등

[실무] 환경오염 방지시설 및 그 시설이 목적으로 하고 있는 환경오염방지 방법에 관한 발명은 녹색기술의 정의 규정 중 친환경 기술에 해당하므로 녹색기술에 해당하는 것으로 본다.

[실무] 출원발명이 에너지와 자원을 절약하고 효율적으로 사용하여 온실가스 및 오염물질의 배출을 최소화하는 기술임을 부정할만한 근거가 없으면 모두 녹색기술로 인정하며, 특

히 다음의 기술은 모두 녹색기술에 해당하는 것으로 본다.

[실무] 녹색기술과 관련됨을 이유로 우선심사신청한 출원발명이 녹색기술에 해당하는지에 대한 우선심사신청인의 설명이 없거나, 우선심사신청인의 설명에 기초하여 볼 때 출원발명이 녹색기술에 해당하지 않는 것으로 판단되는 경우에는 이를 이유로 우선심사신청에 대해 보완지시한다.

5.3.3. 국가 등으로부터 금융지원 또는 인증을 받은 녹색기술에 관한 특허출원

(1) 대상

특허·실용신안 우선심사의 신청에 관한 고시 제4조 제2호 나목에서 규정하고 있으며, 구체적으로 녹색기술과 직접 관련된 특허출원으로서 다음의 어느 하나에 해당하는 특허출원이 대상이 된다.

(가) 저탄소 녹색성장 기본법 제32조 및 같은 법 시행령 제19조에 따라 녹색기술 인증을 받은 특허출원

(나) 저탄소 녹색성장 기본법 제32조 및 같은 법 시행령 제19조에 따라 녹색전문기업으로 확인을 받은 기업의 특허출원

(다) 저탄소 녹색성장 기본법 제31조에 따라 국가 또는 지방자치단체의 보조금 지원을 받은 출원인의 특허출원

(라) 저탄소 녹색성장 기본법 제29조 및 같은 법 시행령 제16조에 따라 설립된 녹색산업투자회사의 투자를 받은 출원인의 특허출원

(마) 저탄소 녹색성장 기본법 제34조 및 같은 법 시행령 제22조에 따라 조성된 녹색기술·녹색산업 집적지 및 단지 내 입주한 출원인의 특허출원

(바) 기타 국가 정책과 연계되어 금융지원 또는 인증을 받은 특허출원

(2) 심사지침

우선심사 여부 결정 담당자는 우선심사신청인이 우선심사신청 설명서에 기재한 녹색기술에 해당하는지와 국가 등으로부터 금융지원 또는 인증을 받았는지에 대한 설명을 바탕으로 우선심사 대상으로 인정할 수 있는지를 판단하여야 한다(녹색기술에 해당하는지 여부는 위의 지침 참조).

[실무] 국가 등으로부터 금융지원 또는 인증을 받은 사실이 있는지를 판단할 때에는 상기 (가)~(바)의 우선심사신청 사유별로 다음의 증빙서류를 제출하였는지 여부를 확인하여야 하며, 출원인 및 출원발명과 금융지원 또는 인증을 받은 자 및 기술이 동일해야 한다.

《표》 녹색기술 관련 증빙서류

신청이유	증빙서류
녹색기술인증	다음의 제1호와 제2호에 해당되는 각각의 서류 1. 녹색인증 신청을 위한 기술 설명서 2. 저탄소 녹색성장 기본법 제32조에 따른 녹색기술 인증서
녹색전문기업	다음의 제1호와 제2호에 해당되는 각각의 서류 1. 출원발명과 녹색전문기업의 주 업종이 일치함을 입증하는 서류[녹색인증을 위한 기술(사업)설명서, 매출비중 내역서 등] 2. 저탄소 녹색성장 기본법 제32조에 따른 녹색전문기업 확인서
보조금의 지원	국가 또는 지방자치단체로부터 보조금의 지급을 받은 사실을 입증하는 서류
녹색산업투자회사 투자	녹색산업투자회사의 투자를 받은 사실을 입증하는 서류(대출실적서 등)
집적지 및 단지	출원인이 집적지 및 단지 내 입주하고 있음을 입증하는 서류
기타 금융지원 인증	다음의 어느 하나에 해당하는 서류 1. 국가기관으로부터 연구개발 등을 위한 자금지원을 받았음을 입증하는 서류(기술개발 사업 선정 공고 등) 2. 금융기관으로부터 녹색기술과 관련된 금융지원을 받았음을 입증하는 서류(대출실적서 등) 3. 환경마크 인증서, 탄소성적표시 인증서, 신기술인증서, 기술검증서(발행기관 : 환경부, 한국환경산업기술원) 4. 우수재활용제품인증서(발행기관 : 산업통상자원부 국가기술표준원) 5. 기타 국가의 지원 정책과 연계되어 금융지원 또는 인증을 받았음을 입증하는 서류

5.3.4. 환경오염 방지시설 및 그 시설이 목적으로 하고 있는 환경오염 방지 방법에 관한 출원

(1) 대상

특허·실용신안 우선심사의 신청에 관한 고시 제4조 제2호 하목 : 공해방지 또는 제거가 주목적인 출원으로서 다음의 어느 하나에 해당하는 환경오염방지시설 또는 그 시설이 목적으로 하고 있는 환경오염방지방법에 관한 출원

(가) 소음·진동관리법 제2조 및 같은 법 시행규칙 제3조에서 규정하고 있는 소음진동방지시설, 방음시설 또는 방진시설

(나) 물환경보전법 제2조 및 같은 법 시행규칙 제7조에 따른 수질오염방지시설

(다) 대기환경보전법 제2조 및 같은 법 시행규칙 제6조에서 규정하고 있는 대

기오염방지시설

[실무] 악취방지법 제2조 및 같은 법 시행규칙 제3조에서 규정하고 있는 악취배출시설로부터 나오는 악취물질을 없애거나 줄이는 시설로서 대기환경보전법 시행규칙 별표 4에 해당하는 시설은 위 대기오염 방지시설로 본다.

(라) 폐기물관리법 제2조, 같은 법 시행령 제5조에서 규정하고 있는 폐기물처리시설

(마) 가축분뇨의 관리 및 이용에 관한 법률 제2조 및 같은 법 시행규칙 제3조에 따른 자원화시설, 정화시설 또는 공공처리시설

(바) 자원의 절약과 재활용촉진에 관한 법률 제2조 및 같은 법 시행규칙 제3조에서 규정하고 있는 재활용시설

(사) 하수도법 제2조에 따른 공공하수처리시설, 분뇨처리시설, 중수도 또는 개인하수처리시설

(2) 심사지침

우선심사 여부 결정 담당자는 우선심사신청인이 우선심사신청 설명서에 기재한 녹색기술에 해당하는지와 국가 등으로부터 금융지원 또는 인증을 받았는지에 대한 설명을 바탕으로 우선심사 대상으로 인정할 수 있는지를 판단하여야 한다(녹색기술에 해당하는지 여부는 위의 지침 참조).

5.4. 수출촉진에 직접 관련된 출원

(1) 대상

수출촉진에 직접 관련된 출원

(2) 심사지침

(가) 입증서류

수출촉진에 직접 관련된 출원은 다음의 자료를 검토하여 결정한다.

① 수출실적 입증서류

② 신용장내도 입증서류

③ 특허권·실용신안권 또는 디자인권이 필요하다는 수출품 구매자로부터의 요

청이 있음을 증명하는 서류

④ 수출계약 입증서류

⑤ 국제표준의 채택절차가 진행 중이거나 국제표준으로 채택되어 수출 촉진에 기여함을 입증하는 서류

⑥ 기타 수출촉진에 직접 관련이 있음을 입증하는 서류

(나) 수출하고자 하는 발명과 청구항에 기재된 발명의 동일 여부 판단

수출촉진에 직접 관련된 출원을 이유로 한 우선심사신청이 우선심사 대상이 되기 위해서는 수출하고자 하는 발명과 청구항에 기재된 발명이 동일하여야 한다.

[실무] 수출촉진에 직접 관련된 출원과 청구항에 기재된 발명이 동일한지 여부는 우선심사신청인이 입증하여야 하나, 우선심사신청에 관한 서류로 동일 여부에 대한 판단이 어려운 경우가 많다. 이 경우 심사관은 수출촉진에 직접 관련된 출원과 청구항에 기재된 발명이 동일할 가능성이 충분하고 이를 의심할 특별한 이유가 없는 한, 추가로 증명자료를 요구하지 않고 우선심사신청을 인정할 수 있다.

5.5. 국가 또는 지방자치단체의 직무에 관한 출원

(1) 대상

국가 또는 지방자치단체의 직무에 관한 출원(고등교육법에 따른 국·공립학교의 직무에 관한 출원으로서 기술의 이전 및 사업화 촉진에 관한 법률 제11조 제1항에 따라 국·공립학교 안에 설치된 기술이전·사업화 전담조직에 의한 출원을 포함한다)

(2) 심사지침

국가 또는 지방자치단체의 직무란 국가 또는 지방자치단체가 수행하여야 하는 업무를 말하는 것으로 우선심사신청인이 국가 또는 지방자치단체(국·공립학교 안에 설치된 기술이전·사업화 전담조직)인 경우에는 특별한 이유가 없는 경우 국가 또는 지방자치단체의 직무(고등교육법에 의한 국·공립학교의 직무)로 인정할 수 있다.

[실무] 국가 또는 지방자치단체의 직무와 관련한 우선심사신청은 국가 또는 지방자치단체(국·공립학교 안에 설치된 기술이전·사업화 전담조직)가 신청하는 경우에만 인정되며, 신청인이 국가 또는 지방자치단체(국·공립학교 안에 설치된 기술이전·사업화 전담조직)가 아닌 경우

에는 심사관은 당해 우선심사신청이 부적합한 것으로 하여 기간을 정하여 보완을 지시한 후 지정기간 이내에 보완하지 못한 경우 우선심사신청을 각하한다.

[실무] 고등교육법에 의한 국·공립학교의 직무에 관한 출원으로서 국·공립학교 안에 설치된 기술이전·사업화 전담조직에 의한 출원의 경우 국가 또는 지방자치단체의 직무에 관한 출원과 동일하게 취급한다.

[분석] 국립학교란 국가가 설립·경영하는 학교를 말하고, 공립학교란 지방자치단체가 설립·경영하는 학교를 말하며, 국·공립학교 안에 설치된 기술이전·사업화 전담조직은 법인인 경우에 한한다.

[분석] 국가 또는 지방자치단체의 직무에 관한 특허출원의 경우, 해당 출원 건이 국가 또는 지방자치단체의 직무에 관한 것이라는 입증이 있어야 한다. 실제로 국가 또는 지방자치단체의 특허출원이 급증하고 있으므로 이와 관련된 우선심사신청을 효과적으로 활용한다면 연구개발 결과의 조기 사업화에 큰 보탬이 될 수 있다.

5.6. 벤처기업의 출원

(1) 대상

벤처기업 육성에 관한 특별조치법 제25조의 규정에 의하여 벤처기업의 확인을 받은 기업의 출원

(2) 심사지침

(가) 출원인이 2인 이상의 공동출원인 경우에는 그 중 한 명이라도 출원인이 벤처기업일 경우 우선심사를 인정한다.

(나) 벤처기업의 확인을 받은 기업명과 출원인의 명의가 일치하는 경우에 한하여 우선심사를 인정한다.

(다) 출원일, 우선심사신청일 또는 우선심사 여부 결정일 중 적어도 하나는 벤처기업 확인서에 기재된 유효기간 내이어야 한다.

(라) 벤처기업을 확인할 수 있는 서류는 '벤처기업 확인서' 정본을 원칙으로 한다. 다만, 사본이 정본과 동일하다고 인정될 경우에는 예외로 한다. '벤처기업 확인을 위한 평가실시 결과서'는 벤처기업 확인서를 대신하는 것으로 인정하지 않는다.

(마) 벤처기업의 업종과 출원발명과의 관련성이 없음에도 우선심사신청이 있는 경우에는 우선심사 대상으로 인정하지 않는다. 관련성이 인정되지 않는 경우에는 우선심사신청 보완을 통지하고 관련성이 소명된 경우에 한하여 우선심사신청을 인정한다.

(바) 벤처기업의 업종과 출원발명과의 관련성은 우선심사신청인이 우선심사신청 설명서 및 증빙서류(사업자등록증 등)에 근거하여 설명한 내용에 기초하여 판단하고 필요시 기술보증기금에서 운영하는 벤처확인·공시시스템 (http://www.venturein. or.kr/)에서 해당 벤처기업 업체개요의 '업종' 및 '주생산품' 항목과 출원발명의 내용을 비교하여 확인한다. 우선심사 여부 결정시 업종 관련성을 확인할 수 없거나 인정할 수 없는 경우에는 보완지시한다.

[실무] 출원인이 벤처기업인 경우 우선심사 대상출원에 기재된 발명 내용이 그 벤처기업의 목적이나 사업범위에 포함되는지 여부는 판단하지 않고 우선심사 대상으로 인정한다.

[실무] 벤처기업 확인서에 기재된 기업(업체)이 법인이 아닌 관계로 특허법 제4조의 규정에 따라 기업명의로 출원하지 못한 경우에는 출원인과 벤처기업 확인서에 기재된 대표자가 일치하는 경우에는 벤처기업출원으로 취급하여 우선심사를 인정한다. 자연인 명의의 출원이 벤처기업 출원으로 인정되기 위해서는 출원인과 벤처기업 대표자가 일치하여야 하는 요건 이외에 출원시 벤처기업이 법인이 아닌 경우에 한하여 인정한다. 심사관은 벤처기업 확인서에 기재된 기업과 출원인이 다른 경우에는 출원인에게 사업자등록증을 제출하도록 보완지시를 한 후, 벤처기업이 법인인지 여부는 사업자등록증의 등록번호의 두번째 그룹의 번호가 81~87인 경우에는 법인이며, 그 외의 경우에는 법인이 아닌 것으로 판단한다.

[실무] 벤처기업임을 이유로 우선심사 대상이 되기 위해서는 최초 출원시 출원인이 벤처기업이어야 한다. 따라서, 최초 출원시 출원인은 벤처기업이 아니었으나, 출원 후 출원인변경(벤처기업으로 변경 또는 추가) 신고를 하고 변경 또는 추가된 벤처기업임을 이유로 우선심사신청하는 경우에는 원칙적으로 우선심사 대상에 해당하지 않는다. 한편, 기술혁신형 중소기업(INNO-BIZ), 직무발명보상 우수기업 또는 부품·소재기술개발전문기업의 경우도 같은 기준이 적용된다.

[실무] 벤처기업, 기술혁신형중소기업, 직무발명보상 우수기업, 부품·소재기술개발전문기업의 확인을 받은 기업(인증기업)의 출원은 그 자체로 우선심사 대상이 되나 출원발명과 인

증기업의 업종간의 관련성이 확인된 경우에 한정된다. 일반적으로 우선심사신청인이 제출한 사업자등록증 또는 인증과 관련된 공시 사이트 등을 통해 확인한 인증기업의 업종이 출원 발명이 이용되는 산업분야 및 출원 발명 구성의 전부 또는 일부가 가지는 성질기능으로부터 파악되는 기술분야와 일치하면 업종 관련성을 인정한다.

5.7. 기술혁신형 중소기업으로 선정된 기업의 출원

(1) 대상

중소기업기술혁신 촉진법 제15조의 규정에 의하여 기술혁신형 중소기업(INNO-BIZ)으로 선정된 기업의 출원

(2) 심사지침

(가) 출원인이 2인 이상의 공동출원인 경우에는 그 중 하나라도 기술혁신형 중소기업(INNO-BIZ)으로 선정된 경우 우선심사신청을 인정한다.

(나) 기술혁신형 중소기업(INNO-BIZ)으로 선정된 기업과 출원인의 명의가 일치하는 경우에 한하여 우선심사신청을 인정한다. 기업과 출원인의 명의가 다른 경우는 '4.6. 벤처기업의 확인을 받은 기업의 출원'에 준하여 취급한다.

(다) 출원일, 우선심사신청일 또는 우선심사 여부 결정일 중 적어도 한 시점에는 기술혁신형 중소기업(INNO-BIZ)에 해당하여야 한다.

(라) 기술혁신형 중소기업(INNO-BIZ)을 확인할 수 있는 서류는 중소기업청에서 발행하는 기술혁신형 중소기업(INNO-BIZ)확인서 정본을 원칙으로 한다. 다만, 사본이 정본과 동일하다고 인정될 경우에는 예외로 한다.

(마) 기술혁신형 중소기업의 업종과 출원발명과의 관련성이 없음에도 우선심사신청이 있는 경우에는 우선심사 대상으로 인정하지 않는다. 관련성이 인정되지 않는 경우에는 우선심사신청 보완을 통지하고 관련성이 소명된 경우에 한하여 우선심사신청을 인정한다.

(바) 기술혁신형 중소기업의 업종과 출원발명과의 관련성은 우선심사신청인이 우선심사신청 설명서에 증빙서류(사업자등록증 등)에 근거하여 설명한 내용에 기초하여 판단하고 필요시 중소기업기술혁신협회에서 운영하는 이노비즈 인증기업 정보시스템(http://www.innobiz.net/)에서 해당 인증기업의 관련 업종과 출원발명의 내용을 비교하여 확인한다. 우선심사 여부 결정시 업종 관련성을 확인할 수

없거나 인정할 수 없는 경우에는 보완지시한다.

5.8. 직무발명보상 우수기업으로 선정된 기업 또는 지식재산 경영인증을 받은 중소기업의 출원

(1) 대상

발명진흥법 제11조의2 또는 제24조의2에 따라 직물발명보상 우수기업으로 선정된 기업 또는 지식재산 경영인증을 받은 중소기업의 출원

(2) 심사지침

(가) 출원인이 2인 이상의 공동출원인 경우에는 그 중 하나라도 직무발명보상 우수기업 또는 지식재산 경영인증 기업으로 선정된 경우 우선심사신청을 인정한다.

(나) 직무발명보상 우수기업으로 선정된 기업 또는 지식재산 경영인증 기업과 출원인의 명의가 일치하는 경우에 한하여 우선심사신청을 인정한다. 기업과 출원인의 명의가 다른 경우는 '4.6. 벤처기업의 확인을 받은 기업의 출원'에 준하여 취급한다.

(다) 출원일, 우선심사신청일 또는 우선심사 여부 결정일 중 적어도 한 시점에는 직무발명보상 우수기업 또는 지식재산 경영인증 기업에 해당하여야 한다.

(라) 직무발명보상 우수기업 또는 지식재산 경영인증 기업을 확인할 수 있는 서류는 특허청에서 발행하는 '직무발명보상 우수기업 인증서' 또는 '중소기업 지식재산 경영인증서' 정본을 원칙으로 한다. 다만, 사본이 정본과 동일하다고 인정될 경우에는 예외로 한다.

(마) 직무발명보상 우수기업 또는 지식재산 경영인증 기업의 업종과 출원발명과의 관련성이 없음에도 우선심사신청이 있는 경우에는 우선심사 대상으로 인정하지 않는다. 관련성이 인정되지 않는 경우에는 우선심사신청보완서를 통지하고 관련성이 소명된 경우에 한하여 우선심사신청을 인정한다.

(바) 직무발명보상 우수기업 또는 지식재산 경영인증 기업의 업종과 출원발명과의 관련성은 우선심사신청인이 우선심사신청 설명서에 증빙서류(사업자등록증 등)에 근거하여 설명한 내용에 기초하여 판단한다. 우선심사 여부 결정시 업종 관련성을 확인할 수 없거나 인정할 수 없는 경우에는 보완지시한다.

5.9. 과학기술기본법 제11조에 따른 국가연구개발사업의 결과물에 관한 출원

(1) 대상

과학기술기본법 제11조에 따른 국가연구개발사업의 결과물에 관한 출원으로서 다음의 어느 하나에 해당하는 연구개발과제의 주관기관 또는 참여기관이 관계 중앙행정기관의 장과 체결한 사업계획서에 따라 기술개발을 추진한 결과에 관하여 행한 출원

(가) 중소기업기본법 제2조에 따른 중소기업 또는 중견기업 성장 촉진 및 경쟁력 강화에 관한 특별법 제2조에 따른 중견기업이 주관 연구기관, 협동연구기관 또는 공동연구기관으로 수행한 연구개발과제

(나) 국가연구개발사업의 사전조사 및 기획 시 국가연구개발사업의 관리 등에 관한 규정 제4조 제2항에 따라 특허동향조사를 실시한 연구개발과제

(다) 특허청의 정부 R&D 특허전략지원사업을 통해 특허전략을 수립한 연구개발과제

(라) 방위사업법 제18조에 따라 수행되는 국방 관련 연구개발과제

[실무] 국가연구개발사업인지 여부는 개별사업별로 판단하되, 국가로부터 기술개발과 관련하여 기술개발 자금을 보조받았는지 여부 등을 판단하여 결정하되 필요한 경우 주무부서의 의견을 들을 수 있다.

(2) 심사지침

과학기술기본법 제11조에 따른 국가연구개발사업의 결과물에 관한 출원으로 인정받기 위하여는 신기술 개발지원사업의 직접적인 결과물에 관한 출원에 한하므로, 출원서에 국가연구개발사업란이 기재되어 있는지 여부('이 발명을 지원한 국가연구개발사업'란의 '과제고유번호', '부처명', '연구사업명', '연구과제명' 등)을 확인하고, (가) 내지 (라)의 대상에 해당하는 국가연구개발과제인지를 확인해야 한다.

5.10. 국가의 품질인증사업 결과물에 관한 출원

(1) 대상

국가의 품질인증사업의 결과물에 관한 출원으로서 다음의 어느 하나에 해당하는 출원(2019. 7. 9. 이후 우선심사 신청된 출원부터는 우선심사 대상에서 제외한다)

(가) 산업기술혁신 촉진법 제16조 및 같은 법 시행령 제18조에 따라 신제품의 인증을 받은 제품에 관한 출원

(나) 산업기술혁신 촉진법 제15조의2 및 같은 법 시행령 제18조에 따라 신기술의 인증을 받은 기술에 관한 출원

(다) 산업융합 촉진법 제13조 및 같은 법 시행령 제14조에 따라 산업융합 신제품 적합성 인증을 받은 제품에 관한 출원

(라) 농림수산식품과학기술육성법 제12조의2 및 같은 법 시행령

(2) 심사지침

(가) 신제품 인증사업 : NeP마크(New Excellent Product)

국내에서 최초로 개발된 기술 또는 이에 준하는 대체기술을 적용하여 실용화가 완료된 제품 중 경제적·기술적 파급효과가 크고 성능과 품질이 우수한 제품을 신제품으로 인증하는 사업으로, 기술표준원이 주관하는 신제품 인증의 기준에 따른 심사를 거쳐 산업통상자원부장관이 교부하는 신제품 인증서가 이에 해당한다.

(나) 신기술 인증사업 : NeT마크(New Excellent Technology)

이론으로 정립된 기술을 시작품(試作品) 등으로 제작하여 시험 또는 운영(이하 '실증화시험'이라 한다)함으로써 정량적 평가지표를 확보한 개발완료기술로서 향후 2년 이내에 상용화가 가능한 기술, 실증화시험을 통하여 정량적 평가지표를 확보한 개발완료기술로서 향후 기존 제품의 성능을 현저히 개선시킬 수 있는 기술, 제품의 생산성이나 품질을 향후 현저히 향상시킬 수 있는 공정기술(工程技術)을 신기술로 인증하는 사업으로, 한국산업기술진흥협회장이 주관하는 신기술의 심사·평가를 거쳐 산업통상자원부장관이 교부한 신기술 인증서가 이에 해당한다.

(다) 산업융합 신제품 적합성 인증사업

산업융합(산업 간, 기술과 산업 간, 기술 간의 창의적인 결합과 복합화를 통하여 기존 산업을 혁신하거나 새로운 사회적·시장적 가치가 있는 산업을 창출하는 활동)의

성과로 만들어진 제품으로서 경제적·기술적 파급효과가 크고 성능과 품질이 우수한 제품을 산업융합 신제품으로 인증하는 사업으로, 적합성 인증 심사를 거쳐 소관 중앙행정기관(산업융합 신제품과 관련된 개별 법령상의 각종 허가·승인·인증·검증·인가 등을 관장하는 중앙행정기관)의 장이 교부하는 산업융합 신제품 적합성 인증서가 이에 해당한다.

(라) 출원된 발명이 국가의 품질인증사업의 직접적인 결과물인지 여부가 불분명한 경우에는 우선심사신청인에게 이를 입증하게 할 수 있다. 다만, 직접적인 결과물에 포함될 가능성이 있고 특별한 사유가 없는 경우 추가 조사를 하지 않고 우선심사 대상으로 인정할 수 있다.

(마) 2019. 7. 9. 이후에 우선심사 신청된 국가의 품질인증사업 관련 출원은 우선심사 대상에 속하지 않으므로, 기간을 정하여 보완 지시하고 우선심사 신청 이유 변경 등을 통하여 우선심사 대상에 속하도록 보완되지 않으면 우선심사 신청을 각하한다.

5.11. 조약에 의한 우선권주장의 기초가 되는 출원

(1) 대상

조약에 의한 우선권주장의 기초가 되는 출원으로서 당해 출원을 기초로 하는 우선권주장에 의하여 외국 특허청에서 특허에 관한 절차가 진행 중인 출원

(2) 심사지침

(가) 우리나라 특허청에 출원한 후, 이 출원을 기초로 우선권을 주장하여 외국 특허청에 특허출원한 경우 외국 특허청에 특허출원한 출원이 우리나라 출원을 기초로 파리조약에 의한 우선권이 주장되어 있는지 여부를 확인하여야 한다.

[주의] A출원을 하고 이를 기초로 우선권을 주장하면서 미국에 B출원을 한 다음 다시 국내우선권주장을 하면서 C출원을 한 경우, C출원은 우선권주장의 기초가 되는 특허출원이 아니므로 우선심사를 인정하지 않는다.

(나) 우리나라 특허청에 출원한 후, 이 출원을 기초로 우선권을 주장하여 PCT 출원을 한 경우에는 자기지정출원을 제외하고 우선심사를 인정한다. 이 경우

PCT Form PCT/RO/105 서식에 의해 우선권주장 여부 등을 확인할 수 있다.

(다) 조약에 의한 우선권주장의 기초출원을 기초로 하여 변경출원, 분할출원 또는 국내우선권주장 출원을 한 경우에, 그 변경출원, 분할출원 또는 국내우선권주장 출원은 조약에 의한 우선권주장의 기초가 되는 출원이 아니므로, 이에 대해서는 우선심사를 인정하지 않는다.

[주의] A출원을 하고 이를 기초로 우선권을 주장하면서 미국에 B출원을 한 다음 다시 A출원을 기초로 국내우선권주장을 하면서 C출원을 한 경우, C출원은 조약에 의한 우선권주장의 기초가 되는 특허출원이 아니므로 우선심사를 인정하지 않는다.

[실무] 우리나라 출원을 기초로 우선권을 주장하며 PCT 출원을 한 후 우리나라를 지정국으로 표시한 '자기지정' 출원의 경우, 우리나라 선출원과 PCT 출원은 국내우선권주장 출원에 있어서 선출원과 후출원 관계로 취급되어 우리나라의 선출원은 출원 후 1년 3월이 경과한 시점에서 취하된 것으로 간주되므로 이 선출원에 대하여 우선심사신청이 있는 경우 우선심사신청은 인정하지 않는다. 선출원이 우선심사신청된 경우에는 기간을 정하여 보완지시를 하는데, 보완지시를 할 경우 우선심사를 할 수 없는 이유를 기재하되, 지정된 기간이내에 자기지정을 취하(선출원일부터 1년 3월)하지 않은 경우 우선심사신청을 각하한다.

[실무] 조약에 의한 우선권주장의 기초가 되는 특허출원의 경우도 우선심사의 대상으로 많이 활용되고 있다. 조약우선권주장에 의한 외국출원이 있을 경우, 우선심사를 신청하여 특허결정된 증명서를 참고자료의 형식으로 외국의 해당 특허청에 제출하면 당해 외국 특허출원 건에도 긍정적인 영향을 미칠 수 있는 경우가 있으므로 가급적이면 우선심사를 신청하는 것이 바람직하다. 하지만 이 경우에는 당해 특허출원을 기초로 하는 우선권주장에 의하여 외국 특허청에서 특허에 관한 절차가 진행되고 있어야 한다.

5.12. 출원인이 출원된 발명을 업으로서 실시 중이거나 실시준비 중인 출원

(1) 대상

출원인이 출원된 발명을 업으로서 실시 중이거나 실시준비 중인 출원으로서 다음 어느 하나에 해당하는 경우에도 출원인이 출원된 발명을 업으로서 실시 중이거나 실시준비 중인 출원으로 본다.

(가) 부품·소재전문기업 등의 육성에 관한 특별조치법 시행규칙 제6조의 규정에 의하여 부품·소재기술개발전문기업의 확인을 받은 기업의 출원. 다만, 출원된

발명이 부품・소재기술개발전문기업의 업종과 관련성이 있고, 최초 출원 시 출원인 중 적어도 1인이 부품・소재기술개발전문기업인 출원으로 한정한다.

(나) 국가 또는 지방자치단체가 주최・주관한 공모전이나 경진대회에서 선정된 발명에 대한 출원. 다만, 국가 또는 지방자치단체로부터 출원이나 사업화 지원을 받은 출원으로 한정한다.

(2) 심사지침

(가) 업으로서 실시의 의미

① '실시'의 의미는 제3자 실시에서의 실시와 동일하다.

② '업으로서 실시'는 사업으로서 실시를 의미한다.

[실무] 통상 개인적·가정적 실시, 교육 목적으로의 실시, 실험을 위한 1회성 실시는 업으로서 실시에 해당하지 않는다. 비영리적 1회성 실시라도 공공의 목적을 위해 사업적 의도 하에서 실시되는 경우라면 업으로서 실시에 해당할 수 있다.

(나) '실시'의 주체

출원인이 실시 또는 실시준비 중이어야 한다. 다만, 출원인과 실시자가 다른 경우에는 실시자와 출원인 간에 실시 계약이 있는 경우에 한하여 실시 허락을 받은 실시자도 실시의 주체가 될 수 있다.

(다) '업으로서 실시 중' 또는 '업으로서 실시준비 중'의 판단

신청인은 우선심사신청 설명서에서 출원 발명이 실시(또는 실시준비) 중이고 그 실시(또는 실시준비)가 업으로서 이루어지고 있음을 설명하고 각각에 대하여 입증할 수 있는 증빙서류를 제출하여야 한다.

심사관은 제출된 우선심사신청 설명서 및 증빙서류를 통해 출원발명이 실시 또는 실시준비 중이며 그 실시(또는 실시준비)가 업으로서 이루어지고 있음을 확인할 수 있는 경우에 한하여 우선심사결정을 한다.

① 실시(또는 실시준비) 중의 판단은 우선심사신청 설명서의 설명내용 및 실시품(시제품) 사진, 카탈로그, 제품사용설명서, 견본 등의 증빙서류에 근거하여 출원 발명과 동일한 발명이 실시되고 있음을 확인할 수 있는 경우에 인정한다.

② 업으로서 실시(또는 실시준비)가 이루지고 있는지에 대한 판단은 우선심사신청 설명서의 설명내용 및 증빙서류에 근거하여 출원발명이 사업으로서 실시되

고 있음을 인정할 수 있는 경우에 인정한다. 업으로서 실시를 입증할 수 있는 서류로서 다음과 같은 자료가 인정될 수 있다.

㉠ 사업자 등록증
㉡ 거래명세표(판매물건이 출원발명임을 포함)
㉢ 납품확인서
㉣ 출원기술의 실시에 관한 계약서(실시주체, 실시기간, 실시장소, 실시조건 등 기재)
㉤ 구매계약서(출원인이 자기물건을 판매시), 물품공급계약서
㉥ 공장등록증
㉦ 은행 등으로부터의 대출실적서
㉧ 창업투자회사·신기술사업투자조합 등으로부터의 투자실적서
㉨ 임대차 계약서
㉩ 부품·소재기술개발 전문기업의 출원임을 입증하는 서류
㉪ 그 밖에 출원발명이 업으로서 실시(또는 실시준비) 중임을 입증하는 서류

[실무] 건설기술진흥법 제14조에 따른 건설신기술 지정을 신청한 기술에 관련된 출원인 경우, 우선심사신청시 우선심사신청 설명서에 우선심사신청에 관한 설명내용과 함께 우선심사 건설신기술 지정 신청시 부여받은 관리번호와 신청기술명을 기재하고, 현장실사 관련 자료(현장적용실적 또는 시험시공 자료 등)를 증빙서류로서 제출하면 해당 출원은 업으로서 실시(또는 실시준비) 중인 출원으로 본다. 이 경우 심사관은 국토교통과학기술진흥원의 홈페이지(http://ct.kaia.re.kr)에서 신청기술현황을 조회함으로써 해당 기술의 건설신기술 지정 신청 여부를 확인할 수 있다.

(라) 실시(또는 실시준비) 발명과 청구항에 기재된 발명의 동일 여부 판단

실시(또는 실시준비)를 이유로 한 우선심사신청은 실시 발명과 출원발명이 동일하여야 하며, 발명의 동일 여부에 대하여는 우선심사신청인이 입증하여야 한다. 심사관은 우선심사신청인이 제출한 물건이나 사진 또는 기타 증거자료와 우선심사신청 설명서의 설명내용을 종합하여 동일 여부를 판단하되, 동일성을 확인할 수 없는 경우에는 보완지시한다.

(마) 부품·소재기술개발 전문기업의 확인을 받은 기업 출원의 인정

① 부품·소재전문기업 등의 육성에 관한 특별조치법 시행규칙 제6조의 규정에 의하여 부품·소재기술개발전문기업의 확인을 받은 기업의 출원은 출원된 발명은 업으로서 실시 또는 실시준비 중인 출원이라는 상기 증명서류 등의 제출 없이도 업으로서 실시 또는 실시준비 중인 출원으로 보아 우선심사신청을 인정한다.

② 부품·소재기술개발전문기업의 업종과 출원발명과의 관련성은 우선심사신청인이 우선심사신청 설명서에 증빙서류(사업자등록증 등)에 근거하여 설명한 내용에 기초하여 판단하고 필요시 한국산업기술진흥원에서운영하는 소재부품 종합정보망(http://www.mctnet.org/)의 전문기업확인-전문기업 발급현황조회에서 해당 인증기업의 관련 업종과 출원발명의 내용을 비교하여 확인한다. 우선심사 여부 결정시 업종 관련성을 확인할 수 없거나 인정할 수 없는 경우에는 보완지시한다.

③ 출원인이 2인 이상의 공동출원인 경우에는 그 중 하나라도 부품·소재기술개발 전문기업이면 우선심사신청을 인정한다. 다만, 부품·소재기술개발전문기업의 확인을 받은 기업과 출원인의 명의가 일치하는 경우에 한하여 우선심사신청을 인정한다.

[실무] 통상 기업과 출원인의 명의가 다른 경우의 취급방법은 '5.2. 벤처기업의 출원'에 준하여 취급한다.

④ 출원일, 우선심사신청일 또는 우선심사 여부 결정일 중 적어도 한 시점에는 부품·소재기술개발전문기업에 해당하여야 한다.

⑤ 부품·소재기술개발전문기업을 확인할 수 있는 서류는 부품·소재기술개발전문기업확인서 정본을 원칙으로 하며, 다만 사본이 정본과 동일하다고 인정될 경우에는 예외로 한다.

[실무] 출원인이 부품·소재기술개발 전문기업의 확인을 받은 기업 명의의 출원인 경우에는 출원된 발명의 내용과 관계없이 업으로 실시 또는 업으로 실시준비 중인 출원으로 간주하여 우선심사신청을 인정한다.

[실무] 일반적으로 식품분야 출원인의 입장에서 가장 손쉽게 활용할 수 있는 업으로 실시

또는 실시준비 중인 출원의 경우에는 출원발명의 범위에 속하는 하나의 실시예로 사업을 하고 있거나 사업을 할 예정이라는 사실을 증명하여야 한다. 이를 입증하기 위해서는 팜플렛이나 포장용기 등에 해당 건의 출원번호가 인쇄되어 있어야 한다. 출원번호가 인쇄된 자기실시 증거서류를 제출하지 아니하면 아무리 실시중이라는 주장을 하더라도 이를 입증할 방법이 없기 때문에 우선심사를 수용할 수 없게 된다. 실제로 우선심사 여부에 대한 심사를 하다보면 우선심사를 받아야 할 사유를 절실하게 적어오는 경우가 많은데, 사정이 아무리 절실하다고 하더라도 관련 증빙서류가 구비되지 못한 경우에는 우선심사를 수용할 수 없다.

(바) 국가 또는 지방자치단체가 주최·주관한 공모전이나 경진대회에서 선정된 발명으로서 국가 또는 지방자치단체로부터 출원이나 사업화 지원을 받은 출원의 인정

① 국가 또는 지방자치단체가 주최·주관한 공모전이나 경진대회에서 선정된 발명으로서 국가 또는 지방자치단체로부터 출원이나 사업화 지원을 받은 발명에 대한 출원은 출원된 발명이 업으로서 실시 또는 실시준비 중이라는 상기 증명서류 등의 제출 없이도 업으로서 실시 또는 실시준비 중인 출원으로 보아 우선심사신청을 인정한다.

② 해당 출원이 국가 또는 지방자치단체가 주최·주관한 공모전이나 경진대회에서 선정된 발명에 관한 출원이라는 것에 대한 판단은 우선심사신청인이 우선심사신청 설명서에 설명한 내용과 제출한 증빙서류(상장, 인증서, 확인서 등)에 근거하여 판단한다. 여기서 공모전이나 경진대회에서 선정된 발명이란 아이디어 또는 기술인 경우도 포함한다.

③ 심사관은 해당 출원 발명이 국가 또는 지방자치단체로부터 출원이나 사화 지원을 받았는지 여부를 우선심사신청 설명서에 설명된 내용과 제출된 증빙서류(확인서, 대상자 선정 공고문, 금융지원 거래내역 등)를 근거로 판단한다. 다만, 해당 공모전이나 경진대회에서 선정된 발명 전체에 출원이나 사업화 지원의 혜택이 주어지는 경우에는 그러한 사실의 입증만으로 국가 또는 지방자치단체로부터 출원이나 사업화 지원을 받았는지 여부에 대한 입증을 갈음할 수 있다.

(사) 창업초기 중소기업(Start-up)의 출원의 인정

① 중소기업창업지원법 제4조, 1인 창조기업 육성에 관한 법률 제11조, 제12조

또는 제15조에 따라 정부로부터 기술개발, 사업화 등과 관련하여 1천만원 이상 출연·보조받거나, 벤처캐피탈, 크라우드펀딩, 엔젤투자자, 엑셀러레이터로부터 5천만원 이상 투자받은 창업 후 3년 이내의 기업의 출원은 출원된 발명이 업으로서 실시 또는 실시준비 중이라는 상기 증명서류 등의 제출 없이도 업으로서 실시 또는 실시준비 중인 출원으로 보아 우선심사신청을 인정한다.

② 해당 출원이 창업초기 중소기업(Start-up)의 출원임에 대한 판단은 우선심사신청인이 우선심사신청 설명서에 설명한 내용과 제출한 다음과 같은 증빙서류(단, 창업 후 3년 이내의 기업의 출원임을 입증하는 서류는 사업자등록증 등)에 근거하여 판단한다.

㉠ 창업진흥원, 중소기업기술정보진흥원으로부터 기술개발, 사업화 등과 관련하여 1천만원 이상 출연·보조받은 기업의 출원임을 입증하는 서류(협약서, 확약서, 사업수행확인서, 최종평가결과확인서 등)

㉡ 벤처캐피탈, 크라우드펀딩, 엔젤투자자, 엑셀러레이터로부터 5천만원이상 투자받은 기업의 출원임을 입증하는 서류(투자실적증명서, 투자확인서, 투자확약서 등 투자증명서류)

③ 공동출원인 경우, 기업과 출원인의 명의가 다른 경우, 증빙서류의 판단시점 등은 '부품·소재기술개발전문기업의 확인을 받은 기업출원'에 준하여 취급한다.

5.13. 전자거래와 직접 관련된 출원

(1) 대상

전자거래기본법 제2조에서 규정하고 있는 전자거래를 촉진하는 전자거래 관련 출원으로서 전자거래와 직접 관련된 다음에 해당하는 출원(2019. 7. 9. 이후 우선심사 신청된 출원부터는 우선심사 대상에서 제외한다)

(가) 전자거래에 있어서 거래방법에 관한 특허출원

네트워크상에서 재화나 용역을 거래할 수 있도록 구현된 기술로서 경매, 역경매, 광고, 교육 등 거래방법에 관한 특허출원

(나) 전자거래를 위한 전자화폐 또는 결제기술에 관한 출원

IC 카드형 화폐, 네트워크형 화폐, 사이버 코인 등의 전자화폐와 전자 화폐를

이용한 결제기술, 은행 간의 계좌이체를 이용하여 온라인상에서 대금을 지불하는 방법, 신용카드를 이용하여 결제하는 방법 등에 관한 출원

(다) 전자거래를 위한 보안 또는 인증기술에 관한 출원

네트워크상에서 침입을 차단하는 기술, 거래를 인증하는 기술, 전자서명, 스마트카드 등 보안 인증에 관한 출원

(라) 기타 전자거래의 촉진을 위하여 특별히 우선심사해야 할 필요성이 인정되는 출원

전자거래 활성화와 기술발전을 위하여 정부, 정부출연연구소에서 개발 되었거나 정부의 지원자금으로 개발된 기술 등 전자거래의 촉진을 위하여 그 필요성이 특별히 인정되는 기술에 관한 출원

(2) 심사지침

'전자거래'에 관한 출원이어야 한다. 전자거래기본법 제2조에서 규정한 전자거래에 관한 출원에 해당하여야 한다. 전자거래기본법 제2조 제1호의 '전자문서'라 함은 정보처리시스템에 의하여 전자적 형태로 작성, 송·수신 또는 저장된 정보를 말한다. 2019. 7. 9. 이후에 우선심사 신청된 전자거래 관련 출원은 우선심사 대상에 속하지 않으므로, 기간을 정하여 보완 지시하고 우선심사 신청 이유 변경 등을 통하여 우선심사 대상에 속하도록 보완되지 않으면 우선심사 신청을 각하한다.

5.14. 특허청장이 외국특허청장과 우선심사하기로 합의한 특허출원

(1) 대상

특허청장이 외국 특허청장과 우선심사하기로 합의한 특허출원으로서 다음에 해당하는 특허출원에 해당된다. 실용신안등록출원은 해당하지 않는다는 점에 유의해야 한다.

(가) 대상국가(일본, 미국, 덴마크, 영국, 캐나다, 러시아, 핀란드, 독일, 스페인, 중국, 멕시코, 싱가포르, 헝가리, 오스트리아, 유럽특허청(이하 'EPO'라 한다), 호주, 아이슬란드, 이스라엘, 스웨덴, 노르웨이, 포르투갈, 필리핀, 대만, 콜롬비아, 에스토니아, 폴란드, 뉴질랜드, 유라시아, 페루, 베트남, 사우디아라비아)에 출원한 특허출원

의 출원일 또는 우선일 중 빠른 날(이하 '최우선일'이라 한다)과 대한민국 특허출원의 최우선일이 동일한 특허출원으로서 다음의 요건을 충족하는 출원

(나) 대상국가(대한민국, 미국, 중국, 일본, 오스트리아, 스페인, 이스라엘, 노르딕 특허기구(NPI), 러시아, EPO, 캐나다, 핀란드, 호주, 스웨덴, 덴마크, 영국, 헝가리, 노르웨이, 포르투갈, 아이슬란드, 싱가포르, 독일, 필리핀, 콜롬비아, 에스토니아, 폴란드, 뉴질랜드, 비세그라드 특허기구, 유라시아, 페루)에서 국제조사나 국제예비심사가 수행된 국제출원의 국제출원일 또는 우선일 중 빠른 날과 대한민국 특허출원의 최우선일이 동일한 특허출원

《표》 우선심사신청 이유 및 신청 요건

신청 이유	신청요건
특허청장이 일본특허청장과 우선심사할 것을 합의한 특허출원	다음 각 호의 경우에 모두 해당할 것 1. 일본에 최초로 특허출원을 한 후 동일발명을 대한민국에 특허출원한 경우 2. 일본 특허출원과 관련되어 외국특허청 또는 정부간 기구로부터 입수한 선행기술조사보고서가 있는 경우
특허청장이 대상국가 등의 특허청장과 우선심사할 것을 합의한 특허출원	다음 각 호의 경우에 모두 해당할 것 1. 대상국가 등의 특허출원(이하 '대응출원'이라 한다)에는 신청일로부터 가장 최근의 심사 통지서에서 특허가능하다고 판단한 청구항이 있는 경우 2. 대한민국에 출원한 특허출원(이하 '해당 특허출원'이라 한다)의 모든 청구항이 대응출원에서 특허가능하다는 판단을 받은 청구항과 동일하거나, 특허가능하다는 판단을 받은 청구항을 한정 또는 그 청구항에 부가하여 청구범위를 감축한 경우

《표》 우선심사신청 이유 및 신청 요건

신청 이유	신청요건
제4조 제3호 나목에 따른 특허청장이 위 국가 등의 특허청장과 우선심사할 것을 합의한 특허출원	다음 각 호의 경우에 모두 해당할 것 1. 위 국가 등에서 국제조사나 국제비심사가 수행된 국제 출원(이하 '국제출원'이라 한다)에는 신청일로부터 가장 최근의 국제단계의 심사에서 신규성, 진보성, 산업상 이용가능성이 모두 있다고 판단을 받은 청구항(이하 이 별표에서 '특허요건 인정 청구항'이라 한다)이 있는 경우 2. 해당 특허출원의 모든 청구항이 국제출원의 특허요건 인정 청구항과 동일하거나, 특허요건 인정 청구항을 한정 또는 그 청구항에 부가하여 청구범위를 감축한 경우

(2) 해당 특허출원과 관련되어 외국특허청 또는 정부간 기구로부터 입수한 선행기술조사보고서가 있는 경우의 우선심사신청

상대국이 일본인 경우에만 해당되며, 우선심사신청인은 다음 (가), (나), (다)에 해당하는 증빙서류를 제출하여야 한다.

(가) 외국특허청 또는 정부간기구로부터 입수한 선행기술조사결과 보고서 사본

여기에는 외국특허청 또는 정부간기구가 작성한 선행기술조사결과 보고서(예. 외국특허청의 의견제출통지서에 인용된 선행기술, PCT 국제조사보고서, 유럽특허청 선행기술조사결과 보고서)뿐만 아니라 외국특허청이 용역의뢰하여 작성된 선행기술조사결과 보고서(예, 일본특허청이 외부기관에 용역 의뢰하여 작성된 것)도 포함된다.

[실무] 우선심사신청인이 직접 조사하였거나 용역의뢰하여 작성된 선행기술조사결과 보고서는 외국특허청 또는 정부간기구로부터 입수한 선행기술조사결과 보고서로 인정되지 않으므로, 이러한 선행기술조사결과 보고서가 제출된 경우에 심사관은 보완지시를 한다.

[실무] 한국특허청이 선행기술조사 용역기관에 의뢰하여 작성된 선행기술조사결과 보고서도 외국특허청 또는 정부간기구로부터 입수한 것에 해당되지 않는다.

(나) 상기 선행기술조사결과 보고서에 기재된 선행기술문헌의 사본

[실무] 선행기술조사결과 보고서에서 인용한 선행기술이 특허문헌인 경우에는 심사관이 쉽게 입수할 수 있으므로 제출을 생략할 수 있으나, 비특허문헌인 경우에는 우선심사신청인이 해당 비특허문헌을 제출할 의무가 있고, 미제출시 심사관은 해당 비특허문헌의 제출

을 요구하는 보완지시를 할 수 있다.

(다) 특허출원된 발명과 상기 선행기술문헌에 기재된 발명과의 구체적인 대비설명서

우선심사신청인은 대비 설명서에 출원발명의 청구범위에 기재된 발명과 선행기술문헌에 기재된 발명을 대비 검토하여 양자의 차이점이나 출원발명의 기술적으로 유리한 효과를 구체적이고 간결하게 기재하여야 하며, 문헌 중의 특정부분을 인용하는 경우에는 인용된 부분을 명시하여야 한다.

대비설명서에 기재된 내용이 불충분하다고 판단되는 경우에, 심사관은 보완 지시를 할 수 있다.

(3) 특허심사하이웨이(PPH)에 의한 우선심사신청

특허심사하이웨이(Patent Prosecution Highway, PPH)란 제1청이 특허가능하다고 판단한 제1청 출원의 청구항과 동일하거나, 특허가능하다는 판단을 받은 청구항을 한정 또는 그 청구항에 부가하여 청구범위를 감축한 청구항을 갖고 있는 제2청 출원이 조기에 심사를 받을 수 있도록 함과 동시에 제2청이 제1청의 선행기술조사결과와 심사결과를 활용할 수 있도록 하는 제도를 말한다. 특허심사하이웨이 상대국은 특허청장간 합의에 따라 특허심사하이웨이를 하기로 결정하고 특허청 홈페이지(특허실용신안제도-특허심사하이웨이)에 게시한 경우 특허심사하이웨이 상대국으로 인정한다. 특허청장간 합의에 따라 상대국이 수시로 변화할 수 있는 만큼, 특허심사하이웨이 상대국 정보는 상기 특허청 홈페이지를 통해 확인하는 것이 바람직하다.

[참고] 2019. 10. 1. 현재 특허심사하이웨이 상대국은 31개 국가(일본, 미국, 덴마크, 영국, 캐나다, 러시아, 핀란드, 독일, 스페인, 중국, 멕시코, 싱가포르, 헝가리, 오스트리아, EPO, 호주, 아이슬란드, 이스라엘, 스웨덴, 노르웨이, 포르투갈, 필리핀, 대만, 에스토니아, 콜롬비아, 폴란드, 뉴질랜드, 유라시아, 페루, 베트남, 사우디아라비아)이다.

한편, 2014. 1. 1. 이후에 우선심사신청된 건부터는 PPH 제도의 요건을 완화함에 따라 종전의 제1국 출원을 기초로 대한민국에 조약우선권주장 출원을 한 경우뿐만 아니라, 대상국가 특허출원(이하 '대응출원'이라 한다)의 최우선일과 대한민

국 특허출원(이하 '해당 특허출원'이라 한다)의 최우선 일이 동일한 특허출원을 모두 PPH 대상으로 한다. PPH 대상이 되는 특허출원의 구체적인 사례는 다음과 같다.

(a) 해당 특허출원이 대응출원을 조약우선권주장의 기초로 하는 경우

(b) 해당 특허출원이 대응출원의 조약우선권주장의 기초가 되는 경우

(c) 해당 특허출원과 대응출원이 우선권주장을 공유하는 경우

(d) 해당 특허출원과 대응출원이 모두 우선권주장이 없는 동일한 PCT 출원의 국내단계 진입 출원인 경우

(가) 특허심사하이웨이가 적용되기 위한 요건

① 해당 특허출원에 상응하는 대응출원에 상대국 특허청이 특허가능하다고 판단한 청구항이 있을 것. 여기서 상대국 특허청이 특허가능 하다고 판단한 청구항이란 다음의 청구항을 말한다.

㉠ 특허결정서가 있는 경우에는 특허결정의 대상이 된 청구항

㉡ 특허결정서가 없는 경우에는 가장 최근에 발부된 의견제출통지서 또는 거절결정서에 특허가능하다고 명시된 청구항

[실무] 대상 특허청에서 거절이유를 지적하지 않아 특허가능성을 명시적으로 판단하지 않은 청구항의 경우에도 특허가능하다고 판단 받은 것으로 간주될 수 있다. 다만, 이 경우 우선심사신청인은 그 이유에 대한 설명을 제출하여야 한다.

[실무] 상대국 특허청이 특허가능하다고 판단한 상대국의 특허출원이 한국 특허출원의 우선권주장의 기초가 된 출원이 아닌 경우에, 우선심사신청인은 '특허가능 청구항을 가진 상대국 특허출원'과 '한국 출원의 우선권주장의 기초가 된 특허출원'과의 관계를 우선심사신청 설명서에서 설명하여야 한다.

② 해당 특허출원의 모든 청구항이 대응출원의 특허가능하다고 판단한 청구항과 상응할 것

이는 해당 특허출원의 모든 청구항이 대응출원의 특허가능하다고 판단한 청구항과 동일하거나, 특허가능하다고 판단한 청구항에 특정 사항을 부가 하거나 한정한 경우를 말한다.

[실무] 단순한 번역의 차이 또는 청구항의 기재형식(예, 독립청구항, 종속청구항)의 차이에 불과할 경우는 실질적으로 동일한 것으로 인정한다. 해당 특허출원과 대응출원의 청구항의 카테고리가 다른 경우에는 청구항이 상응하지 않는 것으로 한다. 청구항 간의 상응 여부는 우선심사신청인이 우선심사신청 설명서에 기재하여 제출하는 청구항간 대응관계 설명표에 의해 판단한다.

(나) 특허심사하이웨이에 따른 우선심사신청시 필요한 증빙서류

신청인은 특허·실용신안 우선심사의 신청에 관한 고시 별지 제3호 서식을 참조하여 우선심사신청 설명서를 작성하고 다음에 해당하는 증빙서류를 제출하여야 하며, 증빙서류가 국어 또는 영어가 아닌 언어로 작성된 경우에는 번역문을 함께 제출하여야 한다.

① 상대국 특허청에서 특허가능하다고 판단한 청구항이 포함된 청구범위의 사본(상대국 특허청에서 가장 최근에 이루어진 심사관련 통지시 그 대상이 된 청구범위를 말한다)

② 대응출원에 대한 상대국 특허청의 심사관련통지서 사본

[실무] 심사관이 증빙서류를 정보통신망[예, AIPN(일본), public PAIR(미국), PVS online(덴마크) 등]을 통해 입수할 수 있는 경우에는 증빙서류의 제출을 생략할 수 있다.

[실무] 심사관이 정보통신망을 통해 국어 또는 영어로 된 번역문을 확인할 수 있는 경우에는 번역문의 제출을 생략할 수 있다.

③ 심사관련 통지서에서 인용한 선행기술 사본(인용한 선행기술이 없는 경우에는 제외)

[실무] 심사관련 통지서에서 인용한 선행기술이 특허문헌인 경우에는 심사관이 쉽게 입수할 수 있으므로 제출을 생략할 수 있으나, 비특허문헌인 경우에는 우선심사신청인이 해당 비특허문헌을 제출할 의무가 있고, 미제출시 심사관은 해당 비특허문헌의 제출을 요구하는 보완지시를 할 수 있다.

④ 특허출원의 각 청구항과 특허가능하다고 판단한 청구항의 대응관계 설명표

[참고] 대응관계 설명표에는 각 청구항마다 상응한다는 근거를 기재하여야 한다. 예를 들

어, 청구항을 직역한 경우에는 단순히 동일하다는 취지를, 단순한 번역상의 차이만 있는 경우에는 그러한 차이가 있어도 상응한다는 것을 나타내는 설명 내용을 기재하여야 한다. 다른 증빙서류와 달리 대응관계 설명표는 어떤 경우에도 제출을 생략할 수 없다.

(4) PCT-PPH에 의한 우선심사신청

PCT-PPH(Patent Cooperation Treaty-Patent Prosecution Highway)란 특허협력조약에 의한 국제출원의 국제조사 또는 국제예비심사에서 신규성, 진보성, 산업상 이용가능성이 모두 있다고 판단된 청구항과 동일하거나, 특허요건 인정 청구항을 한정 또는 그 청구항에 부가하여 청구범위를 감축한 청구항을 갖고 있는 특허출원에 대해서 우선심사신청을 할 수 있도록 하는 제도이다.

PCT-PPH 상대국은 특허청장간 합의에 따라 PCT-PPH 하기로 결정하고 특허청 홈페이지(특허실용신안제도-특허심사하이웨이)에 게시한 경우 PCT-PPH 상대국으로 인정한다. 특허청장간 합의에 따라 상대국이 수시로 변화할 수 있는 만큼, PCT-PPH 상대국 정보는 특허청 홈페이지를 통해 확인하는 것이 바람직하다.

한편, 2014. 1. 1. 이후에 우선심사신청된 건부터는 PPH 제도의 요건을 완화함에 따라, 대상국가에서 국제조사나 국제예비심사가 수행된 국제출원(이하 '대응국제출원'이라 한다)과 해당 특허출원의 최우선일이 동일한 특허출원을 모두 PCT-PPH 대상으로 한다. PCT-PPH 대상이 되는 특허출원의 구체적으로 ① 해당 특허출원이 대응국제출원의 국내단계 진입 출원인 경우 ② 해당 특허출원이 대응국제출원을 기초로 우선권주장을 한 출원인 경우 ③ 해당 특허출원이 대응국제출원을 기초로 우선권주장을 한 국제출원의 국내단계 진입 출원인 경우 ④ 해당 특허출원이 대응국제출원을 기초로 우선권주장을 한 국제출원의 국내단계 진입 출원인 경우 ⑤ 상기 '① 내지 ④'의 예에 해당하는 해당 특허출원의 분할출원 또는 국내우선권주장 출원의 경우 ⑥ 해당 특허출원과 대응국제출원이 우선권주장을 공유하는 경우이다.

(가) PCT-PPH가 적용되기 위한 요건

① 해당 특허출원과 관련하여 대상국가에서 수행된 국제조사나 국제예비심사(국제조사기관의 견해서, 국제예비심사기관의 견해서 또는 국제예비심사보고서)에서 신규성, 진보성, 산업상 이용가능성이 모두 있다고 판단된 청구항이 있을 것

② 해당 특허출원의 모든 청구항이 대상국에서 수행된 국제조사나 국제예비심사에서 신규성, 진보성, 산업상 이용가능성이 모두 있다고 판단된 청구항과 '상응'할 것

[실무] 여기서 '상응'은 양 청구항이 동일하거나 신규성, 진보성, 산업상 이용가능성이 모두 있다고 판단된 청구항에 특정 사항을 부가하여 한정한 경우를 말한다. 단순한 번역의 차이 또는 청구항의 기재형식(예, 독립청구항, 종속청구항)의 차이에 불과한 경우는 실질적으로 동일한 것으로 인정한다. 해당 특허출원과 대응국제출원의 청구항의 카테고리가 다른 경우에는 청구항이 상응하지 않는 것으로 한다. 청구항 간의 상응 여부는 우선심사신청인이 우선심사신청 설명서에 기재 하여 제출하는 청구항간 대응관계 설명표에 의해 판단한다.

(나) PCT-PPH에 의한 우선심사신청시 필요한 증빙서류

신청인은 특허·실용신안 우선심사의 신청에 관한 고시 별지 제3호 서식을 참조하여 우선심사신청 설명서를 작성하고 다음에 해당하는 증빙서류를 제출하여야 한다.

① 국제조사 또는 국제예비심사에서 신규성, 진보성 및 산업상 이용가능성이 모두 있다고 판단된 청구범위 사본

[참고] 가장 최근에 통지된 국제조사기관의 견해서, 국제예비심사기관의 견해서 또는 국제예비심사보고서의 대상이 된 청구범위를 말한다.

② 해당 특허출원과 관련한 국제조사기관의 견해서, 국제예비심사기관의 견해서 또는 국제예비심사보고서 사본

[참고] 심사관이 증빙서류를 정보통신망(예, Patentscope 사이트 등)을 통해 쉽게 입수할 수 있는 경우에는 제출을 생략할 수 있다.

③ 해당 특허출원과 관련한 국제조사기관의 견해서, 국제예비심사기관의 견해서 또는 국제예비심사보고서에서 인용한 선행기술문헌 사본(단, 인용한 선행기술문헌이 없는 경우에는 제외한다)

④ 해당 특허출원의 모든 청구항과 국제조사 또는 국제예비심사에서 신규성, 진보성 및 산업상 이용가능성이 모두 있다고 판단된 청구항의 대응관계 설명표

[참고] 대응관계 설명표에는 각 청구항마다 상응한다는 근거를 기재하여야 한다. 예를 들어, 청구항을 직역한 경우에는 단순히 동일하다는 취지를, 단순한 번역상의 차이만 있는 경우에는 그러한 차이가 있어도 상응한다는 것을 나타내는 설명 내용을 기재하여야 한다. 다른 증빙서류와 달리 대응관계 설명표는 어떤 경우에도 제출을 생략할 수 없다.

⑤ 해당 특허출원과 관련한 국제조사기관의 견해서, 국제예비심사기관의 견해서 또는 국제예비심사보고서의 제8기재란(Box No. VIII)에 '국제출원에 관한 의견(국제출원의 불명료 및 청구범위가 명세서에 의하여 충분히 뒷받침되지 아니한 경우에 관한 의견)'이 기재되어 있는 경우, 해당 특허출원의 모든 청구항이 위 '국제출원에 관한 의견'의 적용을 받지 않는다는 취지의 설명

[실무] 대상국이 중국인 경우(중국에서 국제조사나 국제예비심사가 수행된 경우)에는 제8기재란(Box VIII)에 '국제출원에 관한 의견'이 기재 되어 있으면 우선심사의 신청대상에 해당하지 않으므로 심사관은 보완 지시를 해야 한다.

[실무] 국제조사나 국제예비심사가 해당 특허출원에 대해서(즉, 해당 특허출원의 국제단계에서) 수행된 것이 아닌 경우에는, 우선심사신청인은 해당 특허출원과 '국제조사나 국제예비심사의 대상이 된 국제출원'과의 관계를 우선심사신청 설명서에서 설명하여야 한다.

[실무] 인용한 선행기술이 특허문헌인 경우에는 심사관이 쉽게 입수할 수 있으므로 제출을 생략할 수 있으나, 비특허문헌인 경우에는 우선심사신청인이 해당 비특허문헌을 제출할 의무가 있고, 미제출시 심사관은 해당 비특허문헌의 제출을 요구하는 보완지시를 할 수 있다.

[실무] 해당 특허출원의 모든 청구항이 위 '국제출원에 관한 의견'의 적용을 받지 않는다는 취지의 설명으로는 i) '국제출원에 관한 의견'에 대한 반박이나, ii) 보정을 통한 해소 주장 등을 기재할 수 있으며, 이러한 설명이 기재되어 있지 않은 경우에는 심사관은 보완지시를 할 수 있다.

(5) 우선심사결정 또는 재결정 관련 유의사항

특허청장이 외국특허청장과 우선심사하기로 합의한 특허출원에 대한 우선심사 결정시에는 우선심사신청인에게 통지하지 않는다. 다만, 우선심사신청을 각하결정하는 경우에는 다른 우선심사신청 경우와 마찬가지로 우선심사신청인에게 통지한

다.

우선심사결정서가 통지되지 않기 때문에 우선심사결정 후 심사착수가 되기 전에 출원인이 선행기술문헌과의 대비설명서에 포함되어 있지 않은 청구항으로 명세서를 보정하거나, 외국특허청이 특허가능하다고 판단한 청구항과 실질적으로 동일하지 않은 청구항으로 명세서를 보정하거나, 국제조사나 국제예비심사에서 신규성, 진보성, 산업상 이용가능성이 모두 있다고 판단된 청구항과 실질적으로 동일하지 않은 청구항으로 명세서를 보정하는 경우에는 이에 대한 보완지시를 통하여 우선심사 재결정절차를 밟을 수 있다. 이 경우의 보완지시는 심사관의 판단에 의한 재량사항으로 1개월 이내의 기간을 정하여 보완을 지시할 수 있다.

만일 출원인이 청구범위의 보정과 함께 보정된 청구항을 포함한 모든 청구항에 대하여 외국 특허청의 심사관련 통지서에서 인용한 선행기술과의 대비설명서를 제출하거나, 외국특허청이 특허가능하다고 판단한 청구항과의 대응관계 설명표를 함께 제출하거나, 국제조사나 국제예비심사에서 신규성, 진보성, 산업상 이용가능성이 모두 있다고 판단된 청구항과의 대응관계 설명표를 제출하는 경우에는 우선심사 재결정절차를 밟지 않고 정상적으로 우선심사를 진행하여야 한다.

5.15. 출원과 동시에 심사청구를 하고 그 출원 후 2월 이내에 우선심사의 신청이 있는 실용신안등록출원

(1) 대상

출원과 동시에 심사청구를 하고 그 출원 후 2월 이내에 우선심사의 신청이 있는 실용신안등록출원을 대상으로 하므로, 특허출원은 대상이 되지 않는다. 별도의 증빙서류를 제출할 필요 없다. 2019. 7. 9. 이후 우선심사 신청된 출원부터는 우선심사 대상에서 제외한다.

(2) 기본 요건

실용신안등록출원은 권리존속기간이 출원 후 10년으로 특허출원(출원 후 20년)에 비해 짧다는 점과, 실용신안등록출원은 개인출원이 많다는 점, 그리고 수명(Life-Cycle)이 짧은 기술이 많다는 점을 고려하여, 출원과 동시에 심사청구를 하고 2개월 이내에 우선심사신청을 하면 아무 제한 없이 우선심사를 받을 수 있도록 한 것이다. 선출원으로부터 분할 또는 변경된 실용신안등록출원은 소급되는 선출원의 출원일에 소급하여 분할 또는 변경출원의 심사청구를 하는 것이 불가능하므로 동 요건에 따른 우선심사 대상이 될 수 없다. 2019. 7. 9. 이후에는 우선심사 대상에서 제외되었으므로 우선심사의 신청이 있는 경우에는 기간을 정하여 보완 지시하고 우선심사 신청 이유 변경 등을 통하여 우선심사 대상에 속하도록 보완되지 않으면 우선심사 신청을 각하한다.

5.16 규제자유특구 및 지역특화발전특구에 관한 규제특례법 제55조에 따라 규제 특례가 적용된 특화사업과 직접 관련된 특허출원

(1) 대상

특화사업과 직접 관련된 특허출원을 대상으로 하며, 특허출원만 해당되므로 실용신안등록출원은 대상이 되지 않는다.

(2) 기본 요건

(가) 출원인이 2인 이상의 공동출원인 경우에는 그 중 적어도 한 명은 특화사업자 또는 규제자유특구에서 규제자유특구계획에 따른 특화사업에 참여하는 자라고 해당 특구관할지방자치단체의 장이 인정한 자(이하 '특화사업 참여자'라 한다)이어야 한다.

(나) 출원일, 우선심사신청일 또는 우선심사 여부 결정일 중 적어도 한 시점에서는 특화사업자 또는 특화사업 참여자로 지정되어야 한다.

(다) 특화사업자 지정 여부는 우선심사신청인이 제출한 해당 특구관할지방자치단체의 공보에서 확인할 수 있으며, 특화사업 참여자의 경우에는 규제자유특구에서 규제자유특구계획에 따른 특화사업에 참여하는 자라고 해당 특구관할지방자치단체의 장이 인정한 서류가 제출되었으면 특화사업 참여자로 인정한다.

(라) 우선심사신청 출원에 기재된 발명은 관련 특화사업과 직접 관련된 것이어야 한다.

[실무] 출원발명과 특화사업의 관련성은 우선심사신청 설명서 및 해당 특구관할지방자치단체의 공보와 중소벤처기업부 사이트에 고시된 정보(알림소식→법령정보→훈령·예규·고시·공고)에 근거하여 판단한다. 관련 특화사업과 직접 관련된 것이라고 판단하기 어려운 경우

우선심사신청인에게 보완지시를 하여 이를 입증하도록 할 수 있다. 다만, 직접 관련된 것일 가능성이 있고 특별한 사유가 없는 경우 추가 조사를 하지 않고 우선심사 대상으로 인정할 수 있다.

《표》 특허출원에 대한 우선심사 특례 적용 특구 지정 현황(2019. 10. 1 기준)

연번	우선심사 특례 적용을 신청한 지역특구	특허청 협의일	특례 지정(변경)
1	영양 고추 산업특구	'07. 3. 21.	'07. 4. 27.
2	포항 구룡포과메기 산업특구	'07. 6. 7.	'07. 7. 25.
3	경북 청도 반시나라 특구	'07. 8. 3.	'07. 10. 10.
4	거창 화강성 산업특구	'07. 8. 9.	'07. 10. 10.
5	칠곡 양봉 산업특구	'08. 5. 26.	'08. 8. 1.
6	영월 박물관 특구	'08. 10. 22. '16. 2. 12.	'08. 12. 31. '16. 3. 18.(변경)
7	삼척 소방·방재산업테크노밸리 특구	'08. 9. 4.	'08. 12. 31.
8	신안 천일염 산업특구	'08. 10. 7.	'08. 12. 31.
9	당진 황토웰빙 특구	'08. 11. 19.	-
10	산청 지리산약초연구발전 특구	'08. 11. 19.	'08. 12. 31.
11	원주 옻·한지 산업특구	'09. 3. 24.	'09. 5. 14.(변경)
12	영광 굴비 산업특구	'09. 4. 16.	'09. 5. 14.
13	완도 전복 산업특구	'09. 7. 20.	'09. 10. 23.
14	예천 곤충 산업특구	'09. 8. 04.	'09. 10. 23.
15	서천 한산소곡주 산업특구	'09. 9. 25.	'09. 10. 23.
16	부여 양송이 산업특구	'09. 9. 25.	'09. 10. 23.
17	영광 보리 산업특구	'09. 12. 15.	'10. 1. 11.
18	제천 웰빙약초 특구	'09. 12. 15.	'10. 1. 11.
19	진안 홍삼·한방 특구	'10. 3. 3.	'10. 5. 19.
20	전주 한(韓)스타일 산업특구	'10. 3. 3.	'10. 5. 19.
21	구례 야생화 생태 특구	'10. 3. 30.	'10. 5. 19.
22	나주 배산업 특구	'10. 3. 30.	'10. 5. 19.
23	땅끝해남 웰빙고구마산업특구	'10. 10. 06.	'10. 11. 26.
24	완도 해조류건강·바이오 특구	'10. 10. 11.	'10. 11. 26.
25	화순 백신산업 특구	'10. 10. 21. '16. 2. 12.	'10. 11. 26. '16. 3. 18.(변경)
26	가평 잣산업 특구	'11. 2. 7. '15. 10. 15.	'11. 4. 22. '15. 11. 7(변경)
27	충북 태양광산업 특구	'11. 2. 21.	'11. 4. 22.
28	인제 산나물 특구	'11. 2. 21.	'11. 4. 22.
29	광주 남구 문화교육특구	'11. 11. 14.	'11. 12. 16.
30	구례 산수유산업특구	'11. 11. 14.	'11. 12. 16.
31	광주광역시·광산구 우리밀산업특구	'11. 11. 14.	'11. 12. 16.
32	진안 홍삼·한방·아토피 특구 (진안 홍삼·한방 특구 변경)	'11. 11. 17.	'11. 12. 16.

연번	우선심사 특례 적용을 신청한 지역특구	특허청 협의일	특례 지정(변경)
33	영월 박물관고을특구	'12. 3. 28.	'12. 5. 16.(변경)
34	부안 누에타운특구	'12. 4. 27.	'12. 5. 16.(변경)
35	진도 민속문화예술특구	'13. 7. 15.	'13. 8. 30.
36	거창 사과 · 딸기산업특구	'13. 8. 9.	'13. 8. 30.
37	순창 장류산업특구	'13. 8. 9.	'13. 8. 30.
38	고흥 웰빙유자석류 특구	'14. 2. 2.	'14. 3. 28.
39	서울 중구 해피 메디컬 투어리즘 특구	'14. 2. 12.	'14. 3. 28.
40	인제 용대 황태산업 특구	'14. 2. 12.	'14. 3. 28.
41	무안 황토랑 양파 · 한우 융복합 특구	'14. 2. 19.	'14. 3. 28.
42	영주 힐링특구	'14. 2. 19.	'14. 3. 28.
43	평창 산양삼 특구	'14. 7. 22.	'14. 9. 25.
44	홍천 청정 산양삼 산업특구	'14. 8. 12.	'14. 9. 25.
45	경기 남양주·양평 자전거 레저특구	'14. 12. 30.	'15. 11. 27.
46	금산·추부 깻잎 특구	'15. 3. 27.	'15. 4. 24.
47	강원(속초·평창·고성) 명태산업 광역특구	'15. 3. 27.	'15. 4. 24.
48	정읍시 구절초 향토자원진흥특구	'15. 6. 3.	'15. 11. 27.
49	함양 지리산 산양삼산업특구	'15. 10. 15.	'15. 11. 7.(변경)
50	영암 무화과산업특구	'15. 11. 3.	'15. 11. 27.
51	보성 벌교꼬막문화산업특구	'15. 11. 3.	'15. 11. 27.
52	김제 종자생명산업특구	'16. 1. 19.	'16. 3. 18.
53	고흥 분청사기 문화예술특구	'16. 1. 19.	'16. 3. 18.
54	임실엔치즈 · 낙농 특구	'16. 2. 18.	'16. 3. 18.
55	울산 장생포고래문화특구	'16. 2. 18.	'16. 3. 18.(변경)
56	양평 헬스투어힐링 특구	'16. 10. 25.	'16. 12. 7.
57	창녕 우포누리 마늘 · 양파산업 특구	'16. 10. 25.	'16. 12. 7.
58	함안 수박산업 특구	'16. 10. 25.	'16. 12. 7.
59	나주 에너지교육특구	'16. 11. 1.	'16. 12. 7.
60	장성 편백힐링특구	'16. 11. 1.	'16. 12. 7.
61	장흥 청정해역갯벌생태산업특구	'17. 8. 2.	'17. 9. 27.
61	신안 시금치·대파섬채산업특구	'17. 8. 9.	'17. 9. 27.
62	대구북구 고대역사문화체험특구	'17. 11. 7.	'17. 12. 8.
63	진도 울금산업특구	'18. 8. 10.	'18. 9. 19.
64	양주·포천·동두천 글로벌 섬유·가죽·패션산업특구	'18. 8. 21.	'18. 9. 19.
65	거창 승강기밸리산업특구	'18. 12. 14.	'19. 1. 30.

5.17. 첨단의료복합단지 지정 지원에 한 특별법 제26조에 따라 규제 특례가 적용되는 입주의료연구개발관이 제출한 첨단 의료복합단지 안 의료연구개발과 관련한 특허출원

(1) 대상

의료연구개발과 직접 관련된 특허출원을 대상으로 하며, 특허출원만 해당되므로 실용신안등록출원은 대상이 되지 않는다.

(2) 기본 요건

(가) 출원인이 2인 이상의 공동출원인 경우에는 그 중 적어도 한 명은 위 규제특례가 적용되는 입주의료연구기관이어야 한다.

(나) 출원일, 우선심사신청일 또는 우선심사 여부 결정일 중 적어도 한 시점에서는 위 규제 특례가 적용되는 입주의료연구기관으로 지정되어 한다.

(다) 우선심사신청 출원에 기재된 발명은 관련 의료연구개발과 직접 관련된 것이어야 한다. 따라서 의료연구개발과 직접 관련된 것이라고 판단하기 어려운 경우 우선심사신청인에게 보완지시를 통해 이를 입증하게 할 수 있다. 다만, 직접 관련된 것일 가능성이 있고 특별한 사유가 없는 경우 추가 조사를 하지 않고 우선심사 대상으로 인정할 수 있다.

5.18. 전문기관에 선행기술조사를 의뢰한 출원

(1) 대상

우선심사신청인이 출원된 발명에 관하여 특허법 제58조 제2항에 따라 등록한 선행기술조사 전문기관(이하 '전문기관'이라 한다) 중 특허청장이 공고한 전문기관에 선행기술조사를 의뢰한 경우로서

(가) 그 조사결과를 특허청장에게 통지하도록 해당 전문기관에 요청한 출원을 대상으로 하며,

(나) 해당 전문기관이 우선심사신청 후 1개월 이내에 특허·실용신안 우선심사의 신청에 관한 고시 별지 제4호 서식에 따른 조사결과를 특허청장에게 제출하는 경

우

[실무] 해당 전문기관이 선행기술조사보고서(우선심사용)를 우선심사신청일로부터 1개월 이내에 제출하지 않으면 보완지시한다. 시스템 상에서 보완요구서 발송 선택 후 나타나는 메시지 창에서 담당심사관이 선행기술조사 결과의 미제출이나 조사결과에 보완할 사항이 있음을 보완지시 사유로 선택하면, 보완요구서는 우선심사신청인뿐만 아니라, 해당 전문기관에도 함께 통지된다.

(2) 기본 요건

전문기관으로부터 선행기술조사보고서가 제출된 우선심사신청 출원에 대하여 우선심사 여부를 결정한다. 심사대상 청구항과 선행기술조사보고서의 조사대상 청구항이 동일한 경우에는 우선심사신청을 인정하고, 아래의 선행기술조사보고서(우선심사용) 작성 기준에 위배되어 전문기관의 선행기술조사보고서를 심사에 활용할 수 없는 경우에는 기간을 정하여 보완지시를 하여야 하고 보완 지시 후에도 보완되지 않으면 우선심사신청을 각하한다.

한편, 우선심사신청을 위해서는 기본적으로 우선심사신청 설명서를 첨부하여야 하나 전문기관에 선행기술조사를 의뢰한 출원의 우선심사신청의 경우에는 선행기술 조사의뢰된 출원임을 체크한 후 의뢰기관, 의뢰일자 등을 기재하여 우선심사신청서를 제출하면 우선심사신청 사유가 충분히 소명되었기 때문에 우선심사신청 설명서를 제출한 것으로 갈음하여 별도의 우선심사신청 설명서를 첨부하지 않아도 된다.

[실무] 원출원이 전문기관 선행기술조사보고서 제출에 의해 우선심사결정되었고 원출원의 전문기관 선행기술조사보고서에서 분할출원의 모든 청구항에 대한 조사가 이루어진 경우에는, 그 분할출원에 대하여도 선행기술조사의뢰가 된 것으로 볼 수 있으므로 별도의 선행기술조사의뢰 없이 분할출원에 대한 고시 제4조 제4호의 우선심사신청을 할 수 있다.

이 경우, 출원인이 분할출원의 모든 청구항이 (분할전) 원출원 청구항과 동일함을 나타내는 대응관계표와 원출원의 전문기관 선행기술조사보고서에 분할출원의 모든 청구항에 대한 선행기술조사 결과가 기재되어 있음을 설명하는 설명서를 우선심사신청서에 첨부하여 제출하면, 그 분할출원에 대해서 전문기관 선행기술조사보고서가 제출된 것으로 보고 우선심사 여부를 결정한다. 심사관이 원출원의 전문기관 선행기술조사보고서에 분할출원의 모든 청구항에 대한 선행기술조사 결과가 기재되어 있지는 않은 것으로 판단할 경우에는 선행기술조사보고서가 미비함을 이유로 보완을 지시한다. 보완지시에도 불구하고 미비점이 해소되지 않으면 우선심사신청 각하결정을 하고, 보완지시 후에 요건을 만족하는 별도의 전문기관 선행기술조사보고서가 제출되는 등 미비점이 해소된 경우에는 우선심사결정한다.

(3) 선행기술조사보고서(우선심사용) 작성 기준

(가) 조사보고서에 기재해야 할 선행기술 문헌의 수

5개 이상의 문헌을 기재하는 것이 원칙이나, 본원 청구항 전체와 비교할 때 유사한 선행기술문헌이 전혀 없거나, 새로운 기술분야로서 관련 선행기술문헌이 없는 경우 등 특별한 사정이 있는 경우에는 그 사유를 기재하고 4개 문헌 이하로 기재할 수 있다.

(나) 조사보고서의 '조사결과'란 기재

본원 청구항 전체와 비교하여 조사된 선행기술문헌의 해결하고자 하는 과제 및 과제의 해결수단(해당 쪽/행 등 표시) 중 본원발명과 관련된 내용을 순서대로 기재

조사된 선행기술문헌별로 작성되어야 하며 조사보고서의 '관련 청구항' 부분에 본원의 관련된 청구항을 반드시 표시하여야 한다.

(다) 조사보고서의 '대비설명'란 기재

① 청구항별로 가장 유사한 선행기술문헌과의 공통점과 차이점을 구분하여 구체적으로 기재하되, 선행기술문헌에 기재된 부분을 구체적으로 표시(해당 쪽/행 등)하여야 한다.

② 각 청구항별로 가장 유사한 하나의 선행기술문헌을 선택하여 공통점과 차이점을 구분하여 설명하면 충분하고, 각 청구항을 '조사결과'란에 기재된 선행기술문헌 모두와 비교할 필요는 없다.

③ 본원의 모든 청구항에 대해 각각 대비설명이 기재되어야 함이 원칙이나, 종속항, 카테고리만 달리하는 독립항 등에 대해서는 2 이상의 청구항을 함께 기재하여 대비설명을 기재할 수 있다.

④ 독립항에 대해 신규성, 진보성을 인정한 경우(관련도를 'A'로 기재한 경우)

종속항에 대한 대비설명은 간략히 기재할 수 있다.

(라) 기타 관련 사례

① 우선심사신청 후 명세서가 보정된 경우에는 우선심사신청을 위한 전문기관에 선행기술조사를 의뢰한 후에 청구항을 보정하였으나 보정 후 청구항이 아닌 보정 전 청구항을 기준으로 전문기관의 선행기술조사가 이루어진 경우에는 우선심사결정 대상 청구항과 선행기술조사보고서의 조사대상 청구항이 동일하지 않으므로 보완지시를 하고, 보정 후 청구항에 대한 선행기술조사보고서가 다시 제출되는 경우에 우선심사를 결정한다.

② 우선심사 보완지시 후 전문기관 선행기술조사로 신청 사유가 변경된 경우에는 기본적으로 보완 서류를 제출하면서 우선심사신청 사유를 변경할 수 있으므로, 변경된 신청 사유가 적법한지를 기준으로 우선심사결정 여부를 판단한다. 다만, 기타 사유에서 전문기관 선행기술조사로 신청 사유가 변경되었으므로, 출원인이 보완서류에 의뢰일자, 의뢰기관을 기재하여 제출하면 담당심사관은 시스템에서 선행기술조사보고서를 업로드할 수 있도록 우선심사 여부 결정 화면에서 '조사기관 지정'을 한다(우선심사신청 설명서에서는 전문기관 선행기술조사로 신청사유를 기재하고 있으나 우선심사신청서에는 의뢰일자 및 의뢰기관을 기재하지 않은 경우에도 같은 절차를 밟아 조사기관을 지정한다).

한편, 전문기관 선행기술조사를 이유로 한 우선심사신청의 결정에 있어서 우선심사용 선행기술조사보고서는 우선심사신청일로부터 1개월 이내에 접수되는 것이 원칙이므로, 변경 이전의 신청 사유에 대한 보완지시의 보완기간이 완료된 후 우선심사 여부를 다시 결정할 때에는 선행기술조사보고서가 제출되었는지 확인하고 제출되지 않았으면 제출하도록 다시 보완지시할 수 있다.

5.19. 고령자 또는 시한부환자의 출원

(1) 대상

65세 이상 고령자 또는 건강에 중대한 이상이 있어 우선심사를 받지 않고서는 특허 또는 실용신안등록 여부 결정까지 특허 또는 실용신안등록에 관한 절차를 밟을 수 없을 것으로 예상되는 자가 한 출원

(2) 기본요건

(가) 고령자의 기준은 65세 이상으로 한다.

(나) 시한부 환자는 의료법 제3조에 따른 의료기관이 발행한 진단서 또는 소견서를 기초로 판단한다. 다만, 구체적인 질병의 종류나 정도를 한정하지 않고, 출원인의 건강 상태가 특허에 관한 정상적인 절차 수행을 방해하는지 여부를 기준으로 판단한다.

(예1) 상기 환자의 현재 상태는 ~ 하고, 남은 수명은 대략 6개월로 예상됨

(예2) 상기 환자는 상기 진단명으로 확진되었고, 현재 완치 가능성 및 소생 가능성은 낮은 것으로 판단됨

(예3) 상기 환자는 상기 병명으로 진단되었고, ~치료 중에 있어서 향후 특허에 관한 정상적인 절차를 수행하기는 어려울 것으로 판단됨

5.20. 4차 산업혁명 기술과 관련된 기술을 활용한 특허출원

(1) 대상

4차 산업혁명 기술과 관련된 기술을 활용한 특허출원으로서 4차 산업혁명 관련 新특허분류에 해당하는 특허출원을 대상으로 하며, 실용신안 등록출원은 그 대상이 되지 않는다.

《표》 4차 산업혁명기술분야 관련 특허분류 (2019. 6. 기준)

4차 산업혁명 기술분야	4차 산업혁명 관련 新특허분류	4차 산업혁명 기술분야	4차 산업혁명 관련 新특허분류
인공지능	Z01A	스마트 시티	Z03C
사물인터넷	Z01I	가상증강현실	Z03A
삼차원 프린팅	Z05P	혁신신약	Z03M
자율주행차	Z03V	신재생에너지	Z05E
빅데이터	Z01B	맞춤형 헬스케어	Z03H
클라우드 컴퓨팅	Z01C	드론(무인기)	Z03D
지능형로봇	Z03R	차세대통신	Z01T
지능형 반도체	Z05S	첨단소재	Z05M

(2) 4차 산업혁명 관련 新특허분류의 의미

4차 산업혁명 관련 新특허분류체계는 2018. 1. 1. 이후 출원부터 적용되며 기존의 국제특허분류(IPC) 및 선진특허분류(CPC)와는 별도의 분류체계로서, 이에 따른 新특허분류는 부분류 또는 부가정보로만 사용된다. 4차 산업혁명 관련 新특허분류는 '4차 산업혁명 ICT 기반기술'(인공지능, 빅데이터, 클라우드 컴퓨팅, 차세대 통신, IoT 등)의 핵심 기술요소에 대하여 부여하고, ICT 기반기술의 단순한 서비스 및 응용에 대하여는 부여하지 않는 것이 원칙이다. 다만, '4차 산업혁명 ICT 기반기술'과 각 서비스 분야가 결합하여 새로운 가치를 창출하는 경우에 '융합 서비스 분야'에 대한 新특허분류가 부여된다. 특허분류기관의 분류원은 출원의 기술내용에 따라 선진특허분류(CPC)를 주분류 및 부분류에 우선적으로 부여하고, 해당 출원을 4차 산업혁명과 관련된 기술로 판단하는 경우 新특허분류체계에 따른 新특허분류를 추가적으로 부여한다. 따라서 新특허분류에 따라 주분류가 설 정·변경되는 경우는 없으며, 모든 출원은 기존의 선진특허분류(CPC)에 따른 주분류 및 부분류를 가진다.

(3) 심사지침

4차 산업혁명 기술과 직접 관련된 특허출원의 우선심사신청시에는 별도 증빙서류의 제출이 필요 없다. 신청인은 단지 그 출원이 고시 제4조 제2호 너목의 기술분야(인공지능, 사물인터넷, 삼차원프린팅, 자율주행, 빅데이터, 클라우드컴퓨팅, 지능형 로봇, 스마트시티, 가상·증강현실, 혁신신약, 신재생에너지, 맞춤형 헬스케어, 드론, 차세대 통신, 지능형반도체, 첨단소재) 중 하나 이상의 분야에 해당하는 기술임을 우선심사신청 설명서에 기재하면 된다. 신청인이 우선심사신청 설명서에 기술분야를 명확히 기재하지 않고 특허법 시행령 제9조 제2조의 2호의 규정에 의한 '4차 산업혁명 기술과 직접 관련된 특허출원' 등과 같이 개괄적으로 기재한 경우에도 심사관은 그 발명이 4차 산업혁명 관련 新특허분류 중 하나에 해당될 수 있다고 판단되는 경우 추가로 보완지시 등을 하지 않고 우선심사신청을 인정할 수 있다.

(4) 기본요건

(가) 특허분류기관에서 4차 산업혁명 관련 新특허분류로 분류되지 않은 경우의 판단

특허분류기관의 분류 결과 해당 특허출원이 4차 산업혁명 관련 新특허분류를 가지고 있지 않더라도, 심사관은 발명의 내용을 살펴 해당 특허출원이 4차 산업혁명과 직접 관련되어 있는지 판단해야 한다. 만약 심사관이 기존의 특허분류가 잘못되었다고 판단하는 경우에는 4차 산업혁명 관련 新특허분류(Z01A, Z01I, Z05P, Z03V, Z01B, Z01C, Z03R, Z03C, Z03A, Z03M, Z05E, Z03H, Z03D, Z01T, Z05S, Z05M의 하위분류)를 직권정정으로 추가할 수 있으며, 이에 따라 해당 특허출원을 우선심사 대상으로 인정할 수 있다. 4차 산업혁명 관련 新특허분류로 분류되지 않은 특허출원이 4차 산업혁명과 직접 관련이 없는 것으로 판단되는 경우 1월 이내의 기간을 정하여 보완 지시를 하여야 하고, 보완 지시 후에도 보완되지 않으면 우선심사신청을 각하한다.

(나) 특허분류기관에서 4차 산업혁명 관련 新특허분류로 분류된 경우의 판단

특허분류기관의 분류 결과 해당 특허출원이 4차 산업혁명 관련 新특허분류를 가지고 있고, 발명의 내용을 살펴 4차 산업혁명과의 관련성이 인정되는 경우에는 특별한 사정이 없는 한 우선심사를 결정하도록 한다. 다만, 명백하게 新특허분류가 잘못되었다고 판단하는 경우에는 이를 직권정정(삭제)할 수 있으며, 이에 따라 우선심사 대상이 아니게 되면 1월 이내의 기간을 정하여 보완 지시를 하여야 한다. 보완 지시 후에도 보완되지 않으면 우선심사신청을 각하한다.

(다) 보완 내용에 있어서 고려할 사항

4차 산업혁명 관련 우선심사의 경우에는 보완지시를 할 때 4차 산업혁명 관련 내용이 최초의 명세서 또는 도면에 없다가 신규사항으로 추가되는 경우 우선심사가 각하될 수 있음을 신청인에게 알리고, 그럼에도 불구하고 4차 산업혁명 관련 내용이 신규사항으로 추가되면 우선심사를 각하한다. 기존에 존재하지 않았던 4차 산업혁명 관련 내용이 신규사항으로 추가된 경우, 심사착수시 신규사항 추가를 거절이유로 통지하여 보정 전 청구범위로 되돌아가면 우선심사 대상에서 제외하여야 하는 문제가 있기 때문이다.

6. 우선심사의 효과적 활용방안

모든 기술이 빨리 특허를 받아야 하는 것도 아니며, 특허를 빨리 받는다고 좋은 것만도 아니다. 특별히 사업화로 연결시키지 않는 경우에는 비용만 더 지출하게 되기 때문이다. 또한 개척발명의 경우에는 일단 특허를 출원해 놓고 기술개발의 추이를 살펴가면서 개량기술을 개발하거나 별도의 특허전략을 구사하는 것이 필요하다.

그러나 특허권의 존속기간의 기산시점이 출원일로 되어 있으므로 존속기간의 실질적인 확보를 위해서는 우선심사를 신청하여 특허를 빨리 받는 것이 유리한 면이 있다. 식품발명에서 보편화한 현상과 같이 제품이 이미 시장에서 판매되고 있거나 곧 출시될 예정이라면 우선심사를 적극적으로 활용하는 것이 바람직하다.

《표》 우선심사의 신청에 관한 증빙서류

신청 이유	증빙 서류
제3자 실시 출원	제3자가 실시하고 있음을 입증하는 서류(사진, 카탈로그 등)
방위산업분야의 출원	제4조 제2호 가목에서 규정하고 있는 출원내용에 해당함을 입증하는 서류
수출촉진에 직접 관련된 출원	다음의 어느 하나에 해당하는 서류 1. 수출실적 입증서류 2. 신용장내도 입증서류 3. 특허권 또는 실용신안권이 필요하다는 수출품 구매자로부터의 요청이 있음을 증명하는 서류 4. 수출계약 입증서류 5. 국제표준의 채택절차가 진행 중이거나 국제표준으로 채택되어 수출 촉진에 기여함을 입증하는 서류 6. 기타 수출촉진에 직접 관련이 있음을 입증하는 서류
국가의 신기술개발 지원사업의 결과물에 관한 분야	제4조 제2호 바목에서 규정하고 있는 출원내용에 해당함을 입증하는 서류
국가의 품질인증 사업의 결과물에 관한 출원	제4조 제2호 바목에서 규정하고 있는 출원내용에 해당함을 입증하는 서류
조약에 의한 우선권주장의 기초가 되는 출원	우선권주장의 기초가 되는 출원임을 입증하는 서류(외국특허청에 제출한 출원서 사본 등)

<table>
<tr><th colspan="2">신청 이유</th><th>증빙 서류</th></tr>
<tr><td rowspan="6">녹색기술과 직접 관련된 출원</td><td>녹색기술인증</td><td>다음의 제1호와 제2호에 해당되는 각각의 서류
1. 녹색인증 신청을 위한 기술 설명서
2. 저탄소 녹색성장 기본법 제32조에 따른 녹색기술 인증서</td></tr>
<tr><td>녹색전문기업확인</td><td>다음의 제1호와 제2호에 해당되는 각각의 서류
1. 출원발명과 녹색전문기업의 주 업종이 일치함을 입증하는 서류[녹색인증을 위한 기술(사업)설명서, 매출비중 내역서 등]
2. 저탄소 녹색성장 기본법 제32조에 따른 녹색전문기업 확인서</td></tr>
<tr><td>보조금의 지원</td><td>국가 또는 지방자치단체로부터 보조금의 지급을 받은 사실을 입증하는 서류</td></tr>
<tr><td>녹색산업투자회사투자</td><td>녹색산업투자회사의 투자를 받은 사실을 입증하는 서류(대출실적서 등)</td></tr>
<tr><td>집적지 및 단지</td><td>출원인이 집적지 및 단지 내 입주하고 있음을 입증하는 서류</td></tr>
<tr><td>기타 금융지원 인증</td><td>다음의 어느 하나에 해당하는 서류
1. 국가기관으로부터 연구개발 등을 위한 자금지원을 받았음을 입증하는 서류(기술개발 사업 선정 공고 등)
2. 금융기관으로부터 녹색기술과 관련된 금융지원을 받았음을 입증하는 서류(대출실적서 등)
3. 환경마크 인증서, 탄소성적표시 인증서, 신기술인증서, 기술검증서(발행기관 : 환경부, 한국환경산업기술원)
4. 우수재활용제품인증서(발행기관 : 산업통사자원부 국가기술표준원)
5. 기타 국가의 지원 정책과 연계되어 금융지원 또는 인증을 받았음을 입증하는 서류</td></tr>
<tr><td colspan="2">벤처기업의 출원,
기술혁신형 중소기업의 출원
또는 직무발명보상
우수기업의 출원</td><td>다음의 제1호와 제2호에 해당되는 각각의 서류
1. 출원발명과 벤처기업, 기술혁신형 중소기업 또는 직무발명보상 우수기업의 업종과의 관련성을 입증하는 서류(예 : 사업자등록증 등)
2. 벤처기업의 출원인 경우에는 벤처기업육성에 관한 특별조치법 제25조에 따른 벤처기업확인서, 기술혁신형 중소기업의 출원인 경우에는 중소기업기술혁신 촉진법 제15조에 따른 기술혁신형 중소기업으로 선정되었음을 입증하는 서류, 직무발명보상 우수기업의 출원인 경우에는 발명진흥법 제11조의2에 따른 직무발명보상 우수기업으로 선정되었음을 입증하는 서류</td></tr>
<tr><td colspan="2">부품·소재기술개발
전문기업의 출원</td><td>다음의 제1호와 제2호에 해당되는 각각의 서류
1. 출원발명과 부품·소재기술개발전문기업의 업종과의 관련성을 입증하는 서류(예 : 사업자등록증 등)
2. 부품·소재전문기업 등의 육성에 관한 특별조치법 시행규칙 제6조에 따른 부품·소재기술개발전문기업확인서</td></tr>
</table>

신청 이유	증빙 서류
출원인이 출원된 발명을 업으로서 실시 중인 출원	다음의 제1호와 제2호에 해당되는 각각의 서류 1. 출원된 발명이 실시 중임을 입증할 수 있는 서류 (예 : 실시품 사진, 카탈로그, 사용설명서 등) 2. 실시가 업으로서 이루어지고 있음을 입증할 수 있는 서류 (예 : 거래명세표, 납품확인서, 공급계약서, 공장등록증 등)
출원인이 업으로서 실시준비 중인 출원	다음의 제1호와 제2호에 해당되는 각각의 서류 1. 출원된 발명이 실시준비 중임을 입증할 수 있는 서류 (예 : 시제품 사진, 견본, 카탈로그 등) 2. 실시준비가 업으로서 이루어지고 있음을 입증할 수 있는 다음 각 목의 어느 하나에 해당되는 서류 가. 창업투자회사·신기술사업투자조합 등으로부터의 투자실적서 나. 은행 등으로부터의 대출실적서 다. 출원기술의 실시에 관한 계약서 라. 기타 업으로서 실시준비 중임을 입증하는 서류
특허청장이 일본특허청장과 우선심사할 것을 합의한 특허출원	다음의 제1호부터 제3호까지에 해당되는 각각의 서류(제1호부터 제2호는 별지 제2호 서식에 생략 이유를 기재하고 제출 생략 가능) 1. 해당 선행기술조사결과 보고서 사본 2. 상기 선행기술조사결과 보고서에 기재된 선행기술문헌의 사본 3. 특허출원된 발명과 상기 선행기술문헌에 기재된 발명과의 구체적인 대비 설명서
특허청장이 대상국가 등의 특허청장과 우선심사할 것을 합의한 특허출원	다음의 제1호부터 제4호까지에 해당되는 각각의 서류(제1호부터 제3호는 별지 제3호서식에 생략 이유를 기재하고 제출 생략 가능) 1. 특허가능하다고 판단된 대상국가 등의 특허출원(이하 '대응출원'이라 한다)의 청구범위 사본 및 번역문(대상국가 등에서 가장 최근에 이루어진 심사관련통지서의 대상이 된 청구범위를 말한다) 2. 대응출원에 대한 대상국가 등의 심사관련통지서 사본 및 번역문 3. 심사관련통지서에서 인용한 선행기술문헌 사본 4. 특허출원의 모든 청구항과, 특허가능하다고 판단된 대응출원의 청구항과의 대응관계 설명표

신청 이유	증빙 서류
특허청장이 대상국가 등의 특허청장과 우선심사할 것을 합의한 특허출원	다음의 제1호부터 제5호까지에 해당되는 각각의 서류(제1호부터 제3호는 별지 제6호 서식에 생략 이유를 기재하고 제출 생략 가능하며, 제5호는 해당사항이 있는 경우에만 제출. 다만, 중국에서 국제조사나 국제예비심사가 수행된 경우에는 제5호에 있어서 제8기재란(Box VIII)에 '국제출원에 관한 의견'이 기재되어 있지 않아야만 우선심사의 신청대상에 해당) 1. 대상국가 등에서 국제조사나 국제예비심사가 수행된 국제출원(이하 '대응국제출원'이라 한다)에서 신규성, 진보성 및 산업상 이용가능성이 모두 있다고 판단된 청구범위 사본 및 번역문(가장 최근에 이루어진 국제조사기관의 견해서, 국제예비심사기관의 견해서 또는 국제예비심사보고서의 대상이 된 청구범위를 말한다) 2. 대응국제출원에 대한 국제조사기관의 견해서, 국제예비심사기관의 견해서 또는 국제예비심사보고서 사본 및 번역문 3. 대응국제출원에 대한 국제조사기관의 견해서, 국제예비심사기관의 견해서 또는 국제예비심사보고서에서 인용한 선행기술문헌 사본 4. 특허출원의 모든 청구항과, 국제조사 또는 국제예비심사에서 신규성, 진보성 및 산업상 이용가능성이 모두 있다고 판단된 대응국제출원의 청구항과의 대응관계 설명표 5. 대응국제출원에 대한 국제조사기관의 견해서, 국제예비심사기관의 견해서 또는 국제예비심사보고서의 제8기재란(Box VIII)에 '국제출원에 관한 의견'이 기재되어 있는 경우, 해당 출원의 모든 청구항이 위 '국제출원에 관한 의견'의 적용을 받지 않는다는 취지의 설명

Ⅳ. 논문발표와 특허출원과의 관계

1. 식품특허출원의 필요성

연구자들의 연구결과물은 논문발표나 특허출원형태로 나타나는 것이 일반적이다. 하지만 구미선진국에서는 연구자들이 연구결과물을 특허로 출원하는 것을 당연한 과정의 일환으로 여기는 데 반해, 우리나라에서는 최근 들어 상당한 정도로 개선되고는 있지만 아직까지도 연구자들이 특허출원에 대한 이해와 관심이 부족하여 이를 소홀히 여기고 있는 경우가 많다.

식품 관련 발명은 대부분 다양한 재료를 선택하고 제조공정을 달리하는 것이 많아서 종래기술과는 차이를 보이는 경우가 많다. 따라서 기술의 진보성이 인정되는 경우도 많아, 식품분야 연구결과물은 대부분 특허가 가능하다고 볼 수 있으므로 연구결과에 약간의 손질만 가하면 곧바로 지재권으로 연결될 수 있다.

특허전략에 대한 정확한 이해 없이는 아무리 훌륭한 연구결과물을 내놓더라도 적절한 보호를 받을 수 없게 되고, 그에 따른 상업화를 시도하는 것이 불가능하게 될 수도 있다. 따라서 연구개발결과를 특허권으로 연결시키는 것이 당연하다고 볼 수 있으며, 이를 위해서는 특허와 논문의 관계를 정확히 이해하지 않으면 안 된다.

2. 연구결과물의 형태

연구자들이 연구결과물을 학회 등에 발표하고 논문으로 게재하는 것은 지극히 정상적이라고 할 수 있다. 하지만 연구결과물을 특허로 출원하기 시작하면서 연구집단에 따라서는 논문보다는 특허를 우선적 평가자료로 고려하는 경우도 많다. 심지어 특허권에 대한 분명한 인식 없이는 현실적인 연구가 불가능하게 되는 경우도 발생할 수 있다.

일반적으로 연구자들의 연구결과는 논문발표나 특허출원으로 나타나는데, 일방적으로 논문발표나 특허출원이 바람직하다고 단언할 수는 없다. 또한 필요에 따라서는 Know-how로서 간직하는 것이 바람직한 경우도 있다.

논문발표로 연구자의 영예는 누릴 수 있지만, 독점력이 없어 그에 따른 경제적인 혜택을 향유할 수는 없다. 또한 순수한 의도에서 발표한 논문이 후발자의 개량된 기술에 의한 특허권의 기초가 되는 일이 발생할 수도 있기 때문에, 상품화가 가능한 연구결과를 단순히 논문으로 발표하는 것은 바람직하지 않다.

예를 들면, 녹차를 이용한 노화방지 음료를 개발하여 이에 대한 연구결과를 논문으로만 발표하였다고 하면, 이 노화방지 음료는 누구든지 만들어 상품화할 수 있다. 결국 최초개발자는 독점권이 없게 되어 이를 상업화한 사람에게 모든 이익이 돌아가고, 더군다나 개량된 기술을 전제로 특허권이 설정된다면, 최초개발자조차 그 특허권의 침해자가 될 수도 있게 된다.

물론 연구결과를 특허권으로 보호받았을 경우에는 상황이 달라지게 된다. 연구개발에 따른 영예 외에도 독점적 실시권을 가지게 되므로, 타인이 상업적으로 이용하는 것을 미연에 방지함으로써 막대한 이익을 얻게 될 수도 있다.

한편 Know-how로 간직하는 것은 기술이전이나 상업화 과정에서 경제적인 이익을 극대화할 수 있는 장점이 있으나, 비밀을 유지하지 못하면 권리보호에 속수무책일 수밖에 없게 되는 단점도 가지고 있다. 따라서 Know-how는 사업화 과정에서 필요한 최소한의 범위 내에 그쳐야 한다. 물론 핵심기술이 빠진 상태에서는 특허를 받을 수 없게 되는 것은 지극히 당연하므로, 특허를 받기 위해서는 창의적인 부분이 명확히 나타나도록 연구결과를 제대로 기재하여야 한다.

결국 연구자들은 자신의 연구결과물이 적절한 형태로 보호받을 수 있도록 최선의 방안을 강구하여야 한다. 특허가 가능하다고 판단되는 것이면 먼저 특허권으로 연결시키는 전략을 구사하여야 한다. 이어서 연구개발결과의 효과를 극대화하기 위하여 논문발표가 이어지도록 하는 것이 바람직하다. 또한 특허권과 Know-how로부터 얻게 될 이익을 비교하여 기술의 공개범위를 결정하는 것도 빼놓을 수 없는 전략의 하나가 되어야 한다.

3. 특허의 요건

일반적으로 특허를 받기 위해서는 발명이 산업상 이용가능성, 신규성 및 진보성이 구비되어야 하므로, 학술문헌에 발표하는 것보다 특허로 출원하는 것이 우월한 지위를 확보할 수 있다. 여하튼 특허를 받기 위해서는 논문에 비해 까다로운 요건을 구비하여야 하는 만큼, 단순히 학술문헌에 발표하는 것보다는 특허로 출원하여 권리를 획득하는 것이 우월한 지위를 확보하게 된다. 이러한 점은 연구결과가 상업화와 연결될 수 있는 경우에는 더욱 현저하다.

특허를 받기 위해서는 논문발표에서 한 단계 더 격상되어야 하는 것이 대부분이므로 논문발표로 누리는 혜택보다 더 많은 혜택을 누리게 되는 것이 당연하다. 우선 특허를 받게 되면 독점적 권리를 확보하여 자신만의 사업실시가 가능하게 된다. 또한 로열티에 따른 이익을 얻게 되고 경쟁기업과 크로스 라이선스를 유도할 수 있게 된다. 그 외에도 연구결과의 가시화와 기술이전을 촉진할 수 있으며 광고·선전의 효과도 누릴 수 있게 된다.

[용어] 크로스 라이선스(Cross-license)란 자사(自社)의 특허를 상대방에게 사용하게 하고, 그 대신 타사(他社)의 특허를 자사가 이용할 수 있도록 상호간에 맺는 기술제휴의 한 방식이다. 주로 원천기술과 개량기술 관계에 적용되는 경우가 많은데, 개량기술을 이용하여 사업을 하려는 기업에서는 이를 적극적으로 활용하는 것이 바람직하다. 모든 기술을 혼자서 개발할 수 없다면 장기적인 특허전략을 수립하고, 그에 따라 타사와의 상호협력방안도 모색하는 것이 현명하다.

[용어] 로열티(Royalty)는 특허권·실용신안권·상표권 등의 공업소유권(무체재산권)의 사용료를 의미한다. 특허권자는 자기의 특허발명을 스스로 실시할 수 있을 뿐만 아니라, 실시를 희망하는 자와 계약하여 타인에게 실시하게 할 수도 있는데, 이러한 특허의 실시허락을 특허 라이선스(license)라고 하고 실시계약에 있어서 실시권자가 특허권자에게 지급할 금액 즉, 특허사용료를 로열티라고 한다. 이에 대하여 실시허락료를 보통 라이선스 피(license fee)라고 한다. 로열티는 국제수지상 무역외수지의 중요한 요소이며, 기술개발이 촉진됨에 따라 외국으로부터 선진기술도입과 상표도입 등이 늘어남으로써 로열티 지급이 점차 확대되는 추세에 있다. 기술도입기간도 5년 이상 장기화되는 추세로서 대가지급액도 순매출액의 5% 이상의 고액지급이 늘어나는 경향이다.

현실적으로 우리나라의 특허출원비용이 비싼 편이라고 볼 수는 없으므로, 일단 특허가 될 수 있다고 판단되는 연구결과는 국내특허출원을 통해 우선권을 확보해 두는 것이 바람직하다. 또한 상업화 가능성이 있는 특허는 해외출원으로 연계시켜 해외기업과의 계약을 통한 로열티 획득을 꾀하는 방안도 적극 모색하여야 한다.

4. 특허와 논문의 차이점

일반적으로 특허와 논문은 상호 유사하면서도 간과할 수 없는 차이점을 내포하고 있다. 동일한 연구결과물을 어떤 형태로 갈무리하느냐에 따라 논문과 특허가 될 수도 있고, 그렇지 못할 수도 있기 때문이다. 따라서 연구결과물을 특허로 보호받기 위해서는 단순히 논문의 단계에 머물 것이 아니라 특허에서 요구하는 기본적인 요건을 충족시킬 수 있도록 특허명세서를 제대로 다듬을 줄 알아야 한다.

먼저, 논문은 기작(Mechanism)을 밝히는 데 중점이 두어지는 경우가 많지만, 특허는 여기에서 한 단계 더 나아가 유용성까지 밝혀야 한다. 특허는 기술개발을 촉진하여 산업발전에 이바지함을 목적으로 하는 것이므로 유용성이 밝혀지지 않으면 산업발전에 직접적으로 기여할 수 없다고 보기 때문이다. 이처럼 특허는 상업화를 전제로 하는 것이기 때문에 유용성이 밝혀지지 않으면 아무리 훌륭한 발명이라도 특허를 받을 수 없게 된다.

따라서 논문은 이론적 규명에 그쳐도 되지만, 특허는 이론적 규명에 그쳐서는 안 되고 실생활에 이용될 수 있어야 한다. 그러므로 특허로 출원할 연구결과물이라면 실제적인 유용성을 규명하는 작업도 병행하여야 한다.

둘째, 논문은 자기의 연구결과를 학술적인 면에서 순수하게 공개하는 것이지만, 특허는 독점배타적인 권리설정을 전제로 자기의 연구결과를 공개하는 것이다. 따라서 자기의 연구결과 가운데서 창작적인 부분을 중심으로 보호받고자 하는 사항을 청구범위에 기재하여 권리로 주장하여야 한다. 특허는 권리로 주장하지 아니한 부분에 대해서는 아무리 자기가 창의적으로 개발한 부분이라고 하더라도 권리로 보호해 주지는 않는다. 물론 권리로 주장하기 위해서는 자기가 창의적으로 개발한 연구결과물의 범위 내이어야 한다.

셋째, 논문은 자기의 연구결과를 있는 그대로 밝히는 것이지만, 특허는 발명의 설명에 의해 충분히 개시된 경우에는 실시예 수준의 구체적인 사실은 물론 이를 포괄할 수 있는 기술적 사상까지도 권리범위로 보호받을 수 있다.

따라서 올바른 특허출원을 위해서는 자기의 연구결과물에 대한 가치를 정확하게 파악하고, 창작적인 부분이 청구범위에 정확하게 반영되도록 특허명세서를 제대로 작성하는 것이 최대의 관건이다. 이를 위해서는 청구범위의 의미와 역할을 정확하게 이해하고 특허명세서의 효과적인 작성요령을 숙지하여야 한다. 최근 들어 생명공학기술이 급속도로 발달함에 따라 유사한 연구결과물이 양산되기 시작하면서 청구범위를 정확하게 이해하고 활용하는 것이 더욱 중요한 의미를 가지게 되었다는 사실도 분명히 인식하여야 한다.

넷째, 논문은 연구결과를 사실 그대로 밝히는 데 그치지만, 특허는 제3자가 쉽게 실시할 수 있을 정도로 연구결과를 상세하고 구체적으로 기재하여야 한다. 특허는 발명자에게 일정기간 독점권을 부여하는 대신 통상의 기술자가 연구결과를 반복재현할 수 있을 정도로 출원명세서에 상세하고 명확하게 기재하도록 하고 있기 때문이다. 물론 연구결과를 자세하고 정확하게 기재하기 위해서는 원칙적으로 실시예(working example)의 형태로 구체화하는 작업을 빠트려서는 안 된다.

실제로 식품발명의 경우 거절결정되는 특허출원의 대부분이 애초에 자기의 발명을 효과적으로 기재하지 못한 데서 비롯되는 경우가 많은 실정이므로, 특허명세서를 제대로 작성해야 한다. 특히 신규사항 추가금지제도가 시행됨에 따라 명세서의 보정이 엄격히 제한되므로 최초 특허명세서 작성의 중요성이 더욱 절실하다. 따라서 특허출원이 성공적으로 이루어지기 위해서는 어떻게 하면 연구결과를 특허명세서에 제대로 기재할 수 있을 것인가에 대한 적절한 방안을 강구하는 것이 급선무라고 할 수 있다.

[분석] 논문은 단순히 자기의 연구결과를 학술적인 면에서 고찰하는 데 그쳐도 되지만, 특허는 실생활에 이용될 수 있는 유용성까지 규명되어야 한다. 또한 자기의 연구결과를 제3자가 쉽게 실시할 수 있도록 하기 위하여 실시예 수준의 구체적이고 명확한 기재가 필수적이다. 나아가 연구결과물에 있어서의 창의적인 부분에 대해서는 발명의 설명에 의해 충

분히 개시된 범위 내에서는 청구범위에 기재하여야만 비로소 권리로 인정된다. 이 경우에는 실험결과와 같은 구체적인 연구결과물에 그치는 것이 아니라 이를 포괄할 수 있는 기술적 사상까지 권리범위로 보호받을 수 있다.

이렇게 권리로 인정된 부분에 대해서는 독점권을 부여함으로써 상업화를 유도하고 산업발전에 기여하도록 하려는 취지이다. 논문과 특허가 가지는 이러한 차이점을 분명히 이해하고 연구개발 단계에서부터 이에 대한 대응전략을 적절히 구사하도록 해야 한다.

5. 논문발표와 특허출원과의 관계

연구자들의 연구결과물은 논문발표와 특허출원을 병행하여 진행할 수 있다. 하지만 특허출원을 위해서는 신규성의 요건을 만족시켜야 하므로, 가능하면 특허출원이 논문발표에 앞서도록 하여 논문의 발간일자가 출원시점보다 앞서는 일이 없도록 유의하여야 한다.

(1) 특허출원을 먼저 하려는 경우

일반적으로 논문발표 등 대외적인 연구결과의 표출보다는 특허출원을 전제로 독점권을 상정하는 경우를 말한다. 특허출원을 먼저 하고 나서 논문발표를 하는 경우이기 때문에 특허출원 전 대중매체를 통한 연구결과의 발표를 자제하여야 하는 것을 제외하고는 특별히 고려할 문제는 없다.

그러나 유전자 서열의 발견과 관련하여 학술분야의 데이터베이스에 등재하여 제3자에게 공표하는 경우도 신규성 상실로 볼 수 있으므로, 특허출원 이후로 등재시기를 늦추는 것이 바람직하다. 아울러, 특허출원 전에 동일한 연구결과가 언론매체나 인터넷 등에 공표되는 일이 없도록 주의하여야 한다.

(2) 논문발표와 특허출원을 동시에 하려는 경우

특허출원과 논문발표가 동시에 이루어지는 경우를 말한다. 논문발표는 논문의 작성, 제출(submit), 게재 승인(accept) 및 발간(publish)의 순으로 진행되는 것이 일반적이며, 이때 신규성 상실의 시점은 작성, 제출, 승인이 아닌 발간시점이 된다. 또한 논문의 발간시점은 특별히 날짜가 기재되어 있지 않은 경우에는 해당 기간의 마지막 날을 발간일로 본다. 예를 들어, 2022년 7월호라면 2022년 7월 31일에 발간된 것으로 간주한다.

특허출원과 논문발표가 동시에 이루어지기 위해서는 발표용 논문과 특허출원용 원고를 별도로 준비할 수도 있으나, 이 경우에도 가급적이면 특허출원이 논문발표에 선행될 수 있도록 특허출원 준비를 우선하는 것이 바람직하다. 하지만 발표용 논문으로 준비한 것을 미리 해당 분야에 전문지식이 있는 변리사에게 의뢰하여 특허명세서를 작성하도록 한다면, 신규성의 요건을 충족시키면서 특허출원을 성공적으로 완료할 수 있게 된다.

(3) 논문을 이미 발표하고 난 후, 특허출원을 하려는 경우

예외적으로 논문을 이미 발표한 경우라도 특허를 받을 수 있는 경우가 있다. 일반적으로 신규성 상실의 시점이 우리나라는 12개월(출원일이 2012. 3. 14. 이전인 경우는 6개월)이므로 비록 논문을 먼저 발표하였다고 하더라도 관련 증빙서류를 구비하여 신규성 의제를 주장하면서 이 기간 내에 특허출원이 완료될 수 있다면 신규성이 상실되지 않은 것으로 간주한다. 따라서 논문발표를 먼저 한 경우라도 12개월 이내라면 특허출원이 가능하다.

해외출원과 관련하여 일본은 12개월(출원일이 2018. 6. 9. 이전인 경우는 6개월), 미국은 1년간 유예(grace period)되므로 예외적으로 이 기간 내라면 특허출원이 가능할 수도 있다. 그러나 중국은 자국 내에서의 논문발표에 대해서만 6개월 이내의 공지 예외를 인정하므로 우리나라에서 논문으로 발표한 경우에는 특허출원을 할 수 없다. 또한 유럽은 논문발표에 대해서 공지 예외를 인정하지 아니하므로 유럽에의 특허출원은 상정할 수가 없다.

이와 같이 각 국가마다 제도가 상이하고 구체적인 적용에 있어 차이가 있으므로 해외시장을 염두에 둔 연구결과라면 공지 예외규정을 고려하는 것은 바람직하지 않다. 따라서 이론적으로는 논문발표와 특허출원과의 관계에서 여러 경우가 상정될 수 있지만 현실적으로는 특허출원이 논문발표보다 선행되도록 하여야 한다. 물론, 자신의 논문발표 내용도 자신이 출원할 특허의 특허성 판단의 자료가 되므로 각별히 유의하여야 하고, 출원시에는 발표사실을 논문과 함께 공표하여야 한다.

[분석] 우선권주장 출원에 있어서 특허법에서 특별히 정한 경우를 제외하고 그 출원일은 현실의 출원일이다. 따라서 특허법에서 정하지 않은 사항에 대해서는 출원일이 제1국 출원일로 소급되는 것은 아니다. 예를 들면, 출원일이 2012. 3. 14. 이전인 경우 특허법 제30조의 공지 예외주장 출원에 관한 규정을 적용함에 있어 공지 후 6개월 이내에 우리나라에 우선권주장 출원을 하지 않았다면 비록 제1국 출원일부터 1년 내에 우선권주장 출원을 하였다 하더라도 자신이 공지된 발명에 의하여 신규성이 상실될 수 있다.

[분석] 공지 예외주장 출원의 경우 제1국 출원 전에 예외규정의 적용대상이 되는 행위를 한 자가 파리조약상의 우선권을 주장하여 출원하는 경우에는 특허법 제30조 제1항 본문의 특허출원은 우리나라의 특허출원으로 해석하기 때문에 당해 행위에서 12개월 이내에 출원하지 않으면 예외규정의 적용을 받을 수 없다. 예를 들어, 출원일이 2012. 3. 14. 이전인 경우 일본에서 간행물에 의해 신규성 의제를 신청하여 출원 후 6개월 이후이지만 12개월 이전에 우리나라에 우선권을 주장하여 출원한 경우, 우선권주장은 정당하므로 우리나라에서의 특허요건 판단시점은 일본 출원일로 인정되지만, 일본 출원일 이전의 간행물 발표가 특허법 제29조 제1항 제2호에 해당하므로 우리나라 출원은 거절된다. 한편 일본에서 시험에 의해 신규성 의제를 신청하여 출원 후 6개월 이후이지만 12개월 이전에 우리나라에 우선권을 주장하여 출원한 경우, 우선권주장은 정당하므로 우리나라에서의 특허요건 판단시점은 일본 출원일로 인정되고, 일본 출원일 이전의 시험이 존재하기 때문에 개정 특허법 제29조 제1항 제1호의 국내 또는 국외에 해당하여 우리나라 출원은 거절된다.

[설명] 시험 등의 공지 또는 공연 실시에 의한 공지와 간행물 등의 문헌공지는 특허법 제29조 제1항 제1호와 제2호에 따라 국내 및 국외 공지 모두에 해당하므로, 신규성 의제를 신청한 조약우선권주장 출원의 경우에 주의하여야 한다. 따라서 일단 신규성 의제를 신청한 출원의 경우에는 조약우선권주장 출원시 반드시 12개월 이내에 출원이 마무리될 수 있어야 한다.

[적용] 공지 예외를 인정하여 준다고 하여 출원일을 소급해 주는 것은 아니다. 따라서 신규성을 상실한 시점부터 출원하기까지의 중간에 제3자의 출원이 있을 때에는 선출원주의에 입각하여 후출원된 출원발명은 비록 먼저 발명한 것이라 하더라도 당연히 특허를 받지 못하게 된다. 물론 제3자의 출원도 선행 공개기술에 의해 신규성이 상실되므로 특허를 받지 못하게 되는 것은 당연하다. 또한 조약우선권주장 출원의 경우에는 발명이 공지된 시점을 기준으로 하기 때문에 출원일이 2012. 3. 14. 이전인 경우 통상 6개월 이내에 출원하지

않으면 안 된다. 공지 예외규정에 의한 특허출원을 기초로 조약우선권주장 출원을 하고자 하는 경우, 논문의 발표시점을 기준으로 일본은 12개월(출원일이 2018. 6. 9. 이전인 경우는 6개월), 미국은 1년 이내에 해외출원이 완료되어야 신규성을 인정받을 수 있다. 하지만 중국은 자국 내에서의 신규성 의제만을 인정하며, 유럽은 공인된 국제박람회에 전시된 경우에 한하여 6개월간의 공지 예외를 인정하고 논문발표에 의한 공지 예외는 인정하지 아니하므로 해외출원을 하고자 하는 경우에는 특별히 주의하여야 한다. 이와 같이 논문발표 후에 특허를 출원하려는 접근방식은 상당한 위험성을 내포하게 되므로, 해외출원을 염두에 둔 경우라면 논문발표보다 특허출원이 앞서도록 하는 것이 좋다. 결국 부득이한 경우에는 공지 예외를 인정받아야 되겠지만 그렇지 않은 경우에는 기술의 공개 이전에 출원이 이루어지도록 하여 불이익의 소지를 미리 없애는 것이 바람직하다.

6. 식품특허전략

식품특허의 효과적인 보호를 위해서는 특허와 논문발표 및 언론매체에의 공표와의 관계에 대해서도 정확하게 이해하여야 한다.

먼저, 특허출원의 경우에는 논문이나 언론매체에 공표함으로써 신규성이 상실될 수 있으므로 원칙적으로 특허를 출원한 이후에 공표되도록 하는 것이 바람직하다. 따라서 일단 새로운 식품기술이 개발되면 먼저 특허로 출원하여 우선권을 확보해 두고, 그 이후에 필요에 따라 이를 논문 등으로 발표하여 해당 기술의 우수성을 홍보하도록 하여야 한다.

중요한 것은, 특허출원명세서와 논문이 그 내용과 본질에 있어서는 상호 유사하지만 최종 형태에 있어서는 상이할 수밖에 없다는 사실이다. 따라서 동일한 연구결과를 가지고 각각의 요구하는 형태에 맞게 재구성하도록 하고, 필요에 따라서는 추가 연구도 실시되어야 한다.

V. 참고자료와 정보자료

1. 참고자료의 제출

출원인의 입장에서 자기의 특허출원이 특허를 받기에 유리하다고 판단되는 증거자료들을 모아서 참고자료의 형태로 제출할 수 있다. 통상 해외출원을 통하여 특허 받은 결과, 연구소 등의 실험결과, 사전이나 인쇄물의 복사본 등을 제출하는 경우가 많다. 또한 심사관으로부터 의견제출통지서를 받은 경우 의견서 및 보정서에 기재하기에는 다소 부적절한 내용이지만 자신에게 유리하게 해석될 수 있는 자료는 참고자료의 형식을 빌려서 제출하기도 한다.

출원인의 입장에서는 가급적 심사관을 설득시킬 수 있는 유리한 자료들을 참고자료의 형식으로 제출하는 것이 바람직하다. 현실적으로 심사관의 입장에서는 출원인의 주장이 명확한 증거에 의해 뒷받침된다면 이를 수용하기가 용이한 것이 사실이다. 따라서 특허를 출원한 후에도 계속적인 관심을 가지면서 수시로 관련 자료를 수집하고 필요한 경우에는 참고자료로 제출하는 일을 게을리 하지 말아야 한다. 특히 식품분야 발명과 같이 인체유해성 문제, 기능성 효과의 확인 문제 등이 제기될 수 있거나 실험이 수반되는 발명의 경우, 출원시에는 미처 관련 증거를 확보하지 못하였더라도 추후에 이에 관한 자료를 챙길 수 있는 경우도 많으므로 이러한 제도를 효과적으로 활용할 수 있어야 한다.

하지만 분명한 것은 이러한 증거자료들이 참고자료의 형태로 제출되는 것보다는 애초에 특허명세서에 명확하게 기재되어 있는 것이 바람직하다. 다만, 이에 대한 기재가 불비함을 추후에 알게 되었을 경우에라도 어떤 형태로든지 적극적인 노력이 요구된다는 의미로 이해하면 족하다.

2. 정보자료의 제공

출원인의 입장에서 자기에게 유리한 자료를 참고자료로 제출하는 데 비해, 상대방 또는 제3자의 입장에서 해당 특허출원이 특허를 받지 못하게 할 목적으로 제출하는 자료를 정보자료라고 할 수 있다.

실제로 정보자료의 제공으로 불필요한 무효심판이 제기되는 것을 미연에 방지하는 효과도 거둘 수 있게 되므로 이해당사자의 경우에는 관련 자료의 사전제출이 바람직하다. 다만, 정보자료에는 발행시기와 발행처 등이 구체적이고 분명하게 기재되어 있어야 증거자료로 채택할 수 있다.

정보자료 제공자의 입장에서는 해당 출원 건이 특허를 받지 못하는 이유를 구체적이고 명확하게 기재하여 심사관을 설득하는 것이 필요하다. 이를 위해서는 사전에 관련 분야 특허동향에 관심을 갖고 해당 기술분야의 진보성 판단, 제3자가 쉽게 실시할 수 있을 정도로 특허명세서가 명확하게 기재되어 있는지 여부 등에 대해 상당한 식견이 있어야 한다. 따라서 일반인이 직접 정보자료를 제공하는 것보다는 식품분야에 전문지식이 있는 변리사를 통하여 정보자료를 제공하는 것이 바람직하다. 만약 정보자료 제공에 따른 소기의 목적을 달성하지 못하더라도 무효심판을 청구하기 위해서는 어차피 관련 분야 전문가에게 의뢰하여야 하므로 정보자료 제공단계에서부터 전문가를 찾는 것이 바람직하다.

한편 해당 출원 건의 심사결과를 정보자료 제공자에게 통지하도록 하고 있으므로 그 심사결과에 따라 무효심판의 제기 여부를 결정할 수 있는 이점도 있다.

결국 어떤 분야에서 연구나 사업을 효과적으로 수행하기 위해서는 해당 분야 특허출원동향에 지속적인 관심을 가지고 있어야 한다. 물론 필요에 따라 정보제공을 통하여 상대방이 부당하게 특허 받는 일이 없도록 사전에 조치하는 것도 중요한 일이다.

Ⅵ. 보정제도

1. 보정제도의 개요

(1) 보정제도의 의의 및 종류

출원의 보정은 특허출원서의 방식이나 출원명세서 또는 도면의 기재 내용에 흠결이 있는 경우에 그 흠결을 치유하여 적법하게 하는 보충·정정을 말하는 것으로 보정이 적법한 경우에는 소급효가 인정되어 보정된 내용대로 출원한 것으로 본다. 출원의 보정의 종류로는 출원의 보정을 특허에 관한 절차의 방식에 관련된 절차보정과 특허출원의 명세서 또는 도면의 내용에 관련된 실체보정이 있다.

[참고] 절차보정의 사유에 관련하여서는 특허법 제46조에 규정되어 있다. 특허에 관한 절차가 흠결이 있는 경우에는 특허청장 또는 특허심판원장은 보정을 명하고, 보정명령을 받는 자는 그 기간에 그 보정명령에 대한 의견서를 제출할 수 있다. 절차상 흠결이 있는 경우로는 ① 특허법 제3조 제1항의 행위능력이 없는 자가 특허에 관한 절차를 밟는 경우, ② 특허법 제6조의 대리권의 범위를 초과하는 행위를 하는 경우, ③ 법령이 정하는 방식에 위반된 경우, ④ 특허법 제82조에 따라 내야 할 수수료를 내지 않은 경우에 해당된다.

(2) 보정제도의 취지

보정제도는 동일 발명에 대해서는 먼저 출원한 자만이 특허를 받을 수 있는 선출원주의 하에서 출원을 서두르면서 발생하는 명세서 작성의 불완전성을 해소하여 출원인의 권리를 보호할 수 있는 방안을 마련하기 위하여 도입된 제도이다. 출원 후 특정한 기간 및 조건 하에서 보정할 경우 보정사항은 최초출원일로 소급하여 효과가 발생하므로, 보정의 결과 새로운 신규사항이 추가되어 거절과 보정의 반복으로 인한 절차의 지연을 방지하고, 보정시마다 심사대상이 변경되어 심사부담의 원인이 되는 점을 해소하는 한편, 그 출원과 관련된 제3자에게 불측의 손해를 주는 것을 방지하기 위하여 보정의 범위를 제한하게 되었다.

(3) 보정요건

(가) 보정의 절차적 요건

명세서 또는 도면을 보정할 수 있는 자는 보정할 당시 그 출원의 출원인이다. 출원인이 복수인 경우에 보정은 출원이 모두가 절차를 밟지 않아도 되고 출원인 각자가 보정할 수 있다. 명세서 등을 보정하기 위해서는 보정의 대상이 되는 특허청에 계속 중이어야 한다. 따라서 출원이 무효, 취하 또는 포기되거나 거절결정이 확정된 경우에는 보정할 수 없다.

[용어] 출원이 특허청에 계속 중인 경우란 출원에 대하여 특허청이 특허법 제87조 제2항에 따른 설정등록을 허여하는데 필요한 행정행위를 할 수 있는 상태를 말한다. 따라서 출원이 무효, 취하, 포기되거나, 설정등록되거나 거절결정이 확정된 때에는 출원 계속 중이 아니다.

(나) 보정의 실체적 요건

특허법 제47조 제1항 제1호 내지 제3호에 의하면, '심사 착수 전 'A, B에 대한 보정서' → '최초거절이유통지(C, D)' → 'C, D에 대한 보정서(신규사항 E 추가)' → '최후거절이유통지(신규사항 E 추가로) → 거절결정 후 재심사를 청구할 때 보정서(새로운 거절이유 발생 또는 신규사항 F 추가)'의 순서로 진행된다. 따라서 명세서 등의 보정 범위는 보정기간에 따라 달리 규정하고 있다. 심사가 착수되기 전으로 자진보정할 수 있는 기간 및 최초거절이유통지에 대한 의견서 제출기간 이내에 하는 보정은 신규사항을 추가하는 것이 금지되나, 최후거절이유에 대한 의견서 제출기간 이내의 보정 및 재심사를 청구한서 하는 보정의 경우에는 신규사항의 추가 금지뿐만 아니라 청구범위를 감축하여야 하는 등의 보정의 범위가 더욱 제한된다.

[분석] 실체적 요건을 만족하지 않는 보정에 대한 취급

<table>
<tr><th rowspan="2">보정기간</th><th colspan="2">보정의 범위</th><th rowspan="2">부적법한 보정의 취급</th></tr>
<tr><th>발명의 설명·도면</th><th>청구범위</th></tr>
<tr><td>① 특허결정의 등본 송달 전
② 최초거절이유통지에 따른 의견서 제출기간 이내</td><td colspan="2">신규사항 추가금지</td><td>심사중: 거절이유
등록 후 : 무효사유</td></tr>
<tr><td>① 최후거절이유통지에 따른 의견서 제출기간 이내
② 재심사를 청구할 때</td><td>신규사항추가 금지</td><td>신규사항추가 금지
+
청구범위감축 요건 등 추가</td><td>심사중: 거절이유
등록 후 : 무효사유
(특허법 제47조제3항의 요건은 제외)</td></tr>
</table>

따라서 최초거절이유통지를 하고 이에 대응하여 제출된 보정에 대하여 거절이유가 존재할 때, 이에 대한 거절이유통지를 최후거절이유통지한다.

[실무] 최후거절이유통지에 대한 보정 및 재심사청구시의 보정에 있어서 청구범위의 보정이 제한되어, 최초거절이유통지 후 청구범위의 보정은 제한이 없으나, 최후거절이유통지 후 청구범위의 보정은 제한되는데, 이때에는 청구범위의 감축(청구항 한정, 삭제, 부가 포함), 잘못 기재된 사항의 정정 또는 분명하지 아니한 기재를 명확하게 하는 경우, 신규사항 추가한 보정에 대하여 보정 전 청구범위로 되돌아가거나 되돌아가면서 청구범위를 특허법 제47조 제3항 제1호부터 제4호에 따라 보정하는 경우로 한정되며, 특허 거절결정에 대한 재심사청구시에도 최후거절이유통지 후와 같이 보정이 제한된다.

[실무] 보정각하에 대한 불복과 관련하여, 최후거절이유통지 대한 보정 또는 재심사를 청구하면서 하는 보정이 특허법 제47조 제2항 및 제3항의 규정을 위반하거나 보정에 따라 새로운 거절이유가 발생한 것으로 인정된 경우에는 특허법 제51조 제1항에 따라 보정각하되나, 이에 대한 불복은 특허 거절결정에 대한 불복심판을 통해서만 제기할 수 있다. 따라서 보정각하에 대해서는 별도의 불복수단을 두고 있지 아니하다.

[분석] 현행 특허법에서 신규사항의 추가를 거절이유로 하고 있으므로 거절이유통지에 대응한 보정을 통하여 전번 거절이유를 해소하였으나 새로운 신규사항이 추가되었다면 다시 거절이유통지를 하여야 한다. 이러한 거절이유통지는 여러 차례 반복될 수 있으므로 이에 따른 절차의 지연을 방지하기 위하여 보정범위를 만족하지 아니하는 경우에는 보정각하한다.

(4) 보정기간

(가) 자진보정기간

자진보정기간은 특허법 제47조 제1항에 의한 보정기간 중 특허청장이 특허결정의 등본을 송달하기 전까지의 기간으로 특허법 제47조 제1항 각 호의 기간을 제외한 기간이다.

[실무] 심사관이 최초거절이유를 통지한 후 출원인이 그 의견제출통지서를 받기 전까지는 자진보정기간에 해당한다.

(나) 거절이유통지에 따른 의견서 제출기간

출원인은 특허법 제63조의 규정에 의한 거절이유통지를 최초로 받거나(최초거절이유통지) 특허법 제47조 제1항 제2호에 해당하는 거절이유통지(최후거절이유통지)를 받은 경우에는 의견서를 제출할 수 있는 기간 이내에 명세서 등에 관한 보정서를 제출할 수 있다.

[분석] 최초거절이유란 최초로 보내는 거절이유 또는 특허법 제47조 제1항 제2호에 규정된 거절이유를 제외한 거절이유, 심사착수시 심사대상 명세서에 있던 모든 거절이유를 의미한다. 최후거절이유란 거절이유통지에 대한 응답시의 보정에 의하여 통지하는 것이 필요해진 거절이유를 의미한다.

(다) 재심사를 청구할 때

특허출원인은 특허법 제67조의2에 따라 거절결정등본을 송달받은 날부터 30일 이내에 재심사를 청구할 수 있으며, 재심사청구와 동시에 특허출원서에 첨부된 명세서 또는 도면을 보정할 수 있다.

2. 보정시기별 보정 허용범위

2.1. 자진보정기간 및 최초거절이유통지에 대한 의견서 제출기간 이내의 보정

(1) 자진보정기간 이내 보정

자진보정은 특허결정의 등본을 송달하기 전과 최초거절이유통지를 송달받기 전에 할 수 있다. 최초거절이유통지를 송달받은 후에는 자진보정이 아니고 최초거절이유통지에 대응한 보정이 된다.

(2) 최초거절이유통지에 대응한 보정

특허법 제47조 제1항 제1호는 최초거절이유통지를 받은 후 출원인이 보정할 수 있는 기간을 '제63조 제1항의 규정에 의한 거절이유통지를 최초로 받거나 최후거절이유통지가 아닌 거절이유통지를 받은 경우에는 당해 거절이유통지에 의한 의견서 제출기간'이라고 규정하고 있다.

최초거절이유통지 후의 거절이유통지라도 최초거절이유통지에 대응하는 보정에 의하여 발생된 거절이유가 아닌 거절이유를 통지하는 경우에는 다시 최초거절이유통지를 하여야 한다.

[분석] 특허법 제47조 제1항 제1호는 최초거절이유통지를 받은 경우를, 제47조 제1항 제2호는 최후거절이유통지를 받은 경우를 각각 규정하고 있다. 상기 제1호는 최초로 받는 거절이유통지 및 2회째 이후의 거절이유통지라 하여도 제2호의 거절이유통지에 해당하지 않는 거절이유통지에 대하여 규정한 것이다. 2회째 이후의 거절이유통지인 경우에도 최초거절이유통지를 해소하기 위한 보정에 의하여 발생하지 않은 새로운 거절이유를 포함하고 있는 경우에는 최초거절이유통지가 된다. 여기서 새로운 거절이유란 심사관이 최초거절이유통지시 발견하지 못한 거절이유를 말한다. 상기 제2호는 최초거절이유통지에 대한 보정에 의하여 거절이유가 발생한 경우에 이에 대하여 거절이유통지를 하는 경우를 규정한 것이다. 거절이유를 통지하는 경우에 제1호의 규정에 의한 최초거절이유통지는 반드시 존재하지만 최후거절이유통지는 그러하지 아니하다.

(3) 명세서 또는 도면의 보정범위

특허법 제47조 제2항에서 '명세서 또는 도면의 보정은 특허출원서에 최초로 첨부된 명세서 또는 도면에 기재된 사항의 범위 이내에서 할 수 있다'라고 규정하고 있으므로 청구범위, 발명의 설명 및 도면에 신규사항을 추가하는 것이 금지된다.

[연구] 여기서 최초명세서 또는 도면에 기재된 사항이란 최초명세서 등에 명시적으로 기재되어 있는 사항이거나 또는 명시적인 기재가 없더라도 통상의 기술자라면 출원시의 기술상식

에 비추어 보아 보정된 사항이 최초명세서 등에 기재되어 있는 것과 마찬가지라고 이해할 수 있는 사항을 말한다(대법원 2007. 2. 8. 선고 2005후3130 판결).

[분석] 신규사항 추가 여부는 최초의 명세서 및 도면을 기준으로 하여 비교하여야 하나, 특허법 제47조 제3항에 의한 청구범위 보정이 적법한가의 여부는 보정된 청구항과 보정의 대상이 된 청구항과 비교하여야 한다. 즉, 최후거절이유통지에 대응한 보정에 있어서는 보정각하되기 직전의 명세서 및 도면을 기준으로 인정 여부를 판단하여야 한다.

(4) 신규사항을 추가하는 경우의 취급

(가) 심사절차의 계속 중

신규사항이 추가된 보정에 대하여 특허법 제62조 제5호에 따라 거절이유를 통지한다.

(나) 특허권 설정등록 후

신규사항 추가금지를 위반하는 보정이 특허권 설정등록 후에 발견된 경우 특허법 제133조 제1항에 따라 무효심판을 청구할 수 있다.

[분석] 보정시기

구 특허법	2014. 6. 11. 시행 특허법
제47조(특허출원의 보정) ① 특허출원일 또는 우선권주장의 기초가 된 출원일 중 최선일로부터 1년3개월 ② ①항을 제외하고 특허결정등본의 송달 전에는 다음 각 호의 1에 해당하는 경우 1. 심사의 청구와 동시 2. 제3자가 심사청구를 했다는 통지를 받은 날부터 3월 3. 거절이유통지 후 의견서 제출기간 4. 거절결정불복심판의 청구일부터 30일	제47조(특허출원의 보정) ① 특허결정의 등본을 송달하기 전 다만, 다음 각 호의 1에 해당하는 경우 1. 거절이유통지를 최초로 받거나 제2호의 거절이유통지가 아닌 거절이유통지를 받은 경우 의견서 제출기간 2. 제1호의 거절이유통지에 대한 보정에 의하여 발생한 거절이유에 대하여 당해 거절이유통지에 의한 의견서 제출기간 3. 재심사를 청구하는 경우에 청구할 때

2.2. 최후거절이유통지에 대한 의견서 제출기간 이내 또는 재심사를 청구하는 경우 재심사청구시의 보정

(1) 보정시기

특허법 제47조 제1항 제2호는 최초거절이유통지에 대한 보정에 의하여 발생한 거절이유에 대하여 거절이유통지를 받은 경우에는 당해 거절이유통지에 의한 의견서 제출기간 이내에 보정을 할 수 있다고 규정하고 있다. 또한 특허법 제47조 제1항 제3호에는 '제67조의2에 따른 재심사를 청구하는 경우 청구할 때' 보정할 수 있는 것으로 규정하고 있다.

[분석] 출원인은 그 특허출원에 관하여 특허거절결정등본을 송달받은 날부터 30일(거절결정불복심판청구기간이 연장된 경우 그 연장된 기간을 말한다.) 이내에 그 특허출원의 명세서 또는 도면을 보정하여 해당 특허출원에 관한 재심사를 청구할 수 있다(특허법 제67조의2). 즉, 출원인은 재심사를 청구하는 경우 재심사를 청구할 때 명세서 또는 도면을 보정할 수 있다.

(2) 청구범위의 보정범위

청구범위에 대한 보정에는 다음의 경우에 한하여 가능하며, 또한 앞에서 설명한 바와 같은 신규사항 추가금지가 적용된다.

(가) 청구범위를 한정 또는 삭제하거나 청구항에 부가하여 감축하는 경우

① 청구항을 한정하는 경우는 청구항에 기재된 발명의 범위를 내적으로 제한하는 것으로서 수치범위의 축소, 상위개념에서 하위개념 기재로의 변경 등이 있다.

② 청구항을 삭제하는 것은 청구범위의 감축에 해당되므로 적법한 보정으로 인정한다. 한편, 청구항을 삭제한 후 청구항을 인용하는 다른 청구항의 인용번호를 변경하거나 인용내용을 추가하는 보정은 잘못된 기재를 정정하는 보정으로 본다.

③ 발명의 설명 또는 청구범위에 기재되어 있던 새로운 기술적 사항을 직렬적으로 부가하는 것은 발명의 범위가 축소되는 경우이다.

④ 청구항을 신설하거나 택일적으로 기재된 구성요소를 추가 또는 인용항을 추가하여 청구범위에 범위에 발명을 추가하는 경우에는 적법한 보정으로 보지 않는다.

⑤ 하위개념의 기재로부터 상위개념의 기재로 변경하거나, 직렬적 구성요소의 삭제, 직렬적 구성요소의 가감, 수치범위의 확장, 구성요소의 치환 또는 수치범위를 변경하는 것은 적법한 보정으로 보지 않는다.

(나) 잘못된 기재를 정정하는 경우

잘못된 기재를 정정하는 경우란 정정 전의 기재내용과 정정 후의 기재내용이 동일함을 객관적으로 인정할 수 있는 경우로서, 청구범위의 기재가 오기인 것이 명세서의 기재 내용으로 보아 자명한 것으로 인정되거나, 주지의 사항 또는 경험칙으로 보아 명확한 경우에 그 오기를 정확한 내용의 자구나 어구로 고치는 것을 말한다.

(다) 분명하지 아니한 기재를 명확하게 하는 경우

분명하지 않은 기재란 문리상 그 자체 의미가 분명하지 않은 기재로 청구항의 기재 그 자체가 문언상 의미가 불명료한 것, 청구항 자체의 기재 내용이 다른 기재와의 관계에 있어서 불합리한 것 또는 청구항 자체의 기재는 명료하지만 청구항에 기재된 발명이 기술적으로 정확하게 특정되지 않고 불명료한 것 등을 말한다. 실무상 심사관이 거절이유통지에 지적한 경우에 한한다.

(라) 신규사항을 삭제하기 위해 보정하는 경우

최초거절이유통지에 대응하는 보정이 신규사항추가금지 규정(특허법 제47조 제2항)에 해당하여 최후거절이유가 통지된 경우, 해당 신규사항을 삭제하고 당초의 청구범위로 되돌아가는 보정을 청구범위의 확장임에도 불구하고 허용한다. 이를 허용하지 않는 경우 거절이유를 해소하기 위해 신규사항을 삭제하는 보정을 하더라도 특허법 제47조 제3항에 위배되어 보정각하될 것이고, 거절결정으로 이어져 출원인에게 너무 가혹하기 때문이다.

[참고] 보정의 허용범위

구 특허법	2014. 6. 11. 시행 특허법
제48조(요지변경) 특허출원서에 최초로 첨부된 명세서 또는 도면에 기재된 사항의 범위 안에서 청구범위를 증가·감소 또는 변경하는 보정	제47조(제48조는 삭제) ② 명세서 또는 도면의 보정은 특허출원서에 최초로 첨부된 명세서 또는 도면에 기재된 사항의 범위 이내 특히, 제1항 제2호 및 제3호의 규정에 의한 보정은 다음 조건도 만족하여야 한다. ③ 청구범위에 대한 보정은 1. 청구항을 한정 또는 삭제하거나 청구항에 부가하여 청구범위를 감축하는 경우 2. 잘못된 기재를 정정하는 경우 3. 분명하지 아니한 기재를 명확하게 하는 경우(심사관이 지적한 경우에만) 4. 신규사항을 삭제하기 위해 보정하는 경우

[분석] 청구범위에 대하여 상기의 추가적인 보정제한을 적용하는 이유는 심사관이 최후거절이유통지 후 새로운 선행기술조사를 하지 않도록 함으로써 심사의 신속성을 도모하기 위함이다.

(3) 심사절차의 계속 중 부적법한 보정의 취급

최후거절이유통지에 대한 의견서 제출기간의 보정 또는 재심사를 청구하면 하는 보정이 특허법 제47조 제2항 및 제3항의 규정을 위반하거나 그 보정에 따라 새로운 거절이유가 발생한 것으로 인정되는 경우 특허법 제51조 제1항에 따라 보정각하를 한다. 다만, 새로운 거절이유가 직권보정이 가능한 사항이라면 심사관은 보정을 승인하고, 이후 절차를 진행할 수 있다. 또한 보정으로 인해 새로운 거절이유가 발생하였는지 여부를 판단함에 있어서 특허법 제47조 제3항 제1호 또는 제4호에 따라 청구항을 삭제하는 보정에 의해 새로운 거절이유가 발생한 경우는 제외된다. 최후거절이유통지에 대응한 보정서 또는 재심사를 청구하면서 제출한 보정서가 보정각하된 경우 심사관은 의견서를 참고하여 재심사를 하고 의견서에 의해서도 전번 거절이유가 해소되지 않은 경우 보정각하된 보정서의 직전 보정서가 전번 거절이유를 해소하지 못하였으므로 곧바로 특허 거절결정을 한다.

[분석] 보정각하에 대해서는 별도의 불복수단을 두지 않는 대신에 특허법 제51조 제3항에 따라 거절결정불복심판에서 보정각하의 적법성을 다툴 수 있다.

(4) 청구범위의 보정범위

최후거절이유통지에 대해서 또는 재심사를 청구할 때의 청구범위의 보정에서 추가적인 보정제한을 위반하는 보정이 실체적인 특허요건에 영향을 미치는 경우는 거의 없다. 따라서 특허법 제47조 제2항 전단을 제외한 청구범위에 대한 추가적인 보정제한에 위반하는 보정이 특허권 설정등록된 이후에 발견된 경우는 무효사유가 되지 않는다. 그러나 청구범위에 대한 추가적인 보정제한 중 특허요건 충족을 규정하고 있는 특허법 제47조 제2항 전단을 만족하지 못하는 경우가 특허권 설정등록 후에 발견된 경우는 무효사유가 된다.

[분석] 신규사항추가의 금지를 위반하는 보정이 특허권 설정등록 후에 발견된 경우 특허법 제133조 제1항 제6호에 따라 무효심판을 청구할 수 있다.

3. 절차진행에 관련된 유의사항

(1) 최후거절이유통지를 최초거절이유로 보낸 경우의 취급

최후거절이유를 통지하여야 하나 최초거절이유를 통지한 경우에는 통상의 최초거절이유를 통지한 경우와 같이 심사한다. 다만, 보정의 허용범위가 확대되므로 제3자와의 관계에 있어서 형평성의 문제가 야기될 수 있다.

(2) 최초거절이유통지를 최후거절이유로 보낸 경우의 취급

출원인이 최초거절이유통지로 보고 보정한 경우, 출원인이 최초거절이유가 맞다고 주장하면서 그에 맞게 보정해왔다면, 최초거절이유통지에 의한 보정으로 보고 심사한다. 출원인이 최후거절이유에 대응한 보정만을 하거나, 보정을 하지 않은 경우에는 비록 최후 의견제출통지서에서 지적한 거절이유를 해소하지 못한 경우라도 거절결정하지 않고 재심사하여 다시 거절이유를 통지한다.

(3) 취소환송 전의 거절이유통지에 대한 보정에 따라 발생한 거절이유를 통지하는 경우의 취급

특허법 제176조 제1항 및 제2항에 따라 거절결정이 취소되고 심사국에 다시 환송된 경우, 심사관의 잘못된 거절결정으로 절차의 지연이라는 불이익을 감수하였던 출원인에게 다시 보정의 범위를 제한하는 것이 가혹하다는 점, 특허법 제66

조의 3에 따른 직권 재심사에서도 취소통지 전의 거절이유통지에 대한 보정에 따라 발생한 거절이유를 통지하는 경우에 최초거절이유를 통지한다는 점을 고려하여 통지하는 거절이유를 최초거절이유로 한다.

(4) 최후거절이유통지에 대응해 제출된 보정을 각하하였다가 그 각하결정이 심결에서 취소된 경우의 취급

보정각하결정에서 거론하지 않았던 각하 사유로서 거절결정불복심판 절차에서 심리·판단되지 않았던 사유를 발견한 경우에는 그 사유를 들어 다시 보정각하할 수 있는 것으로 해석되나, 특허법 제170조에서 거절결정불복심판 청구 전에 행해진 부적법한 보정에 대하여는 심판절차에서 보정각하하지 못하도록 하는 취지, 심사관이 간과하였던 사유를 다시 들어 보정각하하는 것은 출원인에게 불측의 손해를 줄 수 있는 점을 고려하여 보정을 다시 각하하지 않고 심사하는 것으로 한다.

제3장

출원시 고려사항

Ⅰ. 1특허출원의 범위

Ⅱ. 선출원

Ⅲ. 확대된 선출원

Ⅳ. 변경출원

Ⅴ. 분할출원

Ⅵ. 직무발명

Ⅰ. 1특허출원의 범위

1. 취지

특허출원의 범위에 관한 특허법 제45조의 규정은 상호 기술적으로 밀접한 관계를 가지는 발명에 대하여 그들을 하나의 출원서로 출원할 수 있도록 하여 출원인·제3자 및 특허청의 편의를 도모하고자 하는 제도이다.

출원인의 입장에서는 가능한 한 다수의 발명을 하나의 출원서에 포함시켜서 출원하는 것이 출원료 측면이나 기타 특허관리 측면에 있어서 유리하나, 제3자의 입장에서는 출원절차의 형평성, 타인의 권리에 대한 감시와 선행기술자료로서의 이용 등의 면에서 가능한 한 1출원의 범위는 좁은 것이 유리하다. 한편 특허청의 입장에서도 출원의 분류·검색 등 심사부담 측면에서 1출원의 범위는 좁은 것이 바람직하다.

따라서 이 규정은 상호 관련성이 없는 복수의 발명을 하나의 출원서에 다수 포함시키고자 하는 출원인과 이것을 허용할 경우에 불이익을 받게 되는 제3자 및 특허청과의 사이에 균형을 도모하고자 하는 규정이라고 할 수 있다.

[판례] 특허법원 1999. 1. 14. 선고 98허5145 판결

원래 특허법은 일발명일출원주의(一發明一出願主義)를 채택하고 있으나 기술적으로 관련된 몇 가지 발명을 각 독립항으로 하여 한꺼번에 출원할 수 있도록 하는 것이 바람직한 면도 있기 때문에, 서로 기술적으로 밀접한 관계를 가지는 발명들에 대하여 그들을 하나의 출원으로 출원할 수 있도록 함으로써 출원인, 제3자 및 특허청의 편의를 도모하고자 하는 것이 특허법 제45조 규정의 취지이다. 그러므로 위 규정을 해석함에 있어서는 출원료나 특허관리면에서의 유리함 때문에 서로 관련성이 없는 복수의 발명을 하나의 출원서에 다수 포함시키고자 하는 출원인과 이것을 허용할 경우 타인의 권리에 대한 감시나 선행기술자료로서의 이용 또는 심사에 대한 부담 때문에 불이익을 받게 되는 제3자 및 특허청과의 사이에 균형을 도모함이 필요하다.

◇ 특허법원 2001. 8. 31. 선고 2001허1402 판결

특허법 제45조 소정의 1군의 발명이란, 출원인은 기재상의 중복을 피할 수 있어 명세서 작성이 수월해지고, 일반 공중은 출원된 관련발명을 쉽게 파악할 수 있으며, 특허청에서는 심사처리가 촉진될 수 있도록 하기 위하여, 산업상 이용분야 및 해결과제가 동일한 경우이거나 산업상 이용분야 및 발명의 구성요건의 주요부가 동일한 경우 등과 같이 상호 관련된 복수의 발명을 1특허출원으로 가능하게 하는 것을 말한다.

[사례] 출원발명 제1항은 2가지 이상의 업종을 입점시켜 층별로 배치시킨 다층건물에 관한 것이고, 제7항은 피부영양제 자체에 관한 것이 아니라 피부영양제를 물에 타서 이용한다는 피부영양제의 이용방법에 관한 것이며, 제22항은 목욕통의 구조에 관한 것이고, 제40항은 스포츠복에 관한 것으로서, 이 청구항들은 서로 기술적인 관련성이 없으며, 각각의 산업상 이용분야와 해결하고자 하는 기술적 과제가 전혀 다르다. 따라서 출원발명은 1군의 발명에 포함될 수 없어 1특허출원으로 할 수 없는 것이므로 특허 받을 수 없는 것이다(특허법원 2001. 8. 31. 선고 2001허1402 판결).

2. 특허출원의 범위에 관한 일반원칙

(1) 특허법 제45조 제1항 및 같은 법시행령 제6조에서 규정하고 있는 '하나의 총괄적 발명의 개념을 형성하는 1군의 발명(이하, '단일성'이라 한다)'에 해당되는가의 여부는 각 청구항에 기재된 발명들이 기술적으로 상호 관련성이 있으며 하나 또는 둘 이상의 동일하거나 대응하는 '특별한 기술적인 특징'들을 포함하고 있는가에 달려있다. '특별한 기술적인 특징'은 각 발명에서 전체적으로 보아 선행기술과 구별되는 개선된 부분을 말한다.

[특허법] 제45조 (1특허출원의 범위) ① 특허출원은 하나의 발명마다 하나의 특허출원으로 한다. 다만, 하나의 총괄적 발명의 개념을 형성하는 1군(群)의 발명에 대하여 하나의 특허출원으로 할 수 있다. ② 제1항 단서에 따라 1군의 발명에 대하여 하나의 특허출원으로 할 수 있는 요건은 대통령령으로 정한다.

[특허법시행령] 제6조 (1군의 발명에 대한 1특허출원의 요건) 법 제45조 제1항 단서의 규정에 의한 1군의 발명에 대하여 1특허출원을 하기 위하여는 다음 각 호의 요건을 갖추어야 한다.

1. 청구된 발명 간에 기술적 상호관련성이 있을 것
2. 청구된 발명들이 동일하거나 상응하는 기술적 특징을 가지고 있을 것. 이 경우 기술적

특징은 발명 전체로 보아 선행기술에 비하여 개선된 것이어야 한다.

[주의] 여기서 각 발명의 '특별한 기술적인 특징'은 동일하지 않더라도 대응하기만 하면 된다. 예를 들면, 하나의 청구항에서 탄성을 주는 특별한 기술적인 특징은 스프링인데 반해, 다른 청구항에서는 탄성을 주는 특별한 기술적인 특징이 고무블록일 수 있다. 또한 특별한 기술적 특징은 발명의 단일성을 판단하기 위하여 특별히 제시된 개념으로써 선행기술에 비해 신규성과 진보성을 구비하게 되는 기술적 특징이며 발명을 전체로서 고려한 후에 결정되어야 한다.

[판례] 특허법원 1999. 1. 14. 선고 98허5145 판결
'하나의 총괄적 발명의 개념을 형성하는 1군의 발명'에 해당하는가 여부는 각 청구항에 기재된 발명들 사이에 하나 또는 둘 이상의 동일하거나 또는 대응하는 특별한 기술적인 특징들이 관련된 기술관계가 존재하는가(즉, 기술적으로 밀접한 관계가 존재하는가)에 달려있고, 특별한 기술적인 특징이란 각 발명에서 전체적으로 보아 선행기술과 구별되는 개량부분을 말한다.

[사례] 선행발명의 청구범위는 '일반산업폐기물, 유해화학화폐기물 등의 산업폐기물 70% 내외에 점토 30% 내외를 혼합하여 압형 및 건조한 후 700~1300℃의 소결온도에서 고형화하여 얻어지는 산업폐기물을 이용한 고온소결방법에 의한 건축용 벽돌의 제조방법'인 사실을 인정할 수 있는바, 출원발명의 제1항 내지 제7항을 선행발명과 대비하여 보면, 양 발명은 모두 산업폐기물을 원료로 하여 건축용 벽돌을 제조하고자 하는 것이므로(출원발명의 특허출원서에 첨부된 명세서에 의하면 출원발명의 발포세라믹은 건축용, 토목용, 산업용의 용도로 사용되고 그 구체적인 예로는 건축용 벽동이 예시되어 있음) 발명의 목적 및 효과가 동일하고, 그 구성성분도 산업폐기물류와 점토 등인 점에서는 차이가 없으며, 제조공정도 소성고정만으로 이루어져 있고 소성온도도 상당부분이 중첩되어 있는데, 그럼에도 불구하고 출원발명에 관하여 진보성이 인정된다고 볼 수 있는 이유는 선행발명은 구성성분을 포괄적으로 산업폐기물과 점토로 기재하고 있음에 대하여 출원발명은 수많은 종류의 산업폐기물 중 특정의 성분을 구체적으로 선택하고 있기 때문이므로, 출원발명의 청구범위 제1항 내지 제7항에 있어서 선행기술과 구별되는 개량부분인 기술적인 특징은 결국 구체적으로 특정되어 있는 구성성분과 그 혼합비율이다(특허법원 1999. 1. 14. 선고 98허5145 판결).

(2) 1군의 발명에는 1출원 내에 카테고리가 동일한 여러 개의 독립항을 포함하는 경우도 있고, 1출원 내에 카테고리가 상이한 여러 개의 독립항을 포함하고 있는 경우도 있을 수 있다. 반면에, 하나의 청구항 내에도 1군의 발명의 범위를 넘

는 발명들이 포함되어 단일성이 만족되지 않는 경우가 있을 수 있다.

[예] 특정의 식품제조장치에 의한 식품제조방법 및 그 식품제조장치에 의해 생산된 식품은 1군의 발명으로 본다.

[설명] 카테고리가 동일한 발명에 있어서 각 청구항의 발명들 사이에 하나 또는 둘 이상의 동일하거나 대응하는 특별한 기술적인 특징들이 관련된 기술관계가 존재하는 경우에는 1군의 발명으로 본다.

[주의] 하나의 청구항 내에도 1군의 발명의 범위를 넘는 발명들이 포함될 수 있으므로 명세서 작성과정에 있어서 1출원의 범위가 충족되도록 발명의 구성을 명확히 표현하여야 한다.

(3) 1군의 발명들이 하나의 총괄적 발명의 개념을 형성하는가의 여부에 대한 판단은 1군의 발명들이 각각 별개의 청구항으로 청구되었는가 또는 하나의 청구항 내에 택일적 형식으로 청구되었는가는 관계가 없다.

[실무] 하나의 청구항 내에서도 1출원의 범위를 판단해야 하는 경우가 있으며, 마쿠쉬 방식 또는 택일적으로 기재되어 있는 경우가 그 예이다. 이 경우에도 동일하거나 대응하는 특별한 기술적인 특징들의 관련된 기술관계가 존재하는가의 여부에 따라 판단하는 것을 원칙으로 한다.

(4) 발명의 단일성에 대한 판단은 먼저 독립항에 대해서 우선 고려한다. 독립항이 발명의 단일성에 대한 요건을 만족하는 경우에는 이들 독립항에 종속된 종속항은 발명의 단일성이 만족된다.

[예]

【청구항 1】 폴리에틸렌수지의 표면을 산에 의해 처리하는 방법
【청구항 2】 제1항에 있어서, 산은 황산인 방법
【청구항 3】 제1항에 있어서, 산은 질산인 방법

[설명] 청구항 1과 청구항 2 및 3은 상위개념과 하위개념의 관계에 있다. 청구항 1, 2, 3 사이에 공통되는 특별한 기술적인 특징은 폴리에틸렌수지의 표면을 산에 의해 처리하는 기술이다. 따라서 청구항 1, 2, 3 사이에는 발명의 단일성이 만족된다.

[주의] 원칙적으로 독립항의 단일성이 만족되면 종속항의 단일성도 만족되는 것으로 보지만, 비록 종속항의 형식으로 기재되어 있더라도 실질적으로는 독립항인 경우도 있으므로 청구항의 기재형식에 구애받지 말고 실질적인 청구항의 성격을 판단해야 한다.

(5) 특별한 기술적인 특징은 선행기술에 비해 개선된 부분을 의미하므로, 발명의 단일성을 충족하는지 여부의 판단은 경우에 따라 선행기술을 검색하기 전에도 가능하지만 선행기술을 고려한 후에 판단하는 것이 일반적이다.

3. 단일성의 판단순서

단일성을 판단하는 방법은 대체로 아래의 순서로 이루어진다.

(1) 제1발명을 정하고 제1발명과 관련된 선행기술과 비교하여 선행기술에 비해 개선되는 데 실질적으로 작용을 하는 '특별한 기술적인 특징'을 확정한다. 제1발명은 주된 발명을 의미하며 청구항의 순서와는 관련 없다.

(2) 제2발명에 제1발명과 동일하거나 상응하는 '특별한 기술적인 특징'이 존재하는지 여부를 판단하여 2개의 발명이 기술적으로 관련이 있는지 판단한다.

(3) 만약 2개의 발명 간에 동일하거나 상응하는 '특별한 기술적인 특징'을 포함하는 기술적 상호관련성이 존재한다면 그들은 하나의 총괄적 발명개념에 속한다는 결론을 얻을 수 있다.

4. 단일성의 판단사례

4.1. 카테고리(Category)의 유형이 같은 경우

각각의 독립항이 공통적인 특별한 기술적 특징을 공유하고 있으면 단일성은 만족되며, 그 대표적인 예로 컴비네이션과 서브컴비네이션의 관계에 있는 청구항, 서브컴비네이션과 서브컴비네이션의 관계에 있는 청구항, 또는 중간체와 최종생성물의 관계에 있는 청구항을 들 수 있다.

[용어] 컴비네이션(combination)이란 청구항에서 복수개의 요소가 상호 공동으로 작용하는 것으로써, 구성요소가 상호 조합된 형태로 표현된 청구항을 말한다. 예를 들어, 특정 구조

의 볼트와 너트의 결합에 의한 체결장치는 컴비네이션에 해당한다.

[용어] 서브컴비네이션(sub-combination)이란 청구항의 구성요소가 서로 공동으로 작용하지 않는 청구항을 말한다. 예를 들어, 특정 구조의 볼트와 너트의 결합에 의한 체결장치에서 특정 구조의 볼트와 너트 각각은 서브컴비네이션에 해당한다.

[예]

【청구항 1】 화합물군 A(a1, a2, a3 ……로 이루어짐)와 담체로 구성된 식품 보존제 조성물

【청구항 2】 화합물 a1

[설명] 청구항 2에서는 청구항 1의 화합물군 A중 a1만을 청구하고 있다. 그러나 a1이 식품 보존효과라는 특별한 기술적인 특징을 화합물군 A와 공유하고 있으므로 청구항 1 및 청구항 2 사이에는 단일성이 존재한다.

[예]

【청구항 1】 화합물 A

【청구항 2】 화합물 A로 제조된 감미제 B

【청구항 3】 감미제 B와 조미료로 구성된 식품 조성물 C

[설명] 청구항 1과 청구항 2 사이에는 화합물 A가 공통되는 특별한 기술적인 특징이고(중간체와 최종생성물 관계), 청구항 2와 청구항 3 사이에는 감미제 B가 공통되는 특별한 기술적 특징이다. 그러나 청구항 1과 청구항 3 사이에는 공통되는 특별한 기술적인 특징이 존재하지 않는다. 따라서 청구항 1과 청구항 2 사이 또는 청구항 2와 청구항 3 사이에는 단일성이 존재하지만, 청구항 1과 청구항 3 사이에는 단일성이 존재하지 않는다.

[예]

【청구항 1】 특징 A를 갖는 음료

【청구항 2】 특징 B를 갖는 음료

【청구항 3】 특징 A 및 특징 B를 갖는 음료

[설명] 특징 A는 하나의 특별한 기술적인 특징이고, 특징 B는 또 다른 하나의 특별한 기술적인 특징이다. 따라서 청구항 1과 청구항 3 사이 또는 청구항 2와 청구항 3 사이에는 단일성이 있으나, 청구항 1과 청구항 2 사이에는 단일성이 없다.

4.2. 카테고리 유형이 다른 경우

(1) 그 물건을 생산하는 방법에 관한 독립항

(가) 특정한 독립항에 기재된 물건의 발명과 그 물건을 생산하는 방법의 발명의 관계를 가지는 발명으로서 생산방법이 그 물건의 생산에 적합한가의 여부가 단일성 판단의 기준이 된다.

[설명] 여기서 '적합한가'라는 것은 그 생산방법을 실시하면 본질적으로 그 물건이 생산된다는 것을 의미한다. 그러나 적합한가라는 의미가 그 물건이 다른 방법에 의해 생산될 수 없다거나, 그 생산방법이 다른 물건의 생산에는 사용될 수 없다는 것을 의미하는 것은 아니다.

(나) 생산방법은 그 자체로 그 물건을 생산할 수 있는 방법이어야만 한다. 따라서 그 물건의 생산에 간접적, 보조적으로 사용되는 방법(예를 들면, 분석방법 등)은 1출원으로 할 수 없다.

[예]

【청구항 1】 첨가제 X

【청구항 2】 첨가제 X의 제조방법

[설명] 청구항 2의 제조방법은 청구항 1항의 첨가제 X의 제조에 적합하다. 청구항 1 및 2에 공통되는 특별한 기술적인 특징은 첨가제 X이다.

[예]

【청구항 1】 특정 재료가 배합된 음료

【청구항 2】 특정공정으로 이루어지는 음료의 제조방법

[설명] 청구항 2의 제조방법에 의한 생산물에는 청구항 1의 음료 이외의 식품도 있을 수 있으나, 청구항 2에 그 제조방법에 의하여 생산되는 식품이 음료라고 명기되어 있으므로 청구항 2의 제조방법은 청구항 1의 음료 생산에 적합하다.

(2) 그 물건을 사용하는 방법에 관한 독립항

물건을 사용하는 방법의 발명은 물건이 가지고 있는 성질, 기능 등을 이용하는 방법의 발명을 말한다. 물건의 발명에는 화학물질이나 조성물 이외에도 기계, 기구, 장치, 부품, 회로 등이 포함된다. 예를 들면, 장치의 발명에서 그 장치의 운전방법의 발명이나 사용방법의 발명을 생각할 수 있다.

[예]

【청구항 1】 물질 A

【청구항 2】 물질 A에 의한 살균방법

[설명] 청구항 2의 살균방법은 청구항 1의 물질 A가 가지고 있는 성질(살균력)을 이용하는 방법에 해당한다.

[예]

【청구항 1】 물질 A

【청구항 2】 물질 A를 간장에 혼합하여 간장의 곰팡이의 발생을 억제하는 간장의 제조방법

[설명] 청구항 2는 제조방법으로 표현되어 있으나, 물질 A를 간장에 혼합함에 의해 간장의 곰팡이 발생을 억제하는 방법과 실질적으로 동일하다. 따라서 청구항 2는 청구항 1의 물질 A가 가지고 있는 특정한 성질을 이용하는 방법에 해당된다.

(3) 그 물건을 취급하는 방법에 관한 독립항

'물건을 취급하는'의 의미는 그 물건에 대해 외적인 작용을 가하여 그 물건이 기능을 유지 또는 발휘하도록 하는 것으로, 물건을 본질적으로는 변화시키지 않는 것을 말한다. 예를 들면, 물건의 이송, 저장 등을 들 수 있다.

[예]

【청구항 1】 특정물질 A

【청구항 2】 특정물질 A를 온도 X℃ 이하, 압력 Y기압 이하에서 빛을 차폐하고 아르곤의 존재 하에서 물질 B를 첨가하여 보존하는 방법

[설명] 청구항 2는 불안정한 성질을 가지는 특정물질 A의 보존을 위한 특별한 보존방법에 관한 것으로, 청구항 1의 발명을 취급하는 발명에 해당한다.

(4) 그 물건을 생산하는 기계·기구·장치 기타의 물건에 관한 독립항

(가) 물건을 생산하는 기계·기구·장치 기타의 물건(이하 '장치류'라 한다)이 그 물건의 생산에 적합한가의 여부가 판단기준이 된다.

[설명] '적합한가'라는 것은 그 물건을 생산하는 장치류에 대한 발명을 실시하면 본질적으로 그 물건이 생산된다는 것을 의미한다. 그러나 적합한가라는 의미가 그 물건이 다른 장

치류에 의해 생산될 수 없다거나, 또는 그 물건을 생산하는 장치류와 동일한 장치류가 다른 물건의 생산에는 사용될 수 없다는 것을 의미하는 것은 아니다.

(나) 장치류는 그 자체로 그 물건을 생산할 수 있는 장치류를 말한다. 따라서 그 물건을 생산하기 위한 간접적, 보조적 장치류(예를 들면, 그 물건의 생산에 사용되는 측정장치나 분석장치 등)는 1출원으로 할 수 없다.

(다) 기타의 물건에는 장치류 이외에 화학물질이나 미생물 등이 포함된다.

[예]

【청구항 1】 항생물질 A

【청구항 2】 항생물질 A를 생산하는 신균주 B

[설명] 신균주 B는 항생물질을 생산하는 기타의 물에 해당되므로 단일성을 만족한다.

(5) 그 물건의 특정 성질만을 이용하는 물건에 관한 독립항

물건의 특정 성질만을 이용하는 물건의 발명은 그 발명의 목적이 그 물건이 가지고 있는 특정한 속성을 이용하여야만 달성되고, 더욱이 이러한 특정 속성을 이용하는 것이 발명의 구성에 명확히 표현되어 있는 물건의 발명을 말한다. 따라서 통상 물건의 발명은 화학물질 등에 한정된다.

[예]

【청구항 1】 물질 A

【청구항 2】 물질 A로 된 식품보존제

[설명] 청구항 2의 식품보존제는 청구항 1의 물질 A가 갖고 있는 식품보존능력을 이용한 물건에 해당된다.

(6) 그 물건을 취급하는 물건에 관한 독립항

그 물건의 외적인 작용을 가하여 그 물건의 기능을 유지 또는 발휘하도록 하는 것으로, 그 물건을 본질적으로 변화시키지 않는 경우를 말한다.

[예]

【청구항 1】 식품 A

【청구항 2】 식품 A의 저장장치

[설명] 청구항 2의 저장장치는 청구항 1의 식품 A가 그 기능을 유지할 수 있도록 하는 것으로 식품 A를 취급하는 물건에 해당한다.

(7) 기타

특정한 하나의 독립항에 기재된 발명이 방법에 관한 독립항인 경우 그 방법의 실시에 직접 사용하는 기계·기구·장치 기타의 물건(기타의 물건에는 장치류 이외에 화학물질이나 미생물 등이 포함된다)에 관한 독립항은 단일성을 만족한다. 그러므로 특정 방법의 발명을 실시하는 데 간접적으로 사용되는 장치류는 1출원으로 허용되지 않는다.

[설명] 식품의 제조방법에 관한 발명에 있어서 식품을 제조하는 장치에 사용되는 보수장치 또는 측정장치는 식품의 제조방법에 직접 사용되는 장치가 아니므로 1출원으로 허용되지 않는다.

[예]
【청구항 1】 미생물 X의 배양에 의한 식품 A의 제조방법
【청구항 2】 미생물 X

[설명] 청구항 2의 미생물 X는 식품 A의 제조에 직접 사용하는 장치류에는 해당되지 않으나, 식품 A 제조시의 역할은 제조장치에 해당하는 것으로 기타의 물건에 해당된다.

5. 특수한 경우의 취급

5.1. 마쿠쉬(Markush) 기재방식

(1) 두 개 이상의 택일적 사항에 대하여 복수의 독립항으로 기재되거나, 또는 하나의 청구항 내에 마쿠쉬 방식으로 기재된 경우에도 발명의 단일성 판단에 있어서는 동일한 기준이 적용된다.

(2) 하나의 청구항에 택일적 요소가 마쿠쉬 방식으로 기재된 경우에 있어서 택일적 사항들이 '유사한 성질 또는 기능'을 갖는 경우에는 단일성의 요건은 만족된다. 마쿠쉬 그룹이 화합물의 택일적 사항에 관한 것일 때에는 특허를 받고자 하는 발명의 구성에 없어서는 아니 되는 사항으로 상호 유사한 성질 또는 기능을

가지는 2 이상의 구성요소가 있는 경우에는 이들 구성요소를 마쿠쉬 형식 등 택일형식으로 하여 하나의 청구항에 기재할 수 있다.

(3) 마쿠쉬 그룹의 택일적 요소들 중 적어도 하나가 선행기술과 관련하여 신규하지 아니한 것으로 판단된다면, 발명의 단일성에 관한 문제를 재검토하여야 한다.

5.2. 중간체와 최종생성물

(1) 중간체라는 용어는 중간물질 또는 출발물질을 의미한다. 이러한 중간물질 또는 출발물질은 물리적 또는 화학적 변화에 따라 본래의 특성을 잃고 최종생성물을 생산하는 데 사용될 수 있는 능력을 가지고 있다. 다음의 두 조건이 충족되는 경우 중간체와 최종생성물 사이에는 발명의 단일성이 있는 것으로 본다.

(가) 중간체와 최종생성물 사이에 주요한 구조적 요소가 동일할 것

[설명] 중간체와 최종생성물의 기본적 화학구조가 동일하거나, 또는 중간체와 최종생성물의 화학적 구조가 기술적으로 밀접한 상관관계에 있어, 중간체가 최종생성물에 주요한 구조적 요소를 제공하고 있어야 한다.

(나) 중간체 및 최종생성물이 기술적으로 밀접한 상관관계가 있을 것

[설명] 최종생성물이 중간체로부터 직접 생산되거나, 또는 중요한 구조적 요소가 동일한 소수의 중간체에 의해서만 분리되어야 한다.

(2) 구조가 알려지지 않은 중간체와 최종생성물 사이에도 발명의 단일성은 존재할 수 있다. 이와 같은 경우에 단일성을 충족시키기 위해서는 중간체 및 최종생성물이 기술적으로 밀접한 상관관계가 있다고 판단하기에 충분한 증거가 있어야 한다. 예컨대, 중간체와 최종생성물 사이에 주요한 구조적 요소가 동일하거나, 중간체가 최종생성물에 주요한 구조적 요소를 제공하고 있는 경우를 들 수 있다.

[설명] 구조가 알려진 중간체와 구조가 알려지지 않은 최종생성물 사이, 또는 구조가 알려지지 않은 중간체와 구조가 알려지지 않은 최종생성물 사이에도 단일성이 존재할 수 있다.

(3) 중간체들의 주요한 구조적 요소가 동일하다면, 하나의 최종생성물을 생산하

기 위하여 서로 다른 공정에 사용되는 하나 이상의 서로 다른 중간체들을 1출원으로 할 수 있다.

[주의] 그러나 최종생성물의 다른 구조부분들에 이용되는 서로 다른 둘 이상의 중간체들은 1출원으로 할 수 없다.

(4) 중간체 및 최종생성물이 중간체에서 최종생성물을 제조하는 과정에서 신규하지 아니한 중간체에 의하여 분리되는 경우는 1출원으로 허용되지 않는다.

(5) 중간체와 최종생성물이 화합물족인 경우, 각 중간체 화합물은 최종생성물 화합물족 내에서 청구된 하나의 화합물과 대응하여야 한다.

[주의] 그러나 최종생성물 중 일부는 중간체 화합물족에 대응하는 화합물이 없을 수 있으므로 두 화합물족 사이가 완전하게 1 : 1로 대응할 필요는 없다.

[예]

【청구항 1】 무정형 중합체 A(중간체)
【청구항 2】 결정성 중합체 A(최종생성물)

[설명] 결정성 중합체 A는 무정형 중합체 A의 피막을 연신시켜 제조된다. 여기서 무정형 중합체 A가 결정성 중합체 A를 제조하기 위한 출발물질로 사용된다는 점에서 중간체와 최종생성물의 관계가 있으므로 단일성이 있다.

6. 단일성 판단시 주의사항

(1) 특허법 제45조의 규정에 의한 단일성의 요건에 대한 판단은 필요 이상으로 엄격하게 할 필요는 없다.

[설명] 특허법 제45조의 단일성에 관한 요건은 특허법 제62조에 의한 거절이유는 되나 정보제공사유 및 무효사유(제133조 제1항)는 되지 않는다. 그 이유는 특허법 제45조는 출원인, 제3자 및 특허청의 절차상의 편의를 도모하기 위한 규정으로써 발명의 실체에 하자가 있는 것은 아니며, 단지 2 이상의 출원으로 하여야 할 것을 1출원으로 한 절차상의 하자에 불과한 것으로, 단일성을 만족하지 않은 출원이 그대로 특허되어도 제3자의 이익을 직접적으로 해(害)하는 것이 아니며, 특허성과 무관한 사유로서 이미 등록된 권리를 등록취소 또

는 무효로 하는 것은 권리자에게 너무 가혹하기 때문이다.

(2) 특허법 제45조의 규정에 의한 거절이유통지시에는 출원인이 거절이유에 대하여 보다 쉽게 대응할 수 있고, 신속 정확한 심사에 도움이 된다고 인정되는 경우에는 출원의 분할에 관한 시사를 할 수 있다.

(3) 어떤 특정한 독립항을 기준으로 하여 단일성을 판단한 결과 단일성의 요건이 만족되었을 경우에도, 보정에 의하여 그 기준이 되었던 특정한 독립항이 삭제되거나 발명의 내용이 변경된 결과 단일성의 요건이 만족되지 않게 될 수 있다. 따라서 이와 같은 경우에는 단일성의 요건에 대한 판단을 다시 하여야 한다.

(4) 하나의 청구항 내에 1군의 발명 범위를 넘는 발명들이 포함되어 있는 경우 등과 같이 특별한 사정이 있는 경우가 아니라면, 어떤 청구항과 그 청구항을 인용하는 다른 청구항 사이에는 단일성이 만족된 것으로 본다. 따라서 독립항과 그 독립항을 인용하는 종속항 사이에는 원칙적으로 발명의 단일성을 판단할 필요가 없다. 다른 청구항에 기재된 사항을 모두 포함하고 있어 사실상 인용관계에 있다고 볼 수 있는 경우도 또한 같다. 다만, 인용되는 청구항이 선행기술에 의해 신규성 또는 진보성을 결여하여 '특별한 기술적인 특징'을 갖지 않는 경우에는, 해당 청구항을 인용하는 청구항들 사이에 발명의 단일성 위반의 문제가 생길 수 있으므로, 인용하는 청구항들 간에 선행기술에 비해 구별되는 동일하거나 상응하는 '특별한 기술적인 특징'이 공유되고 있는지를 추가로 검토할 필요가 있다.

Ⅱ. 선출원

1. 취지

특허제도는 발명의 공개에 대한 대가로 일정기간 독점권을 부여하는 제도로 하나의 기술사상에 대하여 이중으로 권리가 부여되어서는 안 된다. 따라서 선출원주의의 취지를 살려서 동일한 기술사상에 대해서는 먼저 출원한 자에게만 권리를 부여하기 위한 규정으로 볼 수 있다.

[분석] 특허법 제36조 선출원의 규정은 먼저 출원한 선출원의 청구범위에 기재된 발명이 있음에도 불구하고 동일한 발명의 후출원을 거절하지 못한다면 동일한 권리가 중복하여 부여되는 불합리함을 방지하기 위한 규정이다. 권리가 부여되는 것은 청구범위이므로 선·후 출원의 관계는 청구범위 동일만을 검토하여야 하고 선출원의 청구범위가 확정되기 전까지는 보정에 의하여 후출원과 다른 발명을 될 수 있다. 따라서 선출원의 청구범위가 확정되기 전까지는 후원의 심사를 진행할 수 없고 이 경우에 발송하는 통지서가 예문에 기재된 '출원심사보류통지서'이다. 협의통지서는 동일한 날 동일한 청구범위를 기재한 출원이 있는 경우에 선/후원을 확인할 수 없으므로 두 출원이 협의를 하여 하나를 선택하고 나머지 하나는 취하서 제출을 유도하기 위하여 발송되는 통지서이며 취하서가 제출되지 아니하면 특허법 제36조 제2항의 거절이유에 해당하는 것으로 모두 의견제출통지서를 발송한다. 실무에 있어서 출원을 취하하는 취하서가 제출되는 것이 아니라 출원을 포기하는 포기서가 제출되는 경우가 있으나 포기서는 취하서와 같이 처음부터 출원이 없었던 것으로 보는 것이 아니라 특허를 받을 수 있는 권리가 포기한 때로부터 소멸하므로 출원사실은 남게 되어 선·후원의 법규정은 여전히 적용된다. 따라서 이 포기서로 인하여 거절이유가 치유되지는 않는다.

2. 관련 규정(특허법 제36조)

① 동일한 발명에 대하여 다른 날에 둘 이상의 특허출원이 있는 경우에는 먼저 특허출원한 자만이 그 발명에 대하여 특허를 받을 수 있다.

② 동일한 발명에 대하여 같은 날에 둘 이상의 특허출원이 있는 경우에는 출원

인 간에 협의하여 정한 하나의 출원인만이 그 발명에 대하여 특허를 받을 수 있다. 다만, 협의가 성립하지 아니하거나 협의를 할 수 없는 경우에는 어느 출원인도 그 발명에 대하여 특허를 받을 수 없다.

③ 특허출원된 발명과 실용신안등록출원된 고안이 동일한 경우 그 특허출원과 실용신안등록출원이 다른 날에 출원된 것이면 제1항을 준용하고, 그 특허출원과 실용신안등록출원이 같은 날에 출원된 것이면 제2항을 준용한다.

④ 특허출원 또는 실용신안등록출원이 다음 각 호의 어느 하나에 해당하는 경우 그 특허출원 또는 실용신안등록출원은 제1항부터 제3항까지의 규정을 적용할 때에는 처음부터 없었던 것으로 본다. 다만, 제2항 단서(제3항에 따라 준용되는 경우를 포함한다)에 해당하여 그 특허출원 또는 실용신안등록출원에 대하여 거절결정이나 거절한다는 취지의 심결이 확정된 경우에는 그러하지 아니하다.

1. 포기, 무효 또는 취하된 경우
2. 거절결정이나 거절한다는 취지의 심결이 확정된 경우

⑤ 발명자 또는 고안자가 아닌 자로서 특허를 받을 수 있는 권리 또는 실용신안등록을 받을 수 있는 권리의 승계인이 아닌 자가 한 특허출원 또는 실용신안등록출원은 제1항부터 제3항까지의 규정을 적용할 때에는 처음부터 없었던 것으로 본다.

⑥ 특허청장은 제2항의 경우에 출원인에게 기간을 정하여 협의의 결과를 신고할 것을 명하고, 그 기간에 신고가 없으면 제2항에 따른 협의는 성립되지 아니한 것으로 본다.

[실무] 선출원이 국내에서 출원된 것이어야 한다. 또한, 우선권주장을 수반하는 출원은 우선일이 국내에서의 출원일로 인정된다. 한편, 청구범위만이 비교대상이며, 동일한 내용의 청구항이 1개라도 있으면 대상으로 한다. 출원인 또는 발명자가 동일한 것과는 무관하다.

2.1. 동일발명

(1) 발명이 동일한가의 여부는 청구항에 기재된 발명에 의하여 판단한다. 이 경우에 청구항에 기재된 발명의 동일 여부는 양 발명의 기술적 사상이 동일한가에 따라 정해진다. 이 경우 발명과 고안의 동일 여부 판단을 포함한다.

(2) 청구항이 2 이상인 경우에는 각 청구항마다 발명이 동일한가를 판단한다.

(3) 동일발명에 대한 특허법 제36조는 발명자 또는 출원인의 동일 여부에 관계없이 적용된다.

2.2. 출원일의 인정

(1) 출원일이 같은 날인가, 다른 날인가, 또는 최선출원인가의 판단을 위한 기준일은 다음과 같이 인정한다.

(가) 우선권주장을 수반하지 않는 출원에 대해서는 실제 출원일을 기준일로 한다.

(나) 파리조약에 의한 우선권주장을 수반하는 출원으로 우선권주장의 기초가 되는 출원의 명세서 또는 도면에 기재된 발명에 대해서는 우선권주장의 기초가 되는 출원의 출원일을 기준일로 한다.

(다) 국내우선권주장을 수반하는 출원으로 그 우선권주장의 기초가 되는 선출원의 출원서에 최초로 첨부한 명세서 또는 도면에 기재된 발명에 대해서는 우선권주장의 기초가 되는 선출원의 출원일을 기준일로 한다.

[실무] 분할출원 및 변경출원의 출원일은 원출원일을 출원일로 인정한다. 이 경우에 복수의 우선권을 주장하는 출원에 대해서는 발명별로 판단하여 기준일을 결정한다. 예를 들면, 마쿠쉬 형식의 청구항 등은 동일 청구항 내에서도 우선일이 달라질 수 있다.

[실무] 정당한 권리자의 출원은 모인출원일을 판단 기준일로 하며 그 모인출원은 처음부터 없었던 것으로 보고 판단 기준일을 인정하지 않는다.

(2) 국제출원

(가) 2014. 12. 31. 이전에 출원한 경우에는 대한민국을 지정국으로 하는 국제출원에 대해서는 국제출원일에 제출한 국제출원의 명세서·청구범위 또는 도면과 그 출원의 번역문에 다같이 기재된 발명에 대해서 국제출원일을 출원일로 인정한다.

(나) 2015. 1. 1. 이후에 출원한 경우에는 대한민국을 지정국으로 하는 국제출원에 대해서는 국제출원의 명세서 또는 도면에 기재된 발명에 관하여 국제출원일

을 판단 기준일로 인정한다. 결정에 의하여 특허출원 또는 실용신안등록출원으로 보는 국제출원에 대해서는 그 국제출원의 명세서 또는 도면에 기재된 발명에 관하여 특허법 제214조 제4항 또는 실용신안법 제40조 제4항에 따라 결정된 출원일을 판단 기준일로 인정한다.

2.3. 선출원의 지위를 갖지 않는 출원

(1) 특허출원 또는 실용신안등록출원이 무효·취하 또는 포기되거나 거절결정이나 거절한다는 취지의 심결이 확정된 경우 그 특허출원 또는 실용신안등록출원은 선출원의 지위를 갖지 않는다. 다만, 2006. 3. 3. 이후 출원부터 거절결정이나 거절한다는 취지의 심결이 확정된 출원이라 하더라도 특허법 제36조 제2항 후단의 규정에 해당하여 그 이유로 거절결정이아 거절한다는 취지의 심결이 확정된 경우에는 선원의 지위를 갖는다.

[분석] 2006. 3. 3. 시행된 특허법은 출원공개 전에 특허거절결정이 확정 또는 포기된 출원에 대하여도 그 출원이 처음부터 없었던 것으로 간주하고, 당사자의 협의 불성립으로 거절된 출원에 한정해서 선출원의 지위를 유지하도록 하였다.

[적용] 공개되지 않은 상태에서 거절결정된 경우에는 이를 개량 보완하여 다시 출원하는 것도 가능하다. 따라서 신규사항의 추가, 명세서 기재불비, 미완성을 이유로 거절된 경우에는 이를 보완하여 다시 출원하는 것이 실무적으로 유용하게 활용될 수 있다.

[판례] 대법원 1991. 9. 24. 선고 90후2331 판결
실용신안제도의 취지는 실용적인 고안에 대한 배타적 이용권을 부여하고 그 소멸 후에는 일반인으로 하여금 이를 자유롭게 이용할 수 있도록 함에 있으므로 하나의 고안에 대하여는 하나의 실용신안등록만이 허용될 수 있는 것이어서 실용신안법 제7조 제1항 본문의 선출원주의에 관한 규정은 선후 출원의 출원인이 동일한 경우에도 적용된다고 할 것이고, 최선출원이 출원공고 또는 출원공개되지 아니한 채 거절결정되어 확정된 경우에도 선출원으로서의 지위를 잃는 것은 아니다.

◇ 대법원 1994. 5. 27. 선고 93후1759 판결
선출원인 선행발명에 관하여 거절결정이 확정되었다고 하더라도 선행발명은 선출원으로서의 지위를 잃지 않는다.

◇ **특허법원 2000. 6. 16. 선고 99허9007 판결**

확대된 선출원의 지위에 있는 고안은 공개된 이후에는 거절결정된 경우에도 그 지위를 잃지 않는다.

◇ **특허법원 2000. 2. 17. 선고 98허11089 판결**

선행발명은 출원발명의 출원일보다 선출원된 것이어서 출원발명에 대하여 선출원의 지위를 가진다고 할 것이나, 선행발명의 출원이 취하된 이상, 특허법 제36조 제4항의 규정에 의하여 그 출원은 처음부터 없었던 것으로 보아야 하고 이는 선출원발명이 공개된 이후에 취하된 경우에도 마찬가지이다.

[분석] 출원공개 후 보정각하된 보정서의 경우에도 공개된 것으로 간주하여 선출원의 지위를 가지는 것으로 본다.

[분석] 국내우선권주장의 기초가 된 선출원은 자동 취하되므로 처음부터 없었던 것으로 간주되어 선출원의 지위를 가지지 않는다.

[분석] 선출원이 공개가 되었더라도 취하 또는 무효가 된 경우에는 선출원의 지위는 상실하므로 특허법 제36조 선출원의 대상이 되지 않는다.

[분석] 선출원이 거절결정의 확정 또는 특허되기 전에는 선출원의 청구범위가 확정된 것이 아니므로 후원의 심사는 보류하여야 한다.

(2) 발명자 또는 고안자가 아닌 자로서 특허 또는 실용신안등록을 받을 수 있는 권리를 승계하지 않은 자의 특허출원 또는 실용신안등록출원은 특허법 제36조의 선원의 지위를 갖지 않는다.

2.4. 다른 날에 2 이상의 출원이 있는 경우

(1) 동일한 발명에 대하여 다른 날에 2 이상의 특허출원이 있는 때에는 먼저 출원한 자만이 그 발명에 대하여 특허를 받을 수 있다.

(2) 특허출원에 대한 발명과 실용신안등록출원에 대한 고안이 동일한 경우 먼저 출원한 자만이 그 발명에 대하여 특허 또는 실용신안등록을 받을 수 있다.

[실무] 특허법 제36조는 선출원과 후출원의 비교대상이 청구범위에 국한되므로 출원인과

발명자가 모두 상이한 경우에는 특허법 제29조 제3항 내지 제6항의 규정을 적용한다. 후출원의 출원시의 출원인과 선출원의 출원인이 동일하거나 선출원과 후출원의 발명자가 동일한 경우에는 특허법 제29조 제3항 또는 제4항을 적용할 수 없으므로 특허법 제36조의 규정을 적용한다. 이 경우에 동일발명에 대한 후원이라는 특허 거절결정을 할 경우에는 선출원의 청구범위가 확정된 이후에 하여야 한다.

2.5. 같은 날에 2 이상의 출원이 있는 경우

(1) 동일한 발명에 대하여 같은 날에 2 이상의 특허출원이 있는 때에는 출원인의 협의에 의하여 정해진 하나의 출원인만이 그 발명에 대하여 특허를 받을 수 있으며, 협의가 성립하지 않거나 협의를 할 수 없을 때에는 어느 출원인도 특허를 받을 수 없다.

[실무] 협의의 성립 여부는 특허법시행규칙 제34조 제1항 규정에 의한 신고서가 제출되어야 하며 협의결과에 따라 경합되는 출원의 취하 등의 절차가 취하여져야 한다. 따라서 협의결과신고서만 제출되고 협의결과에 따른 절차(경합출원의 취하 등)를 이행하지 않는 경우에는 협의가 성립하지 않은 것과 같이 처리한다.

[실무] 협의를 할 수 없을 때란 ① 상대방이 협의에 응하지 않는 등의 이유로 협의를 할 수 없는 경우, ② 동일한 발명에 대한 2 이상의 출원 중 어느 한 출원이 포기되었거나, 특허 거절결정이 확정되었거나, 또는 특허(실용신안등록)된 경우를 말한다. 이때, ②의 경우에는 협의명령을 하지 않고, 나머지 출원에 대하여 특허법 제36조의 규정에 의한 거절이유를 통지한다.

[실무] 협의가 성립되면 특허법시행규칙 별지 제20호 서식의 권리관계변경신고서를 제출하여야 하며, 협의결과에 따라 경합되는 출원의 취하 등 관련 절차를 동시에 취하여야 한다. 권리관계변경신고서만 제출되고 협의결과에 따른 절차를 이행하지 않는 경우에는 협의가 성립하지 않은 것과 같이 처리한다.

[적용] 협의요구를 받은 출원인은 당사자 간에 협의 없이 보정서를 제출하여 경합되는 대상발명을 달리하거나 삭제함으로써 경합상태를 벗어나 거절이유를 해소할 수 있다.

(2) 특허출원에 관한 발명과 실용신안등록출원에 관한 고안이 같은 날에 동일한 내용으로 출원된 경우에도 상기 (1)과 같이 취급한다.

[판례] 대법원 1993. 9. 14. 선고 93후190 판결

선출원주의 규정은 실용신안등록출원 상호간 또는 실용신안등록출원과 특허출원이 같은 날 경합되었을 때 적용되는 것이며, 실용신안등록출원과 디자인등록출원이 경합된 경우에 적용되는 것은 아니다.

[분석] 실용신안등록출원과 디자인등록출원은 진보성 판단의 대상은 되나 선출원을 판단하는 데에는 적용하지 않는다. 따라서 비록 이들이 동일자에 출원된 것이 아니라 어느 하나가 선출원된 경우에도 비록 그것이 후출원의 출원 전에 공개된 것이 아니라면 후출원도 등록받을 수 있다. 또한, 실용신안등록출원과 디자인등록출원이 동일자로 출원된 경우에는 선출원 여부를 따지지 않고 둘 다 등록받을 수 있다.

[판례] 특허법원 2017. 10. 12. 선고 2017허1021 판결

분할출원된 발명과 원출원발명이 동일하면 특허법 제36조 제2항의 같은 날에 2 이상의 특허출원이 있는 경우에 해당한다. 분할출원된 발명과 원출원발명이 동일한지 여부는 청구범위에 기재된 양 발명의 기술적 구성이 실질적으로 동일한지 여부를 기준으로 하여야 하며, 청구범위의 기재가 문언적으로 일치하지 않더라도 그 차이가 동일한 기술적 구성에 대해 기능·성질·효과 등으로 표현을 달리한 것에 불과하거나 기술적 과제를 해결하기 위한 구체적 수단에서 주지관용기술을 부가·삭제·변경한 것 또는 단순히 수치 범위를 달리한 것에 지나지 아니하여 새로운 효과가 발생하지 않는 정도의 미세한 차이에 불과하다면 양 발명은 실질적으로 동일한 발명에 해당한다.

2.6. 협의

(1) 각 출원이 특허청에 계속 중인 경우

(가) 각 출원이 심사청구되어 있는 경우

각 출원이 심사청구되어 있는 경우에는 기간을 지정하여 특허청장 명의로 협의명령을 한다. 이 경우 심사관은 심사능률이나 출원인의 명세서 보정가능성 등을 고려하여 먼저 협의명령 후 거절이유를 통지하거나, 협의명령과 동시에 특허법 제36조 제2항 또는 제3항 및 기타의 거절이유를 동시에 각각의 통지서로 통지할 수 있다.

[실무] 협의대상발명과 관련하여 특허법 제36조 제2항 또는 제3항 이외에 선행기술이 있는

등 다른 거절이유가 있는 경우에는 협의명령시 거절이유를 동시에 통지하고, 특허법 제36조 제2항 또는 제3항 이외에 다른 거절이유가 없고, 협의명령 후 당사자간 협의로 특허법 제36조 제2항 또는 제3항의 거절이유를 쉽게 해결할 것으로 판단되는 경우에는 거절이유 통지 전 협의명령만 하는 것이 바람직하다.

① 지정기간 내에 협의결과에 대한 신고 및 협의결과에 대한 조치를 한 경우에는 협의에 의하여 정해진 하나의 출원에 대하여 다른 거절이유가 없을 경우에는 특허결정하고 거절이유가 있는 경우 거절이유를 통지한다.

② 지정기간 내에 협의결과에 대한 신고가 없거나 협의결과에 대한 조치를 하지 않은 경우에는 각 출원에 대하여 특허법 제36조 제2항 또는 제3항의 규정에 의하여 거절이유를 통지한다. 한편 협의결과에 대한 신고 없이 경합출원을 취하하는 등의 조치로 특허법 제36조 제2항 또는 제3항의 거절이유가 없게 된 경우는 제외한다.

(나) 일부의 출원이 심사청구되어 있지 않을 경우

일부의 출원이 심사청구되어 있지 않을 경우에는 경합출원이 심사청구되거나 또는 취하 혹은 포기될 때까지 심사를 보류한다는 취지를 통지한다.

① 심사보류통지 후 출원인이 명세서를 보정하여 특허법 제36조 제2항 또는 제3항의 거절이유를 해소하거나 경합출원이 심사청구되거나 또는 취하 혹은 포기된 경우에는 다시 심사를 진행한다.

② 또한 심사 진행 중 명세서의 보정이나 새로운 경합출원이 확인된 경우에도 상기와 같이 처리한다.

(2) 하나의 특허출원에 관한 절차가 종료된 경우

하나의 출원이 특허 또는 실용신안등록되어 있는 경우로 출원인과 등록권자가 다른 경우에는 특허법 제36조 제2항 또는 제3항의 규정에 의한 거절이유통지시에 특허권자 또는 실용신안권자에게도 그 사실을 통지한다.

한편, 다른 출원이 포기 또는 거절결정된 경우에는 다른 출원인에게 그 사실을 통보하지 않는다.

[실무] 지정기간 내에 협의결과에 대한 신고가 있을 경우에는 협의에 의하여 정해진 하나의 출원에 대하여 다른 거절이유가 없을 경우에는 특허결정한다. 이 경우에 나머지 출원이

취하 또는 포기되어 있지 않으면 그 출원에 대하여 특허법 제36조 제2항 또는 제3항의 규정에 의하여 거절이유를 통지한다. 다만, 지정기간 내에 협의결과에 대한 신고가 없을 경우에는 협의가 성립되지 않은 것으로 간주하여 각 출원에 대하여 특허법 제36조 제2항 또는 제3항의 규정에 의하여 거절이유를 통지한다.

[실무] 출원인이 동일한 동일출원의 경우에 협의명령과 거절이유통지를 동시에 한다는 의미는 같은 날에 협의명령과 거절이유통지를 별개로 통지한다는 의미가 아니라, 거절이유통지서에 '비고'란을 만들어 협의명령을 부기하는 것을 의미하는 것이다. 물론 이 경우에도 협의명령과 거절이유통지를 별개의 통지서로 발송하여서는 안 된다는 의미는 아니나, 가능하면 절차를 간소화하는 것이 바람직하다. 따라서 편의에 따라 선택할 수 있지만, 원칙적으로는 하나의 거절이유에 상기 사항을 모두 지적하는 것이 바람직하다.

[실무] 특허법 제36조 제2항 및 제3항은 동일한 기술사상에 대한 이중특허의 배제를 위한 규정이므로 출원인이 동일한 경우에도 적용된다. 또한 출원인이 동일한 경우에는 협의를 위한 별도의 시간이 필요하지 않으므로 협의명령과 거절이유통지를 동시에 한다.

[분석] 당해 출원인에 대한 거절이유통지 및 특허권자에 대한 사실 통지시 당해 출원이 특허법 제36조 제2항 또는 제3항에 해당되어 거절결정될 경우 등록된 특허 또는 실용신안등록도 무효가 될 수 있다는 내용을 기재하여 통보한다. 이는 당해 출원의 출원인과 이미 등록된 출원의 권리자가 실질적인 협의를 통하여(당해 출원을 취하 또는 보정하는 대신 등록된 출원의 권리자에 당해 출원의 출원인을 추가) 등록권자와 당해 출원의 출원인의 이익을 보호하기 위함이다.

[판례] 대법원 2006. 11. 24. 선고 2003후2089 판결, 1996. 9. 24. 선고 96후856 판결
동일한 발명에 대하여 다른 날에 2 이상의 특허출원이 있는 때에는 먼저 특허출원한 자만이 그 발명에 대하여 특허를 받을 수 있다.

[판례] 대법원 2007. 1. 12. 선고 2005후3017 판결
특허법 제36조를 적용하기 위한 전제로서 두 발명이 서로 동일한 발명인지 여부를 판단함에 있어서는 대비되는 두 발명의 실체를 파악하여 따져보아야 할 것이지 표현양식에 따른 차이가 있는지 여부에 따라 판단할 것은 아니므로, 대비되는 두 발명이 각각 물건의 발명과 방법의 발명으로 서로 발명의 범주가 다르다는 사정만으로 곧바로 동일한 발명이 아니라고 단정할 수는 없다.

[분석] 어떠한 발명이 특허법상 물건의 발명에 속하는지 방법의 발명에 속하는지는 단순히

발명의 명칭이나 표현형식 만에 의하여 결정되는 것이 아니고 발명의 실체를 구성하는 요소에 의하여 정하여 진다.

[사례] 2종 이상의 음식물 또는 기호물을 혼합하는 발명의 경우에, 혼합에 의한 음식물 또는 기호물의 제조방법과 같은 방법의 형식으로 표현되어 있다 하더라도, 단순히 혼합하는 것 이외에 제조방법에 있어서 아무런 특징이 없고, 발명의 구성상 '시간의 경과'라는 요소를 요건으로 하지 않는 경우에는 발명의 실체상 제조방법의 특허라고 볼 수 없고 물(物) 자체의 특허라고 보아야 할 것이므로, 이 경우에는 음식물 또는 기호물 자체의 발명으로 보아야 한다. 그 이유는 위와 같은 경우에는 제조방법의 발명에 대한 특허권의 효력은 그것이 음식물 또는 기호물 자체의 형식으로 특허된 경우와 실질적으로 전혀 동일하다고 할 수 있고, 따라서 위와 같은 특허를 인정하는 것은 방법의 발명을 불특허사유의 예외로 한 입법취지에 반하기 때문이다. 즉, 발명의 실체가 음식물 또는 기호물 자체임에도 불구하고 청구범위가 그 제조방법의 형식으로 표현되어 있다고 하여 이를 음식물 또는 기호물의 발명이 아니라고 한다면 대부분의 음식물 또는 기호물에 대한 발명을 제조방법의 형식으로 표현함으로써 음식물 또는 기호물에 대한 발명을 불특허대상으로 하고 있는 구 특허법 제4조 제1호의 규정을 회피하는 것이 가능하게 되어 위 규정의 존재 의의를 부정하게 될 것이다(특허법원 2000. 12. 22. 선고 99허840 판결, 2000. 12. 22. 선고 99허1539 판결).

[판례] 대법원 2007. 1. 12. 선고 2005후3017 판결

특허법 제36조 제2항 및 제3항은 동일한 발명에 대하여 같은 날 2 이상의 특허출원이 있는 경우(이하 '경합출원'이라고 한다) 이를 등록무효사유로 규정하면서, 다만 출원인의 협의가 있거나 특허출원이 무효 또는 취하된 때에 한하여 예외적으로 특허를 받을 수 있도록 규정하고 있을 뿐, 특허권이나 실용신안권의 포기를 그 예외사유로 규정하고 있지는 아니하므로 그 포기에 의하여 경합출원의 하자가 치유되어 제3자에 대한 관계에서 특허권의 효력을 주장할 수 있다고 보는 것은 우선 명문의 근거가 없을 뿐만 아니라, 권리자가 포기의 대상과 시기를 임의로 선택할 수 있어 권리관계가 불확정한 상태에 놓이게 되는 등 법적 안정성을 해칠 우려가 있는 점, 특허권이나 실용신안권의 포기는 그 출원의 포기와는 달리 소급효가 없음에도 결과적으로 그 포기에 소급효를 인정하는 셈이 되어 부당하며, 나아가 특허권 등의 포기는 등록만으로 이루어져 대외적인 공시방법으로는 충분하지 아니한 점 등을 종합하여 보면, 출원이 경합된 상태에서 등록된 특허권이나 실용신안권 중 어느 하나에 대하여 사후 권리자가 그 권리를 포기했다 하더라도 경합출원으로 인한 하자가 치유된다고 보기는 어렵다.

◇ **대법원 1990. 8. 14. 선고 89후1103 판결**

동일인이 동일고안에 대하여 같은 날에 경합출원을 하여 모두 등록이 된 경우에 그 후 어느 한쪽의 등록이 무효로 확정되었다면 나머지 등록을 유지존속시켜주는 것이 타당하고, 당초에 경합출원이었다는 사실만으로 나머지 등록까지 모두 무효로 볼 것이 아니다.

[분석] 대법원 1990. 8. 14. 선고 89후1103 판결은 동일한 발명이 같은 날 2개의 실용신안으로 동시에 출원되어 모두 등록되었다가 그 중 하나의 등록실용신안이 무효로 확정된 사안에 대하여, 나머지 등록실용신안을 유지, 존속시켜주는 것이 타당하다고 판시한다. 동일인의 경합출원 중 어느 하나가 이미 등록받은 경우에도 선 등록출원이 무효사유가 있을 경우에는 후 등록출원의 등록을 유지시켜주는 것이 특허제도의 취지에 부합하는 것으로 볼 수 있다. 위와 같은 이중특허배제 규정은 중복되는 권리를 배제한다는 취지에서 1발명 1특허의 원칙을 관철하기 위한 것으로 보아야 하기 때문이다.

[분석] 같은 날 동일인에 의하여 동일발명이 특허와 실용신안으로 동시에 출원되고 모두 등록된 경우 특허발명은 무효이고, 그 중 등록된 실용신안권이 그 권리자에 의하여 포기된 경우에도 특허발명의 무효사유가 치유되지 않는다.

[판례] 대법원 2000. 1. 21. 선고 97후2576 판결

실용신안의 신규성과 진보성 등의 등록요건에 관한 판단은 각 출원된 고안에 대하여 개별적으로 판단할 일이지 같은 날 또는 그 후에 출원된 동일 또는 유사한 고안의 등록 여부는 고려할 바가 아니다. 그리고 설사 동일한 고안에 대하여 같은 날에 2 이상의 실용신안등록출원이 있는 때에도 그 고안이 신규성이나 진보성의 결여로 어차피 실용신안법 제13조 제1호, 제4조에 의하여 등록거절되어야 하는 것인 이상, 같은 법 제7조 제2항, 제6항에서 규정한 출원인 간의 협의절차 등을 거치지 않았다 하여 그 출원에 대한 신규성이나 진보성 결여를 원인으로 한 거절결정이 부적법하다고 할 수 없다.

[연구] 특허출원 또는 실용신안등록출원이 포기되거나, 취하되거나 또는 각하된 때, 또는 특허출원에 대하여 거절한다는 취지의 사정 또는 심결이 확정된 때는 그 특허출원 또는 실용신안등록출원은 제1항 내지 전항의 규정의 적용에 대해서는 처음부터 없었던 것으로 본다. 다만, 그 특허출원에 대하여 제2항 후단 또는 전항 후단의 규정에 해당하여 거절한다는 취지의 사정 또는 심결이 확정된 때는 그러하지 아니하다(일본 특허법 제39조 제5항).

[분석] 하나의 출원이 특허 또는 실용신안등록 되어 있는 경우에는 협의를 할 수 없으므로 협의명령을 할 수는 없으나, 특허 또는 실용신안등록은 무효사유를 포함하고 있으므로 실

질적인 협의의 기회를 부여하기 위하여 특허권자 또는 실용신안권자에게도 그 사실을 통지하여야 한다. 그러나 출원인과 특허권자 또는 실용신안권자가 동일한 경우에는 거절이유통지에 의하여 대응이 가능하므로 별도의 통지를 요하지 않는다.

3. 동일성의 판단

3.1. 기본원칙

특허법 제36조 제1항 내지 제3항의 적용에 대한 판단은 선·후 출원 또는 같은 날의 출원의 청구항에 기재된 발명이 동일한가에 대한 판단이다. 따라서 청구항에 기재된 발명의 구성을 상호 대비하여 동일 여부를 판단한다.

3.2. 동일성 판단방법

(1) 청구항에 기재된 발명을 특정한다. 이 경우에 청구항에 기재된 발명의 특정방법은 '신규성의 판단'과 동일하다.

(2) 청구항에 기재된 발명을 상호 대비하여 양자의 구성의 일치점과 차이점을 명확히 한다.

(3) 청구항에 기재된 발명의 동일 여부는 다음과 같이 판단한다.

(가) 양자의 구성에 차이점이 없으면 동일하다.

(나) 양자의 구성에 차이점이 있는 경우에도 실질동일의 경우에는 동일한 것으로 한다.

[실무] 같은 날에 출원된 발명 A와 발명 B에 대한 동일 여부는 다음과 같이 판단한다.
① 발명 A를 선출원으로 하고, 발명 B를 후출원으로 한 경우에 후출원이 선출원과 동일하고, 반대로 발명 B를 선출원으로 하고 발명 A를 후출원으로 한 경우에도 후출원이 선출원과 동일하면 양자는 동일하다.
② 발명 A를 선출원으로 하고 발명 B를 후출원으로 한 경우에 후출원이 선출원과 동일하지만 발명 B를 선출원으로 하고 발명 A를 후출원으로 한 경우에는 후출원이 선출원과 동일하지 않으면 양자는 동일하지 않다.

[분석] 실질동일의 경우란 ① 양자의 차이가 주지관용기술의 부가, 삭제, 치환 등의 차이에 불과한 것으로, 새로운 효과를 발생하지 않는 경우 ② 하위개념으로 표현된 선출원의 기술

사상에 대하여 후원은 이를 상위개념으로 표현한 것에 지나지 않는 차이 ③ 단순한 카테고리의 차이를 들 수 있다.

4. 동일발명의 선출원이 있을 경우의 후원의 심사

4.1. 출원인이 상이한 경우

출원인과 발명자가 모두 상이한 경우에는 특허법 제29조 제3항 내지 제6항의 규정을 적용한다. 출원인은 상이하지만 발명자가 동일한 경우에는 특허법 제36조의 규정을 적용한다. 이 경우에 동일발명에 대한 후원이라는 거절이유로 거절결정을 할 경우에는 선출원의 청구범위가 확정된 이후에 하여야 한다.

4.2. 출원인이 동일한 경우

출원인이 동일한 경우에는 선출원이 확정되어 있지 않거나 심사청구되어 있지 않아도 후원에 대하여 거절이유를 통지한다. 이 경우에는 특허법 제36조의 규정에 의한 거절이유가 해소되지 않을 경우에는 선출원이 확정되지 않아도 거절결정을 한다는 취지를 거절이유통지서에 부기하여 통지하며, 지정기간 경과 후 거절이유가 해소되지 않으면 거절결정을 한다.

[분석] 특허법 제36조 제2항 및 제3항은 같은 날 출원된 동일한 발명에 대하여는 협의에 의하여 정하여진 하나의 출원인만이 특허를 받을 수 있도록 규정하여 동일한 발명의 이중등록을 방지하고 있다. 한편 특허법 제36조 제5항 및 제87조 제2항은 이중출원 관계에 있는 출원의 경우 심사단계에서는 특허법 제36조 제2항을 적용하지 않고 등록단계에서 이중출원이나 원출원의 하나가 등록되면, 나머지 출원은 먼저 등록된 출원의 등록을 포기하는 경우에 한하여 등록을 허용함으로써 이중등록을 방지하고 있다.

[실무] 선출원과 후출원 및 후출원 상호간에 특허법 제36조 제2항을 적용하여 심사한다. 한편 선출원 또는 선출원을 기초로 한 후출원과 이중출원 또는 이중출원을 기초로 한 후출원은 심사단계에서는 특허법 제36조 제2항을 적용하지 않고 등록단계에서 특허법 제87조 제2항을 적용한다. 또한 특허법 제87조 제2항을 적용하는 경우에는 당초 선출원과 이중출원의 관계에 있는 한, 출원 후 보정 등으로 청구범위에 기재된 발명이 상이한 경우에도 적용한다.

[실무] 하나의 선출원을 기초로 한 이중출원과 분할출원(또는 국내우선권주장 출원)의 청구범위에 동일발명이 기재된 경우, 당해 발명의 출원일이 같으므로 양 출원을 특허법 제87조 제2항 또는 특허법 제36조 제2항을 적용하여 동일발명의 이중등록을 방지하여야 한다. 이중출원과 분할원출원간에 특허법 제87조 제2항을 적용하고자 하는 경우 분할출원을 특허법 제87조 제2항의 '이중출원의 기초가 된 출원'으로 볼 수 있는지가 불분명하다. 그러나 이중출원과 분할원출원 사이에 특허법 제36조 제2항을 적용하고자 하는 경우 ① 특허를 심사하는 단계에서는 대부분의 실용신안등록출원은 설정등록되어 협의할 수 없는 상태가 되어 특허출원은 특허를 받을 수 없게 되며, ② 이와 같은 결과는 대부분 출원인의 의사에 반할 뿐만 아니라, ③ 심사에 있어서도 특허법 제36조 제2항의 특허요건 충족 여부에 대한 심사가 용이하지 않으므로 선출원에 기초한 분할출원과 이중출원 사이에는 상기와 같이 취급한다.

Ⅲ. 확대된 선출원

1. 취지

명세서 또는 도면에 기재되어 있는 발명은 등록공고 또는 출원공개에 의하여 공개되므로 청구범위에 포함되어 있지 않아도 그 발명은 출원인의 입장에서 보면 대가 없이 사회에 공여한 발명이라 볼 수 있다. 따라서 특허법 제29조 제3항 내지 제6항은 이렇게 공여된 발명을 후출원한 제3자의 전유물로 하는 것은 불합리할 뿐만 아니라, 새로운 발명에 대한 공개의 대가로 일정기간 동안 독점권을 부여하는 특허제도의 취지에도 부합되지 않으므로 특허를 허여하지 않겠다는 취지이다.

또한 명세서 또는 도면에 기재된 발명을 보정에 의해 청구범위에 기재할 경우 특허법 제36조 규정에 의한 선출원이 될 가능성이 있어 후출원의 심사를 선출원의 심사 종결시까지 미루어야하는 문제가 생기므로 이를 방지하기 위한 측면도 있다.

[판례] 특허법원 1999. 5. 28. 선고 98허1778 판결, 1999. 5. 28. 선고 98허7110 판결

어떠한 발명이 특허법 제29조 제3항에 해당하는지를 판단하기 위하여는 그 전제로서 선출원의 존재와 그 선출원이 출원공개 또는 출원공고될 것이 요구되고, 그 경우 대비되는 발명은 후에 보정되었는지에 관계없이 선출원의 최초명세서 및 도면에 기재된 발명이다.

◇ 특허법원 1999. 5. 28. 선고 98허1778 판결, 1999. 5. 28. 선고 98허7110 판결

특허법 제29조 제3항 규정의 취지는 특허법 제36조 소정의 선출원주의가 특허청구의 범위에 기재된 발명만을 기준으로 선후원의 동일성 여부를 판단하므로, 선출원의 청구범위에는 기재되지 아니하였으나 발명의 설명이나 도면에는 기재된 기술내용에 대하여 아무런 발명적 기여도 없는 제3자가 후출원으로 특허를 받을 수 있는 경우가 생길 수 있어 그러한 부분을 누구나 자유롭게 실시할 수 있는 공공의 영역으로 두려는 선출원자의 의사에 반하여 부당하고, 출원공개기간이 길어짐으로써 발명적 업적이 없는 자가 특허를 받게 되는 불공평이 초래될 우려도 있으므로, 선출원의 범위를 확대하여 선출원이 출원공개 또는 출원공고된 경우 최초명세서 및 도면에 기재된 발명내용 전부에 비추어 동일성이 있다고 판단되면 특허를 받을 수 없도록 한 것이다.

2. 특허법 제29조 제3항 내지 제6항의 적용요건

특허법 제29조 제3항 내지 제6항을 적용하기 위해서는 다음 요건을 충족하여야 한다.

(1) 당해 특허출원(이하, '당해 출원'이라 한다)의 출원일(조약우선권주장을 수반하는 출원은 제1국 출원일, 국내우선권주장 출원은 선출원일) 전에 타(他)특허출원 또는 실용신안등록출원(이하, '타출원'이라 한다)이 출원되어 있을 것

(가) 타출원이 분할출원 또는 변경출원인 경우에는 특허법 제29조 제3항 내지 제6항의 적용에 있어 출원일은 분할 또는 변경출원일이다.

[설명] 분할출원이나 변경출원은 특허법 제29조 제3항과 제4항 적용시 출원일이 소급되지 않으므로 당해 출원보다 출원일이 늦어 선행기술로 사용할 수 없으나, 원출원은 당해 출원보다 출원일이 앞서므로 타출원으로 하여 선행기술로 사용할 수 있다.

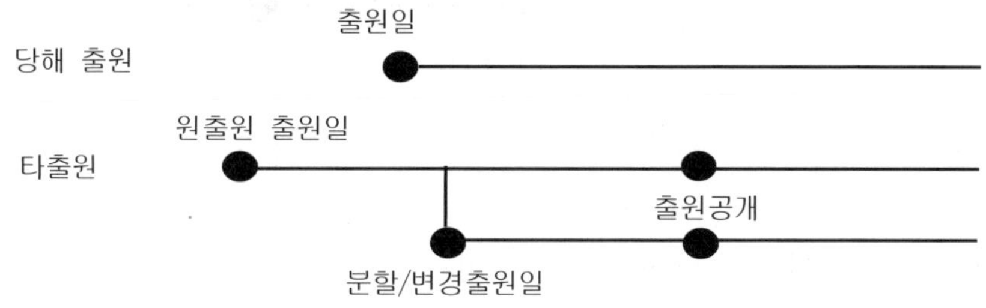

[분석] 선출원은 그 출원일로부터 1년 3월을 경과한 때에 취하된 것으로 간주되어 출원공개되지 않으므로 후출원이 등록공고 또는 출원공개되었을 때는 후출원의 당초명세서 등에 기재된 발명 중 선출원의 당초명세서 등에 기재된 발명에 관하여는, 상기 등록공고 또는 출원공개되었을 때에 당해 선출원이 출원공개된 것으로 간주된다. 또한 후출원과 선출원의 당초명세서 등에는 기재되어 있지 않으나 보정에 의하여 새로이 기재된 발명에 대해서는 특허법 제29조 제3항 내지 제6항의 규정은 적용되지 않는다. 다만, 선출원의 당초명세서 등에는 기재되어 있으나 후출원의 당초명세서 등에는 기재되어 있지 않은 발명에 대해서는 출원공개된 것으로 보지 않는다. 따라서 이러한 발명에 대해서는 선출원을 타출원으로 하여 특허법 제29조 제3항 내지 제6항의 규정을 적용할 수 없다.

(나) 타출원이 파리조약에 의한 우선권주장을 수반하는 출원인 경우에는 제1국 출원의 명세서 또는 도면(이하, 출원의 최초명세서 또는 도면은 '당초명세서 등'이라 한다)과 우선권주장수반 출원의 당초명세서 등에 공통으로 기재된 발명에 대해서는 제1국 출원일을 타출원의 출원일로 인정한다.

[설명] 제1국 출원에 기재된 발명 A는 특허법 제29조 제3·4항 및 제4항 적용시 제1국 출원일을 출원일로 간주하므로 우선권주장 출원을 타출원의 선행기술로 사용할 수 있으나 제1국 출원에 기재되지 아니한 B발명은 출원일이 실제 우리나라에 출원한 날이므로 타출원의 선행기술로 사용할 수 없다. 한편 제1국 출원에는 기재되어 있었으나 우선권주장 출원에 포함되지 아니한 C발명은 우리나라에 출원된 출원이 아니므로 선행기술로 볼 수 없다.

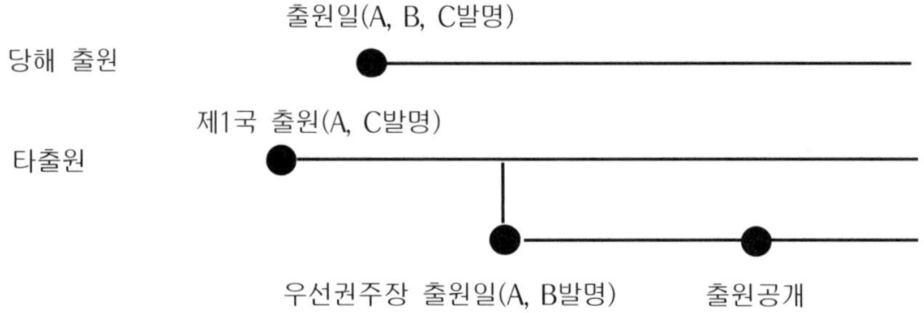

(다) 국내우선권주장의 기초가 된 선출원의 당초명세서에 기재된 발명 또는 당해 우선권의 주장을 수반하는 출원(이하, '후출원'이라 한다)의 당초명세서 등에 기재된 발명을 특허법 제29조 제3항 내지 제6항의 타출원으로 할 경우에는 다음과 같이 취급한다.

① 후출원과 선출원 모두의 당초명세서 등에 기재된 발명에 관해서는 선출원의 출원일을 타출원의 출원일로 하여 특허법 제29조 제3항 내지 제6항의 규정을 적용한다. 후출원의 당초명세서 등에만 기재되고 선출원의 당초명세서 등에는 기재되지 아니한 발명에 대해서는 후출원의 출원일을 타출원의 출원일로 하여 특허법 제29조 제3항 내지 제6항의 규정을 적용한다. 선출원의 당초명세서 등에만 기재되고, 후출원의 당초명세서 등에는 기재되어 있지 아니한 발명에 대해서는 특허법 제29조 제3항 내지 제6항의 규정을 적용할 수 없다.

[설명] 선출원은 그 출원일로부터 1년 3월(2001. 7. 1. 이후 출원된 실용신안등록출원의 경우 즉시)을 경과한 때에 취하된 것으로 간주되어 출원공개되지 않으므로 후출원이 등록공고 또는 출원공개되었을 때 후출원의 당초명세서 등에 기재된 발명 중 선출원의 당초명세서 등에 기재된 발명은, 상기 등록공고 또는 공개되었을 때에 출원공개된 것으로 간주된다. 또한 후출원과 선출원의 당초명세서 등에는 기재되어 있지 않으나 보정에 의하여 새로이 기재된 발명에 대해서는 동 규정이 적용되지 아니하고, 선출원의 당초명세서 등에는 기재되어 있으나 후출원의 당초명세서 등에 기재되어 있지 아니한 발명에 대해서는 출원공개된 것으로 보지 않는다. 따라서 이러한 발명에 대해서도 특허법 제29조 제3항 내지 제6항의 규정은 적용되지 않는다.

② '①'의 경우에 있어서, 선출원이 국내우선권주장을 수반하는 출원(파리조약에 의한 것을 포함한다)일 경우에는 후출원과 선출원 모두의 당초명세서 등에 기재된 발명 중, 당해 선출원의 우선권주장의 기초가 되는 출원의 당초명세서 등에 기재된 발명에 관해서는 특허법 제29조 제3항 내지 제6항의 규정을 적용할 수 없다.

[설명] 후출원이 선출원만을 기초로 우선권주장 출원을 하였다면 선출원에 기재된 A, C발명 중 제1국 출원에 기재된 발명 A는 특허법 제29조 제3·4항 적용시 후출원일에 출원한 것으로 간주하므로 당해 출원에 A발명이 기재되어 있더라도 후출원을 선행기술로 사용할 수 없고 C발명에 대해서만 선행기술로 사용할 수 있다. 한편 후출원이 제1국 출원과 선출원을 기초로 우선권주장 출원을 하였다면 A발명도 특허법 제29조 제3·4항 적용시 타출원으로 하여 선행기술로 사용할 수 있다.

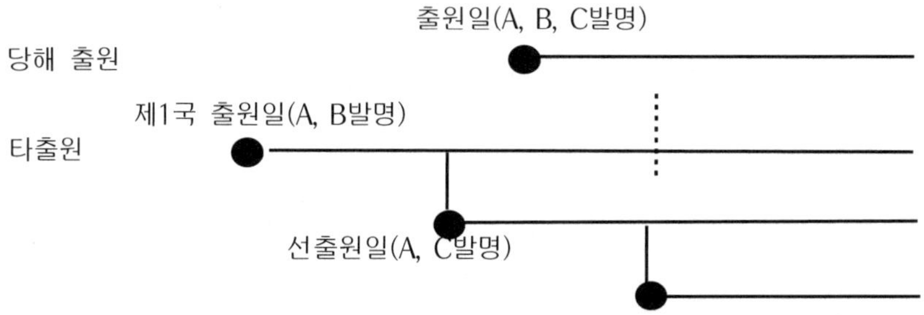

(2) 당해 출원의 출원 후에 타출원이 등록공고 또는 출원공개되었을 것

선출원이 일단 출원공개 또는 등록공고된 후에는 선출원에 대하여 특허 여부

결정, 무효, 취하, 포기 또는 각하 등이 있다 하더라도 타출원으로서의 지위는 유지된다. 그러나 출원이 거절결정 또는 취하, 포기, 무효된 후 출원공개 등이 있었다면 그 출원은 타출원으로서의 지위가 상실된다.

[분석] 선출원이 모인출원인 경우에도 제29조 제3·4항의 확대된 선출원의 지위를 가진다.

(3) 당해 출원의 청구항에 기재된 발명이 타출원의 최초명세서 등에 기재된 발명과 동일할 것

당해 출원의 청구항에 기재된 발명이 타출원의 '당초명세서 등에 기재된 발명과 동일'하여야 하므로 당해 출원의 청구항에 기재된 발명과 타출원의 당초명세서 등에 기재된 발명은 완전히 동일하거나 실질적으로 동일하여야 한다.

[분석] 타출원의 당초명세서 등에는 기재되어 있으나 출원 이후의 보정에 의하여 삭제된 사항에 대해서도 특허법 제29조 제3·4항이 적용된다.

[분석] 선출원의 발명자(甲)가 출원한 명세서에 기재되어 있는 타인(乙)발명도 이 타인(乙)이 후원으로 출원을 하였을 경우에는 발명자가 동일한 것으로 취급하여 확대된 선출원의 대상이 되지 않는다. 즉, 출원서에 기재되어 있는 발명자는 청구범위에 기재된 발명의 발명자를 의미하며 발명의 설명이나 도면에 기재되어 있는 발명의 발명자를 말하는 것은 아니다. 실무상으로는 청구범위에는 기재되어 있지 않은 발명의 설명에 기재된 발명이 타인의 발명으로 명시되어 있지 않는 한 거절이유를 통지하여 후원의 발명자가 선출원과 동일한 발명자임을 명확히 한 후에 확대된 선출원의 적용에서 제외한다.

[분석] 당초명세서 등에 기재되어 있다는 것은 당해 명세서 등에 직접적으로 명확하게 기재되어 있는 사항 및 명시적으로는 기재되어 있지 않으나 통상의 기술자가 명세서 등에 기재된 사항에 의하여 도출해 낼 수 있는 사항을 말한다. 이 경우에는 당해 출원의 출원시의 기술상식을 참작한다.

[분석] 확대된 선출원을 적용하기 위하여서는 공개시점에서 선출원이 특허청에 계속하여 존재하고 있어야 하는 것이다. 따라서 설사 선출원이 공개되었다고 하더라도 공개시점에서 선출원이 거절결정이 확정되어 있거나, 취하 또는 포기되어 있는 출원은 사실상 공개된 것으로 보지 않으므로 확대된 선출원의 대상이 아니다. 그러나 선출원이 출원공고 또는 출원공개된 이상은 그 후 취하되거나 무효가 되어도 선출원으로서의 지위에는 변화가 없고, 특허법 제36조에서는 그 같은 출원은 처음부터 없었던 것으로 간주되므로 선출원으로서의

지위를 상실하는 점에서 양자는 상이하다.

[실무] 후출원의 출원일과 선출원의 공개일이 같은 경우, 후출원의 출원시간과 선출원의 공개시간을 비교하여 선출원의 공개시간이 후출원의 출원시간보다 앞서는 경우에는 특허법 제29조 제1항 제2호 또는 제2항의 규정을 적용하고, 후출원의 출원시간이 선출원의 공개시간보다 앞서는 경우에는 특허법 제29조 제3·4항을 적용한다. 만약 후출원의 출원시간 또는 선출원의 공개시간 어느 하나라도 확인이 곤란할 경우에는 후출원의 출원시간이 선출원의 공개시간보다 앞서는 것으로 간주하여 특허법 제29조 제3·4항을 적용한다.

[실무] 당해 출원의 청구항에 기재된 발명이 他출원의 당초명세서 등에 기재된 발명과 동일이란 당해 출원의 청구항에 기재된 발명과 타출원의 당초명세서 등에 기재된 발명이 구성상 완전히 동일한 경우는 물론, 양자에 구성상의 차이는 있으나 그 차이가 과제 해결을 위한 구체화 수단에 있어서의 미차에 불과한 경우(실질동일)도 포함하는 의미이다.

[판례] 특허법원 2003. 12. 5. 선고 2002허4644 판결

선출원의 출원서에 최초로 첨부된 명세서 또는 도면에 기재된 발명만이 특허법 제29조 제3항에서 규정하고 있는 확대된 선출원의 지위를 갖는 것이고, 선출원의 출원서에 최초로 첨부된 명세서 또는 도면에 기재되어 있지 않고 그 후 선출원의 명세서 또는 도면의 보정으로 추가된 발명은 확대된 선출원의 지위를 가질 수 없다.

[사례] 선행발명은 보정에 의하여 명세서의 일부 외에 청구범위까지 달라지게 되었다고 할 것이므로, 최초 출원서에 첨부된 명세서 및 도면에 기재된 발명만이 확대된 선출원으로서의 지위를 갖는다(특허법원 2003. 12. 5. 선고 2002허4644 판결).

[판례] 특허법원 2005. 9. 22. 선고 2005허827 판결

특허법 제29조 제3항이 적용되기 위해서는, 특허출원된 발명의 청구범위가 그 출원일 이전에 특허출원되고 그 출원일 이후에 출원공개되거나 등록공고된 특허의 출원서에 최초로 첨부된 명세서 또는 그 도면에 기재된 내용과 동일한 경우이면 충분하고, 명세서에는 청구범위와 발명의 설명이 모두 포함된다.

[사례] 등록고안이 실용신안법 제4조 제3항에 해당하는지는 선행고안의 명세서 등에 등록고안과 동일한 고안이 기재되어 있는지에 의하여 판단하여야 하는데, 등록고안은 선행고안의 명세서에 기재되어 있는 장편(10)과 그 목적, 구성 및 효과가 동일한 이상, 선행고안에 등록고안과는 다른 기술내용이 포함되어 있다고 하더라도 이를 이유로 등록고안이 위 선행고안의 장편(2)과 동일한 고안이 아니라고 할 수 없다(특허법원 2002. 11. 22. 선고 2002허826 판결).

3. 특허법 제29조 제3·4항의 단서 적용기준

다음의 경우에는 특허법 제29조 제3항 내지 제6항의 타출원의 지위를 갖지 않는 출원으로 한다.

(1) 당해 출원의 발명자와 타출원의 발명자가 동일한 경우

(가) 당해 출원의 발명자와 타출원의 발명자는 원칙적으로 출원서에 기재된 발명자를 말한다.

(나) 발명자가 공동발명자인 경우는 당해 출원 및 타(他)출원의 발명자 전원이 표시상 완전히 일치할 것을 요한다. 그러나 표시상 완전히 일치하지 않는 경우에도 실질적으로 동일한 발명자로 판단되면 발명자가 동일한 것으로 인정한다.

(다) 발명자가 표시상 완전히 동일하지 않을 경우에 출원인은 발명자가 동일하다는 사실을 입증하여야 한다.

[분석] 선출원의 발명자와 후원의 발명자가 동일한 경우에 확대된 선출원을 적용하지 않는 것은 선출원의 발명자가 청구범위에 기재하지 않은 명세서상의 발명이 곧 발명을 포기한 것은 아니라는 것을 기초로 한 것으로 보기 때문이다.

[분석] 심사관이 당해 출원과 타출원의 발명자가 상이하여 타출원을 선행기술로 하여 거절이유를 통지한 결과 이를 해소하기 위하여 출원인이 발명자를 추가하거나 정정을 신청한 경우, 심사관은 출원인이 추가나 정정을 요청한 발명자가 진정한 발명지인지 여부를 입증할 수 있는 서류를 출원인에게 요구할 수 있다.

(2) 당해 출원의 출원인과 타출원의 출원인이 동일한 경우

(가) 출원인 동일 여부는 당해 출원의 실제 출원시점을 기준으로 타출원과 당해 출원의 출원서에 기재된 출원인의 동일 여부에 의해 판단한다.

(나) 출원인이 2인 이상인 경우에는 전원이 완전히 일치하여야 한다.

(다) 타출원일과 당해 출원일 사이에 출원인의 개칭·상속·합병 등에 의하여 출원인의 기재가 외형상 완전히 일치하지 않을 경우에도 실질적으로 동일한 경우에는 일치하는 것으로 인정한다.

[분석] 당해 출원이 분할출원 또는 변경출원인 때에는 당해 출원의 소급일의 원출원인을 당해 출원인으로 한다.

[분석] 선출원과 후출원의 출원인이 동일한 것을 요하는 것은 후출원의 출원시점에서 동일하면 족하는 것이며 시점의 전후로 선·후출원의 출원인이 변하여도 확대된 선출원의 대상에서 제외된다. 이것은 특허요건이 불안정해지는 것을 피하기 위해 동일 여부를 후원의 출원시점으로 확정한 것으로 보기 때문이다.

[분석] 선출원의 출원인 甲의 출원서의 발명의 설명에 발명 A, B가 설명되어 있고 출원인 甲은 발명 A의 발명자 X에게서 특허를 받을 수 있는 권리를 위임받아 청구범위에 발명 A를 기재하여 출원을 하고 있고 제3자인 乙이 발명자 丙, 丁과는 상관없이 후출원으로 출원을 하여 발명 B를 청구범위에 기재하고 있다면 후출원은 확대된 선출원의 적용을 받아 거절되는 것이며 출원인 甲이 B발명을 청구범위에 기재하여 후출원으로 출원을 한다면 선출원과 후출원은 출원인이 동일하므로 확대된 선출원의 대상이 아니며 이 경우에 있어서는 모인출원으로 거절을 하여야 한다.

[실무] ① 선행발명이 국내에 출원된 것임을 전제로 하는 것이므로 국내공보를 첨부하여야 한다.
② 본원의 출원 전에 출원된 선출원이어야 하며 본원의 출원 후에 공개, 공고 등이 되어야 한다.
③ 동일한 날에 출원된 것은 대상이 아니다.
④ 우선권주장을 수반하는 국내출원은 우선일이 국내에서의 출원일로 인정된다.
⑤ 명세서 또는 도면의 기재된 범위를 벗어나서 동일성의 판단을 하여서는 안 된다.
⑥ 출원인 또는 발명자가 동일한 경우에는 확대된 선출원의 대상이 되지 않는다.
⑦ 이 경우 선·후출원이 복수의 출원인 또는 복수의 발명자일 경우에는 전원이 동일하여야 한다.
⑧ 선출원이 분할출원 및 변경출원일 경우의 출원일은 소급하지 않으며 변경·분할출원된 출원일을 기준으로 한다. 실무에 있어서는 변경·분할출원의 원출원을 찾고 이 원출원의 공개공보를 인용하는 것이 일반적이다.
⑨ 공개 후에 출원이 포기, 취하, 무효가 되어 특허청에 계속 중에 있지 않아도 대상이 된다.
⑩ 출원인 동일 여부의 판단시점은 후출원의 출원일을 기준으로 한다. 실무에 있어서 공보의 출원인과 본원의 출원인이 상이한 경우에도 확대된 선출원을 적용하지 못하는 경우가 발생하는데, 선출원의 출원인이 후출원의 출원시점에서 동일하더라도 공고공보의 경우에

는 출원인 명의변경으로 출원인이 다르게 기재되어 있는 경우가 있기 때문이다.

4. 특허법 제29조 제5항 국제출원인 경우

타출원이 국제출원 또는 결정에 의하여 특허출원으로 되는 국제출원인 경우에 대한 특허법 제29조 제3·4항의 적용에 있어서는 타출원이 통상의 출원인 경우에 비하여 다음과 같은 점에서 다르다.

(1) 타출원 및 심사대상 출원 모두가 2014. 12. 31. 이전 출원되었거나, 타출원은 2014. 12. 31. 이전 출원이고 심사대상 출원은 2015. 1. 1. 이후 출원인 경우

타출원이 국제출원인 경우에 특허법 제29조 제3항 중 '출원공개'는 '출원공개 또는 특허협력조약 제21조에서 규정하는 국제공개'로, '출원서에 최초로 첨부된 명세서 또는 도면에 기재된 발명'은 '국제출원일에 제출한 국제출원의 명세서·청구범위 또는 도면과 그 출원번역문에 다같이 기재된 발명'이다.

(2) 타출원 및 심사대상 출원 모두가 2015. 1. 1. 이후 출원인 경우

타출원이 국제출원인 경우에 특허법 제29조 제3·4항 중 '출원공개'는 '출원공개 또는 특허협력조약 제21조에서 규정하는 국제공개'로, '출원서에 최초로 첨부된 명세서 또는 도면'은 '국제출원일까지 제출한 발명의 설명, 청구범위 또는 도면'이다. 특허법 제29조 제3·4항을 적용할 때 특허법 제201조 제4항에 따라 출원인이 국내서면제출기간에 발명의 설명 및 청구범위의 국어번역문을 제출하지 아니하여 취하한 것으로 보는 국제특허출원 또는 국제실용신안등록출원의 경우에는 타출원의 지위를 갖지 않는 출원으로 한다.

[판례] 서울고법 2005. 12. 29. 선고 2005나55819 판결

특허법 제213조, 제133조 제1항은, 국제출원일에 제출된 국제출원의 명세서·청구범위 또는 도면(도면 중 설명부분에 한한다)과 그 출원번역문에 다같이 기재되어 있는 발명 외의 발명에 관하여 특허된 경우, 그 특허에 대하여 무효심판을 청구할 수 있다고 규정하고 있다. 이 사건 특허에 대한 출원은 원고가 외국어로 국제특허출원을 한 후 국제출원일에 제출한 명세서 등의 국어 번역문을 제출하여 이루어진 것으로, 국제출원일에 제출된 서류와 그 번역문에 다같이 기재되어 있는 발명이 아닌 발명에 관하여 특허가 부여된 경우에 해당한다면 위 특허법 규정에 의하여 무효사유가 있다.

<표> 제29조 제3·4항(확대된 선출원)과 제36조(선출원)의 차이점

	제29조 제3·4항	제36조
비교대상	발명의 설명 또는 도면	청구범위
출원日	출원일이 다른 경우만 적용	출원일이 같거나 다른 경우 모두 적용
출원人	출원인이 동일하면 적용불가	출원인이 동일하거나 다른 경우 모두 적용
발명者	발명자가 동일하면 적용불가	발명자가 동일하거나 다른 경우 모두 적용
출원공개	공개된 경우만 적용	공개되지 않은 경우도 적용
무효/취하/각하	선출원이 일단 공개되면 선출원의 지위를 갖게 되어 선행기술로 이용가능	선출원이 공개되더라도 취하 또는 각하되면 선출원으로 이용불가
거절결정	모두 선출원으로 이용가능(개정법에서는 제36조 적용불가)	

5. 동일성 판단방법

5.1. 기본원칙

특허법 제29조 제3·4항의 적용에 대한 판단은 당해 출원의 '청구항에 기재된 발명'과 타출원의 최초출원시 출원서에 첨부된 명세서 또는 도면에 기재된 발명(이하, '선행발명'이라 한다)이 동일한가에 대한 판단이다.

[판례] 대법원 2002. 9. 6. 선고 2000후2248 판결, 1992. 5. 8. 선고 91후1656 판결

특허법 제29조 제3항은 특허출원한 발명이 당해 특허출원을 한 날 전에 한 타 특허출원으로서 당해 특허출원 후에 출원공고 또는 출원공개된 출원서에 최초에 첨부한 명세서 또는 도면에 기재된 발명과 동일한 때에 그 발명에 대하여는 특허를 받을 수 없다고 규정하고 있는바, 여기에서 타 특허출원서에 첨부한 명세서 또는 도면에 기재된 발명이란 그 기술내용이 타 특허출원서에 첨부한 명세서 또는 도면에 기재되어 있는 것으로서 그 기재정도는 통상의 기술자가 반복실시하여 목적하는 기술적 효과를 얻을 수 있을 정도까지 구체적, 객관적으로 개시되어 있는 완성된 발명을 말한다.

5.2. 동일성 판단의 절차 및 방법

(1) 당해 발명의 청구항에 기재된 발명을 특정한다. 이 경우에 청구항에 기재된 발명의 인정방법은 '신규성의 판단'과 동일하다.

(2) 인용문헌(타출원의 명세서 등)에 기재된 발명을 특정한다. 선행발명은 선행발명에 기재되어 있는 사항에 의하여 특정한다. 기재된 사항에 의한 특정시에는 타출원의 출원시의 기술상식을 참작하여 도출될 수 있는 사항도 선행발명으로 특정한다.

(3) 청구항에 기재된 발명과 선행발명을 대비하여 구성의 일치점과 차이점을 명확히 한다. 이 경우에 2 이상의 선행발명을 조합하여 청구항에 기재된 발명과 대비해서는 안 된다.

(4) 대비결과 청구항에 기재된 발명과 선행발명 간에 구성의 차이가 없으면 청구항에 기재된 발명과 선행발명은 동일하다. 이 경우의 동일은 실질적 동일을 포함한다.

[실무] 청구항에 기재된 발명과 선행발명이 각각 상·하위개념으로 표현된 경우에는 다음과 같이 선행발명을 특정한다. ① 청구항에 기재된 발명이 상위개념으로 표현되어 있고 선행발명이 하위개념으로 표현되어 있는 경우에는 선행발명으로 특정할 수 있다. ② 청구항에 기재된 발명이 하위개념으로 표현되어 있고 선행발명이 상위개념으로 표현되어 있는 경우에는 선행발명으로 특정할 수 없다.

[주의] 다만, 출원 당시의 기술상식을 참작하여 판단한 결과 상위개념으로 표현된 선행발명으로부터 하위개념으로 표현된 발명이 도출될 수 있는 경우에는 선행발명으로 인정할 수 있다. 그러나 단순히 개념상으로 하위개념이 상위개념에 포함되거나, 상위개념의 용어로부터 하위개념의 요소를 열거할 수 있다는 사실만으로는 하위개념으로 표현될 발명이 도출될 수 있다고 할 수는 없다.

[판례] 대법원 1991. 1. 15. 선고 90후1154 판결

전후로 출원된 양 고안의 그 기술적 구성이 전면적으로 일치하는 경우는 물론 부분적으로 일치하는 경우라도 그 일치하는 부분을 제외한 나머지 부분만으로 별개의 고안을 이룬다거나 위 일치하는 부분의 고안이 신규의 고안과 유기적으로 연결되어 일체로서 새로운 고안이 되는 등의 특별한 사정이 없는 한, 비록 양 고안의 구성에 상이점이 있어도 통상의 기술자가 보통으로 채용하는 정도의 변경에 지나지 아니하고 고안의 목적과 작용효과에 격별한 차이를 일으키지 아니하는 경우에는 양 고안은 동일한 고안이다.

[판례] 특허법원 2005. 6. 9. 선고 2004허6095 판결

등록고안이 선행고안들에 의하여 신규성을 상실하기 위해서는 선행고안들 중 어느 하나가 등록고안과 동일하여야 하고, 선행고안이 등록고안과의 관계에서 실용신안법 제4조 제3항이 정하는 확대된 선출원의 지위에 있기 위해서는 등록고안이 선행고안의 출원서에 최초로 첨부된 명세서 및 도면에 기재된 발명과 동일하여야 한다.

5.3. 동일성 판단의 실체적 방법

발명의 신규성은 출원발명과 선행발명이 동일한가 여부를 판단하는 것으로 발명의 동일성 문제이다. 발명의 동일성 문제는 발명의 신규성 문제뿐만 아니라 진보성, 공지 예외주장 출원, 확대된 선출원, 정당한 권리자의 보호, 선출원, 특허를 받을 수 있는 권리의 승계, 분할출원 및 우선권주장 출원 등의 적합성을 판단하는 때에도 발생하는 문제로 동일성 판단기준은 상기 각 부분에서 준용한다.

(1) 동일성의 판단은 청구항에 기재된 발명과 선행발명을 발명의 구성을 대비하여 양자의 구성의 일치점과 차이점을 추출하여서 판단한다.

[주의] 확대된 선출원에 있어서의 동일성 판단은 당해 출원의 청구항에 기재된 발명과 선출원의 최초출원시 출원서에 첨부된 명세서 또는 도면에 기재된 발명이 동일한가에 관하여 비교 판단하여야 한다.

[판례] 대법원 1987. 6. 9. 선고 85후5 판결

선후원 관계를 결정하는 발명의 동일성의 판단기준은 실무상 일응 청구범위에 의할 수밖에 없다.

(2) 청구항에 기재된 발명과 선행발명의 구성에 차이점이 있는 경우에는 동일한 발명이 아니며, 차이점이 없으면 청구항에 기재된 발명과 선행발명은 동일한 발명이다.

[사례] 출원발명은, 보리와 도정부산물인 맥강을 분쇄하여 분말화한 후 325mesh의 걸름체를 사용하여 체질하여 미세한 전분입자를 분리하고 걸름체를 통과하지 못한 분말분을 다시 분쇄/체질하여 β-글루칸 함량을 2~3배로 농축하는 β-글루칸 농축공정과; 상기 β-글루칸 농축분말 30중량%와 곡물원료 70중량%로 혼합하고, 식이섬유 소재의 결착성을 높이고 식감을 향상시키기 위해 상기 β-글루칸 농축분말과 상기 곡물원료 총 중량에 대하여 중량비로 전분 5~10중량%를 혼합한 후, 수분함량이 23~33%가 되도록 가수하여 혼합함과 아울러 엽록소 함량이 높

은 기능성 물질인 클로렐라를 상기 β-글루칸 농축분말과 상기 곡물원료 총 중량에 대하여 0.5~1중량%로 추가 혼합하는 곡물원료 혼합공정과; 상기 β-글루칸 농축분말, 전분, 클로렐라가 혼합된 곡물원료를 60~80℃의 성형온도에서 압출 성형하는 공정과; 성형화된 β-글루칸이 강화된 식이섬유 쌀을 40~60℃에서 수분함량이 8~12%로 함유되도록 건조시킨 후, 포장하는 공정으로 이루어지는 것을 특징으로 하는 천연물질이 함유된 식이섬유 쌀의 제조방법이고, 선행발명은, 보리와 도정부산물인 맥강을 분쇄하여 분말화한 후 325mesh(45㎛ 구멍)의 체를 사용하여 체질하여 입자크기에 따라 미세한 전분입자를 분리하고 체에 남는 부분을 다시 분쇄, 체질함을 2회 이상 실행하여 β-글루칸 함량을 2~3배 수준이상으로 농축함을 특징으로 하는 공정과 β-글루칸 농축분말을 곡물원료(현미, 보리, 밀, 조, 수수, 기장, 콩, 팥, 메밀, 녹두, 율무)에 중량비 20~40% 수준으로 첨가하여 총 배합비가 100%가 되도록 적정배합하고 수분함량이 23~33%가 되도록 가수하여 혼합하며 식이섬유 소재의 결착성을 높이고 식감을 향상시키기 위해 전분을 사용할 뿐만 아니라 스크류 속도를 400~600rpm, 성형온도를 60~80℃로 하여 압출성형한 후 건조, 도정하여 완성하는 보리 β-글루칸 강화 식이섬유 쌀의 제조방법인 경우, 출원발명은 식이섬유 쌀 제조과정에서 천연물질인 클로렐라를 첨가하여 유색의 식이섬유 쌀의 제조방법을 제공한다는 점에서 차이가 있으나 출원발명과 선행발명이 β-글루칸이 강화된 식이섬유 쌀의 제조방법을 제공한다는 점에서는 동일하므로, 목적에 있어서는 서로 유사하다. 양 발명은 보리와 맥강을 분말화하여 체질하는 β-글루칸 농축과정, β-글루칸 농축분말에 곡물원료를 혼합하고 전분을 혼합하여 가수화하는 곡물원료혼합공정, 곡물원료 압출성형공정, 건조 및 포장공정에 있어서는 동일하나, 출원발명은 곡물원료 혼합과정에서 엽록소 함량이 높은 기능성 물질인 클로렐라를 β-글루칸 농축분말과 상기 곡물원료 총 중량에 대하여 0.5~1중량%로 추가 혼합하는 신규의 공정이 새롭게 추가된 것이어서, 구체적인 기술구성이 상이하다. 나아가 식이섬유의 섭취를 쉽게 하고 보리의 취반성 및 기호성 측면을 개선시키는 효과에 있어서는 양 발명이 동일하나, 출원발명은 엽록소 함량이 높은 기능성 물질인 클로렐라가 혼합됨으로 인해 신진대사를 촉진시킬 수 있고 건강에도 유익하며, 식감이 좋게 연녹색의 보리 β-글루칸 강화 식이섬유 쌀을 제공하는 효과가 있는 것이어서 향상된 효과가 인정되므로, 양 발명은 실질적으로 동일한 발명이라 할 수 없다(특허심판원 2004. 7. 30.자 2003원3964 심결).

(3) 청구항에 기재된 발명과 선행발명이 전면적으로 일치하는 경우는 물론 실질적으로 동일한 경우에도 동일한 발명이다.

[분석] 발명이 실질적으로 동일한 경우란 선행발명과 청구범위에 기재된 발명이 단순한 표현의 차이, 단순한 효과의 인식의 차이, 단순한 목적의 차이, 단순한 구성의 변경, 단순한 용도의 차이 및 단순한 용도한정의 유무 등 발명의 사상으로서의 실질적으로 아무런 영향을 미치는 일이 없는 비본질적 사항(부수사항)에 차이가 있는 데 불과한 경우이다.

[설명] 단순한 표현의 차이란 청구범위의 표현은 다르지만, 실질적으로 동일한 내용인 것을 말하며, 단순한 카테고리의 차이도 역시 단순한 표현의 차이에 속한다.

[설명] 단순한 효과의 인식의 차이란 양 발명의 구성이 동일하기 때문에 이로 인한 작용효과도 또한 동일함에도 불구하고 단지 작용효과의 인식에 있어서 차이가 있는 정도에 불과한 것을 말한다.

[설명] 단순한 목적의 차이란 구성이 동일하면서 목적이라는 주관적인 의도는 다른 것을 말한다.

[설명] 단순한 구성의 변경이란 어떤 발명에 대하여 그 구성을 변경하여서 구성이 다른 발명으로 하였을 경우에 그 변경이 목적달성을 위한 구체화 수단으로서 통상의 기술자에 의하여 일반적으로 채용될 수 있는 정도의 기술수단의 치환, 부가 또는 삭제 등에 해당하는 것이고 그 변경에 의하여 발명의 목적 및 효과에 각별한 차이가 생기지 않는 경우를 말하며, 다음에 표시하는 바와 같은 '단순한 관용수단의 전환', '단순한 관용수단의 부가 또는 삭제', '단순한 재료변환 또는 균등물 치환', '단순한 균등수단의 전환', '단순한 형상, 수 또는 배열의 한정이나 변경', '단순한 수치의 한정 또는 변경' 등이 포함된다.

[설명] 단순한 관용수단의 전환이란 어떤 발명에 대하여 그 구성을 변경하여서 구성이 다른 발명으로 하였을 경우에 그 변경이 관용수단의 전환에 해당하는 것이고 그 변경에 의하여 발명의 목적 및 효과에 각별한 차이가 생기지 않는 경우를 말한다.

[설명] 단순한 관용수단의 부가 또는 삭제란 어떤 발명에 대하여 그 구성을 변경하여서 구성이 다른 발명으로 하였을 경우에 그 변경이 관용수단의 부가 또는 삭제에 해당하는 것이고 그 변경에 의하여 발명의 목적 및 효과에 각별한 차이가 생기지 않는 경우를 말한다.

[설명] 단순한 재료변환 또는 균등물 치환이란 어떤 발명에 대하여 그 구성을 변경하여 구성이 다른 발명으로 하였을 경우에 그 변경이 호환성을 가지고 또한 동일기능을 가진 공지인 재료 또는 물건의 치환에 해당하는 것이고 그 변경에 의하여 발명의 목적 및 효과에 각별한 차이가 생기지 않는 경우를 말한다.

[설명] 단순한 균등수단의 전환이란 어떤 발명에 대하여 그 구성을 변경하여서 구성이 다른 발명으로 하였을 경우에 그 변경이 호환성을 가지고, 또한 동일기능을 가진 공지인 수단의 전환에 해당하는 것이고 그 변경에 의하여 발명의 목적 및 효과에 각별한 차이가 생기지 않는 경우를 말한다.

[설명] 단순한 형상, 수 또는 배열의 한정이나 변경이란 어떤 발명에 대하여 그 구성을 변경하여서 구성이 다른 발명으로 하였을 경우에 그 변경이 목적 및 타 구성으로 보아 통상의 기술자에 의하여 보통으로 채용된다고 인정되는 정도의 형상, 수 또는 배열의 한정이나 변경에 해당하는 것이고, 그 변경에 의하여 발명의 목적 및 효과에 각별한 차이가 생기지 않는 경우를 말한다.

[설명] 단순한 수치의 한정 또는 변경이란 어떤 발명에 대하여 그 구성을 변경하여서 구성이 다른 발명으로 하였을 경우에 그 변경이 목적 및 효과로 보아 통상의 기술자에 의하여 보통 채용된다고 인정되는 정도의 수치의 한정 또는 변경에 해당하는 것이고, 그 변경에 의하여 발명의 목적 및 효과에 각별한 차이가 생기지 않는 경우를 말한다.

[설명] 단순한 용도의 차이란 구성의 차이가 있는 2 발명에 있어서 그 차이가 용도의 차이로서만 표시되어 있고, 그 용도의 차이가 타 구성으로부터 도출되는 용도 상호간의 차이에 불과한 경우를 말한다.

[설명] 단순한 용도한정의 유무란 2 발명에 있어서 그 차이가 용도한정의 유무로서만 표시되어 있고 그 용도가 타 구성으로부터 당연히 도출되는 용도의 한정에 불과한 경우를 말한다.

[분석] 심사과정에서 특허법 제36조 적용시 선출원이 아직 확정되어 있지 않은 경우인데, 여기서 '확정'의 의미는 더 이상 출원단계를 진행할 수 없는 상태를 의미한다. 예를 들어, 특허결정한 경우는 특허취소신청기간(6개월)이 지난 때 확정이 되고, 거절결정하는 경우는 거절결정한 때가 아니라 거절결정 후 30일이 경과하고 거절결정불복심판을 청구할 수 없는 상태 또는 심판을 청구하였다면 심결 이후 법원에서 판결이 선고되어 심결이 확정된 때를 말한다.

[실무] 선출원이 아직 확정되어 있지 않으면 선행기술로서 이용하면 안 된다. 그 이유는 선출원이 심사진행 중에 비교대상의 청구항이 삭제된다든지 또는 보정되어 후출원과 동일하지 않게 되는 경우가 많기 때문이다. 선출원이 현재 심사 미청구 또는 심사 중이거나 또는 심판에 계류 중이어서 아직 확정이 되어 있지 않으면 선행기술로서 사용할 수 없고, 이와 같은 경우는 심사보류 신청을 하여야 한다. 거절결정이 '확정'이 된 경우는 선행기술로서 이용할 수 있다. 참고로 일본의 경우는 거절결정된 선출원은 선행기술로 이용하지 못하며, 우리나라도 개정 특허법에서는 일본과 마찬가지로 거절결정된 선출원은 선행기술로 이용하지 못한다. 한편, 제36조를 적용하는 경우는 청구범위 대 청구범위를 대비하여야 한

다.

〔**실무**〕 선출원과 후출원의 청구범위가 동일한 경우 제36조를 적용하는 것 보다 제29조 제3항을 적용하는 것이 실무상 편리하다. 그 이유는 대부분의 특허출원은 발명의 설명이 청구범위보다 훨씬 자세하게 기재되어 있으므로 선출원의 발명의 설명에 기재된 기술내용에 의하여 후출원을 거절할 수 있기 때문이다. 다만, 주의하여야 할 점은 ① 선출원과 후출원과의 발명자가 동일하거나, ② 선출원과 후출원과의 출원인이 동일하거나, ③ 선출원이 공개되어 있지 않으면 제29조 제3·4항을 적용할 수 없고 이 경우는 제36조를 적용하여야 한다는 점이다.

Ⅳ. 변경출원

1. 취지

변경출원은 출원인이 선출원주의 하에서 출원을 서두르거나 제도에 대한 오해, 대상물에 대한 판단의 곤란성 등으로 출원 형식(특허, 실용신안등록)을 잘못 선택한 경우에 출원 후에 출원일을 그대로 유지한 채 원출원의 형식을 보다 유리한 다른 형식으로 변경하는 제도이다.

2. 관련 규정(특허법 제53조)

① 실용신안등록출원인은 그 실용신안등록출원의 출원서에 최초로 첨부된 명세서 또는 도면에 기재된 사항의 범위에서 그 실용신안등록출원을 특허출원으로 변경할 수 있다. 다만, 다음 각 호의 어느 하나에 해당하는 경우에는 그러하지 아니하다.

1. 그 실용신안등록출원에 관하여 최초의 거절결정등본을 송달받은 날부터 30일(실용신안법 제3조에 따라 준용되는 이 법 제15조 제1항에 따라 제132조의17에 따른 기간이 연장된 경우에는 그 연장된 기간을 말한다)이 지난 경우
2. 그 실용신안등록출원이 실용신안법 제8조의3 제2항에 따른 외국어실용신안등록출원인 경우로서 변경하여 출원할 때 같은 항에 따른 국어 번역문이 제출되지 아니한 경우

② 제1항에 따라 변경된 특허출원(이하 '변경출원'이라 한다)이 있는 경우에 그 변경출원은 실용신안등록출원을 한 때에 특허출원한 것으로 본다. 다만, 그 변경출원이 다음 각 호의 어느 하나에 해당하는 경우에는 그러하지 아니하다.

1. 제29조 제3항에 따른 다른 특허출원 또는 실용신안법 제4조 제4항에 따른 특허출원에 해당하여 이 법 제29조 제3항 또는 실용신안법 제4조 제4항을 적용하는 경우

2. 제30조제2항을 적용하는 경우
3. 제54조제3항을 적용하는 경우
4. 제55조제2항을 적용하는 경우

③ 제1항에 따라 변경출원을 하려는 자는 변경출원을 할 때 특허출원서에 그 취지 및 변경출원의 기초가 된 실용신안등록출원의 표시를 하여야 한다.

④ 변경출원이 있는 경우에는 그 실용신안등록출원은 취하된 것으로 본다.

⑤ (삭제)

⑥ 변경출원의 경우에 제54조에 따른 우선권을 주장하는 자는 같은 조 제4항에 따른 서류를 같은 조 제5항에 따른 기간이 지난 후에도 변경출원을 한 날부터 3개월 이내에 특허청장에게 제출할 수 있다.

⑦ 출원인은 변경출원이 외국어출원인 경우에는 제42조의3 제2항에 따른 국어번역문 또는 같은 조 제3항 본문에 따른 새로운 국어번역문을 같은 조 제2항에 따른 기한이 지난 후에도 변경출원을 한 날부터 30일이 되는 날까지는 제출할 수 있다. 다만, 제42조의3 제3항 각 호의 어느 하나에 해당하는 경우에는 새로운 국어번역문을 제출할 수 없다.

⑧ 출원인은 특허출원서에 최초로 첨부한 명세서에 청구범위를 적지 아니한 변경출원의 경우 제42조의2 제2항에 따른 기한이 지난 후에도 변경출원을 한 날부터 30일이 되는 날까지 명세서에 청구범위를 적는 보정을 할 수 있다.

3. 변경출원의 요건

3.1. 주제적 요건

특허법 제53조 제1항은 실용신안등록 출원인은 특허출원으로 변경할 수 있다고 규정하여 원출원의 출원인과 변경출원의 출원인이 출원의 변경시에 일치할 것을 요구하고 있다.

3.2. 시기적 요건

(1) 변경출원 가능한 기간 내에 출원한 것일 것

변경출원을 할 수 있는 기간은 실용신안등록출원일 또는 특허출원일부터 설정등록되기 전으로 최초의 거절결정등본을 송달 받은 날부터 30일 이내(실용신안법 제3조의 준용 규정 또는 특허법 제15조 제1항에 의하여 실용신안법 제33조의 준용 규정 또는 특허법 제132조의17에 따른 기간이 연장된 때에는 그 연장된 기간 이내)이다.

[주의] 특허법 제199조 제1항에 의하여 특허출원으로 보는 국제출원 또는 실용신안법 제34조 제2항에 의하여 실용신안등록출원으로 보는 국제출원의 경우에는 특허법 제82조 제1항 또는 실용신안법 제17조 제1항의 규정에 의한 수수료를 납부하고 특허법 제201조 제1항 또는 실용신안법 제35조 제1항의 규정에 의한 번역문(국어로 국제출원된 경우는 제외)이 제출된 후에만 변경출원이 가능하다.

(2) 원출원이 특허청에 계속 중일 것

변경출원이 적법한 출원으로 인정되기 위해서는 출원의 변경 시에 변경 전의 실용신안등록출원이 특허청에 계속되고 있어야 한다. 따라서 원출원이 무효, 취하 또는 포기되거나 설정등록된 경우에는 변경출원을 할 수 없다.

[실무] 원출원이 취하 또는 포기 등으로 절차가 종료하는 날에 변경출원된 경우에는 그 변경출원은 원출원이 특허청에 계속 중일 때 출원된 것으로 취급한다. 원출원의 절차 종료와 변경출원이 같은 날에 이루어지는 경우 현실적으로 선후를 구분하는 것이 곤란하고, 후출원 절차는 원출원이 계속되고 있음을 인식한 상태에서 이루어졌다고 봄이 타당하기 때문이다.

3.3. 객체적 요건

특허법 제53조 제1항에는 실용신안등록출원의 출원서에 최초로 첨부된 명세서 또는 도면에 기재된 사항의 범위 안에서 그 실용신안등록출원을 특허출원으로 변경할 수 있다고 하여 변경출원이 적법한 출원으로 인정받기 위한 실체적 요건을 규정하고 있다

[분석] 적법한 변경출원으로 인정받기 위해서는 변경출원의 명세서 또는 도면에 기재된 사항이 원출원의 최초명세서 또는 도면에 포함되어 있어야 한다. 변경출원의 명세서 또는 도면에 기재된 사항 중 일부라도 원출원의 최초명세서 또는 도면에 포함되어 있지 않다면

그 변경출원은 부적법한 것으로 거절이유를 갖는다.

[실무] 변경출원된 발명이 원출원의 명세서 또는 도면에 포함되는지 여부는 변경출원된 발명이 원출원에 최초로 첨부된 명세서 또는 도면에 명시적으로 기재되어 있는 사항인지, 혹은 명시적인 기재는 없더라도 기재되어 있다고 자명하게 이해할 수 있는 사항인지 여부로 판단한다.

4. 변경출원 절차

4.1. 변경출원서 제출

변경출원을 하고자 하는 경우에는 특허법시행규칙 제30조에 따라 별지 제14호 서식의 특허출원서에 명세서 등 각 호의 서류를 첨부하여 새로이 출원하여야 한다. 이때 그 출원서에는 변경출원의 취지 및 변경의 기초가 된 원출원의 표시를 하여야 한다. 변경출원시에 원출원을 표시하지 않거나 잘못 표시한 경우에는 그 출원은 적법한 변경출원으로 인정되지 않으며, 자명한 오기를 제외하고는 변경출원 후에 원출원의 표시를 보정하여 원출원을 바꾸는 보정도 불가하다.

4.2. 공지 예외규정 적용 및 우선권주장 서류의 제출

변경출원에 대하여 공지 예외주장 또는 우선권주장을 하고자 할 때에는 변경출원서에 그 취지를 기재하고 그 주장에 필요한 증명서류를 변경출원일부터 규정된 날까지(공지 예외주장 출원의 경우는 변경출원일부터 30일 이내, 우선권주장 출원의 경우는 변경출원일부터 3월 이내) 제출하여야 한다. 원출원시 공지 예외주장이나 우선권주장을 하지 않은 경우에는 변경출원시 이와 같은 주장을 하는 것은 인정되지 않는다. 그러나 공지 예외주장의 경우에는 특허법 제30조 제3항에 따라서 공지 예외주장을 보완할 수 있다는 점을 고려하여 원출원시 공지 예외주장을 하지 않았더라고 변경출원시 이와 같은 주장을 하는 것은 인정하도록 한다. 다만, 2015. 7. 28. 이전 출원된 원출원을 기초로 하는 변경출원에서 공지 예외주장하는 경우는 제외한다. 한편, 원출원에서 공지 예외주장 또는 우선권주장의 취지만을 기재하고 그 증명서류를 법정기간 내 제출하지 않았으나 변경출원서에 공지 예외주장 및 우선권주장의 취지를 기재하고 변경출원일부터 규정된 날까지 해당 증명서류를 제출한 경우에는 그 공지 예외주장 또는 우선권주장은 적법한 것으로 본다. 그러나 원출원의 해당 공지 예외주장절차 또는 우선권주장절차가 그 변경출원 전에 무효로 된 경우는 제외한다. 다만, 원출원에 대하여 제출한 이들 증명서류가 동일하여 이를 원용하고자 하는 경우에는 해당 서식의 첨부서류란에 그 취지를 명기함으로써 그 증명서류에 갈음할 수 있다.

[실무] 변경출원이 인정되지 않는 경우 공지 예외주장이나 우선권주장도 당연히 효력을 상실하는 것이 아니라, 변경출원일을 기준으로 공지 예외주장이나 우선권주장의 적합 여부를 판단한다.

5. 변경출원의 효과

(1) 변경출원은 원출원 한 때에 출원된 것으로 본다. 예를 들면, 변경출원의 명세서 또는 도면에 대하여 보정할 수 있는 시기는 원출원한 날부터 계산한다.

(2) 다음과 같은 경우에는 변경출원의 출원시점을 당해 변경출원을 한 때로 본다.

① 변경출원이 특허법 제29조 제3항에 따른 '타 특허출원' 또는 실용신안 제4조 제3항에 따른 '특허출원'에 해당하는 경우

② 변경출원에 관한 발명에 대하여 특허법 제30조 제1항 제1호의 규정의 적용을 받고자 하는 자가 그 취지를 특허출원서에 기재하고 이를 증명하는 서류를 특허청장에게 제출하는 경우

③ 조약우선권을 주장하며 변경출원하고자 하는 자가 우선권을 주장한다는 취지, 최초로 출원한 국명 및 출원의 연월일을 특허출원서에 기재 하는 경우

④ 국내우선권을 주장하며 변경출원하고자 하는 자가 우선권을 주장한다는 취지와 선출원의 표시를 특허출원서에 기재하는 경우

(3) 변경출원이 있는 경우에는 그 실용신안등록출원은 취하된 것으로 본다. 변경출원이 있어 원출원이 취하 간주된 이후에는 변경출원이 반려되는 경우를 제외하고는 변경출원이 무효, 취하, 포기되거나 거절결정이 확정되더라도 원출원의 출원상태가 다시 계속되지는 않는다.

6. 변경출원에 대한 심사

6.1. 변경출원의 방식심사

변경출원이 제출되면 변경출원의 방식요건의 충족 여부를 심사한다. 즉, 변경출원이 변경출원을 출원할 수 있는 기간 내에 제출되었는지 여부, 변경출원할 수 있는 자가 변경출원을 했는지 여부, 변경출원에서 원출원의 표시 등이 적절한지 여부 등에 대하여 심사한다.

변경출원에 대한 방식심사 결과 변경출원을 할 수 있는 기간을 경과하여 변경출원이 제출되거나 원출원의 절차가 종료된 이후에 제출된 경우에는 특허법시행규칙 제11조 제1항 제7호 또는 제11호 위반으로 보아 소명기회를 부여한 후 이 기간 이내에 소명하지 못한 경우 변경출원 자체를 반려한다.

[실무] 변경출원과 관련한 기재사항의 보정은 출원절차가 계속 중인 한 가능하나 보정할 수 있는 내용은 당초 표시에 오기가 있거나 자명한 흠결을 바로 잡는 보정에 한하며, 기재내용을 변경하는 보정은 인정되지 않으므로 필요한 경우 보정이 가능한 범위를 보정명령서에 병기하여 통보할 수 있다.

6.2. 변경출원의 출원범위에 관한 심사

(1) 원출원이 1999. 6. 30. 이전 출원인 경우

원출원에 기재되지 않은 발명을 변경출원한 경우 변경출원에 대하여 기간을 정하여 불인정예고통지하고, 제출된 의견서에 의해서도 변경출원을 인정할 수 없는 경우 변경출원 불인정통지를 하고 출원일을 소급하지 않고 변경출원한 날을 기준으로 심사한다. 변경출원 심사시 변경출원 불인정사유와 거절이유가 동시에 있는 경우 변경출원에 대한 인정 여부를 확정한 후 거절이유통지를 하는 것을 원칙으로 한다. 그러나 그 거절이유가 출원일의 소급 여부(변경출원의 인정 여부)와 관계가 없는 경우에는 변경출원 불인정예고통지와 거절이유통지를 각각 별도의 통지서로 동시에 통지할 수 있다.

변경출원 불인정통지 후 심사는 변경출원일을 기준으로 심사하며, 심사 중 변경출원의 명세서를 보정하여 원출원에 기재되지 않은 발명을 삭제한 경우에는 다시 출원일을 소급하여 심사하여야 한다.

[실무] 변경출원의 출원일을 소급할 수 없는 경우 원출원의 공개특허공보 등이 신규성 또는 진보성을 부정하기 위한 인용문헌으로 사용할 수 있다.

[실무] 변경출원의 범위를 벗어난 보정으로 인해 변경출원이 인정되지 않는 경우 변경출원에 대한 심사시 변경출원 불인정예고통지를 별도로 하는 것은 심사효율이 떨어질 뿐만 아니라 출원인의 실익도 적으므로 후출원에 대한 거절이유통지시 변경출원을 불인정하는 사유를 병기하여 통지하고, 거절이유가 없는 경우에는 변경출원 불인정예고통지 후 불인정통지한다.

[실무] 변경출원을 인정할 수 없어 출원일을 소급하지 않는 경우에도 다른 거절이유가 없는 경우에는 변경출원 불인정통지 후 특허결정하는 것도 가능하다.

(2) 원출원이 2006. 10. 1. 이후 출원인 경우

원출원에 기재되지 않은 발명을 변경출원한 경우 변경출원에 대하여 거절이유를 통지하고 제출된 의견서 또는 보정서에 의하여도 그 거절이유를 해소하지 못한 경우에는 특허거절결정을 한다.

7. 특수한 경우의 취급

(1) 변경출원 이후 보정에 의하여 신규사항이 추가된 경우

변경출원 이후 보정에 의하여 변경출원의 최초명세서 등에 포함되어 있지 않은 발명이 신규로 추가되었다면, 신규사항 추가금지 규정에 따라 심사를 진행한다.

[실무] 변경출원의 명세서 또는 도면을 보정할 수 있는 기간은 원출원의 출원일부터 기산하여 특허법 제47조 제1항에 기재된 기간 이내이다. 변경출원이 절차적 요건과 실체적 요건을 충족한 경우 변경출원은 통상의 출원으로 보고 보정에 대한 적합성을 판단한다. 이 경우 변경출원의 최초명세서 또는 도면이 보정의 실체적 요건을 판단하는 출원명세서가 된다. 변경출원 이후 보정에 의하여 변경출원의 최초명세서 등에 포함되어 있지 않은 발명이 신규로 추가되었다면, 신규사항 추가금지 규정에 따라 심사를 진행한다. 이는 원출원의 명세서 또는 도면에는 기재되어 있었으나 변경출원의 최초명세서 등에는 기재되지 않았던

발명이 추가된 경우에도 적용되어야 한다.

(2) 재심사청구 또는 거절결정불복심판청구와 동시에 출원된 변경출원

거절결정된 출원에 대하여 재심사청구 또는 거절결정불복심판청구와 동시에 출원이 변경된 경우에는 그 절차가 형식적으로 적법한 때에는 수리한다. 그 변경출원이 심사청구된 경우에는 심사를 진행하고 재심사청구 또는 거절결정불복심판청구에 대해서는 특허법 제53조 제4항(실용신안법 제10조 제4항)의 규정에 의하여 원출원은 취하된 것으로 보고 각 절차에 따라서 처리한다.

[실무] 최초의 거절결정등본을 송달받은 날부터 30일이 경과한 후에는 그 거절결정이 재심사청구 또는 심결에 의해 취소되었다거나 그에 따라 거절결정등본을 다시 송달받아 30일 이내라고 하더라도 변경출원할 수는 없다. 재심사청구 등에 따른 거절결정의 취소로 최초로 거절결정등본을 송달받은 사실이 없어지는 것은 아니기 때문이다.

[실무] 원출원이 변경출원 당시에는 계속 중이었으나 변경출원 후에 반려된 경우 그 변경출원은 출원일을 소급하지 않고 실제 변경출원한 날에 출원된 것으로 보고 심사한다. 변경출원에 거절이유가 있는 경우에는 출원일을 소급할 수 없는 이유를 거절이유와 함께 통지하고, 거절이유가 없는 경우에는 정부전자문서시스템(온나라시스템)을 이용하여 별도로 통지한다.

(3) 분할출원과의 관계

출원의 분할이 있은 후에는 그 분할출원을 원출원으로 하여 변경출원을 할 수 있다. 다만, 특허출원의 일부를 실용신안등록출원으로 변경출원하는 등 출원의 분할과 출원의 변경이 하나의 절차에 의해서 이루어지는 경우에는 적법한 변경출원으로 인정하지 않는다.

[실무] 출원의 일부를 다른 출원형식으로 변경하고자 하는 경우에는 일단 동일한 출원형식으로 출원의 분할을 하고 그 분할출원을 다시 변경출원하여야 한다.

[실무] 복수의 원출원을 기초로 하나의 변경출원을 할 수 없다. 그러나 둘 이상의 선출원을 하나의 국내우선권주장 출원으로 한 후 변경출원하는 것은 가능하다.

[판례] 특허법원 2003. 6. 27. 선고 2002허1713 판결

변경출원제도는 당초의 실용신안등록출원을 그 출원 이후 일정한 기간 내에 특허출원으로 그 출원형식을 변경할 수 있도록 허용함과 동시에 변경출원이 있는 경우에는 출원시점을 당초의 실용신안등록출원을 한 때로 소급시켜 주는 것이므로, 변경된 특허출원의 청구범위는 원출원의 실용신안등록출원의 명세서 또는 도면에 기재된 발명 내지 고안과 실질적으로 동일하여야 하고, 원출원의 실용신안등록출원의 명세서 또는 도면에 기재된 발명 내지 고안에 속하지 않는 구성을 새로 추가하는 변경출원은 부적법한 것으로서 허용되지 않는바, 변경출원된 특허발명의 청구범위에 기재된 모든 구성이 원출원발명의 명세서 또는 도면에 기재되어 있거나 통상의 기술자가 객관적으로 보아 기재되어 있다고 인정할 수 있을 정도로 자명한 것으로서 특허발명은 원출원발명과 실질적으로 동일성을 유지하고 있는 경우에는 원출원발명에 기초한 특허발명의 변경출원은 적법하다.

[판례] 특허법원 2007. 10. 26. 선고 2006허9470 판결

실용신안권의 포기는 장래를 향하여 효력이 있을 뿐 포기하기 전까지는 권리가 유효하게 존재하는 것이고, 그 유효하게 존재하던 때의 실용신안권에 관하여 분쟁이 생길 여지가 있어 그 무효를 다툴 이익이 있는 이해관계인으로서는 무효심판의 청구와 그 심판청구를 기각한 심결에 대한 심결취소소송을 제기할 수 있음이 원칙이나, 동일한 내용으로 특허와 실용신안의 이중출원을 하였다가 실용신안이 먼저 등록된 뒤, 특허등록을 받기 위하여 실용신안을 포기한 경우에는, 침해 등 분쟁의 실체가 잔존하는 특허권에 고스란히 남게 되어, 등록된 실용신안권에 대한 실시권 설정 등으로 특허권에는 관계되지 않고 오로지 과거의 실용신안권에만 관계되는 법률관계가 존재하는 것이 아닌 한, 과거의 실용신안권을 무효화하는 것만으로는 분쟁을 종국적으로 해결할 수 없게 된다. 원고로서는 등록고안이 무효로 확정된다 하더라도 자신의 권리보호와 분쟁의 해결을 위하여 잔존하는 특허권을 유지하거나 그 유효를 주장하는 것으로 충분하고, 또한 등록고안과 관련된 분쟁의 해결을 위하여는 어차피 특허권과의 관계에서도 권리관계의 확정이 필요하므로, 굳이 등록고안을 유지할 필요가 없다.

V. 분할출원

1. 취지

출원의 분할이란 2 이상의 발명을 포함하는 특허출원(이하, '원출원'이라 한다)의 일부를 1 또는 2 이상의 새로운 특허출원으로 하는 것으로, 이 새로운 특허출원이 적법한 출원으로 인정되면 원출원과 동시에 출원한 것과 같은 출원일의 소급효과를 부여하고자 하는 것이다. 특허출원이 특허법 제45조의 1특허출원의 범위에 관한 요건을 만족하지 않는 발명을 포함하는 경우에는 거절이유를 포함하게 되고, 또 출원당초의 청구범위에는 기재되어 있지 않으나 발명의 설명 또는 도면에 기재되어 있는 발명을 포함하는 경우에 이들 발명도 출원에 의해서 공개되므로 공개의 대가로 일정기간 독점권을 부여한다고 하는 특허제도의 취지에서 보면 이들 발명에 대해서도 특허제도에 의하여 보호될 수 있는 길은 열려 있어야 하며, 이것이 출원의 분할에 관한 규정의 취지이다.

2. 관련 규정(특허법 제52조)

① 출원인은 둘 이상의 발명을 하나의 특허출원으로 한 경우에는 그 특허출원의 출원서에 최초로 첨부된 명세서 또는 도면에 기재된 사항의 범위에서 다음 각 호의 어느 하나에 해당하는 기간 에 그 일부를 하나 이상의 특허출원으로 분할할 수 있다. 다만, 그 특허출원이 외국어출원인 경우에는 그 특허출원에 대한 제42조의3 제2항에 따른 국어번역문이 제출된 경우에만 분할할 수 있다.

1. 제47조 제1항에 따라 보정을 할 수 있는 기간

2. 특허거절결정등본을 송달받은 날부터 30일(제15조 제1항에 따라 제132조의3에 따른 기간이 연장된 경우 그 연장된 기간을 말한다) 이내의 기간

3. 제66조에 따른 특허결정 또는 제176조 제1항에 따른 특허거절결정 취소심결(특허등록을 결정한 심결에 한정하되, 재심심결을 포함한다)의 등본을 송달받

은 날부터 3개월 이내의 기간. 다만, 제79조에 따른 설정등록을 받으려는 날이 3개월보다 짧은 경우에는 그 날까지의 기간

② 제1항에 따라 분할된 특허출원(이하 '분할출원'이라 한다)이 있는 경우 그 분할출원은 특허출원한 때에 출원한 것으로 본다. 다만, 그 분할출원에 대하여 다음 각 호의 규정을 적용할 경우에는 해당 분할출원을 한 때에 출원한 것으로 본다.

1. 분할출원이 제29조 제3항에 따른 다른 특허출원 또는 실용신안법 제4조 제4항에 따른 특허출원에 해당하여 특허법 제29조 제3항 또는 실용신안법 제4조 제4항을 적용하는 경우
2. 제30조 제2항을 적용하는 경우
3. 제54조 제3항을 적용하는 경우
4. 제55조 제2항을 적용하는 경우

③ 제1항에 따라 분할출원을 하려는 자는 분할출원을 할 때에 특허출원서에 그 취지 및 분할의 기초가 된 특허출원의 표시를 하여야 한다.

④ 분할출원의 경우에 제54조에 따른 우선권을 주장하는 자는 같은 조 제4항에 따른 서류를 같은 조 제5항에 따른 기간이 지난 후에도 분할출원을 한 날부터 3개월 이내에 특허청장에게 제출할 수 있다.

⑤ 분할출원이 외국어출원인 경우에는 출원인은 제42조의3 제2항에 따른 국어번역문 또는 같은 조 제3항 본문에 따른 새로운 국어번역문을 같은 조 제2항에 따른 기한이 지난 후에도 분할출원을 한 날부터 30일이 되는 날까지는 제출할 수 있다. 다만, 제42조의3 제3항 각 호의 어느 하나에 해당하는 경우에는 새로운 국어번역문을 제출할 수 없다.

⑥ 특허출원서에 최초로 첨부한 명세서에 청구범위를 적지 아니한 분할출원에 관하여는 제42조의2 제2항에 따른 기한이 지난 후에도 분할출원을 한 날부터 30일이 되는 날까지는 명세서에 청구범위를 적는 보정을 할 수 있다.

3. 분할요건

3.1. 주체적 요건

특허법 제52조 제1항은 "출원인은 ……분할할 수 있다"라고 하여 분할출원을 할 수 있는 자는 출원인으로 규정하고 있다. 따라서 분할출원을 할 수 있는 권리를 가진 자는 원출원을 한 자 또는 그 승계인이다.

원출원을 한 자와 분할출원인이 동일인임을 인정받기 위해서는 ① 출원인의 주소 또는 영업소가 일치될 것, ② 출원인의 성명 또는 명칭이 일치될 것, ③ 출원인의 인장이 일치될 것이 필요하다.

[실무] 공동출원의 경우에도 원출원과 분할출원의 출원인은 완전히 일치하여야 한다. 따라서 원출원이 공동출원인 경우 원출원의 출원인 전원이 분할출원을 하여야만 적법한 분할출원으로 인정받을 수 있다.

3.2. 시기적 요건

(1) 분할출원을 할 수 있는 때는 출원일에 따라 다음과 같이 구분된다.

<table>
<tr><th>출원일</th><th>특허출원</th><th>출원일</th><th>실용신안등록출원</th></tr>
<tr><td>'99.7.1.</td><td>① 원출원일(우선권주장이 있는 경우 최선일)부터 1년 3월 이내
② 원출원일부터 1년 3월 경과 후 특허사정등본 송달전 중
·심사청구시
·제3자가 심사청구한 경우 그 통지일부터 3월 이내
·의견서 제출기간 이내
·거절결정불복심판청구일부터 30일 이내</td><td>'99.7.1.</td><td>① 원출원일(우선권주장이 있는 경우 최선일)부터 1년 3월 이내
② 원출원일부터 1년 3월 경과 후 특허사정등본 송달전 중
·심사청구시
·제3자가 심사청구한 경우 그 통지일부터 3월 이내
·의견서 제출기간 이내
·거절결정불복심판청구일부터 30일 이내</td></tr>
<tr><td rowspan="2">'01.7.1. 이후</td><td rowspan="2">① 특허결정의 등본을 송달하기 전까지. 다만, ②와 ③의 경우에는 그 기간
② 거절이유통지를 받은 경우 해당 의견서 제출기간 이내
③ 거절결정불복심판청구일로부터 30일 이내</td><td>'01.7.1. 이후</td><td>실용신안법 제12조 제2항 및 제13조 제1항의 단서 규정에 의한 보정기간 이내의 기간으로 다음과 같다.
① 실용신안등록출원일로부터 2월 이내
② 실용신안법 제12조 제2항 규정에 의한 심사관의 보정명령에 의한 보정기간 ('99.7.1 ~ '01.6.30. 출원은 특허청장의 보정요구에 의한 보정기간)</td></tr>
<tr><td>'06.10.1. 이후</td><td>① 특허결정의 등본을 송달하기 전까지. 다만, ②와 ③의 경우에는 그 기간
② 거절이유통지를 받은 경우 해당 의견서 제출기간 이내
③ 거절결정불복심판청구일로부터 30일 이내</td></tr>
</table>

출원일	특허출원	출원일	실용신안등록출원
'09.7.1. 이후	① 특허결정의 등본을 송달하기 전까지. 다만, 거절이유통지 후에는 ②의 기간 이내 또는 ③과 동시에 하는 경우에 한한다. ② 거절이유통지를 받은 경우 해당 의견서 제출기간 이내 ③ 재심사를 청구할 때 ④ 거절결정등본을 송달받은 후 그 거절결정불복심판을 청구할 수 있는 기간		
'15.1.1. 이후	① 특허결정의 등본을 송달하기 전까지. 다만, 거절이유통지 후에는 ②의 기간 이내 또는 ③과 동시에 하는 경우에 한한다. ② 거절이유통지를 받은 경우 해당 의견서 제출기간 이내 ③ 재심사를 청구할 때 ④ 거절결정등본을 송달받은 날부터 30일(기간의 연장 규정에 의하여 거절결정불복심판을 청구할 수 있는 기간이 연장된 경우 그 연장된 기간을 말한다) 이내		
'15.7.29. 이후 특허결정등본을 송달받은 후 3개월(단, 설정등록 이전)이내의 기간			

(2) 원출원이 특허청에 계속 중일 것

분할출원의 기초가 되는 원출원은 분할출원할 당시에 특허청에 계속 중이어야 한다. 따라서 원출원이 무효, 취하 또는 포기되거나 거절결정이 확정된 때에는 분할출원할 수 없다. 원출원이 취하 또는 포기 등으로 절차가 종료하는 날에 분할출원된 경우에는 그 분할출원은 원출원이 특허청에 계속 중일 때 출원된 것으로 취급한다.

[분석] 원출원의 절차 종료와 분할출원이 같은 날에 이루어지는 경우 현실적으로 선후를 구분하는 것이 곤란하고, 후출원 절차는 원출원이 계속되고 있음을 인식한 상태에서 이루어졌다고 봄이 타당하기 때문이다.

3.3. 객체적 요건

특허법 제52조 제1항에는 "2 이상의 발명을 하나의 특허출원으로 한 경우에는 …… 그 일부를 하나 이상의 특허출원으로 분할할 수 있다"고 하여 분할출원이 적법한 출원으로 인정받기 위한 객체적 요건을 규정하고 있다. 즉, 적법한 분할출원으로 인정받기 위하여 2 이상의 발명이 하나의 특허출원서에 기재되어 있어야 하며, 원출원의 명세서에 기재된 발명의 일부를 분할출원으로 하여야 한다.

원출원에 기재된 발명과 분할출원에 기재된 발명이 동일한지 여부는 특허법 제29조 제3항 내지 제6항에서 설명한 동일성 판단방법과 같다.

[실무] 이때 분할출원의 명세서(도면 포함)에 포함된 발명 모두는 원출원의 명세서에 포함되어 있어야 하며, 분할출원에 포함된 발명 중 일부라도 원출원에 포함되어 있지 않다면 그 분할출원은 부적합한 것으로 인정한다.

분할출원이 적법한 출원으로 인정되기 위해서는 형식적 요건 이외에도 다음의 객체적인 요건을 충족하여야 한다.

(1) 분할직전의 원출원에 2 이상의 발명이 포함되어 있을 것(이하, '요건(1)'이라 한다)

(2) 분할직전의 원출원의 명세서 또는 도면에 기재된 발명의 일부를 분할출원에 관한 발명으로 하고 있을 것(이하, '요건(2)'라 한다)

[용어] 분할직전에 관한 발명이란 분할출원의 명세서의 청구범위의 청구항에 기재된 발명을 말한다.

(가) 분할출원에 관한 발명이 분할직전의 원출원의 명세서 또는 도면에 기재된 발명일 것(이하, '요건(2)가'이라 한다)

(나) 분할직전의 원출원의 명세서 또는 도면에 기재된 발명의 전부를 분할출원에 관한 발명으로 한 것이 아닐 것(이하, '요건(2)나'라 한다)

[판례] 대법원 2004. 3. 12. 선고 2002후2778 판결, 1986. 9. 9. 선고 84후71 판결

분할출원이란 단일발명, 단일출원의 원칙 아래 2 이상의 발명을 1출원으로 한 경우 이를 2 이상의 출원으로 분할하는 것으로써 2 이상의 발명을 1출원으로 한 경우란 2 이상의 발명이 반드시 청구범위에 기재된 경우뿐만 아니라 발명의 설명이나 도면에 기재되어 출원된 경우까지 포함하는 것이므로, 분할출원을 하면서 원출원 당시 제출한 발명의 설명이나 도면을 다시 사용할 수도 있고, 원출원 중 일부 발명이 실시례 등의 발명의 설명에 기재된 것으로서 원출원발명과 다른 하나의 발명으로 볼 수 있는 경우에는 그 일부를 분할출원할 수 있다.

◇ 특허법원 2002. 10. 25. 선고 2002허161 판결

그 출원일이 원출원일로 소급되는 적법한 분할출원이 되기 위하여는 원출원에 2 이상의 발명이 포함되어 있어야 하고, 분할출원 발명이 원출원의 청구범위나 명세서 또는 도면에 기재된 발명의 일부이어야 하므로, 분할출원 발명이 원출원발명 전부와 동일한 것이라면 적법하게 분할출원된 것이라고 할 수 없다.

[판례] 대법원 2004. 3. 12. 선고 2002후2778 판결

분할출원의 경우, 그 동일성 여부의 판단은 청구범위에 기재된 양 발명의 기술적 구성이 동일한가 여부에 의하여 판단하되 그 효과도 참작하여야 할 것인바, 기술적 구성에 차이가 있더라도 그 차이가 주지관용기술의 부가·삭제·변경 등으로 새로운 효과의 발생이 없는 정도에 불과하다면 양 발명은 서로 동일하다.

◇ 특허법원 2002. 10. 25. 선고 2002허161 판결

분할출원발명이 원출원발명과 동일한지 여부는 양 발명의 청구범위를 비교하여 판단하되 발명의 설명의 기재도 참작하여야 하는데, 양 발명의 청구범위가 전면적으로 일치하는 경우뿐만 아니라, 부분적으로 일치하는 경우라 하더라도 실시예 등 발명의 설명의 기재를 참조하여 볼 때 그 기술적 사상 및 기술적 수단이 실질적으로 동일한 경우에는, 분할출원발명과 원출원발명은 동일하다고 할 수 있다.

[사례] 제1항 발명과 원출원발명은 그 발명의 설명에 기재된 실시예의 내용이 일부 동일하기는 하지만, 제1항 발명의 청구범위는 신규의 IB 화합물을 출발물질로 하여 그 중간체의 IC 화합물을 거쳐 최종목적 물질인 화합물(VI)을 제조하는 방법에 관한 것으로, 그 신규의 화합물 IB를 출발물질로 사용하는 점에 그 기술적 특징이 있는 데 반하여, 원출원발명은 X" 화합물을 출발물질로 하여 중간체 X(=IB) 화합물을 거쳐 통상의 방법으로 최종목적물질인 화합물(VI)을 제조하는 방법에 관한 것인데, 원출원발명에 부가된 X" 화합물 및 중간체 X 화합물은 모두 신규의 물질로서 그 발명의 설명의 기재를 참작할 때 위 제조과정은 그 수율 등의 면에서 가장 유효한 화합물(X=IB)을 만드는 필수구성요소이므로, 이 과정은 제1항 발명이 예정하고 있지 않은 새로운 효과를 가진 공정이라고 보아야 하고 이를 단순한 주지관용기술에 불과하다고 볼 수는 없다고 할 것인바, 따라서 이 점만으로도 이러한 제조과정을 필수구성요소로 하지 않는 제1항 발명은 원출원발명과 그 기술적 사상 및 기술구성이 서로 다른 상이한 발명이라고 할 것이므로, 제1항 발명은 분할출원이 인정된다(대법원 2004. 3. 12. 선고 2002후2778 판결).

(3) 분할출원의 청구범위에 기재된 발명이 원출원의 출원당초의 명세서 또는 도면에 기재한 사항의 범위 이외의 것을 포함하지 않을 것(이하, '요건(3)'이라 한다)

[분석] 특허법 제52조 제2항의 규정에 의하여 분할출원은 원출원의 출원시에 출원한 것으로 보게 되므로 분할출원은 원출원에 대하여 보정이 가능한 범위 내에서 할 수 있다.

(4) 객체적 요건의 판단

(가) 요건(1)

요건(2)가 만족되면 요건(1)은 만족된다.

[설명] 원출원의 명세서 또는 도면에 발명이 하나만 기재되어 있는 경우에 그 원출원에 대하여 분할출원을 하게 되면 원출원의 명세서 또는 도면에 기재된 발명과 분할출원에 관한 발명은 동일한 발명일 수밖에 없다.

[분석] 원출원의 명세서 또는 도면에 기재된 발명의 일부를 분할출원으로 한 것이라면 원출원의 명세서 또는 도면에는 2 이상의 발명이 기재되어 있을 수밖에 없다.

(나) 요건(2)'가'

요건(3)이 만족되면 요건(2)'가'이 만족된다.

[설명] 분할직전의 원출원의 명세서 또는 도면은 원출원의 출원당초의 명세서 또는 도면에서 기재한 사항의 범위 내에서 보정이 가능하므로, 분할직전의 원출원의 명세서 또는 도면에 기재되어 있지 않은 사항이라도 원출원의 출원당초의 명세서 또는 도면에 기재되어 있는 사항은 보정에 의해 분할직전의 원출원의 명세서 또는 도면에 기재할 수 있다.

[분석] 분할직전의 원출원의 명세서 또는 도면에 기재된 사항은 원출원의 출원당초의 명세서 또는 도면에 기재되어 있는 사항의 범위 내에 있는 사항이다.

[분석] 분할출원한 발명이 원출원에 기재되어 있는지 여부를 판단할 때 기초가 되는 명세서(도면 포함)는 최초 출원명세서이다. 즉, 원출원의 최초명세서 또는 도면에 기재된 발명이 보정에 의하여 삭제되어 보정된 명세서에 기재되어 있지 않다 하더라도 삭제된 발명을 분할출원할 수 있다.

[실무] 분할출원의 청구범위에 기재된 발명과 분할 후의 원출원의 청구범위에 기재된 발명이 동일한 경우에는 분할출원은 인정하되, 특허법 제36조 제2항의 규정을 적용하여 심사한다. 한편 원출원과 분할출원의 청구범위에 기재된 발명이 동일하지 않았으나 그 후에 원출원 또는 분할출원이 보정되어 청구범위에 기재된 양자의 발명이 동일하게 되었을 때에도 특허법 제36조 제2항의 규정을 적용한다.

[판례] 대법원 1996. 4. 9. 선고 95누13098 판결

분할출원 불인정통지를 하도록 한 취지는 분할출원이 있는 경우 그 출원의 발명이 특허요건을 충족하는 것인지 여부를 심사하기에 앞서 소정의 분할요건의 존부에 관한 판단이 필요한바, 분할요건에 대한 판단은 이를 출원인에게 통지하여야 한다는 취지를 정한 법규정이 없는 이상, 원래 심사의 과정에서 심사관의 내심(內心)에서 이루어지면 족하나 이를 출원인에게 알려 의견을 진술할 기회를 줌으로써 그 심사의 적정을 기하기 위한 것에 지나지 않는다. 따라서 위 특허청의 심사편람 중 분할출원 불인정통지에 관한 부분은 그 성질 및 내용에 비추어 특허청 심사관들의 심사업무처리절차에 관한 내부 사무처리준칙일 뿐 대외적인 구속력이 있는 법규명령이라 할 수는 없다.

3.4. 분할출원의 보정

(1) 보정의 시기

분할출원의 명세서 또는 도면의 보정을 할 수 있는 시기는 원출원의 출원일부터 기산하여 특허법 제47조 제1항 각 호에 기재된 기간 이내에 보정할 수 있다.

(2) 보정의 내용

분할출원이 주체적 요건, 시기적 요건 및 객체적 요건을 충족한 경우 분할출원은 통상의 출원으로 보고 보정에 대한 적합성을 판단한다. 이 경우 최초의 분할출원서가 보정의 객체적 요건을 판단하는 최초의 출원명세서가 된다. 따라서 분할출원 이후 보정에 의하여 분할출원의 최초명세서에 포함되어 있지 않은 발명이 신규로 추가되었다면, 신규사항 추가금지 규정에 따라 심사를 진행한다. 이는 원출원의 명세서 또는 도면에는 기재되어 있었으나 분할출원의 최초명세서 등에는 기재되지 않았던 발명이 추가된 경우에도 적용되어야 한다.

4. 분할출원 절차

4.1. 분할출원서 제출 및 원출원의 보정

분할출원의 절차를 취할 때에는 특허법시행규칙 제29조의 규정의 제14호 서식의 특허출원서에 명세서 등 각 호의 서류를 첨부하여 다시 출원하여야 한다. 이 때, 그 특허출원서에는 분할출원의 취지와 분할의 기초가 된 원출원의 표시를 하여야 한다.

[실무] 원출원을 표시하지 않은 경우에는 그 분할출원은 적법한 분할출원으로 인정되지 않으며, 또한, 자명한 오기를 제외하고는 분할출원 후 분할출원서의 원출원의 표시를 보정하여 원출원을 변경하는 보정도 불가하다.

분할출원시에 이 경우 일반적으로 분할출원과 동시에 원출원에 대하여 보정서를 제출하여 원출원과 분할출원의 청구범위에 기재된 발명을 다르게 하여야 하나, 분할출원의 청구범위에 기재된 발명이 원출원의 발명의 설명이나 도면에만 기재되어 있고 청구범위에 기재되어 있지 않은 경우에는 원출원을 보정하지 않아도 된다.

4.2. 공지 예외규정 적용 및 우선권주장 서류의 제출

분할출원에 대하여 공지 예외주장 또는 우선권주장을 하고자 할 때에는(원출원시 공지 예외주장이나 우선권주장을 하지 않은 경우에는 분할출원시 이와 같은 주장을 하는 출원은 인정되지 않는다. 그러나 공지 예외주장의 경우에는 특허법 제30조 제3항에 따라서 공지 예외주장을 보완할 수 있다는 점을 고려하여 원출원시 공지 예외주장을 하지 않았더라도 분할출원시 이와 같은 주장을 하는 것은 인정하도록 한다. 다만 2015. 7. 28. 이전 출원된 원출원을 기초로 하는 분할출원에서 공지 예외주장하는 경우는 제외한다. 한편, 원출원서에서 공지 예외주장 또는 우선권주장의 취지만을 기재하고 그 증명서류를 법정 기간 내 제출하지 않았으나 분할출원서에 공지 예외주장 및 우선권주장의 취지를 기재하고 분할출원일부터 규정된 날까지(공지 예외주장 출원의 경우는 분할출원일로부터 30일 이내, 우선권주장 출원의 경우는 분할출원일로부터 3월 이내) 해당 증명서류를 제출한 경우에는 그 공지 예외주장 또는 우선권주장은 적법한 것으로 본다.

다만, 원출원에 대하여 제출한 이들 증명서류가 동일하여 이를 원용하고자 하는 경우에는 해당 서식의 첨부서류란에 그 취지를 명기함으로써 그 증명서류에 갈음할 수 있다.

[실무] 분할출원이 인정되지 않는 경우 공지 예외주장이나 우선권주장도 당연히 효력이 상실되는 것이 아니라, 분할출원일을 기준으로 공지 예외주장이나 우선권주장의 적합 여부를 판단한다.

[실무] 특허법시행규칙 제10조 제2항에서는 반드시 원용의 취지를 '명기'하도록 하고 있으므로 증명서류를 별도로 제출하지 않은 채 증명서류의 원용을 명기하지 않는 경우에는 서류의 원용에 관한 기재 방식에 위배된 것으로 보아 보정을 요구한다.

5. 분할출원의 효과

분할출원은 원출원을 출원한 때에 출원된 것으로 취급한다. 다만, 분할출원의 출원일을 원출원의 출원일로 소급함으로써 생기는 불합리한 점을 없애기 위하여 특허법 제52조 제2항의 단서규정이 마련되어 있다. 따라서 아래의 경우에는 분할출원의 출원시점은 실제로 출원절차를 밟은 때로 본다.

(1) 분할출원이 특허법 제29조 제3항에 규정한 '他특허출원' 또는 실용신안법 제4조 제3항에 규정한 '특허출원'에 해당하는 경우

이는 분할출원에 관한 발명은 원출원의 최초명세서 또는 도면에 기재되어 있는 것이어야 하지만 분할출원하며 분할출원하고자 하는 발명을 설명한 사항이 분할출원의 명세서 또는 도면에 기재되는 수가 있어 그 기재된 사항이 원출원일까지 소급하여 선출원의 지위를 갖는 것은 불합리하므로 분할에 의한 새로운 출원이 특허법 제29조 제3항에서 규정하는 他출원으로 되는 경우에는 출원일을 소급하지 않는 것으로 하며, 실용신안등록출원의 경우에도 마찬가지이다.

(2) 분할출원에 관한 발명에 대하여 특허법 제30조 제1항 제1호의 규정의 적용을 받고자 하는 자가 그 취지를 기재한 서면 및 이를 증명하는 서면을 특허청장에게 제출하는 경우

(3) 분할출원에 대하여 조약우선권을 주장하고자 하는 자가 우선권을 주장한다는 취지의 서면, 최초로 출원한 국명 및 출원 연월일을 기재한 서면을 특허청장에게 제출하는 경우 및 국내우선권을 주장하여 분할출원하고자 하는 자가 우선권을 주장한다는 취지와 선출원의 표시를 특허출원서에 기재하는 경우

6. 분할출원에 대한 심사

6.1. 분할출원의 방식심사

분할출원이 제출되면 분할출원의 방식요건의 충족 여부를 심사한다. 즉, 분할출원이 분할출원을 출원할 수 있는 기간 내에 제출되었는지 여부, 분할출원할 수 있는 자가 분할출원을 했는지 여부, 분할출원에서 선출원의 표시 등이 적절한지 여부 등에 대하여 심사한다.

분할출원할 수 없는 자가 분할하였거나 분할출원이 기간을 경과하여 제출되거나 원출원의 절차가 종료된 이후에 제출된 경우에는 특허법시행규칙 제11조 제1항 제7호 또는 제11호 위반으로 보아 소명기회를 부여한 후 이 기간 이내에 소명하지 못한 경우 분할출원서를 반려한다.

[실무] 분할출원과 관련한 기재사항의 보정은 출원절차가 계속 중인 한 가능하나 보정할 수 있는 내용은 당초 표시에 오기가 있거나, 자명한 흠결을 바로 잡는 보정에 한하며, 기재내용을 변경하는 보정은 인정되지 않으므로 필요한 경우 보정이 가능한 범위를 보정명령서에 병기하여 통보할 수 있다.

[판례] 대법원 1996. 4. 9. 선고 95누13098 판결

분할출원 불인정은 출원인의 구체적인 공법상의 권리의무관계나 법률상의 이익에 직접적, 현실적인 변동을 생기게 하는 것이 아니므로 특허청 심사관의 분할출원 불인정통지는 항고소송의 대상이 되는 행정처분이 아니다.

6.2. 분할출원의 출원범위에 관한 심사

(1) 원출원이 2006. 9. 30. 이전 출원인 경우

원출원에 기재되지 않은 발명을 분할출원한 경우 분할출원에 대하여 기간을 정하여 불인정예고통지하고 제출된 의견서에 의하여도 분할출원을 인정할 수 없는 경우 분할출원 불인정통지를 하고 출원일을 소급하지 않고 분할출원한 날을 기준으로 심사한다.

분할출원 심사시 분할불인정사유와 거절이유가 동시에 있는 경우 분할출원의 인정 여부를 확정한 후 거절이유통지를 하는 것을 원칙으로 한다.

분할출원분할출원 불인정통지 후 심사는 분할출원일을 기준으로 심사하며, 출원일을 소급하지 않고 심사하던 중 분할출원의 명세서를 보정하여 원출원에 기재되지 않은 발명을 삭제한 경우에는 다시 출원일을 소급하여 심사하여야 한다. 분할출원의 보정은 분할출원의 최초명세서와 비교하여 보정요건을 충족하였다 하더라도 분할출원의 요건을 충족하지 않는 경우 출원일을 소급을 인정하지 않는다.

(2) 원출원이 2006. 10. 1. 이후 출원인 경우

원출원에 기재되지 않은 발명을 분할출원한 경우 분할출원에 대하여 거절이유를 통지하고 제출된 의견서 또는 보정서에 의하여도 분할출원을 인정할 수 없는 경우에는 특허거절결정한다.

[실무] 분할출원을 인정할 수 없어 출원일을 소급하지 않는 경우에도 다른 거절이유가 없는 경우에는 분할출원 불인정통지 후 특허결정하는 것도 가능하다.

[실무] 분할출원의 출원일을 소급할 수 없는 경우 원출원의 공개특허공보 등이 신규성 또는 진보성을 부정하기 위한 인용문헌으로 사용될 수 있다.

[분석] 원출원이 2006. 9. 30. 이전 출원인 경우로서 거절이유가 있고 그 거절이유가 출원일의 소급 여부(분할출원의 인정 여부)와 관계없는 거절이유가 있는 경우에는 분할출원 불인정예고통지와 거절이유통지를 각각 별도의 통지서로 동시에 통지할 수 있다.

[판례] 특허법원 2004. 7. 20. 선고 2004허2550 판결

특허법 제52조 제1항 및 제2항 본문의 규정에 의한 분할출원은 원출원에 2 이상의 발명이 포함되어 있는 경우 이를 2 이상의 출원으로 분할하는 것으로써, 그 2 이상의 발명은 반드시 원출원의 청구범위에 기재된 경우뿐 아니라 발명의 설명이나 도면에 기재되어 출원된 경우까지 포함하는 것이므로 분할출원을 하면서 원출원 당시 제출한 발명의 설명이나 도면을 다시 사용할 수도 있고, 실시예 등의 발명의 설명에 기재되어 있는 일부 발명이 원출원발명과 다른 하나의 발명으로 볼 수 있는 경우에는 그 일부를 분할출원할 수도 있다.

◇ 특허법원 2002. 6. 12. 선고 2001허2610 판결

분할의 대상이 되는 발명은 원특허출원의 출원서에 최초로 첨부한 명세서 또는 도면에 개시된 것이어야 하고, 원특허출원 명세서 또는 도면에 기재되어 있는 발명의 범위를 벗어나 그 청구범위가 확장되는 경우에는 특단의 사정이 없는 한 그 분할출원은 부적법한 것으로서 그 출원일의 소급을 인정할 수는 없다. 또한, 일반적으로 발명의 과제 해결에 필요한 구성을 상위개념적으로 기재하고 상위개념 일반의 효과를 기재한 후에 2 이상의 실시예에 관해서 그 구성 및 효과를 구체적으로 설명한 것이라면 그 청구범위의 기재가 어느 실시예에 입각한 구체적인 구성의 형태를 취하고 있다고 할지라도 그 명세서에는 상위개념 전체로서의 발명이 개시되어 있다고 해석할 여지도 있으나 명세서의 발명의 설명이나 도면의 어디에도 상위개념의 기재가 없는 경우에는 그 하위개념의 기재만으로는 그로부터 구성 가능한 상위개념의 발명이 모두 개시된 것이라고 할 수 없다.

[분석] 분할출원의 이용형태로는, 분할출원을 통해 새로운 보정기회와 재심사기회를 얻고자 하는 경우, 최후거절이유에 의한 보정제한을 받거나 심사의 종결을 원치 않으면서 보정기회를 유지하고자 하는 경우가 있다.

[사례] 분할출원의 최초 특허출원명세서에는 오물수거기 본체를 좌우로 이동시키는 구동장치에 관하여 관성에 의한 모터의 충격을 방지하기 위한 충격완화장치로서 코일 형상의 스프링을 채택한 것만을 개시하고 있으나, 분할출원의 명세서에는 충격완화장치로서 스프링을 포함하는 상위개념인 모든 탄성체를 포함하는 구성을 제1항 발명으로 하고 그 탄성체를 완충스프링으로 한정한 종속항을 제2항 발명으로, 체인과 스프로킷의 결합을 역U자형으로 한정한 종속항을 제3항 발명으로 하여 분할출원하였는바, 등록고안의 변경전 원출원인 분할출원은 그 최초출원인 선행고안의 명세서 또는 도면에 기재되어 있는 발명에서 개시된 범위를 벗어난 발명을 포함한 청구항에 대하여 분할출원한 것으로서 그 분할출원 전체가 부적법하여 특허법 제52조 제1항에 해당하는 것이라고 할 수 없으므로 같은 조 제2항에 의하여 그 출원일을 소급할 수는 없는 것이고 따라서 위 분할출원의 변경출원에 기초한 등록고안은 분할출원일에 비로소 신규 출원된 것으로 보아야 한다(특허법원 2002. 6. 12. 선고 2001허2610 판결).

7. 특수한 경우의 취급

7.1. 분할출원에 관한 발명과 원출원에 관한 발명이 동일한 경우

분할출원에 관한 발명과 분할 후의 원출원에 관한 발명이 동일한 경우에는 특허법 제36조 제2항의 규정을 적용할 수 있다. 다만 특허법 제67조의2에 따른 재심사 결과 다시 거절된 경우 출원인은 거절결정불복심판을 청구할 수 있는 기간에 분할출원할 수 있다, 이때 분할출원에 원출원과 동일한 청구항이 포함된 경우, 분할출원에 제36조 제2항의 거절이유만 있는 경우에는 거절이유통지를 하지 않고 원출원 거절결정불복심판의 심결이 확정될 때까지 심사를 보류한다. 그러나 분할출원에 제36조 제1항외의 거절이유가 있는 경우에는, 그러한 제36조 제2항외의 거절이유만 통지하고 심사를 진행하며 만약 이러한 거절이유가 모두 해소되고 제36조 제2항의 거절이유만 남은 경우에는 원출원의 심결이 확정될 때까지 심사를 보류한다.

7.2. 분할출원 후의 원출원의 보정

(1) 출원의 분할시에는 분할 후의 원출원에 관한 발명과 분할출원에 관한 발명이 동일하였으나 그 후에 원출원의 명세서 또는 도면이 보정되어 양자의 발명이 동일하지 않게 된 때에는 분할출원은 적법한 것으로 본다.

(2) 출원의 분할시에는 분할 후의 원출원에 관한 발명과 분할출원에 관한 발명이 동일하지 않았으나 그 후에 원출원의 명세서 또는 도면이 보정되어 양자의 발명이 동일하게 되었을 때에는 분할출원은 적법하지 않은 것으로 취급하여 그 시점에서 분할불인정의 절차를 취한다.

7.3. 원출원의 취하·포기일 등과 같은 날에 출원된 분할출원

원출원이 취하 또는 포기된 날과 같은 날에 출원의 분할이 된 경우에는 그 분할출원은 원출원이 특허청에 계속 중인 때에 출원된 것으로 취급한다.

[설명] 적법한 분할출원이 되기 위해서는 '분할출원시에 원출원이 특허청에 계속 중에 있어야 한다'는 것이 분할요건의 하나이다. 따라서 원출원이 특허청에 계속하지 않게 된 날과 같은 날에 출원의 분할이 있은 경우에도 원출원이 특허청에 계속하지 않게 된 때보다 출원의 분할절차가 늦은 것이 명백한 때에는 상기의 요건을 충족하지 못하는 것으로써 취급하여야 한다.

[실무] 실무적으로 원출원의 취하 또는 포기절차와 출원의 분할절차가 같은 날에 이루어지는 경우에는 통상 동시에 절차를 밟게 되므로 출원의 취하 또는 포기와 출원의 분할에 관한 절차의 선후를 구분하기가 곤란하며, 또한 출원을 분할한다는 것은 원출원이 특허청에 계속하고 있다는 출원인의 인식 하에 절차가 이루어진 것으로 생각하는 것이 타당하다. 따라서 출원의 취하 또는 포기와 출원의 분할이 같은 날에 있은 경우에는 그 분할출원은 적법한 것으로 취급한다.

7.4. 원출원의 무효와 분할출원

원출원이 특허법 제16조 제1항의 규정에 의하여 무효가 된 경우로 무효처분등본의 송달일과 같은 날에 분할출원에 관한 절차가 이루어진 때에는 적법한 분할출원으로 인정하지 않는다. 다만, 출원의 분할에 관한 절차가 무효처분등본 송달시보다 빠른 경우에는 적법한 분할출원으로 인정한다.

7.5. 분할출원의 보정

(1) 보정의 시기

분할출원의 명세서 또는 도면의 보정을 할 수 있는 시기 또는 기간에 대해서는 분할출원이 원출원과 동시에 출원된 통상의 출원으로 하여 보정시기 또는 기간의 기산일을 인정한다.

[실무] 분할출원은 원출원과는 별도의 절차에 의하여 이루어지는 출원이므로 원출원과는 별도로 그 명세서 또는 도면의 보정이 가능하지만, 분할출원이 적법한 경우에는 분할출원의 출원일은 법률상 원출원과 동시에 출원된 것으로써 취급되고, 만일 분할출원이 부적법한 경우에는 그 출원일은 실제로 출원절차가 이루어진 때에 출원된 것으로 취급하며, 그 후의 명세서 또는 도면의 보정에 의하여 적법한 분할이 되었을 때에는 다시 원출원과 동시에 출원된 것으로 취급하게 된다. 따라서 이와 같이 분할출원의 출원일이 변동될 경우, 출원일을 기준으로 정해지는 보정시기도 이에 따라 변동하게 된다. 그러나 일단 개시된 절차가 그 이후의 상황변화에 의하여 변경되는 것은 바람직하지 않다. 한편 출원의 분할은 출원인의 자유의사에 따라서 이루어지는 절차이며, 출원인이 적법한 분할출원이라고 주장하고 있는 이상, 심사관에 의한 분할요건의 심사가 이루어지기 이전에는 적법한 분할출원으로 취급하지 않을 수 없다. 따라서 분할출원에 대한 명세서 또는 도면의 보정시기에 대해서는 원출원의 출원일을 그 기준일로 한다.

(2) 보정의 내용

분할출원의 명세서 또는 도면의 보정이 분할출원을 통상의 출원으로 하여 판단한 경우에 적법한 것이라면 보정된 분할출원의 명세서 또는 도면에 기재된 사항은 분할출원시의 명세서 또는 도면으로 인정하여 분할요건을 판단한다.

[설명] 분할출원의 명세서 또는 도면에 대한 보정이 있은 경우, 분할출원을 통상의 출원으

로 보고 그 보정에 대한 적법성을 판단한 결과 적법한 경우에는 그 보정은 분할출원의 명세서 또는 도면에 기재된 사항의 범위 내의 것이므로 결국 분할출원에 대하여 보정된 명세서 또는 도면에 기재된 사항에 의하여 분할출원의 적법성이 충족되면 그 분할출원은 적법하다.

7.6. 분할출원을 원출원으로 하는 분할출원

원출원(이하, '父출원'이라 한다)에서 분할출원(이하, '子출원'이라 한다)을 하고 다시 子출원을 원출원으로 하여 분할출원(이하, '孫출원'이라 한다)을 한 경우에는 孫출원이 다음(1) 및 (2)의 요건을 충족시킬 때에는 孫출원의 출원일은 父출원의 출원일로 소급된다.

(1) 孫출원이 子출원에 대하여 분할요건의 전부를 충족할 것

(2) 孫출원에 관한 발명을 子출원에 관한 발명으로 본 경우 이 子출원이 父출원에 대하여 분할요건 중의 실체적 요건의 전부를 충족할 것

[분석] 분할출원(子출원)을 원출원으로 하여 다시 분할출원(孫출원)을 하는 것은 법문상 특히 금지되어 있지 않으며, 실질적으로 출원인이 차례차례로 분할절차를 취하지 않을 수 없는 경우(분할시기의 제한 때문에 父출원으로부터 출원의 분할을 할 수는 없으나 子출원으로부터 출원의 분할이 가능한 경우 등)도 있을 것이므로 子출원, 孫출원 다같이 소정의 요건을 충족하는 경우에 한하여 孫출원의 출원일을 父출원의 출원일로 소급시키도록 한다.

7.7. 우선권주장 출원을 기초로 하는 분할출원

조약우선권주장 출원이나 국내우선권주장 출원을 기초로 한 분할출원은 인정된다. 우선권주장 출원(청구범위: A, B, C, D/ 발명의 설명: A, B, C, D)이 선출원(A/A, 국내우선권주장 출원)과 제1국출원(B/B, 조약우선권주장 출원)을 동시에 수반하는 경우에도 우선권주장 출원을 기초로 한 분할출원(B, C, D/A, B, C, D)은 인정된다. 이 경우 분할출원의 출원일은 우선권주장 출원일로 소급되나, 특허요건 판단일은 해당 발명이 기재된 선출원의 출원일에 따라 달라진다. 즉, B 발명은 제1국출원일, C 발명은 선출원일이 되며, 우선권주장 출원시 추가된 D 발명은 우선권주장 출원을 한 날이 된다.

[실무] 우선권주장 출원과 분할출원에 동일한 발명이 기재된 경우에는 특허법 제36조 제2항을 적용한다.

[판례] 특허법원 2017. 10. 27. 선고 2017허2727 판결

구 특허법 제52조에 따른 분할출원이 구 특허법 제55조에 의한 우선권주장의 효력을 인정받기 위해서는 분할출원시의 특허출원서에 '우선권주장의 취지 및 선출원의 표시'를 하여야 하고, 우선권주장의 취지 및 선출원의 표시가 특허출원서에 기재되지 아니한 분할출원의 경우에는 구 특허법 제55조에 따른 우선권주장의 효력을 인정받을 수 없다.

7.8. 2015. 7. 29. 이후에 특허결정을 송달받은 원출원으로부터 분할된 출원

출원인이 특허발명 이외의 발명을 발명의 설명에 기초하여 분할하거나 특허발명의 일부를 분할하더라도 정정심판을 청구하지 않는 경우에는 경합 여부에 유의하여 심사하며 경합에 해당하면 거절이유를 통지할 때 경합사실을 함께 통보한다. 출원인이 특허발명의 일부를 분할하며 정정심판을 청구하는 경우에는 정정심판이 종료될 때까지 분할출원의 심사를 보류한다.

Ⅵ. 직무발명

1. 취지

오늘날 산업이 고도화되고 기술이 복잡·다양해짐에 따라 핵심적인 발명과 원천기술의 개발은 개인발명가보다는 대부분 대학, 연구소, 기업체 등 조직의 발명에 의해 달성되고 있다. 이러한 조직에 있어서의 발명이 바로 직무발명이다. 따라서 직무발명의 활성화는 우리기업과 국가의 기술경쟁력 강화문제와도 직결되는 중요한 문제라고 할 수 있다. 직무발명은 개인발명과 달리 발명자 개인의 노력에 의해서만 이루어지는 것이 아니라 사용자의 발명자에 대한 보수지급, 연구설비 제공, 연구비 지원 등의 도움에 의해서 비로소 가능하게 된다. 직무발명과 관련하여 특허법에는 발명자에게 특허를 받을 수 있는 권리를 부여해 주고, 권리를 승계시켰을 경우 정당한 보상을 받을 권리 등을 인정하는 한편 사용자에게는 직무발명에 대한 무상의 통상실시권 등을 인정하여 양자의 균형을 꾀하고 있다.

[분석] 2018년 한국지식재산연구원 조사보고서에 따르면, 우리나라 기업의 직무발명제도 도입률은 65%(2017년)로 87%인 일본에 비해 저조한 현황으로 나타났다. 대기업과 중견기업의 직무발명 보상제도 도입률은 대기업의 경우 2014년 84.4%에서 2017년 92.6%이고, 중견기업은 2014년 75.0%에서 2017년 92.6%로 증가추세이나 중소기업은 2017년 60.2%로 대기업, 중견기업에 비해 저조한 현황으로 나타났다.

[분석] 최근에는 SK를 비롯한 국내 대기업에서 종업원들의 직무발명에 대한 보상을 현실화하는 조치를 취하고 있다. 이들 기업은 한결같이 지적재산권의 확보를 통한 마케팅에 주력하면서 해외 기업으로부터의 로열티(Royalty) 수입도 크게 증가하고 있다.

2. 직무발명의 성립요건

직무발명이란 사용자 등과 고용관계에 있는 종업원 등이 그 직무와 관련하여 한 발명이 성질상 사용자 등의 업무범위에 속하고 그 발명을 하게 된 행위가 종업원 등의 현재 또는 과거의 직무에 속한 경우 종업원 등이 한 발명을 말한다.

[실무] 직무발명이 되려면 ① 종업원 등이 그 직무에 관한 발명일 것, ② 성질상 사용자 등의 업무범위에 속할 것, ③ 그 발명을 하게 된 행위가 종업원 등의 현재 또는 과거의 직무에 관한 것일 것 등의 요건을 갖추어야 한다.

(1) 종업원 등

'종업원 등'이란 사용자(국가, 법인, 사장 등)와 고용계약 및 기타의 관계에서 타인의 사무에 종사하는 자를 말하며, 민법상의 고용계약에 의한 종업원뿐만 아니라, 사실상 타인(사용자)에게 노무를 제공한다는 목적만 있으면 그 타인(사용자)과 종업원의 관계가 성립한다. 따라서 직무발명에서의 종업원은 사용자에 대한 노무 제공의 사실관계만 있으면 성립되므로 고용관계가 계속적이지 않고, 일시적·임시적으로 고용된 촉탁직이나 기능습득 중인 양성공 및 수습공을 포괄하며, 상근·비상근, 보수지급 유무, 근로기준법상의 최하 연령 등을 불문하고 사용자와 고용관계에 있는 한, 종업원이다.

[실무] 직무발명에서 종업원이란 통상적인 개념의 종업원뿐만 아니라 법인의 임원, 국가공무원, 지방자치단체의 공무원을 포함한다. 사용자로부터 보수를 받을 목적으로 근무를 하는 자는 물론, 보수를 목적으로 하고 있는 것이 아니라 하더라도 사용자에 대하여 종속적인 노무를 제공하는 자도 종업원 등에 포함된다.

[판례] 서울중앙지법 2009. 11. 11. 선고 2009가합72372 판결

직무발명에서의 '종업원 등'이라 함은 사용자(국가, 법인, 사장 등)에 대한 노무제공의 사실관계만 있으면 되므로, 고용관계가 계속적이지 않은 임시 고용직이나 수습공을 포함하고, 상근·비상근, 보수지급 유무에 관계없이 사용자와 고용관계에 있으면 종업원으로 보게 된다. 그런데 A사의 종업원이 타 회사(B)에 출장 가서 직무발명을 한 경우 그 발명이 어느 회사의 직무발명이 되는지 문제되는바, 이때 출장기간 중 B사의 사원이 되어 B사에서 급여를 받고 B사의 지휘 내지 명령까지 받았다면 B사의, 그 반대라면 A사의 직무발명이 된다고 할 것이고, 이와 같은 법리는 종업원이 사내창업을 위한 휴직을 하여 창업된 회사에서 근무하는 경우에도 마찬가지라고 할 것이다. 피고는 사내창업 휴직(2005.11.30.~2008.12.26.)을 하면서 그 기간 동안 원고로부터 급여를 받지 않았고, 위 휴직기간은 재직년수에도 산입되지 아니하며, 원고는 위 기간 동안 피고에게 실질적인 지휘 내지 명령권도 없었던 반면, 위 기간 동안 피고는 피고 회사의 임원으로서 피고 회사로부터 급여를 받고 피고 회사의 실질적 지배하에 있었던 점을 감안할 때, 이 사건 특허가 피고의 사내 창업 휴직기간 중인 2006. 3. 22.에 출원된 이상, 이 사건 발명은 원고의 직무발명으로 보기 어렵다.

(2) 사용자 등의 업무범위에 속할 것

종업원 등의 발명이 사용자 등의 업무범위에 속해야 직무발명이다. 사용자 등의 업무범위에 속하지 아니하면 종업원 개인의 자유발명이 된다.

발명진흥법 제2조 제2호에서 말하는 사용자란 자연인만이 아니고 법인 또는 국가나 자방자치단체를 포함한다. 오히려 직무발명은 대부분 법인격을 갖춘 대규모 기업체에서 발생하므로 사용자의 대부분은 법인이며, 자연인이 직무발명과 관련하여 발명진흥법 제2조 제2호에서의 사용자가 되는 경우는 법인격이 없는 소규모 개인기업의 대표자일 경우 등이다.

[실무] 업무범위란 사용자 등이 수행하는 사업의 범위로서 사용자가 자연인인지, 법인 및 국가인지에 따라 각각 달리 해석된다. ① 사용자가 자연인일 경우 그 자연인이 추구하는 현실적인 사업 내용을 중심으로 업무범위를 파악해야 한다. ② 사용자가 법인일 경우에는 정관을 중심으로 업무범위를 파악하면 되지만 일반적으로 정관에는 '기타 이에 부수하는 사업'도 업무범위로 특기하는 경우가 많다. 따라서 이러한 기타 부수사업을 어느 범위까지 보느냐에 따라 업무범위가 달라진다. ③ 사용자가 국가 또는 지방자차단체일 경우에 업무범위를 기업 등 법인의 경우와 같이 해석하게 되면 전 국가 또는 지방자치단체의 업무가 모두 포함되기 때문에 불합리하게 된다. 따라서 발명을 한 공무원이 소속한 기관의 직제와 사무분장규칙에 정해진 업무범위로 한정하여 해석해야 한다.

[실무] 발명진흥법 제2조 제2호에서 말하는 사용자란 자연인만이 아니고, 법인격을 갖춘 자도 포함한다. 법인격을 갖춘 회사인 경우 대표자는 사용자가 아닌 종업원 등으로 보아야 한다. 사용자의 업무범위란 법인의 경우에는 정관에 정해진 사업내용을 말하고, 정관에 구체적인 사업내용 외에 '기타 부대사업'이라 기재된 경우에는 정관에 정해진 기업의 목적과 어느 정도의 연관성을 갖는 업무이면 업무범위에 포함된다고 볼 수 있다.

[판례] 서울지법 남부지원 2002. 8. 22. 선고 2001가합13977 판결

피고회사는 통신기계기구의 제작·판매를 그 설립목적의 하나로 규정하고 있고, 1989년부터 현재까지 이동전화단말기를 주요 생산품목으로 하고 있으며, 위 발명들은 이동전화단말기에 이용될 수 있는 문자입력방식에 관한 발명이므로 피고회사의 업무범위에 속한다.

또한 위 각 발명 당시 원고의 직무는 정보통신부분의 신상품 개발을 위한 아이디어를 창출하는 것으로 실제 한글입력방식에 관한 아이디어 계발에 주력한 결과 제1, 2발명에 이르게 되었으므로 위 각 발명행위는 원고의 직무에 속한다.

(3) 현재 또는 과거의 직무에 관한 것일 것

발명을 하게 된 행위가 종업원의 현재 또는 과거의 직무에 속하는 발명이어야 한다. '발명을 하게 된 행위'란 발명을 착상하여 구체화하여 완성을 하기까지의 행위로서 정신적 활동뿐만 아니라, 이것에 부수하는 구체적인 모든 발명행위(연구소에서의 실험, 공장에서의 제조작업 등)도 포함하는 개념이다. 직무란 종업원 등이 사용자 등의 요구에 따라 사용자의 업무의 일부를 담당하는 것을 말한다.

따라서 '발명을 하게 된 행위가 종업원의 직무에 속하는 발명'이란 종업원 등이 담당하는 직무내용과 책임범위로 보아 발명을 꾀하고, 이를 수행하는 것이 당연히 예정되거나 기대되는 경우를 말하는 것으로 발명을 하는 것이 종업원 등의 직무가 아닌 경우에는 직무발명이라 할 수 없다.

[참고] 공무원의 직무발명은 국가 또는 지방자치단체가 승계한다. 다만, 고등교육법에 의한 국·공립학교의 교직원의 직무발명은 기술의 이전 및 사업화 촉진에 관한 법률 제11조 제1항 후단에 따른 전담조직이 승계하며, 전담조직이 승계한 국·공립학교 교직원의 직무발명에 대한 특허권은 전담조직 소유로 한다. 따라서 국·공립대학 교수 등은 공무원 직무명의 처분·관리 및 보상 등에 관한 규정의 적용과 무관하다.

[연구] 대통령령으로 정하는 공공연구기관의 장은 공공연구기관에 기술이전·사업화에 관한 업무를 전담하는 조직(이하 '전담조직'이라 한다)을 설치하여야 한다. 이 경우 고등교육법 제3조에 따른 국립학교 및 공립학교(이하 '국공립학교'라 한다)에 설치하는 전담조직은 법인으로 하여야 한다(기술의 이전 및 사업화 촉진법 제11조 제1항).

[참고] 일반적으로 퇴직 후에 이루어진 발명은 그 내용이 재직 중의 직무와 관련이 된다 하더라도 직무발명으로 볼 수 없다. 그러나 발명의 완성 당시 종업원이었던 자가 그 직무에 속하는 발명을 완성하였음에도 불구하고 이를 은닉·묵비하고 있다가 퇴직한 후 출원하는 경우 등은 개인(자유)발명이 아니라 직무발명으로 보아야 할 것이다. 또한 발명을 완성하기 직전에 퇴직한 경우, 재직기간이 비교적 길고 그 기간에 체득한 지식과 경험이 발명의 완성에 커다란 역할을 한 경우 등과 같이 특별한 사정이 있는 경우에는 개인(자유)발명이 아니라 직무발명으로 인정될 수 있으므로, 이러한 가능성을 놓고 보면 퇴직 후의 발명

이 언제나 직무발명이 아니라고 단언할 수 없다.

[참고] 대학교수의 발명과 관련하여, ① 사립대학 교수 등의 직무발명의 경우 교칙 또는 계약, 근무규정이나 기타 약정 등에 따라 상이할 수 있으나, 일반적으로 산업교육진흥 및 산 학연협력촉진에 관한 법률 제25조에 따라 설립·운영하고 있는 산학협력단을 통하여 교수 등의 직무발명에 대한 권리를 승계하거나 특허권 등을 소유하고 있다. 또한 국·공립대학 교수 등의 직무발명과는 달리 법령상 당연히 승계되거나 귀속되는 것이 아니므로, 계약, 근무규정 등에 규정된 사전예약승계규정에 따라 그 승계 내지 귀속 여부가 결정된다. ② 대학의 구성원으로서의 학생이 한 발명은, 원칙적으로 해당 학생이 대학의 종업원 등에 해당하지 않는 한 직무발명과 무관한 개인(자유)발명이다. 그러나 해당 발명이 예컨대 대학 내 발명지원프로그램을 통하여 완성된 발명으로서 관련규정에 의하여 대학의 직무발명으로 간주되는 경우를 예상해 볼 수 있을 것이며, 대학 내 특정의 연구과제에 참여한 학생 중에는 계약을 통하여 대학과 고용관계가 형성되기도 하는데, 이러한 경우 등에 있어서 해당 학생의 발명은 직무발명에 해당하는 것으로 볼 수 있다. ③ 교수 또는 연구원 등이 대학의 조직 내에서 담당하고 있는 연구의 내용이나 책임범위로 보아 발명을 담당하고 이를 수행하는 것이 당연히 예정되어 있는 경우, 그러한 연구의 수행결과에 따라 발명한 것은 원칙적으로 직무발명에 해당된다. 다만, 그러한 경우라 하더라도 외부 기업체의 연구개발 의뢰에 의하여 연구과제가 지정되고 연구비를 지급받은 것이라면, 해당 기업체와의 계약이나 인적자원·물적시설의 활용·이용관계 등에 따라 해당 발명에 대한 구체적인 권리관계가 달라질 수 있다. ④ 교수가 전공과 관련한 통상적·일상적 학술활동의 결과 발명을 하게 된 경우, 학생에 대한 교육 및 전공과 관련한 학문의 연구를 교수의 기본적 직무로 보아야 하고 또한 연구를 할 때에는 대학의 인적자원·물적 시설을 활용·이용하게 되므로, 그러한 과정에서 완성된 발명은 원칙적으로 직무발명에 해당된다. 반대로, 교수가 자신의 전공과 무관한 영역에서 대학의 인적자원·물적시설의 활용·이용관계 없이 발명을 하게 된 경우는 당연히 해당 교수의 개인(자유)발명에 해당된다. ⑤ 교수 또는 연구원 등이 외부 기업체의 기술고문으로 재직 중 그 기술 분야에 관한 발명을 하게 된 경우, 이때 기술고문으로서의 교수 또는 연구원 등은 해당 외부 기업체의 종업원 등에 해당하므로 해당 발명은 원칙적으로 대학이 아니라 외부 기업체의 직무발명에 해당된다. 다만, 대학과 협약관계에 있거나 별도의 계약 또는 약정이 있는 경우, 그러한 협약, 계약 또는 약정에 따라 해당 발명에 대한 구체적인 권리관계가 달라질 수 있다.

[발명진흥법] 제10조 제2항
공무원의 직무발명에 대한 권리는 국가나 지방 자치단체가 승계하며, 국가나 지방자치단체가 승계한 공무원의 직무발명에 대한 특허권 등은 국유나 공유로 한다. 다만, 고등교육

법 제3조에 따른 국·공립학교(이하 '국·공립학교'라 한다) 교직원의 직무발명에 대한 권리는 기술의 이전 및 사업화 촉진에 관한 법률 제11조 제1항 후단에 따른 전담조직(이하 '전담조직'이라 한다)이 승계하며, 전담조직이 승계한 국·공립학교 교직원의 직무발명에 대한 특허권 등은 그 전담조직의 소유로 한다.

[분석] 국·공립대 교수가 획득한 특허 등을 국가가 아닌 대학 측이 갖도록 기술의 이전 및 사업화 촉진에 관한 법률이 개정된 이후, 서울대에서는 재단법인 형태의 '서울대 산학협력단'을 발족하고 '지적재산권 규정'을 제정하여 서울대 연구진이 개발한 특허 등을 산업체에 이전하거나 판매하고 이 과정에서 발생한 수익의 상당부분을 교수들에게 배분하도록 하고 있다. 교수들이 상품화가 가능한 신기술을 개발하면 산학협력단이 특허신청과 산업체 기술이전, 상품화 등 수익사업을 대신하고 이 과정에서 수익이 발생하면 교수들이 상당부분을 배분받게 된다. 구체적으로는 특허로 벌어들인 수익이 2000만원 이하이면 '전액', 2000만원 이상 1억원 이하이면 '2000만원+2000만원을 초과하는 금액의 70%', 1억원 이상이면 '7600만원+1억원을 초과하는 금액의 60%'를 연구진에게 지급하며 나머지 액수를 서울대가 갖게 된다. 특허가 외국으로 이전될 경우에는 연구진과 대학이 절반씩 수익금을 나누도록 하고 있다.

[분석] 발명을 장려하는 사회적 분위기에 힘입어 직무발명이 크게 증가하고 있다. 특히 국·공립대의 경우 특허권을 직접 소유할 수 있게 되어 그 처분에 따른 수익을 챙길 수도 있다. 연구결과를 특허로 출원하여 사업화로 연결시킨다면 직접적인 경제적 보상이 가능하다는 사실을 염두에 두어야 한다.

[분석] 종업원이 명령에 의하여 타 회사로 출장가서 한 직무발명의 경우 종업원의 급여지급에 따라 소속이 문제될 수 있지만 일반적으로 급여를 출장지에서 받는가, 출장 보낸 곳에서 받는가에 따라 정해야 한다. 즉, 출장기간 중 그곳의 사원이 되어 그 회사에서 급여를 받고 있는 경우에는 그 회사의 종업원이 되고, 그 반대인 경우에는 출장 보낸 곳의 종업원이다. 다만, 연구개발의 지휘 내지 명령이 급여지급 측에 없는 특수한 경우는 지휘 내지 명령하는 측의 종업원이라고 해석해야 한다.

[실무] 발명을 하게 된 행위가 종업원 등의 직무인 한, 이들이 한 발명이 사용자 등으로부터 구체적인 과제를 부여받아서 한 경우이든, 발명을 의도하지 아니하고 직무수행의 결과 성립된 발명이든 모두 직무발명에 해당된다.

[실무] 발명을 하게 된 행위는 반드시 근무시간 중에 이루어질 필요가 없으며, 발명한 장소(근무지 또는 가정)도 문제되지 않는다. 그 이유는 직무발명은 종업원 등이 담당한 직무

와 관련된 발명이므로 비록 퇴근 후 가정에서 직무와 관련된 발명을 했더라도 직무에서 터득한 지식과 경험 및 발명 완성시까지의 사용자 등의 지원(설비, 자원, 급여 등)을 부정할 수 없기 때문이다. 직무발명은 종업원 등이 현재에 담당하고 있는 직무에 속하는 발명은 물론이고 과거에 담당하고 있던 직무에 속하는 발명도 포함된다.

[주의] 직무발명의 요건 중에서 논란의 소지가 있는 것이 '종업원의 현재 또는 과거의 업무범위'에 관한 것인데, 이를 해석하기 위해서는 근로계약서뿐만 아니라 종업원이 담당하는 직무내용과 책임범위로 보아 당연히 예정되었거나 기대되었던 발명인지, 근무시간에 이루어진 발명인지 등에 대해서도 살펴보아야 한다.

[판례] 서울고법 2007. 8. 21. 선고 2006나89086 판결

어떤 종업원이 특허법 제39조 제1항, 제40조 제1항에서 정한 직무발명자라고 하기 위해서는 그 종업원이 자신의 현재 또는 과거의 직무에 속하는 사용자의 업무범위 내의 발명을 하였어야 하고, 만약 그 발명에 다수의 사람들이 관계되는 경우에는 기술적 과제의 해결수단인 발명의 특징적 부분을 착상하거나 그 착상을 구체화함으로써 발명의 완성에 창작적으로 공헌하였는지 여부를 기준으로 공동발명자의 지위를 정하며, 또한 직무발명의 요건인 '고용관계의 존재'는 발명의 완성 당시를 기준으로 하므로 어떤 종업원이 과거의 재직회사에서 발명의 기본적인 골격을 구성하였다가 새롭게 이직한 회사에서 발명의 구체적인 내용을 완성한 경우에는 그 발명은 나중 회사의 직무발명이 된다.

[사례] 甲은 원고 회사의 대표이사인 乙로부터 웹클릭콜서비스의 기본 아이디어를 케이블 TV에도 적용하여 사업을 할 수 있는지 여부를 검토해보라는 구체적인 과제를 부여받아 그 직무로서 특허발명을 착상하고 구체화하였으므로, 甲이 발명한 특허발명은 원고 회사와의 관계에서 직무발명에 해당한다. 또한, 피고는 특허발명을 착상해 내고 구체화하는 직무를 수행하고 있던 甲이 근무하고 있던 마케팅팀의 최종책임자인 팀장으로서 甲으로부터 그 개발업무의 진행과정을 계속 보고받는 한편, 마케팅팀의 내부 회의의 개최를 통해, 또는 다른 업체와의 외부 회의에 甲 등의 부하직원과 함께 원고 회사의 대표로 참석하여, 특허발명의 개발과 관련된 논의를 함께 하였고, 결국 특허발명을 완성하기 위한 이러한 원고 회사 차원의 모든 논의와 노력 및 부하직원인 甲의 아이디어와 시나리오 등을 종합하고 정리하여 특허출원 명세서 초안을 완성한 다음, 그로부터 불과 6일 후로 피고가 원고 회사를 퇴직한 날인 2005. 8. 25.보다 앞선 2005. 8. 22. 위 명세서 초안에 기재된 발명을 토대로 하여 그 기술내용을 좀 더 발전시키고 구체화한 것에 불과한 특허발명의 명세서를 작성하기에 이른 것이므로, 피고가 특허발명의 완성 당시 위 발명을 완성하기 위하여 원고 회사에서 담당했던 위와 같은 일련의 활동 및 이에 따른 그의 직무내용과 책임범위를 참작하여 볼 때, 피고가 특허발명을 꾀하고 수행하는 것은

당연히 예정되거나 기대되었다고 할 것이다. 따라서 피고가 특허발명을 발명한 것도 원고 회사와의 관계에서 직무발명에 해당한다(특허법원 2008. 10. 30. 선고 2007허12299 판결, 2008. 10. 30. 선고 2007허12305 판결).

[사례] 선출원 특허발명은 소외 甲이 피고 회사의 직원으로서 그 해당 업무에 관하여 행한 발명으로서 이른바 직무발명에 해당한다고 봄이 상당하고, 선출원 특허발명을 기초로 하고 있는 특허발명은 특허법 제55조 제1항에서 규정하고 있는 소위 국내우선권을 인정할 수 있는 정도라 할 것이므로 비록 특허발명이 그 출원은 甲이 피고 회사를 퇴직한 이후에 이루어진 것이지만 직무발명에 해당하는지 여부를 판단하는 기준은 그 발명이 완성될 당시라고 할 것인데, 선출원 특허발명과 특허발명이 실질적으로 동일한 점에 비추어 특허발명의 완성시점은 선출원 특허발명의 출원 당시라고 봄이 상당하므로, 甲과 피고 회사 간에 체결된 업무수행서약에 따라 피고 회사 또는 피고 회사가 지정하는 자가 특허발명의 적법한 승계인이라고 할 것이다(특허법원 2007. 5. 31. 선고 2006허6280 판결).

3. 종업원 등의 권리와 의무

(1) 종업원 등의 권리

(가) 특허를 받을 수 있는 권리

종업원 발명자는 원칙적으로 직무발명에 대하여 특허를 받을 수 있는 권리를 가진다. 종업원은 특허법 제37조 규정에 따라 이 권리를 타인에게 양도·이전할 수 있으며, 특허권 취득 후 그에 대한 처분(양도·이전, 전용실시권 허여, 통상실시권 허여 등)도 자유롭게 할 수 있다. 그러나 특허 받을 수 있는 권리 또는 특허권이 공유인 경우 다른 공유자의 동의를 얻지 아니하면 그 지분을 양도할 수 없다.

[판례] 대법원 1991. 12. 27. 선고 91후1113 판결

직무발명에서 '그 발명을 하게 된 행위가 종업원 등의 현재 또는 과거의 직무에 속하는 발명'이라 함은 종업원이 담당하는 직무내용과 책임범위로 보아 발명을 꾀하고 이를 수행하는 것이 당연히 예정되거나 또는 기대되는 경우를 뜻한다.

[사례] 특허법은 발명자주의를 취하기 때문에 직무발명에 의한 특허를 받을 권리는 당연히 그 발명자인 종업원에게 있으므로 그 사용자가 그 특허를 출원하기 위하여는 미리 그 발명자인 종업원으로부터 특허를 받을 권리를 양도받아야 한다(대법원 1991. 12. 27. 선고 91후1113 판

결).

[참고] 직무발명은 회사가 제공하는 자금 및 시설과 종업원의 노력이 조화를 이루어 완성되는 것이므로 사용자와 종업원이 직무발명에 대하여 어느 정도의 권리를 가질 것인가에 대하여 결론을 내리기가 쉬운 것은 아니지만, 특허법은 직무발명에 대한 권리는 원칙적으로 발명자에게 있다고 규정함으로써 기본적으로는 발명자주의를 채택하면서도 사용자와의 형평성을 고려하여 사용자에게는 통상실시권을 부여하고 있다. 이때 부여되는 통상실시권은 특허법의 규정에 의하여 자동적으로 발생하는 것이므로 사용자는 종업원에게 통상실시권에 대한 별도의 대가를 지불할 필요가 없는 것으로 해석하는 것이 타당하다. 또한 사용자가 일단 통상실시권을 갖게 되면 직무발명자인 종업원이 회사를 떠나는 경우에도 사용자의 통상실시권에는 영향을 미치지 않는다고 보는 것이 일반적이다. 이와 같이 특허법은 직무발명에 대한 권리는 원칙적으로 발명자인 종업원에게 있다고 규정하면서도 종업원과 사용자 간에 종업원이 회사에 입사한 후에 한 발명에 대한 권리는 사용자에게 있다는 계약을 맺는 경우에는 그 계약이 우선함을 인정하고 있다. 그러나 이 경우에도 사용자는 종업원에게 반드시 적절한 보상을 하도록 규정하고 있는데, 이 규정은 강행규정이므로 적절하지 않은 보상을 정한 계약은 무효라고 할 수 있다. 다만, 종업원의 자유발명 즉, 회사의 자금 및 설비와 무관하게 종업원이 독자적으로 한 발명에 대해서는 어떠한 경우에도 사용자가 그 발명에 대한 권리를 갖는다는 계약을 할 수 없을 뿐만 아니라 설사 그러한 계약을 맺었다고 하더라도 그 계약은 무효라고 할 수 있다.

[판례] 대법원 2000. 6. 9. 선고 99도4064 판결

종업원 또는 법인의 임원이 그 직무에 관하여 발명한 것이 성질상 사용자 또는 법인의 업무영역에 속하고 그 발명을 하게 된 행위가 종업원 또는 법인 임원의 현재 또는 과거의 직무에 속하는 발명 즉, 직무발명에 관하여는 사용자 또는 법인이 미리 종업원 또는 법인의 임원인 고안자와 사이에 특허를 받을 권리를 양도받기로 하는 특약을 하거나 그와 같은 내용의 근무규정이 있는 등 특별한 사정이 없는 한 직무발명에 대한 특허를 받을 권리는 당연히 그 발명자인 종업원 또는 법인의 임원에 귀속되는 것이다.

[판례] 대법원 2005. 10. 14. 선고 2003도1154 판결

국립대학인 전북대학교 총장이 그 명의로 체결한 농림기술개발사업에 관한 이 사건 약정에서 전북대학교 총장에 속하는 것으로 정한 여러 권한과 책임은 이 사건 개발사업의 주관연구기관인 전북대학교의 장인 전북대학교 총장에게 실질적으로 귀속되는 것임이 분명하다. 그리고 전북대학교 총장은 이 사건 개발사업의 주관연구기관인 전북대학교를 대표하여 이 사건 각 약정을 체결한 것인바, 전북대학교 총장이 행한 이 사건 각 약정의 체결, 이행 및 성과물의 이용에 관한 업무는 모두 이 사건 개발사업의 주관연구기관인 전북대학교의 업무에 속하는 것이고, 국립대학인 전북대학교 소속 교수로서 교육공무원 신분인 피고가 전북대학교의 이 사건 개발사업의 수행을 위하여 행하는 연구 활동 역시 전북대학교의 업무수행 일환으로 보아야 할 것이니, 이는 교육공무원으로서의 피고의 직무집행 행위에 해당하는 것이고, 피고가 참여하여 이루어진 이 사건 개발사업의 수행 결과물의 사용에 관한 사항은 피고의 직무인 이 사건 연구 활동과 밀접한 관련이 있는 사항임이 분명하다.

(나) 발명자로서의 인격권

발명은 발명자의 지적 노력의 산물이므로 발명에는 발명자의 인격이 포함된다. 이러한 인격권은 일신전속적인 것으로 양도의 대상이 될 수 없으며, 재산적 가치를 가지는 것이 아니라 명예에 관한 것이므로 명예권이라 부르기도 한다. 직무발명자인 종업원이 그 발명에 대하여 특허를 받을 수 있는 권리를 사용자에게 승계시킨 경우, 출원인은 해당 사용자가 되고 또한 그 출원한 사용자가 등록 후 특허권자가 되지만, 발명자인 종업원에게는 특허출원서에 그 성명을 기재할 권리가 부여된다.

[분석] 직무발명에 있어서 발명자인 종업원에게 부여되는 인격권은, 특허권을 행사하는데 어떠한 제약을 가하는 것이 아니라 발명자로서의 명예를 존중하는 것이므로, 특허권자인 사용자에게는 특허출원서상 출원인과 발명자가 다르다고 해서 어떠한 불이익도 있을 수 없다.

[분석] 보상받을 주체에 대한 혼란을 미연에 방지하고 또한 직무발명을 장려·촉진하는 차원에서, 종업원의 직무발명자로서의 인격권은 존중됨이 바람직하다.

[분석] 직무발명자의 인격권이 침해당한 경우, 진정한 발명자인 종업원은 허위의 발명자의 성명을 변경시킬 청구권을 행사할 수 있다.

(다) 직무발명에 대한 정당한 보상청구권

종업원 등의 직무발명에 대하여 사용자 등이 특허 받을 수 있는 권리 또는 특허권을 승계 취득하거나 전용실시권을 설정했을 경우 종업원 등은 사용자로부터 발명진흥법 제15조 제1항에 의거 정당한 보상을 받을 권리를 가진다. 사용자 등이 직무발명에 대한 권리를 승계한 후 출원하지 아니하거나 출원을 포기 또는 취하하는 경우에도, 발명자인 종업원 등은 정당한 보상을 받을 권리를 가지며, 이러한 출원 유보시의 보상에 있어서 그 액을 결정할 때에는 그 발명이 산업재산권으로 보호되었더라면 종업원 등이 받을 수 있었던 경제적 이익을 고려하여야 한다(발명진흥법 제16조). 그러나 직무발명자인 종업원의 정당한 보상을 받을 권리는 일반채권과 마찬가지로 10년간 행사하지 아니하면 시효로 소멸한다는 사실에 유의하여야 한다.

[분석] 발명자가 직무발명에 대한 특허권을 취득한 후 퇴사한 경우는 다음과 같이 나누어 생각해 볼 수 있다. 계약 또는 근무규정에 특허권의 사용자 귀속에 대하여 정하지 아니한 경우는 직무발명을 한 종업원이 그 특허권을 사용자에게 양도하지 않고 퇴사했을 때, 사용자는 무상의 법정 통상실시권만 가진다. 계약 또는 근무규정 등에 특허권의 사용자 귀속에 대하여 정하고 있는 경우에는 사용자는 무상의 통상실시권을 당연히 가지고, 종업원에 대하여 계약불이행 또는 근무규정 위반을 이유로 계약규정에 따라 손해배상을 청구할 수 있다.

[판례] 서울고법 2009. 8. 20. 선고 2008나119134 판결

직무발명보상금청구권의 소멸시효는 일반채권과 마찬가지로 10년간 행사하지 않으면 완성되고 그 기산점은 일반적으로 특허 등록 혹은 특허승계시로 볼 수 있지만, 근무규칙 등에서 대가의 지불시기가 정하여진 경우에는 그 지불시기가 도래할 때까지는 정당한 보상액의 지불을 받을 권리의 행사에 법률상 장해가 있다고 보아 그 지불시기가 정당한 보상액의 지불을 받을 권리의 소멸시효의 기산점이 된다고 해석하여야 한다.

(라) 직무발명보상규정 작성·변경에 관한 협의권 및 동의권

종업원 등은 직무발명보상에 대하여 보상형태와 보상액을 결정하기 위한 기준, 지급방법 등이 명시된 직무발명보상규정의 작성·변경에 관하여 사용자 등과 협의할 권리를 가지며, 보상규정을 종업원 등에게 불리하게 변경하는 경우에는 동의권을 행사할 수 있다(발명진흥법 제15조 제3항 참조).

[실무] 사용자 등은 직무발명보상규정의 작성 또는 변경에 관하여 협의의 경우에는 '새로 작성하거나 변경하려는 보상규정의 적용을 받게 되는 종업원 등(변경 전부터 적용 받고 있는 종업원 등을 포함한다)의 과반 수', 동의의 경우에는 '불리하게 변경하려는 보상규정의

적용을 받고 있는 종업원 등의 과반수'를 범위로 하여 협의하거나 또는 동의를 얻어야 하며, 종업원 등에게 협의 또는 동의를 요청하는 경우 성실한 자세로 임하도록 규정되어 있다(발명진흥법 시행령 제7조의2 제3항).

(마) 직무발명 관한 심의요구권 및 조정신청권

종업원 등은 직무발명에 대한 권리 및 보상 등에 관하여 사용자 등과 이견이 있는 경우 사용자 등에게 직무발명심의위원회를 구성하여 심의하도록 요구할 수 있으며(발명진흥법 제18조 제1항), 직무발명심의위원회의 심의 결과에 불복하거나 직무발명과 관련하여 분쟁이 발생하는 경우 발명진흥법 제41조에 따른 산업재산권분쟁조정위원회에 조정을 신청할 수 있다(제18조 제6항). 종업원 등이 사용자 등에게 직무발명심의위원회를 구성하여 심의하도록 요구할 수 있는 경우는 ① 직무발명인지 여부에 관하여 사용자 등과 이견이 있는 경우 ② 사용자 등이 발명진흥법 제10조 제3항을 위반하여 종업원 등의 의사와 다르게 직무발명 외의 발명에 대한 권리의 승계 또는 전용실시권의 설정을 주장하는 경우 ③ 사용자 등이 제13조 제1항을 위반하여 종업원 등의 의사와 다르게 직무발명에 대한 권리의 승계 또는 전용실시권의 설정을 주장하는 경우 ④ 사용자 등이 제10조 제1항 단서 또는 제13조 제3항을 위반하여 통상실시권을 주장하는 경우 ⑤ 사용자 등이 제시한 보상규정에 이견이 있는 경우 ⑥ 사용자 등과의 협의 또는 동의 절차에 이견이 있는 경우 ⑦ 사용자 등이 제15조 제4항에 따라 통지한 보상액 등 보상의 구체적 사항에 이견이 있는 경우 ⑧ 사용자 등이 제15조 제2항부터 제4항까지의 규정에 따라 종업원 등에게 보상하지 아니하는 경우 ⑨ 그 밖에 직무발명에 대한 권리 및 보상 등에 관하여 사용자 등과 종업원 등간에 이견이 있는 경우 등이다(발명진흥법 제18조 제1항).

[연구] 종업원 등은 위 ①부터 ⑨까지 각 사유가 발생한 날부터 30일 이내에 심의요구권을 행사하여야 하며, 다만 ⑦의 경우에는 종업원 등이 통지를 받은 날부터 30일 이내에 행사하여야 한다(발명진흥법 제18조 제2항).

직무발명심의위원회의 심의 결과에 불복하거나 직무발명과 관련하여 분쟁이 발생하는 경우 종업원 등은 발명진흥법 제41조에 따른 산업재산권분쟁 조정위원회에 조정을 신청할 수 있으며, 사용자 등도 조정신청권을 가진다.

[분석] 조정신청은 시효중단의 효력이 있다. 즉, 조정이 성립되지 아니한 경우 그 불성립이 확정된 날부터 1개월 이내에 소를 제기하지 아니하면 시효중단의 효력이 없다.

[실무] 위원회는 조정신청이 있는 날부터 3개월 이내에 조정을 하여야 한다. 다만, 특별한 사유가 있으면 양 당사자의 동의를 받아 1개월의 범위에서 한번만 그 기간을 연장할 수 있다. 기간이 지난 경우에는 조정이 성립되지 아니한 것으로 간주된다.

[분석] 조정은 당사자 사이에 합의된 사항을 조서에 적음으로써 성립되며, 이러한 조서는, 당사자가 임의로 처분할 수 없는 것을 제외하고는, 재판상 화해와 같은 효력이 있다.

(2) 종업원의 의무

(가) 협력의무

계약 또는 근무규정에 의하여 사용자 등에게 특허를 받을 수 있는 권리 또는 특허권을 양도할 의무가 있는 경우, 특허출원 및 등록시 또는 특허권을 실시하거나 처분시 기술사항을 협력할 의무를 진다.

(나) 비밀유지의무

사용자 등이 직무발명을 승계한 경우, 종업원 등은 직무발명을 출원할 때까지 그 내용에 관하여 비밀을 유지하여야 하며, 이를 위반하여 부정한 이익을 얻거나 사용자 등에게 손해를 가할 목적으로 직무발명의 내용을 공개한 자는 사용자의 고소가 있을 경우 3년 이하의 징역 또는 3천만원 이하의 벌금에 처한다.

(다) 직무발명 완성사실의 통지의무

종업원 등이 직무발명을 완성한 경우에는 지체 없이 그 사실을 사용자 등에게 문서로 알려야 할 의무가 있으며, 2명 이상의 종업원 등이 공동으로 직무발명을 완성한 경우에는 공동으로 알려야 한다(발명진흥법 제12조). 사용자 등이 내부적으로 계약이나 근무규정상의 사전예약승계규정 등에 종업원 등의 직무발명 완성사실의 통지의무를 두고 있는 것과 관계없이, 모든 종업원 등은 직무발명의 완성사실을 지체 없이 사용자 등에게 통지하여야 할 의무를 부담한다.

[분석] 사전예약승계규정 등의 유무와 무관하게, 직무발명에 대하여 종업원 등이 특허 등을 받았거나 특허 등을 받을 수 있는 권리를 승계한 자가 특허 등을 받으면 사용자 등은 그 특허권 등에 대하여 통상실시권을 가지는 것이 원칙이므로, 이러한 사용자 등의 권리행

사를 쉽게 하고, 또한 통지가 이루어지지 않는 등 직무발명에 대한 관리상의 문제로 핵심 인재 및 기술유출의 위험성을 미연에 차단하려는 취지에서 부여된 것으로 이해할 수 있다.

[분석] 발명진흥법은 종업원 등이 직무발명 완성사실의 통지의무를 이행하지 아니한 경우 그에 대한 처벌규정을 두고 있지 아니하나, 그러한 통지의무의 성실한 이행으로 직무발명의 완성사실을 사용자가 보다 쉽게 인지, 발명의 안정적 승계를 통한 권리확보가 가능하게 된다는 점에서 매우 중요하게 인식되어야 한다.

[분석] 종업원 등이 직무발명 완성사실의 통지의무를 이행하지 아니한 경우, 사전예약승계 규정 등이 존재하는 경우 그에 따른 손해배상청구 내지 징계 등 인사상의 불이익이 있을 수 있고, 통지하지 아니하고 종업원 등이 직접 출원하거나 또는 제3자에게 특허를 받을 수 있는 권리를 양도하여 제3자가 출원한 경우 등은 무효심판의 대상이 되거나 권리이전청구 소송의 대상이 되므로 유의해야 한다.

4. 사용자 등의 권리와 의무

(1) 사용자 등의 권리

(가) 무상의 통상실시권 취득

사용자 등은 종업원 등이 출원한 발명이 특허를 받았거나 특허 받을 수 있는 권리를 승계한 자가 특허를 받았을 경우 통상실시권을 취득한다. 이때의 통상실시권은 발명진흥법 제10조 제1항에 의하여 당연히 발생하는 것으로써 무상이며, 실시범위에 제한이 없고 당해 특허권의 소멸시까지 유효하다.

다만 다음과 같은 예외가 있다. 발명진흥법 제10조 제1항 단서의 규정에 따라, 사용자 등이 중소기업법 제2조에 따른 중소기업이 아닌 경우 종업원 등의 협의를 거쳐 미리 ① 종업원 등의 직무발명에 대하여 사용자 등에게 특허 등을 받을 수 있는 권리나 특허권 등을 승계시키는 계약 또는 근무규정, 또는 ② 종업원 등의 직무발명에 대하여 사용자 등을 위하여 전용실시권을 설정하도록 하는 계약 또는 근무규정을 체결 또는 작성하지 아니한 경우에는 사용자 등은 그 발명을 한 종업원 등의 동의를 받지 아니하고는 통상실시권을 가질 수 없다. 또한 발명진흥법 제13조 제3항의 규정에 따라 사용자 등이 종업원 등의 직무발명에 대한 권리승계 여부의 통지의무를 이행하지 아니하는 경우에는 사용자 등은 그 발명에 대한 권리의 승계를 포기한 것으로 간주되며, 이 경우 그 발명을 한 종업원 등의 동의를 받지 아니하고는 통상실시권을 가질 수 없다.

[실무] 일반적으로 통상실시권은 제3자에 대한 대항요건으로 등록을 해야 하지만 직무발명에 의한 통상실시권은 특허법 제118조 제2항의 규정에 의하여 등록하지 않아도 특허권자나 전용실시권자에 대하여 실시권을 주장할 수 있다.

[판례] 대법원 1997. 6. 27. 선고 97도516 판결

직무발명에 관한 통상실시권을 취득하게 되는 사용자는 그 피용자나 종업원이 직무발명을 완성할 당시의 사용자이고, 그에 따른 특허권의 등록이 그 이후에 이루어졌다고 하여 등록 당시의 사용자가 그 통상실시권을 취득하는 것은 아니다.

[분석] 종업원의 직무발명에 대한 사용자의 통상실시권의 범위는 특허권의 기술적 범위에 속하는 물(物)의 사용에 한정되는 것은 아니며, 물의 사용 외에 그 제조, 양도, 대여, 양도 또는 대여를 위한 전시도 포함된다.

◇ 특허법원 2006. 8. 17. 선고 2005허3239 판결

종업원이 그 직무에 관하여 발명한 것이 성질상 사용자의 업무범위에 속하고 그 발명을 하게 된 행위가 종업원의 현재 또는 과거의 직무에 속하는 발명에 대하여 종업원이 특허를 받았을 때에는 사용자는 그 특허에 대하여 통상실시권을 가지는바, 통상실시권은 원칙적으로 특허권자의 동의를 얻지 아니하면 이를 이전할 수 없고, 그 통상실시권을 목적으로 하는 질권을 설정할 수 없다.

[사례] 특허발명은 피고 甲의 소형 COG 압흔 검사기 개발 업무와 관련하여 피고 甲의 연구개발실장의 지위에 있던 원고가 그 직무로서 발명한 것에 해당한다 할 것이고, 나아가 원고가 특허발명의 출원과정에서 명세서의 초안을 작성하고 선행기술을 검토하여 수정하는 업무를 담당하였던 점, 따라서 원고로서는 특허발명이 피고 甲의 명의로 출원된다는 사실을 쉽게 알 수 있었을 것으로 보이는데, 그럼에도 특허발명의 출원일 무렵부터 피고 甲에서 퇴사할 때까지 약 8개월의 기간 동안 별다른 이의를 제기한 바 없었던 점, 특허발명의 출원과 등록을 전후한 시기에 원고가 피고 甲으로부터 대표이사 乙과 비슷한 보수와 성과급을 받게 되어 위 직무발명에 대해서도 상당한 대가가 지급된 것으로 보이는 점 등을 종합하여 보면, 직무발명에 해당하는 특허발명에 대하여 발명자인 원고가 그 특허출원 전에 특허를 받을 수 있는 권리를 사용자인 피고 甲에 묵시적으로 양도하였다고 봄이 상당하다. 따라서 특허발명은 발명자인 원고로부터 특허를 받을 수 있는 권리를 적법하게 승계한 피고 甲에 의하여 출원되었다고 할 것이다(특허

법원 2008. 8. 20. 선고 2007허11975 판결, 2008. 8. 20. 선고 2007허11982 판결).

[사례] 甲 등은 모두 피고 법인 소속의 연구원으로서 피고로부터 연구비와 급여를 지급받으면서 甲의 지도하에 공동으로 연구·개발을 하여 특허발명을 발명한 사실, 당시 甲 등과 피고 사이에 직무발명의 권리승계 등에 관한 명시의 계약이나 근무규칙 등은 없었으나, 甲 등은 그 무렵 연구·개발된 '플라즈마파암용 전력충격쎌' 등 다른 발명과 마찬가지로 특허발명에 관하여도 특허를 받을 권리가 피고에게 당연히 귀속하는 것으로 생각하여 피고가 특허출원을 하는 데에 동의한 사실이 인정되는바, 위 인정사실에 의하면, 특허발명은 특허를 받을 수 있는 권리를 적법하게 승계한 자에 의하여 출원되었다(특허법원 2007. 10. 31. 선고 2007허1183 판결, 2007. 10. 31. 선고 2007허1190 판결).

[판례] 특허법원 2006. 8. 3. 선고 2005허7279 판결

사용자와 종업원 사이에 특허발명에 관한 승계약정이 있었다 하더라도, 직무발명에 대하여는 사용자가 직무발명에 관한 권리를 승계한 후 4월 이내에 출원을 하지 아니하는 경우 당해 직무발명은 자유발명으로 간주되는데, 원고회사가 발명자에게서 특허출원을 제안 받은 후 4월 이내에 특허출원을 마무리하지 아니하였으므로, 결국 특허발명은 발명자의 자유발명이 되어 원고회사는 특허 받을 권리를 상실하였다고 봄이 상당하다.

[사례] 특허발명은 甲이 원고회사에 재직 중 발명한 것으로서 甲의 직무내용과 책임범위로 보아 특허발명을 하게 된 행위가 직무와 밀접한 관련이 있고 원고회사의 업무범위 내에 속하는 것으로 판단된다. 따라서 특허발명은 甲의 직무발명에 해당한다(특허법원 2006. 8. 3. 선고 2005허7279 판결).

(나) 승계취득 또는 전용실시권 설정 권리

사용자는 계약이나 근무규정에 의하여 종업원의 직무발명에 대하여 특허 받을 수 있는 권리 또는 특허권을 승계 취득할 수 있고, 종업원이 특허권을 취득한 경우 전용실시권을 설정할 수 있다. 종업원이 타인과 공동으로 직무발명을 한 경우에는 특허 받을 수 있는 권리 또는 특허권은 공유로 되며, 각 공유자는 다른 공유자의 동의 없이 그 지분을 양도할 수 없고, 사용자 등은 계약이나 근무규정에 의하여 그 직무발명에 대한 권리를 승계하기 때문에 당해 종업원이 가지는 권리의 지분만 가지게 된다.

[주의] 특허 받을 수 있는 권리를 승계 취득할 경우 특허출원 전일 때에는 사용자 명의로

특허출원을 하지 아니하면 제3자에게 대항할 수 없으며, 특허출원 후에는 출원인 변경신고를 하지 않으면 그 효력이 발생하지 않는다. 이 경우 사후의 문제발생을 예방하기 위하여 종업원 등으로부터 양도증서를 받아놓는 것이 좋으며, 특허권의 승계취득 또는 전용실시권을 취득하고자 할 경우에는 등록해야만 효력이 발생한다.

[판례] 대법원 1977. 2. 8. 선고 76다2822 판결

사용자 등이 종업원 등의 발명에 대하여 승계 취득하거나 전용실시권을 설정할 수 있는 발명은 직무발명에 한한다. 따라서 직무와 무관한 종업원의 자유발명이나 사용자의 업무범위에 속하지만 종업원의 과거 또는 현재의 직무와 무관한 업무발명은 승계 취득할 수 없고, 이러한 계약이나 근무규정은 당연무효가 된다.

[분석] 종업원이 발명을 한 이후에 양도하는 것은 가능하며, 유상의 통상실시권을 가지도록 하는 계약이나 근무규정은 유효하다. 즉, 자유발명에 대해서는 미리 사용자 등이 승계하거나 전용실시권을 설정할 수 없으나, 계약 또는 근무규정에 의하여 종업원 등으로 하여금 발명을 신고하게 하여 통상실시권을 허여 받을 수는 있다고 본다.

[분석] 사용자 등이 종업원 등의 발명에 대하여 승계 취득하거나 전용실시권을 설정할 수 있는 발명은 직무발명에 한한다. 즉, 직무와 무관한 종업원의 자유발명이나 사용자의 업무범위에는 속하지만 종업원의 과거 또는 현재의 직무와 무관한 발명은 승계 취득할 수 없고 이러한 계약이나 근무규정의 조항은 당연히 무효다. 그러나 유상의 통상실시권을 가지도록 하는 계약이나 근무규정은 유효하다. 그 이유는 통상실시권은 독점적 권리가 아니며, 유상의 통상실시권은 특허법 제102조에 의하여 당연하기 때문이다.

[판례] 특허법원 2006. 12. 28. 선고 2005허9282 판결

특허발명의 발명자와 당초 기술용역계약을 체결한 양수 회사 사이의 기술용역계약과 위 회사의 대표이사였던 출원인의 이중계약 체결 경위 및 출원인의 대표이사 사임경위나 출원시기 등의 제반 사정에 비추어 볼 때, 양수 회사의 단독 대표이사이던 출원인은 적어도 甲이 대표이사로 추가로 선임된 시기까지는 대표이사로서의 직무를 수행할 의무를 지고 있었고, 이중계약이 체결될 때까지는 당초의 위 기술용역계약이 해제되지도 않았다고 할 것인바, 출원인은 위 기술용역계약에 기한 특허를 받을 권리가 이미 양수 회사에게 양도된 사실을 잘 알면서도 발명자와 이중계약을 체결하여 그 이중양도행위에 적극적으로 가담하였다 할 것이므로, 이중계약에 기한 특허를 받을 권리의 양도행위는 반사회적 법률행위로서 무효라고 할 것이다. 따라서 무효인 이 사건 이중계약에 근거하여 출원된 특허발명은 발명자가 아닌 자로서 특허를 받을 수 있는 권리의 승계인이 아닌 자에 의한 특허출원으로 그 등록이 무효로 되어야 한다.

[분석] 반사회적 법률행위로 무효인 이중양도계약에 근거하여 출원된 특허발명은 발명자가 아닌 자로서 특허를 받을 수 있는 권리의 승계인이 아닌 자에 의한 특허출원으로 그 등록이 무효로 되어야 한다.

[참고] 종업원이 타인(자연인 또는 다른 회사의 종업원)과 공동으로 직무발명을 한 경우 특허 받을 수 있는 권리 또는 특허권은 공유로 되며, 각 공유자는 다른 공유자의 동의 없이 그 지분을 양도할 수 없으며, 사용자 등은 계약이나 근무규정에 의하여 그 직무발명에 대한 권리를 승계하기 때문에 당해 종업원이 가지는 권리의 지분만 가지게 된다.

[참고] 직무발명을 제외한 발명에 대하여 미리 특허를 받을 수 있는 권리 또는 특허권 등을 사용자에게 승계시키는 계약 또는 근무규정이 무효라는 규정은 사용자에 대하여 약한 입장에 있는 종업원의 이익을 보호하는 동시에 발명을 장려시키고자 하는 데 입법취지가 있으므로 종업원이 발명을 한 이후의 양도행위까지 금지한 규정은 아니므로 종업원이 한 양도행위는 유효하다.

(다) 자문위원 파견요청권

종업원 등이 발명진흥법 제18조 제1항에 따른 심의요구권을 행사하는 경우 사용자 등은 60일 이내에 직무발명심의위원회를 구성하여 심의하도록 하여야 한다. 이때 사용자 등은 심의위원회에 직무발명 관련 분야의 전문가인 자문위원이 1명 이상 포함되도록 하여야 하는데(발명진흥법 제18조 제3항), 발명진흥법 제18조 제5항 및 법 시행령 제7조의5 제1항에 따라 특허청장에게 그 취지와 원인을 적은 요청서를 제출함으로써 자문위원의 파견을 요청할 수 있다.

[실무] 발명진흥법 시행령 제7조의5 제4항에 따른 직무발명심의위원회 자문위원 파견에 관한 운영요령 제5조에 따라 현재 특허청장에게 자문위원의 파견을 요청할 수 있는 자는 중소기업기본법 제2조의 중소기업에 한한다.

(라) 조정신청권

직무발명심의위원회의 심의 결과에 불복하거나 직무발명과 관련하여 분쟁이 발생하는 경우 사용자 등은 발명진흥법 제41조에 따른 산업재산권분쟁 조정위원회에 조정을 신청할 수 있으며(발명진흥법 제18조 제6항), 종업원 등도 조정신청권을 가진다.

(2) 사용자 등의 의무

(가) 직무발명에 대한 권리의 승계 여부를 통지하여야 할 의무

종업원 등이 직무발명의 완성사실을 통지하면, 그 통지를 받은 사용자 등(국가나 지방자치단체는 제외)은 발명진흥법 제13조 제1항에 따라 통지를 받은 날부터 4개월 이내에 그 발명에 대한 권리의 승계 여부를 종업원 등에게 문서로 알려야 한다. 사용자 등이 종업원 등으로부터 직무발명 완성사실의 통지 받은 날부터 4개월 이내에 그 발명에 대한 권리의 승계 의사를 알린 때에는 그때부터 그 발명에 대한 권리는 사용자 등에게 승계된 것으로 간주된다(발명진흥법 제 13조 제2항).

[분석] 승계 여부의 통지의무는 종업원 등에게 부여된 직무발명 완성사실의 통지의무에 대응하는 것으로서, 종업원 등의 직무발명을 승계할 것인지 여부를 일정 기간 내에 통지하도록 하여 발명자인 종업원이 입게 될 수 있는 권리관계 확정 지연에 따르는 불측의 손해를 방지하고 사용자와 종업원 간 직무발명에 대한 안정적인 권리관계가 형성되도록 유도하는 취지에서 부여된 것으로 이해된다.

[실무] 계약이나 근무규정상 사전예약승계규정 등이 없는 경우, 사용자 등은 종업원 등으로부터 통지받은 직무발명의 승계 여부에 대한 결정권한이 없으므로, 사용자 등이 종업원 등의 의사와 다르게 그 발명에 대한 권리의 승계를 주장할 수 없으며, 종업원 등이 그 발명을 직접 출원하여 특허를 받는 경우 등은 통상실시권만을 가질 수 있다. 다만 사전예약승계규정 등이 없는 경우일지라도 종업원 등이 그 의사에 따라 직무발명에 대한 권리를 사용자 등에게 양도할 수 있는 것이므로 양 당사자 간 개별적인 계약을 통해 권리승계가 가능하다.

[연구] 사용자 등이 통지 받은 날부터 4개월 이내에 승계 여부를 알리는 경우, 승계 여부나 종업원 등의 동의와 무관하게 통상실시권을 가지게 되지만, 4개월 이내에 승계 여부를 알리지 아니한 경우에는 사용자 등은 그 발명에 대한 권리의 승계를 포기한 것으로 간주되며, 이 경우 사용자 등은 그 발명을 한 종업원 등의 동의를 받지 아니하고는 통상실시권을 가질 수 없다(발명진흥법 제13조 제3항).

[연구] 사용자 등이 중소기업법 제2조에 따른 중소기업이 아닌 경우 계약 또는 근무규정상 사전예약승계규정을 마련해 두지 아니하면, 사용자 등이 통지받은 날부터 4개월 이내에 승

계 여부를 알리는 것과 무관하게, 사용자 등은 그 발명을 한 종업원 등의 동의를 받지 아니하고는 통상실시권을 가질 수 없다(발명진흥법 제10조 제1항 단서).

(나) 정당한 보상을 하여야 할 의무

종업원 등의 직무발명에 대하여 특허 등을 받을 수 있는 권리나 특허권 등을 계약이나 근무규정에 따라 사용자 등이 승계하거나 전용실시권을 설정한 경우 사용자 등은 종업원 등에게 정당한 보상을 하여야 할 의무를 부담한다(발명진흥법 제15조 제1항). 사용자 등은 직무발명에 대한 권리를 승계한 후 출원하지 아니하거나 출원을 포기 또는 취하하는 경우에도 종업원 등에게 정당한 보상을 하여야 한다(발명진흥법 제16조). 이 경우 그 발명에 대한 보상액을 결정할 때에는 그 발명이 산업재산권으로 보호되었더라면 종업원 등이 받을 수 있었던 경제적 이익을 고려하여야 한다.

[분석] 직무발명자인 종업원 등이 가지는 정당한 보상을 받을 권리는 사용자 등에게 근로를 제공하고 그에 대한 대가를 지급받을 권리인 임금채권과는 전혀 별개의 권리이므로, 직무발명보상금청구권이 강행규정에 의한 법정채권인 이상, 사용자 등은 임금이나 성과급 등을 지급함으로써 보상금 지급에 갈음할 수 없으며 종업원 등이 퇴직한 경우는 물론 사망한 경우 등에도 사용자 등은 그 종업원 등 또는 상속인 등에게 정당한 보상을 하여야 한다.

[판례] 서울고법 2009. 10. 7. 선고 2009나26840 판결

직무발명보상금 청구권은 통상적으로 사업자에 비해 열악한 지위에 있는 종업원의 권익을 보호하고 발명을 진흥하기 위해 인정되는 것으로서 직무발명보상금에 관한 규정은 강행규정이므로, 직무발명보상금 청구권의 발생, 행사 및 보상금의 정당한 액수에 어떠한 제한을 가하는 계약 또는 근무 규정은 무효이고, 나아가 직무발명보상금은 특허를 받을 권리를 양도한 대가로서 인정되는 법정채권으로서 노동의 대가인 임금과는 그 성격상 명확히 구분되므로, 당사자 사이에 명시적인 약정이 없는 한 일반적인 임금, 성과급 등의 지급으로써 특정한 직무발명에 대한 보상금의 지급에 갈음하였다고 보아서는 안 된다.

[연구] 사용자 등이 발명진흥법 제15조 제2항부터 제4항까지의 규정에 따라 종업원 등에게 보상한 경우에는 정당한 보상을 한 것으로 간주된다. 다만, 그 보상액이 직무발명에 의하여 사용자 등이 얻을 이익과 그 발명의 완성에 사용자 등과 종업원 등이 공헌한 정도를 고려하지 아니한 경우에는 정당성이 부정된다(발명진흥법 제15조 제6항).

[실무] 공무원의 직무발명에 대하여 국가가 그 권리를 승계한 경우에는 공무원 직무발명의 처분·관리 및 보상 등에 관한 규정에 따라 보상하고, 지방자치단체가 그 권리를 승계한 경우에는 해당 지방자치단체의 조례에 따라 보상한다.

(다) 직무발명보상규정 작성·변경시 협의 또는 동의를 얻어야 할 의무

사용자 등은 직무발명보상에 대하여 보상형태와 보상액을 결정하기 위한 기준, 지급방법 등이 명시된 보상규정을 작성하고 종업원 등에게 문서로 알려야 하며, 보상규정의 작성 또는 변경에 관하여 종업원 등과 협의하여야 한다. 보상규정을 종업원 등에게 불리하게 변경하는 경우에는 해당 계약 또는 규정의 적용을 받는 종업원 등의 과반수의 동의를 받아야 한다(발명진흥법 제15조 제2항 및 제3항).

[주의] 사용자 등이 직무발명보상규정의 작성 또는 변경에 관하여 종업원 등과 협의하지 아니하거나 또는 동의를 얻지 못하면 해당 직무발명보상규정은 사법상 무효가 되며 따라서 그러한 직무발명보상규정에 따라 보상하는 경우 정당한 보상으로 인정될 수 없다.

(라) 직무발명심의위원회를 구성하여 심의하도록 하여야 할 의무

발명진흥법 제17조에 따른 직무발명심의위원회는 사용자 등의 재량에 따라 설치·운영할 수 있으나, 종업원 등이 발명진흥법 제18조 제1항에 따라 심의요구권을 행사하는 경우 사용자 등은 60일 이내에 직무발명심의위원회를 구성하여 심의하도록 하여야 할 의무를 부담한다. 이 경우 심의위원회에는 직무발명 관련 분야의 전문가인 자문위원이 1명 이상 포함되도록 하여야 한다(발명진흥법 제18조 제3항).

[주의] 사용자 등이 종업원 등의 요구에도 불구하고 직무발명심의위원회를 구성하지 아니하거나 심의하도록 하지 아니하면 1천만원 이하의 과태료를 부과 받게 된다(발명진흥법 제60조 제1항 제1호).

5. 직무발명 보상의 종류

(1) 발명(제안)보상

발명보상은 종업원 등이 한 발명을 특허청에 출원하기 전에 받는 보상으로 출

원 유무에 관계없이 종업원 등의 아이디어와 발명적 노력에 대한 일종의 장려금적 성질을 가진 보상이다.

(2) 출원보상

출원보상은 종업원 등이 한 발명을 사용자 등이 특허 받을 수 있는 권리를 승계하여 특허청에 출원함으로써 발생하는 보상으로 미확정 권리에 대한 대가이기 때문에 장려금적 성질을 가지며, 특허성과 경제성이 있다고 판단해서 출원한 것이고, 일단 출원 후에는 후원배제의 효과와 출원공개시 확대된 선출원의 지위를 가질 수 있기 때문에 지급하는 보상이다.

(3) 등록보상

사용자 등이 승계 받은 발명이 등록결정되었거나 특허 등록되었을 때 지급하는 보상이다.

(4) 실시(실적)보상

사용자 등이 출원 중인 발명 또는 특허 등록된 발명을 자기실시하여 이익을 얻었을 경우 지급하는 보상금으로 사용자 등이 얻은 이익의 액에 따라 차등 지급된다.

(5) 처분보상

사용자 등이 직무발명에 대하여 특허 받을 수 있는 권리 또는 특허권을 타인에게 양도하거나 실시를 허여했을 경우 받는 보상으로 양도금액 또는 실시료수입액의 일정비율에 따라 차등 지급된다.

(6) 출원유보보상

사용자 등이 종업원의 직무발명을 노하우(Know-How)로 보존하는 경우 또는 공개 시 중대한 손해가 발생할 우려가 있다고 판단되어 출원을 유보하는 경우 지급하는 보상으로, 이 경우 보상의 액은 당해 발명이 산업재산권으로 보호되었더라면 종업원 등이 받을 수 있었던 경제적 이익을 고려하여 결정하여야 한다(발명진흥법 제16조).

(7) 기타 보상

이밖에도 출원발명의 심사청구시에 보상하는 심사청구보상, 자사의 업종과 관련 있는 타인의 출원발명에 대하여 심판에 참여하여 무효로 하였을 경우 또는 자사의 특허에 대한 침해 적발시 지급하는 방어보상 등이 있다.

6. 보상금액의 결정기준

(1) 보상액 결정기준의 의의와 방법론

보상액 결정기준은 발명진흥법 제15조 제3항에 따라 사용자 등과 종업원 등 간 협의 또는 동의 절차를 거쳐 마련되어야 하며, 이러한 절차를 거쳐 마련된 보상액 결정기준에 따라 직무발명 보상액 등 보상의 구체적 사항이 결정되므로 직무발명 보상의 정당성을 판단하는 주요한 지표로 작용된다.

발명진흥법 제15조 제6항은 사용자 등이 "제2항부터 제4항까지의 규정에 따라 종업원 등에게 보상한 경우에는 정당한 보상을 한 것으로 본다"고 규정하여 정당한 직무발명 보상이 무엇인지 예시하고 있지만, 그 보상액이 직무발명에 의하여 사용자 등이 얻을 이익과 그 발명의 완성에 사용자 등과 종업원 등이 공헌한 정도를 고려하지 아니한 경우에는 정당성이 상실되는 것으로 규정하고 있으므로(발명진흥법 제15조 제6항 단서), 실체적 정당성이 확보될 수 있도록 상세하게 규정할 필요가 있다.

보상액을 결정하는 도구적 방법론으로는, 정액법과 평가점수법, 그리고 슬라이드법이 보편적으로 사용되고 있다.

(가) 정액법

정액법은 일정액으로 지급하는 방법을 말하며, 출원보상금이나 등록보상금 등의 결정에 많이 사용된다.

(나) 평가점수법

평가점수법은 직무발명에 대하여 발명의 경제적 가치, 기술적 수준, 착상의 정도, 발명자의 지위 등 평가요소별로 평가하여 그 점수가 높은 발명에 대해서는 보상금을 높게 하고, 평가점수가 낮은 발명에 대해서는 보상금을 낮게 하는 방법이다. 통상 직무발명의 평가기준과 연동하는 점수표를 작성하고 그 평가점수를 합계하여 등급에 따라 보상액을 결정한다. 평가점수법 또한 출원보상금이나 등록보상금 등의 결정에 많이 사용되고 있다.

《표》 평가점수표 예시

등 급	평가점수	특허	실용신안	디자인
1등급	80 ~ 100	70만원	50만원	
2등급	70 ~ 79	60만원		
3등급	60 ~ 69	50만원	40만원	30만원
4등급	50 ~ 59	40만원	30만원	20만원
5등급	40 ~ 49	30만원	20만원	10만원
6등급	40미만	20만원	10만원	5만원

(다) 슬라이드법

슬라이드법은 직무발명에 의하여 얻어지거나 얻게 될 이익을 기준으로 하여 일정한 산출방법에 따라 지급액을 결정하는 방법을 말하며, 대부분의 경우 실시·처분보상금을 정하는 방법으로 사용되고 있다.

《표》 슬라이드법에 의한 보상액 결정 예시

구분	산정기준	보상금 산정
회사 자기 실시	순이익 1,000만원 이하	기준금액 × 30%
	순이익 1,000만원 초과 5,000만원 이하	기준금액 × 20% + 100만원
	순이익 5,000만원 초과	기준금액 × 15% + 350만원
양도 또는 실시 허여	양도금액 또는 실시료 수입액 1,000만원 이하	양도대금 또는 실시료 × 30%
	양도금액 또는 실시료 수입액 1,000만원 초과 5,000만원 이하	(양도대금 또는 실시료 - 1,000만원) × 20% + 300만원
	양도금액 또는 실시료 수입액 5,000만원 초과	(양도대금 또는 실시료 - 5,000만원) × 10% + 1,100만원
1. 순이익은 다음의 계산식에 따라 정한다. 순이익 = (총판매량 × 판매단가) - (제조단가 + 영업경비) 2. 기준금액은 다음의 계산식에 따라 정한다. 기준금액 = 순이익 × 이용률(해당 제품에서 직무발명이 이용되는 비율)		

[판례] 대법원 2011. 7. 28. 선고 2009다75178 판결

사용자는 직무발명을 승계하지 않더라도 특허권에 대하여 무상의 통상실시권을 가지므로, '사용자가 얻을 이익'은 통상실시권을 넘어 직무발명을 배타적·독점적으로 실시할 수 있는 지위를 취득함으로써 얻을 이익을 의미한다. 한편 여기서 사용자가 얻을 이익은 직무발명 자체에 의하여 얻을 이익을 의미하는 것이지 수익·비용의 정산 이후에 남는 영업이익 등 회계상 이익을 의미하는 것은 아니므로 수익·비용의 정산 결과와 관계없이 직무발명 자체에 의한 이익이 있다면 사용자가 얻을 이익이 있는 것이고, 또한 사용자가 제조·판매하고 있는 제품이 직무발명의 권리범위에 포함되지 않더라도 그것이 직무발명 실시제품의 수요를 대체할 수 있는 제품으로서 사용자가 직무발명에 대한 특허권에 기해 경쟁회사로 하여금 직무발명을 실시할 수 없게 함으로써 매출이 증가하였다면, 그로 인한 이익을 직무발명에 의한 사용자의 이익으로 평가할 수 있다.

[판례] 수원지법 2010. 11. 4. 선고 2009가합2746 판결

원고는 특허발명 1의 발명자 2인 중 1인, 특허발명 2의 발명자 3인 중 1인, 등록고안의 고안자 2인 중 1인으로 각 등재되어 있는 사실, 특허발명 1의 공동발명자인 甲은 원고는 단순 보조자라고 주장하고 있으나 이 사건 발명 이외에도 2차 전지와 관련하여 원고와 별도로 6건의 발명을 하여 그 특허를 출원한 사실을 인정할 수 있고, 이에 더하여 이 사건 특허발명 및 등록고안에 참여한 연구원들의 구성, 연구기간, 담당업무, 직책 및 노력 정도, 이 사건 발명 및 고안의 내용 등 제반사정을 종합하여 보면, 이 사건 발명자들 중 원고의 기여율을 30% 정도로 보는 것이 타당하다.

7. 보상금의 지급방법

발명진흥법은 직무발명에 대한 보상금의 지급방법에 관하여는 별도로 규정하지 아니하고, 다만 제15조 제2항에서 직무발명에 대한 권리를 승계하는 경우 사용자 등이 '지급방법' 등이 명시된 보상규정을 작성하고 종업원 등에게 문서로 알리도록 규정하고 있다. 따라서 직무발명 보상금의 지급방법은 발명진흥법 제15조 제3항에 따라 사용 등과 종업원 등 간 협의 또는 동의 절차를 거쳐 자율적으로 결정될 수 있으며, 다만 직무발명보상규정에는 해당 사항이 반드시 명시되어야 한다.

[분석] 통상적으로 기업체에서는 직무발명보상규정에 보상의 형태나 종류를 규정하고 보상방법이나 보상수준, 산정기준, 보상시기 등에 관하여는 별도의 보상세칙을 마련하여 규정하고 있는데, 작성·변경시 협의 또는 동의 절차가 준수되었다면 원칙적으로 그 정당성은 긍정될 수 있을 것이다.

[분석] 직무발명보상규정에서 정한 보상금 지급방법은 사용자 등과 종업원 등 사이에 약정한 '채무의 이행방법'의 의미를 가지므로 사적 자치가 허용되는 범위 내에서 다양한 방법을 생각해 볼 수 있으나, 적어도 금전지급에 있어서는 '통화불의 원칙'은 지켜져야 할 것이다.

[주의] 직무발명보상금청구권은 강행규정에 의한 법정채권이며 임금채권과는 전혀 별개이므로 임금이나 성과급 등을 지급함으로써 보상금 지급에 갈음할 수 없다. 따라서 근로관계가 종료된 후에도 예컨대 종업원 등이 퇴직한 경우이거나 사망한 경우 사용자 등은 그 종업원 등 또는 상속인에게 보상금을 지급하여야 한다.

[실무] 일반적으로 출원보상금이나 등록보상금 등은 매 발명마다 일시금으로 지급하며, 실시·처분보상금의 경우 일정 기간의 산정대상기간 경과 후 일시금 또는 분할하여 지급한다.

[실무] 직무발명보상규정에서 정한 바에 따라 구체적 내용은 다를 수 있으나, 실시·처분보상금의 경우 해당 발명으로 인한 수익이 발생하는 기간 동안은 계속하여 지급하는 것이 원칙이라 할 수 있다.

제4장

출원 후의 유의사항

Ⅰ. 특허심판 일반

1. 특허심판의 개요

1.1. 특허심판의 필요성

특허권의 부여란 특허권자에게 일정기간의 독점권을 주는 것이지만, 특허권자 이외의 제3자는 그 범위만큼 업(業)의 자유를 제한 당하는 불이익을 받는다. 한편, 특허가 잘못 허여되거나 까닭 없이 특허권 부여가 거절되는 등 심사관의 처분에 하자가 있는 경우에는 일반공중 및 출원인의 권리·이익을 해칠 뿐만 아니라 국가의 산업발달에의 기여라고 하는 특허제도의 목적에도 어긋나므로 특허를 받을 자에게는 반드시 특허를 부여하여야 하는 반면, 법이 규정한 요건에 합치되지 못하는 자가 특허를 받지 못하도록 여러 가지 장치를 마련하고 있다.

특허심판이란 산업재산권의 발생·변경·소멸 및 그 효력범위에 관한 분쟁을 해결하기 위한 행정심판으로서, 특허심판원의 심결(결정)에 불복하여 고등법원급 전문법원인 특허법원에 소를 제기할 수 있고, 대법원에 상고할 수도 있으므로 특허심판은 사실상 제1심 법원의 역할을 수행하고 있다.

[설명] 특허심판제도란 산업재산권출원에 대하여 심사관이 한 처분 또는 설정등록된 산업재산권의 효력 유무 등을 특허심판원에서 특허법원의 전심절차로 행하는 쟁송절차이다. 특허심판제도를 일반행정심판제도와 별도로 두고 있는 이유는 산업재산권 출원에 대한 등록허부의 결정은 전문적인 기술내용을 바탕으로 준사법적인 절차를 통해 이루어지게 되는 것이므로 이에 대한 결정내용에 하자가 있는 경우는 일반행정심판 또는 일반법원에서 이의 하자 여부를 가리는 것보다는 다년간 당해 전문분야에서 심사경험과 전문성이 축적된 기관에서 이를 판단하게 하는 것이 합리적이기 때문에 특허법은 특허권의 발생, 변경(정정), 소멸(무효, 취소) 등 일정사항에 대한 다툼을 해결하기 위하여 통상의 행정소송이나 민사소송과는 다른 특별한 쟁송절차를 두고 있다.

1.2. 특허심판제도의 법적 성질

특허심판제도는 형식적으로는 행정쟁송절차이나 특허법원의 전심절차로서 민사소송에 준하는 엄격한 절차를 거쳐 심판관합의체에서 심리·결정하는 준사법적 성격을 가진 제도이다.

(1) 일반적 행정행위와의 상이점

특허심판이 행정관청인 특허청에 의하여 이루어지지만 그 심판행위에 대하여는 직무상의 독립성이 보장되고, 심판관은 공무원으로서의 일반적인 자격 외에 특별한 법정자격요건이 요구되며 또 그 업무의 처리절차와 관련하여 그 행위의 효력은 법원의 재판과 유사하다.

또한, 특허법은 심판절차에 민소법을 준용하거나 민소법상의 규정을 표현만 바꾸어 수용하기도 하고, 특허제도의 특수성 또는 공익성을 고려한 별도의 규정을 두고 있기도 하다. 그리고 일반행정행위와는 달리 심판에 대한 불복절차는 특허법원과 대법원으로 이어지는 2심제이므로 특허심판은 실질적인 제1심의 기능을 가지게 된다.

따라서 심결은 판결과 같은 기속력을 가지게 되어 심판관 자신은 물론 상급기관·감독관청도 이를 변경·취소할 수 없고 오직 상급심에 의한 소송절차에 의해서만 그 불복이 가능하며 그 심결이 확정된 때는 누구도 그 효력을 부인하거나 취소·변경·소멸시킬 수 없으며(형식적 확정력), 동일사실 및 동일증거에 의하여 다시 심판을 청구할 수 없는 일사부재리의 효력도 발생한다.

이러한 점에서 특허심판은 일반적인 행정처분을 상급기관이 지휘감독권의 일환으로 그 취소 변경을 지시 명령할 수 있는 것과는 상이하다.

(2) 일반적 사법행위와의 상이점

특허심판은 사법행위적 요건을 갖추어 이루어진다고 하더라도 일반적인 사법행위와는 상이한 점이 많다. 즉, 특허심판은 사법기관이 아닌 특허청에서 행하여지고 그 직무의 독립성과 심판관의 자격요건 등이 일반행정공무원보다는 더 강하게 보장된다하더라도 헌법에서 보장하는 재판의 독립과 법관의 자격요건과는 그 정도에 있어서 비교될 수 없으며 또한 신분보장에 있어서도 법관의 경우와는 달리 특별한 보장이 주어지지 아니하므로 일반행정공무원인 심판관에 의한 심판과 법관에 의한 재판을 동일하게 보기는 어렵다.

또한, 심판제도가 민사소송적 절차를 많이 채용하고 있지만 특허권의 특수성과 공익성에 따른 독특한 절차를 채용하고 있다는 점에서도 일반적 사법행위와는 다른 지위를 가지므로 특허심판은 행정행위와 사법행위의 중간영역에 위치하는 준사법적 행정행위라고 보는 것이 일반적이다.

[설명] 특허심판도 기본적으로는 민사소송과 같이 사인간의 분쟁해결에 이용되는 제도이지만, 민사판결의 기판력과 달리 특허심판의 일사부재리 효과는 당사자 이외에 제3자에게도 영향을 미치는 점 등이 고려되어 민사소송과 차이가 있는바, 절차 전반에 있어 민사소송에서는 당사자주의가 적용되나 특허심판에서는 직권주의가 적용되고, 민사소송에서는 변론주의가 적용되나 특허심판에서는 직권탐지주의가 적용되며, 민사소송에서는 구술심리주의가 적용되나 특허심판에서는 구술심리 또는 서면심리 모두가 가능하다.

[판례] 대법원 2003. 10. 24. 선고 2002후1102 판결, 2002. 8. 13. 선고 2001후1501 판결

심판은 특허심판원에서의 행정절차이고 심결은 행정처분에 해당하며, 그에 대한 불복의 소송인 심결취소소송은 항고소송에 해당하여 그 소송물은 심결의 실체적·절차적 위법 여부라 할 것이므로, 당사자는 심결에서 판단되지 아니한 것이라도 그 심결의 결론을 정당하게 하거나 위법하게 하는 사유를 심결취소소송 단계에서 주장·입증할 수 있고, 심결취소소송의 법원은 특별한 사정이 없는 한 제한 없이 이를 심리 판단하여 판결의 기초로 삼을 수 있다.

[판례] 대법원 1999. 11. 26. 선고 99두9407 판결

행정소송이 전심절차를 거쳤는지 여부를 판단함에 있어서 전심절차에서의 주장과 행정소송에서의 주장이 전혀 별개의 것이 아닌 한 그 주장이 반드시 일치하여야 하는 것은 아니고, 당사자는 전심절차에서 미처 주장하지 아니한 사유를 공격방어방법으로 제출할 수 있다.

[판례] 대법원 1979. 10. 16. 선고 79후9 판결, 1965. 7. 27. 선고 65후3 판결

직권주의를 채택하고 있는 공업소유권에 관한 심판에 있어서는 당사자의 일방이 상대방의 주장을 자인하였다고 하여 그것만으로 심결에 영향을 줄 수는 없다.

[분석] 특허권 등에 관한 심판에 있어서는 직권탐지주의가 적용되므로, 비록 당사자 일방이 상대방의 주장을 자인한 경우라고 하더라도 그것만으로 심결에 영향을 주어서는 안 된다. 직권탐지주의는 직권증거조사의 원칙, 주장책임배제의 원칙 및 자백의 구속력 배제의 원칙이 적용되기 때문이다. 이에 반해 심결취소소송은 원칙적으로 변론주의가 적용되고

직권조사사항에 대하여는 소송자료에 나타난 사항에 한하여 판결의 자료로 사용할 수 있다.

1.3. 심판요건

심판요건이란 심판청구가 적법한 취급을 받기 위하여 구비하여야 하는 사항으로 그 요건이 구비되어 있으면 그 청구는 적법한 것이고, 그렇지 않으면 부적법한 것으로, 부적법한 사항이 보정할 수 있는 것이면 기간을 정하여 보정을 명하고 보정을 하지 않은 경우 결정으로 심판청구서를 각하하며, 부적법한 청구로서 그 결함을 보정할 수 없는 때에는 심결로서 청구를 각하한다.

[판례] 특허법원 2006. 10. 12. 선고 2006허2790 판결

특허거절결정에 대하여 불복하여 심판을 청구하고자 하는 자는 청구의 취지 및 그 이유를 기재한 심판청구서를 특허심판원장에게 제출하여야 하고, 이에 위반하여 심판청구서를 제출한 경우에 심판장은 일정한 기간을 정하여 보정명령을 하여야 하며, 위와 같이 보정명령을 받은 자가 지정된 기간 내에 보정을 하지 아니하는 경우에는 심판장은 결정으로 심판청구서를 각하하여야 한다.

심판의 당사자는 실재하여야 하고, 절차의 주체가 될 수 있는 능력인 당사자능력과 스스로 절차를 밟는 데 필요한 절차능력(행위능력)은 물론이고, 청구로서 주장된 특정 권리관계에 관하여 당사자로서 절차를 밟고 심결을 받는 데 필요한 자격 즉, 법률상 이해관계를 가진 자인 당사자적격 등의 요건을 구비하여야 한다.

심판은 언제든지 청구할 수 있으나 특별한 경우 그 청구가 제한된다. 거절결정, 특허취소결정에 불복하는 심판은 그 결정의 등본을 송달받은 날로부터 30일이 경과하면 청구할 수 없다. 또한 재심은 당사자가 심결의 확정 후 재심의 사유를 안 날로부터 30일이 경과하면 청구할 수 없으며, 또 심결의 확정 후 3년이 경과한 때에는 청구할 수 없다. 다만, 특허법 제17조의 규정에 의하여 절차를 추완(追完)할 수 있는 경우에는 그러하지 아니하다.

[판례] 대법원 2001. 10. 12. 선고 99후1737 판결

재심청구의 소가 재심의 대상이 된 심결의 확정 후 재심의 사유를 안 날로부터 30일이 경과하여 제기되었을 뿐만 아니라, 심결 확정 후 3년이 경과한 후 제기되었다면, 재심 제기의 기간을 도과한 부적법한 청구로서 각하되어야 한다.

1.4. 일사부재리의 원칙

일반적으로 일사부재리라 함은 어느 사건에 대하여 국가의 최종적인 의사표시가 있은 후, 그것과 동일한 사건에 대하여 다시 국가의 의사표시를 구하더라도 이미 의사표시를 한 사건이라는 이유로 그 청구를 배척하는 것을 말하는 것으로서, 형사판결 및 민사판결의 기판력과 유사한 개념이라고 할 수 있다. 특허심판의 심결에 대하여 일사부재리의 효력을 인정한 근거는, 첫째 서로 모순, 저촉되는 심결이 발생하는 것을 방지하고 그로서 동일한 확정심결의 신뢰성과 권위를 유지하도록 한다는 점과, 둘째 남소(濫訴)를 방지하여 심판절차의 경제성을 도모함으로써 동일심판에 대하여 상대방이 다시 응하여야 하는 번거로움을 면하도록 하고 특허심판원은 반복하여 다시 심판하여야 하는 비경제로부터 해방될 수 있다는 점에 있다.

[특허법] 제163조 (일사부재리)

이 법에 의한 심판의 심결이 확정되었을 때에는 그 사건에 대해서는 누구든지 동일사실 및 동일증거에 의하여 다시 심판을 청구할 수 없다. 다만, 확정된 심결이 각하심결인 경우에는 그러하지 아니하다.

[판례] 특허법원 2005. 3. 10. 선고 2004허4228 판결

일사부재리의 효력은 '동일사실 및 동일증거'에 의한 경우에 한하여 인정된다.

[판례] 대법원 2005. 3. 11. 선고 2004후42 판결, 1990. 2. 9. 선고 89후186 판결

동일증거에는 전에 확정된 심결의 증거와 동일한 증거만이 아니라 그 심결을 번복할 수 있을 정도로 유력하지 아니한 증거가 부가되는 것도 포함하는 것이므로 확정된 심결의 결론을 번복할 만한 유력한 증거가 새로 제출된 경우에는 일사부재리의 원칙에 저촉된다고 할 수 없다.

[분석] 청구취지는 원고가 당해 소송에 있어서 소로써 청구하는 판결의 내용을 말하는 것으로서 소의 결론 부분에 해당한다. 청구의 원인은 소송상의 청구로서 원고가 주장하는 권리 또는 법률관계(소송물)의 성립원인인 사실을 말한다. 특허소송은 심결을 대상으로 하는 것이므로 특허심판절차경위에 관한 설명이 전제되어야 할 것이고, 본안에 들어가서 먼저

특허발명과 선행발명 등에 관한 사실관계를 설명한 다음, 특허심판원의 심결이유의 요지를 기재하고, 이어서 위 심결을 취소할 사유에 관한 원고의 주장을 기재하여야 한다.

[분석] 청구취지는 소송물의 동일성을 가리는 기준으로서, 당사자 처분권주의에 의하여 법원은 그 범위에 구속되어 재판하여야 하기 때문에 매우 중요한 의미가 있다. 따라서 청구취지를 기재함에 있어서는 청구가 인용되는 경우 이를 판결의 주문으로 그대로 옮겨 적을 수 있을 만큼 정확하여야 한다.

[분석] 청구원인사실은 청구를 특정·식별하는 표준으로서 처분권주의, 청구의 병합 또는 변경의 유무, 중복제소금지, 기판력의 객관적 범위, 재소금지 등을 판정하는 데 중요하다.

[분석] 판례는 동일사실을 청구이유의 동일성으로 보고 있다. 따라서 동일권리에 대하여 동일한 원인을 이유로 하는 특정한 사실을 가리키므로, 확정된 심결이나 판결이 진보성에 관한 것이라면 동일사실은 진보성에 관한 것인 경우에 적용되고, 신규성에 관한 것이라면 신규성에 관한 것인 경우에 적용된다.

[분석] 동일사실과 동일증거는 심결이유에서 거론되어 부정되었던 것에 한정되는데, 심결이유 중에 거론되지 않았던 사실 및 증거와의 관계에서는 심결의 모순이나 저촉문제가 발생할 수 없기 때문이다.

[판례] 대법원 2006. 5. 26. 선고 2003후427 판결, 2001. 4. 10. 선고 2000후2910 판결
권리범위확인심판에서 확정이 요구되는 구체적인 사실은 적극적 권리범위확인심판에서의 그것과 소극적 권리범위확인심판에서의 그것을 달리 볼 것이 아니므로 적극적 권리범위확인심판의 심결이 확정 등록된 때에는 그 일사부재리의 효력이 소극적 권리범위확인심판청구에 대해서도 그대로 미친다.

[사례] 소극적 권리범위확인심판에 관하여 패소한 심결이 심결취소소송을 거쳐 확정되고, 그 심결취소소송에 대한 6차례의 재심소송 및 각 상고심에서 각 패소하였으며, 다시 별도의 심판을 제기하였으나 각하심결을 받아 그 심결취소소송은 물론 그 상고심에서도 패소하였음에도 다시 동일한 내용의 확인대상발명을 가지고 적극적 권리범위확인심판을 제기하는 것은 소권의 남용에 해당한다(특허법원 2003. 10. 10. 선고 2002허7421 판결).

2. 특허심판의 종류

2.1. 결정계 심판

특허출원에 대한 거절결정과 같은 심사관의 처분에 불복하여 청구하는 심판과 특허 또는 실용신안의 경우 발명의 명세서 또는 도면을 정정하기 위해 권리자가 청구하는 심판으로, 청구인만이 존재하는 심판을 말한다.

(1) 심사관의 처분에 불복하여 청구하는 심판

(가) 심판의 종류

① 거절결정에 대한 심판

② 취소결정에 대한 심판

③ 보정각하결정에 대한 심판

(나) 청구인

① 거절결정, 취소결정, 실용신안등록출원각하결정 또는 보정각하결정을 받은 자

② 거절결정, 실용신안등록출원각하결정, 보정각하결정에 대한 심판의 경우에는 출원인

③ 취소결정에 대한 심판의 경우에는 등록취소결정을 받은 자

④ 특허권의 존속기간연장등록출원에 대한 거절결정 등의 경우에는 등록권자

(다) 청구기간 및 방식

결정계 심판을 청구할 수 있는 기간은 거절결정등본, 취소결정등본 또는 보정각하결정등본의 송달을 받고 30일 이내에 하여야 한다. 한편, 특별한 경우로써 천재지변 등의 이유에 의해 그 기간에 절차를 할 수 없는 경우는 그 이유가 없어진 날로부터 14일 이내에 그 기간 경과 후 6월 이내에 청구할 수 있다. 심판청구는 법정기간 내에 하지 않으면 불복의 대상인 행정처분이 확정되어 다툴 수 없게 된다. 이 기간은 1일을 경과하여도 그 청구는 부적법한 것이 되어 심결로서 각하되는 엄격한 것이다. 이 기간의 계산은 1건마다 우편배달 증명서로서 송달일을 확인하고 그 익일부터 기간을 기산한다. 그러므로 4, 5일 여유를 가지고 청구서를 제출하는 편이 좋다.

심판을 청구하고자 하는 자는 법정사항을 기재한 심판청구서를 특허심판원장에게 제출하여야 한다.

[분석] 특허출원에서부터 심사·심판 및 그 불복소송의 제기까지는 특허법에 정한 기간의 계산에 관한 규정이 적용되지만, 특허법원의 심결취소송사건 판결에 대한 상고기간의 계산은 민사소송법과 민법의 규정에 따르게 된다. 즉, 심결취소소송에 대하여 상고를 제기하고자 하는 때에는 판결등본을 송달받은 날부터 14일 이내에 제기하여야 하는바(민사소송법 제425조, 제396조), 기간의 계산은 민법에 따르고(민사소송법 제170조), 민법에는 기간의 말일이 공휴일에 해당하는 때에는 기간은 그 익일로 만료한다(민법 제161조)고만 규정하고 있을 뿐, 토요일에 해당하는 경우에 대하여는 별도의 규정을 두고 있지 않다.

[판례] 대법원 2004. 4. 3.자 2003마1616 결정, 2004. 3. 29.자 2003마1765 결정

토요휴무제에 따른 휴무토요일은 민법 제161조 소정의 공휴일에 해당되지 않는다.

[분석] 토요일은 특허에 관한 절차에 있어서 공휴일로 간주되지만, 개정 특허법 부칙 제6조(일반적 경과조치)에는 '이 법 시행 당시 종전의 규정에 의하여 제출된 특허출원에 대한 심사·특허 등록·특허권·심판·재심 및 소송은 종전의 규정에 의한다'라고 규정하고 있으므로, 2006. 3. 3. 이전에 출원된 특허에 관한 심판 및 소송은 토요일을 공휴일로 보지 아니하므로 주의를 요한다. 그러나 2006. 3. 3. 이후에 출원된 특허에 대해서는 특허법 제186조 제3항에 의하여 심결등본을 송달받은 날부터 30일 이내에 제기하여야 하는 심결취소소송의 말일이 토요일에 해당하는 경우에는 그 다음 월요일에 기간이 만료하게 된다.

[분석] 심결취소소송의 판결에 대한 상고기간의 말일이 토요일에 해당하는 때에는 기간의 말일은 다음 월요일이 아니라 당해 토요일이므로 주의를 요한다.

[분석] 특허에 관한 절차는 특허에 관한 출원·청구 기타의 절차를 의미한다(특허법 제3조).

[판례] 대법원 2008. 9. 11. 선고 2007후4649 판결

특허법 제186조 제5항에 의하면 심판장은 원격 또는 교통이 불편한 지역에 있는 자를 위하여 직권으로 심결취소소송을 제기할 수 있는 기간에 대하여 부가기간을 정할 수 있으나, 같은 조 제4항이 심결취소소송의 제소기간은 불변기간으로 한다고 규정하고 있는 점에 비추어 제소기간의 연장을 위한 부가기간의 지정은 제소기간 내에 이루어져야만 효력이 있고, 단순히 부가기간지정신청이 제소기간 내에 있었다는 점만으로는 불변기간인 제소기간이 당연히 연장되는 것이라고 할 수 없다. 특허심판원에 대한 부가기간지정신청이 제소기간 경과 전에 있었다고 할지라도 제소기간 경과 후에 이루어진 부가기간의 지정은 효력이 없다.

[분석] 부가기간의 지정과 관련하여 특허심판원의 부가기간의 지정 자체가 제소기간 이전에 이루어져야 하므로, 당사자가 제소기간 이전에 부가지정기간의 신청이 있었다 하더라도 제소기간 만료 이전에 부가기간 지정이 이루어지지 아니하면 그 이후에 부가기간이 지정되었어도 그 효력을 인정받을 수 없다.

(라) 인용심결의 효과

심판관은 심판청구가 이유 있다고 인정된 경우, 심결로서 거절결정, 취소결정, 실용신안등록출원의 각하결정 또는 보정각하결정을 취소한다. 심결에 있어서 취소의 기본이 된 이유는 그 사건에 대하여 심사관을 기속한다.

(2) 정정심판

2.2. 당사자계 심판

이미 설정된 권리에 관련한 당사자의 분쟁에 대한 심판으로 청구인과 피청구인이 존재하여 당사자 대립구조를 취하는 심판을 말한다.

당사자계 심판으로는 확정된 행정처분에 대하여 대립하는 당사자가 다투는 심판을 말한다. 무효심판, 정정무효심판, 존속기간연장등록의 무효심판이 포함되고 당사자 대립구조를 취한다. 그 외에 특허권 설정등록 후의 것으로서 정정심판을 포함하여 설명한다. 부본의 제출 기타 상대방이 있는 경우의 특유한 절차는 정정심판에 대해서는 필요 없다.

당사자계 심판은 구두심리 또는 서면심리에 의해 진행되며 구두심리는 공개로 이루어진다. 다만, 당사자가 구술심리를 신청한 때에는 서면심리만으로 결정할 수 있다고 인정되는 경우 외에는 구술심리를 하여야 한다.

당사자계 심판은 권리설정등록 후에는 언제라도 청구할 수 있다. 다만, 2001. 7. 1. 이후에는 무효심판계속 중에 정정심판의 청구는 할 수 없으나 정정의 청구는 가능하다.

(1) 무효심판

(가) 등록무효(Ⅲ.편에 별도 정리)

(나) 특허권존속기간연장등록무효

① 의의

특허권존속기간의 연장이 잘못된 경우 그 연장등록의 무효를 구하는 심판으로서, 의약·농약 등에 관한 발명에 대한 특허권의 경우, 그 특허의 실시를 위한 허가 또는 등록에 필요한 활성·안정성 등의 시험으로 인하여 그 특허권을 실시할 수 없었던 때에는 특허권존속기간연장등록출원을 하여 그 실시할 수 없었던 기간에 대하여 5년의 범위 내에서 그 특허권의 존속기간이 연장된 것을 연장등록무효사유를 이유로 심판에 의하여 그 효력을 소급적으로 또는 장래에 향하여 상실시키는 제도이다.

② 청구인 및 피청구인

청구인은 이해관계인 또는 심사관에 한한다. 피청구인은 특허권자이며, 권리가 공유인 경우, 공유자 전원을 피청구인으로 하여 청구하여야 한다. 권리 존속기간 중에는 물론, 권리 소멸 후에도 청구할 수 있다.

③ 연장등록무효사유

그 특허발명을 실시하기 위하여 제89조의 허가 등을 받을 필요가 없는 출원에 대하여 연장등록이 된 경우 등.

한편, 연장등록무효심결이 확정되면, 그 연장등록에 의한 존속기간의 연장은 처음부터 없었던 것으로 본다. 다만, 연장된 기간이 특허발명을 실시할 수 없었던 실제기간을 초과하여 연장되었다는 이유로 그 연장등록을 무효로 하는 취지의 심결이 확정된 때에는 그 초과한 기간에 대해서만 연장되지 아니한 것으로 본다.

(다) 정정무효

(2) 권리범위확인심판

(3) 통상실시권허여의 심판

(가) 의의

특허발명 등이 선출원인 타인의 특허발명·등록실용신안과 이용 또는 저촉관계에 있고 권리자로부터 실시허락을 받지 못하는 경우에 그 특허발명 등의 실시 허락을 받기 위한 심판으로서, 선·후원 권리 간에 이용 또는 저촉관계가 있을 경우 그 권리간의 조정을 통하여 발명의 실시가 원활히 이루어지도록 하기 위한 제도이다.

(나) 심판청구의 요건

① 이용·저촉관계가 있을 것
② 상당한 기술상의 진보가 있을 것
③ 후원자는 선출원발명 등에 대하여 실시 허락을 청약하였을 것
④ 협의가 성립되지 않았을 것

(다) 청구인 및 피청구인

청구인은 당해 특허발명 등을 실시하고자 하는 특허권자, 전용실시권자 또는 통상실시권자이며, 피청구인은 선출원특허권자, 실용신안권자가 되며, 한편 선출원자가 후원자에게 통상실시권을 허여한 후 '특허법 제138조 제3항'에 의하여 후원권리를 실시하고자 하는 경우에는 선출원자가 심판의 청구인이 되고 후원자가 피청구인이 된다.

(라) 효과

통상실시권을 허여 받은 자가 심결주문에 정하고 있는 대가를 정해진 시기에 지급하거나 또는 공탁을 하는 것을 조건으로 강제적 통상실시권이 발생한다.

2.3. 특허(실용신안등록)취소신청

특허(실용신안등록)취소신청이란 누구든지 특허권의 설정등록일로부터 등록공고일 후 6개월이 되는 날까지 그 특허(실용신안등록)가 취소사유에 해당되는 경우에 특허심판원장에게 신청하는 제도이다(특허법 제132조의 2, 실용신안법 제30조의 2). 기존의 결정계 심판과는 달리 참가제도가 인정이 되며, 양 당사자가가 서로 대립하는 구조를 취하는 당사자계 심판과도 다르다.

3. 특허심판의 절차

3.1. 심판의 청구

(1) 심판청구서

심판을 청구하고자 하는 자는 심판청구서를 특허심판원장에게 제출하여야 한다.

(가) 심판청구서 기재사항

① 당사자 및 대리인의 성명과 주소(당사자가 법인인 경우에는 그 명칭 및 영업소 소재지, 대리인이 특허법인인 경우에는 그 명칭, 사무소의 소재지 및 지정된 변리사의 성명)

② 심판사건의 표시

③ 청구의 취지 및 그 이유

심판청구서의 보정은 그 요지를 변경할 수 없으며, 다만, 청구의 이유에 대해서는 그러하지 아니하다.

(나) 심판청구시 첨부서류

① 정정심판 : 정정한 명세서 및 도면 첨부

② 권리범위확인심판 : 특허발명과 대비될 수 있는 설명서 및 필요한 도면 첨부

③ 통상실시권허여심판 : 실시를 요하는 자기의 특허의 번호 및 명칭, 실시되어야 할 타인의 특허발명·등록실용신안이나 등록디자인의 번호·명칭 및 특허나 등록의 연월일, 특허발명·등록실용신안이나 등록디자인의 통상실시권의 범위·기간 및 대가를 심판청구서에 기재

(다) 거절결정, 취소결정 또는 실용신안등록출원의 각하결정에 대한 심판청구서 기재사항

① 청구인 및 대리인의 성명과 주소(청구인이 법인인 경우에는 그 명칭 및 영업소 소재지, 대리인이 특허법인인 경우에는 그 명칭, 사무소의 소재지 및 지정된 변리사의 성명)

② 출원일자 및 출원번호(취소결정에 대한 불복인 경우에는 등록일자 및 특허번호)

③ 발명(고안)의 명칭

④ 결정일자

⑤ 심판사건의 표시

⑥ 청구의 취지 및 그 이유

(2) 심판청구서의 수리

특허심판원장은 접수된 심판청구서에 대한 방식심사를 하고 이를 수리한 때에

는 심판번호를 부여하고 당사자에게 통지한다.

(3) 심판청구서의 보정

청구서가 법령에 정한 규정에 위반되는 경우 심판장은 기간을 정하여 흠결의 보정을 명한다. 정정사항은 다음과 같다.

① 상기 심판청구서 기재사항이 기재되어 있지 않은 경우

② 정정심판청구서에 정정명세서 또는 도면을 첨부하지 아니한 경우

③ 권리범위확인심판청구서에 설명서와 필요한 도면을 첨부하지 않은 경우

④ 통상실시권허여심판청구서에 실시를 요하는 자기의 특허의 번호 및 명칭 등 기재되어야 할 사항을 기재하지 않은 경우

⑤ 미성년자·한정치산자 또는 금치산자의 법정대리인이 선임되지 않은 경우

⑥ 대리권의 범위를 벗어난 경우

⑦ 소정의 수수료를 납부하지 않은 경우

⑧ 이 법 또는 이 법에 의한 명령이 정하는 방식에 위반된 경우

한편, 심판장은 보정명령을 받은 자가 지정된 기간 이내에 보정을 하지 아니한 경우에는 결정으로 심판청구서를 각하하여야 하고, 부적법한 심판청구로서 그 흠결을 보정할 수 없는 때에는 피청구인에게 답변서 제출기회를 주지 아니하고 심결로서 각하할 수 있다.

(4) 우선심판 신청

심판은 심리가 성숙된 청구순으로 처리하는 것이 원칙이나, 당사자의 신청에 의하여 긴급히 처리하여야 할 필요가 있다고 인정되는 경우에는 우선심판을 하고 있다.

① 국제간 지식재산권 분쟁이 야기된 사건

② 권리범위확인심판, 무효심판 또는 취소심판

③ 지식재산권 분쟁으로 사회적으로 물의를 일으키고 있는 사건 등

3.2. 심리기관과 심판관의 제척·기피

(1) 심리기관

심리기관은 심판청구 사건에 대하여 특허청장이 지정한 3인 또는 5인의 심판관

에 의해 구성되는 것으로 심판절차의 종료와 동시에 해체되는 성질의 것이다.

심판관은 특허청장에 소속하는 직원이지만 심판사건에 대하여 지정되면 그 사건 당사자와의 관계에 있어서 독립기관으로서 사건을 다룬다. 다만, 심결 등에 대한 소송에 있어서는 행정기관의 장인 특허청장이 피고가 된다. 실무상으로는 특허심판원 송무과의 전담소송수행자가 그 사건을 심리한 주심심판관의 지휘 아래 특허청장의 지정대리인이 되어 소송사무를 수행한다.

심판사건에 대하여 특허청장이 지정한 심판관은 통상 3인으로 이 심판관의 합의에 의해 사건을 심리한다. 합의는 과반수에 의해 결정된다. 특허청장은 합의체의 일원으로서 심판관과 심판장을 지정하고 지정된 심판장은 심판사건에 관한 사무를 총괄한다.

[설명] 심판은 3인 또는 5인의 심판관의 합의체가 행하고, 합의는 심판관 중 과반수에 의하여 결정하며, 특허심판원장은 심판관 중 1인을 심판장으로 지정하여 사무를 총괄하게 하고, 심판의 합의는 공개하지 않는다.

(2) 심판관의 제척 및 기피

(가) 제척

심판사건과 특수한 관계에 있는 심판관을 그 사건과 관련된 직무집행에서 법률상 당연히 배제되도록 하는 제도이다. 심판관의 심리의 공정을 기대할 수 없는 법정제척사유가 있는 때에는 그 심판관은 그 직무의 집행에서 제척된다. 심판에 있어서는 제척원인이 있는 때 당사자 또는 참가인은 제척의 신청을 하는 것이 인정되고 있다.

제척사유로는 ① 심판관이 사건에 대하여 심사관 또는 심판관으로서 심사 또는 심결에 관여한 경우 ② 심판관 또는 그 배우자나 배우자이었던 자가 사건의 당사자·참가인인 경우 ③ 심판관이 사건에 관하여 직접 이해관계를 가진 경우 등이 있다.

(나) 기피

법률상 정해진 제척사유 이외에 심판사건과의 관계에서 심판관에게 심판의 공정을 기대하기 어려운 사정이 있을 때에 당사자 또는 참가인의 신청에 의하여 그 심판관을 그 사건과 관련된 직무집행에서 배제되도록 하는 제도이다.

(다) 제척·기피에 의한 심판절차의 중지

제척 및 기피의 신청이 있는 때에는 그 신청에 대한 결정이 있을 때까지 심판절차가 중지되며 제척 및 기피 여부는 심판에 의해 결정된다.

(라) 의의

이상과 같이 심판관에 대하여 법률은 직무의 엄정 중립과 독립을 도모하고 있으므로 심판관의 자격이 당연히 문제가 된다. 그러므로 특허법 제143조 제2항은 "심판관의 자격은 대통령령으로 정한다"라고 규정하여 특허법시행령 제8조에 그 자격이 규정되어 있고 심판의 중요성과 곤란성의 견지에서 심판관에 대해서는 심사관보다 고도의 학식 경험이 요구되고 있다.

3.3. 심리

(1) 심리방식

심판은 구술심리 또는 서면심리로 하며, 당사자가 구술심리를 신청한 때에는 서면심리만으로 결정할 수 있다고 인정되는 경우 외에는 구술심리를 하여야 한다.

(2) 심리원칙

(가) 수시제출주의와 쌍방심리주의

수시제출주의는 당사자가 심리종결에 이르기까지 어느 때라도 자유롭게 공격과 방어를 할 수 있도록 허용하는 주의이고, 쌍방심리주의는 공격방어방법의 제출에 있어 대립하는 당사자의 쌍방에게 대등한 기회를 주지 않고 판단해서는 안 된다는 원칙을 말하며, 심리의 적정·공평을 기하기 위한 원칙들이다.

(나) 직접심리주의

변론의 청취나 증거조사를 심판기관이 직접하는 것을 말하며 이는 민사소송법과 같다.

(다) 직권진행주의

심판절차를 진행함에 있어 심판장이 주도권을 가지도록 한다는 의미로, 당사자 또는 참가인이 법정기간 또는 지정기간 내에 절차를 밟지 아니하거나 구술심리기일에 출석하지 아니하여도 심판을 진행할 수 있다.

(라) 직권탐지주의 및 직권심리주의

소송자료 즉, 사실과 증거의 수집 및 제출의 책임을 당사자에게 맡기고 당사자가 수집·제출한 소송자료만을 재판의 기초로 삼아야 한다는 변론주의를 취하고 있는 민사소송과는 달리 특허심판은 당사자가 주장하지 않은 사실도 직권으로 수집하여 판결의 기초로 삼을 수 있고, 당사자 또는 참가인이 신청하지 않은 이유에 대하여도 이를 심리할 수 있다. 그러나 직권에 의한 사실수집의 의무는 무제한이 아니고 기록에 나타난 사실에 한한다.[4]

따라서 이러한 직권탐지주의 및 직권심리주의에 의하여 심판절차에서는 처분권주의가 제한을 받기 때문에 특허심판에서는 기본적으로 청구의 포기, 인낙 또는 화해는 허용되지 않는다. 특허법 제159조 제2항에서 "심판에서는 청구인이 신청하지 아니한 청구의 취지에 대하여 심리할 수 없다"라고 규정함으로써 특허심판에서도 처분권주의를 취하고 있으므로 신청한 사항을 넘은 별개의 사항까지 심결할 수 없다.

3.4. 심판참가

(1) 의의

타인간의 계속 중인 심판에 제3자가 자기의 법률상의 이익을 위하여 그 심판에 개입함으로써 일방 당사자의 심판을 보조(보조참가)하거나 또는 스스로 당사자가 되어(당사자참가) 심판에 관여하는 제도로서, 참가가 허용되는 경우는 당사자 대립구조를 취하는 심판에 한하며, 거절결정불복심판, 취소결정 등 결정계 심판에는 참가가 허용되지 않는다.

(2) 참가절차

심판참가를 원할 경우 심판참가신청서를 당해 심판장에게 제출하여야 하며 심판장은 그 부본을 당사자 및 타참가인에게 송달하고 기간을 지정하여 의견제출의 기회를 부여한다. 특허심판에서는 심판에 의하여 그 참가 여부를 결정하여야 하고 그 결정에 대해서는 불복할 수 없다.

(3) 참가의 요건

---

4) 대법원 1975. 5. 27. 선고 74누233 판결

① 타인간의 심판절차가 계속 중에 있을 것

② 심리종결 전일 것

③ 당사자참가의 경우 당사자적 지위에서의 이해관계가 요구

한편, 보조참가의 경우 당사자적격을 가질 필요는 없으나, 그 심결의 결과에 대하여 받을 구체적 이해관계가 입증되어야 한다. 보조참가인의 이해관계에 대해서는 심결 전에 참가 허부의 결정이 되어야 하므로 참가 허부 결정시라고 본다.

④ 참가인에게 절차능력이 있을 것

3.5. 심판의 종료

(1) 심판청구의 취하

심판청구의 취하란 심판청구인이 청구한 심판의 전부 또는 일부를 철회하는 행위를 말하며, 심판청구는 심결이 확정될 때까지 취하할 수 있다. 다만, 상대방(피청구인)으로부터 답변서 제출이 있는 때에는 상대방의 동의를 얻어야 한다.

(2) 심결

심결이란 심판사건을 해결하기 위하여 심판관 합의체가 행하는 종국적인 판단이다.

(가) 종류

① 결정각하 : 보정명령을 받은 자가 지정된 기간 이내에 보정을 하지 아니한 경우에는 심판장은 결정으로 심판청구서를 각하한다.

② 심결각하 : 부적법한 심판청구로서 그 흠결을 보정할 수 없는 때에는 피청구인에게 답변서 제출기회를 주지 아니하고 심결로서 각하할 수 있다.

③ 기각심결 : 본안심리결과 청구의 취지를 받아들일 수 없는 경우에 심판청구의 취지를 배척하는 심결을 말한다.

④ 인용심결 : 심판청구의 취지를 인용하는 심결을 말한다.

(나) 절차

① 심리종결통지 : 심판장은 사건이 심결을 할 정도로 성숙한 때에는 심리의 종결을 당사자 및 참가인에 통지한다. 심리종결통지 후에도 당사자 또는 참가인의 신청에 의하거나 심판장 직권으로 심리를 재개할 수 있다.

② 심결 : 심결은 심리종결통지를 한 날로부터 20일 이내에 하며, 심결은 합의체 심판관 중 과반수의 찬성으로 결정한다. 심결은 심판번호, 심결주문, 심결이유 등을 기재한 서면으로 하여야 하며 심판관은 이에 기명날인하여야 한다.

③ 심결문 송달 : 심결이 있는 때에는 그 등본을 당사자, 참가인 및 심판에 참가신청을 하였으나 그 신청이 거부된 자에게 송달한다.

(다) 심결의 효과

당사자가 심결에 대하여 불복하고자 하는 경우에는 특허법원에 그 심결취소의 소를 제기할 수 있다. 심결이 확정된 때에는 동일사실 및 동일증거에 의하여 심판을 청구할 수 없는 일사부재리의 원칙이 적용된다.

3.6. 심판비용

당사자계 심판에 있어 심판비용의 부담은 심결에 의하여 종료할 때에는 그 심결로서, 심판이 심결에 의하지 아니하고 종결할 때(심판청구의 취하 등)에는 결정으로서 정한다. 거절결정불복심판, 통상실시권허여심판, 정정심판의 경우에는 심판청구인이 부담하여야 한다.

4. 재심

4.1. 의의

심결이 확정되면 원칙적으로 불복신청이 인정되지 않으나, 심결 확정 후 사정변경이 있거나 절차에 중대한 하자나 불공정 등이 있을 경우, 이를 방치하면 당사자에게 가혹할 뿐만 아니라 국가기관의 권위를 실추시키는 요인이 되므로 부적법 또는 불합리한 판단을 시정하기 위한 심판제도이다.

[판례] 대법원 2002. 11. 26. 선고 2002재후45 판결, 1987. 12. 8. 선고 87재다24 판결

확정된 종국판결에 대한 재심의 소는 민사소송법 제422조 각 호 소정의 사유가 있는 때에 한하여 허용되는 것이므로 재심원고의 주장하는 사유가 이에 해당하지 아니할 때에는 재심의 소는 부적법하다.

◇ 대법원 1996. 10. 25. 선고 96다31307 판결

대법원의 판례가 법률해석의 일반적인 기준을 제시한 경우에 유사한 사건을 재판하는 하급심법원의 법관은 판례의 견해를 존중하여 재판하여야 하는 것이나, 판례가 사안이 서로 다른 사건을 재판하는 하급심법원을 직접 기속하는 효력이 있는 것은 아니므로, 하급심법원이 판례와 다른 견해를 취하여 재판한 경우에 상고를 제기하여 구제받을 수 있음을 별론으로 하고, 민사소송법 제422조 제1항 제1호 소정의 재심사유인 법률에 의하여 판결법원을 구성하지 아니한 때에 해당한다고 할 수 없다.

[판례] 대법원 1995. 6. 29. 선고 94재후26 판결

특허법 제178조 제2항에 의하여 준용되는 민사소송법 제422조 제1항 제8호 소정의 재심사유인 '판결의 기초로 된 민사나 형사의 판결 기타의 재판 또는 행정처분이 다른 재판이나 행정처분에 의하여 변경된 때'라 함은 그 확정판결에 법률적으로 구속력을 미치거나 또는 그 확정판결에서 사실인정의 자료가 된 판결 등 재판이나 행정처분이 그 후 다른 재판이나 행정처분에 의하여 확정적이고, 소급적으로 변경된 경우를 말한다.

[사례] 정정 전 특허발명의 청구범위를 대상으로 하여 특허무효사유의 유무를 심리·판단한 원심판결에는 민사소송법 제451조 제1항 제8호에 정해진 재심사유가 있으므로, 결과적으로 판결에 영향을 미친 법령위반의 위법이 있다(대법원 2008. 11. 13. 선고 2007후29 판결).

[판례] 대법원 2001. 10. 12. 선고 99후1737 판결

특허법 제180조 제5항의 1 규정된 '당해심결 이전에 행하여진 확정심결과 저촉되는 이유'라 함은 동일 당사자간의 같은 내용의 사건에 관하여 저촉되는 확정심결이 있는 경우를 말하는 것이다.

◇ 특허법원 2008. 7. 17. 선고 2007재허36 판결

민사소송법 제451조 제1항 제10호의 '전에 선고한 확정판결'이라 함은 전에 확정된 기판력 있는 본안의 종국판결로서 효력이 재심대상판결의 당사자에게 미치는 경우를 뜻한다.

[판례] 대법원 2007. 3. 30. 선고 2006재후29 판결, 1993. 12. 14. 선고 93다43798 판결

판단누락이라는 재심사유의 존재는 특단의 사유가 없는 한 재심대상판결의 정본을 읽어봄으로써 알 수 있는 것이므로, 이를 알지 못하였다는 특단의 사유에 대한 주장·입증이 없는 한 당사자는 재심대상판결의 정본을 송달받은 때에 재심사유의 존재를 알았다고 봄이 상당하고, 판단누락을 사유로 하는 재심의 소 제기기간은 재심사유의 존재를 안날로부

터 30일이다. 원고가 재심사유를 파악하지 못하였다거나 재심사유를 확정할 수 있는 증거를 확보하기 위하여 경과기간이 발생하였다는 것만으로는 이러한 특단의 사유가 될 수 없다.

[관련법] 민소법 제451조 제1항 **(재심사유)** : 판사 구성의 흠결, 대리권 흠결, 법관의 가벌행위, 타인의 가벌행위로 인한 사유, 문서 위조 변조, 판결의 기초가 된 다른 판결이나 행정처분의 변경, 판결에 영향을 미치는 사항에 대한 판단누락, 기판력에 저촉, 판결편취

[관련법] 민소법 제451조 제1항 본문 **(보충성의 원칙)** : 재심사유를 알고도 주장하지 않았거나, 상소에 의해서 그 사유를 주장하였을 때에는 재심의 소를 제기할 수 없다. 알면서 상소로서 다툴 수 있는 경우나, 상소로 이미 다툰 경우에는 재심을 받아들이지 않는다. 즉, 절차적으로 다툴 수 없을 때만 재심이 허용된다.

[관련법] 민소법 제456조, 457조에 의하면 재심사유를 안 날로부터 30일, 판결확정 후 5년 이내에 재심을 제기하여야 한다. 그러나 재심사유가 판결확정 후에 생긴 경우 그날부터 5년이다. 다만 기판력 저촉, 대리권 흠결은 기간 제한이 없다.

[관련법] 상고심절차특례법 제4조(심리불속행 기각 판결)
상고이유에 관한 주장에 각 호의 1의 사유를 포함하지 않으면 심리 없이 기각한다.
1. 원심판결이 헌법에 위배되거나 부당하게 해석한 때
2. 원심판결이 명령, 규칙 또는 처분의 법률위반 여부에 대하여 부당하게 판단한 때
3. 기존의 대법원 판례가 없거나 바꿀 필요가 있을 때
4. 그 외 중대한 법령 위반에 관한 사항이 있을 때

상고이유에 관한 주장이 위의 각 호의 사유를 포함해도 그 주장 자체로 보아 이유가 없거나, 판결결과에 영향이 없어도 심리 없이 기각한다.

[관련법] 상고심절차특례법 제5, 6조
선고가 필요없고, 판결문에 이유를 기재하지 않아도 된다. 다만, 대법원이 상고기록을 접수받은 날로부터 4월이 넘으면 심리불속행할 수 없다.

[판례] 대법원 2004. 2. 26. 선고 2002재후69 판결, 1983. 4. 12. 선고 80사30 판결
민사소송법 제451조 제1항 제9호가 정하는 재심사유인 '판결에 영향을 미칠 중요한 사항에 관하여 판단을 누락한 때'라 함은 당사자가 소송상 제출한 공격방어방법으로서 판결에 영향이 있는 것에 대하여 판결 이유 중에 판단을 명시하지 아니한 경우를 말하고, 판단이 있는 이상, 그 판단내용에 설사 잘못이 있다 하더라도 이는 위 법조에서 말하는 판단누락

으로 볼 수 없고, 그 판단에 이르는 이유가 소상하게 설시되어 있지 아니하거나 당사자의 주장을 배척하는 근거를 일일이 개별적으로 설명하지 아니하더라도 이를 위 법조에서 말하는 판단누락이라고 할 수 없다.

[판례] 대법원 2008. 7. 10. 선고 2006재다218 판결

판결서의 이유에는 주문이 정당하다는 것을 인정할 수 있을 정도로 당사자의 주장, 그 밖의 공격방어방법에 관한 판단을 표시하면 되고 당사자의 모든 주장이나 공격방어방법에 관하여 판단할 필요가 없다. 따라서 상고법원의 판결에 당사자가 상고이유로 주장한 사항에 대한 구체적·직접적인 판단이 표시되어 있지 않았더라도 판결 이유의 전반적인 취지에 비추어 그 주장을 인용하거나 배척하였음을 알 수 있는 정도라면 판단누락이라고 할 수 없고, 설령 실제로 판단을 하지 아니하였다고 하더라도 그 주장이 배척될 경우임이 분명한 때에는 판결 결과에 영향이 없어 판단누락의 위법이 있다고 할 수 없다.

[판례] 대법원 2006. 10. 12. 선고 2005다72508 판결

민사소송법 제451조 제1항 단서에 따라 당사자가 상소에 의하여 재심사유를 주장하였다고 하기 위하여서는 단지 증거인 문서가 위조되었다는 등 제451조 제1항 각 호의 사실만 주장하는 것으로는 부족하고 재심의 대상이 되는 상태 즉, 유죄판결이 확정되었다거나 증거부족 외의 이유로 유죄판결을 할 수 없다는 등 같은 조 제2항의 사실도 아울러 주장하였어야 한다.

[판례] 대법원 2007. 11. 16. 선고 2005두15700 판결

판결에는 법원의 판단을 분명하게 하기 위하여 결론을 주문에 기재하도록 하고 있으므로, 비록 판결 이유에서 그 당부를 판단하였더라도 주문에 설시가 없으면 특별한 사정이 없는 한 그에 대한 재판은 누락된 것으로 보아야 하고, 재판의 누락이 있는 경우 그 부분 소송은 여전히 그 심급에 계속 중이라 할 것이어서 적법한 상소의 대상이 되지 아니하므로 그 부분에 대한 상소는 부적법한 것이 된다.

[연구] 무효심판청구인이나 소극적 권리범위확인심판청구인인 원고가 된 심결취소소송에 있어서 소송 중에 위 당사자가 사망한 경우에 대하여는, 당사자의 지위에 대한 승계가 있다고 할 수 없으므로 소송종료선언을 하는 것으로 충분하다(대법원 1994. 10. 28. 선고 94므246,253 판결, 1985. 9. 10. 선고 85므27 판결).

[판례] 대법원 2008. 1. 10. 선고 2006후1674 판결

특허심판원이 피심판청구인에게 심판청구서의 부본을 송달하고 기간을 정하여 답변서 등을 제출할 수 있는 기회를 준 이상, 답변서 등이 제출되었음에도 심결문에 피심판청구인이 아무런 의견을 제출하지 않았다고 기재한 것은 심결문 작성과정에서의 잘못에 지나지 않아 이러한 잘못이 심결을 취소하여야 할 절차상의 하자라고 보기 어렵다.

[판례] 대법원 2006. 9. 22. 선고 2006재후36 판결, 1997. 5. 7. 선고 96재다479 판결

상고심절차에관한특례법 제4조 제1항 각 호에 해당하는 사건을 심리불속행하였다는 사유는 적법한 재심사유가 되지 않는다.

[판례] 특허법원 2006. 3. 31. 선고 2005허10800 판결

원고가 재심을 청구하면서 새로운 증거자료를 첨부하여 재심대상심결의 판단이 잘못되었다고 비난하는 것은 특허법 제178조, 민사소송법 제451조 소정의 적법한 재심사유가 될 수 없는 것이므로, 원고의 재심청구는 부적법한 심판청구로서 그 흠결을 보정할 수 없는 때에 해당하여 특허법 제142조에 따라 각하를 면할 수 없다.

4.2. 재심사유

(1) 일반재심사유

① 법률에 의하여 심판기관을 구성하지 아니한 때

② 법률상 그 심판에 관여하지 못할 심판관이 심판에 관여한 때

③ 심결의 증거로 된 문서 또는 기타의 물건이 위조나 변조된 것인 때 등(특허법이 준용하는 민사소송법 제451조 제1항의 재심사유)

(2) 사해심결에 대한 재심사유

심판의 당사자가 공모하여 제3자의 권리 또는 이익을 사해할 목적으로 심결을 하게 한 때에는 제3자는 재심청구를 할 수 있다.

[판례] 특허법원 2007. 4. 5. 선고 2006허3977 판결

특허법 제179조 제1항은 "심판의 당사자가 공모하여 제3자의 권리 또는 이익을 사해할 목적으로 심결을 하게 한 때에는 제3자는 그 확정된 심결에 대하여 재심을 청구할 수 있다"라고 규정하고 있다. 이러한 규정은 심결의 대세적 효력에 의하여 자신의 권리 또는 이익을 부당하게 침해받은 제3자를 구제하기 위해서 그 제3자로 하여금 원칙적으로 불복할 수 없는 확정심결에 대하여 일정한 사유를 갖춘 경우에 한하여 예외적으로 재심을 청구할 수 있도록 한 것이다. 따라서, 재심청구인이 주장하는 재심사유가 특허법 제179조

제1항의 재심사유에 해당하는지 여부는, 특별한 사정이 없는 한 위 규정의 문언에 따라 엄격하게 해석하여야 한다.

[사례] 특허법 제179조 제1항이 재심사유로서 규정하고 있는 '심판의 당사자가 공모하여 제3자의 권리 또는 이익을 사해할 목적으로 심결을 하게 한 때'는 문언해석상 심판의 당사자가 심결 이전에 공모하여 제3자의 권리 또는 이익을 사해할 목적으로 부당한 심결을 하게 한 경우만을 가리키고, 심결의 당사자가 이미 심결이 내려진 이후에 이에 불복하였던 심결취소소송을 취하함으로써 그 결과로 심결이 확정되게 된 경우는 그 내려진 심결에 이미 공모한 사해행위가 있었다는 등의 특별한 사정이 없는 한, 이에 포함되지 않는다고 해석함이 상당하다(특허법원 2007. 4. 5. 선고 2006허3977 판결).

4.3. 재심청구의 기간

당사자는 심결 확정 후 재심의 사유를 안 날부터 30일 이내에 재심을 청구하여야 한다. 재심청구인은 대리권의 흠결을 이유로 하여 재심을 청구하는 경우에 제1항에서 규정하는 기간은 청구인 또는 법정대리인이 심결등본의 송달에 의하여 심결이 있는 것을 안 날의 다음날부터 기산하나, 재심사유가 심결 확정 후에 생긴 때에는 위 3년의 기간은 그 사유가 발생한 날의 다음날부터 이를 기산한다.

심결 확정 후 3년을 경과한 때에는 재심을 청구할 수 없다. 다만, 재심청구기간 30일과 재심청구에 대한 제척기간 3년은 당해 심결 이전에 행하여진 확정 심결과 저촉한다는 이유로 재심을 청구하는 경우에는 이를 적용하지 않는다.

4.4. 재심에 의하여 회복한 특허권의 효력의 제한

(1) 다음 사유에 해당하는 경우 특허권의 효력은 당해 심결이 확정된 후 재심청구의 등록 전에 선의로 수입 또는 국내에서 생산하거나 취득한 물건에는 미치지 않는다.

① 무효로 된 특허권 또는 존속기간의 연장등록의 특허권이 재심에 의하여 회복된 경우

② 특허권의 권리범위에 속하지 않는다는 심결이 확정된 후 재심에 의하여 이와 상반되는 심결이 확정된 경우

③ 거절할 것이라는 심결이 있었던 특허출원 또는 특허권의 존속기간의 연장등

록출원에 대하여 재심에 의하여 특허권의 설정등록 또는 특허권의 존속기간의 연장등록이 있는 경우

(2) 위의 사유에 해당하는 경우 특허권의 효력은 다음의 행위에 미치지 않는다.

① 당해 심결이 확정된 후 재심청구의 등록 전에 한 당해 발명의 선의의 실시

② 특허가 물건의 발명인 경우에는 그 물건의 생산에만 사용하는 물건을 당해 심결이 확정된 후 재심청구의 등록 전에 선의로 생산·양도·대여 또는 수입하거나 양도 또는 대여의 청약을 하는 행위

③ 특허가 방법의 발명인 경우에는 그 방법의 실시에만 사용하는 물건을 당해 심결이 확정된 후 재심청구의 등록 전에 선의로 생산·양도·대여 또는 수입하거나 양도 또는 대여의 청약을 하는 행위

5. 심결취소소송

5.1. 의의

특허심판원의 심결 또는 심판청구서나 재심청구서의 각하결정을 받은 자가 이에 불복하고자 하는 경우에 심결 또는 결정의 등본을 송달받은 날부터 30일 이내에 특허법원에 소를 제기할 수 있다. 심결취소소송에는 우선 특허법이 적용되고 특허법에 규정이 없는 사항의 경우에, 심결취소소송은 기본적으로 행정소송적인 성질을 가지므로 행정소송법이 준용되고, 다시 행정소송법에 특별한 규정이 없는 경우에는 행정소송법 제8조의 규정에 따라 민사소송법이 준용된다. 심결취소소송은 특허청장을 피고로 한 결정계 심결취소소송과 특허권자 또는 이해관계인을 피고로 한 당사자계 심결취소소송으로 나눌 수 있다.

5.2. 당사자

(1) 당사자능력

심결취소소송절차에 있어서도 민사소송에서와 같이 민법 기타 법률에 의하여 권리능력을 가지는 자 즉, 자연인(내국인, 외국인을 포함)과 법인 및 법인격이 없는 사단이나 재단이라도 대표자나 관리인이 있는 경우에는 당사자능력을 가진다.

[판례] 대법원 1982. 9. 28. 선고 80누414 판결

구 특허법시행규칙 제14조 제1항 제11호 소정의 '서류가 방식에 적합하지 아니한 경우'라 함은 서류의 기재사항에 흠결이 있거나 구비서류가 갖추어져 있지 아니하는 경우 등 서류가 법령상 요구되는 형식적인 방식에 적합하지 아니한 경우를 뜻하고, 형식적인 문제를 벗어나서 출원인이나 발명자가 특허법 제40조에 규정된 권리능력을 가지는지 또는 출원인이 같은 법 제2조 제1항에 규정된 특허를 받을 수 있는 자인지 여부 등 실질적인 사항에 관한 것을 포함하지 아니하고, 출원서류가 그 같은 실질적인 사항을 포함하는 경우에는 위 시행규칙 제14조 제1항 제11호에 의하여 불수리처분을 할 것이 아니라 일단 이를 수리하여 심사관으로 하여금 실질적인 심사를 하게 하여야 함이 상당하다.

(2) 당사자적격

① 원고적격 : 특허소송을 제기할 수 있는 자는 당사자, 참가인 또는 심판이나 재심에 참가신청을 하였으나 그 신청이 거부된 자에 한한다.

② 피고적격 : 거절결정불복의 심결 등과 같은 결정계 사건과 정정심판에 있어서는 특허청장이 피고가 되며, 특허무효심판의 심결 등과 같은 당사자계 사건에 있어서는 심판의 청구인 또는 피청구인이 피고가 된다.

5.3. 심결취소소송과 특허심판과의 관계

(1) 심결전치주의

특허법 제186조 제6항에서는 심판을 청구할 수 있는 사항에 관한 소는 심결에 대한 것이 아니면 이를 제기할 수 없다고 규정하고 있으므로, 결과적으로 심결취소소송에 대하여는 심결전치주의를 강제하는 것과 같다. 심결취소소송은 심결에 대한 소송만을 허용하기 때문에 심결이나 각하결정이 아닌 사항에 대하여는 심판을 할 수 없고, 이는 부적법한 소송이 된다.

(2) 진행의 조정

심판사건과 다른 심판사건, 또는 심판사건과 소송사건과의 사이에 밀접한 관계가 있어 이들 심리의 진행을 조정할 필요가 있는 경우가 적지 않다. 예를 들면, 특허무효심판과 정정심판, 또는 특허침해소송과 해당특허의 무효심판이 각각 계속된 경우 등이다. 이들 경우에 있어서 다른 절차를 무시하고 절차를 진행시킬

때에는 전체로서의 소송경제 또는 심리경제를 무시하여 후일 재심청구의 이유로 되는 경우도 있다. 따라서 특허법은 필요가 있을 때에 심판절차를 중지할 수 있는 규정과 소송절차를 중지할 수 있는 규정을 두고 있다.

[판례] 대법원 2006. 9. 8. 선고 2004후1700 판결, 1995. 4. 25. 선고 94후2094 판결

특허법 제164조는 필요한 때에는 당해 심판사건이나 소송절차와 관련되는 다른 심판의 심결이 확정될 때까지 그 심판절차나 소송절차를 중지할 수 있다고 규정하고 있으나 위 규정은 임의규정으로서 반드시 절차를 중지하여야 하는 것은 아니므로, 원심이 원심판시의 선 등록상표에 대한 등록무효심판이 계속 중임에도 심결취소소송절차를 중지하지 아니하고 판결에 이른 조치를 위법하다고 할 수 없다.

[판례] 특허법원 2002. 1. 25. 선고 2000허8475 판결

특허법 제189조 제2항 및 제3항에 의하면 특허심판원은 종전 심결을 취소하는 판결이 확정된 경우 취소판결의 취지에 따라 재심리를 하여 다시 심결을 하여야 할 의무가 있고 이 경우 취소판결에 있어서 취소의 기본이 된 이유에 기속되는 것이므로, 특허심판원은 취소판결에서 위법이라고 판단된 심결의 이유와 동일한 이유로 취소된 종전의 심결과 동일한 결론의 재심결을 할 수 없고, 다만 취소의 기본이 된 이유와 다른, 재심리과정에서 새로이 제출된 사실과 증거에 의하여 새로이 발견된 이유에 의해서는 취소된 종전의 심결과 동일한 결론의 재심결을 할 수 있다. 따라서 재심리과정에서 새로운 주장·입증이 없는 경우 취소판결에 있어서의 취소의 기본이 된 이유에 따라 한 심결은 위와 같은 기속력에 따른 것으로 원칙적으로 적법하다 할 것이나, 이 경우 불리한 심결을 받은 당사자는 새로운 사실을 주장하거나 또는 취소판결에서 인정한 사실을 번복하기에 족한 정도의 새로운 증거를 제출하는 등으로 취소판결에서 판단한 것과 다른 새로운 위법사유를 주장하는 방법으로 그 심결취소소송에서 이를 다툴 수 있다.

5.4. 소제기의 효과

심결취소소송은 민사소송에 있어서의 소제기와는 달리 민사소송에 있어서의 항소의 제기와 유사한 양상을 띠게 된다. 다시 말하면 특허심판원의 심결에 대한 실질적인 항소심 역할이라 할 수 있다. 상소가 제기되면 그에 의하여 하급심 판결의 확정이 차단되고 상소기간이 경과되어도 판결은 확정되지 않는다. 이것이 확정차단의 효력이다. 이 점은 심결취소소송에서도 마찬가지이다. 즉, 심결취소소송이 제기되면 특허심판원의 심결의 확정이 차단되고 제소기간이 경과하여도 심결은 확정되지 않는다. 따라서 특허무효의 심결이 있다 하더라도 특허권자인 당사자가 이에 관한 심결취소소송을 제기하면 당해 특허는 무효로 확정되지 않는다.

절차상으로는 특허심판원이 특허법원의 하급심법원이 아니므로 특허심판원은 기록을 특허법원에 이관할 법률상의 의무가 없다. 따라서 특허법원은 제1심으로서 다른 민사소송이나 행정소송과 동일하게 당사자들로부터 소송자료를 제출받는다. 다만, 소제기 이후에 특허법원에서 기록송부촉탁절차에 의하여 특허심판원으로부터 기록 일체의 원본 또는 등본을 송부받을 수 있다.

5.5. 심결취소사유

(1) 절차적 심결취소사유

특허법원 심리 후 심결 등에 실체적 또는 절차적인 하자가 있는 경우 일정한 경우에는 이를 취소하게 되는데, 그 중 절차적인 하자가 문제되는 경우를 보면, ① 적법요건을 갖추지 못한 출원에 대하여 특허권 등을 부여하였거나, 심사절차상의 하자가 치유할 수 없는 것이거나 치유할 수 있는 것이라 하더라도 심판절차에서 시정되지 않았음에도, 그에 대한 판단을 그르쳤거나 간과하고 심결을 한 경우 ② 심판청구의 당사자나 청구기간, 청구의 이익 등 심판청구의 적법요건에 관한 판단을 그르쳤거나 간과하고 심결을 한 경우 ③ 심판청구는 적법하나 심결에 이르게 된 심리절차에 하자가 있는 경우뿐만 아니라 ④ 심결 자체에 형식적 하자가 있는 경우 등이 있다.

(2) 실질적 심결취소사유

심결취소소송을 수행하는 당사자의 목적은 종국적으로 발명을 독점·배타적으로 실시할 수 있는 권리의 성립 여부와 그 범위 및 소멸 여부에 대한 판단을 구함에 있다. 따라서 실질적으로 심결취소소송에서의 사실심리의 대상은 우선 발명의 요지인정 작업에서 출발하여 그 출원 등이 기술적 사상으로서의 특허요건을 충족하고 있는가의 여부와 명세서의 그 출원이 권리로서 특정하여 주장할 수 있을 정도로 개시되어 있는가에 대한 판단으로 나아간다.

그로부터 다시 최초출원과 보정내용을 대비하여 볼 때 요지변경이 있는지의 여부, 선후원관계, 출원의 단일성, 청구항의 기재방법 등 제반 요건에 관한 형식·내용의 적법 여부를 판단하여야 하며, 나아가 신규성, 진보성, 고도성에 대한 판단 즉, 종래기술과의 동일성 및 예측곤란성의 유무, 작용효과의 대비·평가, 양 발명간의 기술수준 및 기술적 범위의 비교평가 작업 등을 거치게 된다.

[판례] 대법원 2007. 11. 16. 선고 2005두15700 판결

당사자가 보조참가에 대하여 이의를 신청한 때에는 법원은 참가를 허가할 것인지 아닌지를 결정하여야 하고, 다만 이를 결정이 아닌 종국판결로써 심판하였더라도 위법한 것은 아니다.

◇ 특허법원 2008. 8. 22. 선고 2007허4649 판결

소송의 결과에 대하여 법률상의 이해관계가 있는 제3자는 당사자 일방을 보조하기 위하여 보조참가를 할 수 있으므로, 이 사건 심결의 패소한 당사자였을 뿐만 아니라, 피고들이 특허발명의 실시자로 지목하여 제기한 적극적 권리범위확인 사건의 당사자인 원고 보조참가인은 당연히 이 사건 소송 결과에 대하여 법률상의 이해관계가 있는 자이고, 심결에서 패소하고도 불복하지 않았다가 뒤늦게 보조참가신청을 하였다는 사유만으로 그 보조참가 신청이 신의칙에 위반되거나 이미 참가적격을 상실한 자의 신청으로 볼 수는 없다.

[판례] 대법원 1994. 1. 20.자 93마1701 결정, 1973. 11. 15.자 73마849 결정

대립하는 당사자구조를 갖지 못한 결정절차에 있어서는 보조참가를 할 수 없다.

[분석] 결정계 사건에서는 특허법 등에 보조참가의 근거 규정이 없으므로 심판단계에서는 당연히 보조참가를 허용하지 않지만, 일반적으로 소송단계에서는 결정계 사건에서도 보조참가가 허용된다.

[판례] 대법원 2006. 5. 26. 선고 2006후183 판결, 1995. 12. 12. 선고 94후487 판결

법률심인 상고심에서는 승계참가가 허용될 수 없다.

[분석] 특허법원 2001. 2. 23. 선고 2000허5957 판결은 심판청구 기각심결을 받은 원고가 구 구 권리자인 심결의 피청구인과 특정승계인에 대하여 각각 별소를 제기한 사안에서, 법원은 특정승계인에 대한 소를 취하시키고 구 권리자에 대한 소에 특정승계인을 참가시켜, 심판계속 중에 특정승계되었으나 구 권리자를 당사자로 하여 심결을 하였다. 심결의 당사자인 구 권리자가 제기한 소송에서 특정승계인의 승계참가를 허용할 뿐만 아니라, 특정승

계인이 단독으로 소를 제기한 경우에도 이를 인정한다.

[판례] 특허법원 2008. 1. 18. 선고 2006허6303,8330 판결

특허법 제155조는, 당사자참가인은 피참가인이 그 심판의 청구를 취하한 후에도 심판절차를 속행할 수 있고, 당사자참가인에 대하여 심판절차의 중단 또는 중지의 원인이 있는 때에는 그 중단 또는 중지는 피참가인에 대하여도 그 효력이 발생하는 것으로 각 규정하고 있는바, 위와 같이 특허법이 당사자참가인에게는 보조참가인과는 달리 당사자에 준하는 지위를 부여하고 있는 점에 비추어 보면, 특허법 제187조의 '청구인 또는 피청구인'에는 당사자참가인도 포함되는 것으로 해석하여야 한다.

[판례] 대법원 2005. 5. 12. 선고 2003후1192 판결

거절결정불복심판청구를 기각하는 심결의 취소소송에서 특허청장은 거절결정의 이유와 다른 새로운 거절이유에 해당하지 않는 한, 심결에서 판단되지 않은 것이라고 하더라도 심결의 결론을 정당하게 하는 사유를 주장·입증할 수 있다.

[분석] 거절이유통지만 되고 거절결정의 사유로 삼지 않은 거절이유에 대해서는 심결의 기초로 삼을 수 없고, 소송상 주장·입증할 수 없다. 그러나 출원인에게 통지되고 거절결정의 이유로 된 거절이유에 대해서는 심결에서 판단되지 않은 것이라고 하더라도 심결취소소송에서 주장·입증할 수 있다.

[사례] 출원발명에 대한 거절결정불복심판청구 후 심사전치과정에서 특허청 심사관은 출원발명이 선행발명 1, 2로부터 통상의 기술자가 쉽게 발명할 수 있는 것에 해당하여 특허 받을 수 없다는 취지의 의견제출통지를 원고에게 한 사실을 알 수 있는바, 그렇다면 피고는 원심절차에서 선행발명 2가 이 사건 심결에서 판단되지 않았다고 하더라도 이 사건 심결의 결론을 정당하게 하는 사유로서 선행발명 2에 관하여 주장할 수 있고, 기록에 의하면 피고는 원심의 변론기일에서 진술된 답변서를 통하여 선행발명 2에 관하여 주장함은 물론, 그에 관한 증거도 함께 제출하였음을 알 수 있으므로, 원심 법원은 마땅히 제1항 발명의 진보성을 판단함에 있어 선행발명 2와 제7구성을 대비 판단하였어야 함에도 불구하고, 선행발명 2와 제7구성이 이 사건 심결에서 판단된 바 없다는 이유만으로 선행발명 2를 제7구성과 대비조차 하지 않은 것은 잘못이다(대법원 2006. 10. 26. 선고 2004후2260 판결).

[분석] 상기 판결은 선행발명 2를 직접 대비하여 진보성 여부를 판단한 것인바, 행정소송은 소송기록상 현출되어 있으면 직권심리가 가능하다는 것을 보여준 사례이다.

[판례] 대법원 2003. 2. 11. 선고 2002후2303 판결

심결취소소송에 있어서 심리 판단의 대상이 되는 것은 심결의 위법성 일반으로서 실체상의 판단의 위법과 심판절차상의 위법이 이에 포함될 것인바, 이 사건 심결은 출원발명이 통상의 기술자가 선행발명으로부터 쉽게 발명할 수 있어 진보성이 없다는 거절결정이 정당하다고 하여 심판청구를 기각하고, 이에 대하여 출원인은 출원발명이 진보성이 있어 심결이 위법하다는 이유로 심결취소소송을 제기한 경우, 그 심결취소소송에서는 출원발명의 진보성이 없다고 한 심결의 위법 여부만을 심리 판단할 수 있을 뿐이고, 비록 출원발명의 명세서 기재가 특허법상 기재요건에 위배되는 것으로 인정된다 하더라도 진보성 판단에 앞서 명세서 기재요건에 대한 거절이유를 통지하지 않았다는 이유로 심결을 위법하다고 판단할 수는 없다.

[분석] 심판청구가 기각되어 이에 불복하여 심결취소소송을 제기한 경우에는 당해 심결의 위법 여부만을 판단해야 하는 것이며, 마찬가지로 심판에서도 별도의 의견제출통지를 하지 아니하는 한 심판의 대상은 심사관의 거절결정에 대한 당부라고 보아야 한다.

[판례] 대법원 2004. 11. 12. 선고 2003후1420 판결, 2002. 4. 12. 선고 99후2211 판결
특허심판원 심결의 취소소송에서 심결의 위법 여부는 심결 당시의 법령과 사실상태를 기준으로 판단하여야 하고, 원칙적으로 심결이 있은 이후 비로소 발생한 사실을 고려하여 판단의 근거로 삼을 수는 없는바, 이 사건 심결 후에 원고가 실시하고 있는 확인대상발명이 특허 등록이 되었다고 하여 이 사건 심판청구가 결과적으로 부적법한 것으로 되는 것은 아니다.

[사례] 이 사건 심결이 원고의 등록된 권리를 대상으로 하여 제기된 적극적 권리범위확인심판청구를 인용한 것이어서 위법한 것인지 여부는 심결시를 기준으로 판단하여야 할 것인바, 심결 당시에는 확인대상등록디자인의 권리자는 원고가 아닌 甲이었음이 명백하므로, 이 사건 심결이 원고의 등록된 권리를 대상으로 하여 제기된 적극적 권리범위확인심판청구라고 할 수 없다(특허법원 2000. 5. 4. 선고 99허7674 판결).

[분석] 특허심판원 심결의 위법 여부는 심결 당시의 법령과 사실상태를 기준으로 판단하여야 하므로 심결 이후에 발생한 사실상태를 고려하지는 않는다. 따라서 심결이 있기 전에 확인대상발명이 등록된 경우에는 권리 대 권리간의 적극적 권리범위확인심판에 해당되어 부적법하게 되지만, 심결 이후 취소소송단계에서 확인대상발명이 등록된 경우에는 그 심판 자체가 부적법한 것으로 되지는 않는다.

5.6. 심결취소소송의 종료와 상고

(1) 소송의 종료사유

(가) 소장각하명령

심결취소소송의 소장이 접수되면 재판장은 소장을 심사하여 당사자, 법정대리인, 청구의 취지와 원인 등 필요적 기재사항이 기재되어 있지 않거나 인지가 첨부되지 않은 경우, 소장송달이 불능인 경우에는 상당한 기간을 정하여 보정을 명하고 원고가 소정기간 내에 이를 보정하지 않는 때에는 명령으로 소장을 각하한다.

(나) 소의 취하

당사자는 소의 취하로 소송을 종료시킬 수 있다. 소의 취하는 소송 제기 후 판결이 확정되기까지 어느 때라도 할 수 있으므로 상고심에서도 가능하다. 다만, 피고가 본안에 대하여 준비서면을 제출하거나 준비절차에서 진술하거나 변론을 하기 전까지는 소 취하에 피고의 동의를 필요로 하지 아니하나 그 후에는 피고의 동의가 필요하다. 적극적인 응소행위로 소송을 유지할 이해관계가 피고에게도 생겼다고 할 수 있고, 소송이 제기된 기회에 피고가 자신에게 유리한 판결을 받아 확정되면 기판력에 의하여 원고가 반복하여 제소하는 것을 금하는 효과를 얻을 수 있기 때문이다.

[참고] 심결취소소송 계속 중 당사자 사이에 합의가 성립되어 심결 내용과는 달리 분쟁을 종료하고자 할 때에는 먼저 심판청구를 취하한 후(심판청구는 심결이 확정될 때까지 이를 취하할 수 있다) 심결취소소송의 소를 취하하여야 한다. 만약 소를 먼저 취하하면 심결이 확정되는 효과가 발생하기 때문이다.

(2) 판결

(가) 소송판결

제소기간의 도과, 상고기간의 도과 등 당사자가 그 흠결을 보정할 수 없는 소송요건을 결한 소에 대하여는 법원은 변론을 거치지 아니하고 판결로 소 또는 상고를 각하할 수 있다. 즉, 소송요건의 불비를 이유로 하여 소 또는 상고를 각하하여 그 심급에서 그 사건의 심리를 중단하는 종국판결이 소송판결이다. 소송판결에도 기판력이 인정된다. 심결취소소송에서 부적법 각하 판결이 확정되면 심결이 확정된다.

(나) 본안판결

종국판결 중 심결취소소송에 의한 청구의 당부에 관한 판결을 본안판결이라 한다.

① 기각판결은 원고의 청구가 이유 없다고 하여 배척하는 내용의 판결이다.

② 인용판결은 원고의 심결(결정)취소 청구가 이유 있다고 인정하여 그 전부 또는 일부를 인용하는 판결이다. 이는 형성판결이다. 이 경우 법원이 자판을 하거나 구체적인 행정처분을 해야 한다는 취지의 판결을 하는 것은 법원이 행정권을 행사하는 것이 되므로 인정되지 않는다. 예컨대 특허를 무효로 하여야 한다는 취지의 청구를 기각한 심결에 대한 소송에서 심결을 취소할 이유가 있는 경우에, 법원은 특허를 무효로 할 것을 특허청에 명하는 이행판결을 할 수는 없고, 심결을 취소하는 형성판결을 할 수 있을 뿐이다.

[참고] 판결의 형성력이란 판결의 취지에 따라 기존의 법률관계 또는 법률상태를 변동시키는 힘을 말한다. 심결 또는 결정을 취소하는 취지의 판결이 확정되면 취소된 심결이나 결정은 특허심판원의 별도의 행위를 기다릴 것 없이 그 효력을 잃는다.

③ 일부취소판결과 관련하여 심결의 일부를 취소할 수 있는가 하는 문제가 있다. 취소소송의 객체인 심결 또는 결정이 형식적으로는 한 개이지만 그 성질상 가분적인 수 개의 심판청구에 대한 심결 또는 결정이 병합된 경우에는 심결의 일부취소도 가능하다. 예컨대 특허무효심판에서 복수의 청구항에 대하여 하나의 심결서에서 심결이 이루어지고 이에 대하여 전부 불복하여 심결취소소송이 제기된 경우에 일부의 청구항에 관하여 원고의 청구가 이유 있는 때에는 일부취소판결을 할 수 있다. 또한 원고가 복수이고 그 중 1인이 당사자능력이 없음에도 불구하고 심결에서 본안심결을 한 경우 당사자능력이 없는 자 이외의 원고의 청구가 이유 없으면 이를 기각하고, 당사자능력이 없는 자에 대한 심결부분은 직권으로 일부 취소하여야 하는 경우도 일부취소판결의 예이다.

5.7. 판결의 효력

(1) 기판력

기판력은 일단 재판이 확정된 때에는 동일한 사항이 문제가 되었을 때에 당사자는 이에 저촉되는 주장을 할 수 없고 법원도 이에 저촉되는 판단을 할 수 없는 구속력을 의미한다.

기판력의 범위는 다음과 같이 구분된다.

① 주관적 범위

당사자 및 당사자와 동일시할 수 있는 그 승계인이다. 다만, 결정계 심결취소소송의 피고는 특허청장이므로 특허청장을 피고로 하는 심결취소소송에 있어서의 판결의 기판력은 특허청장에 미친다.

② 객관적 범위

일반적으로 기판력은 소송물에 관한 판단에 미치고 심결취소소송의 소송물은 특허심판원의 심결 또는 결정의 위법성이므로 공격방어방법에 불과한 개개의 위법사유에 대하여는 미치지 아니하여 심결이 적법하다는 것 또는 위법하다는 것에 관하여 생긴다. 심결취소청구를 기각하는 판결이 확정되면 그 심결이 적법하다는 점에 관하여 기판력이 발생하므로 다시 취소청구를 할 수 없다.

(2) 취소판결의 기속력

특허법원의 심결취소판결이 확정되면 특허심판원은 그 사건을 다시 심리하여 심결 또는 결정을 하여야 한다. 이 경우 판결에 있어서 취소의 기본이 된 이유는 그 사건에 대해 특허심판원을 기속한다. 특허법원의 판결에 대하여 불복하고자 하는 자는 대법원에 상고할 수 있다. 상고는 판결문이 송달된 날로부터 2주일 내에 제기하여야 한다.

특허법 제189조는 특허법원은 심결 등에 대한 소가 제기된 경우에 그 청구가 이유 있다고 인정한 때에는 판결로써 당해 심결 등을 취소하여야 하고(제1항), 특허심판원의 심판관은 위와 같은 심결 등의 취소판결이 확정된 때에는 다시 심리를 하여 심결 등을 하여야 하며(제2항), 위 판결에 있어서 취소의 기본이 된 이유는 그 사건에 대하여 특허심판원을 기속한다(제3항)고 규정하고 있다.

심결 또는 판결을 취소하는 대법원의 판결이 확정된 경우에는 그 취소의 기본이 된 이유는 그 사건에 대하여만 특허심판원 또는 특허법원을 기속하는 것이므로, 취소 후의 심리과정에서 새로운 증거가 제출되어 기속적 판단의 기초가 되는 증거관계에 변동이 생기는 경우에는 취소판결의 이유에 당연히 기속되는 아니다.

[판례] 대법원 2008. 6. 12. 선고 2006후3007 판결, 2002. 12. 26. 선고 2001후102 판결

심결을 취소하는 판결이 확정된 경우, 그 취소의 기본이 된 이유는 그 사건에 대하여 특허심판원을 기속하는 것인바, 이 경우의 기속력은 취소의 이유가 된 심결의 사실상 및 법률상 판단이 정당하지 않다는 점에 있어서 발생하는 것이므로, 취소 후의 심리과정에서 새로운 증거가 제출되어 기속적 판단의 기초가 되는 증거관계에 변동이 생기는 등의 특단의 사정이 없는 한, 특허심판원은 위 확정된 취소판결에서 위법이라고 판단된 이유와 동일한 이유로 종전의 심결과 동일한 결론의 심결을 할 수 없고, 여기에서 새로운 증거라 함은 적어도 취소된 심결이 행하여진 심판절차 내지는 그 심결의 취소소송에서 채택·조사되지 않은 것으로서 심결취소판결의 결론을 번복하기에 족한 증명력을 가지는 증거라고 보아야 한다.

[사례] 특허법원은 2007. 11. 1. 선고 2007허3134 판결에서 등록고안은 선행고안 1, 2에 의하여 진보성이 부정되어 등록이 무효라는 이유로 특허심판원 2006당23호 심결을 취소하였고, 대법원이 원고의 상고를 기각함으로써 위 특허법원 판결은 확정되었으므로, 위 확정판결에 따른 심판절차에서 원고가 새로운 주장·입증을 하지 아니한 이상, 특허심판원이 특허법원의 확정판결과 같이 등록고안이 선행고안 1, 2에 의하여 진보성이 부정된다고 판단한 것은 정당하다(특허법원 2008. 11. 20. 선고 2008허7744 판결).

[판례] 대법원 2007. 6. 14. 선고 2007다8709 판결

확정판결의 기판력은 소송물로 주장된 법률관계의 존부에 관한 판단 그 자체에만 미치는 것이고 전소와 후소가 그 소송물이 동일한 경우에 작용하는 것이다.

[판례] 특허법원 2008. 8. 22. 선고 2007허5642 판결

가사 소외 사건과 이 사건 소송의 진보성 판단 대상인 발명 및 선행발명이 동일하다 하더라도, 양자가 원심과 상고심의 관계에 있지 아니하는 한, 발명의 진보성에 관한 판단은 법률적 판단이므로 소외 사건의 상고심인 대법원의 판단이 바로 이 사건 소송에서 기속력을 가진다고 할 수 없다.

[판례] 대법원 2005. 11. 25. 선고 2005후2403 판결

특허심판원은 종전의 심결을 취소하는 판결이 확정된 경우 취소판결의 취지에 따라 재심리를 하여 다시 심결을 하여야 할 의무가 있고 이 경우 취소판결에 있어서 취소의 기본이 된 이유에 기속되므로, 재심리과정에서 새로이 제출된 사실과 증거에 의하여 취소의 기본이 된 이유와 다른 새로이 발견된 이유가 있다는 특별한 사정이 없는 한 취소의 기본이 된 이유에 따라 한 재심결은 위와 같은 기속력에 따른 것으로 원칙적으로 적법하다.

[사례] '종전 심결'에 대한 특허법원의 심결취소판결은 특허발명은 선행발명과 그 목적이 동일하고, 선행발명에 비하여 구성의 곤란성이나 효과의 현저함이 있다고 볼 수 없어 선행발명에 비하여 진보성이 없다는 이유로 그와 달리 판단한 종전 심결을 취소하였고, 심결취소판결은 대법원이 원고의 상고를 기각함으로써 그대로 확정되었으며, 이 사건 심결도 특허발명이 선행발명에 비하여 진보성이 있다는 원고의 주장을 심결취소판결과 동일한 이유로 배척하고 특허발명의 등록을 무효로 하는 심결을 하였다. 따라서 이 사건 심결은 위 확정된 심결취소판결의 기속력에 따라 이루어진 것으로서 위에서 설시한 바와 같은 특별한 사정이 없는 한 적법하다(대법원 2005. 11. 25. 선고 2005후2403 판결).

[판례] 대법원 2003. 1. 10. 선고 2000후3203 판결, 2003. 1. 10. 선고 2000후3227 판결

대법원의 취소판결의 기본이 된 이유는 그 사건에 관하여만 특허청을 기속하는 것이므로, 이 사건 거절결정이나 심결은 보정각하결정의 취소판결의 이유에 당연히 기속되는 것이 아니다.

[판례] 특허법원 2005. 7. 8. 선고 2005허70 판결

취소판결의 확정에 따라 제1차 심결 중 특허발명의 청구범위 제1항에 관한 부분은 확정되었다 할 것이고, 따라서 특허심판원이 취소판결에 따라 심리해야 할 심판대상은 특허발명의 청구범위 제1항 부분을 제외한 제2, 3항에 관한 부분에 한한다 할 것임에도 불구하고, 특허심판원이 이미 확정된 특허발명의 청구범위 제1항에 관한 부분을 심판대상물로 보아 이에 관하여 다시 심리하여 이 부분에 대하여만 심결문의 주문에 표시하고, 특허발명 청구범위 제2, 3항 부분에 관하여는 심결이유에 표시하되 주문에 전혀 표시하지 않는 방식으로 한 이 사건 심결은 취소판결의 기속력이나 취소판결에 따른 심판대상물의 범위에 관한 법리를 오해하여 심판대상물에 대한 판단을 아예 누락한 것일 뿐 아니라, 주문을 심결문에 반드시 기재하도록 한 특허법 제162조 제2항 제5호에도 위반된 것으로서, 위법하여 그 취소를 면할 수 없다.

5.8. 심결취소소송의 불복절차

특허법원의 판결에 대하여는 대법원에 상고할 수 있다. 상고절차에 관하여는 특허법 등에 특별한 규정이 없으므로 일반 민사소송의 상고절차가 심결취소소송에도 준용된다. 특허법원은 법원조직상 대법원의 하급심 법원이므로 상고의 제기는 판결이 송달된 날로부터 2주일 내에 상고장을 원심법원인 특허법원에 제출해야 한다. 다만, 판결송달 전에도 상고할 수 있다. 상고장에는 소장에 첨부할 인지액의 2배에 해당하는 인지를 첨부해야 한다. 상고장에 상고의 이유를 기재하지 아니한 때에는 상고인은 소송기록의 접수 통지를 받은 때로부터 20일 내에 상고이유서를 제출해야 한다. 기타 상고심의 절차는 민사소송과 같다.

[판례] 대법원 2003. 3. 14. 선고 2000후723 판결, 1993. 9. 28. 선고 93누5994 판결
상고법원은 상고이유에 의하여 불복신청한 한도 내에서만 조사·판단할 수 있으므로, 상고이유서에는 상고이유를 특정하여 원심판결의 어떤 점이 법령에 어떻게 위반되었는지에 관하여 구체적이고도 명시적인 이유의 설시가 있어야 할 것이고, 상고인이 제출한 상고이유서에 위와 같은 구체적이고도 명시적인 이유의 설시가 없는 때에는 상고이유서를 제출하지 않은 것으로 취급할 수밖에 없다.

[사례] 상고이유서 제출기간 경과 후에 제출된 상고이유서에 기재된 상고이유는 그것이 기간 내에 제출된 상고장에 이미 개진된 상고이유를 보충하는 것이거나 직권조사사항에 관한 것이 아닌 새로운 주장을 포함하고 있을 때에는 그 새로운 주장은 적법한 상고이유로 삼을 수 없다(대법원 2003. 3. 14. 선고 2000후723 판결).

6. 기타 사항

[전략] 특허 등의 경우에는 명세서 등이 아직 공개된 것이 아니라 하더라도 법원에 그것이 제출되는 순간 당사자의 기록 열람권으로 인하여 별도의 조치가 없으면 공개된 것으로 보아야 하는 경우가 생기므로, 증거의 제출에 있어 신중한 전략이 요구된다.

[전략] 일부 대리인의 경우, 원본 서류를 특허심판원에 제출하여 특허법원에 제출하지 못하는 경우도 있는데 원본 대조필을 하여 복사본을 특허심판원에 제출하는 것이 바람직하고, 법원에 증거를 제출하는 경우에도 원본을 복사하여 새롭게 가지번호를 부여한 다음 복사본을 제출하는 것이 바람직하다.

[판례] 대법원 1990. 11. 27. 선고 90후410 판결

거절결정불복심판과 당사자간의 무효심판은 별도의 심판이므로 무효심판이 거절결정불복심판의 심결에 기속되지 않는다.

[판례] 대법원 1987. 11. 10. 선고 86누491 판결, 1981. 4. 14. 선고 80누408 판결

행정소송에 있어서도 행정소송법 제14조에 의하여 민사소송법 제188조가 준용되어 법원은 당사자가 신청하지 아니한 사항에 대하여는 판결할 수 없는 것이고, 행정소송법 제26조에서 직권심리주의를 채용하고 있으나 이는 행정소송에 있어서 원고의 청구범위를 초월하여 그 이상의 청구를 인용할 수 있다는 의미가 아니라 원고의 청구범위를 유지하면서 그 범위 내에서 필요에 따라 주장외의 사실에 관하여도 판단할 수 있다는 뜻이다.

[사례] 제2항 정정고안은 정정 전 청구범위를 감축한 것일 뿐, 등록고안과 동일성이 상실될 정도로 그 청구범위가 실질적으로 변경된 것으로 볼 수 없고 나아가 피고의 무효심판의 청구취지가 등록고안 전체에 관하여 무효심판을 청구한 이상, 제2항 정정고안도 여전히 무효심판의 대상에 포함된다고 볼 것이어서, 피고가 원고의 정정청구에 대응하여 그 청구취지를 변경할 필요성은 없다고 할 것이므로, 이 사건 심결이 피고가 신청하지 아니한 청구취지에 관하여 심리한 것으로 볼 수 없다. 특허법 제162조 제2항 제5호에서 심결은 이유를 기재한 서면으로 하여야 한다고 규정하고 있으나, 무효심판절차에서 정정청구를 인용하는 경우에는 정정이 인정된 것을 전제로 하여 정정된 고안에 관하여 진보성 여부를 판단할 수 있다고 할 것이고, 정정 전의 고안에 대하여 그 무효사유도 기재하여야 하는 것은 아니다(특허법원 2007. 10. 18. 선고 2006허6211 판결).

[판례] 특허법원 2005. 4. 22. 선고 2004허4693 판결

특허심판원이 행하는 심결은 특허·실용신안 등에 관한 분쟁을 해결하기 위하여 당사자 기타 이해관계인을 절차에 참여시켜 구술심리 또는 서면심리, 증거조사 등의 절차를 거쳐 행하는 준사법적 절차인 심판절차에서 최종적인 판단을 외부에 표시하는 것인바, 특허법 제162조 제2항은 심결은 반드시 일정한 사항을 기재한 서면으로 하여야 하되 심결한 심판관이 이에 기명날인하도록 규정하고 있으며, 심결에 대한 불복절차는 법률에 의하여 엄격하게 규정되어 있고, 심결이 확정되면 일정한 경우 대세적으로 권리관계를 형성하는 효력 및 누구든지 동일사실 및 동일증거에 의하여 다시 심판을 청구할 수 없게 되는 일사부재리의 효력을 가지는 점 등에 비추어 볼 때, 특허심판원이 행하는 심결의 효력이 미치는 주관적 범위 및 객관적 범위는 오로지 그 심결을 기록한 서면인 심결문의 기재사항만을 기준으로 판단하여야 할 것이고, 심판사건의 기록이나 사후의 다른 자료 등에 의하여 이를 확장하거나 축소 변경할 수는 없다.

◇ 특허법원 2005. 4. 22. 선고 2004허4693 판결

특허심판원이 행하는 심결의 효력의 범위에 영향을 미치는 내용이나 당사자 등은 오로지 그 심결을 기록한 심결문의 기재사항만을 기준으로 판단하여야 하고, 특허심판원이 행하는 심결은 준사법적 행위로서 그 절차, 불복방법, 효력 등이 법률에 엄격하게 규정되어 있는 행위이므로 심결이 일단 행하여진 경우에는 설사 그 심결에 어떤 흠이 있다고 하더라도 오기, 기타 이와 유사한 잘못임이 명백한 것을 바로잡는 경우를 제외하고는 특허심판원 스스로도 이를 취소, 철회 또는 변경하는 것은 허용되지 않는다.

Ⅱ. 거절결정불복심판

특허출원 후 심사관의 거절결정에 수긍할 수 없을 때에는 구체적이 이유와 함께 특허심판원에 거절결정불복심판을 청구할 수 있다. 거절결정심판을 청구할 수 있는 자는 거절결정을 받은 자로서 그 결정에 대하여 불복이 있는 자이다. 등록결정을 받은 자가 심판청구를 하는 경우에는 그 청구는 부적법한 것으로 심결로써 각하된다. 거절결정에 대한 심판청구기간은 그 결정등본의 송달을 받은 날로부터 30일이다. 이것은 1월이라고 하는 의미가 아니다. 초일 불산입이므로, 예를 들면 5. 1.에 송달시킨 경우에는 (5. 2.부터) 5. 31.까지 심판청구의 절차를 밟아야 한다. 5. 31.이 일요일인 경우에는 그 익일 즉, 6. 1.까지 절차가 가능한 기간이 연장된다. 특허법 제15조 제1항의 규정에 의해 그 기간이 연장되는 때는 그 연장된 기일까지 절차를 밟으면 된다.

절차의 효력승계, 절차의 속행에는 충분히 유의하고 또한 절차의 중단 또는 중지의 사태가 발생한 경우에는 신속한 대응을 하여야 한다.

거절결정의 등본이 송달된 후에 특허를 받을 수 있는 권리를 양수한 경우에 그 양수인이 거절결정에 대한 심판을 청구하는 때에는 심판청구와 동시에 명의변경신고서를 제출하여야 한다.

2인 이상의 공동출원에 있어서 거절결정을 받은 경우에는 거절결정에 대한 청구도 전원이 하여야 한다. 단독으로 한 심판청구는 부적법한 것으로 심결로써 각하된다.

[판례] 대법원 2003. 10. 10. 선고 2001후2757 판결, 1998. 10. 2. 선고 97후1412 판결

특허법 제62조는 심사관은 특허출원이 소정의 거절사유에 해당하는 때에는 거절결정하여야 하고, 같은 법 제63조는 심사관은 제62조의 규정에 의하여 거절결정을 하고자 할 때에는 그 출원인에게 거절이유를 통지하고 기간을 정하여 의견서를 제출할 수 있는 기회를 주어야 한다고 규정하고 있으며, 같은 법 제170조 제2항은 거절결정에 대한 심판에서 그 거절결정의 이유와 다른 거절이유를 발견한 경우에 제63조의 규정을 준용한다고 규정하고 있고, 이들 규정은 강행규정이므로, 거절결정에 대한 심판청구를 기각하는 심결 이유는 적어도 그 주지에 있어서 거절이유통지서의 기재 이유와 부합하여야 하고, 거절결정에 대한 심판에서 그 거절결정의 이유와 다른 거절이유를 발견한 경우에는 거절이유의 통지를 하여 출원인에게 새로운 거절이유에 대한 의견서 제출의 기회를 주어야 한다.

[판례] 대법원 2003. 1. 10. 선고 2000후3203 판결, 1989. 9. 12. 선고 88후523 판결

거절결정의 이유는 적어도 그 주지(主旨)에 있어서 거절이유통지서에 기재된 이유와 부합하여야 하고, 그 거절결정에 대한 불복심판에서도 그 거절결정의 이유와 다른 거절이유를 발견한 경우에는 거절이유의 통지를 하여 의견서 제출의 기회를 주어야 한다.

[판례] 대법원 2006. 2. 9. 선고 2003후1994 판결

특허심판원이 심결이유에서 들고 있는 참고자료는 특허발명의 출원 당시 통상의 기술자가 주지관용기술이 무엇인지를 확인하기 위하여 그 예시로서 든 하나의 자료에 불과하므로, 특허발명의 진보성을 부정하는 새로운 공지기술에 관한 증거라고 할 수 없다.

[판례] 특허법원 2003. 8. 29. 선고 2002허6770 판결

특허심판원이 원고의 참고자료에 대한 번역문을 제출받지 아니하고 이 사건 심결을 한 것이 절차상 위법한 것인지에 대하여 살펴보면, 우선 원고가 제출한 참고자료는 자신의 주장사실을 입증하기 위하여 정식의 절차를 거쳐 제출되는 입증방법이 아니고 단순히 심결을 함에 있어 참고하라는 취지로 제출한 것에 불과한데다가 번역문은 원문의 내용을 쉽게 이해하기 위한 보조자료이고 번역문 제출이 심판단계에서 의무적으로 제출하여야 하는 것도 아닌 점 등에 비추어 특허심판원이 원고에게 번역문을 제출하라는 취지의 보정명령을 한 후에 원고로부터 이를 제출받지 아니한 채 이 사건 심결을 한 것을 들어 어떠한 절차상 위법이 있다고 할 수 없다.

[분석] 번역문이 첨부되어 있지 않은 외국어로 쓰여진 서증은 증거로 삼을 수 없으므로 번역문이 첨부되어 있지 아니한 경우에 수소법원은 번역문 제출을 명하여야 하며, 이에 응하지 않을 경우에는 그 문서를 제출하지 않은 것으로서 취급한다. 그리고 증거로 되는 것은 어디까지나 외국어로 작성된 문서 자체이지 번역문은 아니고, 번역문은 외국어 문서의 첨부서류에 불과하므로 번역문에 증거 번호를 붙여서는 아니 되고 다만 갑(또는 을)호증의 번역문이라고 표시하여야 하며, 이에 대하여는 별도의 서증 인부도 하지 않는다.

[판례] 특허법원 2000. 5. 19. 선고 99허3184 판결

일반적으로 동일한 인용례에 기한 출원발명의 신규성 판단과 진보성 판단은 실질적으로 동일하다 할 것이고, 또한 진보성이 없다는 판단이 당연히 신규성이 있다는 것을 전제로 하는 것이라고 단정할 수 없다. 따라서 출원발명의 진보성이 없음을 이유로 한 심결의 취소를 구하는 소송에서 신규성이 없다고 주장하는 것이 원고에게 보정의 기회를 박탈하는 것이라고 할 수 없다.

[판례] 대법원 1997. 4. 11. 선고 96후1217 판결

거절이유통지서가 어느 정도 추상적이거나 개괄적으로 기재되어 있다고 하더라도 통상의 기술자가 전체적으로 그 취지를 이해할 수 있을 정도로 기재하면 충분하다. 이 사건 거절이유통지서가 어느 정도 추상적이거나 개괄적으로 기재되어 있지만, 통상의 기술자가 전체적으로 그 취지를 이해할 수 있을 정도로 기재되어 있다고 할 것이므로 원심결에는 위법이 있다고 할 수 없다.

[판례] 특허법원 2008. 11. 5. 선고 2007허10750 판결

특허출원된 발명에 다수의 거절가능한 원인이 존재하는 경우에 특허청 심사관은 그 중 어느 하나를 거절이유로 삼아 거절결정을 할 수 있으므로, 특허청 심사관이 출원발명을 진보성 결여를 이유로 거절결정을 하였다고 하여 출원발명에 기재불비가 없다는 점을 인정하였다고 볼 수 없다. 또한 특허법 제170조 제2항은 특허거절결정에 대한 심판에서 그 특허거절결정의 이유와 다른 거절이유를 발견한 경우에는 특허법 제62조를 준용한다고 규정하고 있으므로, 거절결정불복심판 과정에서 심판관이 거절결정의 이유와 다른 거절이유를 발견했을 경우에는 의견제출기회를 부여하고 이를 심결의 기초로 삼을 수 있다고 할 것인데, 특허심판원은 출원발명의 설명 및 청구범위의 기재가 불비하다는 취지의 의견제출통지를 하여 원고에게 의견제출기회를 부여하였으므로, 기재불비를 이 사건 심결의 이유로 채택하는 것 자체가 위법하다고 할 수 없다.

[판례] 대법원 2007. 6. 1. 선고 2007후609 판결

출원인이 거절결정에 대하여 불복심판을 청구하면서 명세서 등에 대한 보정서를 제출하고 거기에서 보정의 적법성에 관하여도 이미 주장한 이상, 그러한 당사자의 의사는 보정된 명세서대로의 특허출원에 등록거절사유가 있는지 여부에 관한 판단을 구하는 것이므로, 비록 출원인이 심사전치절차에서의 보정각하결정에 대하여, 거절결정불복심판절차에서 별도로 이를 다툰다는 취지의 서면을 제출하지 아니하였다 하더라도 그 심결이 있을 때까지 달리 보정의사를 철회하였다고 볼 만한 특별한 사정이 없는 한, 보정의 적법성에 대한 판단도 함께 구하는 것으로 보아 특허법 제51조 제3항 단서의 '다투는 경우'에 해당된다고 해석함이 합리적이다.

[분석] 특허법에 보정각하를 다투는 시기 및 방법을 한정하지 않고 있으므로 보정각하 이

후에만 이를 다투어야 하는 것은 아니다. 특허청은 보정각하를 판단하는 것이 큰 부담이 아니지만, 출원인에게는 심사전치 보정서로 판단 받지 못하면 중대한 불이익을 입게 되므로, 출원인이 다투지 않겠다는 명시적 의사표시가 없는 한 이를 다투는 것으로 특허법 제51조를 해석하는 것이 타당하다는 취지이다.

[판례] 대법원 2007. 4. 26. 선고 2005후2861 판결

특허법 제132조의3, 제139조 제3항, 제140조 제2항에 의하면, 특허취소결정을 받은 자가 불복이 있는 때에는 그 결정등본을 송달받은 날로부터 30일 이내에 심판을 청구할 수 있고, 특허권의 공유자가 그 공유인 권리에 관하여 심판을 청구하는 때에는 공유자 전원이 공동으로 청구하여야 하며, 심판청구서의 보정은 청구의 이유를 제외하고는 요지를 변경할 수 없다 할 것이므로, 특허권의 공유자 중 일부만이 심판청구를 제기한 경우 그 심판의 계속 중 나머지 공유자를 심판청구인으로 추가하는 보정은 요지의 변경으로서 허용할 수 없음이 원칙이나, 아직 심판청구기간이 도과되기 전이라면 나머지 공유자를 추가하는 보정을 허용할 수 있다.

[분석] 불복심판청구시 권리가 공유이면 반드시 공동명의로 심판청구를 해야 하나, 불복심판청구 도과 전에는 누락된 청구인을 추가하는 보정을 할 수 있다.

[판례] 대법원 1992. 6. 26. 선고 91후1823 판결

명세서 보정이 적법한 것인지의 여부를 심리하여 그 보정이 적법하다면 출원발명이 출원 당초부터 보정된 내용과 같이 출원된 것으로 보아 심리하여야 하고, 그 보정이 요지의 변경이나 기타 사유로 부적법하다면 그 보정이 부적법한 이유를 설시한 다음 보정 이전의 출원발명에 대하여 심리하여 특허 허부를 결정하여야 하나, 보정의 적법 여부를 심리하지 아니하고 보정 이전의 출원발명만을 심판대상으로 삼아 판단하는 것은 그 자체로 위법하다.

Ⅲ. 무효심판과 정정심판

1. 무효심판의 의의

무효심판은 일단 유효하게 설정등록된 특허권을 특허법상 무효사유를 이유로 그 효력을 소급하여 또는 장래에 향하여 상실시키는 제도를 말한다. 착오로 허여된 특허권 등을 계속 존치하면 특허권자 등에 대한 부당한 보호가 됨은 물론 국가산업에도 유익하지 못하므로 등록무효심판을 통하여 부실 권리를 정리하기 위한 제도로 볼 수 있다.

개정법에서는 등록일로부터 등록공고일 후 3월 이내에는 누구든지 무효심판청구가 가능하도록 하였다(단, 2007. 7. 1. 이후에 권리의 설정등록이 된 건부터 적용된다).

2. 무효심판의 내용과 절차

2.1. 신청인 및 당사자

(1) 무효심판청구인

이해관계인 또는 심사관만이 청구할 수 있다. 법인이 아닌 사단 등의 경우도 심판청구인이 될 수 있다. 권리 존속기간 중에는 물론, 권리 소멸 후에도 청구할 수 있다.

[판례] 대법원 2006. 9. 14. 선고 2005후3291 판결, 1984. 3. 27. 선고 81후59 판결

이해관계인에 해당하는지 여부는 심결 당시를 기준으로 판단하여야 한다.

[판례] 대법원 2006. 6. 16. 선고 2004후3300 판결, 1981. 1. 13. 선고 80후72 판결

실용신안등록의 무효심판을 청구할 수 있는 이해관계인이라 함은 당해 등록실용신안의 권리존속으로 인하여 그 권리자로부터 권리의 대항을 받거나 받을 염려가 있어 그 피해를 받는 직접적이고도 현실적인 이해관계가 있는 사람을 말하고, 이에는 당해 등록실용신안과 같은 기술분야에 속하는 실용신안을 출원·등록하여 그 권리를 보유하고 있는 사람도 포함된다.

[판례] 대법원 2008. 3. 20. 선고 2007두6342 판결, 1995. 10. 17. 선고 94누14148 판결

항고소송인 행정처분에 관한 무효확인소송을 제기하려면 행정소송법 제35조에 규정된 '무효확인을 구할 법률상 이익'이 있어야 하는바, 그 법률상 이익은 당해 처분의 근거 법률에 의하여 보호되는 직접적이고 구체적인 이익이 있는 경우를 말하고 간접적이거나 사실적, 경제적 이해관계를 가지는 데 불과한 경우는 여기에 해당되지 않는다.

[판례] 대법원 1983. 12. 27. 선고 82후58 판결

실용실안권의 실시권자로 등록을 받은 자는 그 실용신안의 무효심판청구의 이해관계인의 범주에 속한다 할 수 없다.

[판례] 대법원 1980. 7. 22. 선고 79후75 판결

공업소유권에 대한 통상실시권을 권리자로부터 이미 가지고 있다는 것만으로는 공업소유권 등록무효를 주장할 수 있는 이해관계가 상실된다고 할 수 없다.

[판례] 대법원 1989. 5. 23. 선고 88후578 판결

특허권이 특허료의 불납으로 소멸한 경우에도 이해관계인은 특허권의 무효심판을 청구할 수 있다.

[판례] 대법원 1981. 1. 13. 선고 80후72 판결

무효심판을 청구함에 있어서 다른 특별한 사정이 없는 한, 당해 영업의 폐지 사실만으로는 이해관계인이 됨에 방해가 될 수는 없다.

[분석] 현재 당해 영업을 하고 있거나 과거에 한 적이 있는 자도 모두 이해관계인이다.

[판례] 대법원 2002. 4. 12. 선고 2001후1877 판결, 1979. 10. 10. 선고 77후17 판결

심판청구 당시 이해관계가 있었던 당사자라 하더라도 심판 계속 중에 그 심판에 관하여 당사자 사이에 다투지 아니하기로 하는 합의가 있었다면 특별한 사정이 없는 한, 그 이해관계는 소멸된다.

[판례] 대법원 2004. 7. 22. 선고 2002후1157 판결

원고와 피고는 등록무효심판사건 및 권리범위확인심판사건에 있어서 그 각 심결에 대한 취소소송의 제기를 포기하기로 하는 내용의 합의를 한 사실은 인정할 수 있으나, 위와 같은 합의 내용은 당시 계속 중인 심판사건을 더 이상 진행하지 않기로 한 것으로 해석될 뿐 원고가 향후 특허발명의 효력에 관하여 일체 이의를 제기하거나 무효심판을 청구하지 않기로 합의한 것이라고는 해석되지 아니하므로, 그 합의로 인하여 원고가 특허발명에 대한 무효심판을 청구할 수 있는 이해관계가 소멸된 것이라고 할 수는 없다.

[판례] 대법원 2007. 6. 28. 선고 2007다16885 판결

특정 소송사건에서 당사자 일방을 보조하기 위하여 보조참가를 하려면 당해 소송의 결과에 대하여 이해관계가 있어야 하고, 여기서 말하는 이해관계라 함은 사실상·경제상 또는 감정상의 이해관계가 아니라 법률상의 이해관계를 가리킨다.

[판례] 특허법원 2017. 10. 27. 선고 2017허2727 판결

특허권에 대하여 실시권을 설정 받았다 하더라도, 실시권자가 아무런 제한 없이 실시를 허락받아 특허권 그 자체를 취득한 것과 마찬가지로 볼 수 있거나, 당사자 간에 조합관계가 성립하는 등으로 실시권자가 특허권자와 그 법률상 이해관계를 같이하여 불이익이 없다는 등의 특별한 사정이 없는 한, 원칙적으로 실시권자는 당해 특허발명의 권리존속으로 인하여 법률상으로 불이익을 입어 그 소멸에 관하여 직접적이고도 현실적인 이해관계를 가지는 자에 해당한다.

(2) 무효심판의 피청구인

무효심판의 피청구인은 현재 특허 등록원부에 특허권자로 등록되어 있는 자이다. 권리가 공유인 경우, 공유자 전원을 피청구인으로 하여 청구하여야 한다. 한편, 이전 권리자를 피청구인으로 하는 심판청구나, 달리 진정한 권리자가 있는 경우에는 부적법한 심판청구로서 각하한다.

2.2. 무효심판청구이유

(1) 무효사유

무효사유는 법에서 정한 것(특허법 제133조 제1항)에 한정되므로 그 이외의 것을 이유로 하여 무효심판을 청구할 수 없다. 소위 예시적 열거규정이 아니고 제한열거규정이다. 이것은 한번 대세적·배타적 독점권으로서의 특허권을 부여한 이상 권리자의 권리의무 변동효과를 발생시키는 것은 법률의 근거를 필요로 한다는 원칙(행정법에 있어서 법률유보의 원칙)이 적용되기 때문이다.

(가) 특허

① 제25조(권리의 향유능력이 없는 외국인에게 허여된 경우), 제29조(특허요건을 갖추지 못한 발명인 경우), 제32조(공서양속이나 공중위생을 해할 염려가 있는 경우), 제36조 제1항 내지 제3항(동일한 특허나 실용신안이 먼저 출원된 경우나, 같은 날에 출원되어 협의에 의하지 않고 특허권이 설정된 경우), 제42조 제3항 및 제4항(발명의 설명과 청구범위가 기재불비인 경우), 제44조(특허를 받을 수 있는 권리가 공유인 때, 공유자 전원이 공동으로 특허출원하지 않은 경우)

② 무권리자에게 허여된 경우

③ 조약에 위반되어 허여된 경우

④ 특허된 후 그 특허권자가 권리의 향유능력이 없는 외국인이 되거나 그 특허가 조약에 위반된 경우

⑤ 최초 출원명세서 또는 도면에 기재된 사항의 범위 안에서 보정이 되지 않은 경우

⑥ 분할출원의 규정에 의한 범위를 벗어난 분할출원인 경우

⑦ 변경출원의 규정에 의한 범위를 벗어난 변경출원인 경우

⑧ 국제특허출원의 특례

(나) 실용신안

① 제4조(실용신안등록요건을 갖추지 못한 고안인 경우), 제6조(공서양속을 해할 염려가 있어 고안으로 등록받을 수 없는 경우), 제7조 제1항 내지 제3항(선출원), 제8조 제3항 및 제4항(출원서 기재불비인 경우) 또는 제3조에서 준용하는 특허법 제25조(권리의 향유능력이 없는 외국인에게 허여된 경우), 제11조의 규정에 의하여 준용되는 특허법 제33조 제1항 본문의 규정(실용신안등록을 받을 수 있는 권리를 가지지 아니한 경우), 제9조 제3항 및 제4항(고안의 설명과 청구범위가 기재불비인 경우), 제11조에서 준용하는 특허법 제44조(실용신안등록을 받을 수 있는 권리가 공유인 때, 공유자 전원이 공동으로 출원하지 않는 경우)

② 변경출원의 규정에 의한 범위를 벗어난 변경출원인 경우

③ 조약에 위반되어 허여된 경우

④ 실용신안등록된 후 그 실용신안권자가 권리의 향유능력이 없는 외국인이 되

거나 그 실용신안등록이 조약에 위반된 경우
⑤ 최초 출원명세서 또는 도면에 기재된 사항의 범위 안에서 보정이 되지 않은 경우
⑥ 분할출원의 규정에 의한 범위를 벗어난 분할출원인 경우

[분석] 개정 특허법의 새로운 무효심판사유에는 개정 전의 무효심판사유 중 제31조의 식물발명특허 제한 위반의 경우가 제외되고, 제52조 제1항의 규정에 의한 범위를 벗어난 분할출원인 경우와 제53조 제1항의 규정에 의한 범위를 벗어난 변경출원인 경우가 추가되었다.

[특허법] 제133조 제1항

이해관계인 또는 심사관은 특허가 다음 각 호의 1에 해당하는 경우에는 무효심판을 청구할 수 있다. 이 경우 청구범위의 청구항이 2 이상인 때에는 청구항마다 청구할 수 있다.

1. 제25조, 제29조, 제32조, 제36조 제1항부터 제3항까지, 제42조 제3항 제1호 또는 같은 조 제4항을 위반한 경우
2. 제33조 제1항 본문에 따른 특허를 받을 수 있는 권리를 가지지 아니하거나 제44조를 위반한 경우. 다만, 제99조의2 제2항에 따라 이전등록된 경우에는 제외한다.
3. 제33조 제1항 단서에 따라 특허를 받을 수 없는 경우
4. 특허된 후 그 특허권자가 제25조에 따라 특허권을 누릴 수 없는 자로 되거나 그 특허가 조약을 위반한 경우
5. 조약을 위반하여 특허를 받을 수 없는 경우
6. 제47조 제2항 전단에 따른 범위를 벗어난 보정인 경우
7. 제52조 제1항에 따른 범위를 벗어난 분할출원인 경우
8. 제53조 제1항에 따른 범위를 벗어난 변경출원인 경우

[판례] 대법원 1990. 3. 13. 선고 87후33 판결

특허법 제133조 제1항 제1호에 게기되어 있는 각 규정 위반은 각각 그 성질과 내용을 달리하는 것으로서 무효원인도 달리하는 것이고, 무효심판의 대상이 된 특허발명이 국내에서 공지되거나 국외에서 반포된 간행물에 기재된 선행발명과 그 기술적 구성을 달리한다든가, 선행발명에 특허발명과 같은 기술구성에 대한 기재가 없다는 등의 사유는 특허발명에 특허법 제29조 제1항 위반의 무효원인이 존재하지 않는다는 근거가 될 수 있을지언정 같은 법 제29조 제2항 위반의 무효원인이 존재하지 않는다는 근거는 될 수 없다고 할 것이므로 심판청구인이 특허발명이 같은 법 제29조 제2항 위반의 무효원인에 해당한다고 주장하고 선행발명들에 대한 증거들을 제출한 데 대하여 원심결이 위와 같은 사유만을 들

어 심판청구인의 주장을 배척한 것은 특허무효의 법리를 오해하고 심리를 다하지 아니하여 이유를 갖추지 아니한 위법을 저질러 심결에 영향을 미쳤다고 하지 않을 수 없다.

2.3. 무효심판청구기간 및 대상

(1) 무효심판

특허권의 존속기간 중에는 물론 특허권이 소멸된 후에도 특허심판원장에게 무효심판을 청구할 수 있다.

[설명] 이것은 특허권 등의 기간만료에 의한 소멸 후 당해 특허권의 존속기간 중의 침해행위에 대한 손해배상의 청구가 된 경우, 그 청구를 당한 상대방은 그 특허권의 소멸 후에도 그 청구에 대항하는 수단으로서 당해 특허를 무효로 하는 것에 대하여 심판을 청구할 수 있다는 뜻을 규정한 것이다. 따라서 특허권의 소멸 후 20년을 경과하고, 그 시점에서 당해 특허권에 대한 손해배상청구권이나 고소권 등이 모두 시효에 의해 소멸하고, 또한 심판사건이 계속되고 있지 아니한 경우에는 당해 특허권에 대한 무효심판의 청구는 그 청구의 이익이 없다고 하는 주된 이유로 각하할 수 있다.

[판례] 특허법원 2007. 5. 3. 선고 2006허4598 판결, 2003. 11. 20. 선고 2003허1307 판결

실용신안법 제31조 제2항은 실용신안등록의 무효심판은 실용신안권이 소멸한 이후에도 이를 청구할 수 있다고 규정하고 있고, 같은 법 제28조에 의하여 준용되는 특허법 제120조는 '특허권·전용실시권 및 통상실시권의 포기가 있는 때에는 특허권·전용실시권 및 통상실시권은 그때부터 소멸된다.'고 규정하고 있으므로, 실용신안권의 포기는 장래에 향하여 효력이 있을 뿐 포기하기 전까지는 권리가 유효하게 존재한다. 따라서 등록고안이 권리자인 피고의 포기에 의하여 그 권리가 소멸되었고, 그 권리를 행사한 사실이 없다고 하더라도 이해관계인은 등록고안에 대한 등록무효심판 및 그 심결취소소송을 제기할 수 있다.

[분석] 심판청구의 이익이 있는 한 언제라도 무효심판을 청구할 수 있으며, 존속기간만료로 인한 소멸은 물론 포기로 인한 소멸의 경우도 포함한다.

3. 심사 및 심리

3.1. 심사·심리 및 종결

3인 또는 5인의 심판관 합의체가 행한다. 심판은 구술심리 또는 서면으로 한다. 다만, 당사자가 구술심리를 신청한 때에는 서면심리만으로 결정할 수 있다고 인정되는 경우 외에는 구술심리를 하여야 한다. 심판은 보통 심결로서 종결하며 각하심결과 본안심결(인용, 기각)이 있다.

무효심판에 있어서 출원발명의 설명에 종래기술로 기재되어 있는 공지기술은 특허법 제29조 제1항 제1호의 소정의 공지된 기술에 해당할 수 있는 것이어서 특단의 사정이 없는 한, 이를 진보성 등을 부정하는 근거로 채택할 수 있으나,[5] 이는 그 무효를 주장하는 자가 입증하여야 한다.

[판례] 특허법원 2000. 10. 26. 선고 2000허334 판결

명세서에 선행발명을 종래의 기술로 하여 그 문제점을 지적하고 선행발명에 비하여 현저한 효과가 있다는 점을 기재하고 있는 경우에는 누가 보더라도 명세서 기재 자체로 특허발명이 달성하고자 하는 효과가 없음이 명백하다는 등의 사정이 없는 한, 일응 그 명세서의 기재를 신뢰할 수밖에 없는 것이고, 특허발명이 선행발명에 비하여 진보성이 없다는 점을 인정받기 위해서는 그것을 주장하는 자가 특허발명을 무효로 하기에 충분할 정도로 입증하여야 한다.

[분석] 일반적으로 출원발명의 설명에 공지기술로 기재되어 있는 선행발명은 증거자료로 채택하는 것이 가능하다. 그러나 특별한 사정이 없는 한, 이것만을 가지고 거절결정을 하는 경우는 극히 드물다.

[판례] 대법원 2001. 12. 24. 선고 99후2181 판결

특허무효심판에 있어서는 청구항마다 무효사유의 유무를 판단하여야 하는바, 청구범위가 2개의 독립항으로 되어 있는 특허발명의 무효심판에 있어서 제1항이 무효라고 하여 제2항도 무효라고 할 수 없다.

◇ 특허법원 2002. 6. 14. 선고 2001허4654 판결

특허를 등록받기 이전까지 어느 하나의 청구항이라도 거절이유가 있으면 그 출원 전체가 특허를 받을 수 없는 것과 달리, 일단 특허를 받은 후에는 청구범위가 2 이상인 경우 청구항별로 그 무효사유에 해당하는지를 판단하여야 하고, 일부 청구항에 관하여만 발명의 설명의 기재가 갖추어져 있지 아니하다면 해당 청구항만 무효로 되어야 한다.

---

5) 대법원 2003. 10. 10. 선고 2001후2757 판결

[판례] 대법원 1998. 9. 18. 선고 96후2395 판결, 1994. 6. 14. 선고 90후1420 판결

1개의 청구범위의 항의 일부가 공지기술의 범위에 속하여 특허무효의 사유가 있는 경우 그 공지기술이 다른 진보성이 인정되는 부분과 유기적으로 결합된 것이라고 볼 수 없는 한, 그 청구항의 발명은 전부가 무효로 된다.

3.2. 불복

심결등본을 송달받은 날부터 30일 이내에 특허법원에 소를 제기할 수 있다.

3.3. 결정 및 확정의 효과

무효심결이 확정되면 그 특허권은 처음부터 없었던 것으로 본다. 다만, 특허된 후 생긴 후발적 무효사유에 의하여 무효로 된 경우에는 그 특허가 무효사유에 해당하게 된 때 상실된 것으로 본다. 또한 일사부재리의 효력이 발생한다.

3.4. 취하

심판청구의 취하는 심결이 확정될 때까지 가능하며, 답변서의 제출이 있는 때에는 상대방의 동의를 얻어야 한다.

4. 무효심판 관련 사항

4.1. 특허권자의 방어수단

(1) 특허의 정정청구

특허권자는 무효심판절차 중에 한하여 특허의 정정청구를 할 수 있도록 하고 있는데, 이 경우에도 정정청구는 최초답변서 제출기간 내에 한정된다. 한편, 무효심판이 계속되고 있는 경우 무효심판절차에서 정정 기회를 부여하는 대신 별도의 정정심판청구는 불허하고 있다.

이 경우 정정청구는 청구범위의 감축, 오기의 정정, 불명료한 기재의 석명에 한정된다.

[주의] 개정 특허법은 무효심판절차에서 정정청구를 하는 경우 그 무효심판이 청구된 청구항에 대하여는 정정요건 중 독립특허요건을 배제하였다(제133조의2 제4항). 이러한 사항은 2006. 10. 1. 이후에 청구하는 사건부터 적용된다.

[분석] 실용신안권에 대한 정정심판에는 종전에 독립특허요건이 불필요하나 2006. 10. 1. 이후 청구되는 심판에는 독립특허요건이 필요하게 되지만, 실용신안의 무효심판절차에서의 정정청구에는 종전 실용신안법의 규정에 의하여 독립특허요건이 불필요하고, 2006. 10. 1. 이후에는 개정 특허법의 준용규정에 의하여 독립특허요건이 불필요하다. 즉, 실용신안은 특허와 달리 무효심판의 청구시기와 관계없이 독립특허요건을 배제한다.

[판례] 특허법원 2006. 5. 18. 선고 2005허6320 판결

무효심판절차에서 특허발명의 명세서 또는 도면에 대하여 정정을 청구한 경우 특허심판원에서는 그 절차에서 청구된 정정의 적법 여부를 심리하고, 그 정정이 적법하다면 정정된 명세서 등에 기초한 특허발명의 무효 여부를 판단하며, 그 정정이 부적법하다면 정정 전의 명세서 등에 기초한 특허발명의 무효 여부를 판단하여야 한다.

[판례] 대법원 2008. 2. 28. 선고 2006후3014 판결

특허발명에 대한 별개의 무효심판절차에서 정정청구를 하고 있다고 하더라도 위 정정청구를 받아들이는 심결이 확정되지 않은 이상, 정정된 사항을 기초로 한 상고이유의 주장은 받아들일 수 없다.

[판례] 대법원 2007. 4. 27. 선고 2006후2660 판결

정정심판이나 그 심결취소소송에서 정정의견제출통지서를 통하여 심판청구인에게 의견서 제출기회를 부여한 바 없는 사유를 들어 정정심판청구를 기각하는 심결을 하거나, 심결취소청구를 기각하는 것은 위법하다 할 것이나, 정정의견제출통지서에 기재된 사유와 다른 별개의 새로운 사유가 아니고 주된 취지에 있어서 정정의견제출통지서에 기재된 사유와 실질적으로 동일한 사유로 정정심판을 기각하는 심결을 하거나 그 심결에 대한 취소청구를 기각하는 것은 허용되고, 한편 정정의견제출통지서에 기재된 증거가 아니라도 정정거절이유를 보충하는 것이라면 새로운 정정거절이유라고 할 수 없으므로, 특허법원이 그 증거를 채용하여 정정청구를 기각한 심결이 정당하다는 사유의 하나로 삼았다고 하여 심리범위를 일탈하였다고 할 수 없다.

[판례] 대법원 2008. 6. 26. 선고 2006후2912 판결, 2008. 6. 26. 선고 2006후2929 판

결

특허무효심판절차에서 정정청구가 있는 경우 정정의 인정 여부는 무효심판절차에서 함께 심리되는 것이므로, 독립된 정정심판청구의 경우와 달리 정정만이 따로 확정되는 것이 아니라 무효심판의 심결이 확정되는 때에 함께 확정된다.

◇ 서울중앙지법 2008. 4. 3. 선고 2007가합26931 판결

특허의 정정을 인정하는 내용의 심결이 확정되면 그 정정특허는 원래부터 정정 후의 상태였던 것으로 된다고 하는 소급효는 그 심결의 확정시점에 발생한다. 그러나 정정청구의 경우에는 정정심판의 경우와 달리 단독으로 '정정을 인정하는 내용의 심결'이 내려지는 것이 아니고 무효심판의 심결의 결론 중에서 정정을 인정하는 내용을 기재하고, 심결 결론의 일부로 된다. 그러므로 정정의 소급효가 발생하는 것은 무효심판의 심결이 확정된 시점이다. 따라서 무효심판의 심결에 대한 심결취소소송이 특허법원에 제기된 경우에는 소송의 결과를 기다리지 않으면 무효심판의 심결이 확정되지 않으므로 그 때까지는 정정의 효과가 발생하지 않고, 정정 전의 명세서 등에 기초한 특허 그대로이다.

(2) 정정심판청구

(가) 의의

특허발명 또는 등록실용신안의 명세서 또는 도면의 기재내용에 흠이 있거나 불명료한 부분이 있는 경우 이를 치유하기 위하여 특허권자 또는 실용신안권자가 청구하는 심판을 말한다. 명세서 등의 잘못된 기재를 정정하거나 청구범위에 공지·공용의 사실이 포함되어 있는 경우 이를 감축·삭제·정정함으로써 권리의 범위를 명확히 하고 등록권리의 무효사유를 제거할 수 있는 기회를 부여하기 위한 제도라 할 수 있다.

(나) 청구인

특허권자 또는 실용신안권자만이 청구할 수 있다. 특허권이 공유인 때에는 공유자 전원이 공동으로 청구하여야 한다. 당해 특허권에 전용실시권, 통상실시권 또는 질권이 설정되어 있는 경우 이들의 동의를 얻어야 한다.

(다) 청구대상

특허권 또는 실용신안권의 설정등록시의 '명세서와 도면'이며, 그 정정심판의 심결 전에 다른 정정심판 또는 정정청구의 확정심결(결정)이 있을 때는 그 정정된

'명세서와 도면'이 대상이다.

(라) 정정의 요건

정정은 권리자와 제3자의 이해조정을 기하는 취지에서 ⓐ 청구범위를 감축하는 경우, ⓑ 잘못된 기재를 정정하는 경우, ⓒ 분명하지 아니한 기재를 명확하게 하는 경우에 한하여 제한적으로 허용된다. 정정의 범위는 명세서 또는 도면에 기재된 사항의 범위 이내에서 할 수 있다. 다만, ⓑ 잘못된 기재를 정정하는 경우에는 출원서에 최초로 첨부된 명세서 또는 도면에 기재된 사항의 범위 이내에서 할 수 있다. 정정의 결과가 청구범위를 실질적으로 확장하거나 변경할 수 없다. 다만, 특허의 경우 ⓐ 및 ⓑ 요건에 해당하는 정정은 정정 후의 청구범위가 출원 당시 특허 받을 수 있는 것이어야 한다.

(마) 청구기간

특허권 또는 실용신안권 설정등록 후에만 청구할 수 있고, 특허권 또는 실용신안권의 존속 중에는 물론 특허권이 소멸된 후에도 청구할 수 있다. 다만, 권리가 구 특허법 제74조 제4항(구 실용신안법 제25조 제4항, 제48조)의 무효심결에 의하여 무효로 된 경우에는 청구할 수 없다. 또한, 무효심판이 특허청 또는 특허심판원에 계속되고 있는 경우에는 정정심판을 청구할 수 없으며, 무효심판의 경우 답변서 제출기간 또는 심판관의 직권심리에 의한 의견서 제출기간 내에 정정청구를 할 수 있다.

[설명] 2001. 7. 1. 이후에 무효심판이 청구되어 당해 사건이 특허청에 계속되고 있는 경우에는 정정심판을 청구할 수 없다. 이것은 당해 사건이 특허청에 계속되고 있는 동안은 정정청구를 하는 것에 의해 명세서 및 도면의 정정이 가능하고 이러한 것과 병존하는 것을 피하기 위해서다.

(바) 정정명세서의 보정

2001. 7. 1. 이후 출원된 특허 및 실용신안의 경우 심리종결통지가 있기 전에는 정정요건에 규정된 정정의 범위 내에서 정정심판청구서에 첨부된 정정명세서 또는 도면을 보정할 수 있다.

(사) 정정명세서 등의 공고제도

특허발명의 명세서 또는 도면을 정정한다는 심결이 있는 경우에는 특허심판원장은 특허청장에게 정정된 명세서 및 도면을 특허공보에 게재하도록 의뢰한다. 특허공보에는 정정의 요지서도 함께 게재되므로, 주심심판관은 정정의 요지서를 작성한다.

(아) 효과(소급효과의 발생)

정정인정심결은 심결등본의 송달이 있는 때 확정된다. 정정을 인정하는 취지의 심결이 확정된 때에는 그 정정된 명세서 또는 도면에 의하여 특허출원, 출원공개, 특허결정 또는 심결 및 특허권의 설정등록(또는 실용신안등록출원 및 실용신안권의 설정등록)이 된 것으로 본다. 정정심판의 결과 특허증 또는 실용신안등록증의 기재사항에 변경이 생길 경우 특허청장은 내용에 따른 새로운 특허증을 교부한다.

[판례] 특허법원 2005. 10. 6. 선고 2004허8497 판결

특허권자는 특허발명의 명세서 또는 도면의 정정을 구하는 정정심판을 청구할 수 있고, 이러한 정정은 정정 후의 청구범위에 기재된 사항이 특허출원을 한 때에 특허를 받을 수 있는 것이어야 하며, 심판관은 위 정정심판청구가 특허법 제136조 제4항의 규정에 위반된다고 인정하는 경우에는 청구인에게 그 이유를 통지하고 기간을 정하여 의견서를 제출할 수 있는 기회를 주어야 하는바, 의견서 제출기회를 부여하게 한 위 규정은 정정심판청구에 대한 심판의 적정을 기하고 심판제도의 신용을 유지하기 위한 공익상의 요구에 기인하는 강행규정이므로, 심판관이 정정 후의 청구범위에 기재된 사항이 특허를 받을 수 없다는 이유로 정정심판청구를 기각하면서 특허권자에게 의견서 제출기회를 부여한 바 없다면 이는 위법하다.

[판례] 대법원 2005. 9. 30. 선고 2004후2451 판결, 1996. 11. 12. 선고 96후634 판결

청구범위는 각 항이 상호 독립되어 있는 이상, 그 독립항은 그대로 두고, 그 독립항을 기술적으로 한정하고 구체화하는 종속항만을 추가하는 것은 실질적으로 권리범위를 확장하거나 변경하는 것이어서 그와 같은 정정심판청구는 허용될 수 없다.

◇ 특허법원 2006. 11. 17. 선고 2005허9473 판결

특허발명의 명세서 및 도면을 정정함으로써 새로운 기술적 사항이 추가되어 정정 후 청구범위에 기재된 사항이 특허발명의 구체적인 목적이나 특허권의 보호범위가 변경되어 다른 발명이 되는 경우는 청구범위가 변경 또는 확장되는 것이기 때문에 그와 같은 정정은 허용될 수 없는 것이라 할 것인데, 청구범위의 정정이 청구범위를 확장하거나 변경하는 경우에 해당하는지 여부를 판단함에 있어서는 청구범위 자체의 형식적인 기재만을 가지고 대비할 것이 아니라 발명의 설명을 포함하여 명세서 전체내용과 관련하여 실질적으로 대비하여 그 확장이나 변경에 해당하는지 여부를 판단하는 것이 합리적이다.

[판례] 대법원 2007. 6. 1. 선고 2006후2301 판결, 2005. 9. 9. 선고 2004후1182 판결
청구범위를 정정하는 것이 그 청구범위를 확장하거나 변경하는 경우에 해당하는지 여부를 판단함에 있어서는 청구범위 자체의 형식적인 기재만을 가지고 대비할 것이 아니라 고안의 설명을 포함하여 명세서 및 도면의 전체내용과 관련하여 실질적으로 대비하여 그 확장이나 변경에 해당하는지 여부를 판단하는 것이 합리적이다.

[분석] 청구범위의 감축은 청구범위의 기재 내에 공지기술을 포함하는 하자가 있어 특허무효 또는 취소의 이유가 될 위험이 있는 경우에 청구항의 기재사항을 한정하는 방법을 통해 달성되는 경우로서, 이와 같은 청구범위 감축 여부의 판단은 각 청구항 별로 이루어져야 할 것이고 청구항의 삭제 등 청구범위의 실질적인 감축이 이루어진 것이어야 한다.

[분석] 정정의 인정 여부를 판단함에 있어서 청구항 대 청구항만을 비교할 것이 아니라, 그 비교대상으로서 적어도 상기 청구항을 인용하고 있는 종속항들을 포함하여 실질적 변경 여부를 판단하여야 한다.

◇ 대법원 2005. 4. 15. 선고 2003후2010 판결
청구범위의 정정이 청구범위의 실질적 변경에 해당하는지 여부는 청구범위의 형식적인 기재만을 가지고 대비할 것이 아니라 실용신안의 설명을 포함한 명세서 전체내용과 관련하여 실질적으로 대비하여 판단함이 합리적이고, 명세서의 설명 또는 도면에 있는 사항을 청구범위에 새로이 추가함으로써 표면상 등록실용신안이 한정되어 형식적으로는 청구범위가 감축되는 경우라 하더라도, 다른 한편 그 구성의 추가로 당초의 등록실용신안이 새로운 목적 및 효과를 갖게 되는 때에는 청구범위의 실질적 변경에 해당한다.

[연구] 청구범위를 감축하더라도 실질적 변경에 해당하는 경우로 대법원 2005. 4. 15. 선고 2003후2010 판결은 정정에 의하여 새로운 목적 및 작용효과를 갖게 되는지 여부를, 대법원 2001. 12. 11. 선고 99후2815 판결은 정정에 의하여 목적이나 기술적 사상에 어떤 변경이 있는지 여부를 기준으로 제시하고 있다. 한편 특허청 심사기준에는 상위개념에서 하위개념으로 보정하였으나 발명의 설명에 하위개념이 기재되어 있지 않은 경우, 구성요소를 부가한 경우를 들고 있다.

[연구] 청구범위를 확장하거나 청구범위가 당초 범위를 벗어나는 경우로, 특허청 심사기준에는 청구항의 신설, 택일적으로 기재된 구성요소의 추가, 인용항의 추가, 하위개념의 기재로

부터 상위개념의 기재로의 변경, 직렬적 구성요소의 삭제, 수치범위의 확장, 구성요소의 치환, 수치범위의 변경, 카테고리의 전환, 보호받고자 하는 대상의 변경을 들고 있다.

[분석] 정정이 청구범위의 감축에 해당하고, 그 목적이나 기술적 사상에 어떤 변경이 있다고 할 수 없으며, 발명의 설명 및 청구범위에 기재되어 있는 내용을 그대로 반영한 것이어서 제3자에게 불측의 손해를 줄 염려도 없다면 청구범위의 실질적인 변경에 해당되지 않는다.

[판례] 특허법원 2005. 11. 18. 선고 2005허2274 판결

특허법 제140조 제2항에 의하면 정정청구서의 보정은 청구의 이유를 제외하고는 그 요지를 변경할 수 없는바, 요지가 변경되었다는 것은 정정청구서의 취지를 구성하는 정정사항의 동일성이나 범위를 변경하는 것을 의미한다 할 것이므로, 당초의 정정사항 이외에 새로운 정정사항을 추가하거나 당초의 정정사항을 새로운 정정사항으로 교환하는 보정이 이에 해당하며, 다만 당초의 정정사항을 철회하여 정정 전 청구범위로 복귀하는 보정은 정정청구서의 요지를 변경한 것으로 볼 수 없다.

[분석] 실무적으로도 정정시에 삭제한 청구항을 원래대로 복귀하는 것은 정정사항을 철회하는 것으로서 청구취지의 요지를 변경하지 않는 것으로 보아 보정을 인정한다.

[판례] 대법원 2004. 9. 24. 선고 2002후1980 판결

이 사건 정정청구는 하나의 기술사상에 기초한 특허발명에 대하여 일체로서 정정을 구하는 취지이므로, 정정청구의 일부가 정정요건을 갖추지 못하여 정정청구가 허용될 수 없는 경우에는 전체로서 모두 허용될 수 없다.

[판례] 대법원 2005. 1. 28. 선고 2003후2973 판결

특허발명의 명세서에 대하여 정정을 한다는 심결이 확정된 때에는 그 정정 후의 명세서에 의하여 특허권의 설정등록 등이 된 것으로 보아야 하므로, 정정된 명세서의 청구범위에 따라 특허발명의 내용을 확정하여야 한다.

[판례] 특허법원 2006. 1. 19. 선고 2004허6507 판결

특허법 제47조 제3항 각 호는 '청구범위를 감축하는 경우, 잘못된 기재를 정정하는 경우 및 분명하지 아니한 기재를 명확하게 하는 경우'라고 규정하고 있는바, 그 중 잘못된 기재를 정정하는 경우는 명세서나 도면의 기재가 오기임이 명세서의 기재 전체, 주지의 사항 또는 경험칙 등에서 분명한 경우 그 오기를 본래의 올바른 기재로 정정하는 것을 말하고, 여기에는 청구범위에 관한 기재 자체가 명료하지 않은 경우 그 의미를 명확하게 하거나 기재상의 불비를 해소하는 것과 발명의 설명과 청구범위가 일치하지 않거나 모순이 있는 경우 이를 통일하여 모순이 없도록 하는 것도 포함된다.

[판례] 대법원 2006. 7. 28. 선고 2004후2185 판결, 2002. 8. 23. 선고 2001후713 판결
동일한 특허발명에 대하여 정정심판과 등록무효심판이 특허심판원에 동시에 계속 중인 경우에는 정정심판제도의 취지상 정정심판을 등록무효심판에 우선하여 심리·판단하는 것이 바람직하나, 그렇다고 하여 반드시 정정심판을 먼저 심리·판단하여야 하는 것은 아니고, 또 등록무효심판을 먼저 심리하는 경우에도 그 판단대상은 정정심판청구 전의 특허발명이며, 이러한 법리는 정정심판과 등록무효심판의 심결취소소송이 법원에 계속되어 있는 경우에도 적용된다. 따라서 특허발명에 대한 등록무효심판의 심결취소소송에서 법원은 정정심판의 심결 확정을 기다리지 아니하고 정정심판 청구 전의 특허발명에 대하여 특허무효 여부를 심리·판단할 수 있다.

[판례] 대법원 2008. 10. 23. 선고 2006후2868 판결
특허를 무효로 한다는 심결이 확정된 때에는 그 특허권은 처음부터 없었던 것으로 보므로, 무효로 된 특허의 정정을 구하는 심판은 그 정정의 대상이 없어지게 되어 그 정정을 구할 이익이 없어진다.

◇ 특허법원 2008. 11. 21. 선고 2008허5137 판결
등록무효심판절차에서의 정정청구에 관하여 판단한 심결의 경우, 정정 부분에 관한 결론이 잘못되었다면 무효판단의 대상을 잘못 정한 것으로 심결취소하여야 함이 원칙이지만, 무효 부분에 관하여 특허무효라고 판단한 결론 자체가 정당하다면 무효의 소급효에 따라 더 이상 정정을 유지할 근거도 없어지게 되므로, 굳이 정정 부분에 관한 판단 잘못을 바로 잡기 위하여 심결을 취소할 실익은 없다고 할 것이다.

4.2. 정정의 무효심판

(1) 의의

정정심판이나 정정청구에 의한 명세서 및 도면에 대한 정정이 부적법한 경우, 그 정정을 무효시키고자 하는 심판으로서, 정정되어서는 안 될 사항이 정정되어 출원시까지 소급하여 유효한 권리로서 행사됨에 따라 선의의 제3자가 입게 될 불측의 손해를 방지하고자 하는 제도이다. 정정의 무효심판 대상이 종래의 정정심판에서의 정정뿐만 아니라 무효심판에 있어서의 정정을 포함한다.

(2) 청구인 및 피청구인

청구인은 이해관계인 및 심사관에 한한다. 피청구인은 특허권자 등 권리자이며, 권리가 공유인 경우, 공유자 전원을 피청구인으로 하여 청구하여야 한다. 정정심결이 확정된 이후라면 특허권의 존속 중에는 물론 특허권이 소멸된 후에도 청구할 수 있다.

(3) 정정무효사유

명세서 또는 도면에 대한 정정이 ⓐ 청구범위의 감축, ⓑ 잘못된 기재의 정정, ⓒ 분명하지 아니한 기재를 명확하게 하는 것이 아닌 경우, 정정의 범위가 명세서 또는 도면에 기재된 사항의 범위 이내가 아닌 경우, 또한 ⓑ 잘못된 기재를 정정하는 경우, 출원서에 최초로 첨부된 명세서 또는 도면에 기재된 사항의 범위 이내가 아닌 경우, 정정의 결과가 청구범위를 실질적으로 확장하거나 변경한 경우

다만, 특허는 정정심판이나 정정청구로 ⓐ 및 ⓑ 요건에 해당되어 정정되더라도 정정 후의 청구범위가 출원 당시 특허 받을 수 있어야 하는데, 그렇지 않은 경우는 정정무효사유에 포함된다. 그러나 정정청구의 경우에는 2006. 10. 1. 이후에 청구된 사건에 대해서는 독립특허요건을 적용하지 않는다. 실용신안은 기술평가절차에서의 정정청구로 ⓐ 및 ⓑ 요건에 해당되어 정정되더라도 정정 후의 청구범위가 출원 당시 특허 받을 수 있어야 하는데, 그렇지 않은 경우는 정정무효사유에 포함된다.

한편, 정정을 무효로 하는 심결이 확정되면 그 정정은 처음부터 없었던 것으로 본다.

[특허법] 제137조 (정정의 무효심판) ① 이해관계인 또는 심사관은 제77조 제1항·제133조의2 제1항 또는 제136조 제1항의 규정에 의한 특허발명의 명세서 또는 도면에 대한 정정이 다음 각 호의 1의 규정에 위반한 경우에는 그 정정의 무효심판을 청구할 수 있다.

1. 제47조 제3항 각 호의 1
2. 제136조 제2항 내지 제4항(제77조 제3항 또는 제133조의2 제3항에서 준용하는 경우를 포함한다)

[특허법] 제136조 (정정심판) ② 제1항의 규정에 의한 명세서 또는 도면의 정정은 특허발명의 명세서 또는 도면에 기재된 사항의 범위 이내에서 이를 할 수 있다. 다만, 제47조 제3항 제2호의 규정에 의하여 잘못된 기재를 정정하는 경우에는 출원서에 최초로 첨부된 명세서 또는 도면에 기재된 사항의 범위로 한다.
③ 제1항의 규정에 의한 명세서 또는 도면의 정정은 청구범위를 실질적으로 확장하거나 변경할 수 없다.
④ 제1항의 규정에 의한 정정 중 제47조 제3항 제1호 및 제2호에 해당하는 정정은 정정 후의 청구범위에 기재된 사항이 특허출원을 한 때에 특허를 받을 수 있는 것이어야 한다.

[판례] 대법원 2003. 1. 10. 선고 2002후1812 판결, 2003. 1. 10. 선고 2002후1843 판결
특허법 제137조 제1항은 특허발명의 명세서 또는 도면의 정정이 같은 법 제136조 제1항 내지 제3항의 규정에 위반된 경우에는 그 정정의 무효심판을 청구할 수 있다고 규정하고 있으므로, 가사 특허발명이 청구범위를 실질적으로 변경한 내용으로 정정된 것이라고 하더라도, 정정의 무효심판에서 그 위법 여부를 다툴 수 있음은 별론으로 하고, 이를 당연 무효라고 할 수 없다.

5. 기타 사항 및 심결의 위법 여부

2인 이상이 공동으로 고안을 한 경우 실용신안을 받을 수 있는 권리는 공유로 되고, 실용신안을 받을 수 있는 권리가 공유인 경우에는 공유자 전원이 공동으로 실용신안등록출원을 하여야 하며, 이러한 공동출원규정에 위반하여 공유자 중 1인이 단독출원을 하여 등록을 받는 것은 등록무효사유에 해당한다.

[판례] 특허법원 2005. 10. 6. 선고 2004허8497 판결
정정의견제출통지서에 기재된 이유가 어느 정도 추상적이거나 개괄적으로 기재되어 있다고 하더라도 별개의 새로운 이유로 정정심판청구를 기각한 것이 아니고, 정정의견제출통지서에 기재된 이유와 주된 취지에 있어서 동일한 사유로 정정심판청구를 기각하는 심결을 한 경우에까지 청구인에게 다시 그 이유를 통지하여 그에 대한 의견서 제출의 기회를 주어야 하는 것은 아니다.

[판례] 대법원 2006. 6. 27. 선고 2004후387 판결, 1970. 11. 24. 선고 70후50 판결

특허심판원의 심판절차에서 당사자 또는 참가인에게 직권으로 심리한 이유에 대하여 의견진술의 기회를 주도록 한 특허법 제159조 제1항의 규정은 심판의 적정을 기하여 심판제도의 신용을 유지하기 위하여 준수하지 않으면 안 된다는 공익상의 요구에 기인하는 강행규정이므로, 특허심판원이 직권으로 심리한 이유에 대하여 당사자 또는 참가인에게 의견진술의 기회를 주지 않은 채 이루어진 심결은 원칙적으로 위법하여 유지될 수 없지만, 형식적으로는 이러한 의견진술의 기회가 주어지지 아니하였어도 실질적으로는 이러한 기회가 주어졌다고 볼 수 있을 만한 특별한 사정이 있는 경우에는 심판절차에서의 직권심리에 관한 절차위반의 위법이 없다고 보아야 한다.

[판례] 대법원 1983. 12. 27. 선고 82도3238 판결

소외인 명의의 시험성적서를 마치 피고의 것인 양 특허청에 제출하는 등 하여 위 소외인이 특허를 받을 수 있는 권리를 피고 자신이 발명한 것처럼 모인하여 특허를 받았다면 피고의 소위는 사위의 행위로서 특허권을 받은 경우에 해당한다.

[판례] 대법원 2002. 6. 14. 선고 2000후3272 판결

심판장은 심결 전에 반드시 심리종결의 통지를 하여야 하나 다만 심리종결통지에 관한 규정은 훈시규정이라고 할 것이어서 이에 위반하여도 위법하다고 볼 수는 없다.

[판례] 대법원 1984. 6. 14. 선고 84다카744 판결

소송대리인이 판결정본의 송달을 받고도 당사자에게 그 사실을 알려 주지 아니하여 당사자가 그 판결정본의 송달사실을 모르고 있다가 상고제기기간이 경과된 후에 비로소 그 사실을 알게 되었다 하더라도 이를 가리켜 당사자가 책임질 수 없는 사유로 인하여 불변기간을 준수할 수 없었던 경우에 해당한다고 볼 수는 없다.

[판례] 대법원 2004. 10. 14. 선고 2003후588 판결, 1999. 6. 8. 선고 99다17401,17418 판결

항소심이 청구기각 판결을 하여야 할 사건에 대하여 소각하 판결을 하였으나 원고만이 상고한 경우, 소를 각하한 항소심판결을 파기하여 원고에게 더 불리한 청구기각의 판결을 할 수는 없으므로, 항소심판결을 그대로 유지하지 않을 수 없다.

Ⅳ. 권리범위확인심판

1. 의의

특허를 받는 목적은 여러 가지가 있을 수 있지만 그 중에서도 독점적 권리행사가 가능하다는 점을 빼놓을 수 없다. 따라서 자신이 보유하고 있는 특허권이나 현재 실시하고 있는 기술이 상대방이 보유하고 있는 기술 또는 그 특허권의 권리범위에 속하는지 여부를 파악할 수 있어야 한다. 특허발명의 권리범위를 명확히 하는 것은 특허권의 침해시비를 미연에 방지하기 위해서도 중요하다. 이와 관련하여 특허법에는 국가기관의 객관적인 해석을 기초로 당사자 간에 발생하는 분쟁을 해결하기 위하여 특허발명의 보호범위를 확인하는 권리범위확인심판제도를 두고 있다.

권리범위확인심판은 특허권 등의 권리범위를 기초로 하여 구체적으로 문제가 된 대상물과의 관계에 있어서 그 효력이 미치는지 여부를 확인하는 심판으로서, 특허권자는 자기의 권리가 미치는 범위를 넓게 해석하려고 하고 확인대상발명의 실시자 또는 이를 실시하려고 하는 자는 권리범위를 좁게 해석하려는 경향이 있어 양자 간에 많은 분쟁이 발생하므로 국가기관의 객관적인 해석을 통하여 분쟁해결에 기여코자하는 제도이다. 따라서 어느 실시형태가 당해 특허발명의 권리범위에 속하는지 여부를 미리 공적으로 확인하여 분쟁을 해결·조정하기 위하여 특허발명과 분쟁관계에 있거나 장래 분쟁관계가 있을 수 있는 구체적인 실시형태에 특허권의 효력이 미치는지의 여부를 확인하는 심판이라 할 수 있다.

[판례] 특허법원 1998. 7. 3. 선고 98허768 판결

권리범위확인심판은 사실상 당사자간 실용실안권의 침해를 둘러싼 민사분쟁의 성격을 띠고 있다.

[판례] 대법원 2007. 10. 11. 선고 2007후2766 판결, 1976. 1. 27. 선고 74후58 판결

특허권의 권리범위확인은 등록된 특허권을 중심으로 어떠한 확인대상발명이 적극적으로 등록 특허발명의 권리범위에 속한다거나 소극적으로 이에 속하지 아니함을 확인하는 것이다.

[판례] 특허법원 2003. 5. 30. 선고 2002허3887 판결
심판물은 심판청구의 취지 만에 의해 결정되고 심판청구의 이유에 기재된 개개의 사유는 공격방법에 불과하다.

특허권을 가진 자가 상대방의 실시형태가 특허발명의 권리범위에 속한다는 확인을 구하는 것이 적극적 권리범위확인심판이고, 특허권을 가지지 않은 자가 자기의 실시형태가 특허발명의 권리범위에 속하지 않는다는 확인을 구하는 것이 소극적 권리범위확인심판이다. 적극적 권리범위확인심판은 특허권자가 확인대상발명의 실시자를 상대로 '확인대상발명은 특허발명의 권리범위에 속한다'라는 취지의 심결을 구하는 심판이고, 소극적 권리범위확인심판은 비권리자인 확인대상발명의 실시자 또는 이를 실시하려고 하는 자가 특허권자를 상대로 '확인대상발명은 특허발명의 권리범위에 속하지 않는다'라는 취지의 심결을 구하는 심판이다. 통상 적극적 권리범위확인심판은 확인대상발명이 피청구인이 실시하였거나 현재 실시하고 있는 발명만을 대상으로 하는 것인 데 비해, 소극적 권리범위확인심판은 비권리자가 현재 실시하고 있는 발명은 물론 장래에 실시할 가능성이 있는 발명도 대상이 된다.

'권리범위에 속한다'는 취지의 심결이 확정되면 확인대상발명은 특허권 등의 권리침해에 상당하고, '권리범위에 속하지 않는다'는 취지의 심결이 확정되면 확인대상발명은 특허권 등의 권리침해에 상당한 것이 아닌 것으로 판단된다.

[판례] 대법원 1972. 1. 31. 선고 71후41 판결, 1967. 9. 5. 선고 67후17 판결
소극적 권리범위확인심판 청구에 대하여 그 심판청구가 이유 없는 경우에 그 청구를 배척함에 그치지 아니하고 특허발명의 권리범위에 속한다고 심결하는 것은 청구인이 청구하지 아니한 것을 심결한 위법이 있다.

[분석] 주문의 기재방법에 있어, 심판청구가 이유 있어 이를 인용하는 경우에는 청구인의 청구취지를 그대로 주문에 기재하면 되고, 심판청구가 이유 없어 기각하는 경우에는 심판청구를 기각한다는 취지를 주문에 기재하여야 한다. 소극적 권리범위확인심판에서 심판청구를 기각하는 경우에 심판청구를 기각한다는 취지에서 더 나아가 확인대상발명이 특허발명의 권리범위에 속한다는 식으로 주문에 기재하는 것은 재량권의 일탈에 해당하여 심결

취소사유가 된다.

2. 일반적 요건

2.1. 청구의 이익

(1) 청구인적격

특허법 제135조 제1항에는 "특허권자·전용실시권자 또는 이해관계인은 특허발명의 보호범위를 확인하기 위하여 특허권의 권리범위확인심판을 청구할 수 있다"고 규정하고 있어, 권리범위확인심판의 당사자를 특허권자·전용실시권자 또는 이해관계인으로 명시하고 있다.

적극적 권리범위확인심판의 경우에는 특허권자 등 권리자가 청구인이 되고 확인대상발명을 실시하고 있는 자가 피청구인이 되며, 소극적 권리범위확인심판의 경우에는 확인대상발명의 실시자 또는 이를 실시하려고 하는 자가 청구인이 되고 특허권자 등 권리자가 피청구인이 된다.

[판례] 대법원 1996. 12. 6. 선고 95후1050 판결

실용신안권자인 피심판청구인과 동종영업에 종사하고 있고, 피심판청구인으로부터 실용신안권 침해의 경고를 받은 사실이 있음을 알 수 있으므로, 특별한 사정이 없는 한 심판청구인은 권리범위확인심판청구의 이해관계인에 해당된다.

[판례] 대법원 2000. 4. 11. 선고 97후3241 판결, 1979. 3. 13. 선고 77후50 판결

소극적 권리범위확인심판에 있어서의 심판을 청구할 수 있는 이해관계인이라 함은 등록권리자 등으로부터 권리의 대항을 받아 업무상 손해를 받고 있거나 손해를 받을 염려가 있는 자를 말하고, 이러한 이해관계인에는 권리범위에 속하는지 여부에 관하여 분쟁이 생길 염려가 있는 대상물을 제조·판매·사용하는 것을 업으로 하고 있는 자에 한하지 아니하고 그 업무의 성질상 장래에 그러한 물품을 업으로 제조·판매·사용하리라고 추측이 갈 수 있는 자도 포함된다.

[판례] 특허법원 2004. 7. 9. 선고 2004허875 판결

적극적 권리범위확인심판의 청구는 피청구인이 확인대상고안을 실시하였거나 실시하려고 하고 있음을 전제로 하므로, 만일 확인대상고안을 실시한 적이 없거나 실시하려고 하지도 않는 자를 피청구인으로 하고 있다면 그 권리범위확인심판청구는 확인의 이익이 없어 부적법하게 된다.

[판례] 특허법원 1999. 11. 25. 선고 99허413 판결

권리범위확인심판을 청구하고 그 심결에 불복하여 심결의 취소를 구하는 소송을 제기하는 것은 특허법에 근거한 것으로서 심판청구의 이익이나 소의 이익을 부정할 수는 없다 할 것이고, 원·피고간의 특허발명에 관한 특허침해소송에서 고등법원까지 판결이 있었을 뿐 대법원에 상고심이 계류 중에 있으므로 이와 같이 특허침해소송의 판결이 아직 확정되지 아니한 이상, 권리범위확인심판과 심결취소소송을 제기할 이익이 없다고 할 수 없다.

(2) 청구기간

특허권이 존속하는 기간 중에는 언제든지 권리범위확인심판을 청구할 수 있다. 따라서 특허권이 소멸된 후에는 권리범위확인심판을 청구할 수 없으며, 특허권 존속기간 중에 청구된 경우라 하더라도 심판의 계속 중에 그 권리가 소멸된 때에는 부적법한 심판청구로 귀결되어 심결로서 각하된다.

[판례] 대법원 2008. 7. 24. 선고 2007후4021 판결, 1970. 3. 10. 선고 68후21 판결

특허권의 권리범위확인심판의 청구는 현존하는 특허권의 범위를 확정하려는 데 그 목적이 있으므로, 일단 적법하게 발생한 특허권이라 할지라도 그 권리가 소멸된 이후에는 그에 대한 권리범위확인을 구할 이익이 없어진다.

[판례] 대법원 2006. 3. 9. 선고 2005다60239 판결, 1991. 7. 12. 선고 91다12905 판결

확인의 소에 있어서 확인의 이익의 유무는 직권조사사항이므로 당사자의 주장 여부에 관계없이 법원이 직권으로 판단하여야 한다.

[분석] 직권조사사항으로는 이해관계인인지 여부, 제소기간 준수 여부, 특허권자인지 여부 등이 있다.

2.2. 청구취지

청구인이 주장하지 아니한 청구취지에 관하여는 심리할 수 없다. 청구인이 주장하지 아니한 청구취지에 관하여 심리를 허용하는 것은 청구인의 의사에 반하여 청구취지를 변경하는 것으로 귀결되고 또 행정법 일반의 법률유보원칙이나 민소법상의 처분권주의에 반하는 것이다.

[판례] 대법원 1991. 5. 28. 선고 90후854 판결, 1987. 1. 20. 선고 85후119 판결

청구의 취지라 함은 심판청구인이 특허청에 어떠한 심결을 구하는가를 특정하여 요구하는 것을 말한다 하겠으므로 이를 변경하게 되면 청구 자체를 변경하는 것이 되어 이는 허용될 수 없다.

[판례] 대법원 1968. 2. 6. 선고 67후34 판결

청구취지의 특정 여부는 직권조사사항이라고 할 것이므로 청구취지가 특정되지 아니한 경우에는 법원은 피고의 이의 여부에 불구하고 직권으로 그 보정을 명하고 그 보정명령에 응하지 않을 때에는 소를 각하하여야 한다.

2.3. 판단대상

(1) 특허발명

특허권의 보호범위는 원칙적으로 당해 특허발명의 청구범위에 기재된 사항으로 판단한다.

[판례] 대법원 2002. 6. 14. 선고 2000후235 판결, 1983. 1. 18. 선고 82후36 판결

특허발명의 청구범위 기재나 발명의 설명, 기타 도면의 설명에 의하더라도 특허출원 당시 발명의 구성요건의 일부가 추상적이거나 불분명하여 그 발명 자체의 기술적 범위를 특정할 수 없을 때에는 특허권자는 그 특허발명의 권리범위를 주장할 수 없다.

[분석] 권리범위확인심판에서 명세서의 기재불비 등으로 인하여 특허발명 자체의 기술적 범위를 특정할 수 없는 경우, 또는 특허발명의 실시가 불가능한 경우에는 확인대상발명과의 기술대비에 들어가기에 앞서서, 특허발명의 권리범위가 부정된다.

[판례] 대법원 1998. 5. 22. 선고 96후1088 판결, 1982. 2. 9. 선고 80도3298 판결

어느 발명이 특허발명의 권리범위에 속하는지를 판단하기 위해서는 먼저 특허발명의 청구범위를 기준으로 그 권리범위를 확정하여야 한다.

[판례] 대법원 2008. 10. 23. 선고 2007후2186 판결

특허권의 권리범위 내지 보호범위는 특허출원서에 첨부한 명세서의 청구범위에 기재된 사항에 의하여 정하여지고, 청구범위의 기재만으로 기술적 범위가 명백한 경우에는 원칙적으로 명세서의 다른 기재에 의하여 청구범위의 기재를 제한 해석할 수 없다. 다만, 청구범위를 문언 그대로 해석하는 것이 명세서의 다른 기재에 비추어 보아 명백히 불합리할 때에는 출원된 기술사상의 내용, 명세서의 다른 기재, 출원인의 의사 및 제3자에 대한 법적 안정성을 두루 참작하여 특허권의 권리범위를 제한 해석할 수 있다.

◇ 대법원 2001. 11. 30. 선고 99후2624 판결
특허발명의 권리범위는 청구범위를 기준으로 판단하여야 하는 것이므로 청구범위에는 기재되지 아니하고 발명의 설명에만 기재되어 있는 사항에 대하여 까지 권리범위가 미치는 것이 아니다.

[판례] 대법원 2004. 2. 27. 선고 2002후437 판결, 1964. 10. 22. 선고 63후45 판결
실용신안권은 신규성 있는 기술적 고안에 대하여 부여되는 것으로 그 권리범위를 정함에 있어서는 출원 당시의 기술수준도 고려되어야 한다.

[판례] 대법원 2007. 6. 14. 선고 2005후834 판결, 2007. 6. 14. 선고 2007후883 판결
특허발명의 권리범위를 판단함에 있어서는, 청구범위에 기재된 용어의 의미가 명료하더라도, 그 용어로부터 기술적 구성의 구체적인 내용을 알 수 없는 경우에는 그 발명의 설명과 도면의 기재를 참작하여 그 용어가 표현하고 있는 기술적 구성을 확정하여 특허발명의 권리범위를 정하여야 한다.

[분석] 청구범위에 기재된 용어가 다의적이거나 불명료한 경우에는 발명의 설명의 기재를 참작하여 그 의의를 명확하게 하여야 한다. 따라서 청구범위에 기재되어 있는 용어의 의미가 발명의 설명에 개시된 용어의 의미보다 넓은 경우에도 발명의 설명에 기재된 용어의 의미보다 더 넓게 해석되어서는 안 된다.

[분석] 청구범위를 해석함에 있어서는 당해 기술분야에서 통상적으로 인식되는 용어 또는 문장의 의미에 따라야 하며, 그 의미가 불명확하거나 문장 그대로의 해석이 명세서의 다른 기재에 비추어 볼 때 명백히 불합리한 경우에는, 특허발명의 기술사상, 명세서의 기타 기재내용, 출원인의 의사 및 제3자에 대한 법적 안정성 등을 두루 참작하여 정의와 형평에 따라 합리적으로 해석하여야 한다.

[적용] 청구범위의 기재에 있어 일반적인 용어 또는 상위개념의 용어를 사용하는 경우에는 이를 뒷받침하도록 발명의 설명에 하위개념의 복수의 실시예를 상세하게 기재하여야 한다.

[적용] 청구범위에 기재된 용어가 기능적 표현으로서 그 자체만으로는 기술적 구성의 구체

적인 내용을 알 수 없는 경우에는 그 발명의 설명과 도면에 나타나 있는 기재를 참작하여 권리범위를 확정한다.

[판례] 대법원 2007. 11. 29. 선고 2006후1902 판결

특허발명의 보호범위는 청구범위에 기재된 사항에 의하여 정하여지고, 특별한 사정이 없는 한 발명의 설명이나 도면 등에 의하여 청구범위를 제한하거나 확장하여 해석하는 것은 허용되지 않지만, 청구범위에 기재된 사항은 발명의 설명이나 도면 등을 참작하여야 그 기술적인 의미를 정확하게 이해할 수 있으므로, 청구범위에 기재된 사항의 해석은 그 문언의 일반적인 의미내용을 기초로 하면서도 발명의 설명 및 도면 등을 참작하여 그 문언에 의하여 표현하고자 하는 기술적 의의를 고찰한 다음 객관적·합리적으로 하여야 한다.

[판례] 대법원 2003. 7. 8. 선고 2002후499 판결

특허발명의 청구범위가 복수의 구성요소로 되어 있는 경우에는 그 각 구성요소가 유기적으로 결합된 전체가 특허발명의 요지를 이루는 것이고, 이러한 경우 청구범위를 해석함에 있어서 그 구성요소의 일부를 배제하는 것이 허용될 수 없다.

한편, 심판청구인은 복수의 청구항을 가진 특허발명의 일부의 청구항만을 특정하여 그 권리범위확인심판을 청구할 수 있고, 이 경우 심판에서는 특정한 청구항만을 대상으로 확인대상발명과의 관계를 판단하면 충분하다.

[판례] 특허법원 2001. 8. 17. 선고 2000허7700 판결

청구범위의 청구항이 2 이상인 특허권에 대하여 권리범위확인심판을 청구하는 경우에는, 심판청구인이 명시적으로 청구항을 특정하여 권리범위의 확인을 청구하고 있지 않는 한, 청구항마다 권리범위를 특정하고, 권리범위의 확인의 대상이 되는 확인대상발명이 각 청구항마다 특허권의 권리범위에 속하는지 여부를 판단하여야 한다.

[분석] 확인대상발명이 일부 청구항의 권리범위에 속한다면 이 부분에 관하여는 심결의 주문에 일부 청구기각의 취지를 표시하여야 한다.

[판례] 대법원 2001. 6. 15. 선고 2000후617 판결

확인대상발명이 특허발명 제1항의 권리범위에 속하지 아니하는 이상, 특허발명 제1항을 구체화하고 한정하고 있는 특허발명 제2항 내지 제4항의 권리범위에도 속한다고 볼 수 없다.

(2) 확인대상발명

권리범위확인심판에서의 심판의 대상이 되는 특허발명과 분쟁관계에 있는 구체적인 사실을 확인대상발명이라 한다. 특허법 제140조 제3항에 의하여 권리범위확인심판을 청구할 때에는 확인대상발명과 관련된 명세서 및 도면을 첨부하여야 하고, 그 명세서 및 도면에는 당해 특허발명과 서로 대비할 수 있을 정도로 확인대상발명에 대해 구체적으로 기재되어 있어야 한다. 따라서 특허발명의 청구범위에 기재된 구성과 대비할 수 있을 정도로 확인대상발명을 제대로 특정하는 것이 선행되어야 한다.

[판례] 대법원 2005. 4. 29. 선고 2003후656 판결

확인대상발명이 적법하게 특정되었는지 여부는 특허심판의 적법요건으로서 당사자의 명확한 주장이 없더라도 의심이 있을 때에는 특허심판원이나 법원이 이를 직권으로 조사하여 밝혀 보아야 할 사항이다.

[판례] 특허법원 2005. 8. 25. 선고 2004허8527 판결

확인대상고안은 등록고안의 필수구성요소 중 하나를 결여하고 있음이 명백하여, 나머지 구성요소를 나아가 대비해 볼 필요도 없이 양 고안이 서로 실질적으로 동일하지 않음이 명백하므로, 일부 구성요소의 불특정으로 인하여 양 고안의 대비 결과에 아무런 영향을 미치지 않는다. 따라서 확인대상고안의 일부 구성요소의 불특정을 간과하였다는 이유만으로 이 사건 심결을 취소하고, 새로운 심판절차에서 그 불특정 부분을 보완하여 양 고안을 다시 대비하도록 하는 것은 당사자로 하여금 무용한 절차를 반복하게 하는 것에 지나지 않는다.

[분석] 확인대상발명이 당해 특허발명과 서로 대비할 수 있을 만큼 구체적으로 특정되었음에도 불구하고 필요 이상으로 과도한 특정을 요구하는 경우에는 확인대상발명과 당해 특허발명의 본안 대비가 실질적으로 불가능하게 되어 당해 특허발명의 권리의 효력이 미치는 범위를 대상물과의 관계에서 구체적으로 확정할 수 없게 될 우려도 있으므로, 일단 특정된 확인대상발명만으로도 당해 특허발명과 대비가 가능하다면 원칙적으로 확인대상발명의 특정 여부는 문제 삼지 않는 것이 바람직하다.

[판례] 대법원 2007. 11. 15. 선고 2006후1179 판결, 2005. 9. 29. 선고 2004후486 판결

특허권의 권리범위확인심판을 청구함에 있어서 심판청구의 대상이 되는 확인대상발명은 당해 특허발명과 서로 대비할 수 있을 만큼 구체적으로 특정되어야 하는바, 그 특정을 위해서 대상물의 구체적인 구성을 전부 기재할 필요는 없지만, 적어도 특허발명의 구성요건과 대비하여 그 차이점을 판단함에 필요할 정도로 특허발명의 구성요건에 대응하는 부분의 구체적인 구성을 기재하여야 한다.

[판례] 대법원 2006. 11. 23. 선고 2005후25 판결, 2001. 8. 21. 선고 99후2389 판결

확인대상발명이 불명확하여 특허발명과 대비대상이 될 수 있을 정도로 구체적으로 특정되어 있지 않다면, 특허심판원으로서는 요지변경이 되지 아니하는 범위 내에서 확인대상발명의 설명서 및 도면에 대한 보정을 명하는 등의 조치를 취하여야 한다. 그럼에도 불구하고 그와 같은 특정에 미흡함이 있다면 심판청구를 각하하여야 한다.

[판례] 대법원 2000. 11. 14. 선고 98후2351 판결

특허법 제140조 제3항, 제141조 제1항, 제2항, 제142조의 규정에 의하면, 특허발명에 대한 권리범위확인심판을 청구하고자 하는 자는 심판대상이 되는 확인대상발명에 대하여도 명세서 및 도면을 첨부하여야 하고, 첨부된 명세서나 도면이 불명확하여 심판대상을 특정할 수 없는 경우에는 심판장은 기간을 정하여 보정을 명하고 그 보정명령에도 불구하고 보정을 하지 아니하는 경우에는 결정으로서 심판청구서를 각하하여야 하며, 부적법한 심판청구로서 그 흠결을 보정할 수 없는 때에는 피청구인에게 답변서를 제출할 기회를 주지 아니하고 심결로서 심판청구를 각하할 수 있다.

[분석] 청구이유서에 첨부된 확인대상발명의 설명서 및 도면에 실물사진이 함께 기재되어 있다면 이러한 실물사진은 특별한 사정이 없는 한 도면과 같이 취급한다.

[판례] 특허법원 2005. 5. 27. 선고 2004허4464 판결

권리범위확인심판에 있어서 확인대상발명은 심판청구인에 의해 심판청구의 대상으로 특정된 구체적인 실시형태로서 이를 특정하기 위한 도면 및 설명서에는 위와 같은 구체적인 실시형태를 특정할 수 있도록 기재되어야 할 것임에도, 확인대상발명의 도면 및 설명서는 마치 일정한 권리범위를 갖는 추상적 발명을 특정하기 위한 특허발명의 명세서 형식으로 기재되어 있어 권리범위확인심판의 대상이 되는 확인대상발명을 기재한 서면으로서는 매우 부적절하다.

[분석] 확인대상발명은 구체적인 실시형태이어야 하므로 특허 받은 발명을 확인대상발명으로 하는 경우의 소극적 권리범위확인심판에서도 원칙적으로는 청구범위에 기재된 여러

청구항이 아니라 그 중에서 특정된 하나의 청구항을 확인대상발명으로 특정하도록 하여야 한다. 확인대상발명에 첨부된 명세서가 특허법 제42조에 규정된 명세서의 기재요건을 충족시키는 것이라면, 발명의 설명 및 도면을 통해 발명의 구성 및 작용은 충분히 파악된다고 보여지나, 통상적으로 발명의 설명에는 다양한 실시예가 기재되는 경우가 많고, 청구범위도 복수의 독립항과 종속항으로 기재되는 것이 보통이므로, 발명의 설명에 기재된 실시예 모두는 각각 하나의 확인대상발명이 될 수 있으며, 청구범위에 기재된 모든 청구항도 항마다 구별되는 하나의 발명 즉, 하나의 확인대상발명이 될 수 있으므로, 심판청구인으로 하여금 확인대상발명을 구체적으로 특정하도록 해야 한다. 그러나 특허 받은 발명을 확인대상발명으로 하는 경우에는 특별한 사정이 없는 한 청구범위에 의해 특정된 것으로 보고, 다만 특허발명의 권리범위에 속하는지 여부를 판단함에 있어서는 특허 받은 발명의 독립항을 확인대상발명으로 보고 당해 특허발명과 대비하면 특정에 무리가 없으므로 반드시 하나의 항으로 특정하도록 할 필요는 없다. 특허발명은 하나의 청구항에도 다양한 실시형태를 포함하고 있는 경우가 있으므로, 이와 대비되는 확인대상발명에 여러 가지의 실시형태가 기재되어 있더라도 각각의 실시형태가 모두 특허발명과 대비하여 권리범위에 속하는지 여부에 있어서 동일한 결론을 얻어낼 수 있는 경우에는 확인대상발명을 반드시 하나의 실시형태로 해야 하는 것은 아니다. 따라서 확인대상발명이 반드시 하나의 실시형태로 한정되어야 한다고 볼 수는 없고, 특허발명과 대비하여 권리범위에 속하는지 여부에 대해 동일한 결론을 낼 수 있는 경우에는 다수의 실시형태가 기재되어 있다고 하더라도 확인대상발명의 특정이 미흡하다고 볼 수는 없다.

[분석] 확인대상발명의 설명서 중 확인대상발명의 요지부분에 특허발명과 대비될 수 있는 기재가 있을 경우, 피고가 확인의 대상으로 구하고 있는 발명은 확인대상발명의 요지에 나타난 기재를 중심으로 하되 나머지 기재로 이를 보충하는 범위 내에서 파악하여, 확인대상발명을 특정한다.

[분석] 권리범위확인심판은 어느 실시형태가 특허발명의 권리범위에 속하는지 여부에 대한 판단을 구하는 것이므로 확인대상발명은 실시형태의 기술로서 그 구성 자체가 구체화되어야 하고, 따라서 실시예에 준하여 구체적으로 기재되어야 한다.

[판례] 특허법원 2005. 9. 15. 선고 2005허186 판결

권리범위확인심판을 청구할 때에는 확인대상발명에 대한 설명서 외에 도면을 아울러 첨부하여야 하고, 설명서의 기재와 도면이 일치하지 않거나, 설명서의 내용이 도면에 의하여 충분히 뒷받침되지 않거나 그 자체로 모순되어 기술구성이나 결합관계를 알 수 없다면, 비록 통상의 기술자가 설명서와 도면 전체를 면밀히 검토하면 그 기술구성을 알 수 있는 경우라 할지라도 확인대상발명이 적법하게 특정되었다 할 수 없다.

[판례] 특허법원 2003. 11. 14. 선고 2002허7155 판결

확인대상발명 설명서의 기재가 특허발명과 대응되는 부분만을 구체적으로 특정하였고 나머지 차이가 있는 부분에 대해서는 이를 구체적으로 설명하지 않은 점은 인정되나, 그 정도의 기재만으로도 특허발명의 구성요소와 대비하기에 충분한 정도라고 인정된다.

[판례] 대법원 2002. 10. 22. 선고 2001후1549 판결

권리범위확인심판에서 특허발명과 대비 판단의 대상이 되는 것은 확인대상발명 도면 및 설명서에 기재된 발명으로서, 심판청구의 이익이 있는 이상, 실제로 심판청구인이 실시하고 있는 발명과 차이가 있다고 하더라도 심판청구에 아무런 위법이 없다.

◇ 대법원 2005. 10. 14. 선고 2004후1663 판결

확인대상발명과 자기 자신이 실시하는 발명이 실질적으로는 크게 다를 바가 없다고 하더라도 심결의 대상은 피고가 최초에 특정한 확인대상발명에 한정된다.

[판례] 대법원 2008. 7. 10. 선고 2008후64 판결

권리범위확인심판청구의 대상이 되는 확인대상고안이 공지의 기술만으로 이루어지거나 통상의 기술자가 공지기술로부터 극히 쉽게 실시할 수 있는지 여부를 판단할 때에는, 확인대상고안을 등록실용신안의 청구범위에 기재된 구성과 대응되는 구성으로 한정하여 파악할 것은 아니고, 심판청구인이 특정한 확인대상고안의 구성 전체를 가지고 그 해당 여부를 판단하여야 한다.

[분석] 확인대상고안이 자유실시기술인지 여부를 판단할 대상은 확인대상고안의 설명서에 기재된 구성 전체이지, 등록고안의 청구범위에 대응되는 구성으로 한정하여 파악할 것은 아니다. 확인대상고안은 심판의 청구취지에 해당하는 것이어서 심판부나 재판부가 임의로 재단해서는 안 된다.

[판례] 대법원 2005. 11. 25. 선고 2004후3478 판결

특허권의 권리범위는 명세서의 청구범위에 기재된 사항에 의하여 정하여지는 것이 원칙이고, 다만 그 기재만으로 특허의 기술적 구성을 알 수 없거나 알 수는 있더라도 권리범위를 확정할 수 없는 경우에는 발명의 설명이나 도면 등 명세서의 다른 기재에 의하여 보충하여 명세서 전체로서 권리범위를 확정하여야 하는 것이지만 그 경우에도 명세서의 다른 기재에 의하여 권리범위를 확장하여 해석하거나 제한하여 해석하는 것은 허용되지 않는 것이므로, 권리범위확인심판청구의 대상이 되는 확인대상발명도 청구범위에 대응하여 구체적으로 구성을 기재한 확인대상발명의 설명부분을 기준으로 파악하여야 하고, 확인대상발명의 설명서에 첨부된 도면에 의하여 위 설명부분을 변경하여 파악하는 것은 허용되지 않는다.

[분석] 확인대상발명도 특허발명과 마찬가지로 확인대상발명의 설명부분과 도면의 기재가 일치하지 아니할 때에는 확인대상발명의 설명부분을 기준으로 확인대상발명을 파악하여야 하고, 확인대상발명의 도면에 의하여 확인대상발명을 파악하여서는 안 된다. 즉, 특허발명의 청구범위에 대응하는 기재가 확인대상발명의 설명부분과 도면이 상이한 경우에는 확인대상발명의 설명부분에 의해 확인대상발명을 파악하여야 하고, 확인대상발명의 도면에 따라 확인대상발명을 파악하여서는 안 된다. 하지만, 특허발명의 청구범위에 대응하는 기재가 확인대상발명의 설명부분에는 명시적으로 기재되어 있지 아니하나, 확인대상발명의 도면에는 명시적으로 기재가 되어 있을 경우에는 원칙적으로는 이를 참고하여 확인대상발명을 파악하기도 하나, 이 경우에는 확인대상발명의 특정 여부를 먼저 살피는 것이 바람직하다.

[분석] 특허법 제140조 제3항에 의하면 권리범위확인심판을 청구할 때는 특허발명과 대비될 수 있는 설명서 및 필요한 도면을 첨부하여야 한다고 규정하고 있다. 이렇게 규정한 이유는, 도면의 인용부호 및 그에 대한 설명을 통해 확인대상발명을 충분히 구체적으로 표현할 수 있기 때문이며, 이와 같은 관점에서 특허출원명세서도 발명을 표현함에 있어 도면이 필요한 경우에는 도면의 첨부 및 그에 대한 설명을 기재요건으로 하고 있다. 따라서 확인대상발명의 도면이 사진으로 첨부된 경우에는, 사진 외에 별도로 도면을 제출하도록 보정시키는 것이 바람직하다.

[판례] 대법원 1995. 9. 29. 선고 94후975 판결

확인대상고안의 기술적 구성과 작용효과를 자세히 심리하여 그 구성이 실현가능한 것인지 여부를 살펴본 후에 등록고안과 대비하여야 함에도 이를 제대로 심리하지 아니한 채 확인대상고안의 기술적 구성이 실현가능하다고 속단하고 양 고안의 기술적 구성 및 작용효과가 서로 다르다고 하여 확인대상고안은 등록고안의 권리범위에 속하지 않는다고 판단한 것은 위법이다.

[판례] 대법원 2005. 4. 29. 선고 2003후656 판결, 2001. 8. 21. 선고 99후2389 판결

특허발명의 청구범위가 일정한 범위의 수치로 한정한 것을 구성요소의 하나로 하고 있는 경우에는 그 범위 밖의 수치가 균등한 구성요소에 해당한다는 등의 특별한 사정이 없는 한 특허발명의 청구범위에서 한정한 범위 밖의 수치를 구성요소로 하는 확인대상발명은 원칙적으로 특허발명의 권리범위에 속하지 않는다고 할 것이므로, 확인대상발명이 특정되었다고 하기 위하여는 확인대상발명이 당해 특허발명에서 수치로 한정하고 있는 구성요소에 대응하는 요소를 포함하고 있는지 여부 및 그 수치는 어떠한지 등이 설명서와 도면 등에 의하여 특정되어야 한다.

[판례] 대법원 2000. 9. 8. 선고 97후4039 판결, 1990. 1. 23. 선고 89후179 판결

특허법 제140조 제2항에 의하면, 심판청구서의 경우 청구의 이유는 보정할 수 있으나, 그 요지는 변경할 수 없다고 규정하고 있는바, 그 취지는 요지의 변경을 쉽게 인정하게 되면 심판절차의 지연을 초래하거나 피청구인의 방어권 행사를 곤란케 할 우려가 있기 때문이므로, 그 보정의 정도가 청구인의 발명에 관하여 심판청구서에 첨부된 도면 및 설명서에 표현된 구조의 불명확한 부분을 구체화하거나, 처음부터 당연히 있어야 할 구성부분을 부가한 것에 지나지 아니하여 심판청구의 전취지에 비추어 볼 때 그 발명의 동일성이 유지되는 경우에는 요지변경에 해당한다고 할 수 없다.

[분석] 확인대상발명의 보정은 심판청구서에 첨부된 도면 및 설명서에 표현된 구조의 불명확한 부분을 구체화하거나, 심판청구서의 내용과 첨부된 확인대상발명 설명서의 내용의 불일치를 정정하는 경우, 확인대상발명의 설명이 부족한 부분을 보충하는 것이거나 설명서의 내용을 더 구체적으로 설명하는 경우, 명백한 오기를 정정하는 경우, 처음부터 당연히 있어야 할 구성부분을 부가한 것에 지나지 아니한 경우로서, 심판청구의 전체적 취지에 비추어 볼 때 그 발명의 동일성이 유지되는 경우에 한하여 보정이 허용된다.

[분석] 만일 확인대상발명의 특정에 미흡한 점이 있다면 심판절차에서는 요지변경이 되지 아니하는 범위 내에서 확인대상발명의 설명서 및 도면에 대한 보정을 명하는 등의 조치를 취하여야 한다. 그럼에도 불구하고 권리범위확인심판에서 확인대상발명의 기술구성이 특허발명과 대비할 수 있을 정도로 특정되지 않았다면 그 심판청구는 부적법하여 각하되어야 한다. 따라서 심판청구가 각하되지 않기 위해서는 확인대상발명을 가능한 한 구체적으로 특정하여야 한다.

[판례] 특허법원 2007. 1. 19. 선고 2006허6310 판결

확인대상발명에 대한 보정이 요지변경에 해당하는지를 판단함에 있어서는, 대비되는 특허발명과의 관계를 고려할 것이 아니고 보정 전후의 확인대상발명 자체가 발명의 동일성이 유지되는지를 기준으로 하여 그 보정이 요지변경에 해당하는지를 판단하여야 할 것이며, 확인대상발명이 대비되는 특허발명의 권리범위에 속하는지의 결론에 영향을 미치는 사항 내지 특허발명의 보호범위에 관련되는 사항이 변경되는 경우에 한하여 그 보정이 요지변경에 해당한다고 할 것은 아니다.

[판례] 특허법원 2002. 4. 19. 선고 98허5695 판결, 1999. 9. 2. 선고 99허802 판결

확인대상발명 설명서는 확인대상발명의 효과에 대해서 아무런 기재도 하고 있지 않고, 통상의 기술자가 확인대상발명 설명서의 기재 만에 의하여 그 효과를 쉽게 예측할 수도 없는 것이므로, 확인대상발명은 특허발명과 그 효과에 차이가 있는지 여부도 대비 판단할 수 없다. 결국 확인대상발명 설명서에 기재된 확인대상발명은 전체적으로 특허발명과 대비할 수 있을 만큼 특정이 되지 아니하였다고 할 것이다.

[분석] 특허발명의 권리범위는 원칙적으로 청구범위의 기재에 의해 확정되므로, 이에 대비되는 확인대상발명도 특허발명의 청구범위에 대응되는 구성요소가 구체적으로 기재되어 있으면 충분하다고 본다. 그러나 화학 관련 발명은 청구범위의 기재만으로는 그 작용기전을 명확히 파악하기 어렵고 구체화된 실시형태에 의하여 비로소 그 발명의 실체를 파악할 수 있는 경우가 많으므로, 비록 청구범위에는 포함되어 있지 아니하더라도 2차적인 구성요소들과 효과까지도 기재함으로써 특허발명과 실질적인 차이점을 대비할 수 있도록 하여야 한다.

원칙적으로 확인대상발명의 설명서 및 도면은 특허심판절차에서만 보정할 수 있을 뿐 소송단계에서는 보정할 수 없다.

[판례] 대법원 2005. 4. 29. 선고 2003후656 판결, 2001. 8. 21. 선고 99후2389 판결

확인대상발명의 설명서 및 도면은 특허심판절차에서만 보정할 수 있을 뿐 심결취소소송에서는 보정할 수 없다.

적극적 권리범위확인심판의 경우에는 실시자가 아닌 상대방이 확인대상발명을 특정하기 때문에 피청구인이 확인대상발명이 아닌 실시주장발명을 실시하고 있으므로 심판청구가 부적법하다는 주장이 흔히 제기된다. 또한, 아주 드물게는 소극적 권리범위확인심판의 경우에도 청구인 자신이 실시할 가능성이 없는 발명을 확인대상발명으로 특정함으로 인해 당사자 사이에 다툼이 벌어지기도 한다.

[판례] 특허법원 2008. 7. 25. 선고 2007허13711 판결, 2002. 5. 10. 선고 2001허2245 판결

적극적 권리범위확인심판청구에 대한 심판사건에서 피심판청구인이 대비되는 발명을 실시하고 있다는 사실에 대한 입증책임은 심판청구인에게 있다.

[판례] 대법원 2003. 11. 4. 선고 2001후2672 판결, 1995. 6. 29. 선고 94후2179 판결

확인대상발명과 실시주장발명이 구성이 서로 달라 동일성이 인정되지 아니하고, 피심판청구인이 실시주장발명을 실시하고 있을 뿐인 경우, 피청구인이 실시하거나 실시하려고 하지도 아니하는 확인대상발명에 대하여 특허발명의 권리범위에 속한다는 심결이 확정된다고 하더라도 그 기판력은 확인대상발명에만 미치는 것이지 확인대상발명과 동일성이 없는 실시주장발명에까지 미칠 리 없으므로, 결국 확인대상발명에 대한 권리범위확인심판청구는 확인의 이익이 없어 부적법하므로 각하되어야 한다.

[판례] 대법원 1991. 3. 27. 선고 90후373 판결

피심판청구인은 심판청구인이 심판의 대상으로 삼고 있는 확인대상고안이 등록고안의 권리범위에 속한다는 점은 다투지 아니한 채, 다만 자신은 확인대상고안과는 그 기술적 구성이 다른 별개의 실시주장고안만을 실시하고 있을 뿐이라고 주장하고 있어, 확인대상고안이 등록고안의 권리범위에 속하는 것이라는 점에 관한 한 심판청구인과 피심판청구인 사이에 다툼이 없다고 볼 여지가 있는바, 이와 같이 실용신안 권리범위확인심판청구의 심판대상이 된 고안이 이미 등록된 실용신안의 권리범위에 속하거나 속하지 아니하는 것이라는 점에 관하여 당사자 사이에 다툼이 없는 경우에는, 그 권리범위의 확인심판을 청구할 수 없는 것이라고 보아야 할 것이므로, 원심으로서는 피심판청구인이 확인대상고안이 등록고안의 권리범위에 속하는 것이라는 점을 인정하는지의 여부를 명백히 밝혀 이 점에 관하여 당사자 사이에 다툼이 없으면 이 사건 심판청구를 각하하였어야 한다.

[사례] 확인대상발명과의 관계에서 그것이 당해 특허발명의 효력이 미치는 범위에 속하는지 여부에 관하여 아무런 다툼이 없다면 그와 같이 확인대상발명이 당해 특허발명의 권리범위에 속하는지 여부에 관하여 굳이 심결이나 판결을 통하여 확정할 아무런 실익이 없다(특허법원 2003. 5. 23. 선고 2001허4821 판결, 2003. 5. 23. 선고 2002허1171 판결).

[판례] 대법원 2005. 10. 14. 선고 2004후1663 판결

특허권자가 아닌 이해관계인이 실시하거나 실시하려고 하지도 아니하는 발명을 확인대상발명으로 삼아 그 발명이 특허권의 권리범위에 속하지 않는다는 심판청구를 하는 것은 확인의 이익이 없어 부적법하므로 각하되어야 한다.

3. 판단방법

특허발명과 확인대상발명의 상관관계에 관한 실체적 판단은 특허발명의 권리범위가 확인대상발명에 미치느냐의 여부가 그 대상이다. 따라서 청구범위의 해석을 통하여 특허발명의 기술적 범위를 확정하고 나서 그 특허발명의 기술적 범위를 확인대상발명과 비교하여 문언침해가 되는가를 판단하며, 나아가 문언침해가 되지 않는다면 균등침해가 되는가, 아니면 이용발명, 생략발명, 불완전이용발명, 선택발명, 우회발명 등과 같은 기타의 이론에 근거하여 침해관계를 인정할 수 있는가 등을 판단하게 된다.

3.1. 문언침해(동일성 판단)

권리범위에 속하는지 여부를 판단하는 가장 일반적인 방법으로, 특허발명과 확인대상발명의 기술적 구성을 대비하여 동일성 여부를 판단함으로써 권리범위에 속하는지를 판단한다. 확인대상발명이 청구범위에 기재되어 있는 기술적 구성요소를 모두 포함하고 있으면 권리범위에 속하는 것이고, 기술적 구성요소를 하나라도 결여하고 있으면 특허발명의 권리범위에 속하지 아니하는 것이다.

[판례] 대법원 2005. 2. 25 선고 2004다29194 판결, 2001. 6. 12. 선고 98후2016 판결
특허발명과 대비되는 확인대상발명이 특허발명의 권리범위에 속한다고 할 수 있기 위해서는 특허발명의 각 구성요소와 구성요소 간의 유기적 결합관계가 특허발명과 대비되는 확인대상발명에 그대로 포함되어 있어야 한다.

[판례] 대법원 2007. 7. 12. 선고 2006도49 판결, 2000. 11. 14. 선고 98후2351 판결
등록고안의 청구범위의 청구항이 복수의 구성요소로 되어 있는 경우에는 그 각 구성요소가 유기적으로 결합된 전체로서의 기술사상이 보호되는 것이지, 각 구성요소가 독립하여 보호되는 것은 아니므로, 등록고안과 대비되는 고안이 등록고안의 청구범위의 청구항에 기재된 필수적 구성요소들 중의 일부만을 갖추고 있고, 나머지 구성요소가 결여된 경우에는 원칙적으로 그 고안은 등록고안의 권리범위에 속하지 않는다.

[분석] 특허발명은 구성요소가 유기적으로 결합된 전체로서 보호되는 것이므로 특허발명의 필수구성요소의 일부를 결여한 확인대상발명은 특허발명의 권리범위에 속하지 않는다.

청구항의 구성요소를 중시하는 견해는 청구항에 기재된 사항을 구성요소별로 나누어 구성요소 전부를 구비하면 특허발명의 권리범위에 속하는 것이고, 그 구성요소의 어느 하나라도 결여하면 특허발명의 권리범위에 속하지 않는 것으로 본다. 이와 같이 특허발명의 기술적 사항을 구성요소별로 나누는 것은 특허발명의 기술구성을 파악하는 것은 물론 특허발명과 대응하여 확인대상발명도 구성요소별로 분해함으로써 상호 비교하는 데 유리하다.

3.2. 균등관계

확인대상발명이 형식적으로는 청구범위의 기재를 벗어나 특허발명의 기술적 구성요소를 일부 결여하고 있는 것으로 보이더라도, 그 결여된 기술적 구성요소 대신에 등가인 기술적 구성요소를 대체함으로써 실질적으로 특허발명의 기술적 요지를 그대로 이용하고 있는 경우에는 예외적으로 균등론이 적용된다. 균등론에 의하면 침해대상물의 기술적 구성요소의 일부가 특허발명의 대응되는 기술적 구성요소와 비록 문언상은 동일하지 않더라도 서로 등가관계에 있는 경우에는 침해대상물이 특허발명의 권리범위에 속한다고 본다. 이와 같이 균등론은 제3자에게 불의의 불이익을 주지 않는 범위 내에서 특허발명의 실질적 가치를 보호하기 위하여 특허발명의 보호범위를 그 청구범위에 기재된 사항의 문언적 의미보다 넓힌 것으로 볼 수 있다.

[판례] 대법원 2003. 10. 24. 선고 2002후1102 판결, 2001. 6. 12. 선고 98후2016 판결

확인대상고안에서 구성요소의 치환 내지 변경이 있더라도, ① 양 고안에서 과제의 해결원리가 동일하며 ② 그러한 치환에 의하더라도 등록고안에서와 같은 목적을 달성할 수 있고 실질적으로 동일한 작용효과를 나타내고 ③ 그와 같이 치환하는 것을 통상의 기술자가 극히 쉽게 생각해낼 수 있을 정도로 자명하다면 ④ 확인대상고안이 등록고안의 출원시에 이미 공지된 기술 내지 공지기술로부터 통상의 기술자가 극히 쉽게 고안할 수 있었던 기술에 해당하거나 ⑤ 등록고안의 출원절차를 통하여 확인대상고안의 치환된 구성요소가 청구범위로부터 의식적으로 제외된 것에 해당하는 등의 특별한 사정이 없는 한, 확인대상고안의 치환된 구성요소는 등록고안의 대응되는 구성요소와 균등관계에 있는 것으로 보아 확인대상고안은 여전히 등록고안의 권리범위에 속한다.

[분석] 상기 판결에서 ① 과제해결원리의 동일성 ② 치환가능성 ③ 치환자명성은 적극적 요건에 해당하고 ④ 공지기술배제의 원칙 ⑤ 출원경과금반언의 원칙은 소극적 요건에 해

당한다.

[분석] 대법원 2003. 10. 24. 선고 2002후1102 판결은 구성요소의 치환에 의해 설령 발명의 주요 과제와는 무관한 부차적인 효과가 나타나더라도 그 효과가 원래 특허발명의 구성요소에 의한 효과와 전혀 다른 효과라면 그 구성, 효과의 차이는 전체적 동일성을 좌우할 정도의 것으로 인정되어 균등관계를 인정할 수 없다는 취지의 판단이어서 주목된다.

[판례] 대법원 2007. 2. 23. 선고 2005도4210 판결, 2006. 6. 30. 선고 2004다51788 판결

특허발명과 대비대상이 되는 제품이 특허발명과 균등관계에 있는지 여부를 판단함에 있어서, 출원인 내지 특허권자가 특허의 출원·등록과정 등에서 대상제품을 특허발명의 청구범위로부터 의식적으로 제외하였다고 볼 수 있는 경우에는 대상제품이 특허발명의 보호범위에 속하여 그 권리가 침해되고 있다고 주장하는 것은 금반언의 원칙에 위배되므로 허용되지 않는다. 그리고 대상제품이 특허발명의 출원·등록과정 등에서 특허발명의 청구범위로부터 의식적으로 제외된 것에 해당하는지 여부는 명세서뿐만 아니라 출원에서부터 특허될 때까지 특허청 심사관이 제시한 견해, 출원인이 제출한 보정서와 의견서 등에 나타난 출원인의 의도 등을 참작하여 판단하여야 한다.

[분석] 출원과정에서 어느 사항을 명세서 및 청구범위에 개시할 것인지는 출원경과 금반언의 원칙과 관련하여 매우 중요한 특허전략이다. 따라서 최초 출원과정에서 무조건 권리범위를 넓게 포섭하는 전략을 구사하다가 심사관의 거절이유통지를 받고 그 거절이유를 회피하기 위하여 권리범위를 좁히는 것은 바람직하다고 할 수 없다. 마찬가지로 어느 구성에 대해 특별한 기술적 의의를 기재하는 것도 사후 권리행사와 연계하여 신중을 기하여야 한다. 이 경우에는 특허를 받는 것이 우선인가 아니면 특허권 행사가 우선인가를 고려해야 하지만, 특허를 받아야만 권리행사가 가능하므로 이를 염두에 두는 전략이 필요하다. 출원경과 금반원의 원칙을 충분히 이해하고 그 바탕위에서 특허를 출원하는 전략을 구사하여야 특허권을 제대로 활용할 수 있다는 사실을 항상 염두에 두어야 한다.

◇ 대법원 2008. 4. 10. 선고 2006다35308 판결

특허발명의 출원과정에서 대상제품이 청구범위로부터 의식적으로 제외된 것에 해당하는지 여부는 명세서뿐만 아니라 출원에서부터 특허될 때까지 특허청 심사관이 제시한 견해 및 출원인이 심사과정에서 제출한 보정서와 의견서 등에 나타난 출원인의 의도 등을 참작하여 판단하여야 하는바, 출원인이 특허청 심사관으로부터 기재불비 및 진보성 흠결을 이유로 한 거절이유통지를 받고서 거절결정을 피하기 위하여 원출원의 청구범위를 한정하는 보정을 하면서 원출원발명 중 일부를 별개의 발명으로 분할출원한 경우 위 분할출원된 발명은 특별한 사정이 없는 한 보정된 발명의 보호범위로부터 의식적으로 제외된 것이라고 보아야 할 것이다.

[판례] 특허법원 2001. 6. 22. 선고 2000허6158 판결

명세서를 보정하는 목적 내지 동기는 그 발명의 신규성, 진보성을 좌우하는 선행기술을 회피하기 위한 경우이거나 기재불비 등의 거절이유를 극복하기 위한 경우이거나 가리지 않고 출원한 발명의 특허를 받기 위한 것이라는 점에서 차이가 없으며, 출원과정에서 심사관의 거절이유통지에 따라 제출된 보정서 등에 의하여 당해 청구범위의 구성요건을 좁게 한정하였다면 출원인은 심사관의 부당한 거절이유통지에 대하여 의견서를 제출하고 그래도 거절결정이 될 경우에는 이에 대한 심판청구, 제소 등의 불복절차로 다툴 수 있음에도 스스로 청구범위를 감축하여 자신의 절차적 권리를 포기한 것이므로 그 후로는 감축한 청구범위에 관하여 청구범위를 확장하여 주장할 수는 없다.

[분석] 특허법원 2001. 6. 22. 선고 2000허6158 판결은 출원경과 금반언의 원칙에 의해 균등의 주장을 완전히 금지하였다. 이 판결은 출원의 보정이 된 경우에는 특허성 여부와 상관없이 일단 청구범위에서 제외된 것은 권리범위에서 제외된다는 점을 분명히 하고 있다.

[분석] 미국에서도 연방대법원의 Festo 판결에서 금반언의 원칙은 선행기술을 회피하기 위한 경우뿐만 아니라 법정 특허요건을 만족시키기 위해 행해진 모든 청구범위의 보정에 해당한다고 하여 기재불비의 요건을 충족시키기 위하여 행해진 보정에도 금반언의 원칙이 적용된다고 판시한다.

[사례] 원고는 출원과정에서 그 청구범위의 반응물질에서 확인대상발명의 반응물질인 'N-에톡시카르보닐피페라진'을 포함하는 일부 반응물질을 삭제하는 보정에 의하여 확인대상발명의 치환된 구성요소가 특허발명의 청구범위에 속하지 아니함을 승인함으로써 이를 특허발명의 청구범위로부터 의식적으로 제외한 것이라고 봄이 상당한바, 결국 원고는 감축한 그 청구범위의 구성에 포함되지 않게 된 반응물질인 확인대상발명의 'N-에톡시카르보닐피페라진'이 특허발명의 반응물질인 '피페라진'과 균등물이라고 주장할 수 없다(특허법원 2001. 6. 22. 선고 2000허6158 판결).

[판례] 특허법원 2006. 4. 27. 선고 2005허4935 판결

등록고안이 아닌 별개의 고안과 관련된 소송에서 그러한 주장을 하였다는 사정만으로는 이 사건 소송에서의 주장이 금반언의 원칙에 어긋나는 것이라고 할 수는 없다.

[분석] 특허소송에서 확립된 금반언의 원칙은 특허심사 단계에서 보정을 하거나 특허 등록 이후에 정정을 한 경우에 그 보정이나 정정의 이유에 반하는 주장을 하는 경우에 한정된다.

[판례] 특허법원 2006. 4. 27. 선고 2004허6736 판결

특허발명이 물건을 생산하는 방법의 발명인 경우, 특허발명과 확인대상발명을 실시하여 생산된 물건의 형상이나 성질이 실질적으로 동일하다는 이유만으로 곧바로 양 발명이 균등관계에 있다고 할 수는 없는바, 이는 서로 다른 방법을 통해서 같은 물건을 제조하는 것도 얼마든지 가능하기 때문이다. 결국 방법발명에 있어서의 효과의 동일성 여부는 그와 같은 방법 자체가 가지는 기술적 장·단점 전체를 고려하여 판단되어야 하고, 오로지 그와 같은 방법을 통하여 생산된 물건의 성질만을 방법발명에 있어 효과 판단의 기준으로 삼을 수는 없다.

3.3. 이용관계

이용발명이란 특허발명의 구성요소를 모두 그대로 가지고 있고 새로운 구성요소를 부가하여 특허를 취득한 경우를 말하며, 선발명이 특허 등록되어 있을 때, 그것을 기초로 하여 새로운 기술적 요소를 덧붙여 새로 부가된 개량적 작용효과 내지는 상승적 효과를 나타내는 후발명이 특허성이 인정되어 독립의 특허로 된 경우에 적용된다. 특허법 제98조는 특허권자가 선출원 특허발명을 이용하여 특허받은 경우에는 선출원 특허권자의 동의를 얻지 아니하고는 자기의 특허발명을 업으로 실시할 수 없다고 규정하고 있어, 이용발명이 선발명의 권리범위에 속하는 것으로 보고 있다.

[특허법] 제98조 (타인의 특허발명 등과의 관계) 특허권자·전용실시권자 또는 통상실시권자는 특허발명이 그 특허발명의 특허출원일 전에 출원된 타인의 특허발명·등록실용신안 또는 등록디자인이나 이와 유사한 디자인을 이용하거나 특허권이 그 특허발명의 특허출원일 전에 출원된 타인의 디자인권 또는 상표권과 저촉되는 경우에는 그 특허권자·실용신안권자·디자인권자 또는 상표권자의 허락을 얻지 아니하고는 자기의 특허발명을 업(業)으로 실시할 수 없다.

[분석] 실무적으로 확인대상발명이 특허발명의 구성요건을 전부 충족하는 이상, 확인대상

발명에 부가된 구조나 공정이 있다고 하더라도 이들 부가부분은 권리범위에 속하는지 여부를 가리는 데 있어서는 참고사항에 불과하고 확인대상발명은 특허발명의 권리범위에 속한다.

[판례] 특허법원 2003. 6. 20. 선고 2002허2518 판결

확인대상발명이 특허발명의 권리범위에 속하는지 여부는 확인대상발명이 특허발명의 필수적 구성요소를 모두 가지고 있는지의 여부에 따라 결정되는 것이어서 확인대상발명이 부가적 구성요소를 더 가지고 있는지의 여부는 확인대상발명이 특허발명의 권리범위에 속하는지의 여부를 판단하는데 영향을 미치지 않는다.

[판례] 대법원 2007. 2. 8. 선고 2005후1011 판결

확인대상발명이 특허발명을 이용하는 관계에 있는 경우에는 확인대상발명은 특허발명의 권리범위에 속하게 되지만, 확인대상발명이 특허발명과 이용관계에 있다고 하기 위해서는 확인대상발명이 특허발명의 기술적 구성에 새로운 기술적 요소를 부가하는 것으로서 확인대상발명이 특허발명의 요지를 전부 포함하고 이를 그대로 이용하되, 확인대상발명 내에 특허발명이 발명으로서의 일체성을 유지하는 경우이어야 하며, 이는 특허발명과 동일한 발명뿐만 아니라 균등한 발명을 이용하는 경우도 마찬가지이다.

[분석] 이용관계는 후발명이 선 특허발명의 기술적 구성에 새로운 기술적 요소를 부가하는 것으로써 후발명이 선 특허발명의 요지를 전부 포함하고 이를 그대로 이용하는 경우에 성립한다.

[분석] 선발명과 후발명이 이용관계에 있으나 후발명이 특허를 취득하지 못한 경우에는, 후발명은 선발명의 구성요소를 모두 가지고 있기 때문에 특별히 이용관계 여부를 따지지 않더라도 당연히 선발명의 권리범위에 속하게 된다.

한편 이용발명의 한 형태로서 선택발명이란 화학분야에서 선행발명을 상위개념으로 할 때 하위개념의 관계에 있고, 선행발명의 명세서에 구체적으로 개시되어 있지 않아 선행발명이 인식하지 못하였으며, 선행발명이 지적한 효과에 비하여 우수한 작용효과를 가져오는 발명을 말한다. 미국과 일본에서는 선택발명이 특허발명에 대한 침해로 인정되고 있으나, 우리나라에서는 학설이 엇갈리고 있다.

3.4. 생략발명 및 불완전이용관계

특허발명의 청구범위에 기재된 기술적 사항과 그 일부를 달리하고 있으나, 그 차이가 단지 특허권침해의 책임을 회피하기 위한 변경에 지나지 않는 것으로 인정될 경우에 문제가 된다. 생략발명이란 특허발명의 구성요소 중 비교적 중요성이 낮은 구성요소를 생략하여 특허발명의 작용효과보다 열악하거나 동일한 효과를 가져오는 발명으로 개악발명이라고도 하며, 불완전이용발명은 생략발명에 일정한 구성요소를 부가한 발명을 말한다. 하지만 실제에 있어 생략발명으로 인정되어 침해가 인정되는 경우는 거의 없다.

[판례] 대법원 2005. 9. 30. 선고 2004후3553 판결

등록고안의 청구범위의 청구항에 기재된 구성요소는 모두 그 등록고안의 구성에 없어서는 아니 되는 필수적 구성요소로 보아야 하므로, 구성요소 중 일부를 권리행사의 단계에서 등록고안에서 비교적 중요하지 않은 사항이라고 하여 무시하는 것은 사실상 청구범위의 확장적 변경을 사후에 인정하는 것이 되어 허용될 수 없다.

[판례] 대법원 2006. 1. 12. 선고 2005후2625 판결

불완전이용고안이나 생략고안이 성립하기 위해서는, 등록고안의 일부 구성요소가 기술적으로 아무런 의미가 없거나 무가치한 한정을 하고 있는 것이 명백한 경우, 확인대상고안이 그와 같은 구성요소만을 제외한 나머지 구성요소 전부를 동일하게 구비하고 있는 예외적 사정이 인정되어야 한다.

[분석] 생략발명이 성립하기 위한 요건은 ① 양 발명이 동일한 기술사상을 가지고 있을 것, ② 생략된 구성요소가 비교적 중요하지 않은 구성요소일 것, ③ 그와 같은 생략에 의하여서도 당해 특허가 목적으로 하는 특별한 작용효과를 발휘할 수 있어야 한다.

[분석] 특허발명의 권리범위 해석은 원칙적으로 청구범위에 기재된 문언에 기초하여야 한다. 일반적으로 특허발명의 모든 구성요소는 필수적인 것으로 보아야 하므로 침해의 성립여부는 확인대상발명이 특허발명의 모든 구성요소를 구비하고 있는지를 비교하여 판단한다. 따라서 확인대상발명과 특허발명의 청구범위에 기재된 전체 구성요소를 비교하여 확인대상발명이 특허발명의 전체 구성요소를 포함하고 있는지를 검토하고 나아가 확인대상발명의 각 구성요소가 특허발명의 청구범위에 기재된 대응되는 구성요소의 문언적 범위에 속하는지를 판단한다.

[판례] 특허법원 2002. 2. 22. 선고 2001허2979 판결, 2000. 9. 7. 선고 99허9755 판결

특허발명의 보호범위는 청구범위에 기재된 사항에 의하여 정하여지는 것이고 청구범위는 발명의 구성에 없어서는 아니 되는 사항만으로 기재되어야 하는 것이므로, 청구범위의 각 구성요소는 보호받고자 하는 범위를 구체적으로 한정하는 필수적 구성요소를 이루고 있는 것으로 보아야 하고, 어떤 구성요소가 기술적으로 의미가 없는 무가치한 한정을 하고 있는 것이 아닌 한, 이를 핵심적 부분이 아니라는 이유로 무시하여 그와 동일하거나 균등물에 해당하는 구성요소를 가지고 있지 아니한 확인대상발명에까지 권리범위를 확장할 수는 없다.

[판례] 대법원 2006. 11. 23. 선고 2005후18 판결

특허발명이 종래기술에서 일반적으로 사용되던 기술적 수단을 생략하였음을 특징으로 하는 구성을 가지고 있는 경우, 그에 대비되는 확인대상발명이 그 생략된 기술적 수단을 명시적으로 채택하고 있다면, 그 확인대상발명은 특허발명의 위 구성을 갖추지 못한 것으로서 특허발명의 권리범위에 포함되지 않는다.

3.5. 우회발명

우회발명에 대해서는 발명으로서 무가치한 공정을 부가하여 우회의 길을 가는 확인대상발명이 특허발명의 침해가 된다고 보는 것이 판례와 학설의 주류를 이루고 있다.

[용어] 우회발명이란 선행특허발명과 기술사상을 같이하는 것이면서도 그 보호범위를 벗어나기 위하여 무용의 물질이나 공정을 부가하여 일부러 우회의 길을 가는 것으로서, 결국 발명으로서는 동일한 것으로 귀착되는 관계에 있는 것을 말한다.

[판례] 특허법원 2007. 10. 18. 선고 2007허1145 판결

확인대상발명이 우회발명으로 성립되기 위해서는 '선행의 특허발명과 본래 그 기술사상을 같이 하는 것이면서 그 보호범위를 벗어나기 위하여 무용의 물질이나 공정을 부가하여 일부러 우회의 길을 선택하고 있을 뿐, 발명으로서는 동일한 결과를 얻는 관계에 있는 것'을 말한다.

[판례] 대법원 2001. 6. 15. 선고 98후836 판결

확인대상발명의 출발물질은 특허 받은 신규물질로서 특허발명의 출원시점이나 확인대상발명의 제조시점까지 공지되지 않은 물질임을 알 수 있으므로, 특허발명의 출발물질을 확인대상발명의 출발물질로 치환하는 것을 통상의 기술자가 쉽게 생각해 낼 수 있을 정도로 자명한 경우에 해당한다고 보기는 어렵고, 이와 같이 출발물질이 상이한 이상, 확인대상발명이 우회발명에 해당한다고 볼 여지도 없다.

[사례] 하나의 화합물 내에 여러 개의 관능기가 있는 경우, 어느 특정한 관능기만을 선택적으로 반응시키고자 할 때에는 다른 관능기를 보호기에 의해 일시 반응으로부터 차단시킨 다음 그 특정한 관능기에서의 반응이 완료되었을 때 위 보호기에 의해 보호된 관능기를 원상회복시키는 공정은 이 사건과 같은 유기합성 분야에서 널리 알려진 관용기술이라 할 것인데, 양 발명의 용매, 온도, 시간 등의 반응조건 역시, 특허발명의 청구범위에 그에 대한 아무런 한정사항이 기재되어 있지 아니한 이상, 특허발명은 통상의 기술자가 위 반응조건을 임의로 적절하게 선택하여 실시할 수 있는 것으로 보아야 할 것이고, 확인대상발명은 그 출발물질, 반응물질 및 목적물질이 특허발명과 동일하고 그 제조방법도 반응물질인 피페라진을 출발물질의 C-7 위치에 결합시켜 목적물질을 만드는 특허발명의 주반응의 반응기전을 그대로 이용한다는 점에서 그 기술적 사상과 핵심적인 구성이 동일하며, 다만 확인대상발명이 출발물질에 알루미늄클로라이드를 반응시켜 중간체를 거치는 구성을 부가한 차이가 있기는 하지만, 이 부가공정은 주지관용기술에 의하여 쉽게 부가시킬 수 있는 공정에 불과하고, 그 작용효과 역시 주지관용기술을 부가함으로 인한 효과 이상으로 우월하거나 현저하게 향상되었다고 보기 어려우므로, 확인대상발명은 특허발명과 상이한 발명이라고 볼 수 없어 특허발명의 권리범위에 속한다(대법원 2000. 7. 4. 선고 97후2194 판결).

3.6. 무효의 항변

특허발명이 일정한 무효사유를 가지고 있는 경우에는 특허무효의 심결이 확정되지 않았다고 하더라도, 침해소송이나 권리범위확인심판에서 특허가 당연무효이므로 그 권리범위를 인정할 수 없어 침해로 성립되지 않는다는 주장을 말한다. 한편, 특허발명의 청구범위 기재나 발명의 설명 기타 도면의 설명에 의하더라도 특허출원 당시 발명의 구성요건의 일부가 추상적이거나 불분명하여 그 발명 자체의 기술적 범위를 특정할 수 없을 때나, 특허발명이 실시가 불가능한 것인 경우에는 특허발명의 권리범위가 부정된다.

실제로 소극적 권리범위확인심판의 청구인이나 적극적 권리범위확인심판의 피청구인은 상대방의 등록권리가 신규성이 결여되어 그 권리범위를 인정할 수 없으므로 확인대상발명과의 실체적 대비를 할 필요도 없이 확인대상발명이 그 권리범위에 속하지 않는다는 주장을 하게 된다.

[판례] 대법원 2005. 12. 23. 선고 2005후285 판결, 1986. 12. 9. 86도1147 판결

실용신안권은 신규의 고안에 대하여 부여되는 것으로 실용신안권 권리범위확인심판청구 사건에서 그 권리범위를 정함에 있어서는 출원 당시의 기술수준이 당연히 고려되어야 할 것이므로, 등록고안의 전부가 출원 당시 공지된 것이었다면 그 권리범위를 인정할 근거가 상실되어 그 등록고안에 대한 무효심판이 확정되기 전이라도 권리범위를 인정할 수 없다.

◇ 대법원 1991. 10. 25. 선고 90후2225 판결

확인대상고안이 등록고안의 권리범위에 속하는지 여부를 가리는 경우에는 확인대상고안의 공지 여부를 판단할 것이 아니라, 등록고안의 출원 당시 공지 여부를 가려 만약 등록고안이 공지된 기술에 속하는 것이라면 등록고안의 권리범위는 인정되지 않는다 할 것이고, 이와 같은 경우 확인대상고안은 등록고안과 대비할 필요 없이 그 권리범위에 속하지 않는다.

[분석] 확인대상발명이 특허발명의 권리범위에 속하는지 여부의 판단은 논리적으로는 특허발명의 보호범위를 대전제로 하고 확인대상발명을 소전제로 하여, 후자가 전자에 포섭되는지 여부를 판단하는 것이므로 확인대상발명의 특정에 앞서 특허발명의 보호범위가 확정되어 있어야 한다.

[분석] 권리범위확인심판에서는 특허발명의 특허성 여부를 살핀 다음 확인대상발명의 공지 여부를 살피는 것이 바람직하다는 취지이나, 상기 판결에서도 이들의 선후 관계가 바뀌어도 심결 결과에 영향을 미칠 바가 되지 못하는 것이어서 심결의 파기사유가 되지는 않는다고 밝히고 있다. 실무적으로도 등록고안 및 확인대상고안의 공지 여부에 대해서는 특별히 선후 관계를 구분하여 살피고 있는 것은 아니다.

[사례] 특허발명의 구성이 공지기술인 선행발명의 구성과 동일하고, 작용효과도 동일하여 신규성이 부정되므로, 확인대상발명은 특허발명과 대비할 필요도 없이 그 권리범위에 속하지 않는다(대법원 2006. 10. 13. 선고 2005후1509 판결).

[판례] 대법원 2003. 1. 10. 선고 2002후1812 판결, 2003. 1. 10. 선고 2002후1843 판결

권리범위확인심판에서 등록된 특허의 권리범위를 인정하기 위해서는 신규성만 있으면 족하고, 나아가 진보성까지 인정되어야 하는 것은 아니다.

[판례] 특허법원 2000. 12. 22. 선고 99허1539 판결

특허발명의 청구범위 제1항은 정정 전후를 막론하고 구 특허법 제4조 제1호에 규정된 음식물 또는 기호물의 발명에 해당되어 특허 받을 수 없는 발명에 해당되고, 청구범위 제2항 내지 제4항도 제1항의 구성성분 내지 최종 혼합물인 음식물을 한정하고 있는 데 불과하여 마찬가지로 특허를 받을 수 없는 발명에 해당되므로, 원고는 특허발명의 권리범위를 주장할 수 없다.

[판례] 대법원 2004. 10. 28. 선고 2000다69194 판결

특허의 무효심결이 확정되기 이전이라고 하더라도 특허권침해소송을 심리하는 법원은 특허에 무효사유가 있는 것이 명백한지 여부에 대하여 판단할 수 있고, 심리한 결과 당해 특허에 무효사유가 있는 것이 분명한 때에는 그 특허권에 기초한 금지와 손해배상 등의 청구는 특별한 사정이 없는 한, 권리남용에 해당하여 허용되지 않는다.

[판례] 대법원 2007. 7. 26. 선고 2006도3483 판결, 2004. 2. 27. 선고 2002도4760 판결

타인의 등록실용신안권을 침해하였다는 행위가 그 실용신안의 등록을 무효로 한다는 심결이 확정되기 이전에 이루어졌다고 하더라도, 그 후 그 실용신안등록을 무효로 한다는 심결이 확정되었다면 침해되었다는 실용신안권은 처음부터 존재하지 아니하였던 것이 되므로, 그와 같은 행위를 실용신안법 소정의 실용신안권 침해행위에 해당한다고 볼 수 없다.

3.7. 자유실시기술의 항변

자유실시기술은 당해 특허발명의 출원시점에 있어서 공지된 기술과 동일하거나 그로부터 그 출원시에 통상의 기술자가 쉽게 창작해 낼 수 있는 기술로서, 어떠한 실시기술이 자유기술의 영역에 포함된다면, 그 기술에 대해서는 어느 누구도 권리를 주장할 수 없는 공지의 기술을 의미하는 것으로 이는 누구나 자유롭게 실시할 수 있는 공공의 재산이라고 할 수 있어 이와 같은 공공의 재산인 공지기술에 대해 특정인이 자기의 권리라는 이름 아래 타인의 실시를 방해해서는 안 되고 누구나 자유롭게 사용할 수 있는 기술영역에 해당하는 것으로 본다.

공지기술은 누구나 자유롭게 실시할 수 있는 기술이고, 신규성이 없는 기술의 영역과 진보성이 없는 기술의 영역은 모두 그것에 특허를 부여하지 않고 있으므로, 그 두 영역 모두를 침해의 대상에서 제외하여 자유롭게 사용할 수 있는 기술로 상정한 것이다.

[판례] 대법원 2008. 11. 13. 선고 2006후428 판결, 2001. 10. 30. 선고 99후710 판결
어느 발명이 특허발명의 권리범위에 속하는지를 판단함에 있어서 특허발명과 대비되는 발명이 공지의 기술만으로 이루어지거나 통상의 기술자가 공지기술로부터 쉽게 실시할 수 있는 경우에는 특허발명과 대비할 필요 없이 특허발명의 권리범위에 속하지 않게 된다.

[분석] 특허발명의 권리범위에 확인대상발명이 속하는지 여부를 가리는 권리범위확인심판에 있어서 확인대상발명의 실시자는 확인대상발명이 특허발명의 기술적 구성요소와 상이하다는 주장과 함께 ① 특허발명이 공지기술만으로 구성되어 있다는 점 ② 확인대상발명이 자유실시기술에 해당한다는 점을 주장하는 것이 일반적이다. 자유실시기술의 항변이란 자기가 실시하고 있는 확인대상발명이 특허발명의 출원 전에 공지된 기술로부터 누구나 자유롭게 실시할 수 있는 기술에 해당한다는 주장으로, 이러한 주장이 받아들여지면 특허발명과 대비할 것도 없이 특허발명의 권리범위에 속하지 않게 된다.

Ⅴ. 특허취소신청

1. 의의

특허 부여 후 일정기간(6개월)에 공중에게 특허의 재검토를 요구하는 기회를 부여하고, 제3자의 신청이 있는 경우 등록특허를 신속히 재검토하여 하자가 있는 특허를 조기에 시정함으로써 권리의 안정성을 도모하는 것을 목적으로 마련된 제도이다.

《표》 특허취소신청과 무효심판제도의 비교

구 분	특허취소신청	무효심판
취 지	특허권의 조기 안정화	당사자 간의 분쟁해결
절 차	결정계 절차 (특허청과 특허권자)	당사자계 절차 (심판청구인과 특허권자)
청구인 적격	누구나	이해관계인 또는 심사관
신청/청구 기간	설정등록일부터 등록공고 후 6개월까지 (권리 소멸 후에는 불가)	설정등록 후 언제나(권리 소멸 후에도 가능)
취 하	청구항 별로 가능하고 결정등본이 송달되기 전까지 가능, 단 취소이유 통지 후에는 불가능	청구항 별로 가능하고 심결이 확정되기 전까지 가능, 단 답변서 제출 후에는 상대방의 동의 필요
취소/무효 이유	특허법 제29조(신규성, 진보성, 확대된 선원), 특허법 제26조(선출원)에 규정된 사유에 해당될 때	특허법 제133조 제1항(신규성, 진보성, 기재불비, 모인출원, 공동출원 위반, 권리향유 위반, 조약 위반 등)에 규정된 사유에 해당될 때
심리방식	서면심리	서면심리 및 구술심리
복수 사건의 심리	(원칙) 병합 심리	(원칙) 사건별 심리
결정·심결	취소결정, 기각 또는 각하(취소결정 전에 취소 이유 통지)	무효, 기각 또는 각하
불복 소제기	취소결정, 신청서 각하에 대해서는 특허청장을 피고로 특허법원에 불복 가능하나 기각, 합의체의 각하 결정에 대해서는 불복불가	청구인 피청구인 모두 상대방을 피고로 하여 특허법원에 제소 가능

2. 특허취소신청의 내용 및 절차

2.1. 신청인 및 당사자

(1) 특허취소신청인

특허취소신청은 이해관계인으로 한정되지 않고 누구든지 할 수 있다(특허법 제132조의 2). 구체적으로, 자연인, 법인 및 법인이 아닌 사단 또는 재단으로서 대표자 또는 관리인이 정해져 있는 것이 해당한다. 다만 익명으로는 특서취소신청을 할 수 없고(특허법 제132조의 4), 특허고객번호가 없는 경우 특허고객번호를 부여받아야 한다.

(2) 특허취소신청의 피신청인

특허취소신청의 피신청인은 현재 특허원부에 특허권자로 등록되어 있는 자이다. 권리가 공유인 경우, 공유자 전원을 피신청인으로 하여 청구하여야 한다.

(3) 특허취소신청의 참가인

특허취소신청에 참가할 수 있는 사람은 특허에 대한 권리를 가진 자(전용실시권자, 통상시실권자) 또는 특허권에 관한 이해관계를 가진 자이다. 이 경우, 특허권자를 보조하기 위해 보조참가만 허용되고 당사자 참가는 허용되지 않는다. 또한 특허취소신청인측의 참가는 허용되지 않는다.

참가인은 특허권자를 보조하기 위해, 공격·방어 방법의 제출, 그 외 모든 심판절차를 밟을 수 있다(특허법 제155조 제4항). 참가인에게 심판절차의 중단 또는 중지의 원인이 있으면, 그 중단 또는 중지는 피참가인(특허권자)에 대해서도 그 효력이 발생한다(특허법 제155조 제5항). 참가인에게는 특허권자와 동일하게 관계서류가 송부된다.

참가신청이 있는 경우에는 참가신청서 부본을 특허권자 및 다른 참가인에게 송달하고, 기간을 정하여 의견서를 제출할 수 있는 기회를 주어야 한다. 심판으로 참가 여부를 결정하며, 결정에 대해서는 불복할 수 없다(특허법 제156조).

2.2. 특허취소신청 이유

특허취소신청은 특허법 제132조의 2에 규정된 이유에 한정되고, 그 이외의 것을 이유로 하여 특허취소신청을 할 수 없다.

① 특허법 제29조 위반인 경우 : 신규성, 진보성 및 확대된 선원

② 특허법 제36조 제1항부터 제3항까지의 규정에 위반된 경우 : 선출원

신규성 또는 진보성을 위반의 근거로 사용되는 선행기술은 서면 또는 전기통신 회선을 통하여 공개된 자료에 한정된다. 즉, 특허법 제29조 제1항 제1호에 규정된 공지 공연 발명은 제외된다.

특허공보에 게재되고, 심사과정에서 거절이유로 사용된 선행기술(패밀리 특허 포함)에만 기초하여 특허취소신청을 할 수 없다. 그러나 다른 선행기술과 결합하여 진보성을 부정하는 근거로는 사용될 수 있다.

특허취소신청의 이유 및 증거가 없거나 현저하게 불비하여 실질적으로 이유가 없다고 판단되는 경우, 합의체가 결정으로 특허취소신청을 각하한다.

2.3. 특허취소신청의 신청 대상 및 기간

(1) 특허취소신청 대상

특허(실용신안) 취소신청의 대상은 2017. 3. 1. 이후 설정등록된 특허 및 실용신안이다(2016. 2. 29. 개정 특허법, 부칙 제10조). 청구항이 2 이상인 때에는 청구항마다 취소신청을 할 수 있다. 다만, 특허권·실용신안권이 소멸된 후에는 취소신청을 할 수 없다. 무효심판에서는 특허권·실용신안권이 소멸된 이후에도 청구할 수 있다는 규정이 있으나, 취소신청에서는 관련 규정이 없으므로 특허권·실용신안권이 소멸된 후에는 신청할 수 없는 것으로 해석된다.

(2) 특허취소신청의 신청기간

누구든지 특허권의 설정등록일부터 등록공고일 후 6개월이 되는 날까지 특허취소신청을 할 수 있다. 이 기간이 경과한 특허취소신청에 대해서는 소명기회를 준 후 반려한다(특허법 시행규칙 제11조 제1항 제7호). 특허권 소멸 후의 특허취소신청에 대해서는 그 흠을 보정할 수 없는 부적법한 신청으로서 합의체가 결정으로 특허취소신청을 각하한다. 특허취소신청이 있은 후 특허권이 소급적으로 소멸한 경우에도 그 흠을 보정할 수 없는 부적법한 신청으로서 합의체가 결정으로 각하한다. 다만, 특허취소신청이 먼저 신청된 후, 권리소멸사유 발생시점부터 권리가

소멸하는 이유(예를 들면, 권리 포기, 외국인의 권리능력 등)에 의해 특허권이 소멸한 경우에는, 취소결정의 소급효에 의해 권리의 설정등록시부터 권리소멸시까지의 특허권의 효력을 없앨 수 있는 실익이 있으므로, 특허취소신청을 각하하지 않고 심리를 진행하여 취소신청에 대한 결정을 한다.

(3) 특허취소신청의 취하기간

특허취소신청은 결정등본이 송달되기 전까지 취하할 수 있다. 다만, 특허권자 및 참가인에게 취소이유가 통지된 후에는 취하할 수 없다(특허법 제132의12조 제1항). 특허취소신청은 신청인의 자유의사에 따라 하는 것이며 그 취하도 원칙적으로 신청인의 의사에 맡겨져야 할 것이나, 결정등본의 송달이 있은 후에 취하할 수 있도록 하면 특허의 하자 여부에 대한 판단결과를 활용하지 못하게 되고, 합의체가 취소이유를 통지한 후에 취하를 허용하는 것은 하자 있는 특허권을 방치하는 결과를 초래하여 공익적인 관점에서 바람직하지 않기 때문이다. 특허취소신청에 대한 취하는 청구항마다 할 수 있다(특허법 제132의12조 제2항).

3. 특허취소신청의 심사 및 심리

3.1. 특허취소신청의 심리 및 종결

3인 또는 5인의 심판관 합의체가 행한다. 특허취소신청에 대한 심리는 모두 서면심리로 한다. 특허취소신청에 대한 심리는 특허취소신청인이 제출한 취소이유 및 증거에 대해 특허권자가 답변하는 것이 아니라, 심판장이 통지한 취소이유에 대해 특허권자가 의견서 등을 제출함으로써 진행된다. 합의체가 심리하여 특허취소신청이 이유 있다고 판단했을 때에는 특허권자 및 참가인에게 취소이유를 통지하고, 기간을 지정하여 의견서 제출 및 정정의 기회를 준다(특허법 제132의12조 제2항). 특허를 유지해야 한다고 판단했을 때는 곧바로 기각결정을 한다.

3.2. 불복

특허취소결정에 대해서는 특허권자, 참가인 또는 참가신청이 거부된 자는 결정등본의 송달이 있던 날로부터 30일 이내에 특허법원에 소송을 제기할 수 있다.

결정에 대한 소송은 특허청장을 피고로 해야 한다.

3.3. 취소결정의 효과

취소결정이 확정됐을 때는 특허권은 처음부터 존재하지 않았던 것으로 본다(특허법 제132의13조의 제3항). 특허취소신청에 있어서는 무효심판의 심결에 대한 일사부재리의 규정과 같은 규정은 마련되지 않아 일사부재리 효과는 발생하지 않는다. 또한, 특허취소신청과 무효심판과의 사이에 있어서도 일사부재리 효과는 발생하지 않는다.

3.4. 취하

특허취소신청은 결정등본이 송달되기 전까지 취하할 수 있다. 다만, 특허권자 및 참가인에게 취소이유가 통지된 후에는 취하할 수 없다. 특허취소신청은 신청인의 자유의사에 따라 하는 것이며 그 취하도 원칙적으로 신청인의 의사에 맡겨져야 할 것이나, 결정등본의 송달이 있은 후에 취하할 수 있도록 하면 특허의 하자 여부에 대한 판단결과를 활용하지 못하게 되고, 합의체가 취소이유를 통지한 후에 취하를 허용하는 것은 하자 있는 특허권을 방치하는 결과를 초래하여 공익적인 관점에서 바람직하지 않기 때문이다. 특허취소신청에 대한 취하는 청구항마다 할 수 있다.

4. 특허취소신청 관련 사항

3.1. 특허취소신청에서의 정정

(1) 정정의 범위

특허취소신청에서 정정은 특허법 제135조 제1항 각 호 및 제135조 제3항 내지 제5항에 규정된 범위 내에서 할 수 있다. 다만, 취소신청된 청구항에 대해서는 독립특허요건(정정한 후의 발명이 특허출원시 특허를 받을 수 있을 것)을 판단하지 않고, 다른 정정요건에 적합하면 정정을 인정한 다음 심리한다. 한편, 취소신청이 제기되지 않은 청구항에 대한 정정에 대해서는 다른 정정요건과 함께 독립특허요건을 판단한다.

(2) 정정청구 방식

정정청구는 소정의 정정청구서로 해야 한다. 또한, 정정청구서의 청구취지 및 이유는 정정청구서의 기재요건을 만족하도록 해야 한다. 정정청구는 정정심판과 같이 전용실시권자 등의 동의(특허법 제136조 제8항), 심판청구 방식(특허법 제140조 제1항, 제2항, 제5항) 및 공동심판(특허법 제139조 제3항)의 규정이 준용된다(특허법 제132의3조 제3항).

(3) 정정 효과

정정을 인정하는 취지의 특허취소신청에 대한 결정이 확정되었을 때에는 정정명세서 등에 의해 특허출원, 출원공개, 특허결정 또는 심결 및 특허권의 설정 등록이 된 것으로 간주된다.

3.2. 특허취소신청과 심판이 동시에 계속 중인 경우

(1) 심리

특허취소신청과 심판이 동시에 계속 중인 경우, 양 사건은 별개의 사건으로서 절차를 독립적으로 진행하는 것이 원칙이나, 심판장은 심리의 진행 정도, 사건의 내용, 결정 및 심결의 효과 등을 종합적으로 고려하여 양 사건을 처리함에 우선순위를 정하여 심리를 진행할 수 있다.

특허취소신청과 무효심판이 동시에 계속 중인 경우에는, 다음과 같은 점을 고려하여 무효심판을 우선하여 심리할 수 있다. ① 무효심판은 침해사건 등 특허분쟁에 관련해서 청구되는 경우가 많고 분쟁의 조기 해결의 관점에서 신속한 심리를 요구한다(신속심판 등). ② 심판결과에 따라 소송에 의한 분쟁 해결 가능성을 상정하여 무효심판을 선택한 무효심판 청구인의 의사를 존중할 필요가 있다. ③ 무효심판에서는 청구인이 심리에 참여하여 적극적으로 의견을 제출할 수 있다. 특허취소신청 심리가 상당히 진행되어 있어 조기에 특허취소신청에 대한 결정이 가능할 때는 특허취소신청을 우선해서 심리할 수 있다. 또한, 특허취소신청에 관한 증거가 무효심판 관련한 증거보다 증명력이 더 높아 특허취소신청을 우선해서 심리하는 것이 해당 특허권에 대한 분쟁의 신속한 해결에 이바지할 때에도 특허취소신청을 우선해서 심리할 수 있다.

특허취소신청이 특허심판원에 계속 중인 경우 그 결정이 확정될 때까지는 정정심판을 청구할 수 없으나, 특허취소신청 전에 정정심판이 청구되거나, 무효심판의 심결 또는 정정무효심판의 심결에 대한 소가 특허법원에 계속 중일 경우에는 특허법원에서 변론이 종결될 때까지 정정심판을 청구할 수 있으므로, 특허취소신청과 정정심판이 특허심판원에 동시에 계속 중인 경우가 발생할 수 있다. 특허취소신청과 정정심판이 동시에 계속 중인 경우, 정정심판에 의해 정정된 명세서 및 도면이 권리범위에 대한 특허권자의 최종 의사임을 존중하여 정정심판을 우선하여 심리할 수 있다. 또한, 정정심판의 정정사항이 간단하여 심결을 조기에 할 수 있는 경우에도 정정심판을 우선하여 처리하는 것이 바람직하다. 다만, 특허취소신청의 심리가 이미 성숙되어 조기에 결정이 가능한 때는 특허취소신청의 심리를 우선해서 심리할 수 있다.

(2) 절차중지 및 해제

심판장은 필요한 경우 특허취소신청과 심판 중 어느 하나의 결정 또는 심결이 확정될 때까지 다른 하나에 대해 절차를 중지할 수 있다. 절차중지를 할 때는 절차중지통지서를 특허권자, 특허취소신청인(무효심판 청구인) 및 참가인에게 통지한다. 절차의 중지를 해제할 때에는 절차중지취소통지서를 이들에게 통지한다.

제5장

식품특허명세서 작성요령

Ⅰ. 명세서 작성에 앞서

Ⅱ. 선행기술의 조사 및 분석

Ⅲ. 특허명세서 견본과 작성방법

Ⅳ. 착상에서 발명에 이르기까지

Ⅰ. 명세서 작성에 앞서

‘구슬이 서 말이라도 꿰어야 보배’라는 말이 있듯이, 아무리 식품에 관한 지식이 있고 식품심사실무가이드를 어느 정도 이해하고 있어도 결국에는 특허명세서를 제대로 작성할 수 있느냐가 관건이 될 수밖에 없다. 실제로 특허명세서를 올바로 작성하기란 여간 어려운 일이 아니다. 또한 청구범위를 정확히 분석하는 작업도 결코 쉬운 일이 아니다. 식품분야는 다른 분야에 비해 특허명세서 작성이 여간 까다롭지 않고 그로 인해 특허를 받기도 쉽지 않은 편이다. 따라서 식품분야 특허명세서 작성의 중요성은 아무리 강조해도 지나치지 않을 것이다.

여기서는 식품분야 특허명세서 견본을 소개하고 이 견본을 중심으로 식품분야 특허명세서의 구성은 물론, 실제로 특허명세서를 작성하는 과정에서 유의할 사항에 대해 상세하게 설명하기로 한다. 현실적으로 식품분야 특허출원이 효과적으로 이루어지기 위해서는 무엇보다 식품에 관한 전문지식이 있는 변리사를 선정하는 것이 일차적인 과제라 할 수 있다.

다소 우려되는 바는, 식품분야 특허명세서 작성방법의 해설로 인해 자칫 손수 특허명세서를 작성하려는 개인출원인의 수가 늘어나지 않을까 하는 점이다. 그럼에도 불구하고 특허명세서 작성방법을 구체적으로 설명하는 이유는 식품특허는 식품분야에 관한 전문지식이 있는 변리사에게 명세서 작성을 의뢰하는 것이 바람직하다는 점을 강조하기 위한 것이다. 막상 식품분야 전문 변리사에게 명세서 작성을 의뢰하더라도 자신의 발명이 올바르게 기재되었는가를 알 수 있기 위해서는 특허명세서에 대한 기초적인 지식이 있어야 한다.

실제로 애써 착안한 발명이 특허명세서를 잘못 작성하여 특허를 받지 못하게 되는 경우가 비일비재한 현실을 감안하면 식품분야 특허출원의 경우에는 무엇보다 식품과 특허에 관한 기본적인 이해가 전제되어야 한다.

[유의] 아이디어의 착상이 있으면 이를 수시로 메모하여 발명으로 구체화하는 것이 필요하다. 이때는 한 번에 발명을 완성하려고 하지 말고 꾸준히 보완하려는 자세를 견지하는 것이 중요하다. 그리고 실제로 발명자가 실시해 본 사례 중에서 가장 바람직한 사례를 중심

으로 발명을 구체화하고 실시예를 중심으로 점차 살을 붙여나가는 형식을 취하며, 나중에 명세서 형식에 맞게 처음부터 다시 정리하는 것이 좋다. 물론 왜 실시예의 범위 내에서 좋은 결과를 얻게 되는지에 대한 심도 있는 분석(기술적 의의)이 있어야 한다. 이처럼 식품분야 발명은 한 단계씩 차근차근 접근해 가는 것이 필요하다.

[유의] 일반적으로 식품특허출원의 등록결정률은 약 40% 정도에 불과한 실정으로써 전체 특허출원의 등록결정률인 70% 내외에 비해 크게 뒤떨어지고 있다. 이는 식품특허출원이 기술의 진보성 및 특허명세서의 기재요건을 충족시키기가 용이하지 않기 때문이다. 실제로 다른 분야의 특허출원에 비해 특허명세서의 기재가 불비하여 특허를 받지 못하는 경우가 많은 실정이다. 따라서 식품특허출원이 성공적으로 이루어지기 위해서는 식품특허명세서 작성방법과 식품발명의 구체화 과정에 대한 폭넓은 이해가 선행되어야 한다. 어느 분야든지 마찬가지지만, 특히 식품분야의 발명은 특허명세서의 작성에 심혈을 기울여야 한다. 따라서 변리사 등의 특허전문가에게 의뢰하는 경우에도 식품에 관한 전문지식이나 경험이 있는지를 확인하는 것이 일차적인 과제가 되어야 한다.

[특허 쉼터] 변리사의 선택

(1) 변호사와 변리사의 비교

변호사(辯護士)와 변리사(辨理士)를 한자어 자체로 비교해 보면, '변호(辯護)'는 '논리에 맞는 뛰어난 말솜씨로써 사람을 보호하고 도와준다'라는 의미이고, '변리(辨理)'는 '이치에 맞게 칼로 다듬듯이 청구범위(권리범위)를 잘 다듬는다'라는 의미이다. 따라서 변호사를 선임하고자 할 때에는 논리에 맞는 유창한 언변을 구사할 수 있는 전문가를 찾아야 하고, 변리사를 선임하고자 할 때에는 이치에 맞게 청구범위를 잘 다듬을 줄 아는 전문가를 찾아야 한다. 그래서 특허와 같은 이치를 따지는 곳에서는 변리사가 필요하고, 일반 소송분쟁에서는 논리에 맞게 말을 잘하는 변호사가 필요하다. 이처럼 일반법을 다루는 변호사와는 달리 전문기술분야와 연계된 특허법을 다루는 변리사는 나름대로의 전문기술분야가 있기 마련이므로 특허명세서 작성을 의뢰하고자 할 경우에는 변리사의 전문기술분야를 고려하여야 한다. 식품분야의 경우 기술의 진보성보다도 현실적으로 특허명세서 작성이 문제가 되어 특허를 받지 못하게 되는 경우가 더 많다는 사실도 간과해서는 안 된다. 따라서 식품특허출원을 위해서는 식품분야에 전문지식을 겸비하고 경험 있는 변리사를 선임하는 것이 관건이라고 할 수 있다.

(2) 수임료의 기준

실제로 변리사를 선정한 다음에도 도대체 변리사 수임료는 얼마가 바람직한 것인가에 대해 의문을 갖게 되는 경우가 많다. 그러나 일률적으로 얼마가 적당하다고 하는 것은 바람직하다고 할 수 없다. 중요한 건, 개척발명의 건, 로열티(Royalty) 수입이 예상되는 건 등의 경우에는 정해진 금액보다는 특허명세서를 작성하는 데 어느 정도의 시간이 소요되는가를 기준으로 하는 Time Charge 형식이 바람직하다고 할 수 있다. 대신 방어출원의 성격 건, 개량발명의 건 등의 경우에는 비싼 수임료를 지불하는 것은 바람직하지 않다고 할 수 있다. 따라서 가급적이면 해당 기술분야의 실무경험이 풍부한 변리사에게 의뢰하는 것을 원칙으로 하되, 사안에 따라 변리사의 선택을 달리하는 전략이 바람직하다.

(3) 변리사의 선임비율

일반적으로는 98% 정도이나, 식품분야의 경우에는 90% 정도에 불과한데, 이것도 식품분야 등록결정률이 낮은 원인의 하나로 분석되고 있다.

(4) 식품분야 출원현황

국내 식품특허의 출원현황을 분석해 보면, 1980년 이후 매년 증가세를 유지해 오는 가운데 1990년 이후부터는 매년 70~80건 내외의 증가를 보여주고 있다. 식품분야의 특허출원은 국내 전체 특허출원의 2%에 해당할 정도로 비중이 커지고 있으며 앞으로도 기능성식품에 대한 국민적 관심과 특허에 대한 열망에 따라 이러한 추세는 가속화할 것으로 예상된다.

Ⅱ. 선행기술의 조사 및 분석

특허명세서를 올바로 작성하기 위해서는 해당 기술분야의 선행기술을 올바르게 조사·분석하는 일이 선행되어야 한다. 선행기술조사의 목적은 출원된 발명의 신규성이나 진보성 등 특허요건을 심사하기 위하여 관련된 선행기술을 검색하는 것이다. 이와 같이 선행기술을 정확하게 파악하는 것은 명세서를 완벽하게 기재하기 위한 과정일 뿐만 아니라 특허를 받기 위한 필수적인 절차라는 점을 명심할 필요가 있다.

일단 선행기술이 조사되고 나면 이를 정확하게 분석하는 것이 중요하다. 실제 명세서를 작성할 때에는 관련 선행기술을 모두 인용하는 것이 바람직하다. 이때, 선행기술의 문제점을 도출하여 출원발명과의 차이점을 비교하고 이를 바탕으로 개선할 점을 적시하는 것이 일반적이다. 이는 심사관으로 하여금 출원발명을 정확하게 이해할 수 있도록 유도함으로써 특허심사시에 유리하게 작용할 수 있게 된다.

선행기술을 조사한 결과, 출원하고자 하는 발명이 해당 분야의 개척발명에 해당할 경우에는 가능한 한 청구범위를 넓게 작성하는 것이 바람직하지만, 개량발명에 해당할 경우에는 선행기술의 권리범위를 정확하게 파악한 후 권리범위가 중복되지 않도록 작성해야 한다. 더구나 유사한 발명이 존재할 경우에는 이를 회피할 수 있도록 청구범위를 보다 정밀하게 작성해야 한다.

발명자가 선행기술을 조사한 결과 적당한 선행기술을 발견하지 못했다고 하여 자기기술에 대해서 과신하는 것은 금물이다. 대부분의 발명이 개척발명이 아니라 개량발명이라는 점을 감안하면 원칙적으로 청구범위는 지나치게 광범위하게 작성하는 것은 삼가야 한다. 이 경우에는 넓은 범위의 청구범위 작성에서 좁은 범위의 청구범위 작성으로 다단계로 이어지도록 순차적으로 작성하는 것이 바람직하다.

[분석] 선행기술조사는 기술내용별로 체계적으로 정리된 문헌을 이용한 문헌조사를 기본으로 한다. 이러한 문헌의 축적물은 각 국의 특허문헌을 기초로 하여, 정기간행물 등에 게

재된 논문이나 기타 비특허문헌을 포함한다. 따라서 선행기술조사는 심사의 대상이 되는 발명과 직접적으로 관련되는 분류의 선행기술은 모두 포함해야 하며, 선행기술조사를 진행해 나가면서 유사분야의 관련 분류로 확대해 나가야 하고, 어느 범위까지 선행기술조사를 하여야 할 것인지에 대하여는 기술분야의 특성 등을 감안하여 결정한다. 하지만 완벽한 선행기술조사를 위해서는 과도한 시간과 노력이 소요될 수 있으므로 가용시간과 비용의 한도 내에서 보다 완벽한 선행기술조사가 이루어질 수 있도록 최대한 효율적인 방법을 강구하여야 한다.

[분석] 선행기술을 조사하는 경로와 방법은 다양하다. 하지만 정확한 선행기술을 조사하기 위해서는 많은 노력과 주의가 필요하다. 가장 일반적인 방법은 선행기술조사전문기관에 선행기술조사를 의뢰하는 것이다. 그 외에도 인터넷 등을 이용하여 선행기술을 조사하거나 관련 분야의 논문이나 잡지를 참고하는 것도 가능하다.

[참고] 선행기술조사과정에서 조사하여야 할 선행기술의 범위는 다음과 같다.
① 특허법 제29조 제1항의 규정에 의한 선행기술
㉮ 특허출원 전에 국내에서 공지되었거나 공연히 실시된 발명 ㉯ 특허출원 전에 국내 또는 국외에서 반포된 간행물이나 전기통신회선을 통하여 공중이 이용 가능하게 된 발명
② 특허법 제29조 제3·4항과 관련하여 당해 출원의 출원일 이전에 출원되고 당해 출원의 출원일 이후에 공개 또는 공고된 출원
③ 특허법 제36조와 관련한 선출원 또는 같은 날 출원

[참고] 선행기술조사대상은 다음과 같다.
① 공지된 자료 및 공연히 실시된 발명
특허법 제29조 제1항 제1호의 발명의 공지 또는 공연히 실시 및 제2호의 간행물 공지는 국내외의 차이가 없고 공지방법에 제한이 없다.
② 문헌
㉮ 특허문헌 : 선행기술조사대상 특허문헌은 특실시스템에 탑재된 특허문헌을 기본으로 하여 특허청 자료실에 보관중인 특허문헌을 비롯한 모든 국가의 특허문헌을 말한다.
㉯ 비특허문헌 : 선행기술조사대상 문헌에는 특허문헌 외에도 각종 간행물, 도서와 종이자료 외에도 마이크로 피쉬(microfiche) 및 CD-ROM 등의 자료도 포함한다.
㉰ 전기통신회선 : 전기통신회선을 통하여 공개된 발명도 선행기술로 사용할 수 있다. 다만, 발명이 공개된 전기통신회선의 종류에 특허법 제29조 제1항 제1호 또는 제2호를 적용하여야 한다.

[참고] 심사관은 다음과 같은 방법으로 선행기술을 조사한다.

① 선행기술조사는 명세서의 청구범위에 청구항으로 기재된 발명을 대상으로 이루어진다. 다만, 청구항의 기재만으로 발명의 파악이 곤란한 경우에는 발명의 설명 및 도면을 고려하여 파악할 수 있다.
② 선행기술조사는 발명의 설명에 기재되어 있는 기술내용을 참조하여 청구범위에 기재된 기술내용에 대한 균등물로 인정되는 모든 기술내용을 포함한다. 이 경우 균등물로 인정되는 기술내용은 발명의 설명에 기재된 내용과는 다소 다른 기술내용도 포함한다.
③ 독립항에 대한 선행기술조사를 수행하면서 동일한 분류범위에 속하는 종속항들에 대한 선행기술조사도 동시에 진행한다. 그러나 종속항은 독립항의 특징을 모두 포함하는 것이므로 독립항과 관련되는 선행기술이 존재하지 않을 때에는 종속항에 대한 별도의 선행기술조사는 불필요하다. 다만, 독립항의 특허성이 의심스러운 경우에는 종속항의 신규성, 진보성 등 특허요건을 판단하기 위한 선행기술조사를 한다.
④ 출원발명이 카테고리가 서로 다른 2 이상의 청구항이 있을 경우에는 청구범위의 모든 카테고리의 청구항에 대하여 선행기술조사를 한다. 그러나 물건에 관한 청구항이 신규하고 진보성이 있는 경우, 그 물건의 제조방법이나 용도에 관한 청구항에 대해서는 선행기술조사를 할 필요가 없다. 그러나 출원발명이 하나의 카테고리에 속하는 청구항만이 있는 경우에도 다른 카테고리의 선행기술에 대한 선행기술조사가 필요한 경우가 있다. 예로서 발명이 화학물질의 제조공정에 관한 것인 경우라도 최종물질에 대해서 선행기술조사를 실시하여 제조공정에 대한 신규성 등을 판단한다.

[참고] 심사관이 선행기술조사를 하지 않거나 필요한 범위 내에서만 선행기술조사를 하게 되는 경우는 다음과 같다.
① 특허법 제47조 규정에 의한 신규사항이 추가되어 있는 청구항, 특허법 제32조의 규정에 의하여 특허 받을 수 없는 발명 또는 미완성 발명인 경우에는 특허법 제29조 제1항 본문 등 해당 규정에 의한 거절이유통지를 한다.
② 특허법 제45조의 규정에 의한 1특허출원의 범위를 만족하지 않는 출원의 경우에는 우선 선행기술조사를 하지 않고 특허법 제45조 위반만으로 거절이유를 통지한 후 출원이 분할된 후출원 각각에 대하여 선행기술조사를 하거나, 선행기술조사 결과 발견된 거절이유와 특허법 제45조 위반의 거절이유를 동시에 통지한다.
③ 명세서의 기재가 현저하게 불비하여 발명의 내용을 파악할 수 없는 경우에는 특허법 제42조 제3항 또는 제4항 위반에 대한 거절이유만을 통지한다. 그러나 명세서 기재불비의 정도가 경미하여 발명의 내용을 파악할 수 있을 때에는 발명의 내용파악이 가능한 범위 내에서 선행기술조사 및 특허요건에 대한 판단을 하고 그 결과 발견된 거절이유 및 특허법 제42조 제3항 또는 제4항 위반의 거절이유를 동시에 통지한다.

④ 발명의 설명에서 종래기술로 인용된 문헌이 있는 경우 그 문헌이 발명의 출발점으로 인용된 것인지, 기술의 현황을 나타내는 것인지, 발명이 해결하고자 하는 과제의 다른 해결방법인지, 또는 발명의 올바른 이해를 돕기 위해 기재된 것인지 등을 분석하고 필요하다면 인용문헌을 참조하여야 한다.

⑤ 선행기술의 조사는 원칙적으로 당해 출원의 출원일(우선권주장을 수반하는 출원의 경우에는 우선일) 이전 선행기술에 대하여 이루어져야 한다. 그러나 특별한 경우에는 출원일 이후에 반포된 선행기술에 대해서도 선행기술조사를 하여야 한다.

⑥ 조약우선권주장 또는 국내우선권주장 출원으로서 2 이상의 우선권주장을 수반하는 출원에 대해서는 각 청구항에 기재된 발명에 대하여 각각의 우선일을 결정하고 그 우선일을 기준으로 그 이전에 반포된 선행기술을 조사하여야 한다. 다만, 청구항별로 우선일 결정이 어려운 경우에는 후출원일(실제출원일)을 기준으로 선행기술조사를 실시한 후 선출원일(제1국출원일)과 후출원일(우리나라 출원일) 사이에 선행기술이 존재하는 경우 청구항에 기재된 발명별로 우선일을 결정할 수 있다.

Ⅲ. 특허명세서 견본과 작성방법

여기에서 견본으로 제시하는 특허명세서는 명세서의 기재가 완벽하다는 의미가 아니라, 필자가 해설을 위해 임의로 첨삭 가공한 것으로 실존하는 명세서가 아님을 밝혀둔다.
다만, 출원명세서를 중심으로 명세서의 기재요령을 제시함으로써 출원인이 자신의 발명을 구체화하는 과정에 다소나마 도움을 주고자 할 따름이다.
또한, 편의상 **[기재요령]**, **[주의]**, **[참고]** 등으로 기재하고 있으나 이는 실제 명세서를 구성하는 사항이 아니라 명세서의 해당 항목의 기재요령 등에 대해 설명하는 것이므로 오해하지 않기를 바란다.
앞의 견본에는 해설을 달았으나, 뒤의 견본은 해설을 생략하였다.

1. 견본 1

【서류명】 출원서
【권리구분】 특허
【수신처】 특허청장
【참조번호】 10
【제출일자】 2023. 8. 1
【국제특허분류】 A23F
【발명의 명칭】 진세노사이드의 함량을 증가시키는 홍삼 추출물의 제조방법 및 이에 의해 얻어진 홍삼 추출물
【발명의 영문명칭】 Preparation method of Red Panax ginseng extract and Red Panax ginseng extract obtained by the same
【출원인】
【성명】
【출원인코드】
【대리인】

【성명】
【대리인코드】
【포괄위임등록번호】
【발명자】
【성명】
【출원인코드】
【심사청구】 청구
【조기공개】 신청
【취지】 특허법 第42조의 규정에 의한 출원, 특허법 第60조의 규정에 의한 심사청구, 특허법 第64조의 규정에 의한 출원공개를 신청합니다.

대리인

(인)

【수수료】

【기본출원료】	0	면	0원
【가산출원료】	0	면	0원
【우선권주장료】	0	건	0원
【심사청구료】	0	항	0원
【합계】	0	원	
【감면사유】			
【감면 후 수수료】	0	원	

【첨부서류】 1. 요약서 명세서(도면) 1통

【요약서】

【요약】

《기재요령》

요약서는 청구항에 상위개념과 같이 추상적으로 표현된 발명이 기재되어 있는 경우에도 발명의 내용을 파악하기 쉽게 하기 위하여 구체적인 사례를 기재하는 것이 바람직하다. 실제로 요약서를 기재할 때는 명세서의 '발명이 이루고자 하는 기술적 과제'의 항에 기재되어 있는 문장을 너무 장문이 되지 않는 범위로 요약하여 기재하거나, 청구범위 제1항에 기재된 사항을 언급해 주는 것이 일반적이다. 【색인어】 난에는 발명을 구성하는 내용과 관련된 주요색인어를 5~10개 정도로 기재하되, 복합단어는 띄어쓰기를 해야 한다. 또한 해당 기술분야에서 관용적으로 사용하는 외래어 또는 외국에서 유래한 용어는 발음표기대로 기재하여야 하고, 발명의 불확실한 효과나 용도에 관하여 기재하는 것은 바람직하지 않다.

[분석] 일반적으로 요약서란 일반인들이 알기 쉽게 당해 발명의 기술요지를 설명함으로써 기술문헌으로서의 역할을 담당한다. 따라서 요약서는 특허발명의 보호범위를 정하는 데에는 사용할 수 없다. 이는 특허발명의 보호범위는 청구범위에 기재된 사항에 의하여 정하여진다는 규정이 별도로 있을 뿐만 아니라, 요약서는 발명의 보호범위를 정할 때 참작하는 명세서와는 달리 발명의 개요를 나타내는 기술정보로 제출되었기 때문이다. 한편 요약서에만 기재된 사항은 특허법 제29조 제3항에 규정된 타출원의 지위를 가질 수 없으며, 보정에 의하여 명세서에 추가하는 것도 허용되지 않는다.

[분석] 출원서에는 요약서를 첨부하도록 되어 있으나, 출원서에 요약서가 첨부되지 않은 경우 출원서는 보정명령의 대상이 된다. 또한 요약서가 요약서 작성방법 등에 의하지 않고 부실하게 작성된 경우에도 특허법 제46조에 의한 보정명령의 대상이 될 수 있으며, 보정명령에도 불구하고 흠결을 해소하지 못한 경우에는 특허법 제16조의 규정에 따라 당해 출원절차를 무효로 한다. 따라서 요약서가 잘못된 경우 특허법 제42조 제3항에 의한 기재불비 등을 이유로 거절이유를 통지하지는 않는 것이 원칙이다.

본 발명은 홍삼 추출물의 제조방법 및 이에 의해 얻어진 홍삼 추출물에 관한 것으로, 더욱 상세하게는 홍삼을 pH 8.5~10.5의 알칼리수로 추출하는 단계를 포함하는 홍삼 추출물의 제조방법 및 이에 의해 얻어진 홍삼 추출물에 관한 것이다. 본 발명에 따르면 홍삼 추출물의 관능성이 개선되고, 홍삼의 지표성분인 진세노사이드 Rg_1 및 Rb_1의 함량과 조사포닌의 함량이 증가되어, 다양한 홍삼 관련

제품을 개발하는데 유용하게 사용될 수 있다.

【명세서】

[기재요령] 명세서의 작성에 있어서는 통상의 기술자가 그 발명을 쉽게 실시할 수 있을 정도로 기술적 내용이 명확하고도 충분히 기재되어야 함과 동시에 출원인이 특허를 받으려고 하는 권리가 어떠한 범위인가를 제3자가 명확히 파악할 수 있을 정도로 기재되어야 한다. 여기서 실시할 수 있을 정도로 명확하고 충분한 기재라 함은 반드시 상업적 채산을 고려하여 생산이 가능하도록 설계나 사양서와 동등한 것이 요구되지는 않고, 적어도 그 발명의 내용을 명확하게 이해하고 이를 재현할 수 있을 정도로 필요한 사항이 기재됨을 의미하는 것이다.

[분석] 명세서의 본래 역할로서는 기술문헌 및 권리서의 2가지가 고려되어질 수 있지만, 이것 외에 출원인 측에서는 대단히 중요한 또 하나의 역할이 있는데, 이것은 자신의 발명을 가능한 한 고가로 팔기 위한 일종의 효능서로서의 역할이다. 아무리 훌륭한 발명이라고 하여도 그 내용이 명세서 중에서 직질히 표현되어 있지 못한 경우에는 제3자는 이것을 정확히 평가할 수 없게 된다. 그 결과 특허심사시에는 심사관이 발명의 가치를 알 수 없어 특허요건을 결여한 발명으로 간주하여 거절하는 수도 있다. 따라서 출원인으로서 가장 중요한 문제는 자신의 발명을 가능한 한 제3자로부터 높은 평가를 받을 수 있도록 명세서를 어떻게 작성할 것인가 하는 점이다.

[주의] 자기의 발명을 타인에게 이해시키는 것은 지극히 당연하지만, 무엇보다도 먼저 출원인 스스로가 자신이 창작한 기술의 내용을 정확하게 파악하고, 그에 의해 어떠한 형태의 발명이 구성될 것인가를 명확하게 이해하여야 한다. 일반적으로 권리화를 우선적으로 고려하는 경우에는 명세서의 기재내용을 '넓고 세밀하게' 기재하여야 하고, 빠르고 확실한 권리화를 고려하는 경우에는 명세서의 기재내용을 '좁고 치밀하게' 기재하여야 한다. 또한 특별히 권리화가 필요하지 않은 방어출원 성격일 경우에는 권리화를 희생시키더라도 넓은 범위가 확보되도록 '좀 상세하지 못하더라도 광범위하게' 기재하는 것이 중요하다.

[용어] 방어출원이란 출원발명에 대하여 권리를 얻겠다는 의사가 없고, 단지 제3자의 특허권 취득을 방지하기 위한 목적으로 하는 출원을 말한다.

【발명의 명칭】

진세노사이드의 함량을 증가시키는 홍삼 추출물의 제조방법 및 이에 의해 얻어진 홍삼 추출물(Preparation method of Red Panax ginseng extract and Red Panax ginseng extract obtained by the same)

[기재요령] 일반적으로 통상의 기술자가 발명의 내용을 어느 정도 추측할 수 있는 명칭을 선택하여야 한다. 가장 손쉽게 발명의 명칭을 쓰는 방법은 명세서를 완전히 쓰고 난 후에 청구범위의 문장 말미와 일치시키는 것이다. 발명의 명칭은 당해 발명을 가장 함축적으로 표현할 수 있도록 기재하여야 하므로 가급적이면 구체적으로 적도록 한다. 따라서 막연하게 '식품의 제조방법' 또는 '음료의 제조방법'과 같이 기재하는 것은 부적절하고, 좀더 구체적으로 '한약재가 첨가된 송편의 제조방법' 또는 '녹차를 주재료로 한 스포츠 음료의 제조방법'과 같이 기재되는 것이 바람직하다.

[기재요령] 발명의 명칭은 그 발명의 내용에 따라 간단·명료하게 기재하는 것이 좋은데, 이는 분류, 정리 및 조사 등을 쉽게 하기 위한 인덱스의 역할을 수행하기 때문에 그 내용을 나타내는 데 필요한 최소한의 자구를 기재하면 된다. ① 발명의 명칭은 막연하거나 장황한 기재를 피하고 발명의 내용에 따라 간명하게 기재하여야 한다. ② 개인명, 상표명, 상품의 애칭, 극히 추상적인 성능만을 나타내는 표현 또는 '특허'라는 용어를 발명의 명칭에 포함하여서는 안 된다. ③ 청구범위에 2 이상의 카테고리의 청구항(물건, 제조방법, 제조장치, 사용방법 등)을 기재하는 경우에는 이들 복수의 카테고리를 모두 포함하는 간단·명료한 명칭으로 기재하여야 한다. ④ 발명의 명칭은 그 발명이 무엇을 청구하는지 명확히 알 수 있도록 기재하여야 한다. ⑤ 보정에 의하여 청구범위에 기재된 청구대상이 변경되는 경우에는 발명의 명칭도 이에 부합되도록 보정하여야 한다.

[분석] 출원된 발명은 그 실시형태에 따라 3종류의 카테고리 즉, 물건의 발명, 방법의 발명 및 물건을 생산하는 방법의 발명으로 대별된다. 여기서 '물건의 발명'이라고 하는 것은 식품 등과 같이 발명이 일정한 물건으로 구체화되어 있는 경우를 말한다. 식품 자체의 발명 등 조성물의 발명이 여기에 해당한다. 그리고 '방법의 발명'은 사용방법, 취급방법, 분석방법 및 측정방법 등 물건의 생산을 수반하지 않는 방법의 발명이며, '물건을 생산하는 방법의 발명'이란 일반적으로 제조방법의 발명이라고 하는 것으로 '홍삼 추출물의 제조방법' 등 결과적으로 상품이 될 수 있는 물건의 생성을 수반하는 방법의 발명이다.

[분석] 일반적으로 발명의 실체가 '시(時)'의 요소를 발명구성상의 필수요건으로 해야 하는 것일 때에는 방법의 발명으로 하고, 이와 같은 '시(時)'의 요소를 필요로 하지 않는 것일 때에는 물건의 발명으로 하는 것이 원칙이다. 하지만 현실적으로 발명의 카테고리에 대한 선택이 발명자의 자유에 맡겨져 있는 이상, 될 수 있는 한 권리로서 유리하도록 발명의 카테고리를 선택하여야 한다. 따라서 가급적 방법의 발명은 배제하고 물건의 발명이나 제조방법의 발명으로 기재하는 것이 유리하다. 나아가 식품분야 발명의 경우에는 제조방법의 발명에 비해 조성물의 발명이 특허받기가 어려운 실정이므로 권리범위의 광협과 특허 허

여 가능성을 종합적으로 고려하여 전략적으로 접근하는 것이 중요하다.

【발명의 설명】

[기재요령] 발명의 설명의 난에는 통상의 기술자가 쉽게 실시할 수 있을 정도로 그 발명의 목적, 구성 및 효과를 구체적이고 명확하게 기재하여야 한다. 따라서 통상의 기술자가 다른 문헌을 참고하지 않고도 명세서의 기재내용에 따라 당해 발명을 쉽게 실시할 수 있어야 한다. 이때에는 표현방법 및 용어를 가급적 통일하여 간단하고 명료한 문장으로 기술하는 것이 바람직하다.

【발명의 목적】

【발명이 속하는 기술분야 및 배경기술】

[기재요령] 발명이 속하는 기술분야의 항에는 청구범위에 기재되어 있는 발명의 기술내용을 간단히 소개함과 동시에 그 발명이 속해 있는 기술분야를 명확히 한다. 이것은 '발명의 명칭'의 난보다도 상세하게 발명의 목적이나 특징 등에 대해서도 어느 정도 언급하여 기재한다. 이 항에서는 단순히 발명이 어떠한 기술분야에 속하는지를 간단하게 설명하는 것으로 충분하며, 이용 가능한 분야를 모두 열거해야 하는 것은 아니다. 통상 "출원발명은 ……하기 위하여 ……을 수율 좋게 제조하는 방법에 관한 것이다"와 같이 기재한다. 하지만 당해 발명에 관계된 연구성과, 식품으로서의 기능성 및 용도 등에 대해서도 어느 정도 기재하는 것이 바람직하다.

[기재요령] 그 분야의 배경기술의 항에는 발명에 연관되는 공지의 기술이나 당해 발명을 하게 된 배경이 되는 선행기술(Prior art)에 대하여 소개한다. 가급적이면 종래기술에 대하여 상세하게 기재하여야 한다. 이것은 다음에 기재할 발명의 목적, 그 특징 및 구성상 새로운 사항 등을 부각시키기 위한 포석이므로 이 발명에 가장 근접한 종래기술을 나타내고, 또 그 기술의 결점이 이 발명에 의하여 비로소 개선된 사항 등을 정확하게 지적할 필요가 있다. 그리고 일반적으로 먼저 종래기술을 소개하고, 다음에 그 각각에 대한 결점을 추출하며, 발명의 목적과의 관계를 나타내는 식의 기재방법을 취할 수 있다. 이 종래기술의 소개는 그 기술내용을 간단히 기재한 후 괄호에 문헌명을 나타낸다. 통상 "종래, ……하는 방법(공개특허공보 2021-0000호), ……하는 방법(일본 공개특허공보 2020-0000호)은 공지되어 있다. 그렇지만, 이들 방법 중 ……하는 방법은 ……라고 하는 결점이 있고, 또 ……하는 방법은 ……라고 하는 결점이 있다"와 같이 기재한다.

[분석] 유사한 종래기술이 없는 개척발명인 경우에는 그 취지를 밝히고 산업상 이용상태를

명확히 한 후에 출원발명의 기술적 특징을 상세히 기술하여야 한다.

본 발명은 홍삼 추출물의 제조방법 및 이에 의해 얻어진 홍삼 추출물에 관한 것으로, 관능성이 우수하여 다양한 제품으로 적용이 가능할 뿐만 아니라 건강기능식품공전에서 인삼 및 홍삼의 지표성분로 규정된 진세노사이드 Rg_1 및 Rb_1의 함량을 증강시킬 수 있는 홍삼 추출물의 제조방법 및 이에 의해 얻어진 홍삼 추출물에 관한 것이다.

고려인삼은 식물분류학상 오가피나무과(Araliaceae) 인삼속에 속하는 다년생 초본으로 그 학명은 Panax ginseng C. A. Meyer이며, 그 뿌리를 인삼(Ginseng radix)이라 하며 약용으로 사용하고 있다.

인삼은 가공방법에 따라 수삼(fresh ginseng), 홍삼(red ginseng), 백삼(white ginseng) 등으로 나누어진다. 수삼은 밭에서 수확한 생인삼으로 70~80%의 수분을 함유하고 있어 장기 저장이 어렵다는 단점이 있다. 백삼은 수삼의 표피를 벗기거나, 수삼 그대로를 일광건조 또는 열풍건조하여 제조하며 유백색 또는 담황색의 색상을 가진다. 홍삼은 원료 수삼의 표피를 벗기지 않은 채로 세삼 후 증숙, 건조 가공 공정 등을 거쳐 제조되며, 담황갈색 또는 감적색의 색상을 띤다.

인삼은 강장(强壯), 강정(强精), 조혈(造血), 보온(保溫), 피로회복, 정신안정, 진정작용 등의 효능이 있는 것으로 알려져 있고, 이러한 인삼의 효능은 주로 인삼 사포닌, 즉 진세노사이드(ginsenoside)에 의한 것으로 알려져 있다.

이러한 진세노사이드는 화학 구조에 따라 프로토파낙사다이올, 프로토파낙사트리올, 올레아놀릭산의 3가지로 분류된다. 인삼은 진세노사이드 34종(백삼 22종, 홍삼 30종)을 함유하고 있고, 이러한 여러 종류의 진세노사이드는 중추신경계를 비롯하여 내분비계, 면역계, 대사계 등에 광범위한 영향을 미쳐 신체기능 조절 즉, 생리기능 정상화에 탁월한 효과를 나타내는 것으로 확인되고 있다. 특히, 인삼이 갖는 진세노사이드 중 Rg_1 및 Rb_1은 건강기능식품공전에서 기능성분 즉, 지표 성분으로 지정되어 진세노사이드 Rg_1 및 Rb_1을 합하여 0.8~34mg/g으로 함유되어야 한다고 규정되어 있다.

인삼이 갖는 여러 생리활성 중 특정 기능성을 강화하기 위해 특정 진세노사이드를 증강시키기 위한 다양한 방법이 제안된 바 있다.

대표적으로, 대한민국 특허공개 제10-2020-0000000호에는 인삼에 산성 전해수 또는 알칼리 전해수를 처리하여 진세노사이드 Rg_2, Rg_3와 Rg_5의 함량을 증가시킨 가공 인삼 또는 그 추출물이 개시되어 있다.

상기 특허에서는 인삼 엑기스에 산성 전해수 또는 알칼리 전해수에 추가하여 일정 시간 처리하거나, 수삼을 산성 전해수 또는 알칼리 전해수에 담궈 장시간 정치한 후 산성 전해수 또는 알칼리 전해수를 제거하여 얻어진 수삼을 증삼한 다음 이를 다시 추출용매로 추출하였다. 이때 사용된 산성 전해수 또는 알칼리 전해수는 진세노사이드 Rg_1, Rb_1 등이 가열 및 산분해되어 전환 사포닌인 진세노사이드 Rg_2, Rg_3, Rg_5로 생성되는 과정과 증삼 공정에서 열분해되어 전환 사포닌인 진세노사이드 Rg_2, Rg_3, Rg_5로 생성되는 과정에서의 가수분해를 촉진하는 촉매제로 사용되었다.

그러나, 상기 특허는 미량으로 존재하는 진세노사이드 Rg_2, Rg_3, Rg_5의 함량을 증가시키는 방법을 언급하고 있을 뿐이며, 인삼 또는 홍삼의 지표성분인 진세노사이드 Rg_1, Rb_1의 증강방법에 대해선 개시된 바 없다.

한편, 최근에 건강에 대한 관심이 높아짐에 따라 면역력증진 및 원기 회복 등의 효능이 있는 건강식품에 대한 복용이 많아졌고, 상기 인삼 및 홍삼제품도 다양한 건강기능식품에 제조되어 시판되고 있다. 그러나, 인삼 및 홍삼은 대부분 홍삼 추출물을 원료로 사용하나, 자체의 고미로 인하여 소비자들에 대한 기호성이 낮은 편이다.

이에 인삼 및 홍삼의 고미를 감소하기 위한 다양한 방법이 제안되었다.

일례로, 대한민국 특허등록 제10-0000001호는 알데하이드 알릴 페놀, 알리파틱 케톤, 바닐린, 말톨 또는 그의 조합을 주재로 하는 향료를 인삼 또는 홍삼의 액, 농축액 또는 고형물에 첨가하는 단계를 포함하는 인삼 또는 홍삼 제품으로부터 고미를 제거하는 방법을 제시하고 있다. 대한민국 특허등록 제10-0000002호는 인삼드링크 또는 인삼엑기스 등의 인삼제품에 인삼드링크에 대한 시클로덱스트린의 배합비가 5~12중량% 이하가 되도록 배합 혼합한 후, 살균하여 인삼제품의 고미를 제거하는 방법을 개시하고 있다.

그러나, 기존의 방법은 첨가제를 추가적으로 첨가하므로 100%의 인삼 또는 홍삼 농축액을 얻기 어렵고, 이에 따라 건강기능식품공전에 따른 인삼 또는 홍삼 농축액으로 인정되지 않는 단점이 있다. 또한, 제조단계가 복잡하거나 시간이 많이 소요되는 비경제적인 방법으로 대량생산이 어려운 문제점이 있다.

【발명이 해결하고자 하는 과제】

[기재요령] 이 항에는 종래기술이 가지는 기술상의 과제로서 이 발명에 의하여 해결된 사항 즉, 이 발명을 하게 된 목적을 기재한다. 이 과제는 하나일 경우도 있고 여러 개일 경우도 있다. 이 항의 기재에 있어서 종래기술의 과제와 이 발명의 목적과의 관련을 알기 쉽게 하기 위하여 종래기술의 결점을 '종래기술'의 항에 기재하지 않고, 이 항에 기재하여 이것과 발명의 목적을 대비시키면서 설명할 수도 있다. 통상 "이 발명은 종래 방법의 ……한 결점을 극복하여, ……을 간단한 조작으로, 또한 대량으로 생산할 수 있는 공업적으로 실시하기에 유리한 ……의 제조방법을 제공하기 위한 것이다"와 같이 기재한다. 유의할 것은, 종래기술의 문제점을 해결하고자 하는 발명의 목적이 구체적이고 명확하게 기재되어 있어야 그 이후에 기재하게 될 발명의 구성을 보다 효과적으로 기재할 수 있게 된다는 점이다.

이에 본 발명자들은 인삼의 지표성분인 진세노사이드 Rg_1 및 Rb_1의 함량이 증가되고, 첨가물을 사용 없이 쓴맛을 개선할 수 있는 홍삼 추출물의 제조방법에 대하여 예의 연구를 수행한 결과, 알칼리수를 추출용매로 사용하여 추출물을 제조하는 경우, 관능성이 개선되고, 조사포닌 및 진세노사이드 Rg_1 및 Rb_1의 함량이 증가됨을 확인하고, 이를 토대로 본 발명을 완성하였다.

본 발명의 목적은 효과적이면서도 경제적으로 진세노사이드 Rg_1 및 Rb_1의 함량이 강화되고, 관능성이 개선된 인삼 추출물의 제조방법을 제공하는 것이다.

본 발명의 다른 목적은 상기 제조방법으로 얻어지고, 우수한 관능성을 가지며, 조사포닌 및 및 진세노사이드 Rg_1 및 Rb_1의 함량이 높은 홍삼 추출물을 제공하는 것이다.

【과제 해결 수단】

상기 목적을 달성하기 위하여, 본 발명은 홍삼을 pH 8.5~10.5의 알칼리수로 추출하는 단계를 포함하는 홍삼 추출물의 제조방법을 제공한다.

또한, 본 발명은 상기 방법에 의해 제조된 홍삼 추출물을 제공한다.

【효과】

[기재요령]

식품발명에 있어서 발명의 효과는 발명의 가치판단에 가장 중요한 역할을 하는 것이기 때문에 당해 발명의 특유의 효과를 중심으로 상세히 기재하여야 한다. 여기서 특유의 효과라고 하는 것은 종래의 기술에 의하여 얻을 수 없고, 당해 발명에 의하여 비로소 야기된 효과로서 그 내용은 경우에 따라 다양하다. 만일 효과에 관한 설명이 불충분한 경우에는 발명의 진보성이 결여된 것으로 간주되어 특허를 받을 수 없는 경우도 있기 때문에 효과의 기재와 관련하여 특별히 주의해야 한다.

[기재요령] 선구적 발명의 경우에는 이와 대비되는 선행기술이 존재하지 않는 것이 보통이므로 간단히 그 발명의 특징이나 산업분야에서의 이용형태를 나타내는 것만으로 충분하지만, 개량발명의 경우에는 당해 발명과 그 기초가 되는 기본발명 사이에 구성상의 차이에 의하여 처음으로 발생한 개량이 특유의 효과가 되므로, 선행기술과 대비한 효과상 우위성을 상세히 설명할 필요가 있다. 특히, 개량발명의 경우에는 그 특징이 되는 사항 이외의 조건을 동일하게 선정한 그 기초가 되는 기본기술이나 동일목적을 달성하기 위하여 사용되고 있는 유사한 선행기술과의 비교 실험예를 나타내고 그 우위성을 명확히 하여야 한다. 또 특유의 효과를 구체적인 수치로 나타내는 경우에는 그 수치가 어떠한 측정방법 또는 측정장치에 의하여 얻어진 것인지를 누가 보아도 알 수 있도록 설명할 필요가 있다. 특유의 효과를 종래기술과 대비하는 경우에는 그 종래기술도 내용이 이해될 수 있도록 기재할 필요가 있다.

[기재요령] 일반적으로 식품발명에 있어서 발명의 효과는 발명의 목적에서 도출되는 효과, 발명의 기술상 특징으로 인한 효과 및 당해 식품의 건강·기능성에 관한 효과 등을 기재한다. 특히 기능성과 관련된 식품의 발명에 있어서는 발명의 효과가 객관적으로 증명되지 않으면 안 된다. 따라서 식품의 기능성에 관한 효과를 기재할 때에는 이를 뒷받침할 수 있는 증거자료가 구체적으로 제시되어야 한다. 통상 "출원발명의 조성물은 ……이므로, ……가 대단히 크다"와 같이 기재한다.

[기재요령] 상한치 및 하한치에 임계적 의의가 있는 수치한정을 구성요소로서 포함하는 수치한정발명에 있어서는 이들 상한치 및 하한치를 벗어난 조건에서 행한 경우 목적이 달성되지 않음을 나타내는 실험결과와 함께 수치한정범위 내에서 실시한 경우에는 모두 소기의 목적이 달성됨을 확인할 수 있는 실험결과를 기재할 필요가 있다. 이러한 기재를 명

확히 하는 것이 출원인에게 유리하게 작용함은 두말할 나위가 없다.

[주의] 발명이 다수의 경우를 포함하고 있을 때, 예를 들면 상위개념이나 마쿠쉬 형식으로 나타내어져 있을 때는 그 경우마다 특유의 효과를 명확히 해야 한다. 그 중의 하나를 가지고 다른 것의 대용으로 하는 것은 인정되지 않는다. 특히 이미 알려져 있는 식품 조성물과 유사한 신규 조성물의 발명과 같이 물질적 특징에 의하여 진보성 판단이 좌우되는 것은 원칙적으로 문제가 되는 개개의 물질 전부에 대하여 그 특이적 성질이 확인되어 있어야 한다. 따라서 각각의 경우에 따른 효과가 구체적으로 기재되어야 한다.

본 발명에 따르면 건강기능식품공전에서 지표성분으로 지정된 진세노사이드 Rg_1과 Rb_1의 함량이 증가되어, 기존의 인삼 또는 홍삼 농축액 제조과정 중 진세노사이드 Rg_1, Rb_1의 분해로 인해 인삼 또는 홍삼 농축액의 성분 함량 보증이 어려웠던 문제를 해결할 수 있다. 또한, 인삼 또는 홍삼 특유의 쓴맛을 기피하는 소비자에게 다양한 인삼 제품을 개발하여 제공할 수 있고, 색상이 밝아지므로 다양한 색상 발현이 가능하여 신규 제품의 개발에 활용될 수 있다.

[주의] 명세서에서 사용하는 용어는 전체를 통하여 통일하여야 하며, 기술용어는 학술용어를 사용하되 우리말 표준용어를 사용하여야 하고, 한글로 이해하기 어려운 말은 ( )안에 한자 또는 원어를 병기할 수 있다. 다만, 단위는 C.G.S(cm·g·℃ 등) 단위로 표시하고 어떤 용어를 특별한 의미로 사용할 경우에는 그 의미를 명세서 중에 미리 정의하고 사용하여야 한다.

【발명의 실시를 위한 구체적인 내용】

[기재요령] 발명의 구성 중 발명의 과제를 해결하기 위한 수단에는 발명의 목적 즉, 발명에 의하여 이루고자 하는 기술적 과제를 구체적으로 어떠한 기술적 수단을 사용하여 해결하는지를 상세히 기술하여 발명의 구성을 명확하게 한다. 이 경우 발명의 구성에 관한 설명은 그 작용과 연관시키는 것이 좋으며, 우선 그 해결수단을 발견하게 된 경위를 간단하게 설명하는 것이 보통이다. 통상 "본 발명자는 ……에 대하여 연구를 거듭한 결과, ……하면 ……할 수 있음을 발견하고, 그것을 토대로 하여 출원발명을 완성하게 되었다"와 같이 기재한다. 또한 이 항에서는 각 구성사항의 기술적 의의는 물론, 필요할 경우에는 용어의 정의 등을 기재하도록 한다. 이와 같이 발명의 구성에서는 그 발명의 실체가 가장 잘 나타날 수 있도록 명확하게 기재하되, 특별히 청구범위에 기재된 사항에 대해서는 이를 충분히 뒷받침할 수 있을 정도로 구체적이고 폭넓게 기재하도록 한다.

[기재요령] 발명의 실시형태의 항에는 청구범위에 기재되어 있는 발명의 구체화한 형태 중에서 가장 적당하다고 생각되는 것을 여러 개 기재한다. 이 항에는 청구범위에 기재되어 있는 발명이 상위개념이나 총괄적 표현에 의하여 나타내어진 것이라면 먼저 전체적으로 공통된 사항을 개략적으로 설명하고, 각각의 내용에 대하여 상세하게 설명한다. 이 항의 기재는 원칙적으로 통상의 기술자가 그 설명을 읽고 즉시 실시할 수 있도록 사용하는 원료, 반응온도, 반응압력, 반응시간 및 반응물질의 비율 등을 구체적으로 기술하여야 한다. 용도발명이나 조성물 발명에 있어서는 각 성분의 비율이나 첨가제의 종류 및 첨가량 등을 사용목적에 따라 달리해야 하는 경우가 많으므로 여러 가지의 경우에 대하여 구체적인 수치를 제시하여 설명하는 것이 좋다. 통상 "출원발명에서 사용되는 ……은 ……이며, 이러한 것으로써는, 예를 들면, ……을 열거할 수 있다. ……과 ……의 반응은 100~150℃, 바람직하게는 120~130℃의 범위에서 행하여진다. 반응시의 압력은 통상 약간 가압된 상태가 이용되지만 상압이라도 좋다. 필요에 따라서는 감압으로 할 수도 있다. 반응시간은 ……에 따라 좌우되어 일정하지 않지만 통상은 10~15시간으로 충분하다. 반응신행과 함께 ……은 ……로 되며 최종적으로 ……의 상태로 된다. 이것을 여과하여 ……로 충분히 세정한 후 40~50℃에서 건조한다. 이와 같이 하여 ……이 백색 침상결정으로 얻어진다. 이것은 (확인결과) ……을 나타낸다"와 같이 기재한다.

[분석] 미생물에 관계되는 발명의 경우에는 미생물의 설명에 대하여 특히 주의하여야 한다. 미생물은 구조가 복잡하고 살아 있는 것이어서 명세서에 타인이 반복재현할 수 있도록 기재하는 것이 매우 곤란하므로 출원시에 그 미생물을 특허청장이 정하는 기탁기관 또는 부다페스트조약에 따른 국제기탁기관에 기탁하고, 기탁기관의 명칭, 수탁번호 및 수탁 연월일을 출원 당시의 명세서에 기재하여야 하며 출원서에 그 수탁증을 첨부하여야 한다.

이하, 본 발명을 더욱 상세하게 설명한다.

본 발명의 인삼 추출물의 제조방법은 인삼을 pH 8.5~10.5의 알칼리수로 추출하는 단계를 포함한다.

상기 제조방법에서 사용되는 인삼은 인삼 그 자체 및 인삼 가공물을 모두 포함하며, 대표적으로 수삼, 홍삼, 홍미삼, 백삼, 미삼 등을 사용하거나, 이들의 분말을 사용할 수 있다. 상기 인삼의 원산지는 제한되지 아니하며, 예를 들어 고려삼(*Panax ginseng*), 전칠삼(*P. notoginseng*), 미국삼(*Panax quinquefolium*), 죽절삼(*P. japonicus*), 회기삼(*P. quiquefolius*), 히말라야삼(*P. pseudoginseng*), 베트남삼(*P. vietnamensis*), 삼엽삼(*P. trifolium*) 등이 가능하다. 바람직하게는, 본 발명에서 이용되는 인삼은 홍삼이다.

본 발명에서 사용되는 pH 8.5~10.5의 알칼리성을 갖는 물이라면 어떠한 것이라도 사용할 수 있으며, 알칼리 전해수 또는 수산화나트륨(NaOH), 염화나트륨(NaCl), 글루콘산칼슘($C_6H_{11}O_7$)2Ca·H_2O) 등의 산도조절제로 알칼리화된 물이 가능하다. 바람직하기로, 알칼리 전해수를 사용한다.

여기서 알칼리수의 pH가 상기 범위 미만이면 제조된 추출물의 쓴맛이 증가하는 문제점이 있으며 진세노사이드 Rg_1, Rb_1 및 조사포닌 함량의 증가를 기대하기 어렵고, 이와 반대로 상기 범위를 초과하면 추출물의 관능성 개선 및 진세노사이드 Rg_1, Rb_1 및 조사포닌 함량에 큰 변화가 없다.

상기 알칼리 전해수는 정제수 및 수돗물을 원수로 하여 전해장치를 이용하여 직류전기분해하는 경우 음극측에서 생성되는 것을 사용할 수 있다. 구체적으로 알칼리 전해수는 이온교환격막에 의하여 음극실과 양극실로 분리 되어있는 전해조에 음수 가능한 원수를 송입하여 직류전압을 인가하여 전기분해하면, 칼슘이온(Ca_2^+), 마그네슘이온(Mg_2^+), 칼륨이온(K^+), 나트륨이온(Na^+) 등의 양이온은 음극에 끌려 음극실로 이동하고, 염소이온(Cl^-), 탄산이온(CO_3^{2-}), 황산이온(SO_4^{2-}), 질산이온(NO_3^-)등의 음이온은 양극에 끌려 양극실로 이동하게 되며, 알칼리 전해수는 음극측에서 생성된다.

이러한 알칼리 전해수는 알칼리성이고, 산화환원 전위(Oxidation Reduction Potential;ORP)가 낮으며, 물분자 집단의 크기가 작은 물리적 특성을 갖는다. 이로 인해, 팽윤작용이 크고, 침투압과 용해성이 높으며, 열전도율이 높은 장점이 있다. 특히, 알칼리 전해수의 전기전도도는 17O-NMR분광법으로 측정한 결과 60Hz(17O-NMR분광법에 의한 전해질 수용액 및 알칼리이온정수기 통과 수도수의 수평가에 대하여, 수환경 학회지. 17, 517-526, 1994)를 갖고, 이러한 수치는 일반 수도수의 1/2으로 통상적인 물(수도수, 암반수, 해양심층수)보다 물분자 집단의 크기가 작고, 열전도가 높아 물질을 추출할 때 물질에 침투성 및 열의 전도도가 좋아져서 추출율이 높아진다고 알려져 있다.

이때 추출은 인삼에 pH 8.5~10.5의 알칼리수를 가하고, 65~90℃에서 1~12시간 동안 수행하고, 이러한 추출은 3~10회, 바람직하게는 5회 반복하여 실시한다.

본 발명의 실험예 1의 관능 테스트에 따르면, 알칼리 전해수로 홍삼을 추출하여 제조된 추출물이 정제수로 홍삼을 추출하여 제조된 추출물과 비교하여 쓴맛이 상당히 감소하였다. 이는 통상적으로 생약재를 물로 추출할 때, 추출시간 및 횟수에 따라 추출된 추출수의 pH가 낮아지며 쓴맛이 높아지는데, 알칼리 전해수는 pH가 높아 낮은 pH에서 추출되는 쓴맛 성분의 추출이 저하되어 쓴맛이 감소된 것으로 추측된다.

또한, 본 발명의 실험예 3에 따르면, 알칼리 전해수로 홍삼을 추출하여 제조된 추출물은 정제수를 추출용매로 하여 제조된 추출물에 비해, 진세노사이드 Rg_1, Rb_1의 함량이 25~122%까지 증가하였다. 이는 알킬리수의 pH는 정제수의 pH 6.5~7.5 보다 높아 추출수로서 추출물의 성분변화가 적은 안정화된 상태의 물로 작용해 인삼, 홍삼 중의 진세노사이드가 전환 진세노사이드 Rh_1, Rg_2, Rg_3으로 전환되는 것을 방지한 것으로 생각된다. 또한, 조사포닌의 함량이 높게 나타는 이유는 물분자 집단의 크기가 작은 저분자로 이루어진 알칼리 전해수의 물리적 특징으로 인삼의 조직 깊숙이 침투하여 조사포닌의 추출율이 높아진 것으로 판단된다.

본 발명의 바람직한 구현예에 따르면, 1. 인삼에 pH 8.5~10.5의 알칼리수를 첨가하여 65~90℃에서 1~12시간 동안 추출하는 단계를 1~10회 반복하는 추출단계; 2. 상기 추출단계에서 추출된 추출물을 여과하는 1차 여과단계; 3. 상기 1차 여과단계에서 얻은 여과액으로부터 불용성 물질을 제거하고 살균하는 살균단계; 4. 상기 살균단계에서 살균된 추출물을 여과하는 2차 여과단계; 및 5. 상기 2차 여과단계에서 얻은 여과액을 농축하여 농축된 인삼 추출물을 제조하는 단계를 포함한다.

이하 각 단계를 상세히 설명한다.

1. 추출단계

인삼에 pH 8.5~10.5의 알칼리수를 첨가하여 65~90℃에서 1~12시간 동안 추출하는 단계를 1~10회 반복하는 추출단계를 실시한다.

상기 알칼리수의 첨가량은 인삼에 대해 5~10배의 중량비로 사용한다. 이때 알칼리수의 첨가량이 상기 범위 미만이면 충분한 추출이 이루어지지 못하는 문제점이 있으며, 이와 반대로 알칼리수 첨가량이 상기 범위를 초과하면 추출효율에 대한 차이 없이 용매의 사용량이 지나치게 과다해져 비용만 증가하는 문제가 있다.

또한, 높은 온도에서 추출하는 경우 추출 시간은 줄어들지만 인삼 내에 존재하는 생리활성성분이 파괴되어 손실될 수 있고, 상기 온도보다 낮은 온도에서 추출하게 되면 생리활성성분이 완전하게 추출되지 않으므로 상기 온도와 시간 범위 내에서 적절히 수행한다.

2. 1차 여과단계

이어서, 상기 추출된 추출물을 기공 크기 50~100㎛의 여과망에 통과시켜 1차 여과하여 추출 대상인 인삼을 걸러낸다.

3. 살균단계

다음으로 1차 여과단계에서 수득한 여과액으로부터 불용성 물질을 제거하고 살균처리한다.

불용성 물질은 3,000~5,000rpm의 원심분리를 통해 불용성 성분을 침전시킨 다음 침전물을 제거하고, 미생물에 대한 안전성을 확보하기 위하여 95℃로 30~60분 동안 수욕중탕으로 살균 처리한다.

4. 2차 여과단계

이후, 살균된 추출액을 기공 크기 0.45~50㎛의 여과망에 통과시켜 불순물을 제거한다.

5. 농축단계

마지막으로 2차 여과단계에서 수득한 여과액을 농축하여 농축된 인삼 추출물을 제조한다. 농축은 감압 농축기, 대표적인 예로 회전 증발기를 이용하여 감압 농축을 수행할 수 있다.

이와 같이 제조된 인삼 추출물은 건강기능식품으로 사용될 수 있다. 이때 건강기능식품은 인삼 추출물 그 자체로 사용되거나 식품학적으로 허용 가능한 식품보조첨가제를 포함할 수 있다. 또한, 본 발명의 인삼 추출물은 식품 또는 음료에 첨가되어 사용될 수 있고, 여기서 식품 또는 음료 중의 상기 인삼 추출물의 양은 전체 식품 중량의 0.01~15중량%로 가할 수 있으며, 건강 음료 조성물은 100㎖

를 기준으로 0.02~5g, 바람직하게는 0.3~1g의 비율로 가할 수 있다.

【실시예】

[기재요령] 실시예(working example)란 발명을 실제로 실시할 경우 어떻게 하여 실시하는가에 대한 구체적인 기재를 말한다. 특히 식품분야 발명은 대부분 실시예의 기재가 필요하며, 이것이 기재되어 있지 않은 경우, 또는 청구범위의 기재가 광범위할 때 그 범위에 비하여 실시예의 수가 적을 경우, 미완성 발명으로 되는 수도 있다. 이 실시예에는 출원인이 가장 좋은 결과를 얻을 수 있으리라고 생각되는 것(Best mode)을 가급적 여러 개 선택하여 양적 관계나 얻어진 결과를 구체적인 수치로 표시하면서 기술한다. 이때, 가장 좋은 결과를 나타내는 경우의 조건을 타인에게 공개하는 것을 아깝게 여겨 비밀(Know- how)로 하려고 하는 등의 인색함이 생겨, 그 실시예를 기재하지 않으면 나중에 다른 사람이 그 부분만을 개량발명으로 출원할 경우 그 부분에 대한 선출원권을 인정받지 못할 수도 있으므로 좋은 것은 될 수 있는 대로 충분히 기재해야만 한다. 이 실시예는 발명에 내포되어 있는 각각의 기술의 대표적인 사례에 관하여 가장 양호한 결과를 나타낸 것을 가능한 한 많이 기재하도록 한다. 그리고 청구범위가 광범위하게 기재되어 있는 경우는 국부적으로 편재하는 일이 없이 그 범위 전반에 산재하도록 실시예를 기재할 필요가 있다.

[기재요령] 식품분야에 있어서는 다른 기술분야와는 달리 실험적 사실에 의한 뒷받침이 요구된다. 식품분야 발명에서 실시예는 발명을 실시하는 경우 중요한 참고자료가 됨과 동시에 특허심사시에는 발명의 효과를 인정하는 자료로 되기 때문에 이 점에 유의하여 완전한 실시예를 기재하여야 한다. 따라서 명세서가 학술문헌으로서의 기능도 가지고 있는 이상, 실험적 사실의 기재가 절대적으로 요구된다. 만약 이러한 것을 소홀히 하면 특허를 받을 수 없게 될 수도 있으므로 특별히 주의하여야 한다.

[분석] 통상 실시예와 비교예를 기재하면서 이들을 구체적으로 대비 설명함으로써 실시예에 기재된 범위가 맛, 기능성, 경제성 또는 효과 등의 관점에서 우수하다는 것을 나타낼 필요가 있다. 보통 실시예의 범위가 우수하다는 것을 기술적 뒷받침 하에 기재하는 것으로 기술적 의의를 대신할 수도 있다.

[주의] 말할 필요도 없이 실시예는 실제로 실험한 결과를 기술한 것이므로 개념적으로는 존재하지만 현실적으로 존재하지 않는 명칭, 예를 들면 알칸올, 할로겐, 방향족 화합물, 산화제, 환원촉매 등을 사용하여 실시예를 기술할 수는 없다. 또 개량발명의 경우에는 발명의 기초가 되는 기본발명과 비교예를 제시할 필요가 있지만, 그러한 실시예는 비교예, 대조예로서 이 항에 기재하면 된다. 실시예가 여러 개 있을 때에는 '실시예1', '실시예2', '실

시예3',……과 같이 연번호로 나타내고 참고예, 응용예, 비교예 등과는 명확히 구별될 수 있도록 한다.

[주의] 실시예란 출원의 대상이 되는 발명 그 자체의 실험예를 말하는 것이므로, 그 이외의 것에 대해서는 실시예로서 나타내면 안 된다. 따라서 청구범위에 기재되어 있는 발명의 실체부분이 완전히 포함되어 있어야 하며, 또 그 실체부분 이외의 것이 들어가서는 안 된다. 이와 같이 실시예에는 발명의 실험예만을 기재하는 것이지만, 그 외에 그 발명과 연관하여 행해진 실험예를 제시하고 싶을 경우에는 실시예와는 별도로 참고예, 응용예, 비교예로서 이 항에 기재하여도 된다.

이하, 본 발명의 이해를 돕기 위하여 바람직한 실시예 및 실험예를 제시한다. 그러나 하기의 실시예는 본 발명을 보다 쉽게 이해하기 위하여 제공되는 것일 뿐, 실시예에 의해 본 발명의 내용이 한정되는 것은 아니다.

<제조예>

하기 표 1의 조성에 따라, 홍삼(㈜한국인삼공사, 6년근)이 충분히 잠기도록 알칼리 전해수 또는 정제수를 투입한 후 각 추출 온도에 따라 항온수조(Multi water bath, 비젼텍)에 넣고 11시간 30분 동안 5회 반복 추출하였다. 이후, 50~100㎛의 여과망에 1차 여과한 다음 로터리원심분리기(SUPRA 22K, 한일과학)로 3,000rpm에서 20분간 원심분리하여 침전물을 제거하고, 95℃의 항온수조에서 60분 동안 살균하였다. 살균된 추출물을 0.45~50㎛의 여과망에 2차 여과하여 55℃의 수욕에서 감압농축하여 농축된 추출물을 제조하였다. 이때 알칼리 전해수는 알칼리 전해수 제조장치(DIPS-4K, 원진이앤씨)를 사용하여 정제수를 원수로 제조하였고, pH 10이었고, 정제수는 pH 7이었다.

《표 1》

구분	원료 홍삼(g)	추출용매	추출용매투입량(g)	추출온도(℃)
실시예 1	400	알칼리 전해수	2,400	86.0
실시예 2	400	알칼리 전해수	2,400	65.0
비교예 1	400	정제수	2,400	86.0
비교예 2	400	정제수	2,400	65.0

<실험예 1> 홍삼 추출물의 관능 테스트

24~51세 사이의 평균연령 38세인 남 및 여 총 10명 패널들을 대상으로 상기 실시예 1 내지 2 및 비교예 1, 2의 홍삼 추출물에 대한 관능테스트를 실시하였고, 그 결과를 하기 표 2에 나타내었다.

《표 2》 홍삼추출물의 순위법에 의한 관능검사

관능검사 요원		1	2	3	4	5	6	7	8	9	10	합계
맛	실시예 1	5	4	4	4	3	3	4	4	3	4	38
	실시예 2	5	5	4	3	4	4	4	4	4	4	41
	비교예 1	2	3	2	2	3	2	2	2	1	1	20
	비교예 2	2	2	3	3	3	2	2	1	3	3	24
향기	실시예 1	3	3	5	4	4	3	4	4	4	4	38
	실시예 2	4	4	5	4	4	4	4	5	3	4	41
	비교예 1	2	2	2	2	1	1	2	1	2	1	16
	비교예 2	2	1	1	2	2	2	2	2	2	2	18
색상	실시예 1	5	4	4	4	5	3	4	3	3	4	39
	실시예 2	3	5	5	4	4	4	4	4	4	4	41
	비교예 1	1	2	2	2	2	1	1	2	1	2	16
	비교예 2	1	2	2	2	1	2	2	2	2	3	19
전반적인 기호성	실시예 1	4	4	4	5	5	5	5	4	3	4	43
	실시예 2	5	5	4	5	5	4	4	5	4	4	45
	비교예 1	1	2	1	1	2	2	1	1	2	2	15
	비교예 2	2	2	2	1	2	2	1	2	2	2	18
(주) 1: 나쁨, 3: 보통, 5: 좋음												

상기 표 2 에서 확인할 수 있는 바와 같이, 알칼리 전해수를 추출용매로 사용한 실시예 1 내지 2의 홍삼 추출물의 경우 정제수를 추출용매로 사용한 비교예 1 내지 2의 홍삼 추출물과 비교하여, 맛이 개선되었으며 색상이 밝아졌다.

<실험예 2> 홍삼 추출물의 색도 측정

상기에서 제조된 홍삼 추출물에 대하여 색차계(Spectrophotometer CM-3700d, KONICA MINOLTA)를 이용하여 색도를 측정하고, 그 결과를 하기 표 3에 나타내었다.

《표 3》

구분	명도	a(녹색-빨강)	b(파랑-노랑)
실시예 1	28.18	28.08	35.71
실시예 2	29.12	27.02	34.92
비교예 1	25.86	26.25	30.50
비교예 2	24.98	25.76	29.98

표 3에서 알 수 있는 바와 같이, 정제수를 추출용매로 사용하여 제조된 비교예 1 내지 2의 홍삼 추출물에 비해 알칼리 전해수를 추출용매로 사용하여 제조된 실시예 1 내지 2의 홍삼 추출물과 비교하여 명도가 개선됨을 알 수 있다.

<실험예 3> 홍삼 추출물의 성분 분석

상기에서 제조된 홍삼 추출물의 조사포닌 함량을 부탄올-환류냉각추출법으로 분석하고, 그 결과를 하기 표 4에 나타내었다.

《표 4》

구분	조사포닌(mg/g)
실시예 1	67.4
실시예 2	63.3
비교예 1	63.7
비교예 2	60.1

상기 표 4에서 확인할 수 있듯이, 조사포닌의 함량의 경우 알칼리 전해수 추출 홍삼 추출물이 정제수 추출 홍삼 추출물에 비해 높으며, 실시예 2의 알칼리 전해수 홍삼 추출물의 경우 추출온도가 65℃로 비교예 1의 86℃도 보다 낮음에도 유사한 조사포닌 유사한 함량을 보였다.

Ginsenosides 함량은 HPLC(Alience 2695, Waters)를 이용하여 UV wavelength 203nm에서 분석하였고, 그 결과를 하기 표 5에 나타내었다.

《표 5》

단위 mg/g	Rg_1	Re	Rf	Rh_1	Rg_2s	Rg_{2r}	Rb_1	Rc	Rb_2	Rd	Rg_3s	Rg_3r	Rg_1+ Rb_1	Rg_3 합
실시예 1	1.20	1.46	1.61	0.96	1.65	1.46	5.15	2.26	1.94	1.15	2.50	1.09	6.35	3.59
실시예 2	1.58	1.64	1.75	1.08	1.74	1.52	6.37	2.55	2.18	1.36	2.66	1.23	7.95	3.89
비교예 1	3.18	3.62	1.02	1.03	0.32	0.17	5.99	2.96	2.72	1.02	0.48	0.32	9.17	0.80
비교예 2	4.08	4.12	1.75	0.31	0.86	0.48	10.01	4.15	3.59	1.55	0.63	0.39	14.1	1.02

상기 표 5에 나타낸 바와 같이, 진세노사이드 Rg_1+Rb_1의 함량은 비교예 1의 정제수 추출 홍삼 추출물에 비해 실시예 1의 경우 25%, 비교예 2의 정제수 추출 홍삼 추출물에 비해 실시예 2의 경우 54%가 증가하였다. 이러한 진세노사이드 함량은 현행 건강기능식품공전의 인삼 또는 홍삼 농축액 기준인 0.8~34mg/g에 적합할 뿐만 아니라 추출 온도에 상관없이 정제수 추출 홍삼 추출물에 비해 높아 성분 함량 보증이 우수한 홍삼 추출물을 제조할 수 있음을 확인하였다.

[참고] 출원발명의 명세서에서와 같이 실시예와 비교예를 비교 설명하기 위해서는 도표 등을 만들어 일목요연하게 대비해도 좋고 실험수치에서 나타난 결과를 비교 분석해도 좋다. 주의할 것은, 실시예에 기재된 범위가 비교예에 기재된 범위보다 맛이나 경제성 또는 효과 등의 관점에서 통상의 기술자의 수준으로 볼 때 더 우수하다는 것이 객관적으로 인정될 수 있도록 명확하게 기재되어야 한다는 점이다.

【청구범위】

[기재요령] 청구범위에는 특허를 받고자 하는 발명이 완전히 특정되도록 기재하여야 한다. 그 특정은 주로 기술적 구성을 나타내는 사항을 기재함으로써 행하여지므로, 당해 발명의 필수적인 구성을 중심으로 기재하도록 한다. 특히, 식품발명에 있어서는 재료의 종류와 조성비율이 명확히 기재되어야 하고, 식품의 제조방법에 있어서는 순서별 제조공정 및 구체적인 조건 등이 명확히 기재되어야 한다. 일반적으로 식품분야의 발명에는 선행기술이 있는 경우가 많으므로 그 유사정도에 대응하여 청구범위를 구체적으로 한정하여 상세하게 기재하는 것이 바람직하다.

[기재요령] 청구범위의 기재요령은 다음과 같다. ① 발명의 구성에 없어서는 아니 되는 사항이 전부 기재되어 있어야 한다. ② 발명의 구성요소 상호간의 작용이 명확하게 파악되어야 한다. ③ 발명의 설명에 의해 충분히 뒷받침되도록 기재되어야 한다. ④ 각 청구항마다

발명의 실시가 가능하도록 구체적으로 기재되어야 한다. ⑤ 각 청구항마다 발명이 완성되어 있어야 한다. ⑥ 청구항이 기능적, 작용적으로만 기재되어서는 안 된다. ⑦ 종속항은 독립항을 한정하거나 부가하는 것이어야 하나, 발명의 효과나 용도만을 한정하는 것이어서는 안 된다. ⑧ 종속항은 독립항을 치환하거나 대체시키는 형식으로 기재해서는 안 된다. ⑨ 종속항은 인용되는 항의 구성요소를 삭제 또는 감소시키는 형식으로 기재해서는 안 된다. ⑩ 종속항은 인용하는 항과 인용하는 대상이 명확하여야 한다. ⑪ 종속항은 복수의 항이 인용된 항을 복수로 재인용할 수 없다.

【청구항 1】

홍삼을 pH 8.5~10.5의 알칼리 전해수로 65~90℃에서 1~12시간 동안 추출하는 단계를 포함하여 진세노사이드 Rg_1 및 Rb_1의 함량을 증가시키는 홍삼 추출물의 제조방법

【청구항 2】

제1항에 있어서,

상기 추출단계를 1~10회 반복하는 추출단계를 포함하는 것을 특징으로 하는 홍삼 추출물의 제조방법.

【청구항 3】

제1항에 있어서,

상기 추출단계를 5회 반복하는 추출단계를 포함하는 것을 특징으로 하는 홍삼 추출물의 제조방법.

【청구항 4】

제1항에 있어서,

상기 추출단계에서 상기 알칼리 전해수의 첨가량은 인삼에 대해 5~10배의 중량비로 사용하는 것을 특징으로 하는 홍삼 추출물의 제조방법.

【청구항 5】

제1항 내지 제4항 중 어느 한 항에 있어서,

상기 추출단계에서 추출된 추출물을 여과하는 1차 여과단계를 포함하는 것을 특징으로 하는 홍삼 추출물의 제조방법.

【청구항 6】

제5항에 있어서,

상기 1차 여과단계에서 얻은 여과액으로부터 불용성 물질을 제거하고 살균하는 살균단계를 포함하는 것을 특징으로 하는 홍삼 추출물의 제조방법.

【청구항 7】

제6항에 있어서,

상기 살균단계에서 살균된 추출물을 여과하는 2차 여과단계를 포함하는 것을 특징으로 하는 홍삼 추출물의 제조방법.

【청구항 8】

제7항에 있어서,

상기 2차 여과단계에서 얻은 여과액을 농축하여 농축된 홍삼 추출물을 제조하는 단계를 포함하는 것을 특징으로 하는 홍삼 추출물의 제조방법.

[분석] 일반적으로 종속항은 당해 발명에서 가장 바람직한 예(최적실시예)를 별도의 청구항으로 기재하는 것이 바람직하다. 실제 권리행사의 경우에 있어서 최적의 기술구성을 별도의 특허권화하는 것이 유리한 경우가 많은데, 이는 실제로 사업화 할 기술의 권리관계를 분명히 하는 장점이 있다.

[분석] 기재상의 표현형식에 따른 청구범위의 작성방법은 다음과 같다.

① 내용기술형 기재형식 : 발명의 필수구성요건을 시간적 경과 혹은 위치적 관계에 따라 차례로 기재하는 형식이다. 이 형식에 의하여 청구범위의 문장을 작성하는 데는 먼저 발명에 관계되는 기술적 사항을 어떤 사소한 것이라도 전부 기재하여 발명의 내용을 명확하게 하는 것이 좋다. 다음에 이 중에 발명의 구성요건으로써 특별히 나타낼 필요가 없다고 생각되는 사항을 점점 말소시켜 나간다. 이 형식은 발명자가 발명의 기술내용을 자신이 행한 대로 서술하는 것만으로 좋고, 특별한 기교를 필요로 하지 않기 때문에 아주 간단하게 청구범위를 작성할 수 있는 이점이 있다. 이처럼 비교적 쉽게 작성할 수 있기 때문에 출원기술에 그다지 익숙하지 않은 사람에게는 편리한 형식이다.

② 요건열기형 기재형식 : 각 공정구분 또는 기계요소로서 정리해 가는 형식이다. 이 형식은 발명의 구성요건이 정리된 상태로 기재되기 때문에 복잡한 장치, 다수 공정이 결합된 방법 등 내용기술형으로는 설명이 혼란되기 쉬운 발명을 나타내는 경우에 적합하다. 그러나 이 형식의 문장을 작성하는 경우에는 열기하는 조건을 정하는 데에 주의를 필요로 하기 때문에 보통 어느 정도 작성기술에 익숙해지도록 노력해야 한다.

③ 특징추출형 기재형식 : 주로 개량발명에 관하여 특허를 받고자 하는 경우에 이용될 수

있는 기재방법인데, 개량발명은 그 성질상 우선 선행기술이 존재하기 때문에 그 선행기술과 차이점을 명확히 할 필요가 있다. 만약 이 점이 불명확하면 그 선행기술과 동일하든지, 혹은 진보성이 없다고 인정되어 심사단계에서 거절될 염려가 있기 때문이다. 이 형식의 문장을 작성하는 데는 우선 전제사항으로써 청구범위의 전제부분(Preamble)에 선행기술의 구성을 나타내고, 다음으로 특징부분에 그 발명의 특징을 나타내도록 한다.

[유의] 식품분야 발명의 청구범위 작성에 있어서 고려해야 할 사항은 다음과 같다.
① 가능하면 포괄적인 청구범위를 작성하는 것이 좋다. 이를 위해서는 구체적이고 상세한 실시예가 명세서에 기재되어 있어야 한다.
② 상위개념에서 하위개념에 걸치는 다단계 청구범위를 설정하는 것이 바람직하다.
③ 선행기술과의 경계를 분명히 하는 것이 좋다. 특히 개량발명의 경우에는 선행기술과의 차이점과 선행기술에서 개선된 점을 명세서에 구체적이고 명확하게 기재하여야 한다.
④ 선행기술의 개시정도에 따라 적절한 청구범위를 설정하여야 한다. 이와 관련하여 명세서를 기재함에 있어 관련 선행기술을 구체적으로 분석하고 선행기술의 문제점과 출원발명의 개선점을 명확히 하는 것이 중요하다.
⑤ 다양한 카테고리를 설정하는 것이 유리하다. 물론 카테고리를 뒷받침할 수 있는 다양하고 폭넓은 실시예가 구체적으로 기재되어 있어야 한다.
⑥ 침해확인 및 권리행사가 용이하도록 청구범위의 설정을 명확히 한다.
⑦ 상위개념의 용어와 하위개념의 용어를 적절하게 선택하여 청구범위를 기재하여야 한다.
⑧ 출원발명이 가장 잘 표현될 수 있는 청구범위 기재방식을 선택하여야 한다.

[유의] 청구범위 기재에 있어 유의할 사항은 다음과 같다.
① 청구범위는 일반적으로 발명을 명확하게 특징지을 수 있도록 단일문장으로 구성해야 하며, 발명의 이해에 도움이 되는 경우에는 다수의 개조식 문장으로 기재할 수 있다.
② 청구항에 기재된 발명의 카테고리가 명확해야 하며, 하나의 청구항에 2 이상의 발명이 기재되어 있어서는 안 된다.
③ 발명의 구성이 불명료할 정도로 지시의 대상이 불명확해서는 안 된다.
④ 발명의 기술적 특징에 대한 이해를 돕기 위해 청구범위를 기재함에 있어 구성요소 뒤에 도면의 인용부호를 병기할 수 있다.
⑤ 청구항에는 발명의 설명에 충분히 설명된 내용만으로 기재하여야 하며, 발명의 설명과 청구항에 기재된 발명 상호간에 용어가 통일되어야 한다.
⑥ 청구항에 기재된 각 구성요소는 단순히 나열되어 있어서는 안 되며 그 구성요소 간의 유기적 결합관계가 명확히 나타나 있어야 한다.
⑦ 청구항에는 발명의 구성을 불명확하게 하는 표현이 기재되어 있어서는 안 된다.

⑧ 청구항에 하나의 기술적 수단만이 기재되어 있고 그 기술적 수단이 기능적 또는 작용적으로 기재되어 있어서는 안 된다.

⑨ 청구항에 상업상의 이점이나 판매지역, 판매처 등 발명의 구성과 관계가 없는 사항이 기재되어 있어서는 안 되며, 청구항에 목적, 작용 및 효과만 기재하고 구성에 대한 기재를 생략해서는 안 된다.

2. 견본 2

【요약서】

【요약】

본 발명은 기호성이 우수한 냉녹차의 제조방법에 관한 것으로, 보다 상세하게는 증열공정에서 장시간 동안 처리함으로써 녹차의 향미 및 기능성 성분들이 냉수에서도 잘 우러날 수 있도록 한 기호성이 우수한 냉녹차의 제조방법에 관한 것이다.

구체적으로는 냉녹차의 제조방법에 있어서, 녹차잎을 140~160℃에서 80~100초 동안 증기로 처리하는 증열공정, 증기로 찐 잎을 90~100℃에서 40~50분간 처리하는 조유공정, 상기 조유공정을 거친 녹차잎을 실온에서 20~40분간 처리하는 유념공정, 상기 유념공정을 거친 녹차잎을 33~35℃에서 35~45분간 처리하는 중유공정, 상기 중유공정을 거친 녹차잎을 80~100℃에서 30~50분간 처리하는 정유공정, 상기 정유공정을 거친 녹차잎을 75~85℃에서 25~35분간 처리하는 건조공정 및 건조공정 후에 얻어지는 심증차엽을 원적외선 드럼배전기로 온도 90~140℃, 파장 10~30㎛에서 3~25분간 원적외선 배전처리하는 공정을 포함하는 것을 특징으로 하는 기호성이 우수한 냉녹차의 제조방법에 관한 것이다.

【명세서】

【발명의 명칭】

기호성이 우수한 냉(冷)녹차의 제조방법(A method of cold green tea which has good taste)

【발명의 설명】

【발명의 목적】

【발명이 속하는 기술분야 및 그 분야의 종래기술】

본 발명은 기호성이 우수한 냉녹차의 제조방법에 관한 것으로, 보다 상세하게는 증열공정에서 장시간 동안 처리함으로써 녹차의 향미 및 기능성 성분들이 냉수에서도 잘 우러날 수 있도록 한, 기호성이 우수한 냉녹차의 제조방법에 관한 것이다.

녹차는 동백나무과의 카멜리아 시넨시스(*Camellia sinensis*)의 싹이나 잎을 이용하여 화열(火熱)이나 증기로 처리하여 차엽 속에 존재하는 산화 효소를 실활(失活)시켜 제조한 것이다. 또한 녹차 제조시 증기처리시간을 길게 함으로써 추출시 유효성분의 용출이 보다 용이하도록 제조한 것이 심증(深蒸)녹차이다.

녹차는 기원전부터 기호 및 보건차로서 음용되어 왔을 뿐만 아니라 최근 녹차에 다량으로 함유된 탄닌(tannin), 아미노산(amino acid), 비타민 C, 카페인(caffeine) 등의 성분들에 의한 항암, 노화억제, 혈중 콜레스테롤(cholesterol) 저하, 항당뇨, 충치 예방, 구취제거, 식중독 예방, 다이어트, 중금속 제거 등에 관한 효과가 국내외의 학자들에 의해 보고되고, 대다수 사람들이 건강지향적인 성향을 가지게 됨으로써 녹차의 음용연구는 날로 늘어나는 추세에 있다.

녹차의 주된 보건효과는 녹차의 성분 중에 10~15% 정도 함유되어 있는 폴리페놀(polyphenol) 성분에 의한 것이며, 녹차의 떫은맛도 폴리페놀 성분에 의한 것이다.

또한 녹차에 함유된 아미노산은 차엽 중에 약 28종으로 구성되어 있으며, 이중 가장 중요한 성분은 전체 아미노산의 54% 이상을 차지하는 데아닌(Theanine)이며, 녹차의 감칠맛을 낼 뿐만 아니라 카페인의 활성을 억제하는 작용을 한다. 또한 콩나물에 많이 함유되어 있는 것으로 알려진 아스파라긴(asparagine)산이 200mg 이상 함유되어 있어 숙취제거에 효과적이다. 녹차에는 아스파라긴산 이외에도 알라닌(alanine)이나 비타민 C 등의 여러 성분이 다량 함유되어 있어 탁월한 숙취제거 효과를 나타낸다.

이러한 녹차의 향미 및 기능성 성분들의 용출량은 녹차의 추출시간과 물의 온도에 따라 달라진다. 예를 들면, 녹차를 장기간 동안 우려내게 되면 폴리페놀 성분이 다량 용출되어 떫은맛이 강해지며, 너무 높은 온도에서 추출할 경우 카페인(caffeine)이나 폴리페놀의 용출량이 많아져 아미노산의 감칠맛을 즐길 수 없다.

《표 1》 물의 온도에 따른 탄닌과 아미노산의 용출량

물의 온도	물의 양	차의 양	추출시간	탄닌(mg) (11.7%)	아미노산(mg) (4%)
90℃				185.34	68.78
70℃				175.53	67.56
50℃	100㎖	2.5g	3분	128.49	66.21
30℃				112.78	64.98
10℃				90.25	59.72

물의 온도에 따른 탄닌과 아미노산의 용출량을 비교하면, 물의 온도가 낮아짐에 따라 탄닌의 양은 급격하게 감소하나, 아미노산의 함량은 탄닌에 비해 큰 차이를 보이지 않는다. 즉, 냉녹차는 온(溫)녹차에 비해 탄닌의 용출량이 적기 때문에 쓴맛이 비교적 적고 상대적으로 아미노산에 의한 부드러운 맛이 강하게 나타난다.

지금까지는 녹차 제조용 티백제품을 더운물에 우려내어 따뜻하게 즐기거나, 더운물에서 우려낸 녹차를 식혀서 냉장고에 보관하면서 식수대용으로 음용해 온 것이 일반적이었다. 그러나 상술한 바와 같이 고온에서의 추출은 탄닌의 용출량을 증가시켜 녹차의 감칠맛을 즐길 수 없을 뿐만 아니라, 무더운 여름철에 뜨거운 녹차를 마시는 것은 생각만큼 쉬운 일이 아니며, 더운물에서 우려낸 녹차를 식혀서 차게 보관하여 음용하는 것도 과정이 번거롭다.

또한 온녹차를 직접 냉수에서 우려내는 경우 향미 및 기능성 성분들의 용출이 쉽지 않으며, 장시간 우려내게 되면 폴리페놀 성분이 다량 용출되어 떫은맛이 강해진다.

【발명이 이루고자하는 기술적 과제】

이에, 본 발명자는 음용 방법이 번거롭지 않고, 직접 냉수에서 우려내어도 향미 및 기능성 성분들의 용출이 용이하여 온수에서 우려낸 녹차의 맛과 향을 그대로 즐길 수 있는 냉녹차를 개발하고자 예의 연구하여 왔으며, 그 결과 채엽(採葉)한 어린 차잎을 DS(Deep Steaming)공법 즉, 생엽에 증기를 가해 쪄내는 증열공정을 증제차(蒸製茶)나 옥로차(玉露茶)보다 장시간 동안 처리하는 경우, 냉수에도 녹차의 향미 및 기능성 성분들이 잘 우러나와서, 온수에서 우려낸 녹차의 맛과 향을 그대로 즐길 수 있음을 발견하고 본 발명을 완성하게 되었다.

따라서 본 발명의 목적은 온수에서 우려낸 녹차의 맛과 향을, 냉수에서 우려내어도 그대로 즐길 수 있는 기호성이 우수한 냉녹차의 제조방법을 제공하는 것이다.

본 발명의 다른 목적은 증열공정과 원적외선 배전처리공정을 최적화함으로써 기호성이 우수한 냉녹차의 제조방법을 제공하는 것이다.

본 발명의 또 다른 목적 및 적용은 하기 발명의 설명으로부터 통상의 기술자에게 명백하게 드러날 것이다.

【발명의 구성 및 작용】

상기한 목적을 달성하기 위하여, 본 발명에 따른 냉녹차의 제조방법은, 순차적으로 증열공정, 조유공정, 유념공정, 중유공정, 정유공정, 건조공정 및 원적외선 배전처리공정으로 이루어진 녹차의 제조방법에 있어서, 증열공정을 녹차잎을 140~160℃에서 80~100초 동안 처리하고, 조유공정을 90~100℃에서 40~50분간 처리하고, 유념공정을 실온에서 20~40분간 처리하고, 중유공정을 33~35℃에서 35~45분간 처리하고, 정유공정을 80~100℃에서 30~50분간 처리하고, 건조공정을 75~85℃에서 25~35분간 처리하고, 심증차엽을 원적외선 드럼배전기로 온도 90~140℃, 파장 10~30㎛에서 3~25분간 원적외선 배전처리함으로써 맛과 기호성이 우수한 냉녹차를 얻을 수 있다.

바람직하게는 증열공정을 150℃에서 90초 동안 처리하고, 조유공정을 95℃에서 45분간 처리하고, 유념공정을 30분간 처리하고, 중유공정을 34℃에서 40분간 처리하고, 정유공정을 90℃에서 40분간 처리하고, 건조공정을 80℃에서 30분간 처리하고, 심증차엽을 원적외선 드럼배전기로 온도 100~120℃, 파장 15~20㎛에서 5~20분간 원적외선 배전처리함으로써 맛과 기호성이 우수한 냉녹차를 얻을 수 있다.

또한 더욱 바람직하게는 심증차엽을 원적외선 드럼배전기로 온도 110℃, 파장 15㎛에서 15분간 처리함으로써 맛과 기호성이 우수한 냉녹차를 얻을 수 있다.

이하, 본 발명의 기호성이 우수한 냉녹차의 제조방법을 보다 구체적으로 설명한다.

본 발명의 냉녹차의 제조방법을 각 단계별로 살펴보면 다음과 같다.

1. 증열공정(蒸熱工程) :

수증기로 차잎 중의 효소를 불활성화시킴으로써 차잎을 부드럽게 하여 이후의 작업을 쉽게 하고, 생엽의 풋냄새를 없애는 것이 주목적이다.

일반 녹차가 약 100℃에서 약 60초간 처리하는 것과는 달리 본 발명에서는 140~160℃에서 80~100초간 차잎을 증기로 강하게 처리하여 세포막을 파괴시킴으로써, 냉수에서도 가용성분들이 빠른 시간 내에 잘 우러나도록 만든 것으로, 차의 맛이 강하고 수색(水色)이 진하다.

본 발명에서 확인한 바에 의하면, 냉녹차의 색상은 증열공정을 140~160℃에서 80~100초간 처리했을 때 가장 우수하였고, 향은 150~170℃에서 90~110초간 처리했을 때가 가장 우수하였으며, 맛은 140~160℃에서 85~95초간 처리했을 때 가장 우수하였다. 따라서 전체적으로는 증열공정을 약 150℃에서 약 90초 동안 처리하는 것이 가장 우수한 것으로 나타났다.

2. 조유공정(粗揉工程) :

증기로 찐 잎을 교반이 쉽게 되도록 하는 공정으로서, 통상 90~100℃에서 40~50분간 처리한다. 본 발명에서 확인한 바에 의하면, 약 95℃에서 약 45분간 처리하는 것이 가장 우수한 것으로 나타났다.

일반적으로, 차잎 표면의 수분증발속도와 차잎 내부의 수분확산속도가 평형을 유지해야 녹색을 유지할 수가 있다.

3. 유념공정(揉捻工程) :

차잎 각 부분의 수분함량을 균일하게 함과 동시에 차잎 세포조직을 적당히 파괴해 잘 우러나게 하고 형상도 좋아지게 하는 공정으로서, 통상 실온에서 20~40분간 처리한다.

본 발명에서 확인한 바에 의하면, 냉녹차의 색상은 유념공정을 25~35분간 처리했을 때 가장 우수하였고, 향은 30~40분간 처리했을 때 가장 우수하였으며, 맛은 30~35분간 처리했을 때 가장 우수하였다. 따라서 전체적으로는 유념공정을 약 30분간 처리하는 것이 가장 우수한 것으로 나타났다.

4. 중유공정(中揉工程) :

비비기를 한 차잎의 수분을 적당히 제거하여 다음 공정인 정유단계에 적합한 차잎의 상태를 만들기 위해 차잎의 수분을 열풍으로 건조시키는 공정으로서, 통상 33~35℃에서 35~45분간 처리한다. 본 발명에서 확인한 바에 의하면, 약 34℃에서 약 40분간 처리하는 것이 가장 우수한 것으로 나타났다.

5. 정유공정(精揉工程) :

차잎의 내부 수분을 배출시켜 건조시키고, 증제차 특유의 침상형 모양을 만드는 공정으로서, 통상 80~100℃에서 30~50분간 처리한다. 본 발명에서 확인한 바에 의하면, 약 90℃에서 약 40분간 처리하는 것이 가장 우수한 것으로 나타났다.

6. 건조공정(乾燥工程) :

정유기(精揉機)에서 나온 차잎의 수분함량은 대개 13% 정도이므로, 보존상 품질변화를 막기 위해 4% 이내가 되도록 건조시키는 공정으로서, 통상 75~85℃에서 25~30분간 처리한다. 본 발명에서 확인한 바에 의하면, 약 80℃에서 약 30분간 처리하는 것이 가장 우수한 것으로 나타났다.

7. 원적외선 배전처리공정(焙煎處理工程) :

통상 원적외선 드럼배전기로 온도 90~140℃, 파장 10~30㎛에서 3~25분간 원적외선 배전처리하는데, 본 발명에서는 건조공정 후에 얻어지는 심증차엽을 원적외선 드럼배전기로 온도 100~120℃, 파장 15~20㎛에서 5~20분간 원적외선 배전처리하였을 때가 전체적인 기호성이 우수하였다.

본 발명의 기호성이 우수한 냉녹차는 심증차엽을 원적외선 드럼배전기로 온도 100~120℃, 파장 15~20㎛에서 5~20분 동안 원적외선 배전처리함으로써 영양성분의 손실을 최소화하고, 맛과 향의 기호성이 우수한 냉녹차 원료를 제조하였다. 녹차에 함유되어 있는 향기성분의 함량은 배전처리 온도에 따라 달라지며, 따라서 배전처리 온도는 기호도에 영향을 미친다. 이는 공지의 방법으로 제조된 심증녹차를 각 온도별로 원적외선 배전처리한 후 50인에 대하여 관능검사를 실시한 결과를 나타내는 표 2 데이터로부터 알 수 있다.

《표 2》 녹차의 원적외선 배전처리 온도에 따른 관능검사에 의한 기호도 (단위 : 명)

온도(℃)	89	90	100	110	120	130	140	150
향기	0	1	14	16	15	3	1	0
색상	2	4	14	13	13	3	1	0
맛	0	2	15	15	15	2	1	0
전반적인 기호성	0	2	14	15	15	3	1	0

상기 표 2의 관능검사 결과와 같이 적당한 녹차의 원적외선 배전처리 온도는 90℃ 이하의 낮은 온도에서는 청위의 잔류로 인한 기호도 저하를 초래하였으며, 140℃ 이상의 높은 온도에서는 탄맛으로 인하여 심증녹차에 다량으로 함유되어 있는 아미노산 및 향기성분에 의한 구수한 향미가 소실되어 기호도가 저하되는 것으로 나타났다. 따라서 녹차의 원적외선 배전처리 온도는 100~120℃에서 행하는 것이 바람직하다.

전체적으로는 원적외선 배전처리공정을 온도 약 110℃, 파장 약 15㎛에서 약 15분간 처리하는 것이 가장 바람직하였다.

본 발명에 의하면, 일반 녹차와는 달리, 증기에 의해 차잎이 강하게 오래 처리됨으로써 세포막이 파괴되어 냉수에서도 가용성분들이 빠른 시간 내에 용출된다. 이와 같이 냉수에서 직접 우려낼 수 있기 때문에, 추출온도가 높을수록 잘 우러나는 탄닌, 카테킨, 카페인 등의 성분들이 적게 우러나며, 따라서 쓰고 떫은맛이 적은 반면, 감칠맛을 내는 아미노산의 함량이 높아 색다른 녹차 맛을 즐길 수 있다.

또한 기호성이 우수한 냉녹차의 제조에 있어서, 제주도 서광다원의 한정된 지역에서 황산마그네슘과 황산고토를 수회에 걸쳐 엽면시비를 행하여 얻은 차나무의 잎을 원료로 사용하는 경우 용출되는 색소의 함량을 증가시킬 수 있어 바람직하다. 심증녹차의 제조에 사용되는 차엽은 탄닌의 함량이 적고 아미노산과 비타민 C의 함량이 우수한 봄에 채엽한 것이 바람직하다.

이하, 실시예 및 실험예를 통하여 본 발명의 구성 및 작용효과를 보다 구체적으로 설명한다. 그러나 본 발명이 이들 실시예에만 한정되는 것이 아님은 통상의 기술자에게 있어서 자명한 사실이다.

실시예에서 사용한 차엽은 제주도 서광다원의 한정된 지역에서 황산마그네슘과 황산고토를 수회에 걸쳐 엽면시비를 행하여 얻은 차나무의 잎을 사용하였다.

<실시예 1>

채엽된 생엽을 증열공정에서 온도 140℃, 100초 동안 수증기로 찐 후, 95℃에서 45분간의 조유공정을 거쳐, 유념공정에서 35분간 비비기를 실시하였다. 유념공정을 거친 차잎은 34℃에서 40분간의 중유공정, 90℃에서 40분간의 정유공정, 80℃에서 30분간의 건조공정을 거쳐 냉녹차를 제조하였다. 제조된 냉녹차를 원적외선 드럼배전기로서 온도 100℃, 파장 20㎛에서 5분간 원적외선 배전처리하였다.

<실시예 2>

채엽된 생엽을 증열공정에서 온도 150℃, 90초 동안 수증기로 찐 후, 95℃에서 45분간의 조유공정을 거쳐, 유념공정에서 25분간 비비기를 실시하였다. 유념공정을 거친 차잎은 34℃에서 40분간의 중유공정, 100℃에서 30분간의 정유공정, 80℃에서 30분간의 건조공정을 거쳐 냉녹차를 제조하였다. 제조된 냉녹차를 원적외선 드럼배전기로서 온도 110℃, 파장 15㎛에서 15분간 원적외선 배전처리하였다.

<실시예 3>

채엽된 생엽을 증열공정에서 온도 160℃, 80초 동안 수증기로 찐 후, 100℃에서 40분간의 조유공정을 거쳐, 유념공정에서 40분간 비비기를 실시하였다. 유념공정을 거친 차잎은 34℃에서 40분간의 중유공정, 90℃에서 40분간의 정유공정, 80℃에서 30분간의 건조공정을 거쳐 냉녹차를 제조하였다. 제조된 냉녹차를 원적외선 드럼배전기로서 온도 120℃, 파장 20㎛에서 20분간 원적외선 배전처리하였다.

<실시예 4>

채엽된 생엽을 증열공정에서 온도 140℃, 100초 동안 수증기로 찐 후, 100℃에서 40분간의 조유공정을 거쳐, 유념공정에서 30분간 비비기를 실시하였다. 유념공정을 거친 차잎은 33℃에서 45분간의 중유공정, 80℃에서 50분간의 정유공정, 75℃에서 35분간의 건조공정을 거쳐 냉녹차를 제조하였다. 제조된 냉녹차를

원적외선 드럼배전기로서 온도 110℃, 파장 15㎛에서 15분간 원적외선 배전처리하였다.

<실시예 5>

채엽된 생엽을 증열공정에서 온도 150℃, 90초 동안 수증기로 찐 후, 95℃에서 45분간의 조유공정을 거쳐, 유념공정에서 30분간 비비기를 실시하였다. 유념공정을 거친 차잎은 35℃에서 35분간의 중유공정, 90℃에서 40분간의 정유공정, 75℃에서 35분간의 건조공정을 거쳐 냉녹차를 제조하였다. 제조된 냉녹차를 원적외선 드럼배전기로서 온도 90℃, 파장 10㎛에서 25분간 원적외선 배전처리하였다.

<실시예 6>

채엽된 생엽을 증열공정에서 온도 160℃, 80초 동안 수증기로 찐 후, 90℃에서 50분간의 조유공정을 거쳐, 유념공정에서 35분간 비비기를 실시하였다. 유념공정을 거친 차잎은 34℃에서 40분간의 중유공정, 100℃에서 30분간의 정유공정, 85℃에서 25분간의 건조공정을 거쳐 냉녹차를 제조하였다. 제조된 냉녹차를 원적외선 드럼배전기로서 온도 120℃, 파장 20㎛에서 20분간 원적외선 배전처리하였다.

<비교예 1>

채엽된 생엽을 증열공정에서 온도 100℃, 60초 동안 수증기로 찐 후, 100℃에서 40분간의 조유공정을 거쳐, 유념공정에서 40분간 비비기를 실시하였다. 유념공정을 거친 차잎은 32℃에서 50분간의 중유공정, 98℃에서 50분간의 정유공정, 70℃에서 40분간의 건조공정을 거쳐 냉녹차를 제조하였다. 제조된 냉녹차를 원적외선 드럼배전기로서 온도 80℃, 파장 40㎛에서 30분간 원적외선 배전처리하였다.

<비교예 2>

채엽된 생엽을 증열공정에서 온도 150℃, 60초 동안 수증기로 찐 후, 90℃에서 50분간의 조유공정을 거쳐, 유념공정에서 20분간 비비기를 실시하였다. 유념공정을 거친 차잎은 36℃에서 30분간의 중유공정, 100℃에서 30분간의 정유공정, 90℃에서 20분간의 건조공정을 거쳐 냉녹차를 제조하였다. 제조된 냉녹차를 원적

외선 드럼배전기로서 온도 150℃, 파장 5㎛에서 21분간 원적외선 배전처리하였다.

<비교예 3>

채엽된 생엽을 증열공정에서 온도 170℃, 50초 동안 수증기로 찐 후, 90℃에서 50분간의 조유공정을 거쳐, 유념공정에서 20분간 비비기를 실시하였다. 유념공정을 거친 차잎은 33℃에서 45분간의 중유공정, 70℃에서 60분간의 정유공정, 90℃에서 40분간의 건조공정을 거쳐 냉녹차를 제조하였다. 제조된 냉녹차를 원적외선 드럼배전기로서 온도 90℃, 파장 40㎛에서 30분간 원적외선 배전처리하였다.

<비교예 4>

채엽된 생엽을 증열공정에서 온도 130℃, 110초 동안 수증기로 찐 후, 100℃에서 40분간의 조유공정을 거쳐, 유념공정에서 40분간 비비기를 실시하였다. 유념공정을 거친 차잎은 35℃에서 35분간의 중유공정, 110℃에서 20분간의 정유공정, 70℃에서 20분간의 건조공정을 거쳐 냉녹차를 제조하였다. 제조된 냉녹차를 원적외선 드럼배전기로서 온도 140℃, 파장 10㎛에서 20분간 원적외선 배전처리하였다.

<실험예> 관능검사

실시예 1~6 및 비교예 1~4에서 제조된 냉녹차를 2.5g 티백으로 제조하여 10℃의 냉수에 3분간 추출한 후 10인의 훈련된 관능검사 요원에 의해 순위법에 의한 관능검사를 실시하여 그 결과를 표 3에 나타내었다.

표 3의 결과로부터 알 수 있는 바와 같이, 본 발명의 제조방법에 의해 제조된 냉녹차는 녹차의 고유의 향과 감칠맛을 냉수에서도 즐길 수 있다.

【발명의 효과】

본 발명에 의하면, 직접 냉수에서 우려내어도 향미 및 기능성 성분들의 용출이 용이하여 온수에서 우려낸 녹차의 맛과 향을 그대로 즐길 수 있는 냉녹차를 제공할 수 있다.

본 발명에서는 증열공정, 조유공정, 유념공정, 중유공정, 정유공정, 건조공정 및 원적외선 배전처리공정으로 이루어진 녹차의 제조방법에 있어서, 증열공정을 녹차잎을 140~160℃에서 80~100초 동안, 바람직하게는 150℃에서 90초 동안 처리하고, 조유공정을 90~100℃에서 40~50분간, 바람직하게는 95℃에서 45분간 처리하고, 유념공정을 실온에서 20~40분간, 바람직하게는 30분간 처리하고, 중유공정을 33~35℃에서 35~45분간, 바람직하게는 34℃에서 40분간 처리하고, 정유공정을 80~100℃에서 30~50분간, 바람직하게는 90℃에서 40분간 처리하고, 건조공정을 75~85℃에서 25~35분간, 바람직하게는 80℃에서 30분간 처리하고, 심증차엽을 원적외선 드럼배전기로 온도 90~140℃, 파장 10~30㎛에서 3~25분간, 바람직하게는 온도 110℃, 파장 15㎛에서 15분간 원적외선 배전처리함으로써 맛과 기호성이 우수한 냉녹차를 얻을 수 있다.

《표 3》 냉녹차의 순위법에 의한 관능검사

관능검사 요원		1	2	3	4	5	6	7	8	9	10	합계
맛	실시예 1	5	4	4	4	3	3	4	4	3	4	38
	실시예 2	5	5	4	3	4	4	4	4	4	4	41
	실시예 3	4	4	3	4	4	3	3	4	3	3	35
	실시예 4	3	3	4	3	3	4	3	3	4	4	34
	실시예 5	4	4	4	4	4	4	3	4	4	3	38
	실시예 6	3	3	3	4	4	3	4	3	3	4	34
	비교예 1	2	3	2	2	3	2	2	2	1	1	20
	비교예 2	2	2	3	3	3	2	2	1	3	3	24
	비교예 3	1	2	2	2	1	3	2	1	2	1	17
	비교예 4	1	1	1	2	2	1	1	2	1	2	14
향기	실시예 1	3	3	5	4	4	3	4	4	4	4	38
	실시예 2	4	4	5	4	4	4	4	5	3	4	41
	실시예 3	4	3	4	3	4	4	3	4	4	4	37
	실시예 4	4	3	4	3	3	3	4	3	4	3	34
	실시예 5	4	3	5	5	3	4	4	3	3	3	37
	실시예 6	3	3	3	3	4	3	4	4	3	3	33
	비교예 1	2	2	2	2	1	1	2	1	2	1	16
	비교예 2	2	1	1	2	2	2	2	2	2	2	18
	비교예 3	1	2	2	1	2	1	1	2	2	1	15
	비교예 4	2	2	3	2	1	2	2	1	2	2	19
색상	실시예 1	5	4	4	4	5	3	4	3	3	4	39
	실시예 2	3	5	5	4	4	4	4	4	4	4	41
	실시예 3	4	4	4	4	4	3	4	4	3	3	37
	실시예 4	3	4	3	4	4	3	5	4	4	3	37
	실시예 5	4	5	4	4	5	4	4	3	4	3	40
	실시예 6	5	3	3	3	3	3	4	4	3	4	35
	비교예 1	1	2	2	2	2	1	1	2	1	2	16
	비교예 2	1	2	2	2	1	2	2	2	2	3	19
	비교예 3	2	2	1	2	1	1	2	1	2	1	15
	비교예 4	2	1	2	1	2	2	2	2	1	2	17
전반적인 기호성	실시예 1	4	4	4	5	5	5	5	4	3	4	43
	실시예 2	5	5	4	5	5	4	4	5	4	4	45
	실시예 3	4	4	4	4	4	4	4	4	4	3	39
	실시예 4	4	3	5	4	3	3	4	5	4	4	39
	실시예 5	5	4	4	5	4	4	3	4	3	4	40
	실시예 6	3	4	5	4	3	4	4	3	4	3	37
	비교예 1	1	2	1	1	2	2	1	1	2	2	15
	비교예 2	2	2	2	1	2	2	1	2	2	2	18
	비교예 3	2	1	2	2	2	1	1	2	2	1	16
	비교예 4	2	2	2	1	2	2	2	2	2	2	19
(주) 1; 나쁨, 3; 보통, 5; 좋음												

또한 본 발명에 의하여 제공된 냉녹차를 음용함으로써 녹차의 각종 건강증진 효과를 느낄 수 있다.

【청구범위】

【청구항 1】

증열공정, 조유공정, 유념공정, 중유공정, 정유공정, 건조공정, 및 원적외선 배전처리공정을 포함하는 냉녹차의 제조방법에 있어서, 상기 원적외선 배전처리공정은 건조공정 후에 얻어지는 심증차엽을 원적외선 드럼배전기로 온도 90~140℃, 파장 10~30㎛에서 3~25분간 원적외선 배전처리하는 것을 특징으로 하는 기호성이 우수한 냉녹차의 제조방법

【청구항 2】

제1항에 있어서,

상기 증열공정은 녹차잎을 140~160℃에서 80~100초 동안 증기로 처리하는 것을 특징으로 하는 기호성이 우수한 냉녹차의 제조방법

【청구항 3】

제1항에 있어서,

상기 조유공정은 증기로 찐 잎을 90~100℃에서 40~50분간 처리하는 기호성이 우수한 냉녹차의 제조방법

【청구항 4】

제1항에 있어서,

상기 유념공정은 상기 조유공정을 거친 녹차잎을 실온에서 20~40분간 처리하는 기호성이 우수한 냉녹차의 제조방법

【청구항 5】

제1항에 있어서,

상기 중유공정은 상기 유념공정을 거친 녹차잎을 33~35℃에서 35~45분간 처리하는 기호성이 우수한 냉녹차의 제조방법

【청구항 6】

제1항에 있어서,

상기 정유공정은 상기 중유공정을 거친 녹차잎을 80~100℃에서 30~50분간 처리하는 기호성이 우수한 냉녹차의 제조방법

【청구항 7】

제1항에 있어서,

상기 건조공정은 상기 정유공정을 거친 녹차잎을 75~85℃에서 25~35분간 처리하는 것을 특징으로 하는 기호성이 우수한 냉녹차의 제조방법

【청구항 8】

제1항 내지 제7항 중 어느 한 항에 있어서,

상기 증열공정은 150℃에서 90초 동안 처리하고, 상기 조유공정은 95℃에서 45분간 처리하고, 상기 유념공정은 30분간 처리하고, 상기 중유공정은 34℃에서 40분간 처리하고, 상기 정유공정은 90℃에서 40분간 처리하고, 상기 건조공정은 80℃에서 30분간 처리하는 것을 특징으로 하는 기호성이 우수한 냉녹차의 제조방법

【청구항 9】

제1항 내지 제7항 중 어느 한 항에 있어서,

상기 원적외선 배전처리공정은 온도 100~120℃, 파장 15~20㎛에서 5~20분간 처리하는 것을 특징으로 하는 기호성이 우수한 냉녹차의 제조방법

【청구항 10】

제1항 내지 제7항 중 어느 한 항에 있어서,

상기 원적외선 배전처리공정은 온도 110℃, 파장 15㎛에서 15분간 처리하는 것을 특징으로 하는 기호성이 우수한 냉녹차의 제조방법

Ⅳ. 착상에서 발명에 이르기까지

실제로 발명을 실체화하는 경우, '발명 메모'와 '실험 메모'에 기초하여 명세서를 작성하기에 앞서 이 발명이 어떠한 기술적 사상을 토대로 하여 이루어진 것인지를 명확히 하는 것이 중요하다. 따라서 당해 발명에 관하여 명세서를 작성하는 데는 기술적 아이디어에 입각한 내용을 검토하는 것이 필요하다. 이것을 염두에 두고 발명의 구성사항 중에서 필수적이라고 생각되는 것을 골라 가(假)청구범위를 작성한다. 그리고 이것을 기술내용으로 하는 발명을 명세서의 기재내용으로 정리한다.

[유의] 발명의 완성에 앞서 이에 이르기까지 일련의 진행과정을 메모로 남겨두는 것이 좋다. 이때는 가급적이면 구체적이고 정확하게 적어두는 것이 명세서를 작성하는 데 도움이 된다. 결국 우수한 발명은 착실한 발명 메모에서 시작된다는 것을 염두에 두어야 한다.

[유의] 식품발명과 같이 실험이 수반되는 발명에서는 실험과정을 메모하는 것이 일반적인데, 이에 대한 메모가 부실하면 명세서의 작성과정에서 다시 실험을 해야 하는 경우가 발생할 수도 있다. 만약 그렇지 못할 경우에는 미완성 발명으로 거절될 수도 있을 것이다. 따라서 발명자들은 실험과정의 제반사항에 대해 메모하는 습관을 가지는 것이 중요하다. 물론, 메모를 함에 있어서도 구체적인 순서에 따라 정확한 수치를 적어두는 것이 바람직하다.

또한, 청구범위의 기재사항에 의하여 확정되는 발명과 공지기술, 예를 들면 지금까지 발행되어 있는 간행물에 기재되어 있는 유사기술과 그 구성요건이 다른지 여부를 대비하고, 구성요건이 서로 다를 경우에는 그 다른 점에 의거한 효과상의 차이가 발생하는지 등을 검토한다. 그리고 필요하다면 가장 근접한 자료를 골라 그것과 출원하고자 하는 발명을 대비한 실험데이터를 준비하여야 한다.

실질적으로 제공된 자료에 의거하여 임시로 구성요건을 정하여 작성한 가(假)청구범위에 관하여 공지의 유사기술이나 기술적 상식을 참작하여 최종적인 청구범위를 작성하도록 한다. 청구범위를 작성함에 있어서는 물(物)의 발명으로 할 것인지 아니면 그 제조방법의 발명으로 할 것인지를 결정하고, 상위개념으로 표현되는 발명의 경우는 가장 적절한 하위개념의 발명을 병기하는 것을 검토해야 한다. 이 문장은 될 수 있는 한, 발명의 구성사항에 의하여 기재하는 것이 바람직하지만, 경우에 따라서는 목적이나 효과에 관한 사항을 추가하여 발명이 명확하고 충분하게 특정할 수 있는 기재내용으로 할 수도 있다.

명세서는 그것을 읽는 사람이 그중에 기재되어 있는 발명의 기술내용을 쉽게 이해할 수 있도록 아주 쉽게 기재해야 한다. 발명의 기재가 충실하지 않으면 심사과정에서 거절되거나, 특허된 후에도 발명의 기술적 범위를 파악할 수 없어 불필요한 침해소송이나 무효소송이 제기되기도 한다. 청구범위에 기재된 발명을 알기 쉽게 설명하는 데는 이 청구범위에 기재된 구성사항을 골자로 하여 실시예, 기타의 데이터를 참조하고 원료, 처리제, 조작수단, 처리조건 등에 관하여 그 사용 가능 범위의 내용을 덧붙여 기술적 구성을 확인해 나갈 수도 있다.

한편, 기술구성이 확정되면 이 기술구성에 의해 수반되는 특유의 효과를 확인할 수 있는 자료를 준비한다. 이 자료에는 효과확인을 위한 실험방법이나 비교예의 데이터 등이 포함된다. 이들 데이터가 다수일 경우에는 표로 정리하여 게재하거나 그래프로 나타내는 것이 편리하다. 그래프로 대신하는 경우는 당해 발명의 실시예에 대하여 데이터를 실선으로, 또 비교예에 관한 데이터를 점선에 의한 것 등의 수단을 강구하여, 실시예와 비교예가 명확히 구별될 수 있도록 해야 한다.

이렇게 청구범위에 기재되어 있는 기술적 구성에 대한 발명의 설명의 기재내용이 정해지면, 이들을 '발명의 목적'의 항, '발명이 속하는 기술분야 및 그 분야의 종래기술'의 항, '발명이 이루고자 하는 기술적 과제'의 항, '발명의 구성'의 항 및 '발명의 효과'의 항 등으로 나누어 기재한다. 이상과 같이 하여 명세서의 원문이 완성되면 전체를 읽어 가면서 기재내용에 모순이 없는가를 확인하는 것이 중요하다.

마지막으로 식품분야 특허명세서는 발명자가 직접 작성하는 것보다는 식품분야에 실무경험이 많은 전문변리사에게 의뢰하는 것이 바람직하다. 물론 자신의 발명이 제대로 보호받을 수 있기 위해서는 식품발명의 성립과정과 명세서 기재요령에 대해 충분한 지식을 쌓는 것이 중요함을 새삼 강조할 필요가 없다.

제6장

미생물발명과 기탁

Ⅰ. 미생물 관련 발명 심사실무가이드

1. 산업부문의 적용범위

본 심사기준은 신규한 미생물 자체의 발명, 신규한 미생물의 이용에 관한 발명, 공지 미생물의 이용에 관한 발명에 적용된다. 미생물의 이용이란 미생물에 의한 물질의 제조방법, 미생물에 의한 물질의 처리방법 등을 의미한다.

다만, 미생물에 관한 발명이더라도 생명공학에 관련된 사항은 '생명공학 분야 발명'의 심사기준을 참조한다.

2. 명세서의 기재방법

2.1. 미생물의 표시

미생물의 표시는 미생물의 명명법에 의한 *學名*(속명과 종명, 또는 속명)을 따른다. 미생물의 균주(菌株)는 미생물의 명명법에 따른 명칭에 균주명을 덧붙여 기재한다. 균주가 기탁되어 있는 경우에는 균주명에 기탁번호를 덧붙여 기재한다. 기재방법은 우리말 표기를 먼저 한 다음, 괄호 속에 원어를 이탤릭체로 기재한다.

2.2. 발명의 설명

발명의 설명에는 통상의 기술자가 그 발명을 쉽게 실시할 수 있도록 목적, 구성 및 효과가 명확하게 기재되어 있어야 하므로 아래의 요건을 충족시키지 않은 경우, 특허법 제42조 제3항의 규정에 위배되는 것으로 한다.

(1) 통상의 기술자가 쉽게 실시할 수 있을 정도로 기재되어야 한다.

미생물 관련 발명에 있어서는 미생물을 만드는 방법 및/또는 미생물을 이용하는 방법에 대해서 명세서에 명확하게 기재되어 있지 아니하면 안 된다. 따라서 미생물 관련 발명에 있어서 출발물질은 쉽게 입수할 수 있거나 특허법시행령 제2

조의 규정에서 정하는 기탁기관에 기탁되어 있음이 최초 출원명세서에 기재되어 있어야 한다. 또한 출발물질의 입수수단의 기재와 함께 발명의 설명 및 도면에는 발명을 쉽게 실시할 수 있는 수단이 구체적으로 기재되어 있어야 한다.

그러나 미생물 관련 발명에 있어서 서면(書面)만으로 충분한 기재가 곤란하거나, 기재된 사항에 따라 발명을 쉽게 실시하기 위해서 과도한 시행착오가 뒤따르는 경우에는 해당 미생물을 상기 기탁기관에 기탁함으로써 그 발명의 재현성을 뒷받침할 수 있다.

[분석] 세포 등의 기탁이 필요한 경우에는 별첨에 기재된 '미생물 등의 기탁과 분양'을 참조하도록 한다. 이때 주의할 것은 반드시 출원 전에 기탁이 이루어져야 한다는 것이다. 출원 후에 기탁이 이루어지면 이를 인정하지 아니하므로 기탁이 수반되는 발명에 있어서는 이러한 사실을 명심하여야 한다. 따라서 출원시에는 미생물 기탁증을 미리 첨부하여 출원하는 것이 바람직하다.

또한 청구된 미생물 관련 발명에 대하여 그 기능이나 유용성이 기재되어 있어야 하며, 유용성은 특정적이고, 실질적이며 신뢰성이 있어야 한다.

[실무] 유용성을 결여한 발명은 실시가능 요건과 산업상 이용가능성을 모두 결여한 것이지만, 심사실무상 특정의 유용성과 신뢰성 있는 유용성을 결여한 발명은 실시 가능 요건을 위반한 것으로 하고, 실질적인 유용성을 결여한 발명은 산업상 이용가능성이 없는 것으로 판단하고 있다.

(2) 신규한 미생물을 기재할 경우에는 미생물의 명명법에 따른 종명(種名), 또는 그 종명을 붙인 균주명으로 표시하고 균학적 성질(예를 들면, 대사 생산물의 선택 생산성을 들 수 있다)을 함께 기재한다. 균학적 성질로서는 그 분야에서 일반적으로 사용되고 있는 분류학적 성질을 사용하는 것이 바람직하지만, 다른 균학적 성질에 의하여 기재할 수도 있다.

[참고] 미생물의 균학적 성질에 대해서는 ① 신균주인 경우는 균주의 특징 및 동종 내의 공지의 균주와 다른 점(균학적 성질)을 명확히 기재한다. ② 신종인 경우는 그 분류학적 성질을 상세히 기재하고, 그것을 신종이라고 판정한 이유를 명확히 한다. 즉, 지금까지의 유사종과의 차이점 및 동일점을 명기하고 그 판단의 근거가 된 관련 문헌명을 기재한다.

[참고] 미생물의 분류학적 성질에 대해서는 '미생물의 분류학적 성질의 기재방법'을 참조하는 것이 좋다.

또한 종명을 특정할 수 없는 경우에는 그 이유를 명확히 한 후 속명(屬名)을 붙인 균주명으로 표시한다.

(3) 미생물 자체의 발명 또는 신규 미생물의 이용에 관한 발명에 있어서는, 통상의 기술자가 그 미생물을 쉽게 제조할 수 있도록 분리, 정제방법, 스크리닝 방법, 돌연변이 생산방법 및 유전자 재조합 방법 등 그 제조방법을 상세히 기재한다.

2.3. 청구범위

청구범위는 발명의 구성에 없어서는 아니 되는 사항만으로 명확하고 간결하게 기재하되, 발명의 설명에 의하여 뒷받침되는 사항을 각각의 청구항으로부터 명확하게 파악할 수 있도록 기재하여야 하므로 하기 사항을 충족시키지 않는 경우 특허법 제42조 제4항의 규정에 위배되는 것으로 한다.

(1) 미생물 자체의 발명

① 미생물은 다음과 같이 특정하여 기재하여야 한다.
미생물은 미생물의 명칭으로 특정하여 기재해야 하며, 수탁번호 또는 해당 미생물이 특징으로 하는 균학적 성질을 부가하여 특정할 수 있다.

[예] 바실러스 서브틸리스(*Bacillus subtilis*) KCTC OOOOPP.

[예] 물질 P를 생산하는 아스퍼질러스 푸미가투스(*Aspergillus fumigatus*).

[예] 갈락토스 비발효성으로 세포막이 소수성인 사카로마이세스 세레비제(*Saccharomyces cerevisiae*) KCTC OOOOP.

② 동물 또는 식물의 분화되지 않은 세포는 유래한 동물 또는 식물의 명명법에 의한 학명으로 특정하여 기재해야 하며, 기탁기관명, 수탁번호를 부가하여 특정할 수 있다.

(2) 미생물을 이용한 발명

① 신균주, 변이주, 혹은 공지의 균주를 이용하는 것은 그 균주명으로 기재한다.

[예] 스트렙토마이세스 그리세우스(*Streptomyces griseus*)에 속하는 A9828 균주를 배양하여 그 배양물로부터 항생물질 A9828을 제조하는 방법

② 신종, 변이종, 혹은 공지의 균종을 이용하는 것은 種名으로 기재한다.

[예] 스트렙토마이세스 그리세우스(*Streptomyces griseus*)를 배양하여 그 배양물로부터 스트렙토마이신을 제조하는 방법

③ 선행기술의 개시정도에 따라 미생물의 속, 종 또는 균주명으로 기재한다.

[예] 바실러스(*Bacillus*) 속 미생물을 이용한 효소 E의 제조법.

[설명] *Bacillus* 속 미생물을 이용한 효소 E의 제조방법에 관한 선행기술이 없을 경우에는 속으로 특정하여 기재하면 된다.

[예] 바실러스 서브틸리스(*Bacillus subtilis*)를 이용한 효소 E의 제조방법.

[설명] *Bacillus subtilis*를 이용한 효소 E의 제조방법에 관한 선행기술은 없고, 다른 종(*Bacillus stearothermophilus*)을 이용한 효소 E의 제조방법에 관한 선행기술이 있을 경우에는 종까지 특정하여 기재하여야 한다.

[예] 바실러스 서브틸리스(*Bacillus subtilis*) KCTC OOOOP를 이용한 효소 E의 제조방법.

[설명] Bacillus subtilis 종 미생물을 이용한 효소 E의 제조방법에 관한 선행기술이 있는 경우에는 기탁번호 등으로 특정하여 기재해야 한다.

④ 청구범위 말미가 '미생물 배양액'으로 표현된 경우에는 미생물에 특허성이 있고, 그 미생물 명칭과 기탁번호로 한정한 경우에만 인정된다.

[참고] 미생물 배양액이란 미생물이 반드시 포함된 것을 말하며, 미생물이 포함되지 않은 배양액은 제외된다.

[예] 로도코커스 로도크로스(*Rhodococcus rhodochrous*) KCTC OOOOP의 순수 배양액.

3. 불특허사유에 해당하는 발명

미생물에 관련된 발명이 다음과 같이 공공의 질서 또는 선량한 풍속을 문란하게 하거나 공중의 위생을 해할 염려가 있는 경우 특허법 제32조의 규정에 의하여 특허를 받을 수 없는 것으로 본다.

(1) 생태계를 파괴할 우려가 있는 미생물에 관한 발명
(2) 환경오염을 초래할 우려가 있는 미생물에 관한 발명
(3) 인간에게 위해를 끼칠 우려가 있는 미생물에 관한 발명

[참고] 최근에 관심이 집중되고 있는 유전자조작기술과 관련하여 불특허사유에 대한 규정의 적용 여부가 주목되고 있다. 현재의 심사실무를 보면, 유전자조작기술을 적용하였을 경우 미생물의 안전성 등이 충분히 검증되지 아니하면 불특허 대상으로 거절하고 있다.

4. 특허요건

4.1. 발명의 성립성

다음의 경우 특허법 제29조 제1항 본문 규정의 '발명'으로 인정하지 않는다.

(1) 발명이 아닌 경우 : 단순한 발견에 해당하는 경우

[예] 자연에 있는 미생물을 단순히 발견한 것

[분석] 다만, 자연으로부터 인위적으로 분리 확인한 미생물에 관련된 경우는 발명이 완성된 것으로 본다.

(2) 미완성 발명

① 이용한 미생물이 신규한 것이지만 명세서에 그 균학적 성질이 충분히 기재되어 있지 않기 때문에 이용한 미생물이 불명확한 경우
② 미생물을 이용하여 생성된 물질이 신규한 것이지만 그 물질을 확인할 수 있는 자료가 충분히 기재되어 있지 않은 경우

4.2. 산업상 이용가능성

미생물 관련 발명에 대하여 특정적이고, 실질적이며 신뢰성 있는 유용성이 기재되어 있지 않거나 그 유용성을 유추할 수 없는 것은 특허법 제29조 제1항 본문 규정의 '산업상 이용할 수 있는' 발명으로 인정하지 않는다.

[실무] 산업상 이용가능성은 미생물 관련 특허명세서 기재에서 간과하기 쉬운 사항 중의 하나이다. 하지만 미생물 발명도 여타 발명과 같이 유용성에 대한 기재가 필수적이며 보정에 의하여 이를 추가하는 것은 허용되지 않는다.

4.3. 신규성

미생물 관련 발명의 신규성은 특허법 제29조 제1항 각 호의 규정에 의해 다음과 같이 판단한다.

(1) 미생물 자체의 발명

① 균주와 균주(strains) : 공지의 균주와 특정 발명의 균주가 같은 균학적 성질을 갖는 경우는 신규성이 없는 것으로 본다.

[분석] 여기서 말하는 균주는 일정의 균학적 성질을 갖는 특정의 균주를 의미한다.

② 종(種)과 종(種, species) : 공지의 종과 특정 발명의 종이 같은 균학적 성질을 갖는 경우는 신규성이 없는 것으로 본다.

③ 균주와 종(種) : 공지의 종과 그 종에 속하는 특정 발명의 균주의 발명은 신규성이 없는 것으로 본다.

[분석] 다만, 특정 발명의 균주가 공지의 종에 비해 현저한 효과를 갖는 경우는 신규성이 있는 것으로 본다.

(2) 미생물의 이용에 관한 발명

목적하는 물질이 동일한 경우는 이용한 미생물의 신규성 여부에 의해 발명의 신규성을 판단한다.

4.4. 진보성

미생물 관련 발명의 진보성은 특허법 제29조 제2항의 규정에 의해 다음과 같이 판단한다.

(1) 미생물 자체의 발명

미생물 자체의 발명에 대한 진보성의 판단은 미생물의 균학적 성질 또는 그 외의 다른 특성과 미생물의 이용상의 효과에 의거하여 판단한다.

① 신종의 경우, 공지의 종과 균학적 성질에 있어서 현저한 차이가 있는 것은 진보성을 갖는 것으로 본다.

② 공지의 종과 균학적 성질에 있어서 현저한 차이가 없는 경우라도, 그 이용상에 있어서 예측할 수 없을 정도로 현저한 효과를 발휘하는 것은 진보성을 갖는 것으로 본다.

[예] 공지의 종에 변이처리를 하여 얻어진 미생물로서 그 미생물의 대사 생산성이 현저하게 높은 것

(2) 미생물의 이용에 관한 발명

① 이용한 미생물이 신종인 경우, 이용한 미생물이 공지의 종과 균학적 성질에 있어서 현저한 차이가 있는 경우는 목적으로 하는 물질이 동일하더라도 그 발명은 진보성을 갖는 것으로 본다.

[설명] 목적하는 물질이 동일하고 이용한 미생물이 동일 속(屬, genus) 내에 속한 것이더라도 신종을 발명하고 이를 이용해서 산업상 이용할 수 있는 신규한 방법을 제공한 점에서 진보성이 인정된다.

② 이용한 미생물이 분류학상 공지의 종이고 또 목적하는 물질을 생산하는 것이 알려져 있는 다른 미생물과 동일 속(屬, genus)에 속하는 경우는 그 발명은 진보성을 갖지 않는 것으로 본다.

[분석] 다만, 전자의 미생물을 이용한 것이 후자의 미생물을 이용한 것과 비교해서 통상의 기술자가 예측할 수 없을 정도로 현저한 효과를 발휘하는 경우는 그 발명은 진보성을 갖는 것으로 본다.

5. 신규사항 추가금지

[분석] 현행 특허법에서는 종전보다 보정에 대해 매우 엄격히 판단하도록 하고 있다. 즉, 종전과 같이 새로운 사항으로 인하여 청구범위에 영향을 미치는 보정은 물론 청구범위에 영향을 미치지 않더라도 그것이 새로운 사항이라면 원칙적으로 이를 인정하지 않는다. 따라서 최초출원시에 특허명세서를 완벽하게 기재하도록 유의하여야 한다.

[분석] 신규사항 추가금지에 관한 규정은 2001. 7. 1. 이후 출원에 대하여 적용되며, 2001. 6. 30. 이전 출원은 종전의 명세서 요지변경에 관한 규정을 적용한다.

다음의 경우에 해당하는 보정은 특허법 제47조에서 규정한 요건을 만족하지 않는 것으로 신규사항의 추가에 해당하는 것으로 본다.

(1) 미생물의 균학적 성질이 최초출원시 첨부된 명세서에 전혀 기재되어 있지 않거나 그의 기재가 충분치 않은 경우, 그 균학적 성질을 보정에 의하여 새로이 기재하는 것은 신규사항의 추가에 해당하는 것으로 간주한다.

(2) 최초출원시 첨부된 명세서에 출발미생물을 쉽게 입수할 수 있도록 기재되어 있지 않거나 출발미생물로부터 쉽게 최종산물을 만들 수 있도록 기재되지 않은 경우, 출발미생물이나 최종산물의 입수수단(수탁번호 등)이나 생산수단을 보정에 의해 새로이 기재하는 것은 신규사항의 추가에 해당하는 것으로 간주한다.

[주의] 출원시 이미 쉽게 입수할 수 있었던 출발미생물에 대한 입수처의 보정은 구법 하에서는 요지변경으로 간주되지 아니하였으나, 개정법에서는 신규사항 추가에 해당한다. 또한 출원 전에 기탁은 되어 있었으나 출원명세서에 기탁기관 및/또는 기탁번호가 누락된 경우에 기탁기관 및/또는 기탁번호를 추가하는 보정의 경우에는 요지변경 적용 여부에 대한 심사관의 견해가 일치하지 아니하였으나 개정법에서는 신규사항 추가에 해당하므로 주의를 요한다.

(3) 미생물의 유용성이 최초출원시 첨부된 명세서에 기재되어 있지 않은 경우, 그 유용성을 보정에 의하여 새로이 기재하는 것은 신규사항의 추가에 해당하는 것으로 간주한다.

Ⅱ. 미생물의 기탁과 출원

1. 미생물 관련 출원절차

모든 특허발명은 발명의 설명에 통상의 기술자가 그 발명을 쉽게 실시할 수 있도록 명확하게 기재되어 있어야 한다. 출발물질이나 최종산물이 미생물 등 생물학적 물질을 포함하는 발명은 살아 있는 생명체가 발명의 필수구성요소로 되어 있으므로 명세서의 기재만으로 발명을 쉽게 실시할 수 없는 경우가 많다. 그러한 발명에 있어서 명세서의 기재에 의해 통상의 기술자가 쉽게 그 발명을 실시할 수 있도록 하기 위해서는 출발물질의 입수수단과 최종산물의 제조방법이 명세서에 명확히 기재되어 있어야 한다.

[분석] 미생물 발명의 경우 명세서의 기재만으로는 그 미생물의 생물학적 특성을 빠짐 없이 기술하는 것은 실질적으로 어려우며, 통상의 기술자가 명세서의 기재내용으로부터 해당 미생물을 쉽게 제조할 수 없는 경우가 많기 때문이다. 또한 미생물의 존재는 육안으로 파악할 수 없고 생명체로서 쉽게 변형 또는 사멸할 뿐만 아니라 타인이 그 발명을 실시하려고 해도 그 입수가 용이하지 않기 때문에 미생물 발명의 완성은 다른 발명의 경우보다 그 판단이 한층 어려우며 분쟁의 소지를 내포하고 있다. 따라서 출발물질을 쉽게 입수할 수 없거나, 발명의 설명 및 도면에 최종산물의 제조방법 또는 이용방법 등의 충분한 기재가 곤란하거나, 기재된 사항에 따라 발명을 반복실시하기 위해서 과도한 시행착오가 뒤따를 수 있는 경우에는 최종산물 또는 이를 생산할 수 있는 생물학적 물질을 기탁기관에 기탁함으로써 제3자의 실시가능성을 뒷받침하여야 한다.

[용어] 미생물이란 유전자, 벡터, 재조합 벡터, 형질전환체, 융합세포, 재조합 단백질, 모노클로날항체, 바이러스, 세균, 효모, 곰팡이, 버섯, 방선균, 단세포 조류(藻類), 원생동물, 동식물의 세포 및 조직배양물 등 특허절차상 기탁 가능한 생물학적 물질(biological material)을 의미한다(미생물기탁기관의 등록 및 운영에 관한 고시 제2조 참고).

(1) 미생물 관련 출원의 명세서 작성

미생물에 관계되는 발명에 대하여 특허출원을 하고자 하는 자는 기탁기관에 그 미생물을 기탁하고 특허출원서에 그 사실을 증명하는 서류를 첨부하여야 한다.

다만, 통상의 기술자가 그 미생물을 쉽게 입수할 수 있는 경우에는 이를 기탁하지 아니할 수 있다.

[실무] 특허미생물 기탁자가 출원발명의 출원인 또는 발명자가 아닌 경우에 실무상 출원인이 아닌 발명자가 해당 미생물을 기탁하여도 기탁과 관련된 절차는 유효한 것으로 인정한다.

《표》 주요 국가별 생체물질 기탁제도의 비교

구 분	우리나라	일본	유럽	미국
기탁시기	출원 전	출원 전	출원 전	등록 전
	보정 불가	보정 불가	보정 불가	보정 가능
관련 정보제출	출원 전(보정기간 내)	출원 전	출원 후 일정기간	등록
	보정 일부 가능	보정 불가	보정 가능	보정 가능
기탁요건	발명의 성립성 요건	발명의 성립성 요건	실시가능성 요건	실시가능성 요건
기탁물질	미생물 등	생체물질	생체물질	생체물질

[설명] 미생물 등의 기탁요건을 발명의 성립성 요건으로 하고 있는 우리나라와 일본은 기탁요건을 엄격하게 적용하고 있고, 실시가능성 요건으로 하고 있는 유럽과 미국에서는 기탁요건을 융통성 있게 적용하고 있다.

[분석] 미국에서는 특허법 제112조의 발명의 개시요건이나 실시가능성의 측면에서 언어로 설명하기에 적당하지 않은 경우에는 기탁을 하도록 하고 있다. 그러나 미국의 CAFC는 생체물질의 기탁이 특허법 제112조의 요건을 충족시키는 데에 필요함을 긍정하면서도 명세서상의 적절한 설명으로 당해 분야의 숙련된 자가 어떻게 세포주(cell line)를 제조할 수 있는지 알 수 있다면 변형된 세포에 대한 특허청구에 있어서 제출된 세포주의 기탁이 최적의 구현요건(best mode requirement)을 충족시키는 데에 있어서 반드시 필요하지는 않다는 입장이다. 한편 유럽 특허청에서는 미생물 등이 요건에 적합하게 기탁이 되어 있지 않은 경우 실시가능성의 요건을 충족하지 못한다는 이유로 거절하고 있다. EPC 시행규칙 제28조에 의하면 미생물학적인 방법 또는 물건에 관한 발명에서 일반인이 입수할 수 없는 미생물의 사용을 포함하여 그 통상의 기술자가 발명을 실시할 수 있도록 특허출원서에 기재할 수 없는 경우에는 미생물의 배양물이 승인된 기탁기관에 일정기간 내에 기탁한 경우에만 발명은 EPC 제83조에 규정된 발명의 개시요건을 충족한 것으로 본다.

[설명] 미생물 등의 기탁사실을 입증할 수 있는 서류의 제출과 관련하여 우리나라의 특허

실무는 특허출원 전에 미생물을 기탁하고 그 기탁번호를 최초출원명세서에 기재한 경우에 한해서, 관련 정보를 일반 보정기간 내에 제출한 경우에는 예외적으로 이를 인정하고 있다.

[판례] 대법원 2005. 9. 28. 선고 2003후2003 판결

특허법시행령 제2조 제1항이 정한 '기탁사실을 증명하는 서면'은 미생물의 수탁기관이 발행하는 미생물수탁번호통지서나 수탁증 등과 같이 당해 미생물의 기탁사실을 객관적으로 증명하는 서면을 말하는 것이므로, 특허발명의 출원시에 제출된 명세서에 당해 미생물의 기탁번호·기탁기관의 명칭 및 기탁연월일을 기재하였다고 하더라도, 이는 특허법시행령 제3조의 명세서 기재요건을 충족한 것으로 볼 수 있을 뿐, 이러한 출원서의 제출을 들어 특허법시행령 제2조 제1항의 '기탁사실을 증명하는 서면'이 제출되었다고 할 수는 없다.

[분석] 특허발명의 출원시에 제출된 명세서에 당해 미생물의 기탁번호·기탁기관의 명칭 및 기탁연월일을 기재한 것만으로는 특허법시행령 제2조 제1항의 '기탁사실을 증명하는 서면'이 제출된 것으로 보지 아니하므로, 반드시 특허출원서에 '기탁사실을 증명하는 서면'이 제출되어야 한다.

[실무] 특허출원시 출원서에 취지를 기재하고, 이를 증명하는 서류를 첨부하지 않은 경우 보정 명령을 하고, 보정명령을 받은 후 지정된 기간에 그 보정을 하지 않으면 특허 기탁과 관련된 절차는 무효로 한다.

미생물에 관계되는 발명에 대하여 출원하고자 하는 자는 명세서에 미생물을 기탁한 기관, 수탁번호 및 수탁 연월일을 기재하고 미생물을 기탁하지 아니한 때에는 그 미생물의 입수방법을 기재하여야 한다.

[분석] 특허법시행령 제2조 및 제3조에서는 미생물에 관계되는 발명에 대하여 특허출원을 하고자 하는 자는 특허청장이 정하는 기탁기관 또는 국제기탁기관에 그 미생물을 기탁하고 기탁기관 또는 국제기탁기관의 명칭, 수탁번호, 수탁 연월일을 출원당초의 명세서에 명시하고, 그 사실을 증명하는 서면을 해당 출원의 출원서에 첨부해야 한다고 규정하고 있다. 다만, 통상의 기술자가 그 미생물을 쉽게 입수할 수 있는 경우에는 이를 기탁하지 아니할 수 있도록 하고 있다.

[분석] 미생물 등의 기탁과 관련하여 우리나라와 일본은 특허출원 전에 미생물을 기탁하고 그 기탁번호를 최초 출원명세서에 기재하여야 하며 이러한 사실을 입증할 수 있는 서류를

출원시에 제출하도록 하고 있으나, 유럽은 특허출원 전에 기탁이 이루어진 경우에는 특허출원 후에도 보정에 의해 기탁사실을 기재할 수 있도록 하고 있으며, 미국은 특허 등록 이전까지 기탁이 이루어지면 이를 인정하고 있다.

[판례] 대법원 2004. 6. 25. 선고 2003후847 판결

미생물의 기탁은 출원명세서의 기재를 보완하고자 하는 것이어서 통상의 기술자가 쉽게 얻을 수 있는 것인지 여부는 명세서 제출 당시인 출원시를 기준으로 판단하여야 한다.

[분석] 미생물을 쉽게 입수할 수 있는지 여부의 판단시점은 명세서 제출당시인 출원시를 기준으로 한다.

[실무] 실체심사 단계에서 특허기탁과 관련된 절차에 흠결이 있어 그 절차가 무효처분된 경우에는 해당 미생물과 관계되는 발명에 대하여 용이 실시 불가능에 해당하여 특허법 제42조 제3항 제1호를 거절이유를 적용한다.

《표》 기탁의 종류

<table>
<tr><td rowspan="2">기탁 종류</td><td colspan="2">특허기탁</td><td rowspan="2">안전기탁</td><td rowspan="2">일반기탁</td></tr>
<tr><td>국내기탁</td><td>국제기탁</td></tr>
<tr><td>제도 개요</td><td colspan="2">특허출원을 위해 기탁된 미생물의 생존확인, 필요기간(30년)동안 보존 (유료, 비밀유지)</td><td>연구소 등에서 분리한 유용한 자원을 안전하게 보존하기 위한 제도 (유료, 비밀유지)</td><td>기탁되니 균주를 보존, 기탁자와 다른 연구자가 기탁된 자원을 공유·연구 (무료, 공개)</td></tr>
</table>

[실무] 미생물을 공개로 일반기탁한 후 그 미생물과 관계되는 발명을 출원하는 경우에는 미생물 자체 발명의 경우는 일반기탁증에 의해 신규성이 없는 발명에 해당되고, 그 미생물을 이용한 발명인 경우에는 목적하는 물질을 생산하는 것이 알려진 공지의 미생물과 동일 종속에 속하는 경우에는 진보성을 갖지 않는 것으로 보고, 현저한 효과를 나타내는 경우에는 진보성이 인정된다.

[실무] 미생물을 안전기탁한 후 그 미생물과 관계되는 발명을 출원한 경우에는 안전기탁은 연구자가 보유하고 있는 미생물의 소실을 방지하기 위하여 기탁기관에 개인적으로 그 미생물을 보존하는 제도로, 기탁기관에서는 그 미생물과 관련하여 비밀을 유지하고 기탁자 이외의 일반인에게는 분양이 불가한 미공개 상태의 기탁에 해당하므로, 그 미생물이 특허기탁되어 있지 아니하고 통상의 기술자가 쉽게 입수할 수 있는 경우에 해당하지도 않으므로 특허법 제42조 제3항 제1호 규정에 위배된다는 거절이유를 통지한다.

따라서 미생물에 관계되는 발명을 명세서의 기재에 의해서 통상의 기술자가 쉽게 실시할 수 있기 위해서는 다음과 같이 기재되어 있어야 한다.

[용어] 미생물에 관계되는 발명이란 미생물에 의한 특정물질의 제조 또는 처리방법 등을 의미한다.

[분석] 미생물에 관계되는 발명의 경우 발명의 설명에는 미생물의 제조방법 및 유용성에 대하여 제3자가 과도한 시행착오 없이 반복재현할 수 있을 정도로 기재되어 있어야 한다.

(가) 출발물질을 쉽게 입수할 수 있는 경우에는 용이한 입수수단의 기재와 함께 발명의 설명 및 도면에 최종산물의 제조과정 또는 이용방법 등을 통상의 기술자가 쉽게 실시할 수 있도록 구체적으로 기재함으로써 발명의 재현성을 뒷받침할 수 있다.

[판례] 대법원 2005. 9. 28. 선고 2003후2003 판결

미생물의 기탁에 관한 요건을 충족하지 못한 특허발명은 미완성 발명에 해당하는바, 특허발명은, 이용한 미생물인 이 사건 미생물을 적법하게 기탁하지 아니한 것일 뿐 아니라, 이들 미생물을 통상의 기술자가 쉽게 입수할 수 있는 것이라는 점에 관한 아무런 증거도 없으므로, 특허발명은 통상의 기술자가 반복 실시하여 목적하는 기술적 효과를 얻을 수 있을 정도까지 구체적, 객관적으로 구성되어 있는 완성된 발명으로 보기 어렵다.

◇ 대법원 2005. 9. 28. 선고 2003후2003 판결

미생물을 이용한 발명에 있어서 통상의 기술자가 그 미생물을 쉽게 입수할 수 없는 경우에는 특허청장이 지정하는 기관에 그 미생물을 기탁하고, 명세서에 당해 미생물의 기탁번호·기탁기관의 명칭 및 기탁연월일을 기재하는 외에 그 기탁사실을 증명하는 서면을 출원서에 첨부하지 아니하면 그 발명이 완성되었다고 할 수 없는 한편, 특허협력조약에 의한 국제출원으로서 특허절차를 위한 미생물 기탁의 국제적 승인에 관한 부다페스트조약에 따라 세계지적소유권기구 총장이 승인한 국제기탁기관에 기탁한 경우에는 1985. 2. 26.자 특허청 고시 제85-1호에 의하여 국제특허출원의 출원번역문 제출기간이 경과하였다고 하더라도 그 출원이 공개되기 전까지 그 미생물을 한국과학기술원 또는 사단법인 한국종균협회에 다시 기탁하고 그 기탁증명서를 제출하면 된다.

[사례] 특허발명은 인간 G-CSF cDNA를 제공하는 미생물, 재조합벡터 및 숙주세포 등을 이용

한 발명이므로, 그 명세서의 기재에 의하여 이들 미생물을 쉽게 입수할 수 있는 것이거나 또는 특허청장이 지정한 기탁기관에 관련 미생물을 기탁하고 명세서에 특허청장이 지정한 기탁기관의 명칭, 기탁번호, 기탁연월일을 기재해야 할 뿐 아니라, 이러한 기탁 사실을 증명할 수 있는 서면을 제출함으로써 발명의 완성이 인정된다(특허법원 2003. 11. 6. 선고 2003허847 판결).

[판례] 대법원 2002. 12. 27. 선고 2000후327 판결

미생물의 성질상 그 미생물의 현실적 존재가 확인되고 이를 재차 입수할 수 있다는 보장이 없는 한 그 발명을 산업상 이용할 수 있는 것이라 할 수 없는바, 선행발명은 미생물을 이용한 발명이면서도 특허청장 지정의 기탁기관에 위 미생물들을 기탁하지도 아니하였고, 또 통상의 기술자가 위 미생물을 쉽게 얻을 수 있다고 인정할 만한 아무런 증거가 없으므로, 이 점에서 이미 선행발명은 통상의 기술자가 반복실시하여 목적하는 기술적 효과를 얻을 수 있을 정도까지 구체적, 객관적으로 구성되어 있는 완성된 발명으로 보기 어렵다.

◇ 대법원 1997. 3. 28. 선고 96후702 판결, 1987. 10. 13. 선고 87후45 판결

미생물을 이용한 발명에 있어서는 극미의 세계에 존재하는 미생물의 성질상 그 미생물의 현실적 존재가 확인되어야 발명이 완성되었음을 인정할 수 있고, 또한 이를 재차 입수할 수 있다는 보장이 있어야 그 발명을 산업상 이용할 수 있는 것이므로, 발명에 이용된 미생물이 신규의 미생물로 인정되는 경우에는 미생물기탁제도에 관한 법령의 취지에 비추어 보아 일응 이를 기탁할 필요성이 있다.

[사례] 출원발명에 사용된 미생물 중 벡터 pD11 또는 pBD가 특허청장이 지정하는 국내 기탁기관에 기탁되어 있지 아니하고 통상의 기술자가 출원발명의 출원 당시 쉽게 입수할 수 있음을 증명하는 자료가 없는 이상, 더 나아가 살필 것도 없이 출원발명은 통상의 기술자가 쉽게 재현하여 실시할 수 없는 발명에 해당한다(대법원 2002. 11. 8. 선고 2001후2238 판결).

[분석] 미생물의 기탁이 필요하나 미생물이 기탁되지 아니한 경우에는 산업상 이용가능성이 없는 것으로 본다.

㈏ 출발물질을 쉽게 입수할 수 없는 경우에는 출발물질을 특허청장이 정하는 기탁기관이나 국제기탁기관에 기탁하고, 발명의 설명 및 도면에 최종산물의 제조방법 또는 이용방법 등을 해당 발명을 쉽게 실시할 수 있도록 구체적으로 기재함으로써 발명의 재현성을 뒷받침할 수 있다.

㈐ 출발물질을 쉽게 입수할 수 없거나, 발명의 설명 및 도면에 최종산물의 제

조방법 또는 이용방법 등의 충분한 기재가 곤란하거나, 기재된 사항에 따라 발명을 반복실시하기 위해서 과도한 시행착오가 뒤따를 수 있는 경우에는 최종산물 또는 이를 생산할 수 있는 생물학적 물질을 상기 기탁기관에 기탁함으로써 발명의 재현성을 뒷받침할 수 있다.

㈑ '특허법시행령 제2조'에서 말하는 쉽게 입수할 수 있는 미생물

① 시판되고 있는 미생물

② 출원 전에 신용할 수 있는 보존기관에 보존되며 보존기관이 발행하는 카탈로그 등에 의하여 자유롭게 분양될 수 있다는 것이 확실한 미생물(이 경우, 해당 미생물의 보존번호를 출원당초의 명세서에 기재하여야 한다)

[분석] 문헌 등에 기재된 것만으로는 쉽게 입수할 수 있는 것으로 보지 않는다.

③ 명세서의 기재에 의하여 통상의 기술자가 쉽게 제조할 수 있는 미생물

[판례] 대법원 2005. 1. 27. 선고 2002후161 판결, 1991. 11. 12. 선고 90후2256 판결

특허법시행령 제2조의 미생물 기탁규정의 취지는 극미의 세계에 존재하는 미생물의 성질상 그 미생물의 현실적 존재가 확인되고 이를 재차 입수할 수 있다는 보장이 없는 한 그 발명을 재현하여 산업상 이용할 수 없기 때문이라 할 것이고, 다만 최종생성물이나 중간생성물은 비록 그 자체가 기탁되어 있지 아니하더라도 이를 생성하는 과정에 필요한 출발미생물들이 통상의 기술자가 쉽게 얻을 수 있는 것이고, 또 명세서에 이를 이용하여 중간생성물이나 최종생성물을 제조하는 과정이 통상의 기술자가 쉽게 재현할 수 있도록 기재되어 있는 경우라면 그 최종생성물이나 중간생성물 자체의 기탁을 요구할 것은 아니다.

[분석] 출원명세서에 중간생성물이나 최종생성물을 제조하는 과정이 통상의 기술자가 쉽게 재현할 수 있도록 기재되어 있다면, 그 중간생성물이나 최종생성물 자체는 기탁하지 않아도 된다.

[사례] 발명에서 이용하는 미생물이 출발미생물이 아니라 출발미생물을 이용하여 생성된 중간생성물이나 최종생성물에 해당하는 것이라 하더라도 이를 생성하는 과정에 필요한 출발미생물들이 공지의 균주이거나 통상의 기술자가 쉽게 얻을 수 있는 것이고, 또 그 출발미생물과 공지의 균주 등을 이용하여 중간생성물이나 최종생성물을 제조하는 과정이 통상의 기술자가 쉽게 재현할 수 있도록 명세서에 기재되어 있다면 결국 통상의 기술자가 이를 쉽게 입수할 수 있는

것이라 볼 것이어서 이러한 최종생성물이나 중간생성물도 기탁하지 아니할 수 있다(대법원 1992. 3. 31. 선고 90후1260 판결).

[사례] 발명에 이용된 미생물의 취득(제조방법)이 슈드모나스 소라니시어럼(U-7 균주)에서의 돌연변이에 의하여 얻을 수 있는 것으로서 통상의 기술자가 쉽게 입수할 수 있는 미생물로 인정되지 아니하고, 명세서에 돌연변이에 의하여 얻을 수 있다고 기재되어 있지만 통상의 기술자가 엄밀하게 재현할 수 있는 것이라고 볼 수 없다면 특허출원에 이용되는 미생물은 쉽게 얻을 수 없는 것이라고 보아 지정기관에 기탁하여야 한다(대법원 1992. 3. 31. 선고 91후1533 판결).

[판례] 대법원 1991. 11. 12. 선고 90후2256 판결

특허법시행령 제2조 제1항에서 미생물을 이용한 발명에 있어서 출원인에게 이용미생물을 기탁하도록 한 취지는 그 미생물 자체가 청구범위에 속한 경우에 한정되는 것이 아니고 그 미생물 자체가 청구범위에 속하는 것은 아니지만 그 명세서에 의하여 청구범위를 재현할 수 있기 위하여는 미생물을 반드시 이용하여야 하는 경우에도 통상의 기술자의 실시가능성 및 반복가능성을 확보하기 위해서는 그 미생물은 반드시 필요하므로 이러한 경우에도 이용미생물의 기탁요건을 충족시켜야 한다.

[사례] 출원발명의 명세서에는 출발미생물인 FIP 바이러스를 쉽게 얻을 수 있도록 기재되어 있기는 하지만, 그 명세서에 출발미생물을 이용하여 출원발명의 감온성 약독화된 FIP 바이러스를 제조하는 과정이 출원 당시를 기준으로 하여 볼 때 통상의 기술자로 하여금 쉽게 재현할 수 있도록 기재되어 있지 아니하고, 다만 명세서에 의하면 출원발명의 감온성 약독화된 FIP 바이러스는 자외선을 쬐는 돌연변이 유발단계를 시행한 후 마지막 선별 및 확인단계를 거쳐서 얻도록 기재되어 있지만 이 선별 및 확인단계는 돌연변이 유발단계에서 유발된 출원발명의 감온성 약독화된 FIP 바이러스를 선별하고 확인하는 기준에 불과할 뿐, 돌연변이 유발단계에서 통상의 기술자로 하여금 출원발명의 감온성 약독화된 FIP 바이러스를 쉽게 유발할 수 있는 방향성을 제시한 것이라고 할 수는 없으므로, 결국 출원발명의 명세서에는 통상의 기술자가 쉽게 실시할 수 있을 정도로 기재되어 있다고 볼 수 없다(대법원 2004. 6. 25. 선고 2003후847 판결).

[분석] 출발물질이 쉽게 입수가능하더라도 최종생성물을 제조하는 과정에 돌연변이를 유발하는 과정이 포함되는 경우에는 명세서에 돌연변이를 유발시킬 수 있는 방향성이 기재되거나 최종생성물을 기탁해야 한다.

(2) 미생물 수탁번호의 변경신고

출원인은 미생물 기탁에 대하여 특허출원 후 새로운 수탁번호가 부여된 때에는 지체없이 그 사실을 특허청장에게 신고하여야 한다. 미생물 수탁번호의 변경신고는 특허법시행규칙 별지 제14호 서식의 미생물 수탁번호 변경신고서에 다음 각 호의 서류를 첨부하여 특허청장에게 제출하여야 한다.

1. 새로운 수탁번호를 증명하는 서류 1통
2. 대리인에 의하여 절차를 밟는 경우에는 그 대리권을 증명하는 서류 1통

(3) 미생물 기탁기관

미생물 기탁기관은 특허청장이 정하는 기탁기관 또는 특허절차상 미생물 기탁의 국제적 승인에 관한 부다페스트조약 제7조의 규정에 의하여 국제기탁기관으로서의 지위를 취득한 기관을 말하며, 특허청장이 정하는 기관은 미생물 기탁기관 지정 등에 관한 고시(특허청 고시 제2001-10호)에 따라 '한국생명공학연구원 유전자은행', '사단법인 한국종균협회 부설 한국미생물보존센터'와 '국립농업과학원 농업유전자원센터' 등 3개 기관이 지정되어 있으며, '한국생명공학연구원 유전자은행', '사단법인 한국종균협회 부설 한국미생물보존센터', '서울대 부설 한국세포주연구재단 한국세포주은행' 및 '국립농업과학원 농업유전자원센터'는 국제기탁기관으로 지정되어 있다.

《표》 국내 특허미생물 기탁기관 지정현황

기탁기관명	특허청장 지정 국내기탁기관	부다페스트 조약에 의한 국제기탁기관
유전자은행(KCTC) (한국생명공학연구원)	○ ('81. 8. 25)	○ ('90. 6. 30)
한국미생물보존센터(KCCM) (한국종균협회)	○ ('81. 8. 25)	○ ('90. 6. 30)
한국세포주은행(KCLRF) (한국세포주연구재단)	×	○ ('93. 8. 31)
농업유전자원센터(KACC) (국립농업과학원)	○ (2002. 1. 1)	○ (2015. 5. 1)

* ( )안은 기탁기관 지정일

[실무] 실제 기탁을 하고자 할 때에는 기탁비용과 편리성 등을 고려하여 발명자가 선호하는 기관에 기탁하면 된다.

《표》 국내 특허미생물 기탁기관의 비교

구 분	KCTC	KCCM	KCLRF	KACC
기관명	유전자은행	한국 미생물보존센터	한국 세포주은행	농업유전자원센터
기관형태	국가출연연구소 (한국생명공학연구원)	사단법인 (한국종균협회)	서울대 부설 (한국세포주 연구재단)	국가기관 (국립 농업과학원)
위 치	대전	서울	서울	완주
기탁료	800,000원/ 900,000원(세포주, 수정란, 미세조류)	800,000원	900,000원	800,000원
생존증명료	70,000원	70,000원	70,000원	70,000원
특허분양료	100,000원	100,000원	100,000원	100,000원
수탁영역	국내·국제 특허	국내·국제 특허	국제 특허	국내·국제 특허
수탁종류	조류, 바이러스, 동식물세포, 사람세포, 융합세포, 비병원성 세균, 박테리오파지, 수정란, 진핵생물 DNA, 비병원성 진균류, 점균류, 플라스미드, 비기생성 원생동물, 비병원성 효모	세균, 방선균, 곰팡이, 효모, 플라스미드, 플라스미드를 함유한 세균, 바이러스, 박테리오파지	세포주	세균, 방선균,곰팡이, 효모유전자, 숙주내 플라스미드, 식물바이러스, 박테리오파지

[분석] 기탁대상을 보면, 유전자은행(KCTC)에는 미생물, 세포주 및 수정란을 기탁할 수 있도록 하고 있으나, 한국미생물보존센터(KCCM)와 농업유전자원센터(KACC)에는 미생물만을 기탁할 수 있도록 하고 있고, 한국세포주은행(KCLRF)에는 세포주만을 기탁할 수 있도록 하고 있다.

[분석] 현재 <u>우리나라에서 종자기탁</u>은 국제기탁기관으로는 유전자은행(KCTC)과 농업유전자원센터(KACC)가 있다. 그 외에도 세계적으로 종자기탁이 가능한 기탁기관으로는 ① ATCC(US), ② CCTCC(CN), ③ NCIMB(GB) 등 3개의 기탁기관이 있고, 국제기탁기관은 아니지만 NIBH/IPOD(JP)에도 종자기탁이 가능하다. 따라서 종자를 기탁하고자 할 경우에는 우리나라나 국제기탁기관을 이용할 수 있다.

2. 미생물의 再기탁 등

특허출원 후에 재기탁, 다른 국제기탁당국에의 이송 또는 국내기탁으로부터 부다페스트조약에 의거하는 기탁으로의 변경 등에 의하여 先기탁 미생물에 새로운 수탁번호가 붙여진 때에는 출원인 또는 특허권자는 지체없이 그 취지와 새로운 수탁번호를 특허청장에게 신고하여야 한다.

[분석] 이 경우에는 '미생물 수탁번호 변경 정보제출서' 서식을 참조한다.

3. 우선권주장의 효과

우선권주장을 수반하는 출원으로서 그 출원과 관련된 미생물이 통상의 기술자가 쉽게 입수할 수 없는 경우에는, 그 미생물이 특허출원을 위한 기탁기관에 출원 전에 기탁되어 있고 그 수탁번호가 우선권주장의 기초가 되는 제1국의 출원명세서 중에 기재되어 있을 때 그 출원에 대하여 우선권의 효과를 향유할 수 있다.

또한 국내우선권을 수반하는 출원에 있어서 그 미생물이 특허청장이 정하는 기탁기관 또는 국제기탁기관에 출원 전에 기탁되어 있고 그 수탁번호가 선출원명세서 중에 기재되어 있을 때에는 그 출원에 대하여 우선권의 효과를 향유할 수 있다.

4. 기탁 미생물의 분양

미생물에 관계되는 발명을 시험 또는 연구를 위하여 실시하고자 하는 자는 그 미생물에 관계되는 발명에 대한 특허출원이 공개되거나 등록공고된 경우와 의견제출통지서에 대한 의견서를 작성하기 위하여 필요한 경우에 그 미생물의 시료를 분양받을 수 있다. 다만, 상기 절차에 따라 미생물 시료를 분양받은 자는 그 미생물을 타인에게 이용하게 하여서는 안 된다.

[분석] 이 경우에는 '미생물 분양자격 증명 신청서' 서식을 참조한다.

《표 21》 국내 특허미생물 기탁기관별 기탁 가능 미생물 (2017. 10. 30. 기준)

수탁 가능 미생물 종류	KCTC	KCCM	KCLRF	KACC
Actinomycetes(방선균)	○	○		○
Algae(조류)	○			
Animal virus(동물 바이러스)	○	○		
Animal cell cultures(동물세포)	○		○	
non-pathogenic bacteria(비병원성 세균)	○	○		○
Bacteriophages(박테리오파지)	○	○		○
Embryos(수정란)	○			
Eukaryotic DNA(진핵생물 DNA)	○		○	○
Non-pathogenic fungi(비병원성 진균류)	○	○		○
Human cell cultures(사람세포)	○		○	
Hybridomas(융합세포)	○		○	
Molds(점균류)	○			○
Plant cell cultures(식물세포)	○		○	
Plant viruses(식물 바이러스)	○	○		○
Plasmids in hosts(숙주 내 플라스미드)	○	○	○	○
Plasmids not in hosts(숙주외 플라스미드)	○	○	○	
Parasitic protozoa(기생성 원생동물)	○			
Nonparasitic protozoa(비기생성 원생동물)	○			
RNA	○			
Seeds(종자)	○			○
Non-pathogenic yeasts(비병원성 효모)	○	○		○

《표 22》 부다페스트조약 가입국 현황 2004. 9. 24. 현재(59개국)

국 가	가입일	국 가	가입일
알바니아	2003.9.19.	리히텐슈타인	1981.8.19.
호주	1987.7.7.	리투아니아	1998.5.9.
오스트리아	1984.4.26.	멕시코	2001.3.21.
아제르바이잔	2003.10.14.	모나코	1999.1.23.
벨로루시	2001.9.19.	네덜란드	1987.7.2.
벨기에	1983.12.15.	노르웨이	1986.1.1.
불가리아	1980.8.19.	필리핀	1981.10.21.
캐나다	1996.9.21.	폴란드	1993.9.22.
중국	1995.7.1.	포르투갈	1997.10.16.
크로아티아	2000.2.25.	한국	1988.3.28.
쿠바	1994.2.19.	마케도니아	2002.8.30.
체코	1993.1.1.	몰도바	1991.12.25.
북한	2002.2.21.	루마니아	1999.9.25.
덴마크	1985.7.1.	러시아	1981.4.22.
에스토니아	1996.9.14.	싱가포르	1995.2.23.
핀란드	1985.9.1.	슬로바키아	1993.1.1.
프랑스	1980.8.19.	슬로베니아	1998.3.12.
독일	1981.1.20.	남아프리카공화국	1997.7.14.
그리스	1993.10.30.	스페인	1981.3.19.
헝가리	1980.8.19.	스웨덴	1983.10.1.
아이슬란드	1995.3.23.	스위스	1991.8.19.
인도	2001.12.17.	타지키스탄	1991.12.25.
아일랜드	1999.12.15.	트리니다드토바고	1994.3.10.
이스라엘	1996.4.26.	터키	1998.11.30.
이탈리아	1986.3.23.	튀니지	2004.5.23.
일본	1980.8.19.	우크라이나	1997.7.2.
카자흐스탄	2002.4.24.	영국	1980.12.2.9
키르기스스탄	2003.5.17.	미국	1980.8.19.
라트비아	1994.12.29.	우즈베키스탄	2002.1.12.
		세르비아 몬테네그로	1994.2.25.

* 가입 정부간 기구: ARIPO, EAPO, EPO

《표 23》 부다페스트조약에 의한 국제기탁기관(IDA) 현황 (2017. 6. 30. 기준)

국 가	기 관	자격취득일
호주 (AU)	Australian Government Analytical Laboratories (AGAL)	1988.9.30.
벨기에 (BE)	Belgian Coordinated Collections of Microorganisms (BCCM)	1992.3.1.
불가리아 (BG)	National Bank for Industrial Microorganisms and Cell Cultures (NBIMCC)	1987.10.31.
캐나다 (CA)	National Microbiology Laboratory, Health Canada (NMLHC)	1998.11.30.
스위스 (CH)	Culture Collectiom of Switzerland AG(CCOS)	2017.1.16.
중국 (CN)	China Center for Type Culture Collection (CCTCC)	1995.7.1.
	China General Microbiological Culture Center (CGMCC)	1995.7.1.
	Guangdong Microbial Culture Collection Center(GDMCC)	2016.1.1.
칠레 (CL)	Coleccion Chilena de Recursos Geneticos Microbianos(CChRGM)	2012.3.26.
체코 (CZ)	Czech Collection of Microorganisms (CCM)	1992.8.31.
독일 (DE)	Deutsche Sammlung von Mikroorganismen und Zellkulturen GmbH (DSMZ)	1981.10.1.
스페인 (ES)	Coleccion Espanola de Cultivos Tipo (CECT)	1992.3.31.
프랑스 (FR)	Collection Nationale de Cultures de Micro-organismes (CNCM)	1984.8.31.
영국 (GB)	Culture Collection of Algae and Protozoa(CCAP)	1982.9.30.
	European Collection of Cell Cultures (ECACC)	1984.9.30.
	CABI Bioscience, UK Centre (IMI)	1983.3.31.
	National Collection of Type Cultures (NCTC)	1982.8.31.
	National Collection of Yeast Cultures (NCYC)	1982.1.31.
	National Collections of Industrial, Food and Marine Bacteria (NCIMB)	1982.3.31.
	National Institute for Biological Standards and Control(NIBSC)	2004.12.16.
헝가리 (HU)	National Collection of Agricultural and Industrial Microorganisms (NCAIM)	1986.6.1.

국 가	기 관	자격취득일
이탈리아 (IT)	Advanced Biotechnology Center (ABC)	1996.2.29.
	Collection of Industrial Yeasts DBVPG	1997.1.31.
	Romagna Bruno Ubertini(IZSLER)	2015.2.9.
일본 (JP)	International Patent Organism Depositary (IPOD)	1981.5.1.
	National Institute of Technology and Evaluation, Patent Microorganisms Depositary (NPMD)	2004.4.1.
한국 (KR)	Korean Cell Line Bank (KCLB)	1993.8.31.
	Korean Collection for Type Cultures (KCTC)	1990.6.30.
	Korean Culture Center of Microorganisms (KCCM)	1990.6.30.
	Korean Agricultural Culture Collection (KACC)	2015.5.1.
라트비아 (LV)	Microbial Strain Collection of Lativia (MSCL)	1997.5.31.
멕시코 (MX)	Geneticos (CM-CNRG)	2015.8.25.
인도 (IN)	Microbial Type Culture Collection and Gene Bank (MTCC)	2002.10.4.
	Microbial Culture Collection (MCC)	2011.4.9.
네덜란드 (NL)	Centraalbureau voor Schimmelcultures (CBS)	1981.10.1.
폴란드 (PL)	IAFB Collection of Industrial Microorganisms	2000.12.31.
	Polish Collection of Microorganism (PCM)	2000.12.31.
러시아 (RU)	National Research Center of Antibiotics (NRCA)	1987.8.31.
	Russian Collection of Microorganisms (VKM)	1987.8.31.
	Russian National Collection of Industrial Microorganisms (VKPM), GNII Genetika	1987.8.31.
슬로바키아(SK)	Culture Collection of Yeasts (CCY)	1992.8.31.
미국 (US)	Agricultural Research Service Culture Collection (NRRL)	1981.1.31.
	American Type Culture Collection (ATCC)	1981.1.31.

《표 24》 주요 국제기탁기관별 기탁 가능 미생물

미생물 종류		KCCM (KR)	KCLB (KR)	KCTC (KR)	ATCC (US)	DSM (DE)	CCTCC (CN)
Algae	조류			○	○		○
Animal viruses	동물 바이러스	○		○	○		○
Animal cell cultures	동물세포		○	○	○	○	○
Pathogenic bacteria	병원성 세균				○		○
non-pathogenic bacteria	비병원성 세균	○		○	○	○	○
Bacteriophages	박테리오파지	○		○	○	○	○
Embryos	수정란			○	○		
Eukaryotic DNA	진핵생물 DNA	○		○	○		
Pathogenic fungi	병원성 진균류				○		○
non-pathogenic fungi	비병원성 진균류	○		○	○	○	○
Human cell cultures	사람세포		○	○	○	○	○
Hybridomas	융합세포		○	○	○		○
Molds	점균류			○	○		
Murine embryos	설치류 배					○	
Mycoplasma	마이코플라즈마						
Oncogenes	발암유전자				○		
Plant cell cultures	식물세포		○	○	○	○	○
Plant viruses	식물 바이러스	○		○	○	○	○
Plasmids in hosts	숙주 내 플라스미드	○		○	○	○	○
Plasmids not in hosts	숙주외 플라스미드	○			○	○	○
Parasitic protozoa	기생성 원생동물				○		
non-parasitic protozoa	비기생성 원생동물			○	○		
RNA	RNA						
Seeds	종자				○		○
Pathogenic yeasts	병원성 효모				○		○
non-pathogenic yeasts	비병원성 효모	○		○	○	○	○

(별첨) 미생물 등의 기탁과 분양에 관한 법령

(1) 특허법시행령 제2조(미생물의 기탁)

① '미생물에 관계되는 발명'에 대하여 특허출원을 하고자 하는 자는 ① 미생물특허출원 전에 다음 각 호의 어느 하나에 해당하는 기관에 특허청장이 정하여 고시하는 방법에 따라 해당 미생물을 기탁하여야 한다. 다만, 통상의 기술자가 그 미생물을 쉽게 입수할 수 있는 경우에는 기탁하지 아니할 수 있다.

1. 특허법(이하 '법'이라 한다) 제58조 제2항에 따라 미생물 기탁 및 분양에 관한 업무를 담당하는 전문기관으로 등록한 기관(이하 '국내기탁기관'이라 한다)
2. 특허절차상 미생물기탁의 국제적 승인에 관한 부다페스트조약 제7조에 따라 국제기탁기관으로서의 지위를 취득한 기관(이하 '국제기탁기관'이라 한다)

② 제1항에 따라 미생물을 기탁한 자는 특허출원서에 산업통상자원부령으로 정하는 방법에 따라 그 취지를 적고, 미생물의 기탁 사실을 증명하는 서류(국제기탁기관에 기탁한 경우에는 특허절차상 미생물기탁의 국제적 승인에 관한 부다페스트조약 규칙 제7규칙에 따른 수탁증 중 최신의 수탁증 사본을 말한다)를 첨부하여야 한다.

③ 출원인 또는 특허권자는 제1항의 미생물의 기탁에 대하여 특허출원 후 새로운 수탁번호가 부여된 때에는 지체없이 그 사실을 특허청장에게 신고하여야 한다.

(2) 특허법시행령 제3조(미생물에 관계되는 발명의 특허출원명세서 기재)

미생물에 관계되는 발명에 대하여 특허출원을 하려는 자는 특허법 제42조 제2항에 따른 명세서(특허출원서에 최초로 첨부한 명세서를 말한다)를 적을 때 특허법시행령 제2조 제1항 본문에 따라 미생물을 기탁한 경우에는 국내기탁기관 또는 국제기탁기관에서 부여받은 수탁번호를, 같은 항 단서에 따라 그 미생물을 기탁하지 아니한 경우에는 그 미생물의 입수방법을 적어야 한다.

(3) 특허법시행령 제4조(미생물 시료의 분양)

① 특허법 시행령 제2조에 따라 기탁된 미생물에 관계되는 발명을 시험 또는 연구를 위하여 실시하려는 자는 다음 각 호의 어느 하나에 해당하는 경우 산업

통상자원부령으로 정하는 바에 따라 국내기탁기관 또는 국제기탁기관으로부터 그 미생물을 분양받을 수 있다.

1. 그 미생물에 관계되는 발명에 대한 특허출원이 공개되거나 설정등록된 경우
2. 특허법 제63조 제1항(법 제170조 제2항에서 준용하는 경우를 포함한다)에 따른 의견서를 작성하기 위하여 필요한 경우

② 특허법 시행령 제2조에 따라 미생물을 기탁한 자로부터 미생물 분양에 대한 허락을 받은 자는 국내기탁기관 또는 국제기탁기관에 신청하여 해당 미생물을 분양받을 수 있다.

③ 제1항 및 제2항에 따라 미생물을 분양받은 자는 그 미생물을 타인에게 이용하게 해서는 안한다.

(4) 특허법시행령 제8조의4(미생물 기탁·분양에 관한 전문기관의 등록기준)

① 특허청장은 특허법 제58조 제2항에 따라 다음 각 호의 요건을 모두 갖춘 기관 또는 단체(이하 '기관 등'이라 한다)를 미생물 기탁 및 분양에 관한 업무를 담당하는 전문기관으로 등록하여야 한다. 다만, 특허법 제58조의2 제1항 제1호에 따라 미생물 기탁 및 분양에 관한 업무를 담당하는 전문기관의 등록이 취소된 기관 등 또는 그 기관 등에서 취소 당시에 임원으로 있던 사람이 소속되어 있는 기관 등으로서 그 등록이 취소된 후 2년이 지나지 아니한 경우에는 그러하지 아니하다.

1. 미생물의 보존 및 안전 유지에 필요한 인력 및 시설을 갖출 것
2. 미생물 기탁 및 분양 업무의 수행에 관한 계획을 수립할 것
3. 미생물에 대한 비밀 유지를 위한 보안체계를 갖출 것

② 미생물 기탁 및 분양에 관한 업무를 담당하는 전문기관으로 등록하려는 자는 산업통상자원부령으로 정하는 바에 따라 등록신청서를 특허청장에게 제출하여야 한다.

③ 제1항 각 호에 따른 인력·시설, 업무수행 계획 및 보안체계의 구체적인 기준과 그 밖에 미생물 기탁 및 분양에 관한 업무를 담당하는 전문기관의 등록 및 운영에 필요한 사항은 특허청장이 정하여 고시한다.

(5) 특허절차상 미생물 기탁의 국제적 승인에 관한 부다페스트조약 제7조(국제기탁기관의 지위 취득)

1. 가. 기탁기관은 체약국이 자국 영토 내에 있는 기탁기관에 대하여 동 기관이 제6조 2항에 규정된 요건을 충족하며 계속하여 충족한다는 취지의 보증선언을 포함한 서면을 사무국장에게 통고함으로써 국제기탁기관으로서의 지위를 취득한다. 동 지위는 정부간 공업소유권기구가 사무국장에 대하여 상기 선언을 포함한 서면의 통고를 함으로써도 취득될 수 있다.

   나. 동 통고에는 규칙이 정하는 바에 따라 기탁기관에 관한 정보도 포함되며 국제기탁기관으로서의 지위 취득일이 표시될 수 있다.

2. 가. 만일 동 통고가 요구되는 선언을 포함하고 있으며 모든 요구되는 정보를 수령한 것으로 사무국장이 인정하는 경우에는 동 통고는 국제사무국에 의하여 신속히 공표되어야 한다.

   나. 국제기탁기관의 지위는 동 통고의 공표일 또는 1항 나호의 규정에 의하여 날짜가 표시되며 그 날짜가 동 통고의 공표일보다 늦을 경우에는 그 표시된 날로부터 취득된다.

3. 1항 및 2항에 의한 절차의 세부사항은 규칙으로 정한다.

참고자료

·산업재산권법령집, 특허청, 2002.
·특허법원·대법원 판결문집, 특허심판원, 각년도
·심사지침서, 특허청, 2018.
·심판편람, 특허심판원, 2012.
·특허청 훈령례규집, 특허청, 2002.
·제2기 생명공학과정, 국제특허연수부, 2000.
·변리사 민사소송실무연수, 대한변리사회, 2001.
·직무발명보상제도, 특허청, 2001.
·특허법개설, 吉藤幸朔, 대광서림, 2001.
·특허의 지식, 제6판, 竹田和彦, 도서출판 명현, 2001.
·분야별 명세서·도면 작성방법, 중촌합동특허법률사무소 편, 발명협회, 2000.
·생명공학분야 특허의 이해와 활용, 권오희, 충북대학교, 2001.
·농업·식품분야 특허전략, 권오희, 전북농업기술원, 2001.
·생식발전은 특허전략이 좌우한다, 권오희, 식품저널, (주)식품저널, 2003.
·전통기술을 이용한 상품의 권리확보 방안, 권오희, 농촌생활연구, 농촌생활연구소, 2002.
·개정 직무발명보상제도 해설 및 편람, 특허청, 2013.
·농림수산식품 심사분야 쟁점별 심사실무 사례집, 특허청, 2017.

저자 약력

현) 365특허법률사무소 대표변리사
변리사, 기술거래사, 행정사

<주요 이력>

대건고등학교, 경북대학교 및 동 대학원, 충북대학교 대학원
제28회 기술고등고시 합격
대통령 직속 국가과학기술자문회의 정책사무관
특허청 심사관(농림수산심사과·유전공학심사과)
심사과장(심사품질담당관, 응용소재심사과, 식품생물자원심사과)
심사국장(화학생명기술심사국, 특허심사3국)
특허법원 기술심리관
특허심판원 수석심판관·심판관·심판연구관
수석심판장, 심판장(4부·6부·7부·10부)

<주요 경력>

변리사 시험문제 선정위원·출제위원
농림축산식품부 한국전통식품 Best 5 선발대회 심사위원
품종보호심판위원회 심판위원, 종자분쟁조정협의회 위원
농업과학기술원 연구결과물 평가위원
한국산업재산권법학회 산업재산권 게재논문 심사위원
지식재산연구원 연구논문 감수위원
기술신용보증기금 외부기술자문위원
한국발명진흥회 특허기술평가 전문위원, 산업재산권진단사업 심의위원,
특허기술대전 심사위원
특허청 심사기준 편찬위원
특허심판원 심판편람 편찬위원

<강의>

국제지식재산연수원 변리사수습과정, 심판관과정
농식품유통교육원 식품글로벌리더과정·식품특허와 상표권 과정
서울대학교 최고경영자과정 특허사업화 전략

<저서>

식물지적재산권(식물특허와 품종보호)(식품저널)
권리범위확인심판과 특허침해 실무(박영사)